# 2024年建筑门窗幕墙创新与发展

中国建筑金属结构协会铝门窗幕墙分会成立30周年特刊


名誉主编　董　红

主　　编　李福臣

执行主编　刘忠伟

副 主 编　雷　鸣　刘　盈　孟凡东<br>王　涛　曾　强

执行副主编　李　洋


支持单位　广东贝克洛幕墙门窗系统有限公司<br>山东沃赛新材料科技有限公司<br>佛山市南海易乐工程塑料有限公司

中国建材工业出版社

北　京

**图书在版编目（CIP）数据**

2024年建筑门窗幕墙创新与发展：中国建筑金属结构协会铝门窗幕墙分会成立30周年特刊/李福臣主编．—北京：中国建材工业出版社，2024.3
ISBN 978-7-5160-3864-2

Ⅰ.①2… Ⅱ.①李… Ⅲ.①铝合金—门—文集 ②铝合金—窗—文集 ③幕墙—文集 Ⅳ.①TU228-53 ②TU227-53

中国国家版本馆CIP数据核字（2023）第209759号

**内 容 简 介**

《2024年建筑门窗幕墙创新与发展：中国建筑金属结构协会铝门窗幕墙分会成立30周年特刊》一书共收集论文51篇，分为门窗幕墙三十年发展历程篇、设计与施工篇、材料与性能篇、标准与方法篇和行业分析报告篇五部分，涵盖了建筑门窗幕墙行业发展历程及现状、生产工艺、技术装备、新产品、标准规范、管理创新、行业分析报告等内容，反映了近年来行业发展的部分成果。编辑出版本书，旨在为门窗幕墙行业在更广范的范围内开展技术交流提供平台，为行业和企业的发展提供指导。

本书可供幕墙行业从业人员阅读和借鉴，也可供相关专业技术人员的科研、教学和培训使用。

**2024年建筑门窗幕墙创新与发展：中国建筑金属结构协会铝门窗幕墙分会成立30周年特刊**
2024 NIAN JIANZHU MENCHUANG MUQIANG CHUANGXIN YU FAZHAN：ZHONGGUO JIANZHU JINSHU JIEGOU XIEHUI LÜMENCHUANG MUQIANG FENHUI CHENGLI 30 ZHOUNIAN TEKAN
名誉主编 董 红
主　　编 李福臣
执行主编 刘忠伟
副 主 编 雷 鸣 刘 盈 孟凡东 王 涛 曾 强
执行副主编 李 洋

出版发行：中国建材工业出版社
地　　址：北京市海淀区三里河路11号
邮　　编：100831
经　　销：全国各地新华书店
印　　刷：北京印刷集团有限责任公司
开　　本：787mm×1092mm 1/16
印　　张：34.25
字　　数：870千字
版　　次：2024年3月第1版
印　　次：2024年3月第1次
**定　　价：136.00元**

**本社网址：www.jccbs.com，微信公众号：zgjcgycbs**

# 序　言

2023年是全面贯彻落实党的二十大精神的开局之年，是三年新冠疫情防控转段后经济恢复发展的一年，也是行业向着新目标，奋楫再出发的一年。

2024年是中华人民共和国成立七十五周年，是实现“十四五”规划目标任务的关键一年，也是厚积薄发、提速发展的重要一年，做好住房城乡建设工作意义重大。把坚持高质量发展作为新时代的硬道理，坚持稳中求进工作总基调，完整、准确、全面贯彻新发展理念，加快构建新发展格局，着力推动高质量发展。要坚持稳中求进、以进促稳、先立后破，全面推进行业各项工作提质增效。

2024年，也是中国建筑金属结构协会铝门窗幕墙分会成立三十周年。三十年风雨写春秋，三十年奋斗铸辉煌。在这三十年中，铝门窗幕墙分会从一个新生的稚童，走过少年，现在步入而立之年。今年铝门窗幕墙分会依旧延续了《建筑门窗幕墙创新与发展》行业论文集的编撰工作。

《2024年建筑门窗幕墙创新与发展》一书围绕建筑幕墙行业发展热点，聚焦行业发展趋势，展现行业发展的最新成果，发布行业数据。书中汇集众多业内专家、学者、设计师和企业家对于建筑铝门窗幕墙行业的见解和思考，通过分享他们的经验和智慧，为读者提供更广阔的视野和更深度的思考空间。我相信，建筑铝门窗幕墙行业的发展与创新，对于提升城市形象、优化城市环境、提高人民生活质量具有重要的意义。而这本书的出版，就是为了让更多的读者了解建筑铝门窗幕墙行业的现状和发展趋势，从而共同推动建筑铝门窗幕墙行业的进步和发展。

我希望这本书能够成为建筑铝门窗幕墙行业内外人士交流和学习的平台，也希望通过这本书的传播，能够激发出更多的创新和灵感，为建筑铝门窗幕墙行业的发展注入新的活力。

最后，我们对所有参与本书编撰与出版的人员表示由衷的感谢，同时也向一直以来关注和支持建筑幕墙行业发展的社会各界人士致以崇高的敬意。正是由于他们的共同努力与支持，才使得本书得以顺利出版，为建筑幕墙行业的未来发展贡献了宝贵的力量。让我们共同期待建筑幕墙行业更加辉煌的明天。

中国建筑金属结构协会会长

# 目　　录

# 一、门窗幕墙三十年发展历程

# 看势提质　坚定信心　直面挑战
# 2023 年铝门窗幕墙分会工作报告

李福臣

中国建筑金属结构协会铝门窗幕墙分会　北京　100037

## 开　篇

今年以来，我国经济总体回升向好，高质量发展扎实推进，门窗幕墙行业的发展也来到了历史的全新节点。今天的行业要看到成绩、坚定信心，也要正视问题、直面挑战。我们正身处百年未有之大变局，把握优势、坚定前行信心，才能推动行业乘风破浪向前、迈上更高台阶。

2023 年国内生产总值同比增长 5%左右，其中三季度增长 4.9%，两项指标在主要经济体中名列前茅，这证明了我国的经济形势依然稳定。作为经济支柱的房地产业和建筑业仍然大有可为，房地产、建筑业以及铝门窗幕墙行业，纷纷进入"确定性和不确定性"并存的新时期!

我国经济大势，既要看短期之"形"，更要看长期之"势"；既要看增长之"量"，更要看发展之"质"。我们拥有全球最大最有潜力的市场，这样的优势放眼全球都具稀缺性，坚定不移实施扩大内需战略，把超大规模市场的需求优势转化为现实的经济增长拉动力，化解总需求不足的阶段性难题。

当前经济发展面临着三大挑战：一是消费信心需要时间来修复；二是国际贸易出口形势严峻；三是房地产遗留问题亟待解决，特别是与建筑总包、门窗幕墙分包、材料企业之间的"三角债"问题。回望过去一年，中国经济经历了下滑、扭转、恢复、回稳的四个阶段；建筑业依然是拉动内需的一大利器，稳中求胜；房地产负增长严重但体量仍然巨大，挫中求活；门窗幕墙行业产值下降但信心不减，要首重质再重量。

在当前进程中，门窗幕墙行业需要自我调整，实现穿越周期的条件，并保证高质量发展的思路稳定不动摇，这个思路是当前行业中最具有前瞻性、深入性的，并且必须贯彻到底。

## 第 1 部分　回顾过去（三十年回顾）

2024 年，中国建筑金属结构协会铝门窗幕墙分会（以下简称：分会）将走过三十年历程，其间经历了经济快速腾飞、行业蓬勃发展的三十年。三十年间涌现了无数先进人物和优秀企业，几代人抒写了铝门窗幕墙行业光辉的历史，今天我在此怀着感恩之心，代表中国建筑金属结构协会铝门窗幕墙分会，值此成立三十年之际，回顾过往、奋斗今朝，同全行业一起共同谋划未来发展之策。

## 1 分会创建的背景和历史意义

中国建筑金属结构协会铝门窗幕墙分会创立于1994年，前身为铝门窗幕墙委员会，当时中国正处于工业化、城市化和现代化建设的快速增长期，门窗幕墙作为建筑外墙装饰的重要组成部分成为市场热点。当时行业内存在很多问题，如产品质量不稳定、标准不统一，以及市场秩序混乱等。分会的成立，为行业建立统一标准、调节市场秩序、加强行业内企业之间的合作、促进技术创新和产品质量的提升起到了巨大的推动作用。

我国铝门窗幕墙行业从无到有，从小到大，从弱到强，走过了一段光辉的历史。虽然起步较晚，但是起点较高，经过六十多年的发展，现在已经成为具有巨大社会价值和广泛影响力的产业。建筑门窗市场体量较大，成为建筑行业的一个产业支柱，而铝合金门窗在门窗行业中占比最大；建筑幕墙已经位居全球第一。

## 2 三十年来取得的各项重要成绩

三十年的开拓进取、三十年的顽强拼搏、三十年的砥砺前行、三十年的辉煌成绩，离不开分会历任领导的辛勤付出，分会在历任负责人郑金峰、黄圻、董红等的领导下，不断发挥分会的平台交流、活动组织、政策引导、创新发展功能，取得了巨大成就，在各项工作中作出了突出的成绩。

三十年来，门窗幕墙行业进入了高速发展阶段，分会不断加强与国内外相关机构的合作与交流，积极引进先进技术和管理经验，组织了全国性的大型行业展会，还组织了各类培训、讲座和研讨会，开展行业数据统计调查工作及企业走访活动，提供行业动态和市场信息，帮助企业了解市场潮流和技术发展趋势。此外，分会还积极参与制定和修订行业标准，编制了众多具有国际先进水平的行业标准规范。

近年来，随着中国经济的转型和升级，门窗幕墙行业正面临着新的发展机遇和挑战。分会积极引导行业企业进行技术创新和转型升级，推动绿色建筑和节能环保的发展，已经取得了较大的成绩，并且开展的企业品牌入库活动获得了巨大成功。

## 3 分会的传承与发展

分会工作一直践行着“感恩、传承、创新、发展”的行业文化，铝门窗幕墙分会承担着推动行业高质量发展、促进行业内上下游产业链之间紧密合作的重要责任。在这样的过程中，分会面临过困难和挑战，在不断提升内部队伍的基础上，继续加强外部合作与交流，牵头起草编制国标及行业标准规范，拓展外部市场的交流环境，坚实地推动着行业不断前进。

分会的新发展中，涵盖了加强与国内外相关机构的合作与交流，促进行业的创新与融合，打造更加全面与实用性、适用性兼具的国际和地方规范、标准的合作推广、实践机制，在标准化建设方面发挥更大的作用；贴合国家发展方向和大方针，在绿色建筑和节能环保的领域，完善行业与企业的市场推广合作，推动相关产业的快速发展；强化行业人才培养机制，加大对行业内企业的培训和人才的培养，全面提升行业企业的服务质量和市场竞争力。

分会在传承与发展的每个阶段与行业的各阶段紧密相连，谁也离不开谁，在践行行业文化十服务的新理念过程中更是如此。

## 4 分会三十年大事记

行业追溯：20 世纪 80 年代初，铝门窗与幕墙产品逐渐进入我国，早期产品的标准与检测大多依托国外，在与国外机构的合作中，国内逐渐形成了适合国内发展的规则和方法。

1981 年，广东、北京、沈阳、西安等地开始陆续研发生产铝合金门窗。

1984 年 4 月，在洛阳，中国建筑金属结构协会第三届理事会上，建筑门窗专业委员会成立。

1986 年，国内第一个玻璃幕墙项目——北京长城饭店建成。

1987 年，行业标准《铝合金门窗工程技术规范》面世，国内有了自己的行业标准规范。

1993 年，中国建筑金属结构协会组织部分行业专家编写的《建筑幕墙技术》出版发行。

1993 年 9 月，中国建筑金属结构协会举办了全国第一期"幕墙技术培训班"。

1994 年，中国建筑金属结构协会铝门窗幕墙委员会成立，这是铝门窗幕墙分会的前身。

1994 年 6 月，《铝合金门窗标准图集》发行。

1995 年 3 月，在郑州，第一届铝门窗幕墙行业工作会成功举办，同期委员会专家组成立。

1995 年 8 月，铝门窗幕墙委员会在烟台举办了第二期"全国建筑幕墙与采光顶技术"学习班。

1995 年 9 月，委员会在行业内推广软件技术应用，与百科软件 NBJKSOFT 开展合作。

1996 年 3 月，在广州华泰宾馆，第二届全国铝门窗幕墙行业年会成功举办。

1996 年，委员会组织编写行业标准《玻璃幕墙工程技术规范》(JGJ 102)。

1997 年，委员会组织编写行业标准《金属与石材幕墙工程技术规范》(JGJ 133)。

1998 年，国家经贸委硅酮结构密封胶工作领导小组办公室发布通知《批复》，完成首批批准生产的国内硅酮结构密封胶企业认定。

1999 年，协会组织专家赴欧洲重点考察了节能铝合金门窗的发展与应用情况。

2001 年，由委员会主办，深圳方大协办的《铝门窗幕墙》第一期正式出版。

2002 年 3 月，"2002 年全国铝门窗幕墙行业年会暨门窗幕墙新产品、配件、加工设备展示会"在广州华泰宾馆召开。

2002 年，根据《通知》(国经贸胶办文〔2002〕55 号) 精神，委员会对硅酮结构密封胶生产企业进行行业推荐认定工作。

2003 年，建立委员会专网"中国幕墙网"，网址 www.alwindoor.com。

2004 年，开展第一届铝门窗幕墙行业数据统计调查工作。

2004 年，委员会主办、广东坚朗承办的首届"坚朗杯"高尔夫邀请赛举办。

2004 年 11 月，2004 中国 (北京) 国际门窗幕墙博览会在北京中国国际展览中心隆重开幕。

2005 年，委员会与专家组集体智慧的结晶——《建筑门窗幕墙创新与发展》论文集出版。

2008 年，由泰诺风提议，委员会组织拍摄的《通向中国之窗——记录中国铝门窗行业 30 年发展历程》纪录片开机。

2011 年 11 月，中国建筑金属结构协会第九届三次理事会暨协会成立 30 周年表彰大会在北京隆重举行。

2015 年，举办首届建筑门窗幕墙行业高峰论坛。

2016 年，行业年会期间举办中国建筑年度经济论坛。

2016 年，创刊《中国门窗幕墙行业技术与市场分析报告》。

2017年3月，广州行业年会期间，首次开展行业数据调查统计工作成果分享。

2018年，委员会组织开展隔热条推荐工作。

2018年，组织开展青年企业家培训活动，搭建青年企业家平台。

2018年，组织行业优秀企业家赴欧洲及日本观摩学习活动。

2019年，铝门窗幕墙委员会正式更名为铝门窗幕墙分会。

2020年，组织开展行业抗击疫情线上互助活动。

2021年，配合协会完成四十周年庆的前期筹备工作。

2022年，正式确定“文化”＋“服务”的分会工作新方向。

2023年，开展大数据品牌入库工作，并策划分会成立30周年系列活动。

站上三十年的台阶，曾经面临的困难和取得的成绩仍然历历在目，分会新的篇章已经打开。回顾过去、奋斗今天、谋划未来，践行“感恩、传承、创新、发展”的行业文化成为我们新的主题。

# 第2部分　铝门窗幕墙行业年度现状与发展趋势

## 1　2023年门窗幕墙产业链上游现状

2023年复杂的国际经济形势、复杂的房地产局面考验着各方智慧，它既是影响世界与中国经济环境的大趋势，更是中国经济的重要力量，与每个企业息息相关，年度“大题”，破题需要定力和耐心，更需要智慧。

房地产行业需要重视“势”与“质”，挫败中求“活路”。2023年，房地产行业经历了前所未有的深度调整，房地产市场供需关系也呈现出前所未有的新格局。在认房不认贷、降首付、取消限购及限售等房地产政策组合拳下，积极效应正在初步显现。

目前，房地产市场正处于低迷期，很多楼盘的房价都在下跌。但是，这并不代表房地产市场没有投资价值。实际上，房价下跌只是暂时的现象，而房地产市场的长期发展前景仍然非常广阔。

2023年末，监管机构正在起草一份房企白名单，进一步改善对房地产行业的融资支持，这份名单根据资产规模且仍处于正常经营的房企拟定，据称有50家国有和民营房企均会被列入其中。

新的“金融25条”与2023年底市场中关注最高的“房企白名单”的拟定，标志着监管部门将为部分房企的债务兜底，通过提高它们的授信额度、发债限制或添加信用缓释工具等方式，帮助房企“借新还旧”，达到以债养债，将债务持续滚动下去的目标，从而渡过难关。毕竟目前没有任何行业能够代替房地产成为经济支柱产业，短期来看，经济大盘的稳定仍需寄托在房地产稳定的基础上。

现阶段房地产企业最重要的是去库存、促回款，让企业内的现金流能够得到最有效的保护，市场内的处理手段主要通过降价、分销、现房销售、线上营销等手段来实现。

房地产的TOP企业思路非常明确，决心也非常大，重视长期发展之“势”，看好未来之“质”。房地产企业将形成现金为王，敏捷、灵活的资产管理方式为主的新局面。

建筑业有信心坚守阵地，期望未来，“稳中求胜”。2023年的建筑业，普遍有着较为悲观的情绪，市场内项目减少和产值下降的预期很明显，然而实际数据显示，在“中国建筑”以及各省市“建工集团”的引领下，全年产值仍然呈现出上升的趋势。

建筑业的下滑周期并不明显，更多的是在房地产行业出现的波动带来的负面影响，总体来说，建筑业依然是支柱产业，但人员不均衡、行业不均衡、地域不均衡，并不是所有人都能共享发展的果实。建筑业正在寻找新的出路，已经瞄准三大方向：一是主动性的大通胀，二是重启大基建，三是行业内的“国富民强”。前两者均由政府主导，是由国家意志决定的，需要极大的恒心和毅力，但是由于地方政府债务问题，结果无法预料；后者是建筑行业自身的市场调剂，把市场份额让给效率更高、惠及面更广的民企，但是行业必须有着较强的精耕细作、精打细算的高效管理与融资渠道。国企承担国内重大项目（保证底线），央企主攻海外（开疆拓土），民企精耕细作中小项目（练好内功），三者可以实现有机融合。

目前国有企业占据了建筑业的半壁江山，民营企业的出路并不多，但结合国际范围内的发展情况来看，日本、美国等发达国家都曾经历过这样的周期，在我们国内传统住宅类建筑及城市建设的大基建进入了新周期后，新兴文化体育建筑及智能建筑、物流仓储都会成为全新的风口。目前市场内最直观的表现是，非住宅房地产的七大类：办公地产、商业地产、物流仓储、医疗健康、教育研发、酒店度假、政府物业，均出现了不同比率的上升。这七类地产未来10～20年可以一直发展，结合国际发达国家的经验，只有当人均GDP达到6万～8万美元的水平时才会相对饱满，才算达到一个高水平的均衡状态，因此国内的建筑业仍然存在一个较长的发展周期。我们可以期望未来，提高建筑行业的技艺与管理水平，迎合新的发展周期特点，在稳定中求得全新的发展空间。

## 2　2023年门窗幕墙产业链下游现状

当前中国经济依然面临“需求不足、供给冲击、预期转弱”的压力，未来仍将围绕短期稳增长、长期促发展和调结构为主。传统的门窗幕墙下游产业在短期内遭遇了不小的困难，主要体现在回款方面，尤其是与中小门窗厂、中小幕墙企业深度绑定的企业，正在经历“吃苦”时期，但我们应该坚信能吃苦，方能“享福”！铝门窗幕墙行业正面临着百年未有之巨变，无论是门窗幕墙施工、设计单位，甚至是建筑玻璃、铝型材、五金配件、密封胶，以及隔热条和密封胶条等材料生产企业的情绪都相对低迷。

迎接拐点，穿越周期，提振信心！市场低迷最主要的是缺乏信心以及市场内的负面消息较多引起的。针对当前的行情，结合2023年的百城房地产发展数据结果分析，中国房地产的市场情绪和价格均开始出现正常化迹象，已见底。2023年随着房企“白名单”“金融25条”等利好的出炉，加之“第二支箭”的持续发力，房企的融资环境出现了显著的改善。以破除民营企业融资难为导向，以拓展民营企业融资渠道为主要抓手，采用类似“三支箭”的政策组合拳形式，从贷款、债券、股权三种融资渠道为民企提供全方位融资支持。

正是有了资金的支持，门窗幕墙行业的下游产业链才具备了穿越“新周期”的信心与实力，“新周期”内为门窗生产、安装，幕墙设计、施工，以及型材、玻璃、五金配件、密封胶、金属板、隔热条、密封胶条、加工设备等细分行业，涂料、锚栓、百叶等配套企业，带来了良好的发展预期，面对机遇与拐点，品牌企业更需要“硬实力”与“软实力”，两者缺一不可。

## 3 2023 年门窗幕墙行业现状

门窗幕墙行业正面临“新常态”，首重“穿越周期”，更重坚持创新。经历过低于预期的保守，2023 年的门窗幕墙行业的企业实际正在以“坚持与热爱”为基调，逆势上扬的过程，TOP 企业加大新布局与新投入，中小企业强化内部管理与市场调整，面对门窗幕墙行业的需求离散化的“新常态”，“新”与“稳”成为行业的最新趋势，用“创新”来寻求“稳定”的生存与发展空间，我们提到的创新不再是单纯的技术与工艺改进，也包括了对市场内的渠道搭建、企业文化建设及经营行为的管理。

当前对于住宅需求的信心不足，主要源于人们对整体经济环境、个人未来职业发展、家庭收入的预期等存在不确定性。房地产企业本身的风险和房价下行的风险只是一个叠加因素。随着房地产市场的深度调整，许多民营企业如恒大、碧桂园、华夏幸福、世茂集团等逐渐呈现出衰退的趋势。然而，与此同时，一些大型央企如中建、中铁、中铁建、中冶、中交等却逆势而上，展现出强劲的发展态势。市场内的合作主体在新周期内悄然发生了转变，铝门窗幕墙行业企业需要做大、做优、做活！

行业的整体情况虽然有着不够乐观的一面，但不容忽视的是上游产业包括房地产业、建筑业的基础市场面依然巨大，城市更新与建筑代建的新形式，带来了更多的思考与发展。同时，令人欣慰的是，当前我国新增劳动力平均受教育年限上升到十四年，接受高等教育人口达 2.4 亿人，研发人才数量全球第一，技能人才总量超过 2 亿人，未来的行业人才优势能够在世界范围内占领更大空间。立足人才优势，把握发展机遇，我们完全能够不断开辟经济发展新领域新赛道、塑造发展新动能新优势。

## 4 2023 年度统计调查工作汇总

2023 年的行业内企业出现了“冰火两重天”现象，大企业对未来抱有更多的信心与期望，增强产能与强化布局；中小企业主动缩减人员与开支，打造更安全的财务状况，迎合当前房地产业下滑的状况。更多的业内声音表示：我们从来没有像今天这样渴望明确转型发展的方向，产业升级的突破，企业规模的变动，人才培养与储备……尤其是在资金管理上，在节流的同时，更要努力开源（拓展工业、交通，特别是能源等领域），悲观的情绪与乐观的期望同时存在行业中，这是百年难得一见的景象。

深挖市场，开辟更多的消费渠道，积累利润！市场需求对产品性能、质量、美观、节能等都提出了新的要求，从“大行业、小公司”的无序竞争阶段，到开启存量搏杀的新时代，门窗幕墙市场已进入一个前所未有的大转折时期，消费场景、营销服务、供应链管理、生产制造、产品研发等环节都在发生深刻变革，企业要想健康可持续发展，利润要一点一滴地“挖掘”出来。

与上一年度相比，门窗幕墙行业的利润实际上是呈现整体下降的趋势。其中存在着多方面原因，企业财务管理与项目运营方式影响较大，密集产业市场需求转移，倒逼我国产业转型升级。企业利润下降与人才流失成为一大顽疾，人才的培养费用较高，尤其是门窗幕墙行业专业化程度越来越高，数字化及智能化设备开始广泛使用，人才流失将会带来企业的工程项目、生产管理资源流失及利润降低。

（1）幕墙类

2023 年，建筑幕墙行业总产值再次出现下滑。建筑幕墙行业筑底趋稳，逐步开始摆脱低价中标、负利润竞争、同质化竞争、垫资矛盾等多个负面因素的影响，企业更加关注短期利益，反而带来了项目体量和质量的双提升。

关注房地产项目市场发展的变化，我们可以总结出幕墙行业的项目集中增长程度与人口区域密不可分，新城镇建设、重点区域化城市群的各类优质幕墙项目集中涌现。同时，针对行业遇到的困难与问题，行业需要加强行业自律，投资要慎之又慎，树立命运共同体概念。

幕墙在大项目、大基建的支持下，以及金融、互联网业主复杂项目的补充下，市场相对稳定，但更大的发展受制于房地产行业的大幅下滑。在建筑幕墙方面，工程总量在受到“38 条”限制的前提下，已经连续承受了多年的低速发展时期，行业内抗压能力和刚需明显，虽房地产下滑，但文化建筑和数字化科技建筑项目增长，抵消了产值的硬下滑，基本在波谷的位置徘徊。

（2）铝门窗类

2023 年铝门窗的工程市场总产值减半，其中最显著的是工程市场内新开工项目急剧减少，但市场体量仍然巨大。从新建住宅向存量更新方向转变，铝门窗产品的品质需求从低向高转变，业内企业的现状呈现两极分化，大企业订单量不减反增，中小企业无单可接；由于上游产业传导，工程企业普遍较为悲观，需要积极寻找外界及上游带来的强心剂。

在任何时候，稳守品质与价格底线，做好项目与工艺创新是铝门窗企业最关键的事。2023 年铝门窗的工程项目数量开工不足，房地产行业的新开工住宅面积大量减少对此影响巨大，拖累了门窗企业，大部分企业的资金现状不佳，让很多门窗企业也放慢了发展的步伐。中、低端工程门窗产品的项目利润低且收款难，“有活不如无活”“活要挑着干”，在这一两年成为行业内较为明显的现象。需要警惕的依然是行业内的低门槛、虚假宣传、恶意杀价导致的竞争加剧，这让门窗企业的利润更加稀薄，为行业蒙上了一层阴影。

（3）建筑铝型材

2023 年的铝型材市场喜忧参半，国内市场较为低迷，但国外市场实现了新突破。铝型材行业需要加快拓展国内外市场的双向互补，2023 年我国铝型材行业出现了新情况、新变化和新挑战。一是消费面临拐点，即将由增量市场变为存量市场；二是产能仍然持续增长，过剩程度进一步加剧；三是受房地产行业“暴雷”影响，新型应用开发不同程度受到阻碍；四是新增贸易摩擦案件仍时有发生，出口压力持续加大，出口数量徘徊不前；五是安全生产事故仍有发生。

大型铝型材企业更多地愿意“走出去”，主动寻求国际市场的合作与发展，与国内市场形成更强的双向互补，加强自身造血功能的同时，避免国内的同质化竞争。中小企业则更多的是对项目与市场合作方式加强，缩小国内布局，强化区域优势，积极寻找市场内的“夹缝”；打造能够穿越周期的强大体魄，逐步消化掉国内与国外需求差距产生的新产能。

（4）建筑玻璃

2023 年的建筑玻璃市场内，大型玻璃企业与中小型及加工类企业之间仍然存在企业生存环境的较大差别，行业总产值下滑并不明显。玻璃作为建筑外围护结构中面积占比较大的面板，其节能保温性能的提高，将极大地有利于实现节能降耗目标。因此，玻璃的生产研发、工艺创新、设计应用，以及科学的施工和安装，成为控制能耗的关键。如今，玻璃产业链发展日趋完善，从原材料的采掘、玻璃产品的生产，到玻璃制品的加工，在中国已经形成了成熟的研发和运作体系。

2023年的建筑玻璃市场需求的变动非常大，建筑玻璃企业寻求发展转型与多元化发展的意愿超越了以往任何时期。从国内市场表现来看：2023年上半年板块业绩同比下滑明显，主要是受到地产开工量的影响，以及房地产企业持续“爆雷”带来的紧张情绪。全年来看地产政策持续宽松，建筑产业链细分赛道估值有所修复，但行情一波三折。大型玻璃企业，尤其是原片生产企业的订单量虽然减少，但影响较小；中小型企业尤其是加工类企业缺少订单。同时，各大玻璃深加工企业都在家装消费市场、光伏新能源赛道等领域，展开了长远的布局，也需静待业绩拐点。当前，中国已经成为全球最大的平板玻璃生产国，产量已经反超了欧洲和北美地区，拥有多家世界知名的玻璃品牌企业。

（5）建筑密封胶

2023年的建筑密封胶是非常稳定的，虽然市场内给予的信号是幕墙项目下降，市场面在变窄，但行业内早已实现了更新与布局。两极分化严重，唯一利好是原材料价格大降，大企业靠规模换利润，小企业减产裁员。行业内开展新赛道的拓展，这有效地提升了行业的抗压能力。

品牌建筑密封胶企业在国内、国际的竞争力不断上升，源自不断的研发投入与精英人才培养，齐心聚力才迎来了差异化竞争下的市场份额提升。然而，大多数企业受到高精尖人才缺乏，以及创新型机制缺乏的制约，密封胶的产品结构仍旧不合理，企业应对市场需求及改变无法及时响应，传统的标准化密封胶产能明显过剩，高端定制型产品领域的“卡脖子”现象明显，从研发体系到检测手段，再到服务标准，多数企业存在大量需要填补的技术空白。

同时，市场总是在不断变化，企业必须打破常规，寻求转型与升级，在“双碳”目标下，装配式建筑、光伏建筑一体化、超低能耗建筑等有望爆发增长，应用场景宽泛、发展空间广阔，产业链上、下游企业需要凭借质量、规模、品牌、服务等抢占更多的市场份额。

（6）五金配件

2023年五金配件企业开始探索更多的出路，因其产品特性所决定，配件类企业也是行业内最快实现多元化发展与高效转型的企业，行业整合趋势明显。行业内的产能与销量出现了较往年更大的差异，但目前市场产值上影响不大，后续低端五金的产品市场有可能缩紧，这与工程市场表现不佳息息相关。

随着高质量发展诉求的逐步兑现，工程管控体系的水平提升，传统建筑生产方式正渐渐被取而代之，绿色化、工业化、集约化、智能化和产业化的优质门窗幕墙产品及相关配套材料，将成为今后市场的主流。

当前市场内智能化五金产品带来的新发展成为热点话题，行业内的同质化情况严重，较多的中小企业发展较为困难。同时，传统的市场主要依托房地产项目的发展，但目前国内房地产开发投资增速降低，采购价格下降，严重制约了五金企业的发展。五金配件企业开始探索更多的出路，因其产品特性所决定，配件类企业也是行业内最快实现多元化发展与高效转型的企业，行业整合趋势明显。

从工程与家装两方面的市场分析，其体量依然巨大，“大行业”的现状并没有根本性转变，五金配件企业应该看到从全屋家装到旧房改造，公共建筑、民用住宅的扩建，以及新型城镇化建设、大都市圈建立，对产品的总需求量不断扩大。但市场中的产品认知正在改变，全屋智能化带来了对五金“属性”的全新定义；客户人群由70后、80后，向90后、00后转变，体现出功能性多样化的诉求，以及产品质量和服务要求更高，对“一分钱一分货”的理念，以及线上渠道的应用正在衍生。

（7）门窗幕墙加工设备

加工设备的老化与产能需求是目前市场内最主要的矛盾，虽然新增企业需求减少，但设备更新、换代与升级的订单在持续增长。2023年的加工设备行业将智能制造作为了核心，新产品、新工艺与设备的推出更加频繁。上游行业也正在经历既有设备的年限到期和改造需求，“十四五”规划和“2035”远景目标纲要的发布，提出了深入实施智能制造和绿色制造工程，再次明确了智能制造将成为工业发展的一大趋势，政策倾斜带来的巨大信号，亦显示工业转型将迎来大突破、大提速。

同时，日益高涨的人工成本让设备替代人工成为主流，也推动了门窗企业下大决心进行门窗智能化设备方面的投入，未来增长有着良好的前景。智能化、无人化已经成为全球建筑设备发展的主要课题，在中国门窗幕墙发展的道路上，信息化及数字化技术赋予了我们更多的产品技术突破，全新的设备系统，高科技产品日益丰富，加工设备从机器人、机械臂，再到完善的优化算法，丰富的应用终端，一流的门窗幕墙加工设备生产企业，总是能够为我们提供稳定、高效的全套解决方案。很多普通劳动力能够被释放，增加社会生产力的活性循环，无人化、智能化引领的行业未来，不是替代人，而是一种无限的助力！

创新为王，无人化与更新换代为主的时代来临，加工设备行业洗牌的时间早于行业内其他分类企业，从小作坊遍地开花到虚假产品等，经历过如此混乱时期的加工设备行业头部企业加大了产品研发投入，主动求变，让市场前景与品牌化效应得到了很好的实现。

（8）隔热条和密封胶条

随着国家“碳达峰、碳中和”的发展定调，新的建造形式需要配合全新的建筑理念——绿色、低碳、节能，以及数字化、智能化是建筑全新的发展课题，绿色节能的建筑配套材料迅速成为房地产、建筑业与门窗幕墙产业链的新宠。市场内对节能需求提升带来的消费量依然在提升，但价格竞争非常激烈，市场内需要打破品牌壁垒，建立更流畅的规范化、品牌化消费。

伴随着低碳与节能的双重发展，社会需求度增加明显，建筑隔热条及密封胶条产品成为对绿色建筑、节能减排起到关键作用的门窗幕墙配料，作为行业细分领域，其生产企业的技术壁垒和创新能力，是这个行业内企业品牌知名度与规模化的核心支撑力，未来产品用量与市场需求将会持续增长。

（9）幕墙设计及顾问咨询行业

2023年国内建筑幕墙设计与顾问咨询行业的市场总体量随着房地产行业的低迷有所下降，但下滑幅度并不明显，行业内减少的企业数量与新增企业数量之间的对比拉开了差距，年度内总产值估计在30亿元上下。行业的技术服务已经形成了较强的标准和规范，但行业弊端凸显，收款难、价格低、权限小、周期紧等乱象频生，创新技术与设计突破在甲方与总包的双向夹击下难以实现系统化方案，行业整体的人才流失严重，薪酬制度与企业盈利能力挂钩，在外部通胀压力下，除小部分TOP企业外，行业内的服务与价值提升仍然有较大的上升空间。

以房地产合作为主体的顾问咨询行业需要在未来尽快转型升级，从较为单一的服务类型向多元化服务转变，从技术专家角色向全面化服务管家身份转变，加大对项目服务，特别是建筑全生命周期过程的咨询能力，成为全能型专家。

（10）家装门窗类

2023年的家装门窗市场已经成为众多门窗企业、家装巨头、互联网巨头、外国投资的重点关注领域。国内既有建筑30年以上的铝合金门窗面积巨大，未来的市场体量让人充满期待。在乱象纷呈的竞争环境中，家装门窗行业的年度产值基本保持稳定，这得益于新交付房屋面积的增加，同时高端家装门窗产品的价格持续增长，社会中对家装门窗产品的持续关注及网络平台的投入推广，换来了行业更多的热度。

家装门窗企业必须保持在区域市场内的优势才能获得较为灵活的生存空间，这与行业内价格竞争程度加深是密不可分的。从家装类门窗项目产值来看，一线品牌的家装企业获得的市场体量虽增长幅度不大，但大多数企业生存的空间保持缓增，对外来跨界巨鳄有着明显的敌对与防备。

小行业大市场的家装门窗，行业内拔尖的企业数量仅占2%，盈利上亿元的企业数量屈指可数，小企业及加盟门店遍地开花的背后是资本市场的投入与残酷的淘汰，5亿元以上规模的企业数量不足20家，1亿元以内的企业占比较大，未来市场洗牌的可能性非常大。家装门窗的品牌意识较为突出，多数企业拥有多个品牌，产品生产、服务和运输、安装等方式与工程门窗市场差异巨大，部分工装企业贸然进入家装市场，在前期的布局与市场预期中深受打击。

（11）其他小材料类

细化的材料分类，更多的市场关注，带来了铝门窗幕墙行业对铝板、百叶、遮阳、电动开启扇、防火玻璃、涂料、精制钢、锚栓、搪瓷钢板、玻璃胶片等行业市场数据统计的关注。小行业大企业的现状，让这些小材料分类中的品牌企业市场占比与盈利情况非常可观，部分企业是从家居及房地产、装饰装修等行业中多元化经营模式而来，如果整合这部分材料企业的产值会非常困难，毕竟大多数企业的产值并不仅仅是铝门窗幕墙行业，它们有着更加巨大与出色的体量。

2023年的铝门窗幕墙行业内，喜忧参半，企业家们的情绪差异也相对较大，失望者有之，庆幸者有之，悲观者有之，这是一个波澜壮阔的大时代。在这样的时期，坚定信心、愿意坚守与付出的企业家们才能做好企业，做大市场，做优产品，任何的侥幸与吝啬对企业的发展都无好处。

## 第3部分　年度分会主要工作内容

在国家精准施策、行业积极践行的大背景下，中国建筑金属结构协会铝门窗幕墙分会在2022年工作的基础上，对行业内既有及新开展的各项工作有了更深的认识，也有了更具前沿目光的运作方式，融合“基础工作”，强化“分会价值提升”，提升文化理念与黏性，创造新突破。

在“感恩、传承、创新、发展”的行业文化和“提高磁力、增加黏性”的服务理念的基础上，2023年再升级为：“主动服务 融入新发展格局”，倡导和推行行业文化和服务理念，将“文化”和“理念”植入整个行业，已经成为分会工作中的行为准则和行动指南。

## 1 年会及新产品博览会

2023年4月，分会与展会承办单位全力运作，使行业年会以及新产品博览会成功举办，并取得了巨大成绩，参展企业数量与参观观众数量创历史新高。2023年国家提出：扩内需、促发展、保交楼、稳经济，令行业内信心大增。

在这样的情况下，权威的行业信息，前沿的资讯分享，最广的行业视角，最深的行业分析，广州铝门窗幕墙行业年会，让全行业看到不一样的未来！分会作了《铝门窗幕墙分会2022年度工作总结及2023年发展报告》，并发布了“第18次铝门窗幕墙行业数据统计”结果，同时表示会努力提升服务与黏性的文化理念，得到了行业内共同的认可。

其中，第29届全国铝门窗幕墙行业年会和同期举办的新产品博览会两项大型活动的成功举办，得益于行业内众多品牌企业的大力支持，彰显了铝门窗幕墙行业高度凝聚的信心与毅力。在经济恢复阶段，铝门窗幕墙行业进入了承前启后的时期，行业企业产业化、规模化、数字化、绿色化的发展转型升级之路正在铺开。

## 2 行业数据调查活动

2023年分会进一步强化行业数据调查统计工作，将数据化收集整理的源头进行了拓宽，行业上下游的产值数据、市场数据、市场系统变化情况等都纳入了数据调查统计范畴。为了更好地服务行业与会员企业，继续开展行业数据调查活动。通过结合市场变化的热点，深入剖析与研究行业市场，将行业大数据进行分析，科学合理地应用数字化技术，积极寻找客观规律，以发展报告的形式将调查活动的成果进行分享。

行业数据统计调查工作是分会每年非常重视的一项工作内容，为行业企业的发展与市场分析提供最科学的指导，是行业每年众多企业家与市场人士翘首以盼的项目，统计工作结果价值极高，是一件利行业、利企业的大事。

## 3 行业多项会议及活动

分会每年会主办与协办众多的行业顶尖高端会议及活动，在2023年期间，分会主办与协办的多项活动包括第十二届中国建筑幕墙安全应用高峰论坛、2023第二届BBA赛事门窗幕墙行业“白云杯”篮球友谊赛、第29届全国铝门窗幕墙行业年会“招待晚宴”、行业建筑幕墙安全应用高峰论坛、C21峰会·“强动能、提效能”产业创新论坛等，为行业的高端技术交流与商务合作提供了最大的助力。

## 4 服务协会会员企业

以开拓的眼光看待行业，以发展的目标推动行业，2023门窗技术培训班的会员企业服务活动，分会一口气举办了两期；2023全国幕墙设计及顾问专家会、“GX718上海幕墙共享设计节”更是推动行业设计水平提高的重要活动，大大小小数十场各类服务及平台交流活动方便了分会会员企业的市场与管理、技术提高，拓展会员的视野，了解国外市场及行业趋势，帮助会员学习先进制造技术，了解最新制造业市场趋势，为加强整合协会内外资源，探讨行业未来发展方向做出了贡献。

## 5 行业内区域走访调研活动

2023年分会积极开展行业走访调研活动，结合走访调研与数据统计的科学分析结果，组织开展研讨，以新时代社会主义核心价值观为依托，制定铝门窗幕墙行业发展规划，全面结合国家“十四五”发展规划，为行业发展订立目标，为行业及行业企业发展指明方向。2023年分会积极深入行业企业开展走访调查活动，先后走访考察了广东贝克洛、北玻股份、江河幕墙、上海锦澄、湖北炳彰、始博集团、米兰之窗、豪美新材、爱乐屋门窗、广州白云、铭帝集团、皇派门窗、轩尼斯门窗、上海杰思、上海艾勒泰、南京弗思特、上海旭密林、广州凡祖、福建赛特、厦门维爱吉、锐建工程咨询、福建群耀幕墙、高立德胶业、杭州之江、山东保泰、东方雨虹、南海易乐、郑州中原、河南兴发幕墙、河南金沙置业、成都硅宝、威可楷爱普、中亿丰罗普斯金、山东沃赛、华建铝业、山东蓝玻、山东飞度胶业、亚萨合莱国强、华东设计院、北京腾美骐、北京建材院、中国电子院、山东建美铝业、集泰股份、山东美新玻璃、威朗迪迪门窗、山东栋梁、和平铝业、高登铝业、兴发铝业、深圳三鑫、合和五金、广东省建筑设计院、广州格雷特、江苏赛迪乐、江苏可瑞爱特、天津固诺、东南九牧、山东宝龙达、永安胶业、三泽硅胶、苏州金螳螂、中衡设计集团、广州高士、广东宏泽、广东新展、广东天剑、广东力伊祥、安徽靖康、山东汇滨、佛山巨马等企业；开展了针对房地产企业的调研工作；还深入各大建设设计院所及咨询企业等。2023年共走访产业链企业近160家，深入调研门窗幕墙行业的产品研发、应用推广及市场运营情况，与被调研企业高层会晤，开展深入交流。

## 6 组织开展硅酮结构密封胶行业企业调研和年检工作

2023年，为了进一步加强建筑结构胶生产企业及产品在工程中使用的管理，分会对已获推荐的建筑结构胶产品进行了年度抽样检测和企业调研工作，加强了对结构胶生产企业的监督、检查，并进一步了解企业情况，为硅酮结构密封胶行业推荐复审工作奠定基础；同时对已获推荐企业，分会优先向房地产、门窗幕墙企业推荐。

## 7 组织开展建筑隔热条推荐工作

2023年为了进一步加强及提高铝合金门窗、幕墙用“建筑用硬质塑料隔热条”产品质量管理，对生产企业的规范管理，以及产品工程使用的管理，确保工程质量，保障人民生命财产安全，分会对隔热条生产企业实施行业推荐工作，加强了对隔热条的监督、检查，同时对已获推荐的企业，分会优先进行推荐。

## 8 组织编制建筑门窗幕墙行业新规范

2023年，分会为更好地服务建筑门窗幕墙行业及会员单位，抓住团体标准发展契机，组织开展了多项团体标准编制工作。分会主编了《幕墙运行维护BIM应用规程》《智能幕墙应用技术要求》《铝合金门窗安装技术规程》《幕墙门窗用聚氨酯泡沫填缝剂应用技术规程》《珐琅金属护栏》《建筑玻璃通用技术要求》等团体标准。还主编了行业标准《铝合金门窗工程技术标准》和国家标准《建筑幕墙抗震性能试验方法》等标准。

同时分会参编了《绿色建材评价标准 防火窗》《绿色建材评价标准 超低能耗建筑门窗》

《绿色低碳产品评价要求 近零能耗（被动式）建筑用铝合金门窗》《质量分级及“领跑者”评价要求 建筑用硅酮胶》《建筑围护结构修缮工程施工质量验收标准》《既有建筑围护结构修缮技术规程》和《建筑围护结构修缮有效性和耐久性评价标准》等多项标准。

分会每年对相关标准规范的更新与编制，既是市场的反馈与需求，也是新工艺、新产品的规范化要求，通过行业新标准规范的制定，真正做到为行业服务、为企业服务。

## 9 与多省市地方协会合作开展活动

2023 年，分会强化与各地方协会的合作，积极参加了建筑防水协会及上海、福建、河北、广东、浙江、山东、成都、深圳、苏州等省（市）、地方协会的多场会议。其中包括四川省和成都市金属结构行业协会举办的“助力四川经济发展”行业峰会、山东协会举办的“第一届中国建博会（临朐）暨第十五届中国（临朐）家居门窗博览会”、厦门协会举办的“厦门市勘察设计协会钢结构与幕墙分会第六届第一次会员大会暨 2022 厦门建筑幕墙门窗高质量发展论坛”“全国建筑幕墙门窗产业企业家座谈会”等。建立了友好协会库，同各友好协会互动交流，互联互通、共享共生、共谋发展。2023 年分会共计参与了 8 场各省市地方协会的合作活动，以交流促进步，推动行业高质量发展。

## 10 组织专家编制行业技术期刊

分会组织行业专家集体合作，编制了年度《建筑门窗幕墙创新与发展》论文集，本年度的刊物也是分会三十周年特刊，已经正式出版发行，将作为 2024 年广州铝门窗幕墙行业年会的配套资料，发送给参会的会员单位代表。

## 11 开展行业大数据统计和品牌入库推荐活动

行业内“危与机”并存，在面对众多困难时，也正是企业修炼内功、努力提升产品与管理水平的好机会，分会矢志不移地将“文化”与“理念”在行业企业间践行，收获巨大，也进一步推进了行业的高质量发展。年会召开期间，举行了 2022—2023 年度“TOP20 幕墙工程”，以及“TOP10 材料品牌”大数据入库证书的颁发仪式！TOP 入库证书将为门窗幕墙行业的品牌发声，助力上下游产业之间的交流与互通，继续打造更加开放、更加科学、更加具有创新力和领导力的行业品牌展示平台。

分会在 4 月份年会期间，为众多会员企业中的 TOP 品牌企业发放了“入库证书”，进一步打通上、下游产业链之间的沟通与合作。分会的工作重心将集中到推动行业高质量发展上来，将积极开展品牌大数据调研及入库推荐工作，分会将把一切的工作重心放在为行业企业及会员企业的服务上，坚持全面引领行业高质量发展，深入走访调研，结合大数据时代的分析方式，组织专家、学者进行头脑风暴的科学方法，对行业的发展方向和企业转型升级、管理模式升级提出最直接的观点和指导。

## 12 组织头部企业，开展工程造价与成本分析

分会组织了门窗幕墙工程企业，根据采集汇总各类材料及人工价格的实时变化，客观反映工程造价与成本变化，共同抑制行业内的低价恶性竞争。

## 13 分会成立三十周年庆祝活动筹备工作

2024 年铝门窗幕墙分会成立三十周年了，这既是一个时间节点，也是一个传承发展的阶段，因此决定举办系列庆祝活动。对此分会制定了庆祝活动的计划和方案，正在按部就班地进行筹备工作。

## 14 顾问行业观摩活动

以点触面，激发行业活力，引领行业健康发展。2023 年 7 月，在西安举办了顾问行业观摩活动，行业内引起强烈反响，得到了业界的好评。

## 15 行业企业互访活动

互动交流，传播文化，传递正能量，行业企业间建立起互访互通共融模式，相互学习、取长补短、共同进步。2023 年 9 月组织行业企业走进苏州，同苏州知名企业进行互访交流，达到了预期效果，取得了巨大成功。

## 16 筹备成立“幕墙设计及顾问咨询分会”

设计是行业的龙头，设计及顾问咨询是门窗幕墙行业的重中之重。铝门窗幕墙分会涵盖十个子行业，“幕墙设计及顾问咨询行业”是其中之一，经过长期思考和市场检验，决定单独成立“幕墙设计及顾问咨询分会”。2023 年向协会提出申请，已经获得批准，成立大会将于 12 月 27 日在深圳召开，由此开启了幕墙设计及顾问咨询行业新时代。

## 17 对外交流，开阔眼界，开拓市场

这两年，行业进入整合期，速度开始放缓，竞争日益激烈，其主要原因是市场体量减小了。我们必须深入研究，开拓新的市场空间，扩大市场化份额。为此，我们把着眼点瞄准了既有建筑和国际市场。走出去，推广我们的企业、文化、品牌和产品。在数据统计分析的基础上，确定下一步行业产品出口目标，让行业找到新赛道、获得新空间。2023 年 11 月组织了日本考察团，走进日本百年企业，了解学习先进经验，为国内行业企业助力加油。同时举办了中日行业高峰论坛，为下一步拓展日本及周边市场打下了基础。

## 18 硅酮结构密封胶行业推荐复审工作

目前，分会已经推荐了 100 多家硅酮结构密封胶行业企业，时间跨度已经到了近 20 年时间，各种因素和条件都发生了很大变化，因此分会决定暂停硅酮结构密封胶行业推荐工作，开始运筹硅酮结构密封胶行业推荐复审工作。2023 年已经完成了基础文件、资料的准备工作，2024 年将按计划启动此项工作。

2023 年取得的每一成绩，都离不开行业同人与会员企业的大力支持，分会将更加紧抓创新与发展这个主题，进一步提升服务质量，并且在分会的各项工作中将文化与理念融入其中，成为分会坚强的筋骨，深入行业会员单位，努力打造高质量发展平台。

# 第4部分 2024年度分会拟开展的工作计划

2024年，将会是一个更加风云激荡的年份，中国经济的稳定发展将带给国家与行业最大的推动力，分会将带头践行，真正把文化和理念变成行动，实现文化、理念全面升级。为了更好地服务会员单位，努力实现分会平台的最大功能，分会拟开展下列各项工作。

## 1 计划举办行业年会及博览会

行业年会是年度内最大的行业专业性、分享性、开放性的行业会议；新产品博览会更是通过不断地推陈出新，实现企业与国内外市场间的互通共融。

## 2 年度内举办多场高端行业活动（包括高峰论坛、技术论坛、行业交流活动、青年企业家论坛等），分会计划强化行业交流活动，技术交流与产品创新的各项全新活动

## 3 开展行业青年人才培养计划

企业发展，行业创新，人才为先，青年人才计划的开展是分会谋划已久，全力推进的工作，下一步要全面落实。

## 4 开展行业内职业资格培训工作

分会对行业内的职业功能、人才职业规划搭建更完善的全过程通道，全面配合国家对行业专业人才培养的政策开展工作。

## 5 继续引导建筑幕墙设计、施工规范化

推动建筑幕墙工程项目中的设计、施工的创新技术与工艺的新规范标准编制，完善行业内对各项内容的要求。

## 6 深化行业技术发展，开展新技术、新工艺观摩活动

分会计划组织多场上游产业链及建筑业内项目中新技术、新工艺的观摩活动。

## 7 重点加强对“专精特新”企业的服务

针对“专精特新”企业的行业发展，加强企业走访与交流，为企业开展“更近一公里”的服务方式。铝门窗幕墙行业在国家新一轮的经济发展中，科技创新与数字化、智能化成为全新导向，以“专精特新”为代表的企业，将会是行业内发展的新典型与高质量发展的门面担当。

## 8 组织编写并出版年度刊物

继续组织编写年度内的行业专业刊物。

### 9 重视行业传承与文化建设

打造行业内更加重视传承的氛围，提升行业文化建设。

### 10 继续开展行业数据调查统计工作

将继续开展对行业发展影响巨大的行业数据调查统计工作。

### 11 提升行业入库推荐品牌的影响与深度

计划进一步推动“入库推荐品牌”活动，打造更具影响力的市场化渠道。

### 12 进一步完善友好协会库建设

互联互通、共享共生，在2023年的基础上，进一步完善友好协会档案，加强横向联合，共同推进行业健康有序发展。

### 13 开展硅酮结构密封胶行业推荐复审工作

2024年继续筹备硅酮结构密封胶行业推荐复审工作，制定计划、方案，统筹安排，进一步规范硅酮结构密封胶行业，为推动行业高质量发展贡献力量。

### 14 持续开展幕墙设计、顾问咨询的相关工作

积极配合新成立的“幕墙设计及顾问咨询分会”开展相关工作，组织地标工程观摩活动，策划创新技术分享论坛等。

2024年分会积极开展铝门窗幕墙行业的全面工作，坚持高质量发展，紧抓时代特色，以行业企业需求为核心，以平台性、公允性、公开性为推动，开创中国铝门窗幕墙行业现代化的新局面。坚定不移地以党的二十大精神为指导，实施四轮驱动策略，推动行业高质量发展。根据国家总体方向，用“保险服务、双碳指导、绿色认证和清洁能源”四项举措，把全行业推向高质量发展的快速道。

## 第5部分 未来发展展望

进入新周期，打造更团结、更高效、更优秀的行业。我们已经步入了从量变到质变的年代，从数字化、信息化、工业化，到智能建筑、绿色建筑……

2023年，门窗幕墙行业经历了产业链快速转型和升级迭代的“大爆发”，积极建设现代化门窗幕墙及建筑玻璃、铝型材、五金配件、密封胶、隔热条和密封胶条等产业体系，夯实企业发展的根基，共同推进建筑新型工业化，迈向门窗幕墙制造强国、质量强国，助力数字中国建设。

### 1 建立行业创新与学术发展的机制，联合设立新技术展示平台

创新是行业发展的最大动力源，在我们看来，门窗、幕墙不仅是一种装饰或者保护结构，它还是一个包含了材料科学、结构工程、环境科学等多个领域的交叉学科。随着全球对

环保问题的日益重视，绿色建筑成为主流。幕墙行业也在逐步向绿色环保方向发展，如使用可回收材料，设计更节能的幕墙系统等。随着科技的发展，智能化已经成为各行业的发展趋势。幕墙行业也不例外，如利用传感器和控制系统实现自动调节透光度，提高能效，同时增强建筑物的安全性。随着消费者对个性化需求的提高，幕墙行业也在向定制化方向发展。建筑师可以根据建筑物的功能和风格，选择不同的幕墙设计和材料。行业内需要联合起来，设立新技术合作展示平台，让创新与学术的空间更大，提升行业内的追求，创造更多的动力。

## 2　坚持打造行业企业品牌与诚信体系建设

对国内建筑铝门窗幕墙行业的发展而言，企业品牌与诚信体系建设是当前非常需要投入与重视的。企业要严格遵守国家法律法规，合规经营，主动抵制低价低质的竞争，才能赢得市场和社会的认可。“一潭死水中，没有一条鱼能够生存”，企业要建立健全内部管理制度，规范企业经营行为，防止违法违规行为的发生。同时，企业还要加强与政府部门的沟通与合作，积极参与行业自律，共同维护行业的健康发展。行业内需要打造企业品牌的“诚信组合拳”，必须从产品质量、售后服务、企业文化建设、合规经营等方面入手，全面提升企业的诚信水平。企业牢固树立诚实守信的经营理念，把诚信作为一种无形资产、一种生产力来认识、来创立，带头宣传诚信典型，弘扬诚信意识，开展诚信服务，积极做诚实守信的坚决拥护者和忠实执行者。

## 3　做好行业引领作用，诠释“文化＋磁力＋黏性”的内涵，加强企业互动与走访

“数字赋能和数字化转型升级，是推动传统铝门窗幕墙行业高质量发展的不二法门。”针对企业数字化转型能力不足，数字化转型服务生态体系还不健全等问题，加强企业互动与走访，建立更多学习的模式与引领，强化分会的行业引领作用，进一步强化对行业“文化＋磁力＋黏性”的文化与服务输出能力，获得更多的外部整合投入与支持，针对行业企业的不同特点和需求，协同制定相关数字化转型方案和指引，同时要健全产业数字化转型服务生态体系，加大产业数字化转型专业人才的培育和聚集力度。

## 4　引领行业科技创新发展，重点鼓励并推广绿色节能产品

绿色低碳发展越来越受到大众关注，绿色节能产品更是不断推动建筑业与门窗幕墙行业发展的重要武器与建设资源。建筑业作为碳排放大户，是实现碳减目标的关键所在之一。实现建筑业绿色环保是高质量发展的必然要求。实现绿色低碳，更好地推广绿色建筑，要完善相关政策，推行激励扶持政策，提升社会对绿色建筑的认可度；在这样的过程中培育绿色节能产品的明星企业，提高行业引领作用，培育出集研发、设计、生产、建造于一体的绿色建筑“链长”企业，形成产业集群。推动绿色产业的全面拓展，打造更全、更完善的绿色节能产品生产线，输出打造更多享誉世界的中国产品、中国企业、中国产业和中国品牌。

## 5　全面提升门窗幕墙项目全周期智能化管理，提升培训与展示

门窗幕墙项目的全周期智能化管理不但能够提高项目的管理方式与效率，也能够降低项目成本与建设时间。传统的工程项目管理方式存在诸多问题，如信息孤岛、流程不规范、沟通不畅、数据不透明等，无法满足现代工程项目的需求。因此，引入先进的工程项目管理解

决方案，在行业中是势在必行的。

开展全周期智能化管理的培训与展示，可以借鉴其他传统行业的成功经验，比如建立PLM系统，它是借助信息化管理手段实现技术质量管理体系（ISO）良好贯彻，协调产品需求、研发、制造及售后服务的全过程，在门窗幕墙项目全周期的智能化管理中，可以提升从工厂到工地之间的信息交流渠道并改善产品的研发与生产周期，提高企业在市场上的应变能力、竞争能力，能够让每一个工程项目得到精心的规划、设计、施工，同时还能经受复杂的环境、资源、成本和风险的挑战。

智能化管理的壁垒在于人才与使用，开展智能化设备及软件的培训工作，强化行业内的智能化整体水平，并通过自动化、信息化和智能化手段，提升项目全周期管理的效率和精度，降低风险和成本，优化资源的利用和成果的管理。

## 6　凝心聚力，融合创新＋智能，打造数字化行业平台

数字化平台是最有利于行业快速发展与高质量发展的重大举措，融合创新＋智能，才能够让行业更加有凝聚力，更加有创造力。数字化行业平台的技术应用特色代表了行业“新工业革命”的基础，在数字化技术的推广中，我们最应该重视的诸如BIM技术，它在幕墙结构施工中的运用，使整个项目从设计向施工转变，提高了整体的施工管理水平，因此，BIM技术在幕墙结构施工中的应用越来越广泛。将BIM技术引入到施工过程中，可以有效地解决传统的2D软件设计方法的不足，同时也可以简化施工流程，提高施工效率。

但数字化行业平台不仅限于此，更多的是通过一种全新的工作模式与交互模式，打造更加高效、灵活的生产、管理方式，同时有效降低成本，这不仅可以满足施工人员对施工质量的需要，而且可以避免在施工过程中出现返工问题，防止工程质量和安全事故的发生。

## 7　建立行业法务类培训模式

铝门窗幕墙行业内的法务纠纷较为频繁，究其原因主要是行业内的法务建设与管理水平不高，跟行业的企业家与施工主管缺乏法务类培训有关。为增强企业商业秘密保护意识与商业合作的安全意识，提升企业对涉密风险的管理能力和水平，强化行业中企业的法律及保护意识，深入学习宣传与生产经营密切相关的法律法规。在重视绿色建筑与智能建筑发展的前提下，结合工作实际，组织学习《中华人民共和国安全生产法》《中华人民共和国中小企业促进法》《中华人民共和国公司法》《中华人民共和国民法典》等法律法规，增强法治意识，通过法律途径、运用法律手段进行企业管理和市场服务，促进行业内企业法务管理的进步。

## 8　完善行业品牌入库推荐的等级

中国品牌日的诞生是对我国企业品牌及产品品牌具有划时代意义的大事。要推动中国制造向中国创造转变、中国速度向中国质量转变、中国产品向中国品牌转变，这“三个转变”为推动我国产业结构转型升级、打造中国品牌指明了方向，提供了行动之路。立足新发展阶段，发挥好品牌引领作用，推动供给结构和需求结构升级，是推动经济发展方式由外延扩张型向内涵集约型转变、由规模速度型向质量效率型转变的重要举措，也是深入贯彻落实新发展理念的必然要求。这些良好的品牌建设理念，成为行业品牌入库推荐的最大动力。品牌本身是“故事、形象”，也是市场，更是价值，通过赋予品牌深刻而丰富的文化内涵，建立鲜

明的品牌定位，利用各种强有效的内外部传播途径形成消费者对品牌在精神上的高度认同和强烈的品牌忠诚，从而成为品牌竞争的核心。

## 结语

久久为功，善作善成！铝门窗幕墙行业在过去几十年的发展中，一路披荆斩棘、砥砺前行，在实践中不断发展力量和创新基因。立足新发展阶段，未来的行业必将以品牌为抓手，用创新的力量引领方向，用更加完善的行业规则与法务保障，促进企业的管理与市场双提升。建立企业更加安全的外壳，分会会积极投身其中，为建设规范、透明、开放、有活力、有韧性、具备创新能力、数字化、智能化的行业新动能，提供新引擎，做出新贡献。

分会的工作需要细致的服务，文化理念建设也是重要的组成部分，未来分会将继续坚持高质量发展，坚定创新、打造全产业链绿色发展，用每一份力量造福行业、回馈社会、献礼祖国。

# 中国建筑玻璃行业三十年发展回顾

许武毅

中国建筑玻璃与工业玻璃协会中空玻璃专业委员会主任　广东深圳　518067

自20世纪90年代以来，中国建筑业经历了前所未有的快速发展，建筑玻璃制造与应用也随之取得了质和量的跨越式发展。幕墙、门窗玻璃是建筑玻璃的主流产品，包括镀膜玻璃、钢化玻璃、夹层玻璃、彩釉玻璃、真空玻璃、中空玻璃等深加工玻璃产品及其复合制成品；其生产原材料为浮法玻璃，辅助材料包括夹层胶片、密封胶、中空间隔条、干燥剂等众多材料；生产制造则需要各类专用的玻璃加工生产线。尽管材料众多，但从应用的视角和历史事实来看，门窗幕墙玻璃以追求装饰性、节能性和安全性为主的发展脉络仍清晰可见。笔者拟以建筑玻璃制造和应用参与者的视角，以装饰、节能和安全性为主脉络、以重要影响事件为时间节点回顾这三十年来建筑玻璃的发展历程。

## 1　起步阶段（1990—1997年）

这一阶段用户端市场的特点是：门窗玻璃基本采用单片格法平板玻璃，浮法玻璃属于高端玻璃，因价格高很少用于门窗玻璃；高端的幕墙玻璃在国内刚起步，用户端仅重视玻璃的外观色彩装饰性，基本无人关注玻璃的节能性，玻璃的安全性也无从提及。这个特点决定了20世纪90年代前期市场认同的高端玻璃仅为各种颜色的阳光控制镀膜玻璃。截至1990年，国内共有从国外引进的磁控溅射镀膜玻璃生产线4条，且镀膜玻璃生产线的靶材配置少，仅能生产灰色、蓝色、茶色、金色等几种阳光控制镀膜玻璃产品，全部生产线的年产能尚不足60万$m^2$，而这一时期全国玻璃幕墙建筑快速增长，产品远不能满足市场需求。在市场的强力驱动下，这一阶段的中后期中国南玻集团、上海耀华皮尔金顿等骨干企业又引进数条镀膜玻璃生产线，产能基本满足了幕墙玻璃产业的需求。这里特别需要说明的是，中国南玻集团在1996年引进镀膜玻璃生产线时前瞻性地预见到未来更具节能性的低辐射镀膜玻璃将会成为市场的主流产品，因此新引进的镀膜生产线具有生产Low-E镀膜玻璃的能力，这一举措为在中国推动节能玻璃的应用奠定了基础，其示范引领作用将在下一个发展阶段陆续展现出来。

这一阶段随着镀膜玻璃产能的快速扩张，用于制造镀膜玻璃的高端浮法玻璃出现短缺，20世纪90年代仅几条浮法玻璃生产线能生产高端玻璃，到1997年新增的数条生产线投产后，基本满足了镀膜玻璃原片需求。这一时期用于镀膜的玻璃原片以无色透明玻璃为主，为了适应市场对镀膜玻璃颜色多样性的需求，着色玻璃原片占据了近四分之一的市场份额，尤其是绿色玻璃原片甚为流行，体现了以外观装饰为主要诉求的用户端生态。

这一阶段玻璃深加工装备以引进国外装备为主，包括镀膜玻璃生产线、钢化玻璃生产线、中空玻璃生产线、夹层玻璃生产线以及玻璃切割磨边生产线等基本为国外制造。国产玻璃深加工装备处在模仿、探索制造的起步阶段，这一阶段的模仿探索为未来中国玻璃深加工装备的自主制造打下了基础。

随着玻璃幕墙产业的快速发展，从幕墙设计、材料选择、加工制作、施工安装等全过程存在设计指标无据可依、技术要求不统一、施工工法各行其是、产品标准不完善的问题，这些问题严重制约着玻璃幕墙的健康发展。为此，金属结构协会铝幕墙门窗委员会、中国建筑科学研究院组织于1996年编制并发布了《玻璃幕墙工程技术规范》（JGJ 102—1996）标准，中国建筑材料科学研究院玻璃科学研究所于1997年编制发布了《建筑玻璃应用技术规程》（JGJ 113—1997）标准。这两个标准的发布实施不但为玻璃幕墙行业规范化发展奠定了基础，同时也为建筑玻璃及幕墙玻璃的安全应用设置了安全阀。尽管自20世纪80年代中期，中国已经开始了玻璃幕墙工程建设探索实践，但从建立完整玻璃幕墙行业标准体系来评价，1996年可称为中国玻璃幕墙元年。

## 2 发展阶段（1997—2005年）

发展阶段的特点是：企业面向应用端大力推广Low-E节能玻璃的概念，开发适应国人审美观念的Low-E玻璃品种；政府层面发文规范建筑玻璃领域全面采用安全玻璃；行业协会探索开拓中小型中空玻璃企业参与加工Low-E节能玻璃的模式，以便将节能玻璃应用到更广泛的居住建筑门窗上；玻璃加工装备开启了国产化之路。

在节能玻璃产品推广方面，中国南玻集团自1998年率先在全国各大城市面向建筑设计院、幕墙公司和工程项目建设方，以新产品发布和技术交流会的形式推广Low-E节能玻璃的理念，加深应用端市场对节能玻璃的认知，从仅注重幕墙玻璃的外观装饰性逐步过渡到外观装饰性与节能性并重。但当时引进生产的Low-E玻璃品种仅有无色、银灰色、浅蓝色等少数透光率很高的品种，外观装饰性远不能满足国内市场的审美需求，这严重影响到Low-E玻璃的推广应用。为此以中国南玻集团为首的企业加大了新品种开发的力度，陆续研发推出多款颜色、涵盖高中低透光率的Low-E玻璃产品，为Low-E玻璃大规模应用奠定了产品基础。其产品的美观度影响甚至延伸到了国外，引起了国外企业的模仿。这一阶段国内应用的Low-E玻璃基本为单银Low-E产品，双银Low-E产品因品种选择少、价格高等因素难以为用户所接受。至本阶段后期我国实现了在Low-E玻璃产品的丰富程度方面从模仿到引领的跨域式发展。

在建筑安全玻璃应用方面，2003年之前安全玻璃的使用无章可循，玻璃在使用中破裂的事件频发，造成的安全事故引起了全社会的重视，为此国家发改委、建设部、质检总局、工商管理总局于2003年12月4日联合发布了《建筑安全玻璃管理规定》（发改运行〔2003〕2116号），对使用建筑安全玻璃做出了明确的规定。该文件的发布实施不仅规范了建筑安全玻璃的使用，也推动了安全玻璃使用量爆发式增长，带动了全国安全玻璃生产的急速扩张。

在Low-E中空玻璃生产模式方面，基本上局限于原厂镀膜原厂合成中空玻璃的生产模式。这种模式导致大型企业无法发挥出Low-E镀膜生产线的边际产能，数量庞大的小型中空玻璃企业无可加工的Low-E玻璃的困境，限制了Low-E中空玻璃的市场供应量。基于此，中国建筑玻璃与工业玻璃协会在2005年首届年会上倡导创新加工模式，呼吁国内大型Low-E玻璃生产企业利用边际产能制造可异地钢化加工的大板Low-E玻璃供给中小型玻璃加工企业，并号召广大的中小型玻璃加工企业参与大板Low-E玻璃异地加工制成Low-E中空玻璃，以期Low-E中空玻璃能用于居住建筑惠及千家万户。

在玻璃深加工装备制造方面，四部委发布的《建筑安全玻璃管理规定》和中国建筑玻璃与工业玻璃协会倡导的加工模式创新，不出意外地启动了国产装备制造的高潮，包括玻璃切割生产线、玻璃磨边生产线、钢化玻璃生产线、夹层玻璃生产线、中空玻璃生产线的制造均获得了快速发展，甚至技术含量更高的镀膜玻璃生产线也开启了国产化制造。我国自此踏上了玻璃深加工装备制造业大国之路。

## 3 成熟阶段（2005—2015年）

成熟阶段的标志是：国家层面建立了完善的建筑节能设计标准体系，门窗幕墙节能技术应用方面完善了节能设计计算评价标准体系；在应用领域，公共建筑普遍设计采用Low-E节能玻璃，居住建筑Low-E节能玻璃的应用也实现了快速增长；Low-E玻璃类别由单银产品向采光和节能效果更好的双银、三银产品升级；超大规格尺寸玻璃的加工制造启动并逐渐居于世界领先地位；生产模式由单一的“原厂镀膜原厂合成Low-E中空”模式转向与中小型玻璃企业“异地加工合成Low-E中空”模式并存的局面；超白玻璃进入市场并迅速增长，着色玻璃基本退出市场；玻璃深加工装备领域实现了各类装备的完全国产化，其中钢化生产线、镀膜生产线的技术水平甚至超越国外同类装备。

2005年由中国建筑科学研究院、中国建筑业协会建筑节能专业委员会主编的《公共建筑节能设计标准》（GB 50189—2005）发布实施是启动这一阶段的标志，2008年由广东省建筑科学研究院主编的《建筑门窗玻璃幕墙热工计算规程》（JGJ/T 151—2008）的发布实施是建立节能评估体系的标志。这两个标准的实施结束了门窗幕墙玻璃在设计阶段节能指标无据可依、玻璃节能参数混乱的局面，实现了我国建筑节能衡量指标和热工计算依据与国际相关标准接轨，为Low-E节能玻璃大规模应用营造了标准生态环境。在此前的发展阶段，Low-E节能玻璃的推广已持续了多年，但因缺乏相关节能标准支持，Low-E玻璃的使用量增长缓慢，截至2004年，全国Low-E玻璃年产销量不超过几百万平方米。这两项标准发布实施后，Low-E玻璃的年增长率由初期的约20%陆续提升至50%以上，至2015年，据估算Low-E玻璃的年产销量已超过3亿平方米，其推动力度之大由此可见一斑。

在产品应用领域，至2010年左右单银Low-E中空玻璃几乎已成为幕墙玻璃设计的标配产品。为适应不同气候区域节能指标的差异化要求，以南玻集团为代表的头部企业开启了新一轮产品升级的推广宣传活动，大力推广更高透光率、更低遮阳系数的双银、三银Low-E玻璃产品。此后，节能玻璃产品性能持续升级成为常态；热弯结构的Low-E中空玻璃甚至冷弯安装的Low-E中空玻璃也陆续用于玻璃幕墙。这一时期各种功能的玻璃陆续应用于市场，包括电致变色玻璃、热致变色玻璃、电致调光玻璃、自洁玻璃、减反射玻璃、抗菌玻璃、复合防火玻璃等。

这一阶段原片玻璃市场也发生了质的变化，普通平板玻璃产能快速扩张导致产能过剩，着色玻璃基本退出市场，超白玻璃生产引进中国市场并快速增长。2005年7月山东金晶科技股份有限公司率先引进了美国PPG技术生产超白浮法玻璃。超白浮法玻璃因其具有外观晶莹剔透且钢化后自爆率极低的优点，引起了玻璃幕墙行业的关注，至2008年国内多家大型玻璃企业也参与生产超白浮法玻璃，此后超白浮法玻璃的使用量逐年递增，为提升幕墙玻璃的安全性和观赏性提供了新的材料选项。

这一阶段的另一事件助推中国玻璃加工制造技术站上了世界领先地位。2008年北玻股份公司承接了美国苹果公司的订单，研发制造2800mm×8600mm超大规格尺寸超白钢化夹层玻璃。此前受加工装备限制，苹果公司询遍全世界也未找到能加工此规格玻璃的制造商。北玻公司从制造超大尺寸玻璃加工装备入手开启了进一步研发之路，历经近一年努力于2009年成功制造出了超大规格尺寸玻璃加工装备和产品，此后不断提升尺寸极限直至具备了可制造3300mm×24000mm规格钢化夹层玻璃、3300mm×18000mm规格镀膜玻璃的装备和生产技术能力。自此北玻公司成为全世界唯一能够加工如此大尺寸玻璃的制造商。北玻的示范效应也带动了国内众多企业进入超大尺寸玻璃加工领域，为建筑玻璃的设计应用开启了丰富的想象空间。

至2015年中国玻璃加工装备制造技术已达到世界先进水平，玻璃加工装备实现了单机自动化，在满足国内市场需求的同时也大量出口国外市场。

## 4 转型升级阶段（2015年至今）

这一阶段的政策背景是：2020年习近平总书记提出我国二氧化碳排放力争于2030年前达到峰值，努力争取2060年前实现碳中和；国家“十三五”规划纲要要求到2020年节能环保产业快速发展，技术水平进步明显，建材行业开发平板玻璃节能窑炉新技术、浮法玻璃生产过程数字化智能型控制与管理技术等；国家“十四五”规划纲要要求提高新建建筑节能水平，加强既有建筑节能绿色改造，提高既有居住建筑节能水平，开展超低能耗建筑、近零能耗建筑、零碳建筑建设示范，重点提高建筑门窗等关键部品节能性能要求，推动太阳能建筑应用，加快推动智能制造发展，开展智能制造示范工厂建设等。

国家发展战略和产业政策引领了建筑玻璃产业的转型升级。随着环保、节能、可再生能源利用要求的提高，智能制造要素的强化，中国建筑玻璃产业进入转型升级阶段。

在玻璃产品节能性方面，门窗幕墙玻璃产品转型升级趋向制造更节能的玻璃和具有光伏发电功能的玻璃。自2015年之后节能效果更好的产品，如遮阳性能更优异的单腔双银、三银Low-E中空玻璃，保温性能更好的双腔Low-E中空玻璃、单腔Low-E加室内面无银Low-E膜中空玻璃、真空复合Low-E中空玻璃等产品的产销量增长缓慢。推动新一轮产品性能升级的重要事件是2021年发布实施《建筑节能与可再生能源利用通用规范》（GB 55015），强制标准。该标准规定居住建筑平均节能率65%以上、公共建筑平均节能率72%，强制应用端升级玻璃节能指标，促成更节能的门窗幕墙玻璃产品生产和使用量迅速放大。该标准的实施同时也促进了用于光伏建筑一体化（BIPV）建筑的具有透光、节能、光伏发电功能的复合中空玻璃产品的应用。可以预见，未来“节能+造能”玻璃产品的应用将成为发展趋势。

在安全玻璃生产应用方面，自2015年以来深圳、上海、广州等多地陆续发布了安全玻璃使用的相关规定，其共同要点是防止门窗幕墙玻璃坠落伤及人和物，由此引发了夹层安全玻璃的广泛使用。据粗略统计，与本阶段初期相比，截至目前全国夹层玻璃的生产销售量增长了3倍以上，设计采用更安全的玻璃逐渐成为社会共识；这期间实施的《建筑幕墙、门窗通用技术规范》（GB/T 31433—2015）首次提出了门窗幕墙的耐火完整性要求、《建筑设计防火规范》（GB/T 50016—2014）提出了住宅建筑设置避难层的要求。这两个标准的发布实施提升了防火玻璃的使用率，也促成了玻璃企业由制造渗钾防火玻璃（也有称铯钾玻璃）品种为主向制造硼硅4.0钢化防火玻璃、灌注硅酸盐复合结构防火玻璃等防火性能更好的品种转型升级。

这一阶段玻璃深加工装备制造向着更低能耗、更高效率、更大规格的加工范围、更低故障率、更适应数字化智能化连线应用方向转型升级。早期制造的玻璃深加工装备以半自动化、自动化模式为主，其特点是用工定员多、能耗高、加工精度有限、效率不高。新一代装备集成了新材料和先进的数字化控制技术，新装备陆续投入使用为建筑行业提供了质量更高、节能性更好、安全性更可靠、结构形式更丰富的玻璃制品，同时也为建筑玻璃产业向智能化制造转型升级奠定了装备基础。

这一阶段玻璃产业智能化制造开始了探索与实践。建筑玻璃产业属于高能耗、人工操作设备生产的传统产业，用工难、效率低制约着产业健康发展，向智能化制造转型升级是必然的发展趋势。2019年江西省博信玻璃有限公司率先尝试从原片仓储至中空合成工序（不含镀膜、夹层、彩釉工序）全连线的智能制造模式，开启了国内玻璃深加工企业探索智能制造之路，此后南玻、旗滨等国内头部玻璃企业新建的几家大型玻璃加工厂均采用多工序机械连接、数据化联通、计算机数据中心控制、智能化管理软件运营的玻璃深加工智能制造模式。与此同时，由中国建筑玻璃与工业玻璃协会和广东省玻璃协会组织国内多家玻璃生产、装备制造和软件开发企业，在总结探索实践的基础上结合智能制造的理论共同编写了《中国玻璃行业智能制造研究与实践》一书，即将由中国建材工业出版社出版，该书将助力中国玻璃产业由机械化制造向智能化制造转型升级。

经过三十多年的发展，中国建筑玻璃行业取得了显著的成就。在技术创新、产品升级、装备制造、新材料应用和市场应用环境建设等方面，中国建筑玻璃行业都取得了重要突破。未来，随着绿色建筑、建筑节能和可再生能源利用、产业智能化制造等政策的深入推进，中国建筑玻璃行业将迎来更加广阔的发展空间。

# 30 年中国幕墙产业发展与创新

牟永来

上海建工装饰集团　上海　200436

**摘　要**　建筑幕墙在中国经历了从无到有、从引进学习到自主创新的发展历程，中国幕墙已经发展成为幕墙行业世界第一制造大国和使用大国。经过几十年的工程实践经验积累，中国的幕墙技术水平和创新能力有了质的飞跃。

本文以时空为脉络，回顾中国幕墙发展里程中的关键事件和自主技术创新里程碑案例，供大家参考。

**关键词**　引进学习；自主创新；不断成熟；飞跃发展

## 1　引言

幕墙是现代化建筑的象征，其最早始于 20 世纪 20 年代，至今已有近百年历史。中国建筑幕墙行业从 1983 年开始起步，逐步实现从无到有，由小到大的发展历程，特别是随着改革开放和经济的发展，建筑行业日新月异，技术革新一日千里，建筑幕墙也实现了跨越式的高速发展，目前已发展成为世界第一幕墙生产制造和使用大国。

在现代建筑中，幕墙无处不在，其独特的设计和功能性使其成为城市风景的重要部分。无论在城市高层建筑、大跨度建筑、异形建筑、公共建筑物还是城市综合体，其在充分展现建筑艺术美的同时兼顾着宜居、节能和安全功能。

幕墙学科是包含了材料科学、结构工程、加工制造、环境科学等多专业的综合性交叉学科。它本身不仅是一种建筑围护结构，更是现代城市的装饰。

近 20 年间，随着建筑工程的规模不断加大、建筑构造及外立面形式越来越复杂、管理流程逐步规范，同时基于多学科技术的创新整合应用，致使幕墙设计施工及建造技术不断创新突破，幕墙行业也在不断发展中保持着技术创新力和生产的动力，中国已因此逐步发展成为幕墙技术创新的前沿阵地。

本文将带您回顾中国幕墙产业的发展和创新之路。

## 2　记录时空

### 2.1　中国幕墙的直接缔造者

中国幕墙的起步阶段始于 1983 年，当时的一批国有军工、飞机制造企业成为中国幕墙的直接缔造者。

20 世纪 90 年代，发展中的中国幕墙逐步有了“南北派”之分，其中以受我国香港影响的深圳金粤幕墙和以受日本门窗技术影响的沈阳黎明为代表，还包括武汉“空军十八厂”等航空企业参与，它们依托雄厚的技术实力、加工制造能力和机械行业技术的人才优势，逐渐发展壮大成为当时中国幕墙行业的佼佼者。

## 2.2 异军突起

进入20世纪90年代，随着1992年邓小平同志南巡讲话后，南方城市建筑风潮崛起，国内幕墙行业发展迎来了第一个高峰期，幕墙公司也通过技术引进与学习，得到了迅速发展。为推动行业发展和技术进步，中国建筑金属结构协会铝门窗幕墙委员会在1994年组建成立。

这个阶段幕墙企业在协会的引领下不断学习借鉴国外先进技术标准和规范，并编制了国内幕墙行业首个技术标准和规范。

此时在南方一个有胆识和前瞻意识的民营“小铝窗厂”——盛兴也在迅速崛起，他们参编了我国首部国家行业标准《玻璃幕墙工程技术规范》，独立研发了“165系列隐框玻璃幕墙”和“BM190系列小单元隐框幕墙”并通过国家级科技成果鉴定。而地处东北的沈阳远大，它的诞生同样得益于时代浪潮的推波助澜。作为一直有着“共和国装备基地”之称的沈阳，凭借得天独厚的技术优势和人才资源，孕育了沈阳远大这颗幕墙明星企业。初创阶段的远大其主要人员和大多数技术骨干，均来自黎明、新光、沈飞等航空军工企业。

沈阳远大在中国幕墙界可谓是门窗幕墙行业的“黄埔军校”，有着国有企业严格的公司管理和健全的技术研发体系，结合民营企业自有的营销体系迅速崛起。

## 2.3 三足鼎立

回顾40年的中国幕墙发展历程，大体可分为引进学习期、成长期、成熟期、创新突破期四个阶段。其中1993年以前是中国幕墙产品的引进学习期，1993—2003年为幕墙技术的成长期，2003—2013年为幕墙技术的成熟期，2023年以后为幕墙技术创新突破期。在中国幕墙发展成熟期，“北远大，中凌云，南盛兴”成为当时行业标志，三足鼎立的局面使得很多业内人士认为行业格局已定，此时的幕墙行业已经少了些创新的激情和动力。

行业只有竞争才能促进发展，中国幕墙行业“鲶鱼”——江河幕墙的横空出世搅动了整个幕墙行业的沉寂格局，也激发了行业多年来少有的激烈竞争，“鲶鱼”效应再一次激发了幕墙发展和创新的激情。

## 2.4 创新突破

在2013—2023年这10年间，随着中国经济的高速发展和基建拉动投资的经济大背景，许多中国装饰型企业都具有了一定的规模，以苏州金螳螂和浙江亚厦最具代表性。作为中国装饰行业第一家上市企业，金螳螂在2013年的营收就已超200亿元，被业界称为装饰界的“航空母舰”，高速发展期的金螳螂凭借在装饰领域强大的技术研发能力和市场知名度曾有过千亿元目标计划，此时基于集团的全产业链发展定位，幕墙也被列为金螳螂重要发展板块之一。

随着建筑全产业链发展和建筑设计多元化发展趋势及“幕墙装饰化”的市场需求，装饰企业的多专业综合素质和精致建造基因得以充分展现。其实每个装饰型规模企业都有自己的幕墙梦，其中不乏像中建深装、中建八局装饰、中建东方装饰等这样的“国家队”，也包括诸如上海建工装饰等这样的地方国企装饰公司。

## 3 悠远的回声 记录时代烙印

### 3.1 幕墙设计与幕墙系统开发初探

北京长城饭店（图 1）项目是中国第一次真正接触到幕墙的设计、施工技术，也是中国幕墙的第一个转折点。

图 1 北京长城饭店

20 世纪 80 年代初期，以“国家队”沈阳黎明航空发动机公司（简称沈阳黎明公司，图 2）、西安飞机工业公司、“空军十八厂”等一批航空军工企业开创了铝合金门窗和幕墙在国内应用的历史先河。1984 年 4 月，沈阳黎明铝门窗公司总工程师应邀代表深圳国贸大厦业主到澳大利亚墨尔本监督该项目幕墙样板试验的全过程，才有机会学习了组装式幕墙技术，回国后便自主研发了国内第一款 150 型幕墙系统，随后又研发了 180 系列明框和隐框玻璃幕墙产品，并编制了门窗幕墙工艺规程和企业技术标准。这一系列技术的推广应用标志着我国具有了独立自主知识产权幕墙产品时代的开始。这期间为了检测和验证研发产品的性能指标，沈阳黎明铝门窗公司还借助航空系统的管理模式，创建了国内首个门窗幕墙风压性能实验室。

图 2 沈阳黎明公司

图 3 上海东方明珠广播电视塔

作为“北派”幕墙的代表性企业，“黎明”和“沈飞”是有着上万人的特大型军工企业，并有着雄厚的技术实力和机械加工制造能力。“空军十八厂”作为空军装备部的飞机维修企业同样具备强大的技术储备和实力，它们在20世纪90年代逐渐发展壮大并成为中国幕墙佼佼者。

## 3.2 创新突破让亚洲桅杆挂起凌云风帆

1986年号称“亚洲”桅杆的武汉电视塔拔地而起，可高度300m的外幕墙建设成了当时最大的难题。当时的“空军十八厂”在国内没有成熟技术的条件下，发挥军工厂的技术优势，通过自主创新，克服了建筑外形复杂、超高空作业安全性、抗风和防渗水要求高等一系列技术难题，完成了国内首个超高层电视塔外装饰幕墙的建造。紧接着又攻克了中央广播电视塔和468米高的亚洲第一塔——上海东方明珠广播电视塔（图3）外围护幕墙的建设难题。东方明珠广播电视塔的几个球体均为异形双曲面幕墙，由8000m$^2$铝合金板块和7000m$^2$粉红色中空玻璃组成。“空军十八厂”攻克了平板拟合异形曲面的尖端技术，以完美的技术方案赢得了市场口碑。据不完全统计，国内80%的电视塔幕墙项目均为“空军十八厂”承建，被称为当之无愧的“中国塔王”。

## 3.3 创新思想奠定行业的学术地位

1992年的中国幕墙行业发展处于引进学习期，国内大量的高难度幕墙基本上都由外资幕墙公司完成，中国幕墙企业在国内幕墙市场竞争中没有绝对优势。在幕墙发展初期很少有企业能够意识到参与行业标准规范编写的价值和意义，可盛兴公司（图4）在1992年通过参编第一部国家行业标准《玻璃幕墙工程技术规范》（JGJ 102—1996）（图5），并在中山交通商业大厦幕墙工程中得以实践应用，奠定了它在行业的学术地位，也使盛兴公司的整体管理水平向着有序化方向发展。

图4 盛兴公司

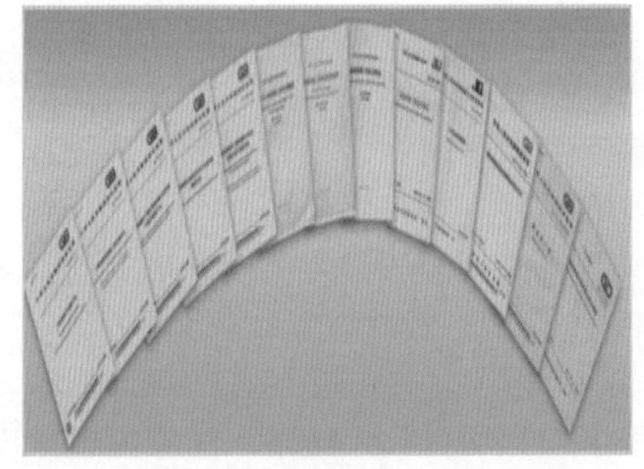

图5 玻璃幕墙工程技术规范

盛兴公司还在1996年编写了行业首部指导性教材《玻璃幕墙工程技术规范应用手册》，在1998年参与编写国家行业标准《幕墙安装质量检验方法标准》和《金属与石材幕墙工程技术规范》（JGJ 133—2001）等。盛兴公司也是首先开发小单元的幕墙企业之一，其独立研发的“系列小单元隐框幕墙”通过了国家级科技成果鉴定，并于1999年主编国家行业标准《小单元建筑幕墙》，此后“盛兴小单元”誉满江南。通过这一系列的技术和管理创新，成就了1995—2005年“南盛兴”的十年辉煌。

## 3.4 技术革命的到来

“请进来，走出去”作为沈阳远大公司（简称远大，图6）成立之初最重要的发展思路，早在1994年就邀请欧洲技术专家，开始“拜师学艺”之路，并在实际工程中逐步吸收学习和应用。

图6　沈阳远大公司

但随着市场多样化竞争的需求，如何将欧洲技术进行本土化改良势在必行，于是远大掀起了一场创新技术革命。1995年远大中标哈尔滨森融大厦，为了适应技术和成本的双重要求，远大在欧洲幕墙技术的基础上开发出远大“哈森融”标准框架幕墙系统，自此远大有了自己独特的幕墙产品，该幕墙技术的推出也成为远大技术上的里程碑，远大从此开启了设计标准之路。有了框架标准系统后，为了增强市场竞争力，远大开始瞄准在国内应用较少的单元幕墙系统，可当时国内没有相应的单元幕墙技术资料可供参考。恰逢其时，一个具有划时代意义的单元幕墙项目给远大提供了学习的机会，上海浦东国际金融大厦当时由德国嘉特纳公司负责承建，正在国内找板块安装分包商，这个工程外墙是典型的德式单元式幕墙系统。沈阳远大公司通过这次安装服务对单元式幕墙技术有了一定的理解后，开始研发自己的单元幕墙系统，自此远大有了第一款横锁式单元幕墙系统，并于1997年完成了第一个单元幕墙工程——中国北京纺织品大厦。

### 3.5　从“远大一条街”到首届奥运场馆

1999—2003年的上海浦东新区，陆家嘴金融区的建设如火如荼，一批批高端幕墙项目的建设给当时的国内幕墙企业与外资幕墙公司同台竞技的机会和舞台。远大凭借自身的技术优势将上海陆家嘴地区包括花旗银行、震旦国际大厦（图7）、上海外滩中信城等在内的十多个工程项目收入旗下。陆家嘴也一度被国内的幕墙界称为“远大一条街”。这些项目中每一个都有着堪称“中国第一”的设计特色和技术创新应用。例如中银大厦当时为国内工程中板块最大的单元幕墙，震旦国际大厦上拥有当时世界上面积最大的电子显示屏幕，花旗大厦第一个采用无栏杆落地式单元幕墙技术，东方艺术中心玉兰花造型采用超大跨度装配式艺术钢结构体系等。

2008年举世瞩目的第29届奥运会在北京隆重举行。“水立方”（图8）作为世界上技术难度最大、最复杂的膜结构工程，对隔声、隔热、防水及光线都有极为严格的要求。远大依靠自主创新，攻克了立面照明系统、膜吸充气系统、充气管道、充气泵布置等一系列技术难关，完美地完成了世界上第一个超大体量膜结构体育场馆的建设，并参与制定了《国家游泳中心膜结构技术及施工质量验收标准》，该标准成为世界上第一个膜结构的实施标准，填补了膜结构标准的空白。

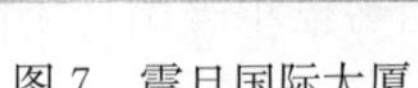
图 7　震旦国际大厦

图 8　北京水立方

### 3.6　中国最高楼的技术突破

上海中心大厦（图 9）是我国唯一高度突破 600m、采用绿色环保节能技术的超高层建筑，该项目采用螺旋式上升的建筑结构造型和柔性幕墙悬挂体系，设计和施工难度极大，成为中国最受瞩目的“超级工程”之一，项目也因此入选党的十八大献礼纪录片《超级工程 2——上海中心大厦》（图 10）。

图 9　上海中心大厦

图 10　CCTV《超级工程》

上海中心大厦在立项之初就成为国内幕墙界魅力与挑战并存的建筑典范，无论是其所处的地理位置还是其超高双层的幕墙特点，都备受业界的关注。

图 11　上海中心大厦外幕墙

该项目具有高、柔、扭、偏、空五大特点（图 11），对幕墙结构的适应性、抗变位性、防水性和抗震性均提出了极高的要求，项目中所遇到技术难题也是无前例可参考的。其外幕墙关键技术曾刷新了上海建筑科技乃至中国建筑科技的新高度，“内刚外柔”的新型巨型结构设计理论体系，首创设计了主体结构与外围柔性悬挂支撑结构变形协同一体的双层表皮玻璃幕墙。外幕墙玻璃幕墙钢结构支撑体系结构非常复杂，以主体结构八道桁架层为界，共分为 9 区，每区幕墙自我体系相对独立，每层由 140 多块各不相同的玻璃幕墙包裹，整个大楼共 2 万多块不同大小曲面单元幕墙，每个单元构件无一相同，也是世界上首次在超高层安装 14 万 $m^2$ 柔性幕墙。这类项目按传统施工方法，很难高精度安装。

为了实现精准的设计、制造与安装，技术团队首次创新性地全过程应用数字化、参数化应用技术，利用 BIM 技术在电脑中精确模拟计算、三维演示，每块构件到了施工现场，将现场测量的数据输入电脑与理论数据相比对，通过实际测量数据与理论模型进行大数据合模后，可以使玻璃幕墙成品的误差控制在 1mm 以内。最终实现复杂幕墙安装“0”偏差，被业界定义为“世界顶级幕墙工程”，难度系数堪称世界之最。

上海中心大厦外幕墙曾实现“突破超高层建筑完全中国自主建造”“突破最柔建筑幕墙构造技术”“突破最复杂建筑幕墙表皮建造技术”“突破最严苛幕墙构造安全验证”“突破超高层建筑数字化设计技术壁垒”五项“零突破”。打造中国“最高双层摩天大楼”“最柔幕墙结构体系”“最复杂建筑表皮”“最安全的双层玻璃幕墙”“最先采用数字化应用技术的超高层建筑”“最高绿色建筑”六个“最”超级工程幕墙。

### 3.7 自由曲面幕墙成型技术

随着社会的发展，在现代建筑设计中越来越多的建筑师将异形曲面建筑作为一种新的表达方式，异形曲面建筑的出现打破了传统建筑的束缚，使建筑更接近艺术、人文和自然。但新颖的异形曲面建筑带来的是对设计、材料应用和施工技术的严峻考验。材料工艺和数字化技术手段的不断进步与成熟，为这一类项目的成功落地创造了良好的条件。例如，BIM 参数化技术和低成本的冷弯金属板或冷弯玻璃技术的应用为异形自由曲面的实现和推广创造了更多可能性。

苏州吴江高度 358m 的绿地中心项目（图 12），外立面局部为双曲面玻璃幕墙，为了实现双曲面建筑效果，金螳螂技术团队对建筑幕墙进行数字化分析并有理化归类，把该项目曲面单元成型工艺划分为两种，第一种为“异形单元框架加玻璃工厂冷弯形成异形板块”工艺，第二种为“单元化框与玻璃组装为整体，再进行现场整体冷弯”工艺。

单元幕墙板块整体冷弯工艺是指在现场通过对单元挂件施加一定的拉力来使边框形成微弧线来实现双曲面造型，从而获得扭曲的单元板块，玻璃在单元板块内保持较低的永久附加应力（图 13）。

图 12　吴江绿地

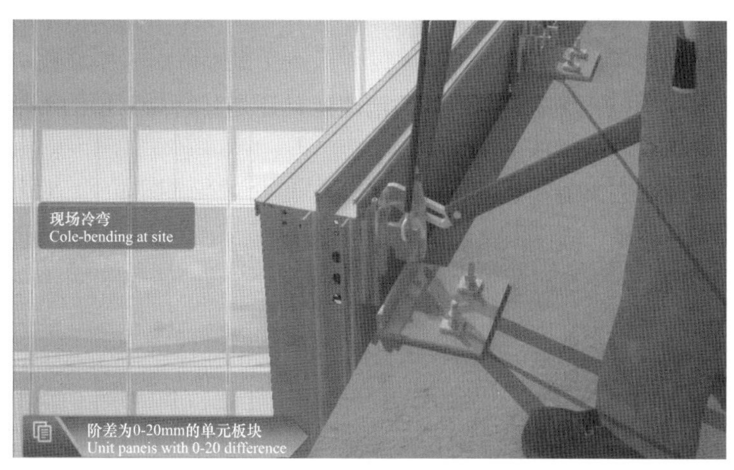


图 13　单元板块现场冷弯

苏州中心（图 14）大鸟形屋面建筑为自由曲面造型，寓意为凤凰展翅。当时是国内最大面积的单层薄壳结构采光顶，也是苏州市的地标性建筑。该项目采光顶玻璃 80%采用冷弯技术，玻璃最大冷弯值达到 60mm。该项目无论从建筑形体建筑结构形式还是大面积冷弯玻璃的应用都是史无前例的，项目在设计、加工、现场施工上都遇到了前所未有的技术难题。

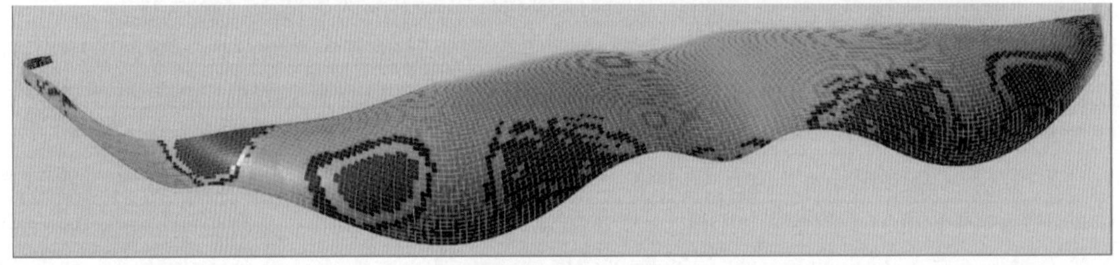

大鸟屋面幕墙系统阶差H分布图

0-20阶差 64.2%　20-40阶差 15.9%　40-50阶差 5.8%　50-60阶差 4.1%　>60阶差 10.0%

图 14　苏州中心大鸟形屋面

该项目创新性地运用了超长异形网格结构自由曲面玻璃幕墙数字化适应性分析和施工技术，创造“六最”设计技术，包括“最先进 BIM 设计分析及修模下料技术，60mm 国内最大玻璃冷弯量设计实现技术，最直观动态施工模拟技术，最多的不同尺寸玻璃板块冷弯受力分析技术，最经济安全的构造设计技术，最完美的自由曲面成型技术”。该项目由于冷弯玻璃技术应用等创新技术曾获得“华夏建设科技进步奖”一等奖。

嘉兴未来广场项目（图 15）采用大跨度异形空间钢结构拱桁架系统配以弧形白色陶瓦自由曲面幕墙屋面，结合各层退台空间绿化，形成错落有致的建筑群落。作为一座公园中的景观建筑，建筑师通过优美的建筑曲线将三处场馆“手拉手”地连接一起围合而成白色陶瓦双曲面屋面，屋面由 50 余万片陶瓦叠拼而成，如何将 50 万片陶瓦叠拼出顺滑的曲面，并满足屋面效果、工艺、结构沉降及温度变形要求，如何使得屋面系统、双曲金属檐口、曲面水泥板吊顶、弯弧玻璃幕墙等系统完美融合是本项目的重难点。上海建工装饰集团幕墙团队应用数字化设计平台，对复杂异形屋面建造技术进行研究，形成国内首个复杂异形陶瓦屋面成套智能建造技术，其中包括“大体量双曲陶瓦屋面系统设计”“复杂异形屋面智能精准测量

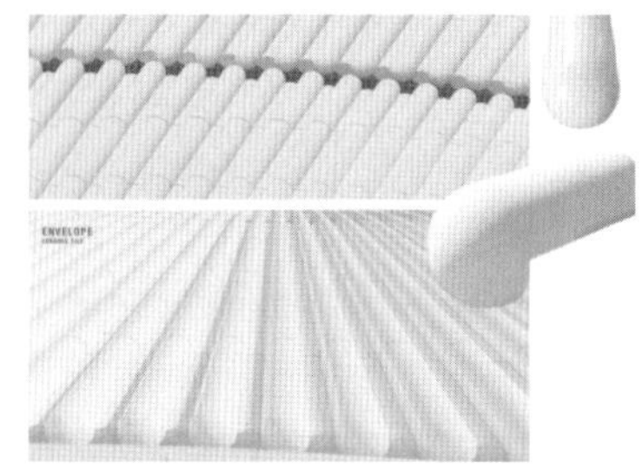

图 15　嘉兴未来广场

技术”“三维扫描数字仿真及正向纠偏技术”“超大异形曲面安装建造技术”等。依托该项目企业自主研发 7 项创新技术，申请专利 5 项，创造了多项国内首创技术，以绿色化、工业化、数字化技术赋能异形曲面文化场馆建筑。

### 3.8　建筑幕墙装配化技术

装配式建筑（图 16）最早出现在 20 世纪 60 年代，随着《关于大力发展装配式建筑的指导意见》（国办发〔2016〕71 号）的发布，装配式建筑迎来了新的机遇。作为建筑外表皮的幕墙，相比其他建筑专业更早地开始了装配式技术的研发，其中单元幕墙、小单元幕墙、单元桁架、钢结构幕墙一体化等都归为幕墙早期对于装配式的探索。随着装配式技术的不断发展，幕墙装配式也在不断突破原有的技术，适用范围逐步扩大，原来无法实现的单元幕墙构造系统通过技术创新，也逐步实现了装配化，同时装配式板块更趋大型化，安装效率也更高。

图 16　装配式建筑

由于大空间建筑效果的需求，超大跨度钢结构建筑也逐步增多，由此对于依附在大跨度钢结构上的幕墙系统如何去适应钢结构的加工与施工偏差和大变形提出了更大的挑战。一般情况下，大空间主体钢结构都是为幕墙传力而设置，钢结构体系的好坏最终决定了幕墙的整体品质。传统大空间幕墙结构体系存在较多问题，如钢结构和幕墙由不同的分包单位进行设计施工，两者之间缺少系统性融合。由于钢结构加工精度及施工误差大，单纯依靠幕墙自身的调节无法吸收误差。另外，部分主体钢结构完成后需要在现场开孔、焊接等作业，会对主体结构产生不利的影响，甚至削弱主体强度，影响结构安全。

解决这些技术问题的最好办法是采用钢结构幕墙一体化技术。采用这项技术需要在建筑方案阶段就进行整体策划，在幕墙设计阶段进行幕墙和钢结构的融合设计，在工厂一体化加工制造，运用参数化数字化技术一体化施工管理等综合性措施。

采用这项技术的案例包括重庆来福士（图17）的空中连廊整体吊装技术，上海上港十四区风塔项目（图18）的幕墙单层钢网壳装配式液压整体提升技术等。上港十四区风塔高180m，整体为圆柱造型，主体结构体系上采用了与上海中心大厦外幕墙相同的大跨度悬挑单层幕墙钢网壳体系（图19）。

图17　重庆来福士广场

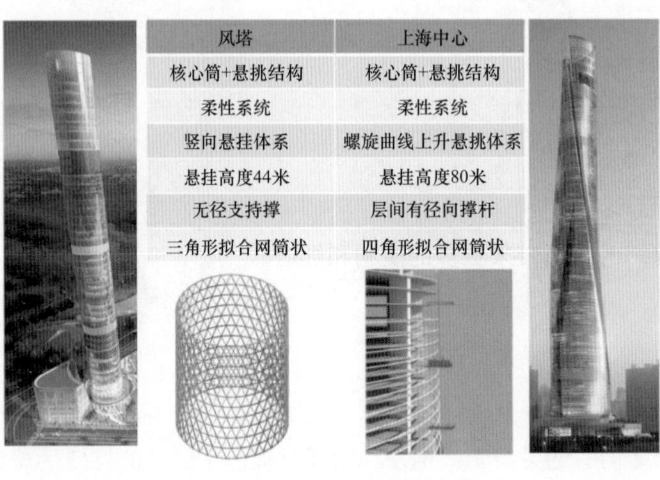

| 风塔 | 上海中心 |
| --- | --- |
| 核心筒+悬挑结构 | 核心筒+悬挑结构 |
| 柔性系统 | 柔性系统 |
| 竖向悬挂体系 | 螺旋曲线上升悬挑体系 |
| 悬挂高度44米 | 悬挂高度80米 |
| 无径支持撑 | 层间有径向撑杆 |
| 三角形拟合网筒状 | 四角形拟合网筒状 |

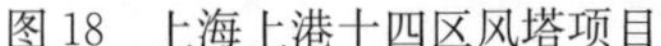

图18　上海上港十四区风塔项目

图19　风塔幕墙钢网壳体系

幕墙钢结构为三角形筒状网壳体系，虚拟层为高度4m、每层72个的三角形组成。出风口以下三角形网壳为悬挂形式，分为三个吊挂段，上端铰接连接，下端滑动连接，最大悬挂段44m。

风塔楼层呈悬挑跳跃式分布，幕墙钢结构为吊挂形式（图20），最大吊挂44m区间内无横向连接，高空吊挂柔性结构施工措施布置难。该项目幕墙钢结构采用地面拼装，整体提升的技术方案。在正负零位置进行钢架的拼装，以8m（两层）为一个拼装单元，拼装完成后提升8m，再次拼装8m连接至已提升单元，累积提升，直至分段整体拼装完成，整体提升到位。

重庆来福士广场（图21）由8栋超高层及一个横向跨度300m的空中连廊组成，空中连廊位于200m的高空，横跨其中四栋塔楼，连廊在塔楼之间的部位完全悬空，整体为悬空悬挑渐变波纹造型。针对该项目空中连廊幕墙施工采用传统的施工技术很难完成，经过多技术论证，最终采用了装配式整体液压提升的技术方案。

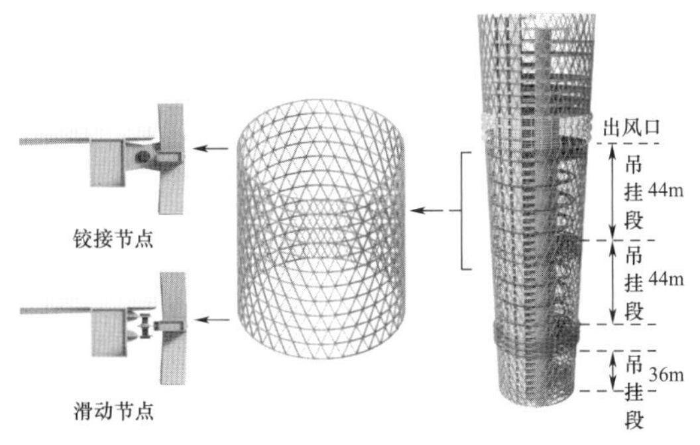

图20 上海上港十四区风塔吊装

图21 重庆来福士吊装

## 4 结语

建筑幕墙在中国经历了40年的发展，经历了从无到有、从引进模仿到自主创新的发展历程，40年后的今天中国门窗幕墙年生产量已占世界幕墙产量的80%以上，成为幕墙行业世界第一生产大国和使用大国。经过40年的工程实践经验积累，中国的幕墙技术水平已有了质的飞跃。

在国家双碳政策背景下，随着建筑数字技术的广泛应用和中国制造的行业高质量发展战略要求，幕墙的发展不仅需要设计创新和材料革新，更需要品质创新，打造幕墙技术强国。期待未来一定会有更多绿色低碳、智能化和工业化、定制化的精致幕墙产品出现在我们的生活中，在扮靓城市的同时，也为我们的生活带来更多的便利和舒适。

### 作者简介

牟永来，男，高级工程师。中国建筑金属结构协会铝门窗幕墙委员会专家，获中国建筑装饰科学技术奖“科技人才”，中国建筑门窗幕墙行业金轩奖“技术创新模范人物”称号。长期从事建筑幕墙领域的研究、技术咨询和工程应用工作。

# 建筑门窗幕墙行业未来的创新发展

窦铁波　包　毅　杜继予

深圳市新山幕墙技术咨询有限公司　广东深圳　518057

**摘　要**　经过改革开放40多年的经济高速发展，我国建筑产业达到一个较高的水平，房地产市场明显开始出现萎缩下降的趋势，这将给整个建筑产业带来极大的影响，门窗幕墙行业同样会承受巨大的压力。在我国经济转型和高质量发展的大形势下，建筑门窗幕墙行业的市场和发展方向，需要我们去认真地分析和探讨。本文通过对我国建筑门窗幕墙市场的分析，探讨了建筑门窗幕墙行业未来创新发展的方向。

**关键词**　门窗幕墙；市场；创新

## 1　引言

经过改革开放40多年的经济高速发展，我国建筑产业趋于达到一个较高的水平，房地产市场明显开始出现萎缩下降的趋势。根据国家统计局发布的数据，2022年全国房地产开发投资13.29万亿元，比上年下降10％，回退到了五年前的水平。从中国建筑金属结构协会铝门窗幕墙分会《2022—2023中国门窗幕墙行业研究与发展分析报告》中可以看到，幕墙产值显现逐年下降的趋势，2022年幕墙预计产值比2019年下降了约20％。另外，2023年上半年一线城市商办市场租金及空置率双双承压。据戴德梁行的报告显示，截至2023年上半年，北京、上海、广州、深圳的甲级写字楼空置率分别为16.9％、18.6％、18％、24.5％，均较上年有不同程度的上升。深圳写字楼租金回到10年前，空置率有的区域高至40％。全国一线城市办公楼的空置率也可反映出我国房地产建筑产业在我国目前经济水平的状态下基本趋向于饱和的迹象。房地产市场的萎缩趋势，必将给整个建筑产业带来极大的影响，门窗幕墙行业同样会承受巨大的压力。在我国经济转型的大形势下，建筑门窗幕墙行业如何跟上国家高质量发展的步伐，市场和发展方向在何方，需要我们去认真地分析和探讨。

## 2　建筑门窗幕墙市场分析

### 2.1　新建建筑门窗幕墙市场

在我国经济转型的大形态下，我国房地产在国家经济建设支柱产业行列的排位正在发生变化。房地产市场的萎缩，必定造成新建建筑的减少，建筑门窗幕墙市场也不可能像以前一路走高，而是趋向缓慢下降的过程。我国地域经济发展不平衡，建筑需求与发展也不一致，但可以预见的是，超高层建筑办公楼宇逐渐减少，伴随而来的是城市民生配套和居住建筑增加，如文化、教育、医疗、体育、旅游和住宅园区等建筑。图1所示的上海、杭州和深圳等地近年来在建或规划中的项目，这些将是新建筑门窗幕墙的潜在市场。

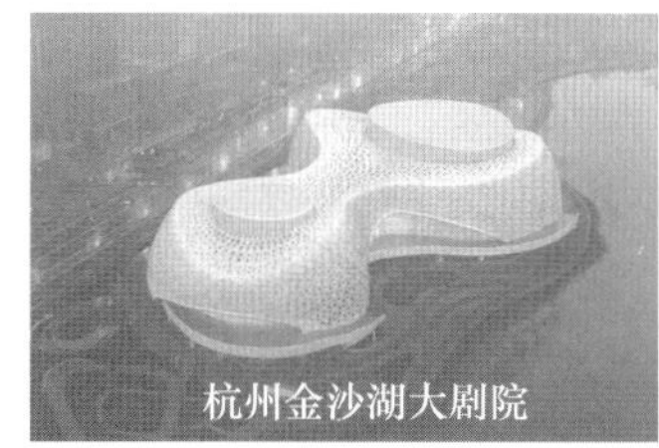

图 1

### 2.2 既有建筑门窗幕墙改造市场

我国既有建筑门窗幕墙具有巨大的存量，预计到 21 世纪 20 年代末，既有幕墙的面积达到 32 亿 $m^2$，而门窗的数量更多。随着我国对建筑环境和节能性能要求的提高，既有建筑门窗幕墙服役年限到期，以及人们对住宅装修要求的提高，为确保既有建筑门窗幕墙安全和正常使用，并提供绿色、节能和舒适的工作、生活环境，既有建筑门窗幕墙的改造和重建，将是未来的巨大的潜在市场。

（1）建筑环境和节能改造

20 世纪 80～90 年代所建的门窗幕墙大多性能较低，远远满足不了现在对建筑环境和节能的要求，这部分建筑的环境和节能改造正在逐渐增加，如深圳设计大厦及周边小区的近零能耗改造。

（2）既有建筑门窗幕墙维保和重建

20 世纪 80 年代建成的建筑已历经 40 多年的风雨，其建筑门窗幕墙按照现行国家标准规范的规定，已达到或超过工作使用年限，既有建筑门窗幕墙老化和性能的下降，给建筑的正常运营带来较多的安全风险和管理上的不便及经济损失。日常的安全检查和维护维修，甚至大面积的拆除重建正在逐步形成规模化的局面，这将是门窗幕墙市场未来发展的必然方向。

（3）建筑门窗家装市场

我国建筑门窗家装产品和市场近年来得到极大的发展，特别是在二、三线城市以及广袤的村镇地区，需求特别强劲。家装市场的现货现价、快速流转周期和巨大的市场潜力有力地推动了家装门窗企业的发展，年产值在十几亿元以上的企业不在少数。

## 3 建筑门窗幕墙行业创新发展的趋势

为应对建筑门窗幕墙市场的变化，建筑门窗幕墙行业未来可持续发展的大趋势唯有依靠不断地管理创新、设计创新、材料创新、制造创新、施工创新和标准创新来引领、提高和促进行业和企业的竞争能力、规避风险和健康发展。

### 3.1 管理创新

管理创新是建筑门窗幕墙行业未来发展的最基本创新元素。在我国经济转型高质量发展的形势下，我们应该抛弃以往低层次、低质量、低效率、低价格的管理思维，依靠现代信息和大数据系统建立新型的管理模式。企业应该在高层次人才、高管理质量、高运作效率和高经济效益等方面进行创新和重建，包括理念和信息管理创新、组织和人力资源管理创新、财务和市场营销管理创新、工程设计和技术研发管理创新、产品制造和现场施工管理创新、物流和工程进度管理创新等。通过管理创新可减少企业内上下游环节的内耗，为企业发展增添实实在在的竞争能力，构筑企业在行业中的头部地位。

如何将AI技术融入工程项目中，实现数据收集、数据分析、项目策划和计划实施，建立可实施可视的即时建筑信息模型（BIM），为管理决策者在整个项目生命周期（从规划到完成）提供准确的信息，优化所有相关链接，提升管理效力是值得探讨和发展的方向。

### 3.2 设计创新

设计创新将引领材料创新、制造创新、施工创新的发展，大力推进门窗幕墙行业向工业化、装配化、智能化和绿色低碳化发展是设计创新的方向。其一，以设计为中心，建立包括材料、加工和施工各环节为一体的信息管理系统，以提高企业整体工作效率、提升建筑质量、降低工程成本，对带动企业技术进步，全面转型升级具有重要意义。其二，采用先进的工程设计和计算方法，开发新型门窗幕墙结构、新工艺和新材料，是促进装配化技术深化，减少设计环节，提高设计可靠性，攻克多维曲面、空间结构等难点幕墙的重要方式。其三，应着眼于适应“双碳”目标和绿色建筑的新型建筑门窗幕墙产品的研发和实施，包括低能耗、清洁能源、智能与绿色等类型。其四，对即将到来的既有门窗幕墙改造和重建，要研究其与新建门窗幕墙在设计上的差别，探讨出相关的技术和解决办法。对于设计中最主要的安全问题，则应始终放在设计创新的首位。

### 3.3 材料创新

材料创新是建筑可持续发展的重要一环，是门窗幕墙作为建筑外围护构件，在减少建筑能耗和创建新型结构等方面必不可少的支撑。在我国双碳目标的指引下，建筑材料低碳、节能、环保、可再生等绿色新材不断涌现，给建筑门窗幕墙在新材料的应用上提供了更多的选择空间。我们应在门窗幕墙的设计中，认真学习、了解和掌握各种新材料，包括复合材料、免烧制品、防护涂料、密封材料、五金制品等产品的性能，研发和创新更多安全可靠和绿色节能的门窗幕墙产品。同时在设计创新的过程中，提出对材料更多的要求，进一步推动材料创新的发展。

### 3.4 制造创新

各种新型门窗幕墙加工设备的出现，为门窗幕墙制造创新提供了必要的条件。组建全自动全流程的门窗幕墙加工流水线是门窗幕墙制造创新的目标，是完成复杂门窗幕墙构件加工，提高产品质量和工作效率的保障。在组建自动化门窗幕墙加工流水线时，应同时建立与下料设计、生产计划、产品检验和施工识别的网络对接系统，提高制造创新的信息和人工智能水平。

### 3.5 施工创新

在激光三维扫描和AI技术发展的推动下，未来门窗幕墙施工创新将向数字化和智能化发展。对于多维复杂曲面和空间结构幕墙，运用高精度的三维扫描数字化测量，结合大数据处理和云计算技术，以及 BIM 技术，可以呈现虚拟的真实工程现场与设计模型的实际误差，为门窗幕墙的深化设计，特别是精准下料、拼装和安装提供可靠的数据依据，可提高工程质量和管理效率，减少材料浪费，降低成本，缩短工期。随着装配化技术的发展，大型门窗幕墙板块的吊装和安装具有相当的难度和挑战，追求安全、高效、高质的机械化、标准化、智能化施工，在 AI 技术的助力下，创新的施工工法和设备等方面将不断发展，包括采用机器人等智能设备来完成施工人员不可能完成的操作等。

### 3.6 标准创新

标准是一切行业的制高点，要在行业中确保企业的领先地位，掌握新技术、新产品、新工艺来制定具有领先水平的工程标准是必不可少的先决条件。在标准创新的过程中，我们要注重行业发展和企业运营中遇到的难点、需求和解决方法，并以此作为标准研制和创新基点，不断完善和充实门窗幕墙行业的标准体系，为行业在经济转型和高质量发展方面提供技术引领和保障。

## 4 结语

面对我国经济转型和建筑市场的变化，建筑门窗幕墙行业只有在不断的努力和创新中寻找高质量发展的方向，企业在面对市场竞争时，唯有在创新中以管理、质量、技术和服务领先取胜求生存。在创新发展的过程中，行业还需不断完善市场管理机制，加强企业依法经营，遏制非法和恶劣的低价竞争。无底线的内卷，最终将导致行业技术进步的停滞，假冒低劣产品的猖獗，行业头部企业的消亡，这严重背离行业高质量发展的方向，对行业发展是极大的伤害。

## 参考文献


[1] 住房和城乡建设部标准定额研究所．建筑幕墙产品系列标准应用实施指南(2017) [M]. 北京：中国建筑工业出版社，2017.

[2] 住房和城乡建设部标准定额研究所．建筑门窗系列标准应用实施指南(2019) [M]. 北京：中国建筑工业出版社，2019.

[3] 包毅，窦铁波，杜继予．适应双碳目标的建筑门窗幕墙技术发展路线[C]//现代建筑门窗幕墙技术与应用(2022). 北京：中国建材工业出版社，2022.

[4] 杜继予．既有建筑幕墙规范化管理和工程技术发展探讨[C]//现代建筑门窗幕墙技术与应用(2019). 北京：中国建筑工业出版社，2019.

# 建筑门窗五金系统发展简述

黄兴艺　万凑珍　孔庆江　曾　超
广东坚朗五金制品股份有限公司　广东东莞　523728

**摘　要**　改革开放40多年以来，我国建立起了全面的工业生产体系，经济建设取得显著成就。作为众多工业行业中的分支，铝门窗五金行业伴随着改革开放的不断深入，也一步步取得了显著的成绩，回顾30年的发展，时代东风不断推动着铝合金门窗行业的前进发展。20世纪90年代，1992年著名的南方谈话推动了改革入历史新境、铝门窗行业进入第二个发展高峰（第一个高峰在20世纪80年代）；21世纪前十余年，随着2001年中国正式加入世界贸易组织（WTO），中国加速融入国际社会，推动经济发展进入全球化的快车道，铝合金门窗行业进入高速发展期；近10年来，随着2013年中国提出"一带一路"倡议和"构建人类命运共同体"的理念，铝合金门窗行业进入到高质量发展阶段。门窗五金件作为门窗系统中唯一的可动件，常被喻为门窗的"心脏"，伴随着铝门窗行业的发展，门窗五金行业在标准、企业发展及新产品开发等方面也稳健进取、取得了显著进步。

**关键词**　五金；标准；开启方式；家装；耐火窗

## 1　引言

### 1.1　五金与门窗的关系简述

门窗是房屋的重要组成部分，若将房屋拟人化，那么门窗就是房屋的"眼睛"。而作为门窗中唯一的活动部件，五金件常被喻为门窗的"心脏"，由此可见五金在门窗中的重要性。通过五金件的设计优化，不仅能助力提升门窗整体的气密性、水密性、抗风压、保温等性能，还能使门窗的开启形式多样化、个性化。从20世纪80～90年代的普通平开门窗和简易推拉门窗到现在普及的内平开下悬、高水密推拉、窗纱一体、被动窗等，充分体现了五金对于门窗开启的重要性。

门窗行业的发展推动了五金的创新，而五金的创新同时助力门窗行业一步步走上新的台阶，二者相辅相成，共同良性向前发展。

### 1.2　国内铝合金门窗五金企业发展简述

20世纪80～90年代：铝合金门窗于20世纪70年代初传入我国，经历80年代快速发展以及政策性结构调整后，1991年11月，国家计委、建设部、物资部、中国有色金属总公司联合发出《关于部分放开铝门窗使用范围的通知》，从1992年开始，我国铝门窗重新走向新的发展高潮，80～90年代，我国基本处于普铝时代；该时段内，国内对窗型的要求普遍偏低，一般以简单的平开或简易的推拉为主，因此对五金的要求也并不高，这一时期的铝合金门窗中的五金企业还基本是以手工作坊或小规划企业形式存在，且生产基本以手工或半机械化生产为主（该时期主流高端五金还是以U槽五金为主，大型企业或规模企业还是以生产塑料门窗五金为主）。

21世纪初（2001—2012）：21世纪初，全面进入了断桥铝时代，相对于普铝，断桥铝（隔热铝型材）的传热系数值大大降低（保温性能更好），更进一步符合国家节能政策的要求。加之同一时期，玻璃幕墙的出现把铝合金门窗工程拓展到了建筑围护结构工程的综合建造领域，把单体的门窗产品拓展到建筑外立面装饰工程结构体系，拓宽了铝合金门窗行业的市场发展空间，大大丰富了铝合金门窗产品结构体系，使铝门窗行业再一次有了重大的飞跃。借着铝合金门窗的转型（普铝转断桥铝）及全面扩大化发展，国内门窗五金也从U槽（塑料/实木门窗）五金件快速转向以铝合金门窗为主，在此期间，除原来以生产塑料门窗五金件的大型企业或规模企业（如北新建材、国强、联鑫、瑞德等）开始生产铝合金门窗五金外，一大批新兴的民营企业也加入到了国内铝门窗五金（如坚朗、立兴杨氏、合和、春光等）的生产，经过世纪初的发展，中国门窗五金市场逐步形成了以坚朗、合和、国强、兴三星和春光等为代表的国产主流门窗五金企业和以诺托、丝吉利娅、MACO为代表的国外品牌五金企业的局面。

近10多年来，随着房地产的迅猛发展和市场的充分竞争，国产五金品牌逐步替代国外品牌，开始主导国内五金市场，同时随着市场竞争的白热化，各级政策的引导（节能、防火、低碳、系统门窗）以及新的市场需求［定制门窗（家装门窗）、智能门窗等］的增长，此时期内，传统五金企业在继续保持原有竞争优势的情况下，除及时研发满足各项政策标准的五金（如耐火五金、温感装窗器、高承重隐藏式合页等）外，也开始纷纷布局家装门窗五金领域，这一时期，又出现了一批在家装五金领域逐步发力、表现优良的新兴五金品牌（如德国好博、好博HOPO、OTA、希美克、温格豪斯、斯飞奥、塔奥帝诺、西菲尔等）。

## 2 铝门窗五金标准发展整体概述

市场的良性发展离不开标准的引导，同样，市场的创新发展也不断促进着标准的前进，以型材门窗五金件标准为例，其经历了从无到有、从有到全和从全到优三个阶段。

### 2.1 20世纪90年代—从无到有：标准初立、规范市场

20世纪80年代，我国铝合金门窗进入第一个发展高峰期，在此阶段，国家主编（中华人民共和国轻工业部批准、国家标准局发布）了GB 9297～GB 9304（1988版）系列铝合金门窗用五金配件标准；90年代，我国铝合金门窗进入第二个发展高峰期时，由于国家标准体系改革等，由国家轻工业局发布了QB/T 3885～QB/T 3892（1999版）系列铝合金门窗用五金配件标准，在该系列标准的前言均写明“本标准是原国家标准GB/T ××—1988《铝合金门××》，经由国轻行〔1999〕112号文发布转化标准号为QB/T ××—1999，内容同前。”即1999版的QB系列的铝合金门窗五金标准与1988版的GB系列的铝合金门窗五金标准的内容是完全一样的，仅相当于变换了标准号。

该时期的标准特点为：一般由2～3家国内企业进行标准编制工作，标准内容初步建立了简要的外观/尺寸和简单性能指标（如1999版的轻工业行业标准，在机械性能方面一般仅简要规定了开启力和反复启闭性能），主要是致力于规范市场的发展，避免盲目生产。

同时在2000年，由中国建筑金属结构协会主编的建筑工业行业标准JG/T“聚氯乙烯（PVC）门窗五金件”系列标准发布，结束了国内无塑窗门窗五金件产品标准的时代，虽然2000版是针对塑料门窗五金的标准系列，但随着该协会的成熟与完善，后续在此系列标准

框架基础上，融合铝、塑五金，开启了国内五金系列标准的新篇章。

## 2.2 21世纪初—从有到全：对标国际、引导市场健康发展

进入21世纪，铝合金门窗行业的崛起，铝合金门窗五金件也进入高速发展期，随着市场对五金功能认知的提升和对高质量五金的需求，1999版的QB系列标准，无论是在产品的涵盖宽度还是在内容的深度上，均无法满足实际需求，因此，在中国建筑金属结构协会配套件委员会的主导下，2007—2012年，基于JG/T“聚氯乙烯（PVC）门窗五金件”系列标准的框架基础上，充分调研国内五金市场、研发、工程情况等，发布了一系列既满足塑料门窗五金件又满足铝合金门窗五金件使用的建筑工业行业五金标准（JG/T系列），该时期的标准特点为：

（1）国外五金企业首次参与国内标准的编制。之前的五金标准一般仅允许国内少数企业参加，此次标准融入了国外五金企业参编，通过与国外五金企业的充分讨论沟通，门窗五金标准第一次拓展了国际化视野。

（2）扩充编制团队。原来标准一般为3～5家单位参编，但该时期标准一般有约15家单位参编，参编单位不仅有国内外优秀的五金企业，更有国内优秀的检测单位。编制团队的丰富，使得内容讨论更充分，各项指标的制定也更贴合市场。

（3）在贴合市场实际情况的前提下，大大提升了五金性能检测的指标要求，推动国内五金行业良性、高质量发展，该系列标准得到了各方的广泛认可与使用。也正是在这一时期，五金行业也从粗放式发展进入到规范式发展，一大批优秀的五金企业开始崭露头角并一步步发展壮大。

## 2.3 近十年—从全到优：指标创新、引导市场高质量发展

为引导市场高质量发展，中国建筑金属结构协会配套件委员会于2015年开始组织相关单位进行标准修编工作，并于2017年将最新修编的建筑工业行业标准“建筑门窗五金件”JG/T系列正式发布，其他五金类国家标准如《建筑窗用内平开下悬五金系统》《建筑门窗五金件通用要求》等目前也已处于修编或待发布状态。

该时期的标准特色：

（1）进一步扩充编制团队。在原有标准的参编单位基础上，积极引入客户单位（如门窗企业）和科研院所，进一步确保五金标准内容的科学性和适用性。

（2）指标验证更加充分合理。以JG/T系列标准为例，在国内各五金企业和检测单位自主试验能力完善的支撑下（大多数参编单位都有自己的实验中心，且通过CNAS认证），在编制过程中，基本所有企业全类产品都在主编的要求下进行了完整的验证试验。

（3）指标创新甚至是标准创新。在10余年国内五金高速发展和对国外五金市场及五金标准的进一步理解基础上，进行局部的指标创新甚至是标准创新。如已经通过审查会议的《建筑窗用内平开下悬五金系统》标准中，基于国内国情，增加了对隐藏式下合页静态荷载的要求，这是欧洲EN标准不曾有的；又如，由广东坚朗五金制品股份有限公司主编的《建筑幕墙用平推窗滑撑》（JG/T 433—2014）标准在2014年就已发布并实施，但作为国内五金标准前期主要参照的欧洲标准EN13126系列，直到2018发布的最新标准中，才将平推窗滑撑产品纳入标准范围内。

（4）国内标准得到国外市场的认可。伴随国内五金在海外市场的发展，国内五金的质量已得到海外市场的充分认可，部分国家和地区在实际采购过程中，已明确认可按国内标准检

测所出具的试验报告。

近几年来，家装五金行业迅猛发展，C端客户除对质量有高要求外，也对五金的人性化设计和使用体验感提出了新要求，如何规范家装五金的良性发展的同时也制定出保障C端客户消费权益的标准，将是未来一段时间持续关注与努力的方向。

## 3 五金制造企业的发展历程

### 3.1 改革开放早期（20世纪90年代）

20世纪90年代，仍处于经济改革开放的早期，各行各业均处于初创期和摸索期，由于此时塑料门窗占市场主导地位，加之铝合金门窗主要以普铝系列门窗为主，窗型主要是以外平开窗和推拉窗为主，门窗五金以单锁点为主流，因此所用五金件比较简单（滑撑、滑轮、七字执手、板扣型执手等），故国内初具规模的五金企业以生产塑料门窗五金件为主，真正大规模从事铝门窗五金的企业较少。

这一时期，国内市场以小规模生产和局部市场贸易为主，铝合金门窗五金生产厂家主要是以小型工厂的模式存在，通过借鉴参考现有产品，利用手工、简单的压铸/冲压设备以及手动组装线进行原始生产，表面处理工艺以喷塑、喷漆为主，暂时没有形成研发实力。

### 3.2 21世纪前十余年

随着我国改革开放的深入以及加入WTO，人们生活水平逐渐提高，对于门窗的要求也越来越高，高性能的断桥铝得以引入并迅速占领市场，我国迎来了铝合金门窗行业的高速扩张期，同时，国家政策引导门窗向节能方向发展，对门窗的整体性能提出了更全面更高要求（气密性、水密性、抗风压、高耐久性等），推动了门窗向高性能发展，这一时期，不仅对门窗的开启形式有了更多的需求，对五金系统也由简单的单点锁闭向多点锁闭发展。

五金多样化及高质量需求为五金企业带来了市场机遇，也促使了国内企业从粗放式转向科学式发展。产品研发、管理从最早的借鉴发展到结合国内的实际应用、习惯、文化等自主的研发和创新，如内平开下悬这类窗型下悬微通风是常用的状态，而当时市面上所有的五金系统仍然是先平开再下悬的开启顺序。而国内的建筑风格各异，洞口的系列化还未形成，加之有窗台、执手的高度等因素，如仍然采用先平开再下悬会增加用户使用难度，为此广东坚朗公司结合现状将五金结构做了优化调整，研发了一种下悬内平开的五金系统来解决此应用需求。

国内高层建筑居多，产品的设计研发从实际应用出发，无论是内开还是外开、推拉等都会在高层的配置上增加儿童防坠落措施，以此来提高门窗的使用安全性。

国内的五金企业善于收集客户实际使用过程中发现的问题并进行研究解决，广东坚朗对执手安装使用一段时间后会出现晃动的现象做了专项的攻克和开发，设计出膨胀式预紧结构执手，完美地解决了这个难题，并且该结构一直应用至今，受到各地用户的肯定（图1）。

越来越多的门窗生产制造及配套企业开始注重研发、创新，大量地引入一些先进的研发管理工具，如广东坚朗公司在2007年引进CAXA图文档管理程序，并且开发全套的设计研发流程程序，以PDCA的管理模式应用到研发管理当中。

生产方面：21世纪初，民营企业逐渐发展壮大，开始自主生产，且根据市场使用反馈进行产品改进；生产工艺方面有了较大的发展，大部分的企业有相应规模的生产线，有拉

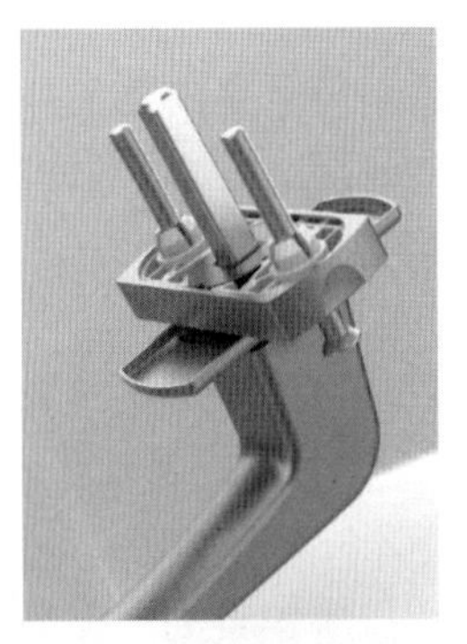

图1 膨胀式预紧结构执手

式、推式、Cell线等；也有部分代表性的五金企业如广东坚朗直接引进欧洲的生产技术，打造全自动化生产线，采用复合式的连续冲压模具技术，能够实现从原料到出品均由数字化控制，能确保产品的加工精度，从根本上提升五金产品品质（图2）。

全自动钢材轧制线

自动化高速冲压线

自动化恒温喷涂线

图2 全自动化生产线

工艺/材料方面：我国地域广袤，气候差异较大，五金表面的耐腐蚀能力也需要根据区域的差异做相应的设计，广东坚朗针对高温、高湿区域、沿海区域开发出合金镀层，耐腐蚀性能达到1000h以上，同时研究出多涂多烤的耐候涂层工艺来解决特殊区域应用的问题。同时期由于节能政策的不断推进，门窗自重的不断加大，五金的承载力也需进一步提升，广东坚朗在材料上与前工序厂家共同研发生产相应的改性的碳素结构钢，抗拉强度达到700Pa，改性的汽车钢用于合页等承重件上，相比采用普通的碳素钢产品综合性能更加优越。

### 3.3 近十年

近十年来，为引导市场的高质量发展，国家发布了一系列政策和标准——节能政策、《建筑设计防火规范（2018年版）》（GB 50016—2014）、2016年的《建筑系统门窗技术导则》、《绿色建材评价标准》（GB/T 50378—2019）等，在新兴市场方面，定制门窗（家装门窗）、智能门窗等则迅速赢得C端市场。随着国内五金件开始主导高端市场，国内五金企业经过20年左右的发展积累、沉淀，也开启了由借鉴参考、通过市场痛点问题的被动式改进研发转向主动通过政策的变化和市场的个性需求以及自身布局性眼光等自主研发五金产品之路。

研发方面：在研发管理方面，充分运用科学的分析工具（图3）、portal管理工具，深入PLM研发管理和响应平台的应用，将产品的全生命周期管理做得更加扎实，广东坚朗在2014年搭建连接客户和后端的研发响应平台等，从前端市场的需求输入到后端解决方案/服务的输出有一个完整的、闭环的管理流程，研发设计、研发管理更加科学严谨。

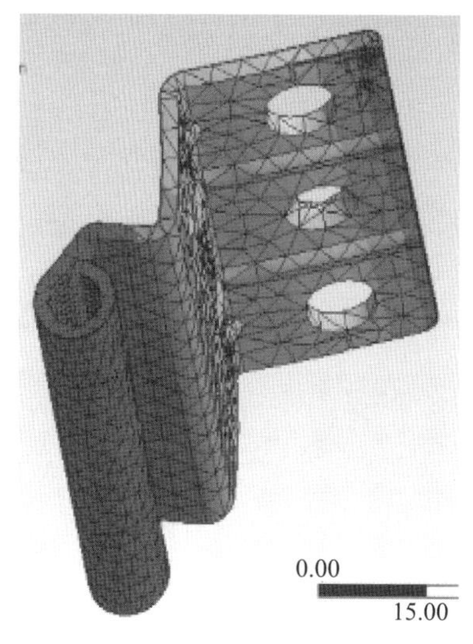

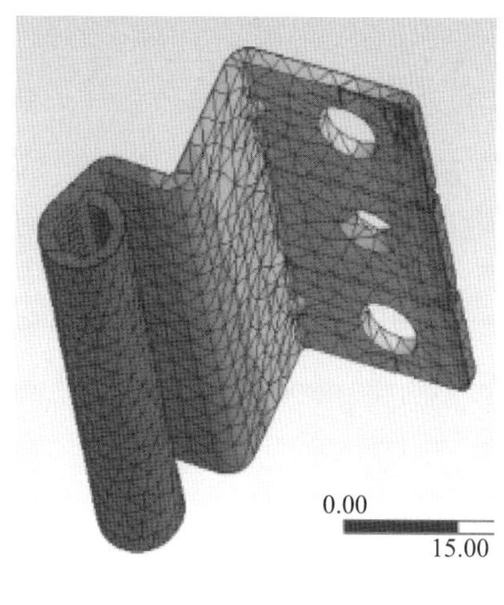


图 3 ANSYS 模拟计算截图

在实际的产品研发方面：借助政策东风自主研发满足标准规范的产品，如，2014 年国家出台《建筑设计防火规范》（GB 50016），要求在一定条件下的建筑需配备耐火型门窗，五金在设计时既要增加耐火的特殊性能，还不能影响门窗原有的性能，同时对门窗的生产、安装、使用、维护不可造成明显的改变，2017 年广东坚朗率先推出“三不”耐火 1h 内开五金系统（“三不”即不铣型材、不改变加工方式、不改变使用方式），助力规范的实施。

广东坚朗利用市场主动反馈研发出隐藏式 180°内平开下悬五金系统，解决了内平门窗开启占室内空间的问题，让居住环境更加舒适，基于国家课题开发及市场预期，推出侧压式气密门窗五金系统，发挥了推拉类开启形式不占室内空间的优势，同时实现了高密封的性能。

未来是一个万物互联的时代，国内头部的五金企业已布局智能化产品，已经被市场接受并开始逐步应用的主流窗型有内平开下悬/下悬内平开、内平开、外平开等。

## 4 门窗五金系统市场发展过程中的变化

### 4.1 20 世纪 90 年代，五金系统初期的使用功能

在 20 世纪 90 年代至 20 世纪初，国内的铝合金门窗主流的开启方式为推拉窗和平开窗，推拉窗在南方地区以普铝为主的单程推拉形式，滑轮五金也基本上使用单滑轮、单锁点结构。北方的推拉窗为双层普铝推拉窗，五金结构基本上趋于一致。在部分高档建筑上平开窗随着经济发展也逐步应用，但由于生产加工模式及价位等因素并未大范围普及。

该时期的门窗五金件仅作为锁闭及运动开启的功能性产品进行配置应用，往往在极端气候环境下问题频出。对比传统的单点闭锁门窗五金件，欧式槽门窗的五金件的组合千变万化，能够满足多点闭锁的要求，更为高档化和科学化。

### 4.2 21 世纪初十余年，对门窗性能的关注

随着建筑形式及功能要求的不断发展，对门窗幕墙的要求越来越高，而为了满足建筑的要求，五金系统技术在门窗设计中的作用也需要被重新思考。所以门窗的系统开发与门窗五金的选型或开发是紧密相连、相辅相成的。更重要的是，门窗的抗风压变形、水密性、气密性、保温性、隔声性、启闭性、垂直荷载、反复启闭性等都与五金系统有关，五金系统对门

窗性能的优劣，起着决定性的作用。各种各样的五金系统应运而生，如市场常见的形式：外平开五金、内平开五金、内开内倒五金、中悬窗五金（垂直悬转）、中悬窗五金（水平旋转）、外悬窗五金、推拉五金、外平推五金、内倾平滑侧移五金、智能化电动五金、折叠开启五金、提拉五金、通风换气装置等。

坚朗公司在2002年着手推出断桥铝合金平开内倒五金应用方案，在2010年，平开下悬窗已经获得市场认可，大规模地在项目上进行应用。例如，坚朗下悬平开窗（图4），要求合页通道为3.5～5.0mm，合页最大承重能力为120kg，具体承重能力与合页安装和型材有关。

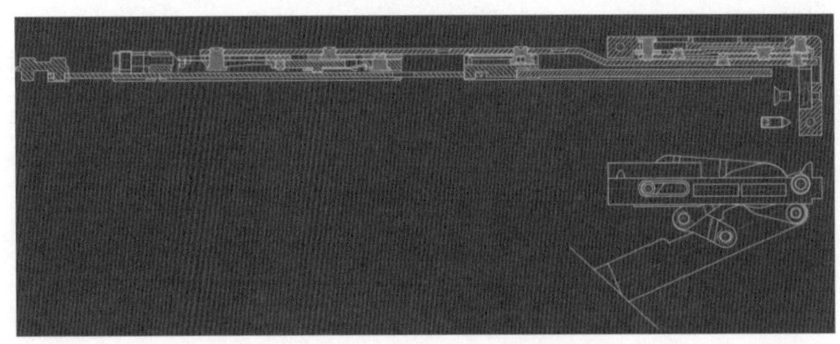
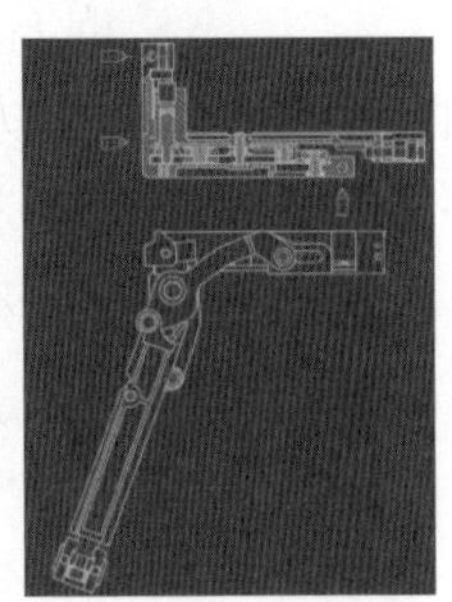

图4　坚朗下悬平门窗

## 4.3　近十年，多功能、多性能门窗五金的变化

在近十年建筑外窗市场上，窗户的基本功能是密闭性（包括气密性和水密性）、抗风压性、隔热、保温、隔声、防盗。除了通风透光外，在实现窗户的保温、隔热、隔声、安全、使用寿命、操作灵活等性能时，高档五金件扮演了极为重要的角色。高档门窗五金件具有生产专业化、生产技术程度复杂、质量控制严格、安装简捷、使用方便、经久耐用的特点，并向多功能、智能化方向发展。

万变不离其宗，研究高档门窗五金件，就是围绕门窗的扇和框的材料性质、结构特点，让各种五金件更加有机地结合起来，相互作用并相互抵消之间的配合误差，从而更好地满足门窗各种性能的要求。由于门窗的框在建筑物上是固定的，而门窗的扇在建筑物上是能够正常运动的，所以，研究门窗五金件变化的核心是扇上五金件的适用情况，整个门窗系统在五金、胶条、框、扇之间的运动轨迹，锁闭压缩后的各位置的变化量，热能消耗、流失的变化量，是目前各五金件企业的关注点（图5）。

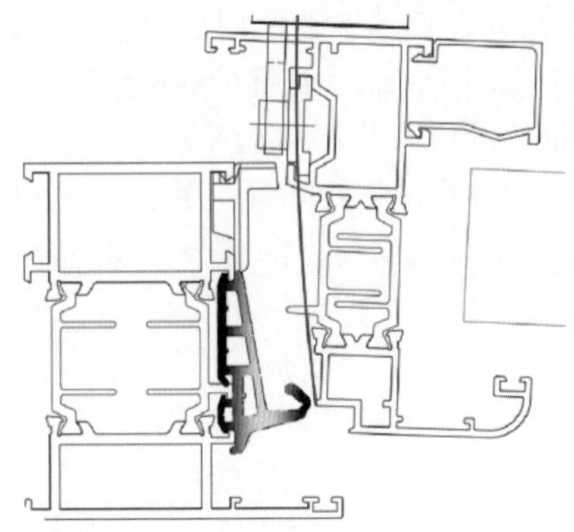
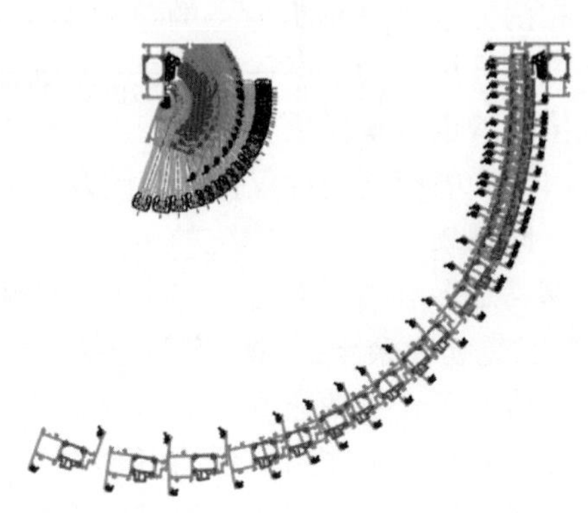

图5　门窗五金件研究

（1）五金开启方式及适用性

目前门窗开启方式越发多样化，各家企业在遵循国家标准、企业标准及安全需求的前提下更加注重人性化五金应用系列的开发。

例如，目前内平开下悬窗或下悬平开窗中的内倒距离设计为110～150mm，目的就是为了满足在使用期间各窗口墙体或洞口厚度的五金适用，特别在替换时的应用。在相同窗扇尺寸下坚朗品牌旗下的五金系统平开内倒115～130mm、斯飞奥品牌平开内倒135mm、塔奥帝诺品牌平开内倒150mm、西菲尔品牌平开内倒135mm等，以上尺寸均是在五金拉杆结构上进行特殊设计才可以达到的使用效果。

再者，在单一开启方式上形成多种功能状态也是目前各家五金企业所致力于深入研发的方向，例如，90°开启、95°开启、180°开启等，可单独使用，也可同步使用（图6）。

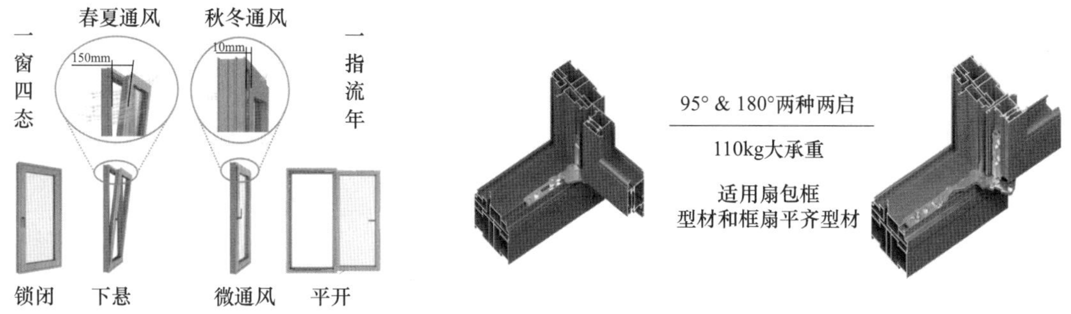


图6　多种开启形态

（2）耐火窗五金的发展及应用

在《建筑设计防火规范》（GB 50016—2014）下发之后，国内各企业就开展了针对耐火窗的各项研究和相对应产品的开发，在早期的耐火窗检测中均采用的是室内火的升温曲线（图7）。

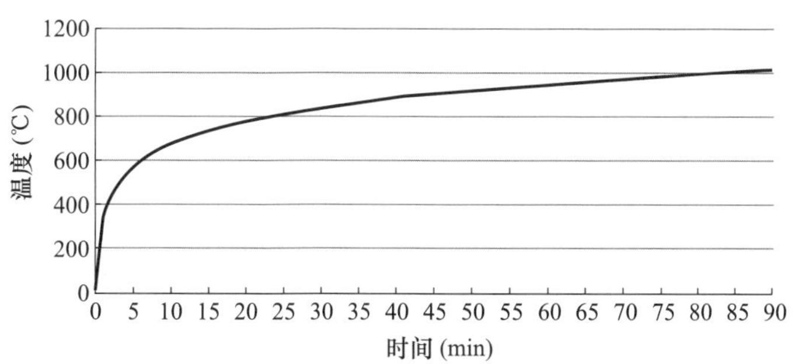


图7　模拟室内空间火灾的温度-时间关系标准曲线

在这种情况下，门窗系统中的各材料就受到了严格的考验，比如各种材料的熔点是大家特别关注的内容（图8），五金企业开展了大量的尝试和试验，如坚朗公司所生产的U槽防火五金件就全部采用不锈钢材质，完全满足内火五金件承受800℃的要求。为耐火窗的检测和制作提供了强有力的保证。

基于迎火面的型材快速变形和熔化，门窗的主体结构就需要增加其他外部产品进行连接和支撑，在框四周以及框扇之间由五金件提供强有力的连接和支撑（图9）。

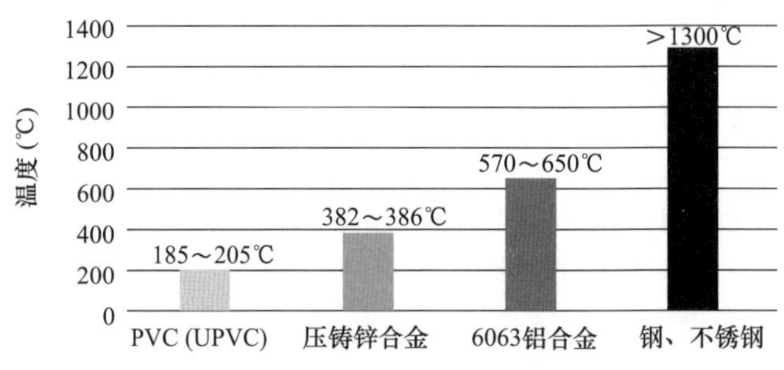


图8　门窗系统材料熔点

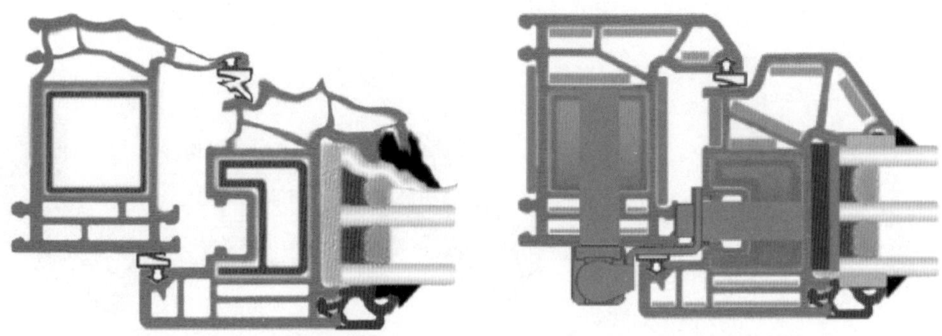

图9　五金件于连接和支撑

根据五金的材质熔点高的特点，经过特殊结构设计，有效将钢衬、型材、框、扇连接到一起，再通过耐火材料有效地吸收温度，减缓升温速度，隔绝温度的快速传播，来达成耐火窗系统的30min以及60min的耐火要求（图10）。

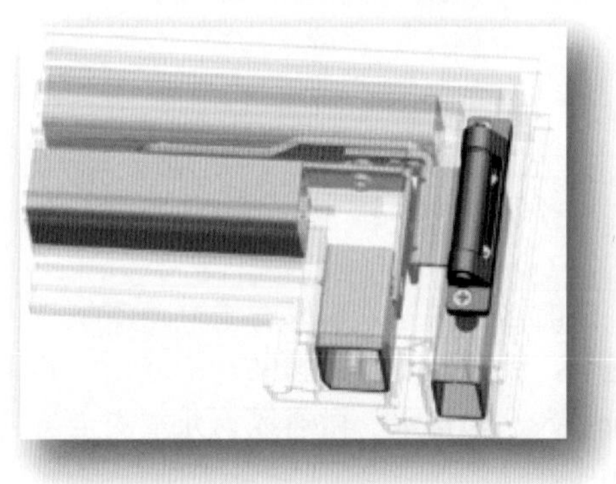

图10　耐火设计

再经过一段时间的市场检验，针对耐火窗的试验检测方式也进行了调整，温度曲线进行了变化，由室内火转为室外火，温度的变化也对耐火窗系统的结构有了一定的促进变化的作用（图11）。

这次国标的完善和地标的出台都针对耐火窗市场进行了系统的规范，在针对耐火窗五金的发展上也是积极有力的。相信在市场的前进过程中，耐火窗五金会更加贴近市场需求（图12）。

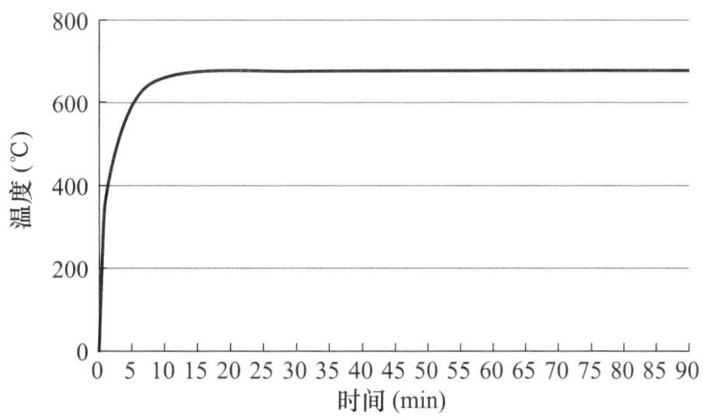


图 11　模拟室外空间火灾的时间-温度关系标准曲线

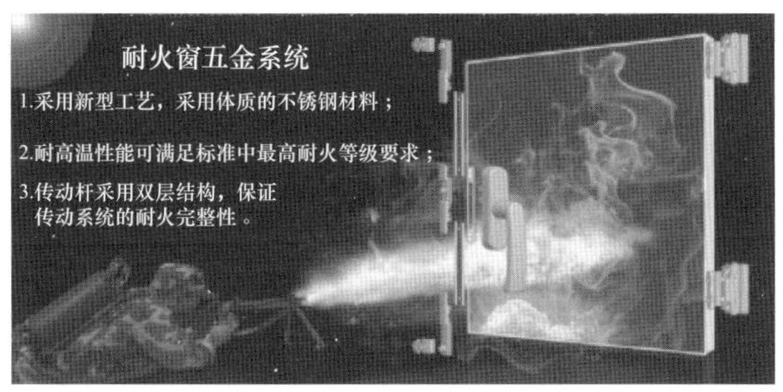


图 12　耐火窗五金的发展

### 4.4　系统门窗及家装门窗的五金发展

在系统门窗和家装门窗的高速发展阶段，行业内针对系统门窗和门窗系统的应用群体和研究出发点不同，造就了门窗产品的属性差异。

系统门窗：运用系统集成的思维方式，基于针对不同地域气候环境和使用功能要求所研发的门窗系统，按照严格的程序进行设计、制造和安装，具备高可靠性、高性价比的建筑门窗，系统门窗是由多个要素、多个子系统相互作用、相互依赖所构成的有一定秩序的集合体，能够有效保证建筑性能。

门窗系统：为了工程设计、制造、安装达到设定性能和质量要求的建筑门窗，经系统研发而成的，由材料、构造、门窗形式、技术、性能这一组要素构成的一个整体。

家装门窗在满足各项使用性能需求的前提下，针对外观及品牌又有了进一步的需求，例如，隐藏配置、无底座执手、极窄边窗、框扇平齐、隐排水、微通风、儿童安全窗、电动窗等针对不同客户、不同建筑所研发出来的特定性能。

例如，常规的儿童安全窗是在整套五金配件中加装儿童安全锁，经过不断研究发现，在执手上增加新功能就可以满足儿童安全窗的使用需求，大大提升了使用者的操作便捷性。

在目前的五金发展趋势中，除了多样化的开启方式之外，针对安全性的研发和试验已经是各厂家的重点工作之一，在低能耗建筑以及绿色建筑的普及过程中针对五金的耐久性和环保性都提出了更新颖的要求和标准，这也是各家企业在研发上和设备商大力投入资源的动力。

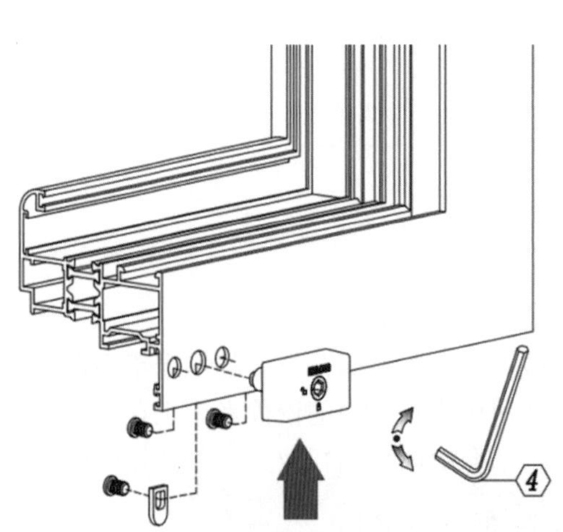

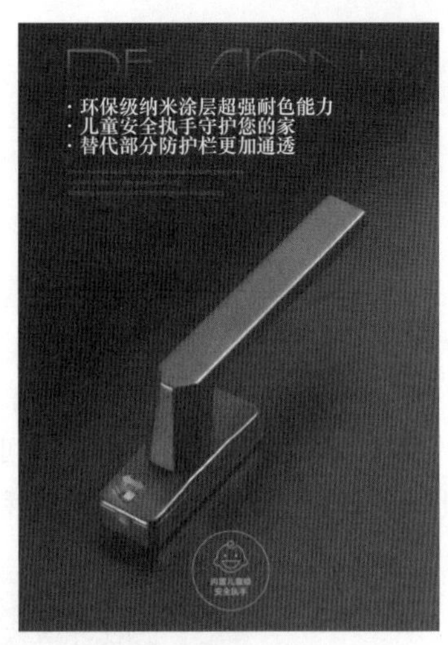


## 5 门窗五金未来发展趋势

时至今日，门窗的发展已经进入低碳节能环保的时期，同期的城市更新及以往 30 年的门窗替换市场也进入了快速迭代的时期，在这期间，各类品牌及产品也不断涌现，给予用户更好的体验及感受。五金企业在产品生产过程中针对节能环保的产品生产工艺及产品可回收再利用的研究一直都在进行中，针对五金的应用场景不论是智能开启、智能控制还是万物互联都在五金产品发展进程中有所体现。在未来的五金发展上必定还是以提高使用者感受，提升应用便捷性等作为五金企业的研发制造生产的努力方向。

### 参考文献

[1] 住房和城乡建设部标准定额研究所．建筑门窗系列标准应用实施指南(2019) [M]. 北京：中国建筑工业出版社，2019.

[2] 刘旭琼．建筑门窗配套件发展现状与对策研究 [J]. 中国建筑金属结构，2004(2)：4.

### 作者简介

黄兴艺（Huang Xingyi），男，1979 年 10 月 22 日生，总经理，研究方向：门窗五金；工作单位：广东坚朗五金制品股份有限公司；地址：广东省东莞市塘厦镇坚朗路 3 号；邮编：523722；联系电话：13926809428；E-mail：hxingyi@kinlong. cn。

万凑珍（Wan Couzhen），女，1984 年 12 月生，副总经理，研究方向：门窗五金；工作单位：广东坚朗五金制品股份有限公司；地址：广东省东莞市塘厦镇坚朗路 3 号；邮编：523722；联系电话：13450626929；E-mail：wancouzhen@kinlong. cn。

孔庆江（Kong Qingjiang），男，1986 年 8 月生，工程师，研究方向：门窗系统集成配套产品应用；工作单位：广东坚朗五金制品股份有限公司；地址：辽宁省沈阳市铁西区北一西路金谷大厦 A 座（坚朗公司）；邮编：110000；联系电话：13940493383；E-mail：13940493383@163. com。

曾超（Zeng Chao），男，1987 年 11 月生，副部长，研究方向：门窗五金；工作单位：广东坚朗五金制品股份有限公司；地址：广东省东莞市塘厦镇坚朗路 3 号；邮编：523722；联系电话：18825290971；E-mail：zengchao@kinlong. cn。

# 江河幕墙的辉煌与幕墙行业的繁荣

刘世锋

北京江河幕墙系统工程有限公司　北京　101399

**摘　要**　幕墙行业作为建筑业的一个重要领域，在中国改革开放后的三十年中得到了飞速发展。与此同时，北京江河幕墙系统工程有限公司作为行业中的佼佼者，也在这股发展潮流中脱颖而出，成为行业的领军企业之一。本文将结合中国幕墙行业三十年的发展历程和江河幕墙二十五年的发展历程、主要成就和贡献，以及未来展望和发展战略，阐述二者相互促进、共同发展的关系。

**关键词**　幕墙行业；江河幕墙；共同成长

**Abstract**　As an important field of the construction industry, the curtain wall industry has developed rapidly over the past 30 years since China's reform and opening-up. During this time, Beijing Jangho Curtain Wall System Engineering Co., Ltd. has distinguished itself as a leader in the industry and emerged as a leading enterprise in the sector. This article will elaborate on the relationship of mutual promotion and co-development between the 30-year development process of China's curtain wall industry and the 25-year development process, main achievements and contributions of Jangho Curtain Wall, as well as future prospects and development strategies.

**Keyword**　curtain wall industry; Jangho Curtain Wall; mutual growth

## 1　艰难创业，异军突起

20世纪90年代，中国经济蓬勃发展，1992年邓小平同志南巡讲话，坚定了中国改革开放的决心，同时掀起了知识分子下海经商的热潮。彼时，经过20世纪80年代起步发展和积累，中国幕墙行业发展迎来了第一个高峰期，进入波澜壮阔的十年。而当时正在东北大学读大三的江河幕墙创始人刘载望先生也深受伟人南巡讲话精神鼓舞，以敏锐的洞察力和初生牛犊不畏虎的勇气，毅然放弃了学业，提前踏上了自己的创业之路。

1994—1995年的两年间，刘载望从辽宁转战北京，从推销石材到租店面承接大理石装修，创业之路艰难坎坷。不过，经受过农村艰难生活磨炼的刘载望，与生俱来有一股无惧无畏的勇气和从不患得患失的心态。他并未被困境击倒，反而越挫越勇，勇往直前，在此后几年里，他的坚持和付出开始有了回报。

1999年2月，在经过两年的试水和筹备之后，江河幕墙建筑装饰工程有限公司（以下简称“江河幕墙”）正式成立，自此，江河幕墙异军突起，呈几何级数发展。

## 2 专业专注，打造世界级幕墙企业

从 1999 年创立江河幕墙开始，此后的十余年时间里，江河幕墙一直心无旁骛，全心全意投身于幕墙行业。2001 年，当北京成功申办第 29 届奥运会的消息传来，江河幕墙敏锐地意识到，这将是江河快速发展的最佳契机。于是，公司迅速而果断地调整了公司经营策略，开始采用“聚焦战略”即聚焦大城市、大客户、大项目，并取得显著成效。自 2001 年开始，江河幕墙先后承建了北京奥运射击馆、北京奥运排球馆、北京奥林匹克公园国家会议中心、青岛国际帆船中心、天津奥体中心体育场等奥运主场馆项目的幕墙工程。与此同时，还相继承建了北京首都国际机场 3 号航站楼、中央电视台新址、天津时代奥城、天津滨海国际机场、北京南站等一批体量大、影响大的知名奥运配套项目。作为奥运项目的建设者，江河幕墙积极响应北京奥组委提出的“绿色奥运、人文奥运、科技奥运”的理念，在注重幕墙产品视觉美感的同时，更加强调其在节能环保、人居舒适、防噪声、抗震等方面的领先性应用，大胆使用新技术、新工艺，并在具体施工中取得了良好效果，得到了奥运场馆管委会的一致认可和赞许。

2003 年和 2004 年，江河幕墙先后进入长三角、珠三角等地区开展业务。凭借聚焦战略以及“技术领先、服务领先、品质领先、成本领先”的竞争优势，江河幕墙在北上广深等大城市遍地开花，中标了一大批有影响力的地标性工程，尤其是在几大城市的中央商务区范围内，江河幕墙以绝对优势承建了大量精品工程，成为中国幕墙行业的领导者之一。

——在北京中央商务区，江河幕墙以绝对优势中标北京第一高楼 528m 中国尊、中央电视台新台址、人民日报社报刊综合业务楼、中国国贸三期 A 座 B 座、北京银泰中心等 50 余项优质经典工程。其中，2005 年中标的中央电视台新台址幕墙工程被评为“世界十大最强悍工程”之一，标志着江河幕墙由国内的幕墙企业挺进世界幕墙企业。

——在北京金融街约 $1km^2$ 的区域内，江河幕墙先后承建了逾 30 项精品幕墙工程，包括富凯大厦、鑫茂大厦、国际金融城、丽思卡尔顿酒店、威斯汀酒店等，获得众多业主、设计院及合作方的高度认可。

——在上海陆家嘴中央商务区承建了逾 30 项幕墙工程，包括上海中心大厦（内幕墙）、北外滩白玉兰广场、上海国际金融中心、中国平安金融大厦等一大批具有时代影响力的精品工程。

——在广州珠江新城地区先后承建了 40 余项幕墙工程，包括广州东塔、广州珠江城、利通广场、太古汇广场等数十项精品工程，以卓越的品质及服务，得到众多业主、设计院和合作方的高度赞誉。

2006 年年底，澳门江河成立并中标澳门银河娱乐综合度假酒店，开启了国际化发展新纪元。2007 年 4 月，公司改制并整体变更为北京江河幕墙股份有限公司，实施“工业化、科技化、信息化、国际化”的四化发展方针，着力构建全球幕墙领先企业。同年进入中东市场，2008 年进入东南亚市场，2009 年挺进美洲和澳大利亚市场，先后中标澳门梦幻城、新加坡金沙娱乐城、越南万豪酒店、阿联酋阿布扎比天空塔、阿联酋阿布扎比金融中心，以及加拿大多伦多 ONE BLOOR、墨尔本 720 Bourke Street、纽约曼哈顿 626 1st Avenue 等世界地标性建筑和第一高楼，一系列难度大、规模大、影响力大的世界顶级工程，成为行业典范。江河幕墙立足高端、定位高端、服务高端的品位输出，成为当之无愧的全球高端幕墙行业知名一流品牌。2011 年 8 月 18 日，江河幕墙在上海证券交易所 A 股主板上市，成功挺进资本市场，江河幕墙的发展进入了一个全新时期。

## 3 海外发展受挫，断臂求生

随着江河幕墙全球化战略的不断推进，公司海外业务涉及国家或地区的逐渐增多，公司海外业务比重日益上升，在一片欣欣向荣的背后，高速发展的江河幕墙正慢慢面临极大的挑战。公司在快速发展海外业务过程中面临的各种政治、经济、贸易风险开始逐渐显现。

——在中东地区，从 2008 年、2009 年的全球金融危机、2010 年的阿拉伯之春、2011 年的叙利亚战争到 2012 年的全球石油大跌，连续多年的社会政治、经济动荡，导致中东区域多数业主、总包面临资金困难，大量工程长期停工，业主、总包经常变更，回款难度大。再加上所签订的“背靠背”合同的原因，导致很多项目尾款无从追回。

——汇率带来的利润损失。公司海外业务通常采用项目所在国家（或地区）货币结算，其中，中东等地区的货币与美元挂钩，受人民币对美元升值的影响较大。根据相关数据显示，2012 年 4 月到 2015 年年底，人民币对美元升值 24%，严重影响了公司工程的成本控制和利润水平。

——如反倾销、法律风险、劳务签证政策多变、欧美国家强大的工会组织、西方技术和产品标准不同以及自身增长过快，对海外市场发展考虑不足等多种因素的影响，一度导致江河幕墙巨额亏损。刘载望面临创业以来最大的挫折和危机，不得不停下来认真反省和思考，江河幕墙的国际化战略以及未来发展到底该如何走？痛定思痛，他决定积极调整，转型升级。

首先是战略上，一方面是收缩市场，果断放弃美洲、澳大利亚等高风险市场，而对于以华人为主的我国的香港、澳门以及新加坡等东南亚地区，鉴于其文化差异较小、风险因素较低等原因，继续保留原有的业务模式。另一方面，依托全球化市场平台和管理经验，将业务由单一的幕墙向内装业务延伸，开始相关多元化经营。

其次是战术上，改革中东等部分区域的海外业务模式，除了收尾项目外，不再承接新的施工项目，代之以设计和产品出口的新模式。江河幕墙仅作为产品及设计服务供应商，集中精力做好方案设计、施工图及加工图设计，缩短管理和运营链条，提高运营效率，规避当地施工运营产生的不确定性风险。

到 2013 年，江河幕墙虽然受到海外市场拖累，但由于及时调整战略，保留东南亚市场，放弃加拿大、美国市场，有序退出中东市场，快速挺进内装市场，当年依然有效地保有了市场中标、营收规模和增长幅度。截至 2014 年年底，公司在实施相关性多元化战略道路上已经发展成为涵盖幕墙、内装、设计等多产业、多品牌经营的集团型上市公司。公司“内外兼修，协同发展”战略初见实效。这一年，由江河幕墙、承达集团、港源装饰协同承建的项目金雁饭店、北京雁栖湖国际会议中心完美收官，精彩助力 APEC 会议，会议场馆的顺利竣工和惊艳亮相，使得江河元素闪耀在 APEC 峰会会场；江河幕墙、承达集团还共同承建了业内极佳口碑的澳门威尼斯人三期项目。幕墙、内装和建筑设计齐头并进，取得跨越式协同发展。

经过几年艰难的转型，2015 年年底，江河幕墙业务保持了平稳发展，国内市场业务中标质量大幅提升，海外市场业务调整到位。到 2017 年，江河幕墙业绩再次大幅提升，彻底走出了海外业务的泥潭，完成了自身的转型升级，走上良性健康发展之路。

江河幕墙积极拓展国际市场，参与国际竞争与合作。这不仅为公司自身的发展提供了更多机会，也为国内幕墙企业走向国际市场、参与国际竞争提供了经验和支持。

## 4 技术引领，从平凡走向卓越

江河幕墙自成立以来就一直高度重视科技的推动作用，通过技术创新引领和推动企业的不断发展。公司不断投入研发，推出了一系列具有自主知识产权的新技术、新工法，为整个行业的发展提供了强大的技术支持。这些创新成果不仅提高了幕墙产品的性能和质量，也推动了幕墙行业的进步和发展。

——系统化、标准化的幕墙产品具有性能优异、工艺性好、模块化和系列化设计、性价比高、配套支撑体系健全、周期短等特性，更符合市场趋势和潮流。2012年，江河幕墙提出了幕墙技术的系统化、标准化发展战略。依托公司行业内唯一的博士后科研工作站，经过多年研究与实践，开发了“研发型、标准型、应用型”三级技术体系，逐步建立并完善了从设计、生产到施工各阶段、各环节的技术标准，成功研发了U系列单元幕墙、S系列框架幕墙、W系列门窗系统等产品，技术达到了国际一流水平，应用于国际国内众多重点项目，并获得百余项相关专利。

——装配式建筑、被动式建筑推广应用也是未来国家大力推行的一种建筑方式，能够降低成本，缩短工期，具有绿色节能等特点，将全面提升建筑装饰装修工程的节能减排水平。而装配式装修的基础是产品的系统化、标准化，相关标准化制造的部品、部件集成到施工现场像堆积木一样，简单快捷安装，不仅大大提高了施工效率，也提高了施工质量。

江河幕墙承建的北京行政副中心A2项目应用到了“装配式石材＋玻璃板块”的装配式建筑方案。将混凝土和石材幕墙构件连同保温与幕墙窗构件进行工厂化加工并组装成单元板块，运到现场整体吊装。在建筑立面分格划分基础上，根据建筑风格将立面分割成4.2m宽、4.5m高的标准单元板块。单个清水混凝土窗单元质量为6.5t，运输及安装难度极大，现场采用300t级吊车安装，这种装配式幕墙加工和安装工艺，大单元设计合理，构造简单，在工厂加工大量生产，减少浪费，减少现场焊接和污染。在短短5个月150多天的工作中，完成了近14万$m^2$的幕墙施工，大大简化了现场工序，提高了安装效率和质量。

——技术创新，引领行业发展。江河幕墙在技术创新、标准制定等方面都发挥了积极的促进和引领作用，推动了幕墙行业的持续发展和进步。

如，2008年由江河幕墙设计和施工的中央电视台新台址幕墙工程是当时世界幕墙领域设计和施工难度最大的项目，挑战结构和重力的极限，重新定位了全球幕墙技术新标准。中央电视台新址幕墙的设计方案，是对传统幕墙设计理念的颠覆与创新，也是对传统幕墙施工技术的跨越和突破，拥有世界上最大的悬臂结构，分别从塔一和塔二161m的位置，悬挑67417.7m和75417.7m在空中交会在一起，为保证悬臂底面幕墙后期的正常使用，在底面设置了复杂的擦窗机系统。要抵御最大6.75kPa的风荷载，大震不受破坏，同时满足防爆炸设计性能前提下，幕墙厚度不超过113.6mm。施工过程中采用的高难度的空间放线技术，精准的结构变位分析，先进的加工制造工艺，体现了中国幕墙技术的高水准。

同年，江河幕墙承建的天津环球金融中心（津塔）幕墙工程高337m，是当时北方最高的塔楼，但彼时国内幕墙技术尚不成熟，超高层建筑幕墙均由外资或中外合作企业设计施工，由国内企业独立承接的超高层幕墙还属首例。除了高度挑战外，项目近 10 万 $m^2$ 的曲面单元幕墙需采用冷弯工艺，而当时国内幕墙业尚无大面积应用这种工艺。对江河幕墙来说，这无疑是一次具有重大时代意义的技术挑战。通过大量试验反复验证冷弯工艺，还聘请了结构仿真有限元分析的专家驻扎公司，深入研发工艺细节，开创性地验证了冷弯工艺大面积实现的可行性。最终，江河幕墙圆满完成了施工任务。天津环球金融中心的成功，不仅是国内幕墙在冷弯工艺运用上的重大突破，也是中国超高层幕墙建造技术上的一大飞跃。

2016 年由江河幕墙施工的长沙梅溪湖国际艺术中心项目整个工程外墙由 13000 多块不同的异形曲面玻璃和 GRC 板块组成，每一块 GRC 板安装都需要完成 48 个螺栓连接与调整，并且每个板块下有辅助钢结构、檩托、矮立边防水、液体橡胶防水、直立锁边防水、檩条和 GRC 安装 7 道工序，三层防水，每个龙骨定位点、挂装点全部要用全站仪打点定位，安装点和板块误差要求控制在 2mm 以内，挑战了曲面幕墙施工的最高难度。针对双曲 GRC 这种复杂的构造和施工难度，江河幕墙设计师全程应用 BIM 技术进行设计，并在 GRC 幕墙上使用了 DP 软件进行表皮设计，生成板块分格及板块翻边模型。再利用犀牛软件深化设计，生成二次钢结构、防水保温、天沟等模型，并直接从模型出施工图。该项目的设计，填补了国内 GRC 曲面幕墙设计、异形扭曲屋面防水设计及施工领域的空白，是对整个幕墙行业的巨大贡献，充分彰显了江河幕墙 BIM 技术上应用的成熟。

诸如此类，不一而足，江河幕墙始终在创新发展中促进行业的发展。

——勇于担当，定义行业标准。通过参与标准制定，江河幕墙提高了自己在行业中的影响力，也为整个行业的发展做出了贡献。近年来，江河幕墙牵头制定国家标准 1 项，参与制定国家标准 8 项，参与制定行业、地方标准 28 项。其中由江河幕墙、中国建筑科学研究院联合主编的《装配式幕墙工程技术规程》（T/CECS 745—2020）于 2021 年 1 月 1 日起施行，为规范和推进幕墙行业的发展和应用，树立了技术标杆。

截至目前，江河幕墙拥有高新技术企业 4 家，获得各类专利 733 项，其中发明专利 153 项，实用新型专利 580 项。同时，江河幕墙是国家知识产权示范企业，拥有国家级企业技术中心，为全国首批 55 家国家技术创新示范企业之一。通过技术创新不仅给企业带来经济效益，也为企业培育了大批技术研发人才，确保企业长期稳步发展。

## 5 高瞻远瞩，放眼未来

随着全球气候变化问题日益严峻，中国提出了碳达峰、碳中和的宏伟目标，这是我国应对气候变化的重要战略决策。在这一背景下，江河幕墙积极响应国家政策，开展 BIPV 光伏建筑一体化、智能制造方面的绿色、低碳、节能的探索与实践，致力于推动绿色、低碳、节能的幕墙系统工程解决方案。

——BIPV 光伏建筑一体化：打造绿色建筑新名片。作为光伏技术与建筑艺术的完美结合，BIPV 光伏建筑一体化不仅是绿色建筑的最佳实践，也是实现碳中和的关键手段。江河幕墙在 BIPV 领域具有深厚的技术积累和丰富的项目经验，公司拥有自主研发的 R35 屋面光伏建筑集成系统，解决了彩钢瓦寿命短、易漏水的痛点。截至目前，公司已承接国家环保总局履约中心大楼、江苏无锡机场航站楼、珠江城（烟草大厦）、世园会中国馆、北京工人体育场改造复建项目、台泥杭州环保科技总部、昆明恒隆广场裙楼等多个大型光伏建筑一体化项目。

同时，江河幕墙还积极向上游光伏组件产业链延伸，主打差异化战略。2021年，公司成立北京江河智慧光伏科技有限公司，积极加速推进光伏建筑、智能光伏等创新形式转型升级。2022年5月，公司在湖北省黄冈市浠水县投资建设300MW光伏建筑一体化异形光伏组件柔性生产基地项目，满足客户个性化需求，打开新的市场空间。

——智能制造：推动产业升级，提高能源利用效率。智能制造是制造业未来的发展趋势，也是提高能源利用效率、降低碳排放的重要手段。江河幕墙在智能制造方面进行了深入的探索和实践，2022年公司研发的幕墙生产MES系统、幕墙结构连接铝构件生产线、薄壁码件自动锯切钻铣一体机、幕墙铝立柱自动化加工生产线等多项智能制造成果在北京、上海、广州三大工厂落地，实现了生产、质检、物流上线运行以及幕墙生产制造关键环节的数字化、自动化和智能化，成果均为行业内"首家上线"。通过智能制造，不仅大幅提高了生产质量和效率，提升企业的核心竞争力，同时，智能制造还能够大幅减少生产过程中的能源消耗和碳排放，提高能源利用效率，为行业转型升级做出表率。

江河幕墙的发展，不仅归功于市场的机遇，更是源于自身不懈的努力和创新精神。在行业竞争日益激烈的今天，江河幕墙的发展历程为其他企业提供了宝贵的经验。站在新的起点，未来，江河幕墙将继续秉持创新、绿色、低碳的理念，与同行一道，助力幕墙行业不断迈向新高度，为中国幕墙行业发展贡献力量。

### 作者简介

刘世锋（Liu Shifeng），男，1978年8月生，高级经济师；工作单位：北京江河幕墙系统工程有限公司；地址：北京市顺义区顺西南路江河科创园5号楼；邮编：101399；联系电话：13810622596；E-mail：liusf@jangho.com。

# 勇攀高峰凌云志　奋楫笃行向未来

## ——中国建筑幕墙技术创新与发展的40年

童　颜

武汉凌云建筑装饰工程有限公司　湖北武汉　430040

## 1　引言

开启于40多年前的改革开放，强力推动了我国经济社会发展，极大提高了我国社会生产力，也促进了建筑幕墙这种高档建筑外装饰和围护结构的应用和推广。随着我国经济的持续高速增长，建筑幕墙行业得到了高速的发展，技术水平也在不断进步。

从1984年我国具有代表意义的玻璃幕墙工程——北京长城饭店（图1）算起，中国幕墙行业已走过近40年，这40年是中国幕墙行业高速发展的40年，也是幕墙技术不断创新与发展的40年。

武汉凌云公司作为行业的“常青树”，经历了中国建筑幕墙技术创新与发展的全过程，堪称行业历史的见证者。

图1　北京长城饭店，1984年，幕墙以单元板块形式从国外进口

## 2　国家经济的发展是幕墙技术创新与发展的源动力

近40年来，随着经济的快速发展和中国城市化进程的推进，建筑幕墙技术得到了广泛应用和发展。经济发展所创造的需求，是幕墙技术创新和发展的最好驱动力。

20世纪80、90年代，改革开放的成果初步显现，国家经济形势全面好转，大量城乡新建住宅使用铝合金门窗，一些企业通过制作铝合金门窗完成初步的技术积累之后，开始向更高端的建筑幕墙市场发展。随着电视的普及，电视信号的发送和转播的需求催生了电视塔这种特殊的高耸建筑，其机房设备功能区的外围护结构要求具有高气密性、水密性和变形适应能力，幕墙是能够完美满足要求的唯一选择。武汉凌云公司早期也做过铝合金门窗，1986年从武汉龟山电视塔（图2）开始，以铝板航空气密铆接技术进入高塔幕墙装修市场，相继承接了中央电视塔（图3）、东方明珠广播电视塔（图4）等19座高塔幕墙，被行业内誉为“中国塔王”。

图2　武汉龟山电视塔，1986年

图3　中央电视塔，1988年

图4　上海东方明珠广播电视塔，1995年

2001年12月，中国加入世界贸易组织，是中国深度参与经济全球化的里程碑事件，标志着中国改革开放进入历史新阶段，经济发展驶入快车道，为商品贸易服务的高档写字楼需求旺盛，带来了幕墙市场的繁荣兴旺（图5、图6）。

图5　北京城建大厦

图6　北京华贸大厦

随着经济的发展，人民的文化、艺术、体育需求得到了更多重视，各大城市相继新建了很多大型的文艺、体育设施，如上海大剧院、上海东方艺术中心（图 7）等。体育设施的新建在 2008 奥运会之前达到高潮（图 8）。2010 年上海世博会的召开，给上海留下了大量优秀的文化展览建筑（图 9、图 10）。

图 7　上海东方艺术中心

图 8　上海东方体育中心

图 9　2010 年世博会中国馆

图 10　2010 年世博会世博轴阳光谷

经济发展与人员物资的流动互相促进，相辅相成，人员出行日益便捷，经济指标屡创新高。40 年来，为满足日益增长的出行需求，国家兴建、扩建了大量的机场、高铁站，这些新建的交通枢纽设施，大量采用幕墙这种现代感强烈的立面形式，在创造了人员舒适便捷出行环境的同时，充分展现了新时期的建设成就（图 11～图 16）。

图 11　上海虹桥机场

图 12　上海虹桥高铁站枢纽

图 13　湖南长沙黄花机场

图 14　内蒙古乌兰察布机场

图 15　广州白云机场

图 16　西安咸阳机场

在国家政策的倡导和支持下，国内幕墙企业经过一段时间的发展和积累之后，纷纷走出国门，进入国际市场。从供应材料、来料加工、供应配件组件开始，到提供设计和施工服务，再到提供全过程、全方位服务，各大幕墙公司在北美、欧洲、中东、澳大利亚等市场上均有所斩获（图 17～图 20）。

图 17　美国匹兹堡会展中心

图 18　冰岛 HAPA 歌剧院

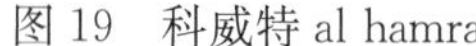

图 19　科威特 al hamra

图 20　英国伦敦 Potal West

## 3　不断完善的政策法规和标准规范体系保障了行业的健康发展

政府主管部门始终高度重视幕墙行业的发展，在幕墙行业发展的早期就颁布了一系列文件，进行标准、资质、技术等方面的管理。1991 年建设部发出通知（建标〔1991〕第 413 号），下达编制《玻璃幕墙工程技术规范》和《建筑幕墙》的任务。这两本规范于 1996 年发布，次年实施，自此我国的建筑幕墙行业标准体系从无到有，逐步完善，进入"有法可依"的阶段。

政府主管部门对安全、节能方面尤为重视，积极回应社会关注热点，组织行业专家调查研究，先后下发了《建筑安全玻璃管理规定》（发改运行〔2003〕2116 号）、《民用建筑外保温系统及外墙装饰防火暂行规定》（公通字〔2009〕46 号）、《关于进一步明确民用建筑外保温材料消防监督管理有关要求的通知》（公消〔2011〕65 号）、《关于进一步加强玻璃幕墙安全防护工作的通知》（建标〔2015〕38 号）、《关于做好建筑高度大于 250 米民用建筑防火设计研究论证的通知》（建办科〔2021〕3 号）等文件，促进了行业的技术进步，保障了行业的持续健康发展。

国家、行业、地方和企业各个层级都制定了相应的标准。国家标准有《建筑幕墙》GB/T 21086 等，行业标准有《玻璃幕墙工程技术规范》JGJ 102、《金属与石材幕墙工程技术规范》JGJ 133、《人造板材幕墙工程技术规范》JGJ 336、《采光顶与金属屋面技术规程》JGJ 255 等，各地方也制定和发布了相应的地方标准。行业内的大型幕墙企业在设计、加工、安装等环节，一般都有更加严格的内控标准。幕墙性能检测、材料、产品等也都有相应的标准。这些标准有机地结合在一起，构成了建筑幕墙行业相对完备的标准化体系。根据技术的发展、社会反馈与需求，相关部门每年组织标准规范的更新与编制，对新材料、新工艺、新产品进行规范化管理。

幕墙技术标准是推动幕墙科技进步和幕墙行业发展的重要保障，是规范幕墙市场经济秩序的重要技术依据。标准的发布和修订对促进幕墙技术发展、保证幕墙的安全使用起了重要作用。

武汉凌云作为行业内代表性企业，参与了众多重要规范和文件的制定，累计参编国家标准10项，行业标准和团体及地方标准40项。

## 4 国产材料的发展和进步为幕墙行业的发展提供了坚实的基础

建筑幕墙作为一种较为高级和新颖的外墙装饰形式，在我国一线城市出现之初，主要材料都依赖进口。最早的幕墙—长城饭店就是以单元板块的形式从国外进口的。

建筑幕墙最经典、最有代表性的类型—玻璃幕墙，其主材—玻璃和硅酮胶，在国内市场上的国产化过程，极具代表性。早期的工程大多选用进口玻璃，如法国圣戈班（Saint-Gobain)、英国皮尔金顿（Pilkington）等，进口硅酮胶，如美国GE和道康宁（Dow Corning）等。进口材料价格昂贵，选择余地小，交货周期长，极大地制约了国内幕墙的应用。直到国内上海耀皮、深圳南玻等玻璃厂家，郑州中原、广州白云、广州集泰等硅酮胶厂家，引进技术、自主创新并大规模扩产之后，建筑师选择玻璃幕墙的后顾之忧才得到根本性的解决，玻璃幕墙在高层建筑、标志性建筑上得到了广泛的应用。

幕墙玻璃种类繁多，从早期的热反射镀膜玻璃，到单银、双银、三银Low-E玻璃；从未经钢化的玻璃到钢化玻璃；玻璃构造也经历了单层、中空、夹胶、夹胶中空、多腔组合的变化，还有真空玻璃；表面处理有彩釉、数码打印、激光蚀刻；与其他专业结合的特种玻璃，如光伏发电、电致变色、LED显示等，这些种类的玻璃大多实现了国产化。我国超大规格、纯平无斑玻璃等产品制造技术处于世界领先水平。

铝板、驳接件和窗五金件等，也大多经历了从进口到国产替代的过程。

武汉凌云公司是幕墙材料国产化的坚定支持者，在国产主材的推广过程中，总有武汉凌云公司的身影。其在承接的境内外工程中大力推荐和采用国产材料，与众多国产材料的生产厂家建立了良好的关系，合作共赢，共同发展。

幕墙材料的国产化，为保障工期和控制工程造价提供了基础。幕墙行业上下游全产业链的自主可控，为增加就业和税收，拉动国民经济做出了贡献。幕墙材料的国产化替代过程，与我国改革开放融入世界经济循环，从制造大国直至制造强国的发展路径是相辅相成的。

## 5 设计和施工技术的创新和发展

中国拥有全世界最大的幕墙市场，21世纪初即成为世界第一幕墙生产大国和使用大国，其后长期遥遥领先。庞大的工程量，丰富多样的气候特征，纷繁复杂的立面设计，给幕墙行业的从业者带来了巨大的机遇和挑战，也为从业者提供了充足的学习实践和研究总结的机会，同时也促进了设计和施工技术的创新和发展。

40年来，设计手段有了长足的进步，大致分为三个阶段。第一阶段，原始的手工绘图、尺规作业，经过描图、晒图等工序得到可用的蓝图，绘图过程费时、费力，修改不易。第二阶段，从20世纪90年代中期开始，一些大型公司的设计人员开始使用电脑，用二维设计软件代替纸笔进行设计。结构工程师使用结构分析软件，代替计算器进行结构分析。幕墙行业进入信息时代。计算机的普及和应用，极大地提高了工作效率和设计质量。第三阶段，从2007年开始，在异形双曲面建筑幕墙设计中，用三维软件代替二维软件，用数字化信息模型代替图形，BIM在幕墙工程的全流程应用逐渐铺开，幕墙行业进入数字时代。由于市场和项目难度差异，现阶段以上三种类型的设计手段实际上都有使用。2023年，基于大模型、可进行自然语言交互的人工智能（Chat-GPT）取得技术突破，行业内有不少有识之士也在进行相关的探索和尝试，用来提高工作质量和效率。

武汉凌云公司在1995年建立了CAD中心，甩掉图板搞设计，领行业风气之先；2007年又建立了BIM团队，开始探索三维数字化设计手段的使用，先后在中国航海博物馆（图21）、北京银河SOHO（图22）等工程中应用。武汉凌云公司在设计过程中总结提炼，形成智力资产，目前拥有自有知识产权229项，其中发明专利28项，实用新型专利198项，软件著作权3项。

图21　中国航海博物馆

图22　北京银河SOHO

幕墙材料的加工技术和设备也在不断更新和进步。早期使用的通用机床被专用数控机床、可编程的加工中心、带数字化输入接口的智能机床代替；型材和板材加工能力从简单切割钻铣、二维角度加工，进化到单向弯曲、双向弯曲、双向弯曲加扭转；单元板块的组装能力也从简单的二维框格板块，进化到三维立体框格、三维扭曲立体框格；加工产能的提高和能力的进步，为日益复杂的幕墙形式和构造的实现提供了坚强的后盾。

施工技术的机械化、电气化水平日益提高。早期多使用简单工具手工制作构件，在现场将散件拼装成构件式幕墙，劳动强度大，成品质量难以控制。现在单元式、装配式的幕墙越来越多，现场安装的机械化程度越来越高，带电动吸盘的移动式安装车、履带式层间移动吊车、安装机械臂等设备机具使用越来越广泛。对于异形曲面建筑，激光3D扫描、无人机测绘建模等技术的应用已逐渐普及。

武汉凌云公司在幕墙制造和安装上重金投入，1995年斥巨资从德国引进成套幕墙加工设备，1996年又从国外引进氟碳喷涂线，成为当时国内首先拥有铝材、铝板氟碳喷涂线的幕墙公司。此后持续投入，长期保持了设备的先进性。

武汉凌云公司在安装机具设备上也多有研发和创新，航空工业的背景和早年高塔装修经历，使得武汉凌云公司高度重视工程质量和安全，注重安装机具和工法的发明和应用，拥有“幕墙板块安装发射车”等数十项施工类的专利和“大幅外挑倾斜幕墙无脚手架室内施工工法”（中国馆，图23）、“复杂异形檐口铝板幕墙安装施工工法”（银河SOHO）等国家级和省级工法。

图23　中国馆施工过程

优良的产品质量，先进的安装机具，安全高效的工法，是高质量幕墙工程的有力保障，武汉凌云公司施工的幕墙工程，累计获得鲁班奖等国家级奖项86个，省优及其他奖项100余项（图24）。

图24　部分获奖证书

## 6　创新与发展的成果

中国集合了目前世界上几乎所有的幕墙构造类型、材料类型。立面外形从平面、折面，到曲面、双曲面，构造形式从构件式到单元式、点驳接式、全玻璃幕墙、索网幕墙，面材从玻璃到铝板、石材、陶板、不锈钢板、GRC板、UHPC板等，几乎无所不包（图25～图29）。

图 25　宁波华联大厦

图 26　北京公馆（双层幕墙）

图 27　北京丽泽 SOHO

图 28　北京望京 SOHO

图 29　科威特国际机场

## 7 趋势展望

（1）国内幕墙市场的地域分布趋向均衡化

随着我国的经济发展进入新常态，一线城市幕墙市场增长放缓，但新增项目中的“高”“精”项目占比增加。新增建筑的幕墙设计将更加个性化，强调差异化、标志性，与环境的和谐统一，在幕墙立面造型、选材、性能、品质等方面的要求越来越高。二线及以下城市、区域中心城市、新兴特色城市的市场，将受益于国家“均衡发展”的政策导向继续增长。

（2）对幕墙的环保、节能要求越来越高

在绿色、低碳的总体要求下，对幕墙的选材、设计、建造、使用、运维都将提出更严格的要求。在选材环节的材料可回收性、废弃物的再利用，设计环节的能耗指标设定（低能耗、近零能耗、选择性透光传热性能、储热、发电等）和构造设计，运维环节的智能控制等，将受到更多关注。

（3）数字化技术应用更加深入

以幕墙的数字化信息模型为基础，数字化技术在幕墙的全生命周期的应用将在全行业内普及。目前，BIM技术在幕墙设计和施工放线阶段使用较多，加工和施工管理阶段也有一些应用，运维阶段的应用正在探索中。不同阶段所用的软件平台各有特点，信息交换不畅，还有较大的提升空间。人工智能技术在本行业将大有可为，释放更多生产力。

（4）智能化、自动化技术与设备在加工和施工环节的应用更加广泛

个性化的建筑设计，导致异形、双曲面的建筑幕墙的增加，单件、小批量的零部件数量增加，生产组织的难度加大，智能化、自动化的加工和组装设备的广泛应用是突破生产瓶颈的有效途径。

（5）既有幕墙的升级改造将形成规模

大量早期建设的幕墙，由于建设时标准低、用材差，已经不符合现行的安全和节能要求，有必要进行安全性和可靠性检查，并进行安全性和节能性的升级改造。

## 8 结语

遍布全国各地的各种造型、各种材质的幕墙，与环境交相辉映，见证着中国改革开放以来的繁荣和发展，幕墙技术不断创新与发展的40年，也凝聚着幕墙行业从业者的心血和汗水。

武汉凌云公司作为中国幕墙发展史的亲历者和创造者，艰苦创业，直面困难和波折，有幸在这个伟大的时代发展和壮大，愿意继续与友商和业内同人一起，直面新常态，砥砺奋进，把坚持高质量发展作为新时代的硬道理，推动高水平科技自立自强，推进建筑新型工业化，为建设幕墙制造强国、质量强国而奋斗。

# 我国幕墙技术创新、发展与展望

孟根宝力高　张立森　卢建华
华东建筑设计研究院有限公司　上海　200002

**摘　要**　中国幕墙技术经过 40 多年，特别是近 30 年的发展，由初期仅凭直接经验和模仿设计阶段跃升为结构计算理论化、构造系统化和规范化的发展新阶段。幕墙作为现代建筑重要的部件，将逐渐成为建筑的真正的多功能表皮，甚至低碳产能皮肤。30 年来，不管在材料应用创新、施工工艺改进、构造装配化、功能集成创新、视觉肌理多样化、系统性提高热工性能还是智能化控制，一直在实践中多样化创新，点滴中展现出进步。通过回顾分析幕墙技术创新和发展轨迹，总结经验提出不足，探索设计安全、经济、舒适和创新的幕墙道路，展望建筑幕墙未来创新与发展。

**关键词**　幕墙技术；幕墙技术创新；幕墙发展趋势

**Abstract**　After more than 40 years, especially more than 30 years of rapid development, China's curtain wall technology has jumped from the initial stage of direct experience and imitation design to a new stage of systematization and standardization. As an important part of modern architecture, curtain wall will gradually become the multi-functional skin of the building, and even the energy production skin. Over the past 30 years, whether it is in material application innovation, construction process improvement, functional integration innovation, visual texture diversification, systematic improvement of thermal performance or intelligent control, it has been diversified innovation in practice, showing progress in every bit. By reviewing and analyzing the technological innovation and development path of curtain wall, summarizing the experience and the shortcomings, exploring the design of safe, economic, comfortable and innovative curtain wall, and looking forward to the future innovation and development of building curtain wall.

**Keywords**　curtain wall technology; curtain wall technology innovation; curtain wall development trend

## 1　引言

我国建筑幕墙工业规模逾 5000 亿元，已为实现建筑个性化表达外形及实现功能方面，创造了不可替代的价值。国内建筑幕墙从 1984 年长城饭店应用开始有近 40 年的发展历史，目前已步入广泛应用新技术、新材料、新工艺的智能信息化、绿色环保化、工厂装配化等全方位发展阶段。而数字化、智能化和节能技术为幕墙新的多样化创新提供了强有力的工具，造型及其功能的多样性越来越符合现代人的需求。而且幕墙作为建筑子系统 ，在满足建筑量身定制设计的过程中，“个性化”既是必然也是业主追求商业价值、建筑师表达个人造诣和社会评价的必然结果，在行业发展进程中 ，幕墙的“ 风格”不断演化，围绕安全性、舒适性、美观性和经济性而持续改进 ，“通过持续创新，满足个性化需求”。这恰恰表明建筑幕墙与人的社会性紧密联系在一起。

## 2 幕墙技术创新动力分析

幕墙技术创新，起初主要围绕如何实现安全和简洁构造而展开的，所以重点放在构造和制造安装工艺方面。如哈尔滨森融大厦隐框玻璃幕墙，通过设计定距压紧、定位安装方式，保证玻璃平整度高而且安装高效。最近 15 年来，节能绿色化、装配化工艺、智能化和个性化设计成为幕墙创新的主要需求。图 1 总结了幕墙技术创新发展的核心动力，其中节能低碳要求是全局性的，国家和各地区节能标准在逐年持续提高。而单元幕墙作为装配化幕墙的代表性品种，代表了工厂化程度高、原始性能保持时间长和高品质幕墙，在当下制造和安装劳务成本快速升高的背景下，符合幕墙实施工艺演变方向。通过采用单元幕墙形式，降低其综合成本成为可能。智能化是提高舒适互动、动态响应的基础性技术领域，也是更高层级上实现低碳节能的必要条件，通过优化对太阳能量透过率、可见光环境和通风等功能，可以达到综合节能和提高使用者舒适度的目的。数字化设计和过程管理，在提高幕墙完成度和降低时间成本方面，具有决定性的影响。对此 BIM 和 AI 将发挥重要作用。

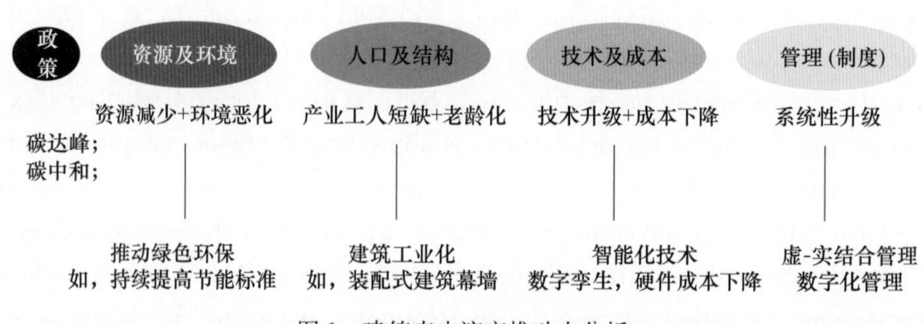


图 1 建筑表皮演变推动力分析

建筑设计的基本原则和方针要求一直在变化。在 20 世纪 80 年代前，党的建筑方针是：适用、经济、在可能的条件下注意美观。改革开放以来，重新强调适用、经济和美观原则。但市场上也出现了一批怪异的建筑和表皮，人们以评丑陋建筑活动，表达对怪异建筑的反感之情。顺应该社会思潮，2016 年国务院文件《关于进一步加强城市规划建设管理工作的若干意见》中提出：适用、经济、绿色和美观，重申了建筑设计中美观的重要性，并增加了绿色低碳的要求。这些承载社会责任的建筑设计理念，无疑对建筑表皮的发展走势产生积极的影响。

## 3 幕墙技术创新与发展历程

从建筑发展视角来看，某种幕墙风格盛行 一段时间后将产生内在的转向需求。因此可通过改变造型、结构体系或材料工艺，来满足人们喜新厌旧的审美定位要求 ，但唯独不变的是对安全、经济、舒适和美观的需求。30 年来，国内幕墙为了满足该要求，建筑表皮始终坚持技术创新，在构造创新、施工工艺创新、材料及其应用创新、功能集成创新和视觉肌理创新方面，展现出对多样化建筑创意做出积极响应。同时开发出多样化幕墙体系（图 2），满足建筑设计多样化要求。

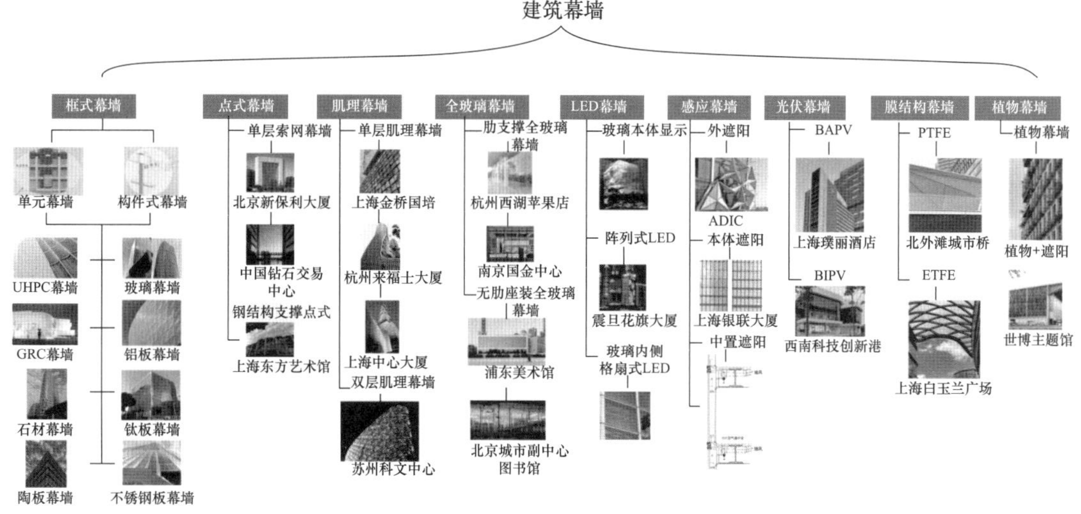


图 2　多样化幕墙体系

### 3.1　构造装配化以及单元式幕墙

1994 年之前幕墙外观形式为明框居多，以森融大厦为标志，大量的项目采用隐框或半隐框形式玻璃幕墙。《玻璃幕墙工程技术规范》（JGJ 102—1996）出台之前，国内幕墙构造以框架式幕墙为主，少量的项目采用单元幕墙体系。而且一般由境外幕墙企业完成，如以北京长城饭店为例，单元板块在比利时组装后，运到北京安装。北京中纺大厦是由国内幕墙企业设计安装的早期单元式幕墙示范项目之一，采用了竖锁式单元幕墙形式（图 3）。

### 3.2　创新材料应用造就了多样化建筑幕墙

建筑师的创意推动着建筑幕墙技术的不断发展，也带动了相关材料的进步。而新材料的涌现，反过来又促进了幕墙技术的创新与发展。日本知名建筑师隈研吾在《隈研吾的材料研究室》的开篇就提到“遇到新的材料，新的时代就开始了”。从列入国家建筑材料工业“十四五”科技发展规划的幕墙材料也可以看出，各种新型材料，如结构黏结材料、高强度线形金属材料、高性能低辐射 Low-E 节能玻璃和多样化的装饰面板材料的发展得到各方重视。在人造板材方面，今天已发展出瓷板、陶板、玻璃纤维增强水泥（GRC）板、超高性能混凝土（UHPC）板、强化玻纤高聚合热压复合（GRP）板、烧结致密陶瓷岩板、挤出混凝土（ECP）板等材料和其复合应用材料。个性化异形表皮的兴起，为 GRC 板和 UHPC 板提供了应用场景。GRC 板通常采用“喷射入模具”工艺，制造灵活，但品质稳定性有待提高。GRC 轻质构件通过选用高品质原料、提高模具精度、保障 7d 以上的初期养护时间、表面防水处理、排水路径优化等措施，正在系统性解决开裂、掉角和排水孔周围发霉发黑等材料顽疾。UHPC 强度比 GRC 高 3 倍之多，吸水率也只有 GRC 的 1/5 甚至更低，并且具有轻质、超高强、可造型的特点，在结构装饰一体化领域备受建筑师和业主的青睐。而且只有装饰而没有结构需求的领域，高性能混凝土（HPC）材料，再结合多样化纤维增强材料进行复合，

| 建筑物图 | | | | |
|---|---|---|---|---|
| 幕墙技术 | 全隐构件式幕墙 | 半隐单元式幕墙 | 双层幕墙（外层点式） | LED集成幕墙 |
| 建筑名称 | 哈尔滨森融大厦 | 北京中纺大厦 | 北京旺座中心 | 震旦大厦 |
| 建造时间 | 1994年 | 1997年 | 2002年 | 2003年 |
| 构造图 | | 排水路线 A A B | | |

图 3　早期国内项目幕墙形式

正在拓展其应用范围。

在大工业化玻璃技术支撑下，在建筑节能设计方面，玻璃改变了建筑。各类高性能玻璃，如多银 Low-E 膜节能玻璃、丝网印刷玻璃、数码打印图案玻璃、调光玻璃和光伏发电玻璃等高性能玻璃产品以及对其组合应用，在满足节能指标要求的同时，极大地丰富了建筑个性化表达。目前双中空与多银 Low-E 多层膜结合运用，能够有效地对玻璃热传导、对流和辐射进行控制，将在节能低碳幕墙领域创造巨大价值。图 4 给出典型配置玻璃传热系数 $K$ 值和遮阳系数 $S_c$ 值，与带有不同长度断桥的金属边框结合运用，可以满足不同节能等级的建筑幕墙需求。

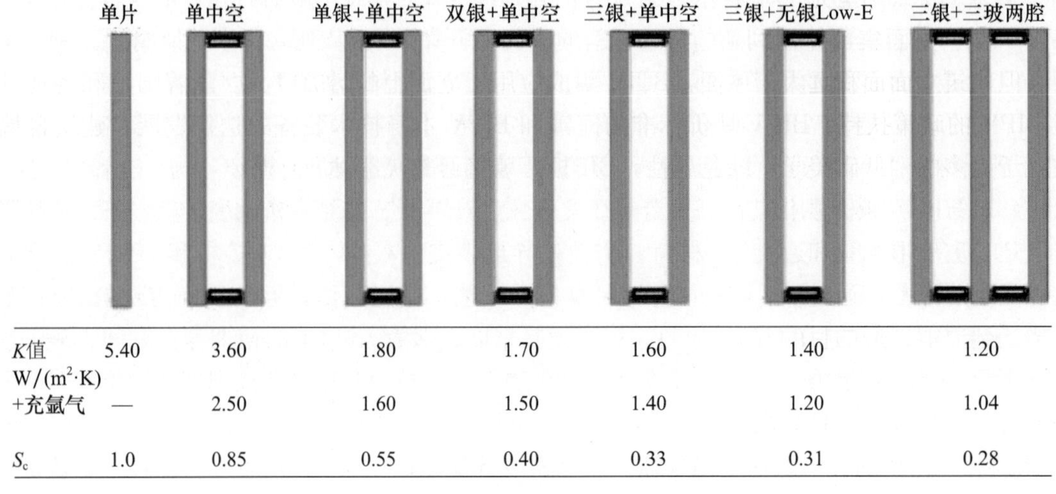


| | 单片 | 单中空 | 单银+单中空 | 双银+单中空 | 三银+单中空 | 三银+无银Low-E | 三银+三玻两腔 |
|---|---|---|---|---|---|---|---|
| $K$值 W/(m²·K) | 5.40 | 3.60 | 1.80 | 1.70 | 1.60 | 1.40 | 1.20 |
| +充氩气 | — | 2.50 | 1.60 | 1.50 | 1.40 | 1.20 | 1.04 |
| $S_c$ | 1.0 | 0.85 | 0.55 | 0.40 | 0.33 | 0.31 | 0.28 |

图 4　典型配置玻璃 $K$ 值和 $S_c$ 值

在多彩金属面板方面，早期常用材料主要有铝单板、铝复合板和铝蜂窝板等，后期增加了不锈钢板、搪瓷板、铜板、钛锌板和种类繁多的仿石、仿木的金属板系列产品。目前聚氨酯系列材料，在提升门窗和幕墙节能性能方面，表现出一定的优越性，如果能很好地解决其局部连接强度、多向异性、挤出精度、表面处理和回收方面的短板，或适应性应用好，将在节能门窗幕墙领域发挥重要作用。

### 3.3 功能集成创新：通风器、LED 集成幕墙、BIPV 幕墙、智能控制和响应幕墙

（1）通风器和 LED 集成幕墙：集成创新是幕墙创新的普遍形式，而通过集成隐蔽式通风器和见光不见灯的 LED 集成设计，可实现建筑幕墙与通风和照明功能高度集成。通风器是幕墙通风的一种常用形式，因为采用通风窗，无论采用何种开启方式，对立面都会带来不同程度的破坏。为了解决该矛盾，建筑幕墙个性化肌理与通风器和隐蔽式 LED 灯带结合设计幕墙应运而生（图 5），通风器往往可与表皮肌理结合起来设计。

图 5　上海东站

（2）BIPV 幕墙：长期以来，国家相关部门高度重视光伏发电与建筑一体化融合，推动了光伏技术和产业的适应性发展。特别是 2022 年 4 月实施《建筑节能与可再生能源利用通用规范》（GB 55015—2021）后，各地区配套出台了量化应用光伏一体化（BIPV）系统的具体措施和要求。尽管政策上鼓励应用 BIPV 幕墙，但受多方面要素的影响，当前 BIPV 应用与“安装型”太阳能光伏建筑（building attached photovoltaic，BAPV）应用相比，具有综合成本高、立面集成体系的发电量折减等弱势，立面 BIPV 应用积极性不如屋面 BAPV 应用。但建筑立面面积远大于屋面，BIPV 集成应用于立面上的潜力巨大。随着国家和各地针对 BIPV 的政策扶持、BIPV 评价标准的完善和 BIPV 本身技术装备的迭代发展，建筑幕墙被赋予更多的“低碳美学”绿色属性，BIPV 幕墙将迎来快速发展时期。

（3）智能控制和感应幕墙：智能幕墙是通过对外界天气变化做出自动响应，进而通过调节遮阳、玻璃透光量和通风等因素，对室内建筑物理环境参数进行控制的幕墙系统。智能幕墙的最高境界是，通过人机互动以感知、动态反馈控制、算法学习迭代等方式来优化控制系统，达到节能舒适的目的（图 6）。受成本原因，智能幕墙只在少量建筑幕墙中采用。

而感应幕墙是指可以根据使用者存在与所处状态，进行响应的动态幕墙。高级的感应幕墙，可根据环境参数自动调节玻璃的透光度、启动或关闭通风装置，根据使用者的状态，实时动态提升环境质量。另一种幕墙感应形式是类似索契冬奥会建造的巨大人脸动态幕墙，与游客进行实时互动，可以在三维空间中变换图像。

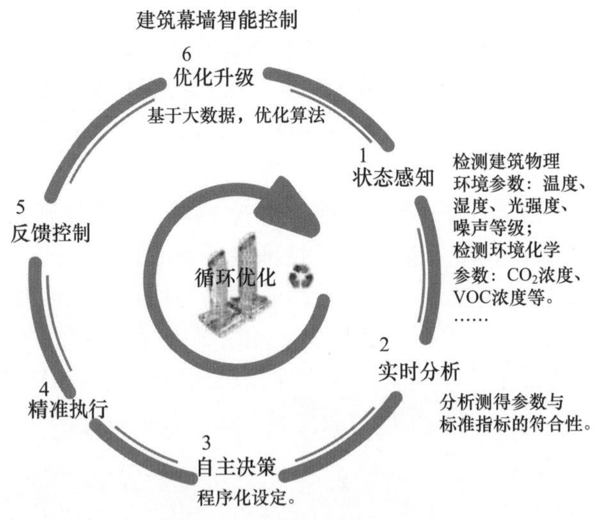


图6　建筑幕墙智能控制

### 3.4　视觉创意：纤细幕墙、自由曲面幕墙、个性化肌理幕墙（自然形态）

为了把握幕墙核心技术风格转变脉络，下面选择一些具有全局性属性的纤细通透化、自由曲面和个性化肌理等幕墙技术，进行针对性剖析和探讨。

（1）实现通透纤细幕墙策略

幕墙界追求制造通透幕墙的努力从未停止过。实现通透幕墙一般通过增加幕墙单块玻璃面积、提高玻璃可见光透过率、使用更加纤细的构件等措施实现。根据系统性调研发现，深圳和上海等地的玻璃幕墙单块玻璃面积30年来普遍增加了4倍以上。以深圳和上海幕墙玻璃为例（图7），单块玻璃板块面积从最初的1.8m$^2$到现在的8m$^2$，增长4倍以上。目前，单块玻璃的宽度2.4m很普遍，裙房所用玻璃更是由6m高增加到20m左右（北京城市副中心图书馆所用玻璃：3m×15m）。可见光透过率（visible light transmittance，VLT）从早期镀膜玻璃普遍30%左右提高到现在的60%左右，甚至通过采用高通透Low-E玻璃，可见光透过率可以提高到近80%，从而能获得明亮的凉爽室内光环境。

纤细构件使用方面，创新做法更是层出不穷。替换铝构件为精制钢、单层索网、加辅助支撑等均为构件纤细化策略。幕墙龙骨从采用铝合金构件到纤细精制钢构件，再到单层索网结构。

可通过索-装饰框体系获得纤细感（图8），即通过索外包异形铝型材进行简化装饰或把索放置于玻璃缝隙的做法，获得纤细通透感。相信将来更多的项目采用基于该原理完成的幕墙或其某种变化形态。

早期吊挂全玻璃幕墙一般采用胶粘夹板工艺，吊装工艺如图9所示。这种工艺对施工要求比较高，离散性也较大。而最新发展的打孔吊挂工艺离散性小得多，这种全玻璃吊挂系统，能在保证安全性和寿命的同时，满足施工方便性要求。不过，建筑设计一味地追求超大规格玻璃，并非理性之举，即便玻璃吊挂孔中填充高抗压胶，能均化边缘应力，避免应力集中，若不能严格按工艺施工，同样会失效。

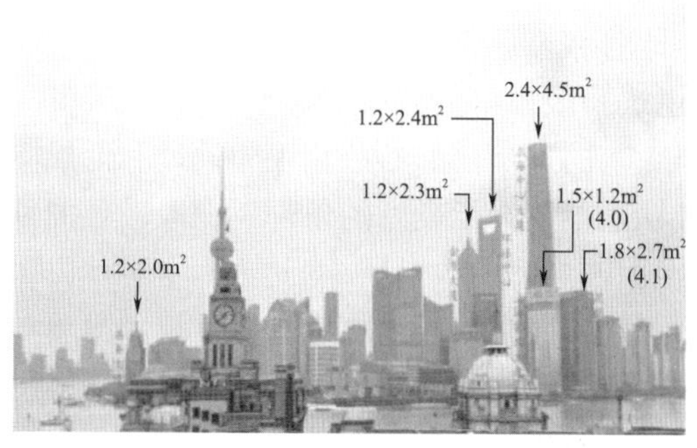


港务大厦到上海中心

北京城市副中心图书馆

北京新保利大厦

纤细通透玻璃幕墙

高通透玻璃幕墙 (VLT 达65%)

图 7　超大幕墙玻璃

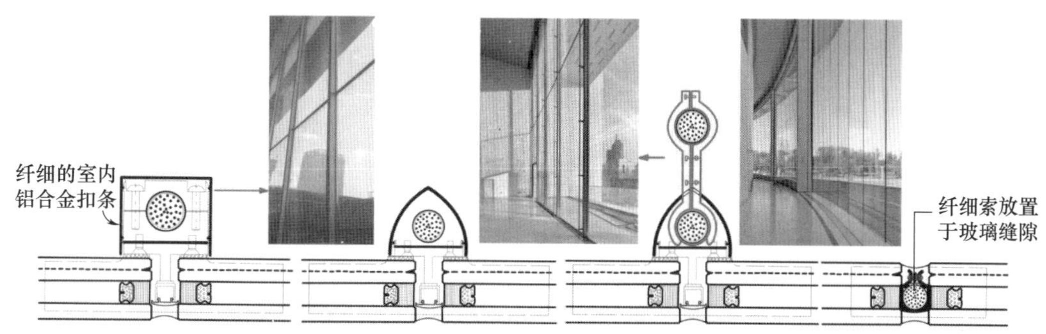


图 8　索-装饰框体系

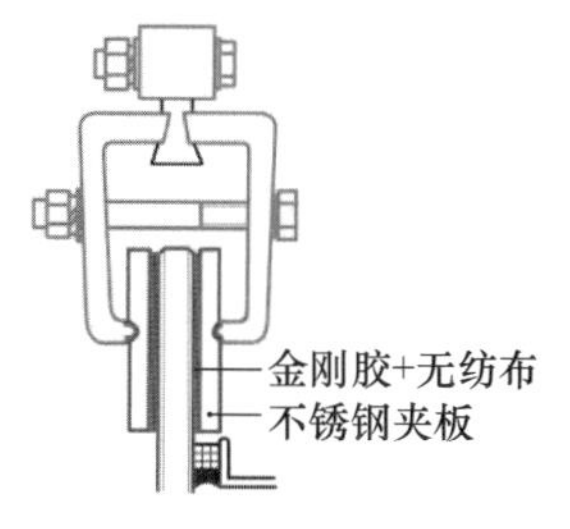

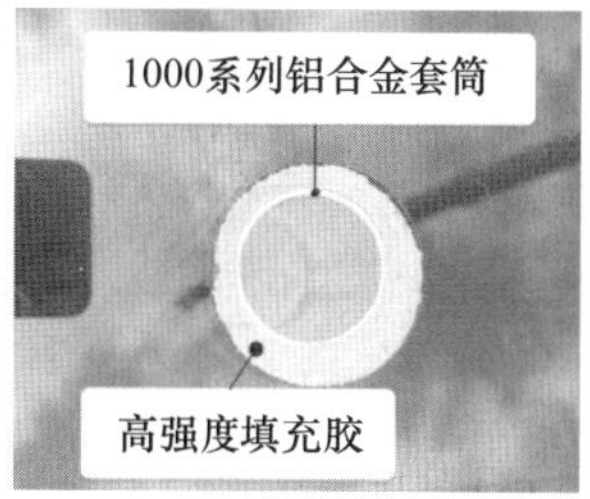

图 9　吊挂玻璃幕墙

(a) 传统吊挂玻璃工艺示意图；(b) 传统吊挂幕墙实例；(c) 玻璃吊挂孔和填充胶以及应用实例

（2）自由曲面幕墙及冷弯技术

从神经美学观点来看，曲面建筑给人以动感体验和亲近感。所以不管经典建筑中的弧线元素还是最近“数字化”为风格的流线形异形建筑幕墙，都会给人带来独特的建筑审美体验，如国家速滑馆。随着数字化设计手段和材料工艺的进步，如参数化正向设计和低成本的冷弯金属板或玻璃和人造板技术为这一类项目成功落地创造了良好的条件。一般玻璃曲率大于1500倍厚度时，就适合采用冷弯工艺，根据经验，当翘曲值≤$L$（短边）/60时，由于弯钢化技术的限制，采用冷弯工艺成型，能有效保证建筑效果，经济效益高，且技术简单，安全度在可控范围内。例如，俄罗斯联邦大厦玻璃幕墙项目（图10）采用单元板块整体冷弯工艺，外立面为双曲面形态。该项目中把玻璃组装为平板单元幕墙板块，现场通过压板施压实现微弧线曲面幕墙，保持较低的玻璃表面永久附加应力。该项目采用AGC的带遮阳膜的三玻两腔配置，一个角的翘曲值大约50mm。在工厂制作全比例模型，将玻璃通过压板使之翘曲70mm左右，经过一段时间的全方位测试，验证方案可行，并最终应用于该工程。现该工程已完工并投入使用了几年的时间，暂无发生玻璃在长期应力作用下破碎等现象。国内采用单中空冷弯玻璃的案例较多，但尚无大型冷弯双中空玻璃的案例。

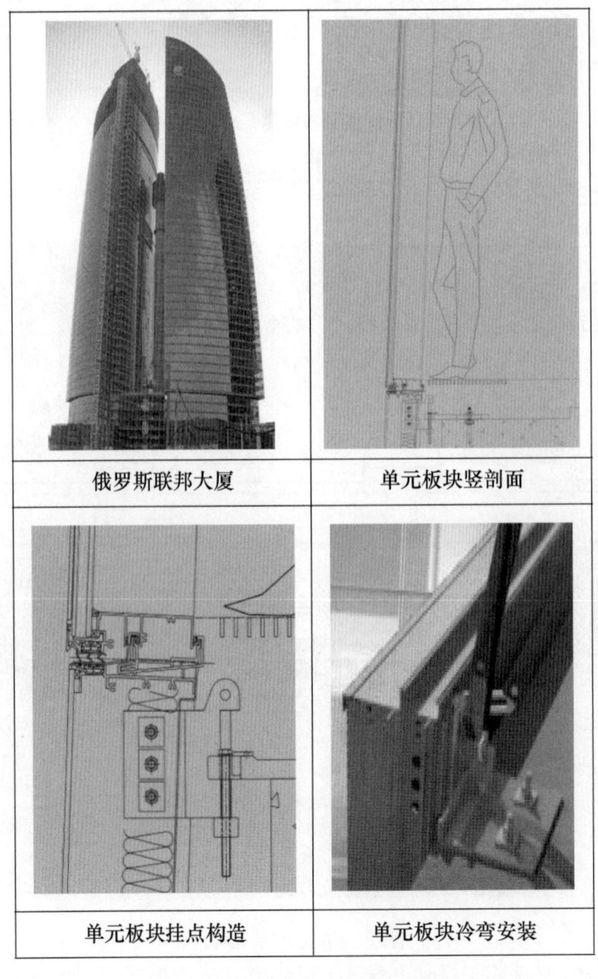


图10　俄罗斯联邦大厦及其单元幕墙板块结构

为了进一步分析冷弯玻璃固定应力分布，本研究通过有限元方法分别对单点固定和多点固定玻璃幕墙进行了数值模拟。模拟结果表明，选择 8mm 单片玻璃，40mm 位移荷载时单点固定和多点固定应力值分别为 5.02MPa 和 6.29MPa，单点固定应力值为多点固定时的 80%，如图 11 所示。

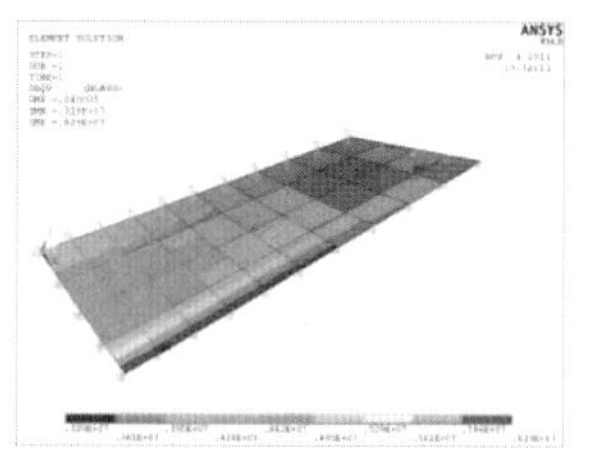


多点固定时40mm位移荷载对应的应力为6.29MPa，玻璃配置：8mm单片玻璃

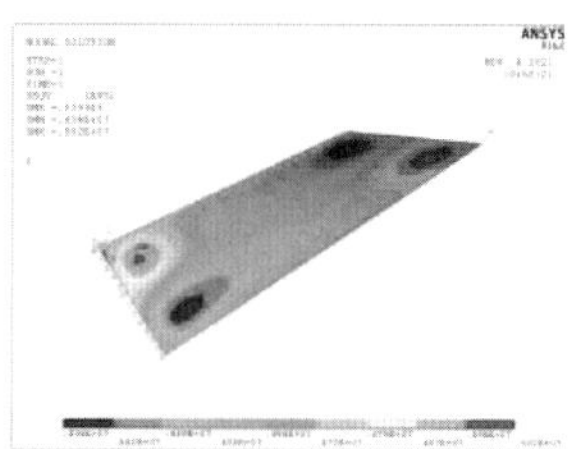


单点固定时40mm位移荷载对应的应力为5.02MPa，玻璃配置：8mm单片玻璃

图 11　多点和单点固定角部压冷成型数值模拟应力

(3) 肌理幕墙：满足个性化体验和韵律美

随着人们追求建筑新颖个性化表皮、数字化幕墙设计和建造技术的进步，越来越多的建筑采用既具备抽象化肌理美感，又承载文化元素和光伏一体化等功能集成的幕墙形式——肌理幕墙。这种幕墙相对于具有矩形平滑表面幕墙，引入更多折皱和斜线方式。

肌理幕墙可以通过多层集成或单层褶皱实现某个性化图案，前期可通过 BIM 技术辅助设计更好地展示出个性化体验和韵律美。一般来说，可采用如下设计手法实现：

采用单层肌理幕墙（图 12）。其设计和制造难度较大，实现精致面临较多挑战，其核心技术是：①断框工艺，通过插芯实现转折传力作为基础；②玻璃角度，通过组合附框加以调节；③实现室内视觉舒适、协调，包含式设计。

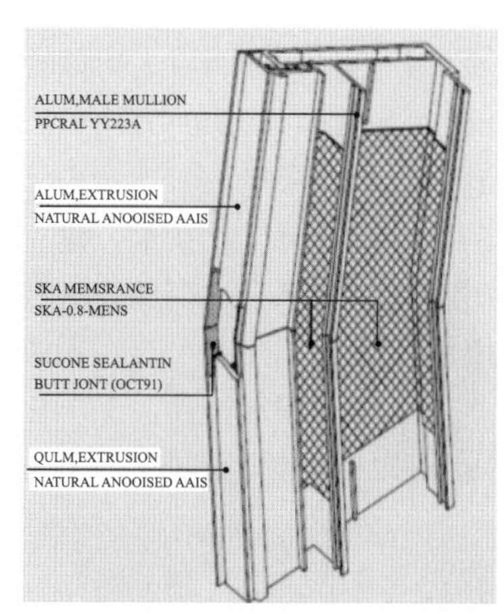


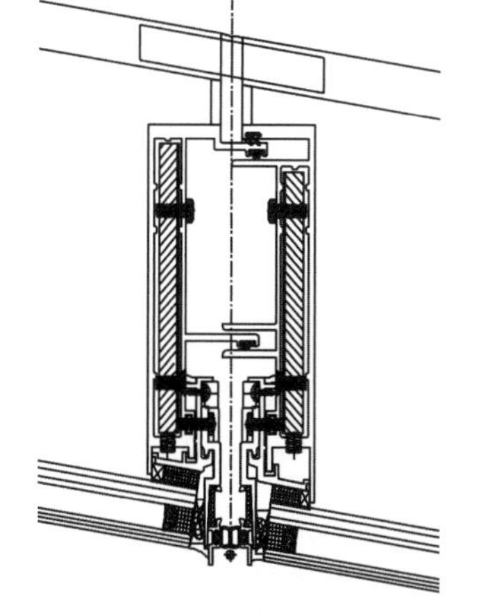

图 12　单层肌理幕墙

采用多层如双层幕墙（图 13）。通过外层构件表达肌理图案。由于该策略采用多层幕墙体系，其材料和施工成本略高，但技术难度不大。其技术原则为：①外层材料形成立面肌理图案；②内层幕墙防水、隔热、保温；③内外层之间设置缓冲区，设置外遮阳帘；④实现通风、遮阳、绿建节能。

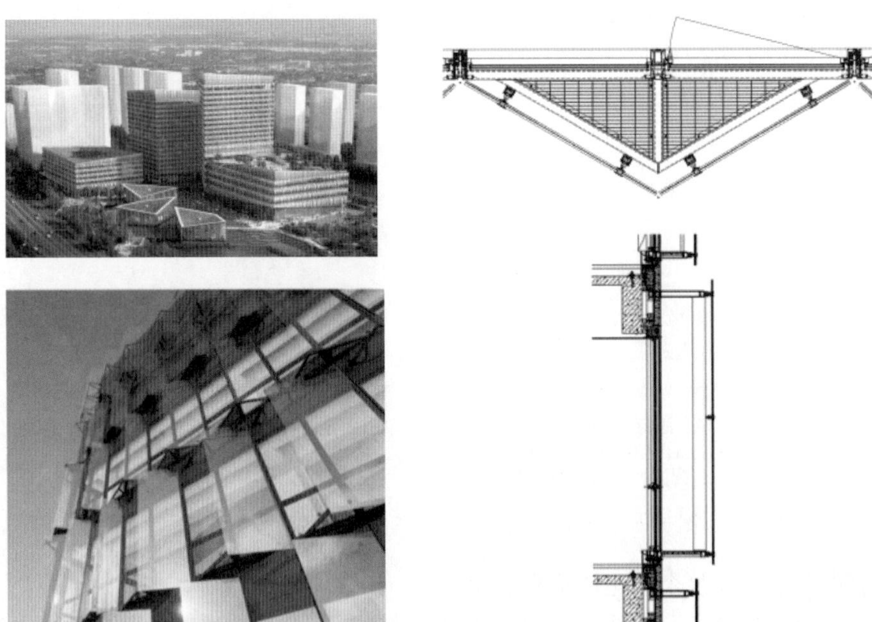

图 13　双层肌理幕墙

## 4　数字化设计应用及展望

幕墙数字化发端于 BIM 应用。BIM 数字化平台在幕墙全信息设计、CAM 制造和可视化全生命周期管理过程中发挥重要作用。而人工智能将为幕墙发展注入变革动力，将在建筑表皮效果和幕墙构造自动生成、既有建筑缺陷检测、项目可视化实施管理以及智慧化控制运行等多个领域发挥重要作用。建筑及表皮应用 AI 赋能目前主要包括以下 4 大领域：①基于大数据和机器学习，辅助设计泛建筑系统，并基于 VR 高效决策表皮设计方案；②机器人与真人协同智能化制造；③基于实景实时监测，实现可视化全过程管理（整合硬件和软件）；④助力建成后的智慧控制运行，并基于大数据深度学习，不断优化运行算法，改善运行效果等。

基于大数据和机器学习辅助设计尚处于起步阶段。目前借用 BIM 正向设计技术，建立全信息模型，再通过现场实物测量进行逆向修正建模，完成数字化应用。将来会逐渐转变为利用 AI 生成模型，再通过与构件基元库建立连接，建立高效的幕墙设计体系。机器人与真人协同智能制造领域属于 AI 技术发展较快的领域。可以预见，随着人工成本的快速提高，工厂化人机协同以及施工机械化和智能化是大势所趋，该领域智能化制造有很大的升级空间（图 14）。

AI辅助表皮生成

机器人与人协同
智能制造

基于视觉识别
实时监控管理

智慧控制运行

图 14　数字化 AI 智能幕墙

## 5 结语

国内建筑幕墙经历 30 多年的快速创新与发展，已建立起了完备的行业标准体系、多样化材料应用体系和构造体系，并通过巨量幕墙工程实践，积累了丰富的创新和落地实施经验，为接下来的高质量发展奠定了坚实基础。与此同时，也存在不成熟材料、工艺和技术投放市场后，出现短寿命幕墙，影响了创新价值。

当下“创新系统化、设计参数化、管理实物-虚拟同步化、现场施工机械化”是提高幕墙品质的有效手段，需要认真对待每个项目所用新材料、新技术和新工艺，完成必要的试验以降低实施风险，提高建筑幕墙完成度。

（1）幕墙结构计算技术，因采用有限元等先进计算方法，为幕墙设计实现物尽其用提供了可能，值得进一步完善具体计算方法，做到设计既可靠又经济（如大跨构件稳定性计算）。

（2）建筑表皮和幕墙个性化是建筑设计创意必然，但只有对幕墙安全、功能、与人互动、经济性和美观性进行系统性评估，才能有效平衡幕墙制造成本与性能。

（3）应该多研究幕墙相关规范的精神，掌握制定规范条文逻辑和原理，才能活用规范条文本身，完成好高品质创新幕墙产品。规范是成熟经验的总结，掌握其原理，避免落入教条，敢于创新才有出路。

（4）试验是确实性之母，创新可落地的基础，应给予重视。

（5）建筑系统的低碳绿色设计需求下，幕墙所用大工业化节能材料将发挥更重要作用。

（6）幕墙美观应从城市尺度、街道尺度和近人尺度，加以把握；其中，神经建筑学设计原则是实现该目标的合适选项。

（7）幕墙创新无止境，节能、高性价比、与人响应和互动、功能集成幕墙，如低能耗幕墙、智能控制幕墙、媒体幕墙、BIPV 幕墙和对其集成幕墙，将有巨大的发展潜力。

创新是时代主题，但要认识到安全、节能、舒适、美观和经济性作为终极评判标准的重要性，扎实推动材料创新应用、工艺改进、功能集成和数字智能化在内的创新。

### 参考文献

[1] 汪大绥，孟根宝力高．我国幕墙系统发展现状与未来展望 [J]．建筑实践，2023.04：06-25.
[2] 孟根宝力高．现代建筑外皮：走向“智慧皮肤” [M]．沈阳：辽宁科学技术出版社，2015.
[3] 罗忆，黄圻，刘忠伟．建筑幕墙设计与施工 [M]．北京：化学工业出版社，2007.
[4] 黄小坤，赵西安，刘军进，等．我国建筑幕墙技术 30 年发展 [J]．建筑科学，2013，29(11)：9.
[5] 郑方，董晓玉，林志云．国家速滑馆(冰丝带) [J]．建筑技艺，2021，27(05)：14-19.
[6] 王海峰．景观的表象与肌理：都市剧中玻璃幕墙的视觉符码 [J]．江汉学术，2021，40(4)：116-122.
[7] THOMAS HERZOG. Facade construction manual [M]．Birkhauser Verlag AG，2008.
[8] 张鹏飞．基于 BIM 的大型工程全寿命周期管理 [M]．上海：同济大学出版社，2016.

# 30 年波澜壮阔，见证中国硅酮建筑密封胶与门窗幕墙行业发展

罗　煜　张冠琦　李玢明

广州白云科技股份有限公司　广东广州　510540

**摘　要**　硅酮建筑密封胶作为门窗幕墙工程不可或缺的一份子，始终扮演着“小材料大作用”的重要角色。本文通过追根溯源中国硅酮建筑密封胶国产工业化、第一个硅酮建筑密封胶国家标准、第一批硅酮密封胶批准生产与销售认定企业、第一条硅酮密封胶全自动连续化生产线等里程碑事件，梳理中国硅酮建筑密封胶的 30 年发展之路。

**关键词**　硅酮密封胶；门窗幕墙；高质量发展

1983 年北京长城饭店第一个玻璃幕墙的兴建，拉开了中国建筑门窗幕墙应用技术的序幕。硅酮建筑密封胶作为门窗幕墙建设不可或缺的配套材料，伴随着我国门窗幕墙行业的快速发展，已历经 30 余载，大致可以分为初生期、成长期、快速发展期、行业整合期四个阶段。

## 1　崭露头角的初生期（20 世纪 90 年代初）

国内硅酮密封胶的开发最初主要用于国防军工，从 20 世纪 90 年代初开始随国内门窗幕墙行业的兴起而转向民用。但由于条件的限制，并没有大量的产品投放市场，所使用的硅酮密封胶全部是进口产品，美国道康宁和 GE 长期以来一直占据了国内市场的主要份额，形成垄断局面。

国内建筑用硅酮密封胶的早期发展要追溯到 20 世纪 90 年代初，伴随着改革开放的逐渐深入及城市化不断推进，国内门窗幕墙行业迎来了发展的第一个高峰期，高楼大厦如雨后春笋般涌现，大量的办公建筑开始使用建筑幕墙，包含隐框或半隐框玻璃幕墙，市场对建筑用硅酮密封胶的需求量日益增加。

1992 年，广州国营白云粘胶厂（白云科技前身）受让中国晨光院硅酮密封胶小试技术，自主研发中试、放大生产，诞生了中国第一支产业化的建筑用硅酮密封胶——SS601，开启了我国硅酮密封胶的工业化进程。随后，杭州之江、郑州中原等企业陆续推出硅酮建筑密封胶产品，我国硅酮密封胶技术水平和产品质量得到快速提升。

在门窗幕墙使用过程中，硅酮密封胶的受力情况十分复杂，因此行业协会、专家与用户对硅酮密封胶的性能提出特定的要求。而当时国内尚未有建筑用硅酮密封胶的相关标准，市场无法对建筑用硅酮密封胶进行正确的选择和使用。市面上的密封胶产品质量良莠不齐，导致建筑行业用胶混乱，为建筑安全埋下了巨大的隐患。建筑用硅酮密封胶关系到人们的生命安全，市场急需硅酮密封胶使用安全性能检查鉴定的标准出现。

在此背景下，1993年，由国家建筑材料工业局提出，河南建筑材料研究设计院、化工部成都有机硅应用研究中心、广州国营白云粘胶厂（白云科技前身）积极响应国家号召，负责国内第一个建筑用硅酮密封胶国家标准起草。

在各方配合下，国内第一个建筑用硅酮密封胶国家标准《硅酮建筑密封膏》（GB/T 14683—1993）于1994年7月正式实施，对建筑用硅酮密封胶的产品分类、技术要求、试验方法、检验规则及其他基础要求等进行规定。这一国标的发布对当时鱼龙混杂的密封胶市场产生了非常重要的影响，更是奠定了后续一系列标准的基础。

然而，《硅酮建筑密封膏》（GB/T 14683—1993）仅适用于接缝密封用硅酮密封胶产品，对于影响幕墙安全的玻璃结构粘接用硅酮结构密封胶，大多还是采用国外产品自己标注的技术参数，国内并没有统一的产品标准，市面上结构密封胶产品鱼龙混杂，成为行业发展的巨大障碍。与此同时，随着国内玻璃幕墙的井喷式发展，也出现过一些安全事故，导致了人身和财产的损失，并被媒体曝光和放大，引起了国家领导人的关注。1996年，以国家经贸委为牵头单位的硅酮结构密封胶领导小组成立，对国内硅酮结构密封胶市场进行清理和规范。专家组成立后的首要工作就是推动制定强制性国家标准，经过小组成员和各参编单位的共同努力，很快完成了硅酮结构密封胶强制性国家标准《建筑用硅酮结构密封胶》（GB 16776—1997）的编制工作。1997年8月，我国第一个硅酮结构密封胶强制性国家标准《建筑用硅酮结构密封胶》（GB 16776—1997）正式实施。

## 2 势如破竹的成长期（1998—2003年）

GB 16776强制性国家标准发布后，硅酮结构密封胶领导小组开始推行生产和销售认定制度，要求在中华人民共和国境内生产、销售和使用的产品必须符合GB 16776强制性国家标准的要求，对国内硅酮密封胶市场进行规范。1998年，硅酮结构密封胶领导小组完成了国内第一批硅酮结构密封胶的生产和销售企业认定，广州白云、杭州之江和郑州中原成为首批取得生产和销售硅酮结构密封胶资格的企业。

此后，建筑用硅酮密封胶的生产门槛提高，一些不符合标准规定的产品被市场拒之门外，其中包括原来在国内被广泛使用的几大国际品牌。建筑用硅酮密封胶市场在这一时期得到了规范，国产硅酮密封胶品牌迎来了快速发展的春天！

值得一提的是，1998年，中央军委办公大楼工程公开招标，刚刚获得国家经贸委密封胶生产认定的广州国营白云粘胶厂（白云科技前身），在与美国知名品牌的竞争中，凭借优异的产品质量及优质的服务赢得了政府及施工单位的一致认同，打响了密封胶行业“中美大PK”的第一枪。在此之前，我国的硅酮结构密封胶市场几乎被国外产品占领，国内重点工程从未选用过国产品牌，各大报刊以“小不点”战胜了“洋巨人”为题进行了广泛报道。此后，白云科技更是陆续承接了北京人民大会堂翻新工程、中央党校办公楼、北京人大办公楼等一系列重点工程，白云品牌毫无意外地成为中国密封胶行业民族品牌的典范，重新定义了中国硅酮密封胶的品牌形象。

追根溯源，密封胶行业一开始就是国内市场国际化。从某种意义上来说，国产硅酮密封胶一直在竞争中积累经验，发展突破。在此过程中，涌现了一批以白云科技为代表的优秀硅酮密封胶企业，也完成了硅酮密封胶的生产装备升级。

众所周知，硅酮密封胶产品质量的好坏，不仅与配方有关，还与生产工艺、设备紧密相关。当时，尽管国内硅酮密封胶行业蓬勃发展，但都是采用间歇式生产方式生产，效率低，也容易出现外观质量问题。由于国外先进技术拒不对外输出，没有先例和可借鉴的经验，国内密封胶企业只能通过自己的研发团队不断地进行摸索和研究，尤其是在设备选型和工艺调试方式上更是经历了艰难的探索过程。2002年，白云科技攻坚克难，设计开发出中国第一条拥有自主知识产权的硅酮密封胶全自动连续化生产线，将硅酮密封胶生产过程从原来的多个间歇式人工操作工序改为从进料计量到工艺参数控制到分包装全过程连续工序，整个生产过程全部由电脑控制，极大地提高了生产效率和质量稳定性，实现了国内密封胶生产方式质的飞跃。硅酮密封胶全自动连续化生产线的成功开发，促进了硅酮密封胶行业的快速发展，白云科技对密封胶行业所做的贡献也被载入了史册（《中国化工通史》）。

毋庸置疑，在此期间，中国硅酮密封胶抓住机遇迅速成长，在技术创新和生产装备升级方面取得了重大突破，同时市场份额不断扩大，企业数量飞速增加，共同为“中国式门窗幕墙现代化”注入强大的品牌力量。与此同时，由行业协会组织、国内知名科研院所以及以白云科技为代表的密封胶生产企业积极参与起草与修订相关配套的GB/T 13477系列硅酮密封胶检测标准及GB/T 14683、JC/T 881～JC/T 885等系列密封胶产品标准，大大助力了建筑门窗幕墙行业的高质量发展。

## 3　翻天覆地的快速发展期（2003—2018年）

城市空间和人口规模的急剧扩张促使建筑开始向“上”发展，催生了大量高度超过100m的建筑形式——超高层建筑。超高层建筑在集约利用土地资源、推动建筑门窗幕墙行业技术进步、促进城市经济社会发展等方面发挥积极作用。拔地而起的超高层建筑，一次又一次地刷新城市的天际线，展现着城市的繁荣风貌。但与此同时，超高层建筑的遍地开花与不断突破的高度，也对硅酮建筑密封胶的质量与性能参数提出了新的要求。

2004年以前，国外曾经流传着这么一句话，尽管国产硅酮密封胶品牌可以应用在部分标志性项目上，但200m以上的超高层幕墙只能用美国或其他国外品牌。这样的传言激发了在研发上已经硕果累累的白云科技的斗志，白云科技立志一定要通过自主创新破除魔咒。

功夫不负有心人，2004年，白云科技研发出国内第一款超高性能硅酮密封胶，一举打破国产密封胶不能使用在200m以上高楼的传言，树立了民族气节。

2008年，白云科技又一次和进口品牌站在PK台上。在全球最高的全隐框玻璃幕墙——广州西塔（440.4m）用胶的投标中，白云科技历经三次专家论证、两次盲测，最终以事实、以数据说话，在与各大国外知名品牌企业同台竞技中脱颖而出，白云牌超高性能结构密封胶及耐候密封胶成功应用于该项目上，再次书写了民族品牌完胜国外知名品牌的传奇。

此外，广州新白云国际机场、广州国际会展中心、国家图书馆、成都环球中心、北京首都机场、2008年奥运会比赛场馆等超大型幕墙建筑均采用了国产硅酮密封胶产品。国产硅酮密封胶产品的市场占有率迅速上升至70％左右，已经大大超过国外品牌，占据了国内市场的主要份额。所有这些充分说明了我国在硅酮密封胶领域的迅速崛起与蓬勃发展。

与此同时，我国建筑门窗幕墙行业继续保持高速增长，幕墙年产量超过5000万$m^2$，占世界幕墙年产量的80％，成为世界幕墙生产大国。国产硅酮密封胶作为不可或缺的支撑材料也不断进入国际市场，以白云品牌为代表的密封胶产品被广泛应用于国外一大批超高层及标志性建筑上，如卡塔尔多哈超高层办公楼、朝鲜柳京大厦、越中友谊宫等。

在总量不断增长的同时，门窗幕墙科技创新也不断获得突破。伴随着门窗幕墙的个性化、高端化发展，市场对硅酮密封胶的性能、质量、弹性、环保性、可涂饰性等要求不断提升。密封胶企业不断加强技术创新与应用创新，推动密封胶行业向高端化、多功能化、绿色化方向升级，先后推出光伏建筑专用硅酮耐候密封胶、防火密封胶、洞石专用硅酮密封胶、纤维水泥板专用硅酮耐候密封胶、防污染硅酮耐候密封胶等一系列新产品，填补空白市场，引导客户需求。

在行业快速发展的过程中，协会充分发挥对行业的指导与平台力打造，密封胶头部企业切实履行行业安全、高质量发展的引领作用。2012 年，白云科技勇担责任，发起和创办每年一度的中国“结构密封胶安全应用”高峰论坛，着力从结构密封胶切入探析幕墙工程的健康、持续发展。2015 年，在协会各级领导、行业专家、用户等业界同仁的大力支持下，论坛正式升级为“中国建筑幕墙安全应用高峰论坛”，以更广阔的视野为行业呈现幕墙安全应用全貌。历经十二年的发展，论坛已经发展成为推动行业发展、传播幕墙安全理念重要的学术盛宴。

此外，鉴于密封胶产品众多，应用领域广泛，若选胶或施工不当，均会给幕墙门窗工程带来安全隐患。2014 年，由中国建筑金属结构协会主办，白云科技特别冠名，中国幕墙网、17 幕墙网联合承办的“白云在线——密封胶在线答疑平台”正式上线，指导广大用户选“好胶”“用好”胶，降低工程安全风险与隐患。迄今为止，白云在线通过 PC 网上专题、手机版以及微信公众号等平台，为行业分享了将近 300 篇涉及胶缝设计、选胶、常见问题分析、新产品介绍等的技术文章，帮助上万名用户解决了工程设计、现场施工中与密封胶相关的各类问题，促进行业技术交流与进步。

## 4 硝烟弥漫的行业整合期（2018 年至今）

全球新冠肺炎疫情以来，多个国家不同程度地推出了相关刺激政策来支持经济发展。我国在市场低迷、人口下降、城镇化率放缓等多重因素叠加的背景下，房地产行业开始步入相对漫长的下行周期，给经济和社会带来了诸多挑战，门窗幕墙行业也受到一定的负面影响。

与此同时，由于美元货币超发，通货膨胀加剧并向全球传导辐射，导致全球包括有机硅原材料在内的大宗商品价格全面飙升。仅 2021 年上半年，有机硅原材料涨幅超过 50%，价格不仅超越上一年旺季，更是再一次接近历史最高纪录。一场势头凶猛的原材料价格波动浪潮，正席卷产业链的上中下游，并最终传导至消费端。

在巨大的成本压力下，最危险的不是涨价，而是部分下游企业，为了换取短期自身利益而牺牲品质的“降本增效”行为依然屡见不鲜。一些原本只出现在低端民用胶生产企业及民用胶市场上的“套路”，已蔓延到了涉及建筑安全的幕墙门窗领域及大型密封胶生产企业。

硅酮密封胶作为门窗幕墙工程不可或缺的一份子，始终扮演着“小材料大作用”的重要角色。但新时代的到来和行业快速发展的同时，企业之间的激烈竞争也显著加剧。部分密封胶企业（其中也不乏大型密封胶企业）为了争夺市场，降低成本，不惜在配方中以低质低廉的白油、裂解料、高沸料、劣质填料以及低纯度助剂等替代优质的原生料。这样生产出来的密封胶由于反应不充分或成分复杂，非常容易出现开裂、粉化等现象，缩短使用寿命，为建筑工程安全埋下一颗颗“不定时炸弹”，硅材料所具备的耐久性等独特特征也将随之土崩瓦解。与此同时，如此浪费大自然赐予的珍贵的“硅料”行为，也与国家低碳发展战略背道而驰。

为促进行业健康可持续发展，限制充油密封胶在工程中的使用，白云科技在其主编的国家标准《硅酮和改性硅酮建筑密封胶》（GB/T 14683—2017）中明确规定了幕墙接缝用硅酮密封胶不得检出烷烃增塑剂，并且主编了团体标准《有机硅密封胶中烷烃增塑剂快速检测方法》（T/FSI 088—2022），使简便易行的采用聚乙烯塑料薄膜鉴别硅酮密封胶是否添加白油的“薄膜法”具有了合法的标准身份。

为引领我国门窗幕墙和密封胶行业向着高质量发展的目标迈进，中国建筑金属结构协会铝门窗幕墙分会积极组织编制了一系列促进行业发展的团体标准，如：《铝合金门窗生产技术规程》（T/CCMSA 30117—2021）、《铝合金门窗安装技术规程》（T/CCMSA 30337—2023）等，其中密封胶相关条文规范了密封胶的正确选择和应用。此外，正在组织编制的《质量分级及“领跑者”评价要求　建筑用硅酮密封胶》将为密封胶行业高质量发展指明方向。

当下，门窗幕墙行业经历了产业链快速转型和升级迭代的“大爆发”，以及后疫情时代用户需求“大变革”，相关配套的建筑玻璃、铝型材、五金配件、密封胶，以及隔热条、密封胶条等材料生产企业正从量变走向质变，探索着新的发展空间。

如果说从前的世界是不疾不徐、车马都慢，那现在的世界就是风驰电掣、时光如梭。国际形式在变：俄乌冲突升级，巴以战争爆发，世界各地灾难频发；行业形式在变：原材料价格跌宕起伏，众多领域一闪而逝，部分领域欣欣向荣；消费者需求在变：环保、健康、品牌信任度等要求大大提高……一方面，日新月异的发展进步肉眼可见，各行各业，厚积薄发，展现出强大的生命力，创新、转型、发展成为国内的主基调；另一方面，不确定性与未知仿佛成为这个世界的主旋律。伴随着技术变革、需求变革、行业变革等，各行各业的秩序需要重组与整合。

步入“剩者为王，强者恒强”的大整合时代，马太效应越发明显，“缺氧”增长缓慢是门窗幕墙行业共同面临的难题，容错率也在变低。密封胶行业进入快速洗牌期，中低端密封胶企业受市场总体需求疲软及高端需求升级的影响，逐渐淡出市场，而坚持高质量发展、坚持长期主义的高端密封胶生产企业在这场行业洗牌中，优势逐渐显现，呈现高速增长态势，使得行业集中度越来越高。由此可见，中国门窗幕墙行业及硅酮密封胶市场正朝着高质量发展方向迈进。

## 5　总结与未来趋势

三十年砥砺奋进史，波澜壮阔；三十载风雨同舟路，步步铿锵。三十年来，中国硅酮密封胶的发展之路，也印证着中国建筑门窗幕墙的发展之路。

特别是从20世纪90年代开始，硅酮密封胶国产工业化的成功和民用商业领域的大规模应用，助力了我国建筑门窗幕墙行业的快速发展，反过来又促进我国硅酮密封胶行业爆发式增长。短短30余年，在中国建筑金属结构协会铝门窗幕墙分会的指导下，我国硅酮密封胶行业实现了从无到有，从小到大，从大到强的跨越式发展，总规模发展到超过200万吨/年，生产企业超过500家，从业人员达数万人。制造装备、产品质量监督、标准体系在短短的30年间完全建立起来，并且达到了世界先进水平。从国内市场完全被外资品牌占据，到今天中国硅酮密封胶产量超过世界总产量的一半，已经形成了以白云、之江、中原等一批优秀民族品牌为主导的行业格局，产品不仅占国内市场的90%以上，并畅销世界各地，逐步在国际市场上拥有了一席之地。

当前世界正经历百年未有之大变局，产业结构正悄然发生变化，消费理念发生变迁，品质消费和品牌消费必将成为新一代用户的迫切需求。尤其在建筑门窗幕墙行业，选用高质量的品质产品，坚持高质量发展，已经成为城市安全建设的刚需。

高质量发展是当前和未来我国经济发展的鲜明主题。2023 年 12 月闭幕的中央经济工作会议强调，“必须把坚持高质量发展作为新时代的硬道理”，这是尊重经济规律、把握发展大势、适应现实需要、争取未来竞争主动的战略选择。如今，转型升级的时代命题迫在眉睫，要想实现建筑门窗幕墙行业的高质量发展，需要一代又一代人为之努力。我们要用历史照亮现实，携手行业同道者，开创未来。

未来，随着建筑业的发展和建筑设计施工技术进步，建筑围护和装修档次的更新换代，对建筑节能、防水、隔热、隔声和舒适性要求不断提高，硅酮密封胶的需求量也将持续保持着稳定的增长。与此同时，为实现全面小康的奋斗目标，我国在优化结构、提高效益、降低消耗、保护环境的基础上，稳步提高居民消费率、全面改善人民生活、形成节约能源资源和保护生态环境的产业结构、增长方式、消费模式，这为硅酮密封胶的应用技术开发和进一步发展提供了巨大的市场空间和发展机遇。

可以预见的是，在变与不变中，最大的确定性还是变化。对于密封胶行业来说，聚焦在科技创新的研发，坚持高质量发展，坚持为美好赋能，就是最大的长期主义。而建筑门窗幕墙行业的高质量发展，同样需要更多长期主义者的坚守，城市的未来，更需要每一个参与者对安全的孜孜以求。

**参考文献**

[1] 中国化工博物馆 . 中国化工通史行业卷 [M]. 北京：化学工业出版社，2014.

# 中国铝合金门窗发展历程

杨加喜

北京西飞世纪门窗幕墙工程有限责任公司　北京　102600

我国铝合金门窗行业的发展，始终伴随着中国改革开放的进程，改革开放40年，门窗也经历了高速发展的40年，是波澜壮阔的40年，是世界门窗产业发展史上罕见的40年。40年前人们对铝合金门窗几乎一无所知；现今，我们已经成为世界上最大的门窗生产国和使用国。这个行业从无到有、从小到大、从弱到强，从单纯地满足室内的采光要求到现在的安全及节能环保，我们生活的方方面面都发生了巨大的变化。

在过去的40年里，中国铝合金门窗行业发生了翻天覆地的变化。从传统工艺到现代创新，该行业经历了重大变化，经历了技术进步、经济转型和不断变化的消费需求。中国经济连续40年保持高速增长，国内生产总值占全球的比重由20世纪80年代初的1%上升到2022年的18%，我们国家早已成为世界第二大经济体，成为世界经济总量大国与出口大国。这40年，是民族工业在曲折发展中顽强奋进的40年。我们勤劳善良、充满智慧的门窗人，以他们孜孜不倦、奋发图强、勇于创新的精神，为这个行业的进步发展做出了不懈的努力和不可磨灭的贡献。仅仅40年，我们走出了一条从勤奋学习、到消化吸收、到自主创新，直至完成超越的道路。

中国铝合金门窗行业是一个紧紧伴随着改革开放步伐逐渐发展起来的新兴制造行业。随着改革开放的深入和建筑业的发展，围绕着铝合金门窗的使用，一个庞大的新型建筑行业产业链逐步形成，这个产业链包括铝合金门窗、建筑铝型材、门窗五金配件、建筑玻璃、建筑用胶、专用机械及加工设备、门窗用密封件等多种上下游产品，涉及建筑施工、有色金属、化工材料、机械加工、建筑材料等众多领域，全行业年总产值达万亿人民币。这个行业不仅规模巨大，行业的技术水平也达到了世界一流水平。

我国门窗行业起步于商周时代，早期以木窗为主。1911年，钢门窗正式传入中国，20世纪70年代后期启动的改革开放政策催化了一波变革浪潮，国外新材料和新技术的涌入促使人们逐渐转向更耐用、更高效和更具成本效益的替代品，材质性能均得到大幅提升。改革开放之后，随着国民经济水平提升以及房地产行业红利释放，我国门窗产业在应用材料、生产技术、产品款式、售后服务等环节都取得了长足的进步，门窗行业正式迎来工业化发展阶段，逐步涌现出塑钢门窗、铝合金门窗、铝包木窗等多个细分品类。而后随着我国建筑节能逐步推行，促进我国门窗材质进一步换代升级，铝合金门窗衍生出了普通断桥铝合金门窗和超低能耗断桥铝合金门窗，节能门窗应用范围也逐步扩大。

我国铝合金门窗的发展经历了三个时期：

## 1　铝合金门窗起步阶段

20世纪70年代，铝合金门窗进入中国，应用项目比较少，规模不大，其生产加工甚至到施工基本都由外国人完成，国人基本很少接触到铝合金门窗。1982 年前后我国迎来铝合金门窗在国内发展的第一个转折点，沈阳黎明航空发动机公司、西安飞机工业公司、沈阳飞机制造公司等一批军工、国有企业逐步开始涉足铝合金门窗研发。我国的铝合金门窗发展开始从懵懂阶段进入到了铝门窗发展初级阶段。

## 2 铝合金门窗的发展阶段

由于市场发展过快，进口铝合金型材数量远远不能满足国内的建筑工程需要，铝合金门窗企业技术人员也极度缺乏，我国尚无铝合金门窗国家标准。各种各样的门窗，各个国家的门窗，不分优劣，不管好坏，统统搬到了中国。但是这种门窗强度低，水密性能差，给中国的建筑门窗事业带了众多的隐患。在市场竞争日渐激烈的情况下，受利益驱动，市场上出现了薄壁铝合金型材、伪劣铝合金门窗，严重影响了铝合金门窗的质量，产生了较大负面影响，严重影响了铝合金门窗产业的发展。

铝合金门窗发展受到一定的阻碍，1989—1991 年，我国铝合金门窗的发展由热变冷，进入以治理整顿为主的结构调整期，导致这一现象的原因，是当时我国的经济增长速度较快，出现了铝合金型材生产能力增长过快、发展势头过猛、国内铝金属原材料供应不足的现象。铝合金门窗产品被列为国内紧缺原材料生产的高消费产品，同时严格限制铝合金门窗基本建设项目的审批，限制铝合金门窗生产企业资质的审批和生产能力扩大，于是铝合金门窗行业进入产品结构调整期，这些影响导致后期推广应用十分困难，在一定程度上阻碍了铝合金门窗的发展。

## 3 铝合金节能门窗推广阶段，促进铝合金门窗的换代升级

断热铝合金门窗相对普通铝合金门窗具有更优异的保温隔热性能，是符合当前我国南方以及部分北方地区的建筑节能发展需求的。通过过去 40 年门窗行业中各类产品市场份额情况来看，铝合金门窗产品系列占据的市场份额也是逐渐提升的，我国居住建筑节能至今主要经历了 30%、50%、65%、75%四个阶段：第一阶段 30%节能（在 1980—1981 年当地通用设计能耗水平基础上普遍降低 30%）1986 年针对北方采暖居住建筑（JGJ 26—1986）实施；第二阶段 50%节能（达到第一阶段要求的基础上再节能 30%）1996 年最早在严寒和寒冷地区实施（JGJ 26—1995）；第三阶段 65%节能（在达到第二阶段要求基础上再节能 30%）2010 年在严寒和寒冷地区（JGJ 26—2010）实施，后来逐渐推广到夏热冬冷地区（JGJ 134—2010）实施，整窗的 $K$ 值≤3.1W/（$m^2$·K）；第四阶段 75%节能（在达到第三阶段要求基础上再节能 30%）2020 年在严寒和寒冷地区（JGJ 26—2018）实施，整窗的 $K$ 值≤2.0W/（$m^2$·K）。时间进入 2021 年，北京居住建筑节能率先实行了第五步节能由 75%提升至 80%以上，北京市地方标准《超低能耗居住建筑设计标准》（DB11/T 1665—2019）于 2020 年 4 月 1 日开始实施，北京市地方标准《居住建筑节能设计标准》（DB11/ 891—2020）于 2021 年 1 月 1 日开始实施，整窗的 K 值≤1.1W/（$m^2$·K），常规的断热铝合金门窗产品已经无法满足相应的节能设计标准。如今，近零能耗建筑与超低能耗建筑已经在全国大江南北推广开来，《近零能耗建筑技术标准》（GB/T 51350—2019）于 2019 年 8 月 1 日开始实施，其对门窗的保温传热要求更高，铝合金门窗系列将面临更大的挑战。正是这样的发展趋势，推动着我国铝合金门窗行业不断开拓创新，研发制造出符合时代要求的优秀产品。中国

门窗的发展是由一系列技术创新推动的。改进的制造工艺，如精密工程和计算机辅助设计，促进了高质量、标准化产品的生产。此外，玻璃技术的进步导致了节能玻璃选择的激增，包括低辐射率涂层和中空玻璃单元，以满足对更好热性能的需求。

在回顾行业发展的40年，我们取得巨大成就的同时，不能忘记勤劳、有智慧的门窗人。他们有企业家、有从事铝合金门窗幕墙研发的设计者、有始终在生产一线的操作工人、有辛勤工作在施工工地不畏寒暑的安装工人、有行业专家、有热心于门窗改造的普通老百姓，是他们的存在为这个行业的进步发展做出了不懈的努力。因此，我们的企业要立足长远发展战略，着力调整产业技术结构和企业组织结构，带动产业转型和技术升级。着力加强自主创新，加快形成自主技术、自主标准和自主品牌。促进形成新的竞争优势和新的利润增长点，这是企业未来的发展方向。21世纪初是一个以技术快速进步为特征的关键时期。门窗设计的创新侧重于提高能源效率、隔声和安全功能。智能技术，如自动化系统和物联网集成，彻底改变了行业，实现了远程控制和增强功能。这些发展与政府推动可持续和环保的建筑实践相一致，推动了该行业的进一步创新。

此外，节能铝合金门窗的转变符合中国对可持续发展和环境保护的承诺。采用这些环保解决方案可以减少建筑物的能源消耗，为国家减缓气候变化和促进可持续发展的努力做出贡献，为“力争二氧化碳排放2030年前达到峰值，争取2060年前实现碳中和目标”做出应有的贡献。

## 4 结语

综上所述，过去的40年见证了中国门窗行业长足瞩目的发展。从传统的木材工艺到现代的智能、节能解决方案，该行业在技术创新、经济改革和不断变化的消费者偏好的推动下经历了转变。展望未来，持续的研发，加上对可持续发展的承诺，将进一步推动行业朝着更高的效率、耐用性和智能集成的方向发展，由中国制造、中国智造走向中国创造。

# 我与幕墙“热恋”的三十年

王德勤
北京德宏幕墙技术科研中心　北京　100062

**摘　要**　本文所介绍的是作者从事建筑幕墙行业三十多年的经历，从一个侧面反映出我国幕墙行业三十年发展的历程。从放弃个人所学专业投身幕墙事业开始，到克服困难取经、学艺，将国外的技术引进消化，在国内创造出多项幕墙技术的第一，为异形建筑幕墙在我国的发展做出可喜的探索。
**关键词**　幕墙行业；空间索结构；异形索结构玻璃幕墙

## 1　引言（忆往昔）

我是在1991年开始进入到建筑幕墙的设计与施工行列里的。那时，国内建筑幕墙是一个很生疏的名字，也很少有建筑使用建筑幕墙，它是国际上包括欧洲顶级的现代建筑的标志。

我国从1982年开始有了玻璃幕墙建筑，一直到1993年这十年间，幕墙在国内没有太大的发展，这一时期是技术引进和吸收的过程。

前些日子，我看到了幕墙的老前辈、已有九十高龄的李之毅老先生在网上发表的《中国门窗幕墙发展历程》。文章中讲述了我国在改革开放后，铝门窗、幕墙经过了引进、消化、吸收、创新，从无到有，从小到大的过程。在短短的40年时间里，走完了西方发达国家近180年的路程。文章中还有这样一段话“1982年初，金属协会领导郑金锋同志来电告知，联合国援助广州铝门窗厂，派英国专家麦考特先生来广州讲课，于是我参加了广州培训……”

1996年，我国有了第一本关于建筑玻璃幕墙的行业技术标准《玻璃幕墙工程技术规范》(JGJ 102)。从此幕墙的设计与施工有了规矩，建筑幕墙技术得到快速发展。

在我国建筑幕墙真正得到迅猛发展的是近二三十年的事儿了。我本人很有幸能够跟随着中国幕墙的发展，一步步地走到了今天。可以自豪地说：中国建筑幕墙今天能够进入到世界幕墙技术的前列，成为世界幕墙大国、强国，也包含着我的一份热情和对幕墙技术的努力追求和忘我的奉献。

## 2　峥嵘岁月（如饥似渴学习、消化先进技术）

在最初的那些年里，学习幕墙技术不是件容易的事儿。大多是请进来、走出去，这是常态。请进来，就是由外国的公司在我们国内做项目，推广材料、构件、系统、设备。他们的技术绝不外传，在技术方面我们也只有偷偷看的份儿。

我还清楚地记得，像飞机场这样的大型公共建场馆项目，在技术投标时外国公司也决不公开相关的幕墙技术。他们在述标时也只用3～5张蓝图进行口述或录音讲解，生怕别人学了去。正因为这样，迫使我们这批中国幕墙人为能掌握真正的幕墙技术而走了出去。

最直接的学习就是到国外去，看别人建好的东西，理解、消化相关技术。在某种程度也可以叫“偷学艺”（图1、图2）。还记得，也就用了两三年的时间，在我们和国外公司同时投标时，他们还是对技术问题只做简述，而我们已经可以系统地对构造、节点、性能及实施方案等进行专业的技术述标。

图1　作者在20世纪90年代

图2　1998年在欧洲门窗幕墙展会上与多国同行交流技术

那时的幕墙人，大多是放下了自己所学的专业，从零开始学习幕墙技术。从了解幕墙应有的性能，到最简单的节点设计；从偷看别人建好和在建的幕墙工程项目，到自己动手对节点构造和幕墙的各项性能与受力情况进行等比例的实体试验；认认真真地吸收、总结，并应用在实际工程中，走出了一条有着中国特色的建筑幕墙之路。

在2002年，国家标准《建筑幕墙》立项，成立了编制组。标准编制组集中了当时国内幕墙行业中最顶尖的高手。编写人员主要来自国内幕墙设计与施工最前沿的院所和企业。在编制过程中大家都无私地将各自的技术成果贡献出来，同时又针对一些问题到技术先进国家取经，验证我们的想法（图3）。

经过五年的努力，2007年国标《建筑幕墙》（GB/T 21086）正式发布，这部标准一直到今天还在使用。

回想起当年，大家如饥似渴地学习幕墙新技术，到发达国家参观学习，有时为了搞清楚一个技术点可以说不顾一切。甚至还出现了在欧洲某国我们发现了一个在建的幕墙项目，没人邀请就直接进入工地。由于观看和拍照，被工地项目管理人员呵斥、由保安人员跟随，很不客气地将我们“扭送”出工地现场（真是有点难为情了）。

这个项目就是德国的波恩邮电大厦。在照片（图4）中的几位先生是最后被工地保安“押送”出来的，中间的大个子就是项目保安员，我们拍照留念，后来成为朋友。我想，虽然这事儿已经过去二十多年了，当年和我一起去这项目的专家们一定都能说出当时的细节。

在20世纪90年代，我几乎每一两年就要去欧洲、美国、日本等幕墙技术先进的国家，去学习那里最现代的建筑幕墙技术。看别人是如何利用材料、设计、加工等来实现外围护结构的安装。我们应该去怎样做？当时没有任何标准和规范，无论看到什么幕墙，玻璃幕墙还是金属幕墙、石材幕墙还是陶板幕墙，从铝合金结构支撑到钢结构支撑，从玻璃肋玻璃结构支撑的玻璃幕墙到空间索结构支撑的点支撑玻璃幕墙；单层曲面幕墙，双层内循环、外循环幕墙无一不是我猎取的对象。

图 3　2002 年国家标准《建筑幕墙》编制组在德国旭格总部交流

图 4　德国波恩邮电大厦工地合影

我还清楚地记得，2001 年去欧洲看到了当时最新颖的幕墙结构形式——单层索网结构支承玻璃幕墙。当时的求知欲望促使我对所见到的幕墙形式进行了深入研究，拍照片、量尺寸、看节点。有时能坐在地上几个小时，就地计算结构受力和各种工况下的安全状况，为能在国内应用这类幕墙积累数据和经验打下基础。

## 3　填补空白（深入探索）

由于当时我们没有相应的规范和要求，所以无论是任何一种新型幕墙的出现，都要与建筑师进行沟通，然后拿出能够适应该项目的支承结构和节点方案，再经过结构试验和各项物理性能检测，总结和创造出适应该项目的节点、构造，并确定幕墙设计方案。

同时，为了解决没有标准规范无法进行设计施工的问题，我们对每个新项目都会结合其特点编写该项目的设计、施工标准和规程（图 5～图 7），使得新型建筑幕墙形式能迅速使用在建筑上，为新型幕墙的发展扫平障碍。

图 5　平行索网结构 1∶1 受力试验

图 6　索桁架受力变形试验

图 7　单层索网静压变形试验

在当时，常常是为了一个新型的结构形式或新的构造，施工企业和专业的科研机构在一起研究、设计制作检测设备和确定各项性能的试验指标和方法。还有一个特殊的现象，就是对于新技术的关键环节和关键节点可以在同行业内，各企业的主要设计人员之间相互探讨（在国内的幕墙行业不存在严格的技术封锁），使得幕墙行业的整体技术水平得到很大的提高，这也就是我国的幕墙技术能在短时间内得到迅猛发展的关键所在（图 8～图 9）。

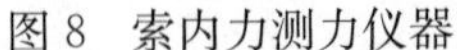

图 8　索内力测力仪器

图 9　索桁架 1∶1 受力试验

那时候的努力，为后来我在编写各项关于幕墙设计与施工方面的标准和规范积累了可观的数据。对每一个新建的幕墙，我都会给甲方监理提供一份专门为该项目而编写的标准和规程，严格规范了在设计与施工中的技术要求和质量要求。在确保质量完成项目的同时，也为后来的幕墙设计和国家标准、规范的编写提供了可参考的依据和第一手资料。

## 4　结语

如今，"建筑幕墙设计"这个行当已经被国家所承认，在 2020 年国家人力资源和社会保障部的职业分类大典中，正式给予了"名分"。不容易啊，这是我们幕墙人努力奋斗了近四十年的结果！

只要一想起那个充满激情的年代，那些努力拼搏的不眠之夜，我就有一种冲动感油然而生，很多当时的画面会浮现出来。我还记得在最紧张的时候，为了设计出新的幕墙节点方案，我带领团队连续五六天在绘图板和计算机前连续工作。饿了泡方便面，困了就地睡两三个小时，起来后继续干。我的多项国家发明专利技术就是这样拼出来的。

回忆过去的三十年，留给我更多的是自信，行业给了我们平台，企业给了我们平台，快速发展的社会给了我们施展才能的机会。只要努力去做就没有做不成的事，中国幕墙快速发展的三十年就充分说明了这一点。

## 参考文献

[1]　王德勤．双层索结构支承在玻璃幕墙的应用分析[J]．建筑幕墙，2022 年，第 1 期．

[2]　中华人民共和国住房和城乡建设部．索结构技术规程：JGJ 257—2012[S]．北京：中国建筑工业出版社，2012.

[3]　中华人民共和国国家质量监督检验检疫总局、中国国家标准化管理委员会．建筑幕墙：GB/T 21086—2007[S]．北京：中国标准出版社，2008.

## 作者简介

王德勤（Wang Deqin），男，1958 年 4 月生，教授级高级工程师，从事幕墙与金属屋面技术研究；北京德宏幕墙技术科研中心主任；中国建筑装饰协会专家；中国建筑金属结构协会专家；中国钢协空间结构分会索结构专业专家；全国标准化技术委员会资深专家。

# “双碳”目标下有机硅在中国建筑行业的发展及前瞻

陈　洁　王文开

陶氏（上海）投资有限公司　上海　201203

**摘　要**　本文主要探讨“双碳”目标下有机硅在中国建筑行业的应用价值及需求分析。建筑行业作为碳排放大户，实现绿色转型对全球节能减排和可持续发展具有重要意义，中国政府出台一系列政策和措施推动行业的绿色转型。本文详细分析陶氏公司建筑与基础设施解决方案在门窗幕墙行业的应用实践，展现了有机硅作为一种高性能材料，其应用能够有效提升建筑能效和整体性能，并加速助力“双碳”目标的实现。

**关键词**　“双碳”目标；建筑行业；有机硅应用；绿色转型

**Abstract**　This paper explores the green and energy-saving trends in China's construction industry under the “Dual-Carbon” goal. As a major carbon emitter, the industry's transition to green is crucial for global energy conservation and sustainable development. The Chinese government has introduced policies to promote this transformation. The paper analyzes Dow's building, construction and infrastructure solutions in the door, window and curtain wall industry, demonstrating that silicone can improve building energy efficiency and overall performance. Silicone is a high-performance material that will accelerate the achievement of the “Dual-Carbon” goal.

**Keywords**　“Dual-Carbon” goal; construction industry; application of silicone; green transition

## 1　引言

### 1.1　“双碳”目标下中国建筑行业的绿色、节能化发展趋势

当下，世界正在经历一波巨大的建筑浪潮。为满足不断增长的城市人口的居住需求，到2060年，全球将增加2323亿平方米的建筑物。这相当于连续40年不间断，每个月都在新建一个纽约市。就改善人们的生活水平来说，这自然是好消息，但对治理气候污染来说，无疑是一道头痛的难题。

建筑行业是“碳排放大户”，也是实现“双碳”目标的重点领域。据统计，建材行业碳排放量占钢铁、化工、建材三类主要工业碳排放量的35%，其主要碳排放来源于水泥生产，2020年水泥生产碳排放量为13.2亿t，约占建材行业总碳排放量的80%。中国拥有世界上最大的建筑市场。因此，中国建筑行业的绿色转型对全球节能减排和可持续发展的意义重大。相关数据显示，近年来中国建筑与建造能耗占全国能耗的比例逐步超过40%。发展绿色建筑已成为中国在建筑领域落实“双碳”目标的重要抓手。中国政府出台了一系列政策和

措施，鼓励建筑行业采用更加环保和节能的材料与技术，推动建筑行业的绿色转型。

### 1.2 有机硅在中国建筑行业的应用价值及需求分析

在建筑行业，有机硅是一种不可缺少的建筑材料，包括有机硅密封胶、胶粘剂和涂料，它可提升建筑的能效和整体性能。其中，有机硅密封胶是用作接缝的密封材料，用于门窗、幕墙和建筑屋顶等应用的粘结和密封；有机硅胶粘剂主要用作装饰面板、保温材料、防腐隔离层等结构粘结；有机硅涂料主要用作建筑表面防护，增强其耐候性能。在“双碳”目标的推动下，中国建筑行业对高性能材料需求显著增长，有机硅市场呈现出快速发展的趋势。

## 2 有机硅在建筑行业应用的发展概述

### 2.1 有机硅在全球建筑行业应用的初创、成长、发展时期

自1943年道康宁公司（原陶氏化学和康宁的合资公司，合并重组后成为陶氏化学全资子公司）在美国建成世界第一个有机硅工厂以来，有机硅材料工业不断发展。由于其性能优异、形态多样、用途广泛，自问世以来，历经80年的开发应用，商品品种迭代多达上万种，其中，建筑行业成为一大重要应用领域。

1958年，有着“胶水博士”之称的Edwin Plueddemann开发出首款商用有机硅密封胶。因为其拥有高强度、高弹性、耐候性和耐化学腐蚀性等优点，成为建筑幕墙、汽车制造、电子设备等领域的理想材料。

随着技术的不断发展，有机硅在建筑领域的应用范围不断扩大，进入20世纪70、80年代的成长期。在此期间，有机硅的应用开始多样化，涵盖了建筑外墙、幕墙系统等更广泛的领域，并逐渐替代了传统的有机密封材料。这一时期，有机硅具备的耐高温、耐候性和抗紫外线等性能被更广泛地认识和应用，在提升建筑物的整体性能和外观上发挥了重要作用。1971年，陶氏率先推出了四边硅酮结构性装配（SSG），帮助建筑师们找到了新的方法设计并完成纯玻璃美学建筑，界定了当今美丽的城市风景线。

近年来，随着人们对建筑节能环保的要求越来越高，有机硅在建筑领域的应用又迎来了新的发展机遇。有机硅材料的高弹性、耐候性和耐化学腐蚀性等特点，使其成为建筑幕墙、BIPV（光伏建筑一体化）、道路与基础设施、室内装饰等应用的理想材料。同时，有机硅还可以与其他材料进行复合，形成具有多种功能的新型建筑材料，如硅烷改性聚醚密封胶等。

### 2.2 有机硅在中国建筑行业的高速发展

（1）中国市场在有机硅领域的影响力日益增强

有机硅在中国建筑领域的发展历程可以追溯到20世纪80年代。当时，随着国内建筑行业的逐步发展和技术引进，有机硅材料开始进入中国建筑市场，主要应用于建筑密封、防水、保温等领域。

21世纪初前后，随着中国经济和建筑业的快速发展，对优质建材的需求显著增加，这为有机硅材料提供了广阔的应用市场。从那时起，有机硅不仅在传统的建筑密封、防水、保温等领域得到了广泛应用，还逐渐扩展到建筑结构加固、桥梁加固、混凝土养护等领域。IHSMarkit数据显示，2002年中国有机硅消费仅占全球消费量的7%，到了2019年，这一数字上升到42%。目前，中国已经成为全球最大的有机硅消费国。

在这一背景的驱动下，全球有机硅领先企业也纷纷将目光瞄准中国市场。以龙头企业陶氏公司为例，2004年，陶氏公司持股的合资公司道康宁公司（后成为陶氏公司全资控股）

获批结构有机硅密封胶生产许可证，开创外国公司在中国生产的先河。

2007年，陶氏公司在张家港建立了有机硅的一体化工厂。2020年3月，陶氏公司宣布计划在张家港投入3亿多美元，提升高附加值有机硅的产品供应，主要满足绿色建筑、消费电子和电动汽车等领域需求。2021年1月，陶氏张家港有机硅树脂工厂落成，成为陶氏公司在美国本土之外第一家海外有机硅树脂工厂，同时也是陶氏公司全球第二家高附加值有机硅树脂生产基地。

2023年6月21日，陶氏公司在张家港生产基地启动有机硅下游产品扩建项目，大幅提升陶氏公司高附加值有机硅树脂的全球产能，满足全球相关行业和新兴市场对特种有机硅产品不断攀升的需求。

总体来看，有机硅在中国建筑领域的发展历程是一个逐步扩大应用范围、不断提升技术和质量的过程，市场前景可期。

（2）中国政策及经济发展带来的市场新需求

近年来，中国政府对有机硅行业给予了高度关注，并出台了一系列支持政策，如《战略性新兴产业分类（2018）》《鼓励外商投资产业目录（2019年版）》《中国制造2025》为有机硅行业的发展提供了明确发展路线和广阔的市场空间。

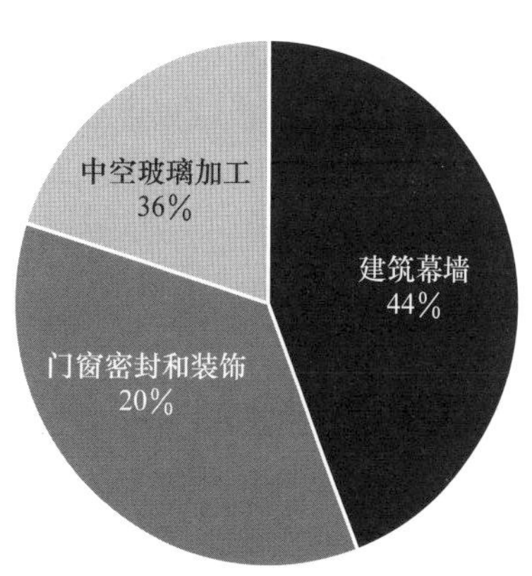

图1　2020年我国建筑有机硅密封胶消费结构

具体到建筑领域来看，当前，中国有机硅密封胶需求主要集中在传统建筑幕墙、门窗密封和装饰、中空玻璃加工等领域（图1）。在“双碳”目标的推动下，绿色建筑已成为中国建筑行业的重要发展方向。“十四五”规划纲要明确指出，要推广绿色建材、装配式建筑和钢结构住宅建设低碳城市。住房城乡建设部、应急管理部2021年发布的《关于加强超高层建筑规划建设管理的通知》也进一步指出，超高层建筑的绿色建筑水平不得低于3星级标准。

与此同时，随着消费者对健康和环保的关注度不断提高，市场对绿色建筑的需求也在增加，这为有机硅的进一步应用带来绝佳的契机。

首先，有机硅材料具有优异的性能，如防水、耐候、耐腐蚀、耐高温等，这些特性使得有机硅在建筑保温、防水、密封、涂料等领域具有广泛的应用。其次，有机硅材料还可以提高建筑物的能源利用效率，降低能源消耗，符合绿色建筑的发展理念。此外，有机硅材料还具有环保优势，例如低挥发性有机化合物（VOC）排放、无毒无害等，有利于改善室内环境质量，提高居住舒适度。根据中信证券的测算，预计至2025年，中国建筑领域（包括传统建筑＋装配式建筑）有机硅市场将达到190亿元左右，未来5年全年复合平均增长率（CAGR）为7.86％。此外，由于装配式建筑接缝较多，密封胶的使用也会进一步提升。

在这一判断推动下，国内外主要有机硅厂商纷纷加大自身对环保和高性能有机硅产品的研发投入。例如，2016年，陶氏公司宣布成功完成对道康宁公司的所有权重组，对技术研发持续投入，积极开发更多的有助于低碳环保和可持续发展的产品。2018年2月，陶氏公司将原道康宁®有机硅品牌正式更名为陶熙™品牌，融入陶氏公司的前沿科技，为中国客户提供更加可持续的商业解决方案，推动建筑行业向着更高效能、更环保的方向发展。

## 3 陶氏公司建筑与基础设施解决方案在门窗幕墙行业的应用实践

### 3.1 陶氏公司建筑与基础设施解决方案在幕墙门窗中的实例介绍

经过长时间的发展实践，陶氏公司通过提供高效能、环保的有机硅材料和技术，为门窗幕墙行业的发展做出了显著贡献。其中，陶氏公司有机硅高性能建筑解决方案在全球幕墙门窗领域享有盛誉，其创新技术和优质产品已成为行业标杆。以下为有机硅密封胶在幕墙门窗领域的解决方案。

（1）结构性装配技术

结构性装配系统是商业建筑领域功能最多样、最受欢迎的幕墙建筑形式之一。在结构性装配硅酮密封技术中，有机硅结构密封胶被用于粘结建筑框架与玻璃、陶瓷、金属、石块、复合板等材料。鉴于高拉伸强度、抗撕裂性以及长期的柔韧性的特性，陶氏公司的有机硅结构密封胶不仅是结构性装配工程中的可靠选择，也在抗冲击型窗户系统中被广泛应用，可有效抵御恶劣天气、极端温度和紫外线辐射。例如，陶氏公司的 DOWSIL™ 995 硅酮结构密封胶对大多数基材具有优异的免底涂液粘结力，适用于抗飓风或防撞门窗的结构装配应用，位移能力可达±50%。

（2）中空玻璃应用

在中空玻璃中，有机硅密封胶通常应用于双道密封中空玻璃单元的第二道密封，并依据设计的需求分为结构性和非结构性两种应用。陶氏公司研发的高性能中空玻璃有机硅结构密封胶有助于提高中空玻璃单元的隔热性能及窗户的节能等级，减少水汽渗透，延长中空玻璃单元的有效使用寿命，真正实现建筑物的可持续利用。

（3）耐候性保护

一方面，有机硅耐候密封胶能够最大程度降低大自然对建筑外层的磨损。凭借优异的防水和抗紫外线性能，陶氏公司的 DOWSIL™ 791 硅酮耐候密封胶在相同情况下的使用寿命通常远超其他有机密封材料。另一方面，有机硅密封胶可用于减少幕墙污染。陶氏公司的 DOWSIL™ 991 高性能硅酮耐候密封胶是陶氏专为多孔性材料应用而研发设计的产品，其独有的配方可以大大降低硅胶对多孔性材料的污染，减少对石材幕墙的污染的可能性。

（4）防火应用

具备良好弹性的低模量有机硅密封胶主要用于密封贯穿防火区块的设备及管件孔洞或间隙，以避免建筑由于接缝开裂变位而形成火或烟的通道。陶氏公司的防火密封材料（包含单组分硅酮密封胶及双组分硅酮发泡密封材料）研发至今，广泛应用于超高层大楼及一些公共设施与厂房建筑，如中国台北的101大楼。

### 3.2 幕墙门窗性能的提升和改善效果的分析

凭借高性能的产品和全方位服务，硅酮建筑系统解决方案已被广泛地应用于各著名地产和公共项目中，可打造安全、耐久、可持续性的绿色建筑。在中国市场，上海中心大厦的外层玻璃幕墙（图2）、广州电视塔的半隐框玻璃幕墙（图3）、深圳平安金融中心的四边结构性玻璃幕墙（图4）、天津周大福大厦的超高层玻璃幕墙（图5）、中国国家大剧院的玻璃和钛金属板幕墙（图6）等知名建筑结构上均采取了该解决方案。

图 2　上海中心大厦

图 3　广州电视塔

图 4　深圳平安金融中心

图 5　天津周大福大厦

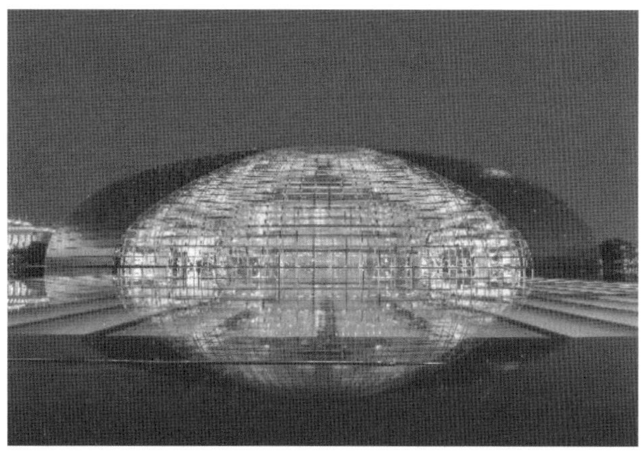

图 6　中国国家大剧院

这些应用不仅彰显了陶氏公司产品的高性能，也显著改善了建筑的整体性能。具体来看，其性能提升和效果改善主要体现在耐用性、节能性、美观性和环境友好性四个方面。

在提升耐用性方面，陶氏公司有机硅产品能够抵御极端气候条件，如强风、高温、寒冷和紫外线照射，从而延长建筑结构的使用寿命。例如，在上海中心大厦项目中，使用陶氏公司有机硅密封胶的幕墙系统能够承受强风压和温度变化，保持长期的结构稳定性和密封性。此外，德国联邦材料检验研究院（BAM）的一场模拟耐久性试验也指出，DOWSIL™ 993 硅酮结构密封胶具备 50 年的预期使用寿命。这一结果进一步表明，陶氏公司有机硅材料在提高幕墙门窗的耐候性和耐久性方面的显著效果。

在提高节能性方面，陶氏公司有机硅产品通过优化幕墙门窗的密封和隔热性能，帮助建筑降低能耗，实现节能。例如，陶氏公司有机硅密封胶应用于广州电视塔的 Low-E 镀膜半钢化中空 SGP 夹胶玻璃幕墙，显著降低了室内能耗，还减少了幕墙对环境的光污染。

在增强美观性方面，陶氏公司有机硅产品能够在确保建筑完整性的前提下，保持幕墙的高透明度。例如，陶氏公司有机硅密封胶的应用使得中国国家大剧院成为一个具有视觉冲击力的标志性建筑。2009 年，中国国家大剧院凭借其在建筑工程中的大量新工艺和新材料获得鲁班奖。

在助力环境友好性方面，陶氏公司有机硅密封胶产品通过减少 VOC 含量，降低对建筑环境空气的污染。例如，成都来福士广场项目通过采用包括结构性装配硅酮密封胶在内的多种陶氏公司有机硅密封胶，降低建造过程中 VOC 排放量，获得了美国建筑委员会颁发的“绿色建筑（LEED）预认证金奖”。

## 4 下一个三十年发展前瞻及行业趋势展望

随着建筑手段的飞速发展和对可持续建筑的日益重视，新材料、创新设计理念及环保政策将共同塑造中国乃至全球建筑行业的未来。在这一趋势下，有机硅材料的角色将变得更加关键，它们不仅将继续提升建筑的性能和美观，还将成为绿色建筑和制造业转型升级提供有力支撑。

材料合成方面，回收材料和混合材料的技术创新将持续为建筑行业带来更多新的可能性。生产商将使用回收材料进行有机硅材料再生产，降低整体碳排放。例如，陶氏公司和Circusil LLC将在北美肯塔基州建设首个商业化有机硅回收工厂，在有机硅生产中使用回收材料。跳出传统有机硅框架，生产商还将通过纳米技术和聚合物科学的应用，研发各种混合材料，增强新型环保建筑材料在耐候性和环境适应性方面的性能。陶氏公司作为建筑材料行业的领先企业之一，率先研发了包括DOWSIL™ 650可剥离防护涂料及陶熙™375建筑和玻璃嵌入灌封胶在内的多款材料，并斩获AT世界建筑北极星奖。

未来应用场景方面，建筑行业的有机硅应用将会在使用者的安全性与舒适性方面取得进一步创新。在未来，有机硅产品将更加重视提高居住和工作环境的安全与舒适性。通过技术创新，如增加抗菌和空气净化功能的有机硅材料，为建筑内的居住者和使用者提供更健康的环境。陶氏公司推出的可持续性室内装饰产品将满足更新迭代的市场需求，并为建筑行业的可持续发展持续赋能。值得注意的是，未来有机硅材料也将更加注重其碳足迹，通过提高材料的能效和使用寿命，减少整个生命周期中的碳排放。比如，陶氏公司将通过减少金属硅的碳足迹和加大包括桉树种植园和碳汇在内碳抵消，不断优化建筑幕墙硅酮碳中和服务，致力于可持续发展。

协同发展方面，上下游生态系统的协同合作是推动未来建筑行业创新和可持续增长的关键趋势。以陶氏公司的Quality Bond™项目和项目管理系统为例，该项目通过联合有机硅产品的制造商、应用端用户和施工单位，建立了一个质量和信任的网络。同时，陶氏公司实施的项目管理系统成为提高效率和保证项目成功的关键。这一系统的应用不仅提升了项目执行的效率，也为整个行业提供了高效项目管理的范例。展望未来，建筑行业中，各企业之间的合作不仅限于传统的供应商和客户关系，更拓展到共同研发、市场推广和技术创新等领域。

此外，从目前国际主流的绿色建筑评价体系来看，包括美国LEED、加拿大绿色建筑委员会（GCBC)、新西兰绿色建筑委员会（NZGBC)、南非绿色建筑委员会（GBCSA）以及国际未来生活研究所（ILFI）等在内的机构，都不约而同地将有机硅的使用作为能否取得认证的重要考核标准之一。“双碳”目标下，有机硅材料的高效水密性和耐候性，及其对减少整个建筑生命周期的碳足迹的重要性，在未来将进一步凸显。

### 参考文献


[1] 比尔·盖茨．气候经济与人类未来［M］．北京：中信出版集团，2021.

[2] 郅晓，安晓鹏，闫浩春，等．建材行业碳减排技术路径研究[C]//中国企业改革与发展研究会，中国企业改革50人论坛．中国企业改革发展优秀成果2021(第五届)下卷．中国商务出版社(CHINA COMMERCE AND TRADE PRESS)，2020：20. DOI：10.26914/c.cnkihy.2020.074147.

[3] 中国建筑能耗与碳排放研究报告(2022年)［J］．建筑，2023(02)：57-69.

[4] 王洪敏，朱应和，林承洁．有机硅密封胶在建筑上的应用［J］．有机硅材料，2008(01)：6-9.

[5] DOW. 公司介绍-陶熙道康宁公司-道康宁公司代理经销商 _ 中国官网[EB/OL]. [2023-11-29]. http：//www.dow-adhesive.com/? about _ 25/.

[6] 张家港市人民政府．陶氏张家港有机硅树脂工厂落成仪式举行[EB/OL]. (2021-01-19)[2023-11-29]. https：//www.zjg.gov.cn/zjg/qzdt/202101/bb0989283d9e4bda8210c33340884650.shtml.

[7] 中信证券研究．有机硅下游产业：硅基新材需求大爆发，千亿市场孕育中国龙头[EB/OL]. (2021-05-25)[2023-12-04]. https：//mp.weixin.qq.com/s/00Yd3j6FhtHxWVic7BkalA.

[8] DOW. 陶氏宣布其全新品牌陶熙™(DOWSIL™)正式进入中国市场[EB/OL]. [2023-11-29]. https：//cn.dow.com/zh-cn/news/dow-announces-its-new-brand-dowsil-officially-entering-the-chinese-market.html.

[9] DOW. 50 多年的有机硅性能证明[EB/OL]. [2023-11-29]. https：//www.dow.com/content/dam/dcc/documents/zh-cn/market-product-information/62-1841-40-proven-performance-silicone-structural-glazing.pdf.

[10] 梁伟盛，梁硕，吴浩中，等．广州电视塔绿色建筑新技术应用［J］．建设科技，2013(12)：70-73. DOI：10.16116/j.cnki.jskj.2013.12.028.

[11] 中国新闻网．鸟巢、国家大剧院获鲁班奖[EB/OL]. (2009-12-19)[2023-11-29]. https：//www.chinanews.com.cn/cul/news/2008/12-19/1493914.shtml

[12] USGBC. Raffles City Chengdu | U.S. Green Building Council[EB/OL]. [2023-11-29]. https：//www.usgbc.org/projects/raffles-city-chengdu.

[13] Rubber News. Dow, Circusil to open silicone recycling plant in Kentucky[EB/OL]. (2023-11-21)[2023-11-29]. https：//www.rubbernews.com/silicone/dow-circusil-open-silicone-recycling-plant-kentucky.

[14] 美通社．陶氏亮相第 28 届铝门窗幕墙新产品博览会[EB. OL]. (2022-03-11)[2023-11-29]. https：//www.prnasia.com/lightnews/lightnews-1-77-40713.shtml.

[15] DOW. 陶熙™绿色环保多用途硅酮密封胶[EB/OL]. [2023-11-29]. https：//www.dow.com/zh-cn/pdp.%25e9%2599%25b6%25e7%2586%2599%25e7%25bb%25bf%25e8%2589%25b2%25e7%258e%25af%25e4%25bf%259d%25e5%25a4%259a%25e7%2594%25a8%25e9%2580%2594%25e7%25a1%2585%25e9%2585%25ae%25e5%25af%2586%25e5%25b0%2581%25e8%2583%25b6.495714z.html#overview.

[16] DOW. Sustainable Carbon-Neutral Silicone Façade Sealant[EB/OL]. [2023-11-29]. https：//www.dow.com/en-us/market/mkt-building-construction/carbon-neutral-silicones.html.

[17] DOW. 陶氏高性能建筑解决方案的 Quality Bond™ 计划[EB/OL]. [2023-11-29]. https：//www.dow.com/zh-cn/market/mkt-building-construction/quality-bond.html

[18] 「行业前瞻」2023-2028 年全球及中国有机硅行业发展分析（baidu.com）(2023-04-13)[2023-12-22]https：//baijiahao.baidu.com/s? id=1763052699965808449&wfr=spider&for=pc

## 作者简介

陈洁（Chen jie），女，1976 年 7 月 10 日生，陶氏建筑与基础设施大中华区市场经理，主要研究方向为高性能低碳环保建筑密封胶及相关市场战略；工作单位：陶氏（上海）投资有限公司［Dow（Shanghai）Holding Co.，Ltd］；地址：上海市浦东新区张江高科技园区张衡路 936 号；邮编：201203；联系电话：(86) 021-38513596；E-mail：annie.chen@dow.com。

王文开（Wang Wenkai），男，1978 年 4 月 5 日生，陶氏建筑与基础设施大中华区资深技术专家，主要研究方向为高性能低碳有机硅产品在建筑领域创新应用；工作单位：陶氏（上海）投资有限公司［Dow（Shanghai）Holding Co.，Ltd］；地址：上海市浦东新区张江高科技园区张衡路 936 号；邮编：201203；联系电话：(86) 021-38514415；E-mail：eric.wang@dow.com。

# 智能门窗行业现状及未来趋势研究

孟凡东　杨胜银

广东贝克洛幕墙门窗系统有限公司　广东清远　511500

**摘　要**　智能家居是以家庭居住场景为载体，以物联网为关键技术，融合自动控制技术，计算机技术，以及新兴发展的大数据、人工智能、云计算等技术，将家电控制、环境监控、影音娱乐、信息管理等功能有机结合，通过对家居设备线上集中管理，提供更便捷、舒适以及智能化的家庭生活场景。智能家居发展至今，已由 1.0 的单品智能、2.0 的多元化场景向着 3.0 时代的 AIoH（AI＋IoH）发展，即智能家用物联网。但智能门窗作为智能家居行业中的一员，其智能化在国内的发展远远落后。

**关键词**　智能；门窗；建筑自动化；行业现状；未来趋势

**Abstract**　Smart home is based on the family living scene as the carrier and the Internet of Things as the key technology. It integrates automatic control technology，computer technology，and emerging big data，artificial intelligence，cloud computing and other technologies to integrate home appliance control，environmental monitoring，audio-visual entertainment，Information management and other functions are organically combined to provide a more convenient，comfortable and intelligent home life scene through centralized online management of home equipment. Since its development，it has developed from the single product intelligence of 1.0，the diversified scenarios of 2.0，to the AIoH（AI＋IoH）era of 3.0，which is the smart home Internet of Things. As a member of the home furnishing industry，the intelligent development of doors and windows lags far behind in China.

**Keywords**　intelligence；doors and windows；building automation；industry status；future trends

## 1　引言

随着人们对于生活品质和能源效益的日益关注，以及物联网、人工智能等新技术的快速发展，智能家居行业迎来了快速发展。智能家居产品品类涵盖智能大家电、智能小家电、智能家庭安防、智能连接控制、智能光感、智能能源管理、环境控制等多个领域。智能门窗作为建筑智能化的一部分，兼具家庭安防和环境控制的功能，可以为用户提供更加便利、安全和可持续的居住环境。

本文将对智能门窗行业进行全面的研究，以了解其现状和未来趋势，为行业各方提供参考，帮助大家在激烈的市场竞争中把握机遇，迎接新技术和市场的挑战。同时希望作为智能家居最后一块拼图的智能门窗，可以得到越来越多的关注。

## 2 智能门窗的定义和发展史

### 2.1 智能门窗的定义

智能门窗是指通过集成先进的传感器、控制系统、执行系统和通信技术，实现对门窗状态、环境信息进行实时监测和智能控制的门窗系统。

### 2.2 智能门窗的发展史

智能门窗的发展可以追溯到20世纪末，随着计算机科技的不断进步和智能化技术的逐步成熟，智能门窗逐渐从概念走向实际应用，为建筑行业注入了新的活力。最初智能门窗主要依赖基础的自动化控制技术，如简单的定时器和遥控器。

随着计算机科技的飞速发展，智能门窗逐渐引入各种先进的传感器技术，包括红外传感器、风雨传感器等，实现了对环境变化的实时感知。此外，通信技术的进步，特别是无线通信和互联网连接的普及，为智能门窗的远程控制和联动提供了更多可能性。

## 3 国内行业现状

### 3.1 技术应用现状

目前国内智能家居正在向着3.0时代的AIoH（AI＋IoH）发展，即智能家用物联网，智能家居系统将家用物联网实时产生、收集的海量数据存储在云端、边缘端，通过机器学习对数据进行智能化分析，包括定位、预测、调度等。对未来用户的使用习惯进行更加准确的预测，使设备变得更加聪明、智能，逐渐实现家庭安全防卫、老人孩子特殊看养、家庭环境管理等智能化生活场景，为用户提供便捷、舒适、安全的智慧生活。

目前国内智能门窗产品大多仍然处于基础的开合控制阶段，很大比例的产品没有配备必要的传感器来感知室内外的环境信息，导致安全性较差，没有完善的安全防夹措施，也没有连接网络通信的功能，无法与其他智能设备实现互联互通，功能较为单一。

智能门窗产品的评价体系不健全，智能门窗不像手机等数码产品，需具备长期、安全、可靠的使用寿命。但是目前相关国家、行业标准有待进一步完善，测试验证方法，可靠性、安全性、易维护性的认证不健全，行业各环节的售后服务体系发展慢，导致产品质量参差不齐，售后问题多。

### 3.2 市场现状

尽管智能门窗技术在过去几年有所发展，在商业办公楼、医疗机构等建筑中有一定运用，但在住宅市场的普及率相对较低，智能门窗的占比相对小。这一现象可以归因于多个因素：

（1）技术成熟度

智能门窗技术相对于传统门窗技术尚处于发展阶段，很多技术仍在不断演进，产品稳定性有待市场的检验，售后服务体系不完善，导致用户对于新技术的接受度、信任度都较低，特别是在涉及家庭、商业场所等较大规模应用的情况下。

（2）产品价格

目前，智能门窗产品相对较为高档，价格相对较高，这使得大多数消费者望而却步。智能门窗的成本较高主要因为其集成了许多高科技元素，包括执行系统、控制系统等。

（3）功能单一

目前，部分智能门窗的功能还比较单一，主要集中在开关、锁定等基本功能上，没有解决用户生活中的痛点问题，所以导致消费者对智能门窗的需求并不迫切。需要不断发展和创新，努力引入更先进的技术，以提高产品的智能化水平。

（4）安全性担忧

消费者可能担心智能门窗的安全性问题，尤其是在涉及家庭使用的场景下，包括人身安全，担心家里小孩、老人使用过程中，误操作造成伤害；信息安全上，担心系统被黑客攻击或者数据被滥用造成损失。

## 4 智能门窗的关键技术

### 4.1 传感器技术

红外、超声波、光照、温湿度、磁感应、图像、压力等多种传感器结合应用，以保障智能门窗产品在使用过程中的安全性的同时，能够根据环境变化自动调整，提供更为舒适的居住体验。

### 4.2 通信技术

（1）无线通信技术

无线通信技术在智能门窗中发挥着关键作用，使门窗系统能够与其他智能设备实现联动。采用蓝牙、Wi-Fi或Zigbee等无线通信协议，智能门窗可以通过智能手机或其他智能家居控制系统进行远程操控。这为用户提供了更加便利的操作方式，同时也实现了智能家居系统的整合。

（2）互联网连接

互联网连接使得智能门窗能够实现远程监控和控制。通过连接到云平台，用户可以随时随地通过手机或电脑远程查看门窗状态，并进行相应的控制操作。这一技术不仅提升了用户的便捷性，还为智能门窗系统的数据分析和远程维护提供了可能。

### 4.3 控制系统

（1）自动化控制和执行系统

自动化控制系统是智能门窗的核心。通过集成先进的控制算法，系统能够根据传感器采集到的数据，智能地调整门窗的开合状态、角度和其他参数，以实现对室内环境的精准控制。这种自动化系统提高了智能门窗的智能性和响应速度。

（2）人机交互界面

人机交互界面是智能门窗与用户互动的桥梁。通过触摸屏、语音识别甚至是手势控制等技术，用户可以直观地设定门窗的工作模式、时间表等参数，实现个性化的智能控制。这不仅提高了用户的使用体验，还促进了智能门窗技术的普及（图1）。

图1 直观的人机交互界面

智能门窗的关键技术通过传感器技术、通信技术和先进的控制系统的有机结合，实现了对门窗状态的智能监测和自动调节。

## 5 机遇与挑战

### 5.1 行业面临的挑战

（1）技术瓶颈

尽管门窗智能化技术进入发展初期，但仍然存在一些技术上的挑战。例如，传感器精度和稳定性的提升、能耗的降低、智能控制算法的进一步优化等问题仍然需要解决。技术瓶颈在一定程度上影响了智能门窗系统的使用安全性、可靠性和耐久性，限制其在市场上的推广和应用范围。

（2）安全与隐私问题

随着智能门窗在家庭和商业场所的应用，安全与隐私问题日益受到关注。智能门窗系统的网络连接性和数据传输可能存在潜在的安全风险，包括黑客攻击和隐私泄露。行业需要加强对系统安全性的关注，采取有效措施确保用户数据的安全。

（3）政策影响

智能门窗行业需要制定统一的行业标准，才能规范行业发展。目前，智能门窗行业的行业标准尚不完善，导致产品质量参差不齐。智能门窗行业需要建立完善的市场准入制度，才能保障消费者的权益。目前，智能门窗行业的市场准入制度尚不健全，导致市场秩序混乱。

（4）市场需求

智能门窗产品需要努力引入更先进的技术，以提高产品的智能化水平，丰富产品功能；需要进一步降低成本，降低消费门槛；需要提高消费者对智能门窗的认知度，以提高接受度；需要进一步完善售后服务，才能提升消费者的满意度。

（5）产品可靠性、易维护性的挑战

智能门窗不像手机等数码产品，其为装修硬装中的一部分，一旦施工完成，难以二次改动，因此需具备长期、可靠的使用寿命和安全性，同时需具备良好的易维护性，应对不可避免的售后问题。

（6）其他挑战

智能门窗行业还面临着一些其他挑战，如人才短缺、产业链不完善、售后体系不健全等。

### 5.2 行业的发展机遇

（1）城市化进程的推动

全球城市化进程的不断推进为智能门窗行业带来了巨大机遇。城市居民对高品质生活的需求不断增长，智能门窗作为智能家居系统的一部分，能够为城市居民提供更为便捷、舒适的居住环境。随着城市化进程的加速，智能门窗市场将迎来更广阔的发展空间。

（2）技术创新的助力

新兴技术的不断涌现为智能门窗行业创造了丰富的发展机遇。人工智能、物联网、大数据等技术的应用将进一步提升智能门窗的智能化水平，使其更好地适应用户需求。同时，新材料、新能源等技术的应用也为智能门窗的创新和发展提供了新的可能性。

（3）可持续建筑与绿色智能家居

随着社会对可持续发展和绿色建筑的关注增加，智能门窗的主动式节能功能可以成为吸引消费者的重要卖点。这不仅符合环保理念，还有助于建筑实现更高的能源效率，为智能门窗的市场拓展提供了机遇。

（4）智能城市建设

随着智能城市建设的不断推进，智能门窗有望在商业建筑和城市规划中得到更广泛的应用。智能门窗作为智能建筑的一部分，有助于提升建筑的智能化水平，符合智能城市发展的整体趋势。

（5）产业链合作与生态系统建设

随着智能家居市场的不断扩大，智能门窗有望成为其一个增长迅猛的子领域。智能门窗制造商与其他智能家居设备商的合作，建立全面的智能生态系统，有望为用户提供更为综合和智能的居住体验。产业链的合作与生态系统建设将有助于推动整个智能门窗行业的发展。

## 6 未来趋势展望

根据富轩全屋门窗、网易家居发布的《2023中国智能门窗发展白皮书》，前瞻保守估计2026年，国内智能门窗相关产业规模将超3700亿元。

### 6.1 智能门窗的应用领域扩展

未来智能门窗将在应用领域上实现更广泛的拓展。除了商业办公楼、医疗机构，智能门窗将进一步应用于住宅、公共场所、工业设施等领域。例如，在全屋智能住宅、酒店、智能校园等场所，智能门窗将为用户提供更为智能和便捷的服务，实现不同的权限管理、能源管理、环境控制等使用场景，满足不同场所的特殊需求。

### 6.2 新兴市场的崛起

新兴市场将成为智能门窗行业发展的重要动力。随着新兴市场经济的崛起，居民对高品质生活的需求逐渐增加，这将带动智能门窗产品的需求增长。同时，新兴市场对于技术更新和创新的接受度相对较高，为智能门窗企业提供了广阔的市场空间。例如，近年来随着我国人口老龄化程度加深，智能门窗可以在身份识别、紧急求助、温度和空气质量检测、光环境调节、智能防护和智能提醒等方向进行探索，将智能门窗应用在老龄化社会和养老机构中可以提供更智能、便捷、安全的居住环境，帮助老年人更好地享受晚年生活，同时减轻了养老机构管理人员的负担。

未来趋势展望表明，智能门窗将不断迎接技术创新和市场拓展的挑战。通过更先进的技术和更广泛的应用，智能门窗将成为建筑行业中不可或缺的一部分，为用户提供更为智能、便捷的生活体验。上述内容为行业从业者提供了未来发展的参考，引导其在技术研发、市场开拓等方面做出明智的决策。

## 7 结语

通过对智能门窗行业的现状、关键技术、挑战与机遇以及未来趋势的深入分析，我们得出以下结论：全球智能门窗市场呈现出稳步增长的趋势，主要受到建筑智能化的推动和消费者对高品质生活的追求。行业面临技术瓶颈、安全与隐私问题、人才短缺、产业链不完善、售后问题等挑战，但城市化进程的推动和新兴技术的涌现为行业创造了巨大的发展机遇。未来，新一代传感器技术和人工智能的应用将进一步提升智能门窗的智能化水平，市场将在应用领域扩展和新兴市场崛起的推动下迎来更为广阔的发展空间。

综上所述，智能门窗行业正朝着更加智能、便捷、安全的方向发展。然而，行业从业者需要认识到技术发展可能带来的挑战，积极应对市场变化，不断创新以满足用户不断升级的需求。未来的智能门窗行业将是一个充满希望和机遇的领域，期待行业各方共同努力，推动行业迈向更加繁荣和可持续的未来。

## 参考文献

[1] 华经情报网.2022年全球及中国智能家用摄像头行业现状及趋势分析，用户智能家居诉求带动销量增长[EB/OL]. 华经情报网，2023.

[2] 艾瑞咨询.2023年中国智能家居(AIoH)发展白皮书[EB/OL]. 北京：艾瑞咨询，2023.

[3] 查伟金.5G时代智能家居技术发展研究[J]. 智能城市，2023，9(5)：10-12.

[4] 富轩全屋门窗，网易家居.2023中国智能门窗发展白皮书[EB/OL]. 富轩全屋门窗、网易家居，2023.

## 作者介绍

孟凡东（Meng Fandong），男，1979年7月生，工程师，研究方向：智能门窗研发设计；工作单位：广东贝克洛幕墙门窗系统有限公司；地址：广东省清远市高新技术产业开发区创兴大道16号；邮编：511500；联系电话：18926616650；E-mail：14096275@qq.com。

杨胜银（Yang Shengyin），男，1993年7月生，助理工程师，研究方向：智能门窗研发设计；工作单位：广东贝克洛幕墙门窗系统有限公司；地址：广东省清远市高新技术产业开发区创兴大道16号；邮编：511500；联系电话：16620476021；E-mail：atomysy@163.com。

# 中国门窗行业：30 年发展与创新

## YKK AP 中国发展历程简述

梁　良

YKK AP 中国研发分公司　上海　200070

**摘　要**　在过去的三十年中，中国门窗行业经历了从模仿到创新的巨大飞跃。借助国际经验的吸收和技术的引进，中国门窗品牌正在逐步成为国际市场的领军者，为世界门窗行业注入新的活力。YKK AP 非常荣幸能经历这伟大的三十年发展历程，并参与其中，通过分享自身的发展经验，与中国门窗企业共同茁壮成长。

**关键词**　门窗发展；断桥隔热技术；建筑节能；共同成长

近三十年来，中国的门窗行业取得了巨大的发展，从最初的模仿到如今的创新领先。国际门窗品牌在中国市场的竞争日益激烈，推动了中国门窗行业的不断进步。YKK AP 有幸见证，并参与了最重要的发展阶段。

## 1　初期阶段：模仿与学习

中国地理与气候特点：南北距离约 5500km×东西跨度约 5000km，约有 14 亿人口（占世界人口的 1/5）。幅员辽阔，气候多样化，现代门窗技术缺乏，决定了中国门窗行业发展初期，主要以国外品牌为主。中国门窗企业主要从模仿入手，学习先进技术和设计理念。这一时期，产品主要侧重于满足基本功能，缺乏独特性和创新。

作为中国工业产品基础的国家标准，自 1980 年导入欧洲标准（EN），参照欧洲标准进行制定。欧洲系统门窗厂商在不改变本国商品设计的基础上，直接投入商品，以欧洲技术为亮点，向超高级市场渗透品牌形象。

面对这种竞争环境，YKK AP 当时提出以下重点发展政策：中国 AP 事业集团以超高级市场为目标，投入满足中国各地法令的保温基础商品，扩充符合房地产企业与居住者生活需求的项目，持续投入竞争未保有的差别化新商品，强化 AP 系统销售，确保并提升销售渠道政策的 AP 商品品质。

## 2　消化与吸收阶段：技术引进与提升

随着技术的引进和市场需求的不断升级，中国门窗企业逐渐转向技术提升。国际合作和先进技术的引入促使产品质量和性能得到显著提升，逐步获得国内外认可。

在此基础上，YKK AP 中国的商品政策也在调整，2008 年，当时中日 AP 商品开发体制是每年度由日本 AP 接受中国 AP 的委托，属于课题型的开发，因此出现了以下问题：

（1）新商品的投入响应速度慢；

(2) 投入后商品的改良成本高；

(3) 新商品与既存商品的标准化、整合、商品集约、统废合同期化臃肿；

(4) 面对新商品投入后标准修订、流行、需求变化的快速对应不够及时；

(5) 如何提高深圳、苏州、大连三个制造据点的新商品的快速启动等。

因此，中国 AP 集团对商品体制设置进行立案、检讨，按照日本 AP 经营战略会议的讨论，决定强化中国现地化开发的商品体制，并在中国苏州设立 YKK AP 中国研发分公司。

中国商品体制构筑·整备通过向商业模式导入商品体制，以持久性地持续提高超级高住宅价值及品质，持续强化 AP 事业的商业模式，牵动扩大收益为目的。

接受并实施事业方针的商品政策，其过程创造、改良并持续累积了开发、技术成果（企划书、设计生产图纸、各种商品、信息、经验、知识产权、验证、检测设备、各种软件等）。该创造、改良、累积的是“人材：人的资源”，“人材：人的资源”是以之前集团获得、累积的知识（经验、信息）为基础，通过一个个解决、跨越新课题、困难挑战，水平进一步提升，并持续累积经验。这里的“人”“成功体验”“物”是作为厂商竞争力的基础。

商品体制根据 AP 集团制定的事业方针、政策，通常以相对先一步的事业收益扩大及事业价值牵引为目的，利用累积的人的资源、成功体验、知识，并通过有效投入开发费用，能够起到强化 AP 商业模式的功能。因而，商品体制不仅仅以商品企划、开发为作用及目的。要在事业环境变化快速的市场立足，必须制定着眼于长期的事业成长的事业计划，并为实现计划而执行事业方针、政策。每年投入的新商品及强化的工程技术，相对事业方针和政策，必须具有战略性，以及整体与地域间的统合性。新商品、工程技术强化的价值要点必须始终明了。而且，商品负责人必须熟谙新商品、工程对（AP 事业内部：营业、制造）、（AP 事业外部：合作门窗企业、房地产企业、市场、社会）的影响，并持续提升事业目的相关的行动水平。

通过上述措施，实现“商品基础构筑、整备”对 AP 事业的商业模式强化、收益牵动、商品价值提升、品牌渗透的贡献。

过去十年，中国门窗行业开始迈向创新的新时代。设计理念逐渐从简单的模仿过渡到注重原创性和个性化。智能化技术在门窗领域的应用也成为一大亮点，提升了用户体验和产品附加值。

在新时代的背景下，YKK AP 中国的商品战略侧重以下方面：

(1) YKKAP 牵动品牌提升与收益扩大的商品体制的构筑；

(2) 面向最终商品品质提升的管理体制构筑；

(3) AP 商业模式再强化对策（商品开发、提案营业、制造施工技术强化）的制定、推进；

(4) 新视野领域扩大项目的立案、制定、实行。

## 3 创新崛起阶段：开发与技术人才的培养

2009 年初，YKK AP 中国开发团队把开发 DR 流程导入现地，作为定型流程，为能够准确验证、改善商品品质，与中国事业各公司的生产技术人员共同协作，以快速投入新商品为目标，致力于 OJT 及反复研修，培养现地人才。2009 年，现地人员从辅助开发转型到自主开发，亲自体验了开发流程。通过反复参与 DR，掌握了开发经验、开发知识、手法。在这一过程中，日本赴任者意识到了开发业务的停滞不前、出错、返工等问题，因此努力对现地人员进行彻底的补足与跟踪。2009年，采用的现地开发人员流动大。以日本赴任者为中心，开展商品企划、开发。此时，现地人员主要负责试作、检测及作图，可以熟练完成开发的后半阶段。2011年末，在现地完成了对基本商品一部分形状进行改良的类似型商品开发。2013年末，领导层级已经掌握了以基本商品为基础，开发中国规格商品的应用型开发的力量。通过企划、开发人才经验的提升，于2011年，由中国不动产协会主办的中国500强DV评选的门窗品牌活动，YKK AP连续4年获得NO.1。YKK AP中国现地化产品开发的人才体制与技术实力初步形成。

## 4 未来可持续发展阶段：环保与绿色门窗

随着社会对可持续发展的关注增加，中国门窗行业将目光投向了环保和绿色技术。采用可再生材料、节能设计和循环利用的理念成为行业主流，推动中国门窗品牌在国际市场上树立环保形象。YKK AP不断推出高保温系列产品，并有幸在上海第一个超低能耗住宅上得到应用。深圳工厂制造的铝型材也获得了绿色建材的认证。

展望未来，中国门窗行业有望在智能化和定制化领域迎来新的突破。随着人们对生活品质要求的提升，门窗产品将更加注重智能化、定制化、人性化的设计，以满足不同用户的个性需求。

# 建筑门窗行业30年的发展与创新

李江岩　李冠男
上海茵捷建筑科技有限公司　上海　201908

**摘　要**　德国，包括欧洲、北美等国家的建筑通过降低安装门窗后传热系数，在冬季降低使用或不使用采暖设备，夏季减少使用或不使用空调设备，结合不同的建筑设计结构，因地制宜地制定不同的设计规划和安装的解决方案，并具备及时纠正和完善建筑节能理论与实践应用结构的体系，对基础材料、加工、组装、安装等方面的技术提升，同时还要解决外门窗的安全性、耐用性、舒适度和健康的环境，实现建筑结构框架与外墙及外门窗结构整体耐用性的匹配。市场经济需要稳定、开放和恢复发展，经济发展必须依靠创新，如何提振企业家的创新动力才是关键。

**关键词**　节能减排；研发；创新；新技术；新材料；新工艺；安装的提升；安全性；耐用性；健康环境；舒适度

## 1　引言

建筑外门窗的设计和制造是建筑美学理念的体现，世界各地无论是大型建筑还是小型建筑都要采用外门窗进行封闭，来实现安全、可靠、耐用和舒适健康的人居环境。

1830年，美国木匠在宾夕法尼亚州的波特斯维尔建一座银行，使用铸铁成型，刷上油漆、铺上石头，第一次冲破砖砌结构墙的实践。

1851年，伦敦展览馆仅用4个月就建成了。当时建造一栋建筑需要几年时间，而伦敦展览馆的建设时间短主要是因为采用了金属、玻璃和预制件。

1885年，美国工程师威廉·珍妮设计的芝加哥家庭保险公司大楼，采用钢结构体系来承受建筑物重量，解决了建筑结构和建筑高度的问题——传统的建筑材料满足不了建筑结构发展的要求。

1917年，外墙装饰采用玻璃的幕墙出现在美国旧金山的威林波尔克斯·哈里德大厦上，玻璃幕墙的潜在优势被人们所发现。

第二次世界大战后的1951年，建成的纽约利华大厦由玻璃和金属材料组成门窗和玻璃幕墙，代表着新结构的门窗和幕墙时代的开启。

德国，包括欧洲从20世纪50年代开始应用铝合金门窗，受在20世纪70年代初能源危机的影响，开始应用建筑节能外门窗和幕墙。此后，德国包括欧洲、北美等国家的建筑节能技术开始逐渐发展提高，在近七十多年的发展过程中，不断地完善了建筑外立面墙体＋门窗的设计结构体系，从而实现对于建筑外立面＋门窗框架结构设计和安装施工等细分领域的整体解决方案。

2020年，德国已强制要求建筑节能外门窗节能95 %以上，建筑外门窗整体安装后的门窗传热系数$U_w$<0.8（W/m$^2$·K），该国的要求不像我国只是单纯追求建筑外门窗的传热系数、通过单纯的分析数据来定性安装后外门窗的传热系数和节能指标。其实建筑外门窗的安装施工工艺对建筑外门窗和墙体的物理性能影响很大，我国的建筑门窗物理学基础理论应用的研究和实践与德国相比存在很大差距。

在德国，包括欧洲、北美国家的建筑通过降低安装后门窗的传热系数，可以在冬季降低使用或不使用采暖设备，夏季减少使用或不使用空调设备，结合不同的建筑设计结构，因地制宜地制定不同建筑外门窗的规划结构设计和安装的整体解决方案，并具备及时纠错能力和完善建筑节能理论与实践应用结构的体系，对基础材料、加工、组装、安装等方面的技术提升（图1），同时还要解决外门窗的安全性、耐用性、舒适度和健康的环境，实现建筑结构框架与建筑外墙及外门窗结构整体安全性、可靠性、耐用性、舒适与健康完整的产品相互匹配结构体系。

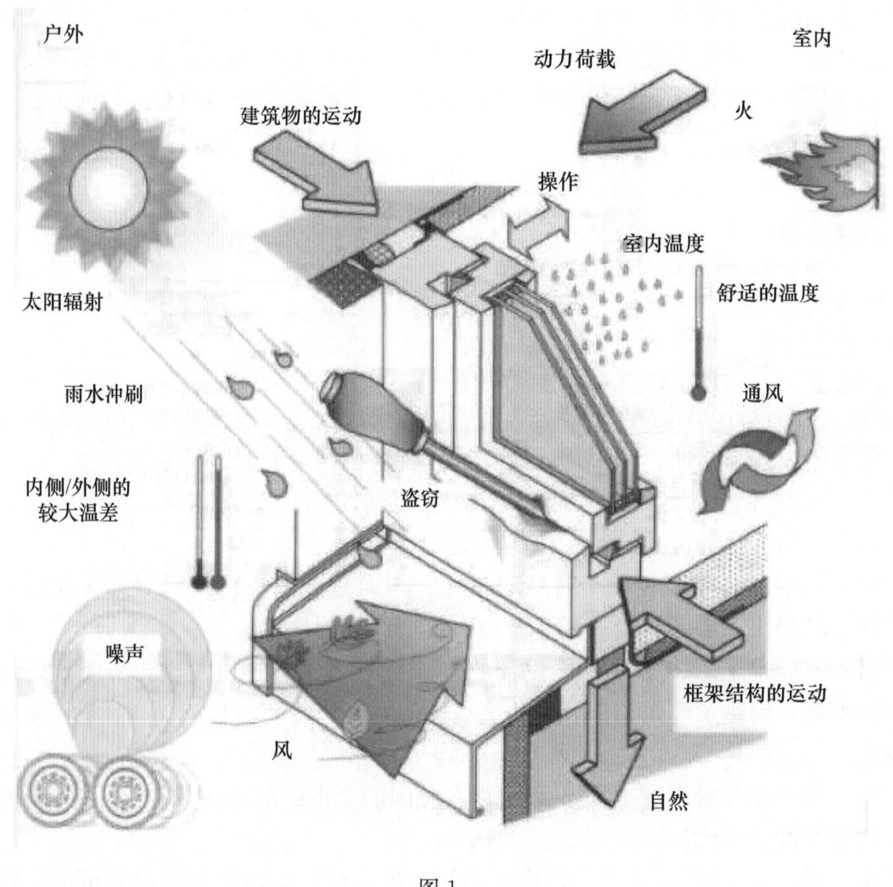


图1

## 2 门窗行业的创建同时实现引进吸收与自主创新

### 2.1 学习消化吸收

1979年沈阳黎明发动机制造公司通过派相关人员对香港市场进行调研和分析，黎明公司决定成立了沈阳黎明航空铝窗公司，李之毅先生担任公司的总工程师，从香港引进了38

平开窗和 90 推拉窗系列产品，并开始仿制产品，并在国内陆续建立型材挤压和门窗加工基地，这标志着我国铝门窗、幕墙产品在国内进入起步发展阶段。由于当时黎明公司生产经营遇到了许多困难，除军品外还需要寻找商机，公司需要千方百计寻找合适产品，黎明公司派出相关人员到我国香港，全面考察了铝窗、幕墙生产的全过程。回国后，黎明公司下决心创建铝合金门窗公司。当时国内门窗行业企业还是以钢窗为主，新型现代建筑外装饰在国内刚刚兴起，市场所需的铝窗、幕墙主要依靠国外进口，铝窗在国内处于刚刚起步阶段，当时不仅有黎明铝窗总厂，还有其他四家企业在生产类似产品，即上海玻璃机械厂、广州钢铝门窗公司、北京钢窗厂和西安钢窗厂，其中上海玻璃机械厂已步入正轨，主要是 38、90 窗系列产品；北京钢窗厂引进了荷兰铝窗；西安钢窗厂刚起步，而黎明铝窗公司组建的基础只有一台旧水压机，其承担香港来料加工百页窗型材，同时开始在深圳建立了分支机构，而且在深圳沙头角承包外商的别墅应用了 38 系列门窗，这时广州东方宾馆的改造由港商承建，公司深圳厂也派人参加施工，从而掌握了 38、90 窗的基本技术，并且形成门窗研发、铝型材生产、加工、组装、安装一条龙的科研生产技术模式。

李之毅总工感觉从军品生产转到民品铝门窗后，形成了所谓的隔行如隔山的感觉，自己一下子摸不着门儿，需要学习和了解的东西太多。当时只是知道 38 平开窗、90 推拉窗，香港人做多大，我们就跟着做多大，基本上不敢改变门窗的分格，也被许多技术问题所困扰。

1982 年年初，中国建筑金属结构协会领导郑金锋来电告知李之毅总工，说现在联合国援助广州铝门窗厂，派英国专家麦考特先生来广州讲课。李之毅总工马上飞到广州去参加了门窗培训，由于参会培训时间有限，又有很多问题要请教学习，李之毅总工就把麦考特先生请到了沈阳培训，并把近 80 多个问题汇总后向麦考特先生请教，麦考特先生进行了耐心细致的解答。记得其中印象最深的问题是：“门窗可以做多宽、多高?”麦考特先生回问：“您学过材料力学没有?”李之毅总工说：“学过”，麦考特先生就提出受力件应按简支梁受力计算，李之毅总工经麦考特先生的点拨茅塞顿开，后面又通过理论与实践相结合，形成了一些新的想法，李之毅总工通过系统地总结和整理编辑，于 1986 年完成《铝门窗培训基础教材》初稿，并定期给公司技术人员培训，后来又重新整理编辑完成了《现代建筑用铝合金门窗技术》(图 2）这本书。

1987 年印刷成册后，成为国内建筑门窗行业第一本门窗专业技术培训教材，在门窗行业内影响很大，许多门窗幕墙公司都购买了这本教材。

1982 年沈阳黎明铝窗公司从香港承揽了幕墙工程，由于承包商对产品质量要求严格，同时也严格控制型材废料和料头，现场技术人员只好拣一些扔下没用的幕墙型材料头，并从建成的幕墙工程中分析结构设计和节点。这段时间里我们得到了中国建研院高锡九教授的鼎力帮助和指导，高锡九教授将美国考察时的一些幕墙资料给我们，从而我们能够从国外相关的技术资料里得到一些启发。1982 年公司在与长城饭店建造师的沟通中，了解到该项目的玻璃幕墙请黎明公司技术人员担任顾问，同时黎明也派遣技术人员去比利时千贝尔幕墙公司考察，通过学习和实践，技术人员逐渐掌握了幕墙的一些基础理论。

1984 年开始，铝窗公司自主设计研发的玻璃幕墙推向国内市场，并试验性地将小面积幕墙应用于抚顺千金影剧院，后来设计的 150 系列玻璃幕墙用于武汉百货大楼及深圳上海宾馆、格兰云天大厦、重庆沙坪坝大酒店等项目，并制定了幕墙产品的企业标准，标志着我国自主研发，具有独立知识产权的玻璃幕墙时代开始，该标准后被编制为辽宁省标准，成为 1996 年制定国家标准的基础。

图2 《现代建筑用铝合金门窗技术》封面

## 2.2 研发与创新

黎明航空铝窗总厂成立后，产品以38平开窗、90推拉窗为主，通过在武汉晴川饭店和深圳电子大厦的应用，锻炼出了掌握生产全过程的技术人才队伍。黎明航空铝窗公司的建立得到了当时沈阳市建委建材处的重视和关心。1981年市建委介绍我们到广州白云宾馆参加第一次行业会议，通过这次会议，我了解到了行业的情况，并有了新的认识，认识到我们在行业中的位置。

（1）我们有华南深圳分厂，作为对外的窗口，向国外出口；

（2）设计研发和生产制造的优势；

（3）有黎明公司强大的后盾，拥有德国SMS挤压机生产线和日本氧化线、门窗幕墙物理实验室，门窗幕墙加工生产线采用德国威格玛的优势。

黎明铝窗公司在组织机构上，抓住行业普遍存在只会照抄、照搬，技术和生产力量薄弱的特点，建立了行业第一个门窗幕墙设计研究所，并从德国引进了“门窗幕墙测试设备”，建立了门窗幕墙技术实验室，同时培训技术团队，在行业内取得技术创新的优势。通过承包门窗工程的体会到香港引进的38平开窗、90推拉窗耗料多，38平开窗做不了大分格的窗，90推拉窗气密性、水密性能都很差，产品不适合参与市场。于是我们提出“人无我有，人有我优，人优我新”的产品创新理念，重新思考产品的定位，为适应市场需求，提出研发60系列推拉窗方案，经过两年的设计试验，于1983年研发成功。它与日本推拉窗相比，各项性能指标接近，而且配套设备采用了自主设计的组合冲切专利技术，组成“冲切加工生产流水线”，实现生产的工业化、规模化。

由于60推拉窗的研制过程中稳中求进，先在理论上开始论证，搞清每个零部件的功能和强度，通过试验测试结果再确定方案，通过理论和实际的论证，并且试制出样件。此时杭州望湖饭店项目已开始建设，业主知道我们公司有新窗型后，项目方领导带队来沈阳公司亲自考察，看到窗户的性能指标对比和报价后。放弃了从国外进口的计划，决定与黎明航空铝窗公司签订合同。这是我国第一个具有知识产权的新型窗被采用的项目，后来沈阳气象局大楼、中央电视台大厦等项目也采用了该产品，并获得国家优质工程奖。时任国家建设部材料司刘处长、行业协会郑金峰副理事长（图3）等来公司进行了考察和调研，给予支持和肯定，通过评审获得行业中国家颁发的唯一一块银牌国优奖。

1983年李之毅总工去德国纽伦堡参加国际门窗幕墙展会，无意中购买到德国铝窗培训教材（德文版），书中介绍了德国节能铝窗的一些基础知识和节能技术，以及德国铝窗发展的总结性技术文献。于是李之毅总工组织团队翻译、消化、吸收后编译成册，1990年由中国建筑金属结构协会印刷成书，作为铝合金门窗行业的基础培训教材（图4）。

图3　调研图片

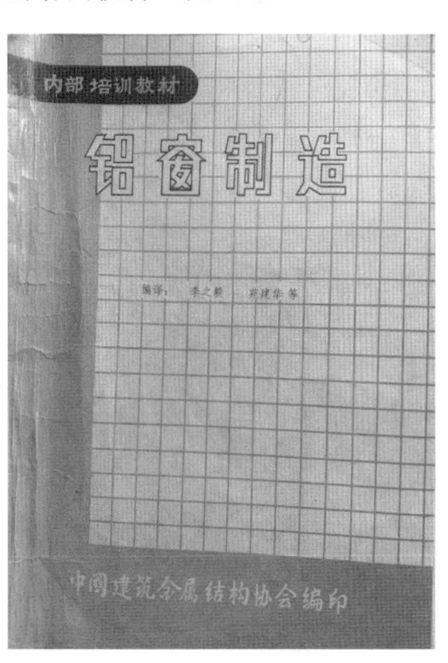
内部培训教材
铝窗制造
编译：李之毅
中国建筑金属结构协会编印

图4　钢窗制造

1985年受德国《铝窗制造》这本书的启发，李之毅总工带领技术团队经过两年的研发，终于研制出了具有自主知识产权的浇注式“断桥”隔热窗，采用ABS塑料作为隔热断桥材料，并自主研发自动加热浇注设备，经国家检测中心测试合格后，将产品应用于苏联驻华使馆项目的外窗。

现代建筑外墙围护结构快速发展，建筑外幕墙产品成了薄弱环节，为进一步开发更高端的幕墙品种，我们引进德国SMS加工设备并去德国考察了幕墙生产、技术供应商，与德国汉诺威的瑞特堡公司成为合作伙伴，其是一个设计加工门窗幕墙的专业公司，生产和技术管理优于国内。

1987年建成的辽宁电视塔幕墙就是与瑞特堡公司合作完成的。

1985年，美国GE公司推广建筑结构胶应用技术交流会在沈阳黎明铝窗公司举行，使我们开始引进使用了结构胶技术，开始试验隐框玻璃幕墙板块，并在试验器上做了数万次反复的正负风压试验，准备在1987年推广市场，由于在参观德国一个工厂做隐框幕墙试验，是在一个新盖的小楼周围用铁丝网围着，楼墙面就是安装的隐框幕墙产品，问他们为什么围着防安全的做法，而且在世界各地建造了许多项目，我们需要把技术工作做得更细，于是在房顶暴露试验得到满意的数据后，才开始进入应用阶段，即使产品推迟了好几年也是值得的。

1989年，国内最早应用的项目是沈阳商业城。1991年中国金属结构协会组织在沈阳黎明专门举办全国行业企业隐框幕墙学习班，由我们公司技术团队进行主讲，把当时认为很“神秘”的课题讲清楚了，行业协会要求我们将讲稿整理后，打印成册，在行业内部发行，通过培训使黎明铝窗在行业内提高了影响力。国产隐框玻璃幕墙推向市场后，很快被市场所接受，由于该产品美观新颖，很受业主的喜爱（图5）。

图5　辽宁彩电塔

1990年北京举办亚运会，推动了北京建筑市场发展，带动了门窗幕墙行业的快速增长。1993年后，一些厂家争先恐后地上马隐框幕墙项目，由于未经论证和试验，体会不到产品每个环节的质量控制，甚至用普通硅酮密封胶制作隐框，不断出现掉玻璃的事故，在社会上造成不良影响。专家组对此进行分析和讨论，认为主要原因是一些企业对该产品没有技术标准和严格的质量控制及制约手段。此时黎明铝窗总厂已有企业内控技术标准，于是行业协会在广州召开了关于隐框幕墙的专家研讨会，以黎明铝窗总厂的内控企业技术标准为基础制定行业技术标准并于1993年出台实施。随后中国建筑装饰协会、中国建筑金属结构协会共同在广东佛山组织了学习标准培训班，加强了企业对产品的质量监督管理，这样基本扭转了不利的局面（图6）。

1992年前后，沈阳黎明铝窗公司通过引进创新打造出一支集设计、研发、生产于一体的技术团队，这支团队能够及时推出新产品，以满足市场的不同需求，其中研发的光亮光装

图 6　深圳深房广场

饰铝型材（作高档装饰用）、拉弯型材（制作圆弧窗和幕墙用）、电动自动门、铝板幕墙、铝复合板幕墙、石材幕墙、各系列门窗、幕墙（有框、无框、半单元、隐窗、隐框、单元、拉索）、断桥节能铝窗等，在国内最先推向市场。1988 年，在江苏无锡召开的中国建筑金属结构协会年会上，行业评出 7 项获奖产品，沈阳黎明公司摘取了 6 项，尤其是光亮光装饰铝型材和拉弯型材工艺已达到国际领先水平，在国内行业中起到了领军带头作用，影响行业发展近二十多年，为中国铝窗幕墙发展做出了卓越的贡献。

1990—2000 年前后，国内幕墙行业形成了“北远大，南盛兴，中凌云”的三足鼎立的格局，同期很多门窗幕墙公司也取得了发展，深圳金粤、中山盛兴、深圳三鑫、深圳中航、珠海晶艺、珠海兴业、上海美特、上海玻机、北京江河、沈飞、西飞、沈阳远大、沈阳强风等近千家工程公司，做了很多标志性的建筑，为推动行业发展做出了贡献。

90 年代中期，由于集中发展军品，铝窗等民品开始收缩产能，逐渐淡出行业。但从黎明铝窗的发展过程来看，一些新产品的研发和应用在当时仍走在行业的前列，企业发展离不开新理念、新技术和新产品的支撑。

1997 年 2 月，李江岩和李之毅教授一起合作开始研究铝合金节能外门窗，产品采用高分子材料作为研发重点，节能门窗产品围绕着“节能、智能、工业化”展开。

1998 年 5 月落地的主要产品为内开内倒窗、推拉窗，产品推广市场为沈阳和北京。经过一年的努力，图纸设计终于做好。从设计理念开始到成熟的图纸，经过无数次的修改和完善，实现了包括复合型材的工艺、材料、五金配件的配套、密封材料的选择、加工工艺的确定等创新工作。由于当时的配套产品材料有限，新产品需要重新开模制作，耗费了大量的时间和精力，甚至每天晚上睡觉都在想节点的科学性以及工艺技术如何才能实现。产品出来经过测试，保温系数达到一定的高度。

1998 年 11 月，该产品荣获“沈阳市科学技术研究成果奖”。

## 3　门窗行业的快速发展

2001 年开始，中国加入 WTO 以后，国内各个行业开始进入快速发展阶段，一些外资企业在 20 世纪 90 年代就开始在国内布局，像德国博世（Bosch）、美国亚松、美国陶氏化工、德国巴斯夫、德国旭格（SHUCO）、德国泰诺风（TECHNOFORM）、日本YKK、意大利阿鲁克（ALUK）、意大利飞幕、德国耶鲁、德国诺托（RoTo）、上海耀皮玻璃等，这些门窗幕墙产品、相关配套材料和设备制造外资企业，对于行业的发展具有重要意义。

正是由于中国加入了WTO，国内建筑业开始进入了快速发展阶段，门窗行业的产业链结构布局和发展模式也逐渐形成。应天时地利人和的大趋势，行业中的民营企业发展势头强劲的同时，其他行业也是增长势头强劲，外企纷纷进入建筑和建材市场，寻求合作与发展，这为改革开放带来了发展机遇。

### 3.1 国外企业创新发展

隔热条（PA）在20世纪50年代由德国恩信格（Ensinger）工程塑料公司研发并应用到铝合金型材断桥结构中，并且在门窗幕墙复合型材结构上得到了广泛应用，2000年左右德国旭格公司就推出了55系列和65系列产品，国内门窗企业也开始逐渐应用相关技术和产品，由于房地产开发企业发展迅猛，这类产品当时具有很强的竞争力，同样意大利阿鲁克也在快速推广及应用，作为材料供应商的德国泰诺风和美国亚松则是大力提倡采用新型材料，解决建筑外门窗的节能。

德国泰诺风隔热条开始进入我国是在2000年3月20日左右，在广州召开的建筑金属结构协会铝门窗委员会的年会上，德国泰诺风公司首次展出断桥铝门窗样品和几个截面的隔热条，并在年会上做了门窗节能的技术报告，行业内反应强烈。

美国亚松公司产品在20世纪80年代中期进入中国及亚洲市场，中国分公司于2000年开始运营，铝型材节能主要采用浇注工艺，实现铝型材的断桥节能，并与全国多家型材企业合作，实现型材复合的一体化生产，至今许多型材厂的生产线仍在应用。浇注工艺技术在国内应用的项目很多，例如北京来福士广场、中国国家会议中心、钓鱼台国宾馆、上海环球金融中心、济南全运村等公建和民建项目等。

美国的GE、道康宁，德国全能、西卡和美德等品牌产品进入国内密封市场，带动了国内建筑门窗密封市场的快速发展。

国外加工设备制造企业，像德国耶鲁、威格玛和意大利飞幕等公司则帮助国内企业解决了在制造加工过程中的技术难题。

建筑门窗行业标准体系的制定和检测体系的建立也通过开放、引进和吸收逐渐形成完整体系，对于门窗产品的建筑物性能上的应用起到重要作用。

### 3.2 国内行业企业的发展

2003年元月，上海茵捷建筑科技有限公司开始筹建，并且着手系统地设计研发符合当下市场应用的门窗幕墙体系的产品，当时正在设计施工杭州大剧院项目。2004年开始陆续承建以德国企业工业建筑项目为主要经营方向。随着国家节能政策的不断提高，门窗节能已逐渐成为行业发展趋势，在20多年经营发展的过程中，我公司为满足业主对建筑外立面的要求，公司投入资金做相关产品的技术研发与创新，我们从设计到加工工艺以及后面的安装施工过程，每个细节都用心做好，这样既满足了业主的要求，我们也减少售后维修服务，实现零售后目标，建筑外门窗幕墙质量的提高和保证很重要，但真正好的产品质量是需要长期训练才能干出来的（图7～图12）。

图 7 杭州大剧院

图 8 无锡博世汽车发动机有限公司新建工厂

图 9 江苏恒立液压有限公司新建工厂

图 10　2010 年上海世博会比利时欧盟馆

图 11　博尔豪夫（无锡）紧固件有限公司新建工厂

图 12　常州卡尔迈耶有限公司

2004 年由上海茵捷建筑科技有限公司承建的无锡德国博世（Bosch）汽车发动机新工厂办公楼和厂房的门窗和幕墙项目，其中自主设计研发的门窗、排烟天窗得到德国业主的好评。继而在德企常州卡尔迈耶（KarlMaye）、太仓舍弗勒（Schaeffler）、德国贺尔碧格（Hoerbiger）、瑞典瓦卢瑞克曼内斯曼无缝钢管（V&M）、北京博世、杭州博世、苏州博世、无锡博世、无锡博尔豪夫、无锡通用电气（GE）医疗器械、上海旺众、江苏恒立高压、江苏恒立液压等建筑的门窗、幕墙项目建设中，所应用的产品全部采用自主研发的创新技术，其中包括：开放式铝板幕墙（2007 年研发），2004 年研发 65 系列（壁厚 1.4mm）、2007 年研发 75（壁厚 1.8mm）系列断桥窗，钢铝复合幕墙，防火窗和消防排烟天窗等技术产品，项目竣工后得到德国及欧美企业业主的认可。随后在长三角区域的外资企业办公、生产建筑中，节能门窗、幕墙项目陆续竣工，其中也包括公司承建 2010 年上海世博会比利时-欧盟馆，这是很有难度的项目，建筑外立面采用超白中空夹胶 Low-E 玻璃、超大板块＋玻璃肋板驳接式的玻璃幕墙和装饰网板结构体系，同时国内许多幕墙公司也参与了 2010 年上海世博会各国展馆的建设，充分体现了国内门窗幕墙行业企业的实力和影响力。

由于国内企业对 PA66GF25 隔热条的研究起步较晚，发展也较为缓慢。广州市白云化工实业有限公司在充分了解国内外铝合金节能门窗发展现状的基础上，2003 年成功开发出了 PA66GF25 隔热条，成为世界上第三家能够生产隔热条材料的厂家，公司产品已应用于 CCTV 大楼、北京世纪城、上海汤臣等工程上，节能效果明显。

在白云化工的带动下，国内一些塑料制品厂家也相继转向此类产品的研究开发，目前国内有 10 多家企业能够生产 PA66GF25 隔热条，但总体技术水平都不高，特别是装备技术。国外的厂家采用了专业的生产线，而目前国内的厂家基本是用数种普通的塑料成型加工设备拼凑组合在一起。由于尼龙 66 的加工温度高、熔体黏度大、挤出成型后尺寸稳定控制困难，国内的生产方式显然不能满足高规格隔热条的生产并且生产效率低，难以与国外产品竞争。

2008 年，广州市白云化工实业有限公司通过自主创新，摒弃了原有的简单组合式生产设备，通过对生产线建设方案的总体规划，设计、研制开发国内第一条达到世界先进水平的具有完全自主知识产权的玻纤增强尼龙 66 隔热条多孔挤出全自动生产线，形成规模生产能力，产品的国产化进程开始加快。

目前国内的隔热条生产企业很多，基本技术要求主要参照德国企业的产品数据，但是从技术层面来看没有根本上的突破与创新，产品基本上属于欧洲 20 世纪 80 年代的水平，对于新材料和新产品方面存在较多先天性的缺陷，需要行业、企业引起高度重视。

## 4 推动超低能耗建筑及建筑外门窗的高品质发展

2010 年开始，国家推动整体建筑节能降耗，于是引进了“被动房”理念，在国内开展了相关产品的配套和项目的建设。由于“被动房”理念是引进德国的，其核心技术与产品也与德国有关，建筑外门窗通过应用德系的塑窗、木窗和相关附材等来建造，秦皇岛“在水一方”应用项目就是很好的案例。门窗的安装方式变了，材料应用的配置和数据要求也提高很多，因此超低能耗建筑所面临的挑战是前所未有的，推动产品高质量发展是当务之急。面对如何解决建筑外门窗节能降耗的挑战，引起部分国内企业关注。

2010—2023 年的十几年的发展，一些参与被动式建筑的企业花了很多心思来研发相关产品，从门窗材料、玻璃、五金配件、胶条产品、防水布等材料到现场安装施工的应用，需要克服许多想不到的问题，目前一些企业经过产品研发已具备制造超低能耗建筑外门窗的相关产品的能力。上海茵捷建筑科技有限公司自主研发的“高热阻”节能门窗产品，实现了安全性、可靠性、耐用性、舒适度和健康的环境。

门窗行业的品质提升造就了一批企业和企业家。门窗企业发展是顺势而为，也是发展的大趋势。可以通过几个老牌企业的创新发展来看其在解决节能降耗方面发挥的重要作用。

### 4.1　北京奥博泰科技有限公司

作为光学物理领域研究的先行者，奥博泰形成自主知识产权的玻璃光学及热工性能的现场检测技术，并且在相关技术和检测设备实现了重大突破，实现了可以生产便携式节能玻璃光热参数综合测试系统的检测设备，编制了国家标准《建筑用节能玻璃光学及热工参数现场测量技术条件与计算方法》（GB/T 36261—2018）和团体标准《建筑门窗玻璃幕墙热工性能现场检测规程》（T/CECS 811—2021）。

在工程现场，该检测技术能够快速且无损检测得到幕墙玻璃和门窗玻璃的光热参数，甚至对已安装到建筑上的玻璃，只要有可以开启或易拆卸门窗，就能进行检测。该技术可以避免因送检样品与实物不一致而导致的工程质量缺陷，杜绝“以次充好”的不良行为，实现玻璃行业的有序竞争，推动建筑节能和节能减排的健康发展。

该技术也适用于既有建筑门窗幕墙玻璃的光学及热工性能检验。对于年代较远既有建筑，当技术资料缺失或不能定量判断现有玻璃的热工性能时，该技术可以快速识别现有玻璃的光学及热工参数，从而为既有建筑节能性能诊断、科学制定节能改造方案提供基础参数（图13）。

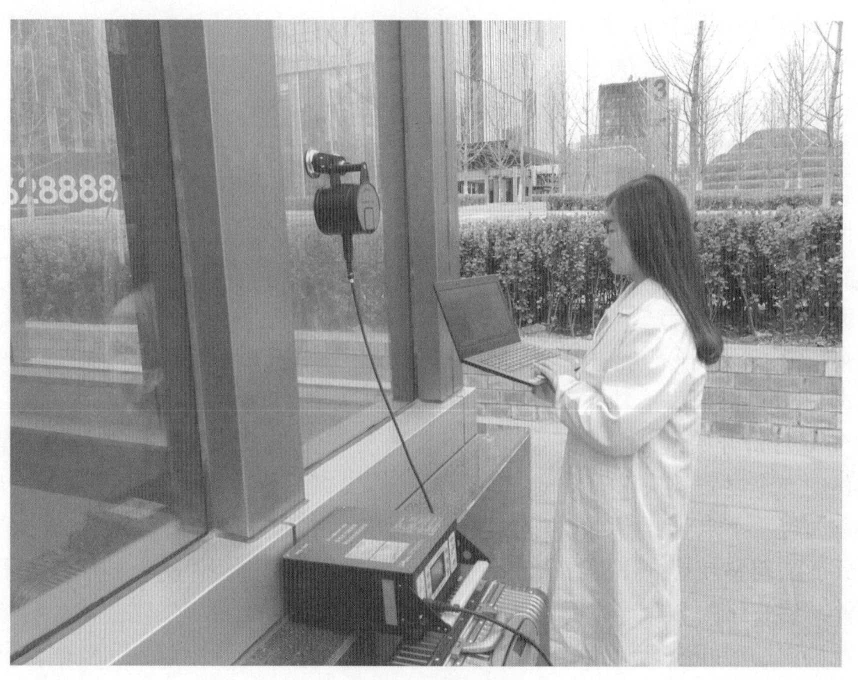

图13　现场检测

该项技术已被广东、福建、江西、江苏、河南、四川、重庆七省（市）的制定的《建筑节能和绿色建筑工程质量验收标准》《建筑节能工程检测标准》以及《门窗工程技术标准》

等采用。另外，山东、陕西、北京、上海、浙江、深圳等省（市）正在对该技术进行试点应用，这些省市的地方标准即将采用该技术。

到目前为止，该技术已得到60余家客户的采用。该技术的主要客户群体包括建筑工程检测机构、建筑工程质量监督部门、玻璃制造企业、门窗幕墙企业等。

### 4.2 北京康居时代科技发展有限公司

北京康居时代科技发展有限公司成立之初心，就是要以超低能耗建筑为主业，推动国家的建筑节能减排和“双碳”目标发展，而且最早落地实施超低能耗建筑的企业，这十几年参与完成乡村振兴的超低能耗建筑农宅项目42个，还完成了其他超低能耗的节能改造工程、新建扩建项目等，北京康居时代科技发展有限公司负责人宋心卫强调：

• 要高标准建设展示服务中心总部，将在全国范围内建立分中心；

• 要成立培训机构，培养管理人员和产业化工人，提高从业人员的管理水平和技术水平，推动行业健康发展；

• 联合当地政府，积极宣传超低能耗农宅在“碳中和”“碳达峰”中的重要作用，积极推广装配式建筑、被动式建筑、零碳建筑等技术在村镇建设项目中的广泛应用。

北京康居时代科技发展有限公司负责人宋心卫提出：结合超低能耗农宅建设的施工经验，积极推进零碳村镇建设不断深入。截至目前，参与建设完成超低能耗农宅项目42个，筛选了10余个适合农村住宅建设的结构体系，整合了适合零碳村镇建设产业链产品200余个，培养了包括装配式建筑安装、装配式装修在内的16支专业队伍，并在京津冀鲁地区设立了8个“乡村振兴工作站”，2021年度，按照计划将在全国范围内设立12个“乡村振兴工作站”，重点推动零碳村镇建设的相关工作。联合当地政府及建设单位，建设多个“零碳村镇建设展示服务分中心”。

### 4.3 上海茵捷建筑科技有限公司

2010年初，上海茵捷建筑科技有限公司与李之毅教授开始探讨节能产品的高品质和降低铝合金门窗的保温性能，为了满足节能要求，需要把隔热断桥做大，因此称为“高热阻”，并采用高分子材料进行复合工艺技术研究，开始技术分析和产品论证，申报国家专利技术。

2015年获国家实用新型专利证书；

2018年获国家发明专利证书，是具有自主知识产权的专利产品；

2020年5月产品研发成功，并且在后续时间里做产品和材料的测试工作。

2015年5月份开始设计初步图纸，我亲自画图，从设计图纸开始到工艺流程设计，产品设计过程中与李之毅教授沟通交流，提出不同的提案进行评估论证，基本上提出并推翻，反复折腾，通过从节点到开模图纸，从型材到胶条的开模图，早期图纸也是做了差不多180天。上海茵捷建筑科技有限公司在2016—2020年开始试制“高热阻”复合型材，2016年3月份试制件开始在工厂生产，发现工艺流程复杂，不利于工业化生产，同时设备也不能匹配，于是在后面的时间里，重新修改图纸，与设备厂沟通重新研发匹配的设备，使其与工艺进行设计匹配，同时复合材料的物理性能也在不断做测试，通过大量的数据采集，使产品质量和安全性得以保证，为后续工作提供良好的基础。

### 4.4 洛阳兰迪玻璃机器股份有限公司

洛阳兰迪玻璃机器股份有限公司（简称：兰迪机器）成立于2007年10月，是一家专业从事智能玻璃钢化设备、玻璃深加工智慧工厂、钢化真空玻璃产品研发、制造和销售的高新技术企业。洛阳兰迪真空玻璃科技有限公司（简称：兰迪真空科技）是洛阳兰迪玻璃机器股份有限公司旗下的全资子公司，主营V玻（钢化真空玻璃）相关产品的研发、生产、销售和服务。

兰迪在技术创新方面的成绩以及为行业所做的贡献，得到了政府及社会的广泛认可，先后获得国家“专精特新”小巨人企业、省博士后工作站、国家高新技术企业、国家知识产权示范企业、中国企业创新能力1000强、工信部工业企业知识产权运用试点企业等众多荣誉称号。值得一提的是，兰迪在2012年和2013年还连续获得两届中国专利金奖，成为行业内首家获此殊荣的企业。

兰迪真空玻璃产品的相关数据：

（1）传热系数［单位：W/（$m^2$·K）］：兰迪V玻钢化真空玻璃的$U$值可低至0.4，整窗$U$值可低至0.75，保温隔热性能优越。

（2）隔声量：兰迪V玻钢化真空玻璃的最大隔声量可达50dB，在闹市区，也如置身图书馆。

（3）抗弯及抗风压强度：兰迪V玻钢化真空玻璃抗弯强度为170MPa，抗风压强度为±7200Pa，远超国家标准要求。

（4）耐辐照性：在全光谱紫外光老化实验中，每老化900h，相当于自然老化一年。兰迪V玻钢化真空玻璃在连续老化22500h之后，真空度依然无损。

作为真空玻璃行业的老牌企业，经过多年来不断积累和创新，兰迪真空科技通过厚植创新基因，为行业企业发展赋能，为行业转型发展助力，并且已经成为玻璃行业国际知名的创新性企业。兰迪通过技术研发，制造了全球第一条以工业4.0制造理念和物联网信息技术为核心，总长数百米、连续、高效、智能化钢化真空玻璃生产线；研发全球首创低温封接技术，解决了钢化玻璃退火的世界难题；同时，兰迪作为行业高性能新材料制造的代表，在技术领域不断突破与变革，对行业技术进步与发展的推动所做出的贡献，也得到了行业的高度认可。2018年7月兰迪机器于青岛主办首届“国际真空玻璃技术研讨会”，并且将中国制造产品输出国际市场，为促进国内外行业的合作交流与发展做出应有贡献。

### 4.5　郑州中原思蓝德高科股份有限公司

郑州中原思蓝德高科股份有限公司在40年的发展历程中，产品从建筑门窗幕墙类拓展到节能密封和其他领域，加工基地也是郑州、长沙两地发展，实现国内市场销售的规模化的管理体系。

其中针对中空玻璃密封胶通常有三类：丁基密封胶、聚硫密封胶、硅酮密封胶。丁基密封胶为热熔型密封胶，主要用于中空玻璃的第一道密封；聚硫密封胶、硅酮密封胶为化学固化型密封胶，聚硫密封胶主要用于有框中空玻璃的第二道密封。硅酮密封胶分为硅酮结构密封胶和硅酮耐候密封胶，硅酮结构密封胶主要用于隐框、半隐框玻璃幕墙的结构性装配及中空玻璃的结构粘结密封；硅酮耐候密封胶为主要用于玻璃与玻璃、玻璃与支承框架间接缝的耐候防水密封。

密封胶对框架结构的气密、水密、抗风压、保温、隔声等性能以及安全性起着非常关键的作用，所以选用时应慎重。首先应选对密封胶，即选用的密封胶应符合相关标准规范要求；同时还要重视密封胶的质量稳定性及耐久性，确保框架结构的安全性及耐久性。

最近几年来，也实现了国内最早研发的门窗组角胶和TPS（4SG）玻璃密封材料技术与产品，并且最先通过德国ift测试认证等技术产品的开发与创新能力，符合欧盟EN 1279标准要求和规定。

### 4.6 吉迪尼（苏州）门窗系统有限公司

吉迪尼公司及钢结构门窗和幕墙产品，由于“断桥钢”结构产品的研发和制造工艺非常复杂，吉迪尼经历了产品的加工工艺技术和结构设计的研发与创新，经过多年的努力，目前还没有开始推向市场，钢结构产品门窗幕墙技术、质量的可靠性和稳定性的验证工作仍在进行中。

吉迪尼（苏州）门窗系统有限公司是意大利Ghidini集团门窗系统业务中国区运营管理公司，公司的主营业务为系统门窗研发、门窗技术推广、门窗材料销售，拥有多项发明、实用新型和外观设计等专利，为建筑工程提供结构设计与深化、生产工艺设计、材料品质控制以及产品质量监控等系统化服务。

通过对吉迪尼（苏州）门窗系统有限公司的了解，更要知道企业发展离不开技术创新，钢结构断桥体系的门窗幕墙一直都是欧美国家在成型工艺上的强项，国内企业在工艺上几乎无法超越，而吉迪尼通过自主研发创新实现了钢结构成型技术的突破，并建立生产基地，企业实现可持续发展的愿景，也是经过多年技术研发创新沉淀的结果，值得同行的学习和借鉴。

### 4.7 辽宁正典铝建筑系统有限公司

辽宁正典铝建筑系统有限公司，是一家起源于1998年的专注于系统门窗产品开发和制造的中大型企业，现在的正典门窗已经成为中国系统门窗的代表品牌之一，其优秀的品质、多样化的产品、标准化的生产线和对环境保护进行的科学管理体系都在我国具有里程碑意义。其标准化程度需要被同行业广泛认可和借鉴，因为标准化体系从来都不是一个“便宜”的产品和服务，其发展和构建一直都是一个非常缓慢复杂且艰巨的系统化过程，需要设定各种工厂标准化流程，并且采取有效的Rule of Law原则，从而达到减少中间管理层成本且提高效率的目的，而这些元素的开发都是需要经过长期研究和积累，一步一个脚印在正确的方向上努力才得以实现。

标准化体系一直都是门窗行业中老生常谈的问题，因为很多企业的标准化生产线和生产工艺及流程并不完善。而正典门窗却有能力向其他行业提供其独特设计的标准化技术服务，并且在门窗行业内具有从进料加工组装制造到回收处理的专业流程。优秀的厂区设计和管理，让工人和企业的效率得到了提升，也让工人避免了生产过程中可能带来的麻烦和风险，这点在企业中得到了充分的诠释。

正典门窗也是一家专业的且极其注重细节处理的企业，从铝材保护膜加工前的必要剥离处理，回收包装和附件，到标准化全流程确保每个窗体的水密、气密的稳定性指标，从工厂到食堂，全面标准化发展，并且在今年618的网络通路中取得了千万人民币级销售额的优秀成绩。

### 4.8 广东坚朗五金

广东坚朗五金在2002年左右着手推出第一套断桥铝合金平开内倒五金应用配置方案：

如执手安装使用一段时间后会存在晃动的现象，广东坚朗五金对这个问题做了专项的攻克和开发，设计出膨胀式预紧结构执手，完美地解决了这个难题，并且此结构一直应用至今，受到各地用户的肯定。越来越多的企业开始注重研发、创新，大量地引入一些先进的研发管理工具，广东坚朗五金在2007年引进CAXA图文档管理程序，并且开发全套的设计研发流程程序，以PDCA的管理模式应用到研发管理当中。

生产方面：21世纪初，民营企业逐渐发展壮大，开始自主生产，且根据市场使用反馈进行产品改进；生产/工艺方面有了较大的发展，大部分的企业有相应规模的生产线，有拉式、推式、Cell线等。广东坚朗五金直接引进欧洲的生产技术，打造全自动化生产线，采用复合式的连续冲压模具技术，能够实现从原料到出品均由数字化控制，能确保产品的加工精度，从根本上提升五金产品品质。

工艺/材料方面：我国地域广袤，气候差异较大，五金表面的耐腐蚀能力需要根据区域的差异做相应的设计，广东坚朗五金针对高温、高湿区域、沿海区域开发出合金镀层，耐腐蚀性能达到1000h以上，同时研究出多涂多烤的耐候涂层工艺来解决特殊区域应用的问题。同时期由于节能政策的不断推进，门窗自重的不断加大，五金的承载力也需进一步提升，在材料上，广东坚朗五金与前工序厂家共同研发生产相应的改性的碳素结构钢（抗拉强度达到700Pa）及改性的汽车钢用于合页等承重件上。相比采用普通的碳素钢，产品综合性能更加优越。

## 5　数字化转型发展

2023年是转型发展的关键时期，数字化、智慧化是企业发展的必由之路，因此各企业需要通过以下途径实现完美的转型升级发展战略才是企业发展的根本。

1. 数字化转型的意义

中国家装数字化转型升级的引领者，国家建材大数据研究中心秘书长，全国康居云生态联盟合作组织总召集人刘思敏认为，数字经济真正的蓝海，在于数字化平台与生产场景、渠道商业模式优化做了相结合，对传统家装全产业链之产业进行细分赋能升级，形成了建材家居产业互联网。

根据测算，建设产业互联网，假设每年我们发展一个中等地级市，做家装全产业链示范样板数据，据经济理论分析模型，我们只提高传统30%的效益，那么平均每年就能产生一百亿元的综合效益，启动传统思维做数字化转型升级高潮就可以快速到来。

2. 数字化转型的重要性

家装关联的传统产业规模巨大，也是目前没有被互联网改造成功的行业，因此发展家装相关产业互联网的价值空间非常之大。

C2AM是“消费者直连制造商的自动化机器”（Customer to Automated Machines）的简称，是智能制造的终极发展模式，C2AM模式旨在通过数字技术、自动化技术和电子商务技术，将消费者与制造商的自动化机器和产品供应链直接连接起来。

制造商根据消费者的产品定制需求进行原材料采购和自动化生产，使产品销售无中间环节，材料采购无中间环节，生产过程无人干预，实现产品销售和原材料采购去中间化，最终消费者与企业共同获益。

C2AM模式是融合了ESG（环境、社会、公司治理）的一种新的商业模式。建立符合我国产业结构及发展路径的ESG理论体系，能够实现商业和社会的双重价值，推动产业绿色发展、循环发展和可持续发展，从而实现“双碳”目标，促进共同富裕。

2022 年 3 月，百思秀（广东）科技有限公司正式成立，将笔秀科技的 C2AM 信息集成管理平台在门窗产业中落地与运营。2022 年 6 月，华树门窗正式入驻该平台，通过使用 C2AM 平台软件，同年实现了扭亏为盈，进一步验证了 C2AM 模式的可行性。2022 年 9 月，百思秀科技与蓝盛产城达成战略合作，联合打造数字航母，助力传统产业数字化升级，树立粤港澳大湾区铝型材工业 4.0 数字化转型标杆。2022 年年底，实现全国签约一级城市合伙人 8 家。

2023 年 4 月，笔秀科技的 C2AM 数字化信息集成系统参与了住房城乡建设部的建设行业科技成果评估，并被住房城乡建设部的专家评审评定为“该项目达到国内领先水平”，符合传统制造行业数字化升级的产业发展方向。同年，笔秀科技向上海浦东新区科委递交了“国家高新企业”申请。

作者在与百思秀（广东）科技有限公司剧江总裁沟通交流行业关于数字化转型发展的愿景时，提出以下建议：

- 传统管理方式和体系正在革新，企业数字化转型提档加速；
- 素养提升数字化人才队伍加速建设，充分激发企业创新动力、活力；
- 数据激活新要素价值体系逐步创建，加速数据资产化进程；
- 场景创新连点成线、聚线成面，不断催生新业态、新模式；
- 产业互联数字化加速融通发展，不断拓展行业产业协同新生态；
- 同频共振能源革命与数字革命融合，数字化赋能绿色低碳；
- 数实融合催生出一批产业驱动的数科公司走上舞台，大大丰富了数字化供给能力；
- 强基赋能数字基础设施建设和规模化应用加快，数字经济底座更加坚实；
- 智能引领关键核心技术不断创新突破，并不断开创数字技术创新新局面；
- 安全护航网络防护体系强化可信可控，筑牢数字空间安全屏障。

品牌运营拼的是财力，战略定位、定力和市场细分的理解，营销战术的执行，二者对绝大部分中小企业来说，难度不是一点点大，传统渠道的机会几许，新的渠道的链路正在初步形成，不可视而不见。

做好企业需要的是“忍人所不能之忍，能人所不能之能”的格局，会给企业带来更广阔的生存空间，总而言之，行业数字化经济转型已迫在眉睫。

通过论述和分析正符合当下行业发展现状，因此我们也是需要时间来思考，根据每个企业的不同情况，因地制宜地推进企业转型升级发展，实现企业长久发展战略，完成产品高品质市场创新发展模式。

## 6 结语

门窗行业发展的 40 年过程中，由于经济增长速度加快，从而门窗企业发展也是迅猛，从全球范围来看，欧美门窗企业技术和产品目前还是处于领先水平，由于国内企业同质化、内卷竞争严重，少部分企业已开始进入创新发展阶段，对行业的新技术、新材料、新产品和新工艺的发展起到推动作用。同时大多数企业还存在创新发展能力不足，而且产品同质化、产能过剩、过度营销导致的行业内卷的市场状况，同时产品安全性、耐用性、可靠性存在一定的风险隐患，这些问题需要静心思考才是，企业保持可持续性发展才是根本出路，提高行业门槛的同时，加强门窗行业安全风险意识监控，提升行业民营中小微企业的创新能力及市场竞争力，产品做细做精，才能成为行业某一专业领域的隐形冠军，同时行业专业的细分化市场也是解决这个问题的关键，所以调整行业内部结构管控、实施体制机制改革尤为重要。

# 凤铝铝业：以品牌推动行业高质量发展

杜建波

凤铝铝业　广东佛山　528100

**摘　要**　33 年，从珠江口到大湾区，从近海到远洋，从世博会到奥运会；33 年，从民用到军工，从轨道交通到航空航天，从国内到全球；凤铝——中国建筑铝型材行业的领军品牌，以其强大的产能优势和完整的铝加工产业链成为行业的佼佼者。33 年，凤铝从以门窗幕墙产品为主，到建筑铝型材、特殊工业材、高端系统门窗三大核心业务并驾齐驱。作为佛山第一批成长起来的铝型材企业，凤铝的发展史，就是一部珠三角制造业企业的成长史，也是“中国制造”不断崛起并实现自主创新的发展史。

**关键词**　凤铝；33 年；发展史

## 1　引言

品牌是时代的产物，是行业发展的必然，离开行业谈品牌，没有任何实质意义，今天，站在行业发展 30 年的路口上，我们通过对凤铝 30 多年发展的回顾，以期窥见中国铝型材行业的发展脉络，进而对现代铝加工行业的发展前景进行展望，以期给业界同仁带来启迪。

## 2　三个发展阶段

### 2.1　第一阶段：应势而生 飞速发展

1978 年，党的十一届三中全会拉开了改革开放的序幕，我国工业化、城市化快速推进，各行各业迎来飞速发展，与此同时，中国建筑业市场也迎来了发展的春天，质感突出、加工性能良好、又极具现代品味的铝合金门窗成为时代的“宠儿”，被应用到一批批代表性建筑项目上，建筑铝型材需求量持续增长。而随着国际贸易的不断发展，欧式、日式、美式的铝合金门窗开始在广东沿海地区遍地开花，成为“时髦”的代名词。

铝合金门窗市场的起步，让与之对应的门窗型材需求量与日俱增。而当时，中国的铝型材企业刚刚起步，无论是产能还是质量，与国际还有较大差距，人们只能从我国香港、我国台湾、澳大利亚等地进口型材。而此时，广东佛山的大沥、澜石等地正是依靠离香港口岸较近的地缘优势，成为进口铝型材市场的集散地，最终形成了以广东南海为核心区域的中国铝合金门窗产业集群地，中国（凤池）铝门窗建筑装饰博览会也已在此举办 22 届。

20 世纪 90 年代，随着改革开放的深入，各行各业都迎来了发展的黄金时期。紧跟趋势，代表着新型环保材料的铝型材企业更是一马当先、如雨后春笋般遍地开花，凤铝也是在这样的历史机遇下，在有着“铝业之都”美誉的南海市大沥镇，应运而生。

1990 年 10 月，凤铝的前身南海市凤池不锈钢铝型材厂成立，成为铝型材加工行业起步较早的企业之一。得益于佛山南海凤池铝加工产业集聚，原、辅材料及加工设备、配件供应链完善，和广东沿海成熟的市场优势，凤铝的成长与发展可谓顺风顺水，凤铝也最终成为行业的推动者和受益者。“当时，虽然只有为数不多的几条生产线，但在火爆的市场需求下，经常可见客户把车开到车间拿货的场面，在当时的市场环境下，只要能做出好的产品，企业就能发展起来。”

据统计，当时，全国铝门窗产量达820万$m^2$，占建筑门窗市场总需求量的11%。而随着中国房地产改革的深入，全国铝门窗的需求量也越来越大，中国的铝型材加工行业迎来了供不应求的飞速发展阶段，企业生产规模不断扩大。在这样热火朝天的行业发展中，为适应行业需求，南海市凤池不锈钢铝型材厂作为行业的弄潮儿，正式更名为广东凤铝铝业有限公司（以下简称凤铝铝业）。

新成立的凤铝铝业，随着市场的需求，人员、设备、产品成几何倍数持续增长。“几乎全年无休，车间全天候运转，客户应接不暇。”，大批的铝型材产品从佛山南海这一中国铝型材重镇走向全国各地，这也促使凤铝铝业成为中国建筑铝型材行业的一股生力军，成为南海凤池这一铝型材加工企业聚集地有名的“大厂”，“凤池料”也伴随着凤铝的崛起而享誉全国。

### 2.2 第二阶段：紧抓机遇 行业第一

步入21世纪，随着中国加入WTO和城镇化的快速发展，国内外铝型材的需求持续走强。

如果说，2001年，中国的入世有力激活了铝型材行业国际市场的话，那么，自2005年始，中国房地产业的高速发展，农村基建市场的快速崛起，无疑为中国铝型材行业的快速发展插上了飞翔的翅膀，助力着中国铝型材行业和品牌的快速发展。

随着铝合金门窗市场需求的不断升级，我国铝合金门窗产品品种也从四个品种、八个系列，发展到40多个品种，200多个系列。这就要求铝合金型材厂家，不断延伸产品类别和系列，不断扩大生产规模。自2002年以来，充分认识到铝加工行业多元化的发展趋势，凤铝开始投入产、学、研合作，引进人才，不断延伸产业链，在巩固建筑型材领军地位的同时，积极开拓工业型材市场和海外市场。“当时的出口产品比重占到总产量的20%，凤铝依靠良好的产品品质，参与了一大批国际地标项目的建设。”

与此同时，凤铝与中南大学、北京科技大学、广东省工业经济技术研究院、北京有色院、华南理工大学等院校合作，成立了国家级技术中心、博士后科研工作站、省级重点实验室、凤铝研究院等合作平台，保证了凤铝领先行业的产品研发和创新能力。

2004年，凤铝凭借过硬的产品质量，成为“上海F1赛车场唯一指定产品”，2005年，凤铝又被中国航天基金会授予“中国航天专用铝材”，成为业界首个“中国航天事业合作伙伴”。2007年，凤铝研发的“环保无铅易切削6043铝合金”成功注册国际发明专利，成为国内第一个以“中国研制”身份成功注册“变形铝及铝合金国际牌号”企业。凤铝先后荣获“中国名牌产品”和“中国驰名商标”，成为中国铝型材行业的知名品牌。

2016年，我国挤压铝型材产量1700万t，其中建筑用铝型材1300万t，占到了铝型材总量的71%，凤铝的建筑型材产量也由当初的年产量不足5万t增长了近十倍。2017年，凤铝被中国有色金属协会评为“中国建筑铝型材十强企业第一名”，成为行业名副其实的领军企业。

据统计，2020 年我国建筑铝型材消费占比 66%，交通运输业与机械设备制造业消费占比均为 10%，耐用消费品消费占比 12%，其他领域消费占比 2%。而随着房地产行业的降温，存量房和二次装修市场需求在逐渐增加，凤铝紧跟这一趋势，推出了成品门窗产品，并依托凤铝铝材的核心制造优势，凤铝正在新的市场环境下稳步前进。

### 2.3 第三阶段：顺势而为 多元发展

近年来，随着铝型材产品在新能源汽车、电子电器装备占比的持续攀升。工业铝型材与建筑铝型材占的比例也在发生着变化，前者占的份额在缓慢地增大。为适应这种变化与发展趋势，铝挤压产业近十多年新增添的挤压机以 30MN 的为主，这种现象在中国的表现尤为突出。

依托领先行业的研发和创新能力，凤铝紧跟这一趋势，布局工业材挤压和深加工体系。2022 年 4 月，国内首条超大吨位 20000t 挤压生产线在广东凤铝三水基地顺利投产，这条生产线成为我国在运行的最大吨位铝型材挤压生产线。该生产线可生产型材最大截面 1000mm×400mm，管材最大外径 700mm，可实现高性能、大截面高端铝型材的一体成型，大大提高铝型材的综合利用率，为高端铝型材的轻量化、高精化、多元化发展提供了“一站式”高效能解决方案。

随着凤铝 20000T 超大吨位挤压生产线的投产，凤铝形成了涵盖 20000t、12500t、10000t、7500t、5500t 等各吨位挤压生产线在内的完整的超大吨位梯级装备体系，为我国乃至世界的高端铝型材产品制造奠定了基础。

如今，凤铝高精尖的工业材产品已广泛应用于新能源汽车、轨道交通、5G 通信、光伏发电、电子电气、机械制造、船舶交通、建筑铝模板、航空航天等领域。近年来，凤铝还先后完成了高折弯性能 7 系医疗器材的新工艺研发；新能源汽车电池托盘、汽车发动机阀体及防撞吸能纵梁、中国中车高铁车身构件、智能机器人内部结构导轨、高强度无缝管材、导弹发射箱等重点项目，在新工艺、新材料、新产品研发与应用等方面取得了骄人的成绩。

与此同时，凤铝顺应人们对美好家居生活的需求，布局高端系统门窗领域，依托凤铝 33 年的技术积累，和凤铝品牌的知名度。凤铝高端系统门窗迅速成为高端装修的优选品牌，并以“智能 静音 凤铝总部直供”的优势，成为众多高档楼盘、别墅、酒店、高档会所装修的首选产品，并屡获行业大奖和广州设计周“红棉奖”。

## 3 质量为王 创新发展

作为中国铝型材行业的领军企业，30 年如一日，凤铝持续进行设备更新、技术创新、产品升级，在改革开放的大环境下应运而生，并随着中国经济的腾飞而日益发展、壮大，成为中国建筑铝型材行业排名第一企业，工信部“制造业单向冠军示范企业”、广东省战略性产业集群重点产业链“链主”企业，在激昂向上的中国铝型材行业书写了一个民族品牌的责任和担当，以“大品牌 更放心”的用户口碑，助力着中国乃至世界城市的更新和人们家居生活水平的提高，不断刷新着铝型材行业发展的新纪录，也推动着行业波澜壮阔的发展。

在林立的铝型材企业中，如果要说日后成长为行业领军企业的凤铝有何不同，那可能便是一种对品牌和产品品质的“较真”。创立伊始，凤铝便确定了“质量是企业的命根子”的品质理念，从奥运场馆到神州六号、从楼宇建筑到交通系统、从民用到军工，凤铝始终坚持质量优先、品质优先，在行业内较早建立了严格而完善的质量控制体系，先后通过了质量、环保、节能等国际标准化管理体系及航天、航海、军工、轨道交通、汽车等产品质量体系认证。与此同时，凤铝还成立了通过“国家实验室”认证的设施完善的质量检测检验中心，成为行业内唯一一家可实现“纳米级”产品检测的企业。

过硬的产品质量，成就了凤铝卓越的市场口碑，其产品被广泛应用于轨道交通、精密机械、军工、航空航天以及城市地标性建筑。2018年，世界最长跨海大桥——港珠澳大桥正式通车，凤铝产品凭借优异的耐热、耐低温和耐腐蚀性，被广泛应用在港珠澳大桥人工岛、中国旅检大楼及桥体构件等项目。在极其严苛的供应商筛选中，凤铝入选这一标志性工程的建设，无疑是对凤铝产品质量、企业实力的极大肯定。

桃李不言、下自成蹊。多年来，凤铝对产品品质的执着追求，得到了市场和消费者的高度认可，企业先后荣获“有色金属产品实物质量金杯奖”、“中国航天专用铝材”、国家工业和信息化部“制造业单项冠军企业”、“中国建筑铝型材20强第一名”、“2018中国房地产500强房企首选供应商（铝型材类）第一名”等荣誉。一直以来，凤铝建筑铝型材业务为人所称道；而今，凤铝正凭借配套齐全的生产装备、行业顶尖的研发团队及高于行业标准的质量控制体系，形成建材、工业铝材、高端系统门窗、高端装饰材四驾马车并驾齐驱的新产业格局。

“企业要持续发展，必须靠改革创新。”董事长吴小源这句掷地有声的话语在凤铝一直被严格践行着。事实上，33勇立潮头、敢为人先，凤铝已成长为中国铝型材行业的领军企业，靠的正是强大的科研能力和不断驱动的创新引擎。

以眼下大热的新能源汽车业务为例，凤铝通过数千次的破坏性实验测试开发出的汽车吸能防撞纵梁型材，可以让汽车在行驶中发生碰撞时，通过型材自身的变形有效保护司乘人员及核心部件的安全。据凤铝研究院新产品开发部经理万里博士介绍，凤铝生产的新能源汽车防撞梁使用的7003合金，比常规的6000系铝材内部晶粒更小，产品有着优良的韧性。

数据显示，凤铝目前拥有近5000多个产品系列、10万个以上的品种，各种科研成果层出不穷。配套齐全的超大吨位梯级生产运作体系正在不断完善，使得凤铝产品在航天航空、新能源汽车、轨道交通、军工等领域，具备领先行业的技术和装备优势。

为充实企业“研发大脑”，凤铝与中南大学、北京科技大学、北京有色金属研究总院、广州有色金属研究院等高校及科研院所保持着紧密合作，并在行业内率先成立“院士工作室”“博士后科研工作站”以及行业首家企业级研究院——“凤铝研究院”，突出的科研创新实力正成为凤铝腾飞的基石。

近年来，凤铝在工业铝材领域新工艺、新材料、新产品研发和应用方面取得了骄人的业绩，先后完成了高折弯性能7系医疗器材、新能源汽车电池托盘、汽车防撞吸能纵梁、高铁车身构件、高强度无缝管材、导弹发射架构件等重点项目；并与中国中车、比亚迪、宁德时代、蔚来新能源等重点客户实现了稳定合作。

“品质为先 科技领航”，凭借在海内外的广泛知名度，凤铝产品应用如今已遍布世界各地。从东南亚到中东、从澳大利亚到美国，直至今天的全球100多个国家和地区，凤铝产品在国际范围的影响力也与日俱增。墨西哥汇丰银行、阿尔及尔大清真寺、柬埔寨香格里拉酒店、新加坡 Reflections Concept Drawing 工程、美国国家电信总公司、迪拜总督酒店、夏威夷国际机场、非洲“一带一路”沿线20多个国家火车站等国际项目都能看到凤铝的身影。此外，凤铝与法国空客、德国蒂森·克虏伯等多家世界500强企业保持着紧密的科研合作。走出国门、勇于参与全球化竞争，这是凤铝在激烈的国际竞争中成长壮大的必由之路。

## 4 结语

春发其华，秋收其实。30 年来，凤铝坚持以品质立本、创新驱动，进军国际、扬名海外。在未来新征程中，凤铝也将顺势而为、锐意进取，继续引领中国铝型材行业发展，为打造具有中国特色和国际竞争力的世界一流品牌而不断努力。

### 作者简介

杜建波（Du Jianbo），男，1981 年 8 月生，品牌工程师，研究方向：品牌策划与推广；工作单位：凤铝铝业；地址：佛山三水河口；邮编：58100；联系电话：0757-87673338；E-mail：taozui001@126. com。

# 二、设计与施工

# 广东“三馆合一”幕墙工程解析

朱应斌　杨　坤　常振国

武汉凌云建筑装饰工程有限公司　湖北武汉　430040

**摘　要**　本文对广东“三馆合一”幕墙工程进行介绍，重点针对直纹扭面陶板幕墙系统、玻璃采光顶及室内遮阳帘与拉网板系统、陶棍＋玻璃双层幕墙系统、水泥耐力板系统等进行了分析，结合“三馆合一”项目特点阐述了陶板、陶棍、采光顶多面交接的构造形式及其实用性。

**关键词**　三馆合一；直纹扭面；陶板；采光顶；陶棍

广东省“三馆合一”项目（广东美术馆、广东非物质文化遗产展示中心、广东文学馆）正在如火如荼地建设中。这个全新的地标工程外形宛如一艘停泊在珠江岸边的轮船，建筑东西向长度为350m，建筑高度呈30～80m，叠级而上，寓意满载古今岭南文化艺术宝盒的巨轮即将扬帆起航。“三馆合一”项目由中国工程院院士何镜堂领衔的华南理工大学团队设计，而为项目8万余平方米幕墙“披外衣”的，则是幕墙行业老牌劲旅武汉凌云建筑装饰工程有限公司（图1、图2）。

图1　项目临江面展示

图2　项目效果图展示

项目共有11大幕墙系统、22个子系统。除了常规的玻璃幕墙，另一大特色是大量采用白色的陶板、陶棍，且均覆盖着“冰裂纹”的釉面。陶瓷符合岭南文化属性，设计师在设计之初就考虑要放大这个文化元素。项目陶板面积超过12000m$^2$，大大小小有12000块；5000多根陶棍，总长超过18000m。其中陶板的尺寸有数千种，每块都对应4～6个不等的龙骨支撑安装点位，加之项目独特的造型和复杂的构造，仅是陶板的龙骨安装面上就分布了超过4万个的面材支撑固定点。因此，如何准确安装幕墙成为设计和施工的重中之重。

现场还有幕墙上不多见的进口水泥耐力板，其分布面积近4000m$^2$。水泥耐力板安装上龙骨后，还需要4～5步工艺进行勾缝、刮腻子、上漆……简直让幕墙玩成了内饰精装修的活儿。

项目整体有超过10个不同区域的采光顶，采光顶的装饰线条分别设计了独立的防水构造。其中还有一个采光顶区域，因为设计的需求，显现出特有的“六面共点”的造型。在美术馆的部分，幕墙和采光顶合二为一，该区域的彩釉玻璃下方分布有电动遮阳帘和拉网板，其面积均超过6000m$^2$，建成后能让人近距离感受到现代建筑和岭南艺术叠加的氛围。“三馆合一”项目幕墙的看点还有很多，包括大尺寸直板玻璃现场冷弯封框成型的曲面效果、大面积高密度吊顶龙骨设计与施工等，均是工程的看点和亮点！

项目幕墙形式主要包括：P01高透明横隐玻璃幕墙系统，P02-1直纹扭面陶板幕墙系统，P02-2/3直纹扭面玻璃/采光顶系统，P02-4全玻幕墙系统，P03/06陶板幕墙系统（平板型、波浪型），P04玻璃采光顶及室内遮阳帘与拉网板系统，P05陶棍＋玻璃双层幕墙系统，P07连桥-竖明横隐玻璃幕墙/采光顶系统，P08大跨度竖明横隐玻璃幕墙系统（空中花园），P09竖明横隐玻璃幕墙系统，P10-1～4室外雨篷、屋顶格栅、吊顶蜂窝板系统，P10-5水泥耐力板系统，P12防火幕墙/防火采光顶系统（图3、图4）。

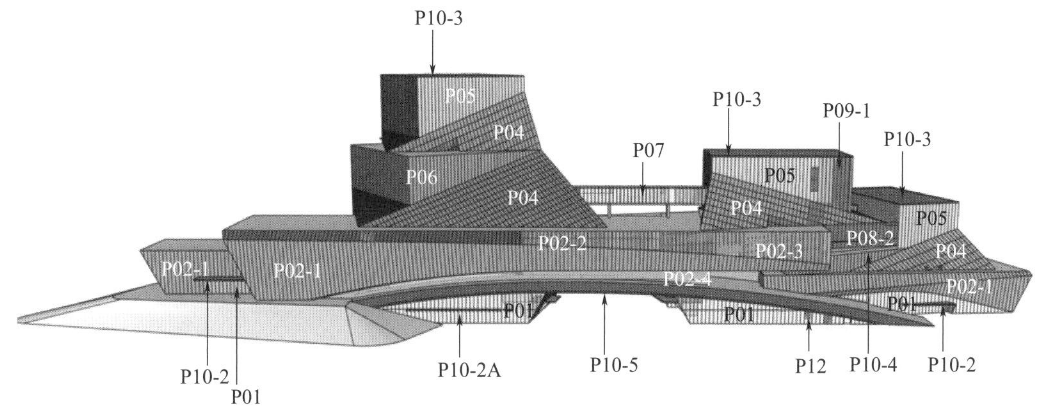


图 3　幕墙系统分类（一）

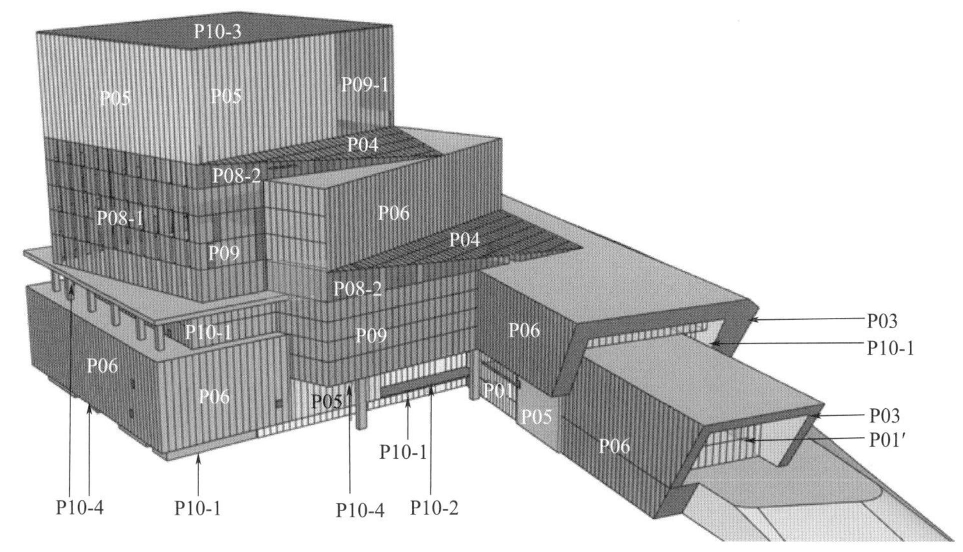


图 4　幕墙系统分类（二）

## 1　直纹扭面陶板幕墙系统

项目北邻珠江，配套设有亲水平台和市民活动广场，直纹扭面陶板幕墙是该项目的亮点，包含大、小直纹扭面两部分。其中大曲面东西跨度约 22.8m，小曲面东西跨度约 11m，采用板幅宽度 500mm，厚度 60mm 的三种标准波浪形陶板，沿着建筑曲面表皮排布，形成直纹扭面的外观效果，其中每间隔 3m 竖缝宽度为 30mm，其余竖缝宽度为 10mm（图 5～图 12）。

曲面陶板系统采用 4600 多块规格为 500mm×（1600～2200）mm 的冰裂纹釉面陶板，实现直纹扭面的效果，通过 BIM 建模对曲面陶板系统进行分析，面板最大翘曲值为 17mm；结合 LOD400 的模型对转接件、龙骨、陶板挂座等进行定位数据提取，挂点空间定位精度要求高。通过双曲变形幕墙陶板翘曲分析，确定了曲面幕墙直纹扭面处理方式，保证竖向分格缝位于同一平面，通过陶板背后挂件调节进出尺寸形成曲面渐变效果（图 13）。

图 5　项目西北视角展示

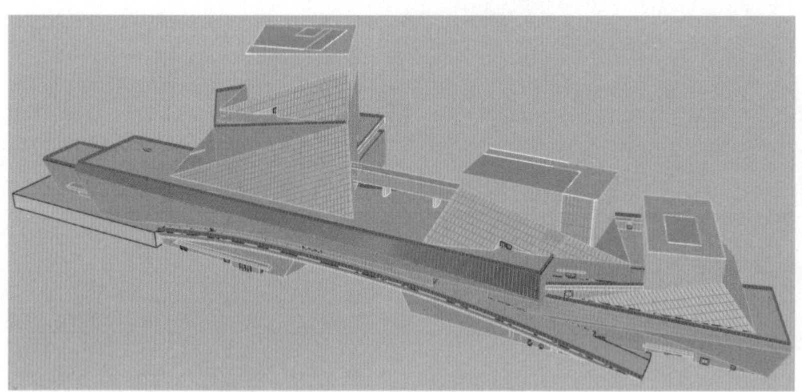

图 6　项目 BIM 模型展示

图 7　直纹扭面陶板及玻璃幕墙效果图

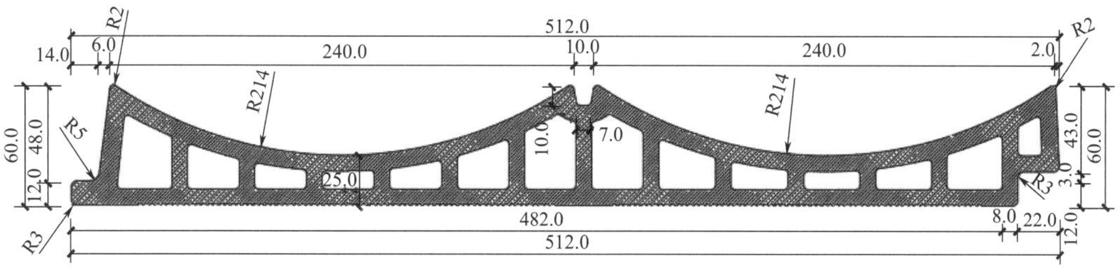

双曲面板1—1

(a)

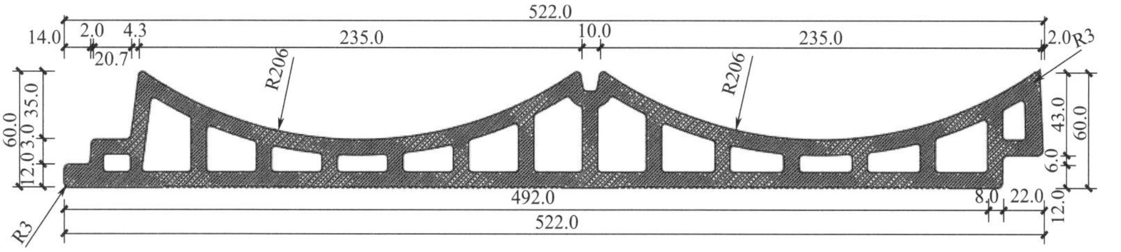

双曲面板1—2

(b)

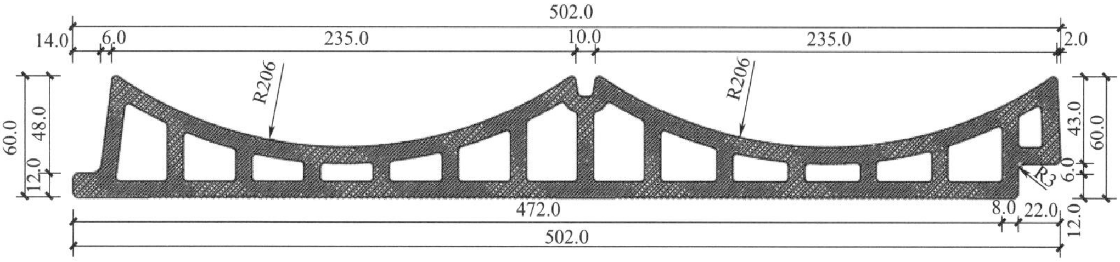

双曲面板1—3

(c)

图 8　60mm 波浪形陶板标准板幅截面

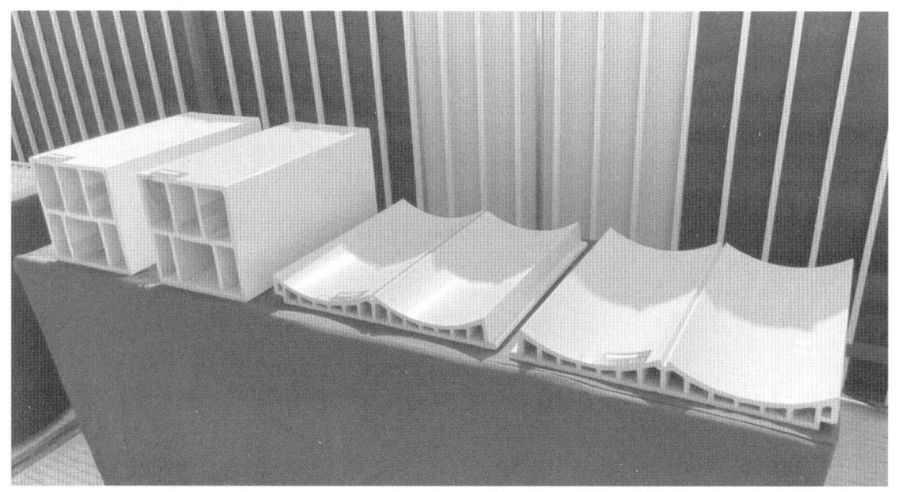

图 9　60mm 波浪形陶板样品

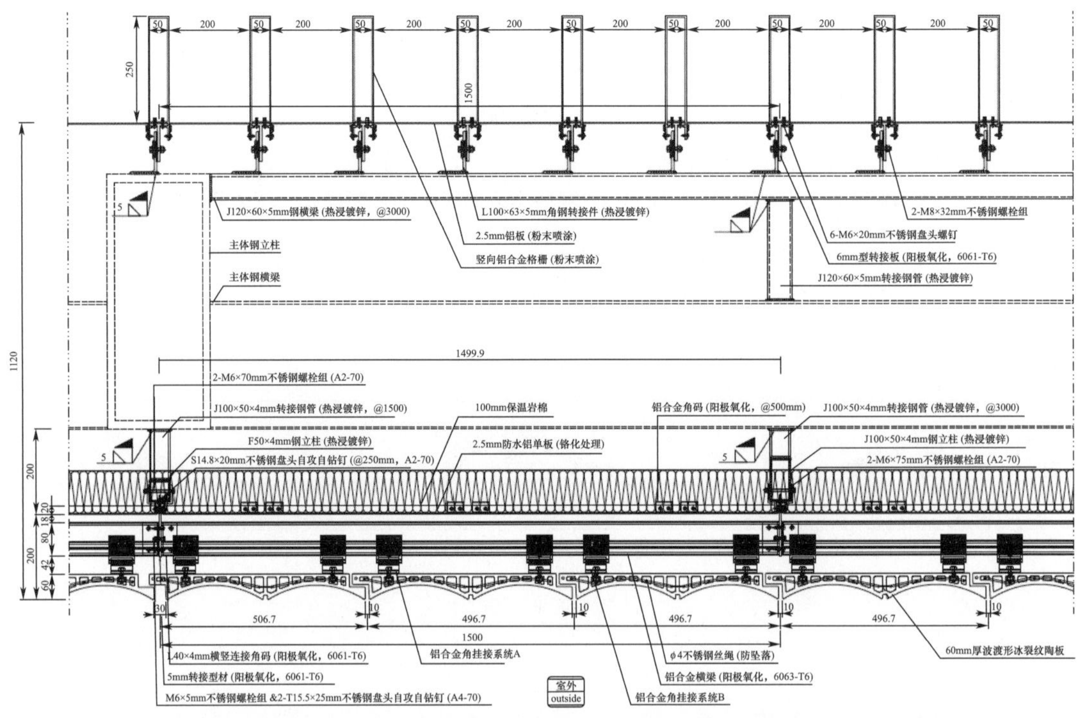


图 10　直纹扭面陶板节点

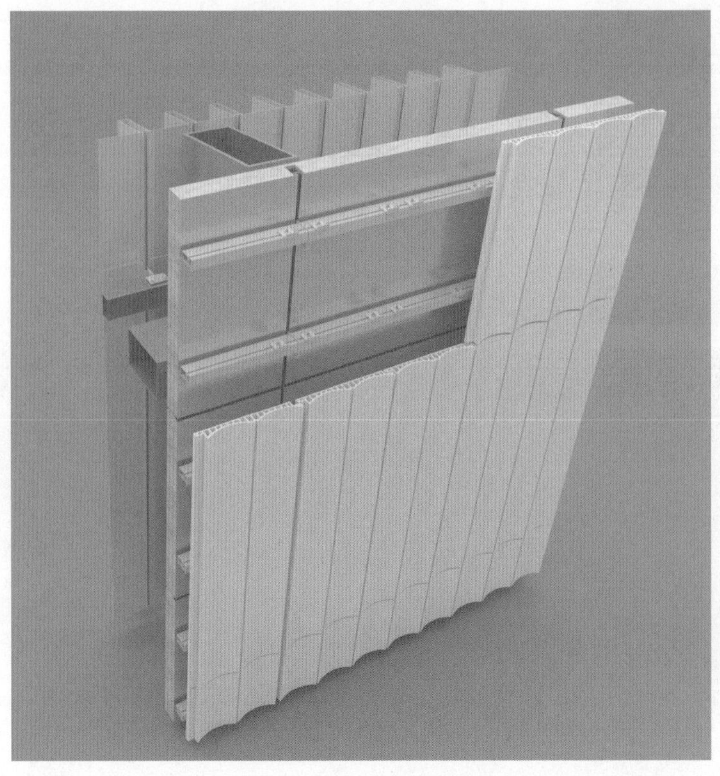

图 11　直纹扭面陶板节点效果图

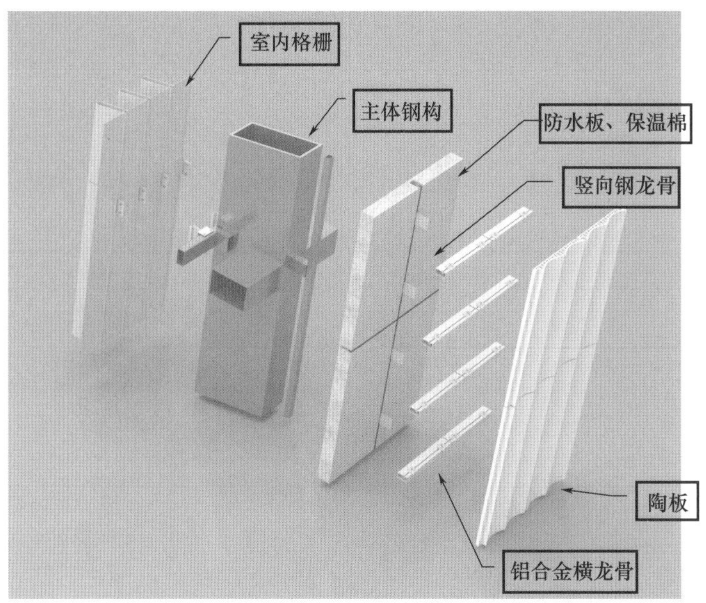


图 12　直纹扭面陶板节点图

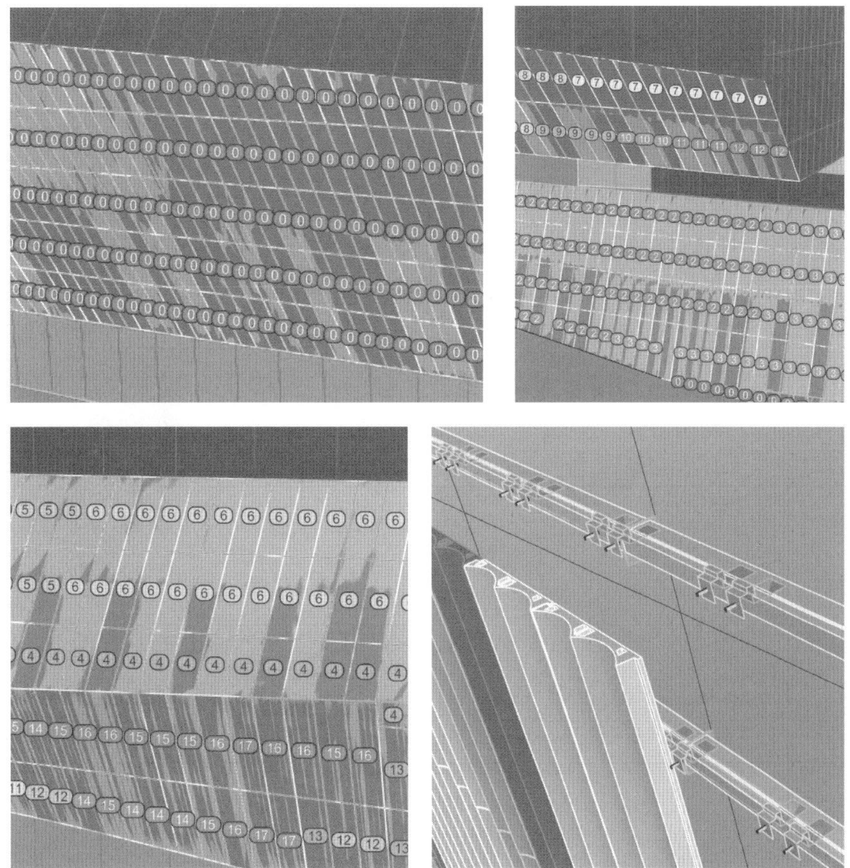

图 13　直纹扭面陶板 BIM 模型及翘曲值分析

设计方案能实现陶板的三维调节，对结构产生的偏差也能通过转接钢管定尺而消除，还能利用横龙骨连接角码可旋转角度的特性对翘曲值大的区域辅助调整，最后用挂座自身的齿垫设计进行微小数值范围的调节（图 14）。

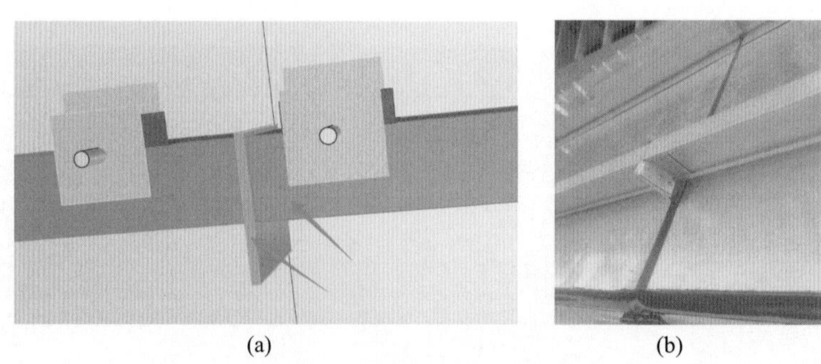

(a)　(b)

图 14　横梁连接细部模型（a）及安装（b）

施工团队采用全站仪进行精准测量定位，高空车等设备进行辅助安装，实现陶板顺滑过渡的扭面效果，曲面陶板在阳光映衬下展现出波光粼粼的绝美视觉效果（图 15）。

(a)　(b)

图 15　直纹扭面陶板安装过程展示

大曲面内侧竖向格栅造型为陶板面内偏移的直纹扭面，采用 50mm×250mm 格栅型材间隔 200mm 布置，数量共有 2111 根格栅型材和 2110 条间隔铝型材（图 16、图 17）。

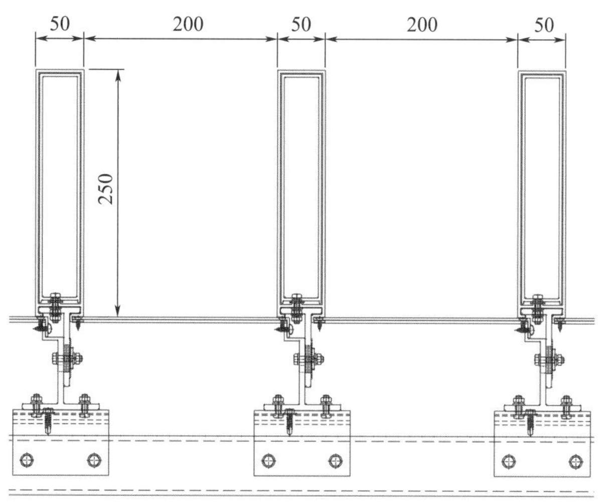


图 16　室内直纹扭面格栅节点图

图 17　室内直纹扭面格栅模型

通过 BIM 建模分析格栅节点三维调节的尺寸范围，同时借助模型提取海量数据，支撑现场放线、定位、安装（图 18、图 19）。

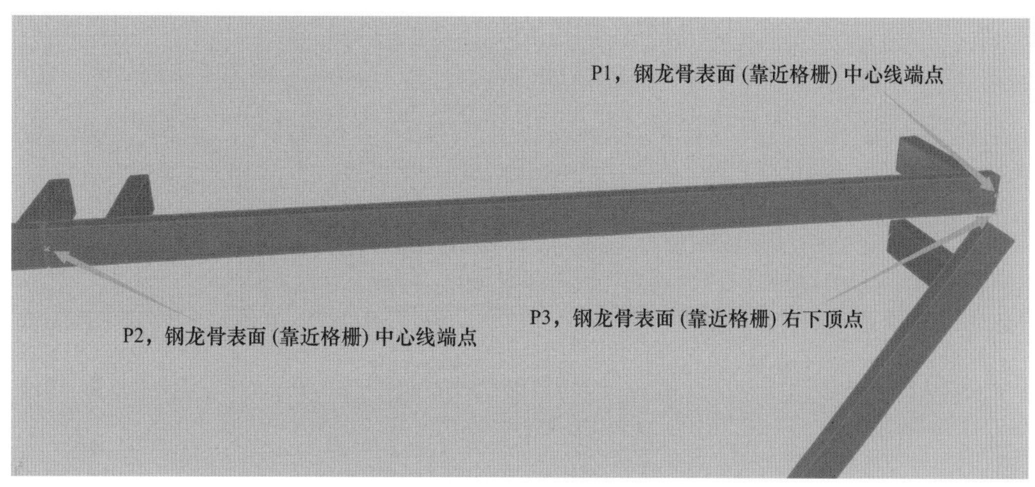

| 三馆合一大曲面格栅钢龙骨点位坐标 | | | | | | | | | | |
|---|---|---|---|---|---|---|---|---|---|---|
| | P1 | | | P2 | | | P3 | | | |
| 钢龙骨编号 | X | Y | Z | X | Y | Z | X | Y | Z | 长度 |
| HL-1001 | 300740 | 56382 | -26513 | 297892 | 55457 | -26515 | 300737 | 56392 | -26454 | 2994 |
| HL-1002 | 300301 | 56264 | -26379 | 297718 | 56260 | -21701 | 300350 | 56285 | -26352 | 5344 |
| HL-2001 | 297883 | 55454 | -26515 | 295035 | 54528 | -26517 | 297880 | 55463 | -26456 | 2994 |
| HL-2002 | 297709 | 56103 | -22563 | 294861 | 55178 | -22565 | 297706 | 56113 | -22504 | 2994 |
| HL-2003 | 295982 | 56247 | -18618 | 294688 | 55826 | -18619 | 295979 | 56256 | -18559 | 1361 |
| HL-2004 | 297714 | 56260 | -21692 | 294614 | 56256 | -16077 | 297763 | 56281 | -21665 | 6414 |
| HL-3001 | 295026 | 54525 | -26517 | 292178 | 53599 | -26519 | 295023 | 54534 | -26458 | 2994 |
| HL-3002 | 294852 | 55175 | -22565 | 292004 | 54249 | -22567 | 294949 | 55184 | -22506 | 2994 |
| HL-3003 | 294678 | 55823 | -18619 | 291831 | 54898 | -18620 | 294675 | 55833 | -18560 | 2994 |
| HL-3004 | 293790 | 56240 | -14673 | 291657 | 55546 | -14674 | 293787 | 56249 | -14614 | 2243 |
| HL-3005 | 294609 | 56256 | -16068 | 291509 | 56252 | -10452 | 294658 | 56277 | -16041 | 6414 |
| HL-4001 | 292169 | 53596 | -26519 | 289505 | 52735 | -26520 | 292166 | 53606 | -26460 | 2800 |
| HL-4002 | 291995 | 54246 | -22567 | 289327 | 53400 | -22570 | 291992 | 54256 | -22507 | 2799 |
| HL-4003 | 291825 | 54883 | -18618 | 289152 | 53052 | -18624 | 291821 | 54893 | -18559 | 2799 |
| HL-4004 | 291653 | 55523 | -14670 | 288976 | 54707 | -14679 | 291650 | 55532 | -14611 | 2799 |
| HL-4005 | 291482 | 56163 | -10722 | 288801 | 55363 | -10734 | 291479 | 56172 | -10663 | 2798 |
| HL-4006 | 291501 | 56251 | -10445 | 289705 | 56202 | -7467 | 291549 | 56272 | -10416 | 3479 |
| HL-4007 | 289732 | 56197 | -7530 | 288649 | 55928 | -7530 | 289729 | 56207 | -7471 | 1115 |
| HL-5001 | 289266 | 52659 | -26520 | 286458 | 51763 | -26520 | 289264 | 52669 | -26461 | 2948 |
| HL-5002 | 289087 | 53327 | -22571 | 286263 | 52482 | -22581 | 289085 | 53337 | -22512 | 2948 |
| HL-5003 | 288909 | 53994 | -18628 | 286068 | 53200 | -18647 | 288906 | 54004 | -18569 | 2949 |
| HL-5004 | 288730 | 54661 | -14685 | 285874 | 53918 | -14714 | 288727 | 54672 | -14626 | 2951 |
| HL-5005 | 288551 | 55329 | -10742 | 285679 | 54637 | -10781 | 288548 | 55340 | -10683 | 2955 |
| HL-5006 | 288405 | 55874 | -7530 | 285517 | 55231 | -7528 | 288402 | 55884 | -7471 | 2958 |
| HL-6001 | 286449 | 51760 | -26520 | 283596 | 50852 | -26520 | 286445 | 51771 | -26461 | 2993 |
| HL-6002 | 286254 | 52479 | -22581 | 283387 | 51625 | -22592 | 286250 | 52490 | -22522 | 2991 |
| HL-6003 | 286059 | 53197 | -18648 | 283177 | 52398 | -18670 | 286055 | 53208 | -18589 | 2990 |
| HL-6004 | 285864 | 53916 | -14714 | 282968 | 53171 | -14748 | 285860 | 53927 | -14656 | 2991 |
| HL-6005 | 285669 | 54635 | -10781 | 282758 | 53945 | -10826 | 285665 | 54646 | -10722 | 2992 |
| HL-6006 | 285508 | 55230 | -7528 | 282581 | 54596 | -7526 | 285505 | 55241 | -7470 | 2994 |

图 18　龙骨定位示意及局部放线数据

图 19　室内直纹扭面格栅安装

大曲面上部为宽度 1.5m，高度 4.4～10.5m 的竖明横隐玻璃幕墙，玻璃面倾斜角度渐变，由东至西 23°～90°渐变（玻璃面与水平面夹角），玻璃表皮为直纹曲面，纵向设有装饰线条，每根竖型材均有不同程度的扭转，最大玻璃尺寸为 1.5m×10.5m，单块玻璃重达 1.6t，玻璃四点不共面，最大翘曲值为 97mm，施工难度极大。正式施工前，结合力学分析对玻璃面板进行冷弯值试验验证，达到设计要求后，进行后续施工。现场采用特制电动吸盘，并配玻璃专用绑带进行保护，利用汽车吊将玻璃吊至安装点，同时辅以两台高空作业车将其就位安装，保证采光顶玻璃表皮过渡自然流畅，完美实现建筑效果（图 20～图 24）。

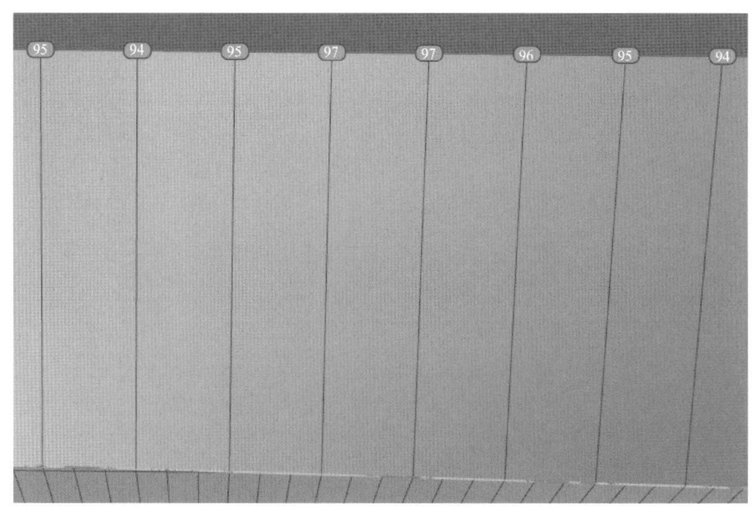


图 20　超大玻璃翘曲值分析

● 大分格双夹胶中空玻璃解决方案:

1) 双夹胶中空玻璃压块位置及位移荷载输入:

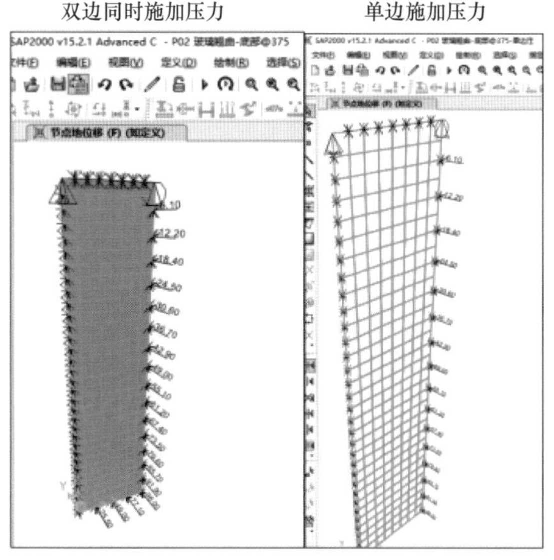


图 21　超大玻璃受力分析

图 22 超大玻璃施工措施模拟效果

图 23 超大玻璃安装措施

图 24 超大玻璃安装过程实拍

## 2 玻璃采光顶及室内遮阳帘与拉网板系统

项目共有10个倾斜角度、主次龙骨夹角各异的采光顶系统，倾斜角度范围13.6°～77.1°，系统构造层次多样，由外至内面材依次为Low-E中空夹胶彩釉玻璃、电动遮阳帘、金属拉网板。采光顶内侧主体钢结构形式复杂，原方案要求对主体钢结构进行铝板造型包饰，且铝板造型尺寸需结合各采光顶主钢结构截面对应外偏一定数值，以满足室内“工”字形的外观效果；采光顶内侧距室内最大跨度达35m，工序复杂，施工难度极大（图25、图26）。

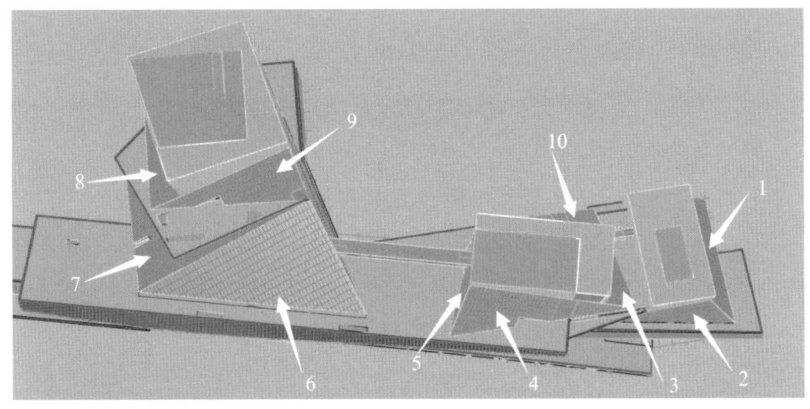


| 斜面 | 1 | 2 | 3 | 4 | 5 | 6 | 7 | 8 | 9 | 10 |
|---|---|---|---|---|---|---|---|---|---|---|
| 斜面倾斜角度(斜面与水平面的夹角) | 47.3° | 57.4° | 13.6° | 43° | 77.1° | 27° | 15.1° | 17.8° | 49.2° | 14.6° |
| 斜面主次龙骨夹角 | 59.3° | 113.7° | 90° | 95° | 69.4° | 84° | 85.3° | 89.8° | 76.8° | 65.6° |

图25 采光顶角度分析

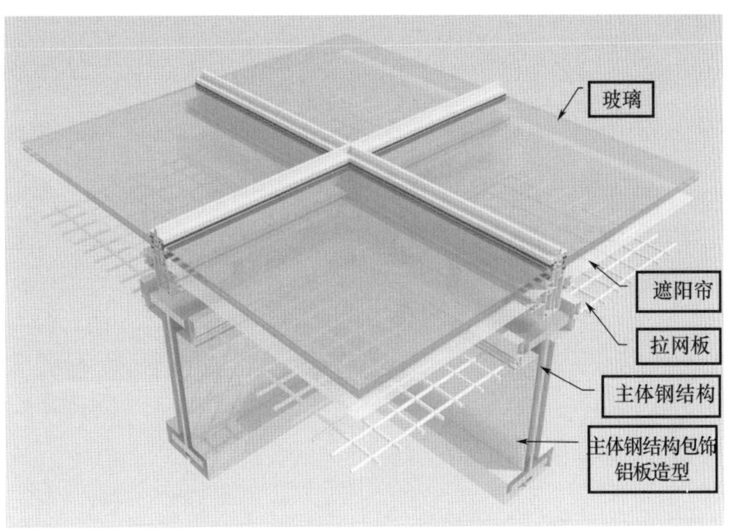


图26 采光顶原方案效果图

项目团队通过实体视觉样板墙的对比展示，在建筑泰斗何镜堂院士莅临视觉样墙参观考察时，主动向其讲解和说明，推动取消室内主体钢结构包饰铝板造型，采用对主体钢结构表面喷涂防火涂料后，进行刮腻子和表面氟碳漆喷涂处理，以达到类似原建筑效果造型要求，但尺度更为纤细的室内观感。此举可极大程度减少室内高空作业量，降低施工难度（图 27～图 30）。

图 27 采光顶内侧主体钢结构包饰铝板与不包饰铝板的效果对比

图 28 采光顶内侧主体钢结构表面喷涂后实拍

图 29 采光顶主体钢结构

图 30　采光顶安装效果模拟

采光顶玻璃分格模数为 1.5m×3m，主体钢结构分格模数为 3m×3m。主次铝合金龙骨借助主体钢结构，结合 BIM 模型导出的定位数据进行安装。使用汽车吊、蜘蛛车和大规格的定制玻璃吸盘安装玻璃，室内侧辅以剪刀车和蜘蛛车对电动遮阳帘和金属拉网板进行安装。通过彩釉玻璃、遮阳帘及拉网板的组合，实现富有层次感的绝佳室内观感效果（图 31～图 33）。

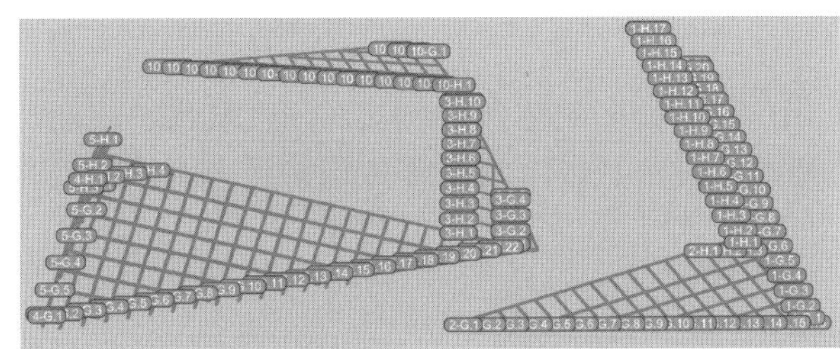

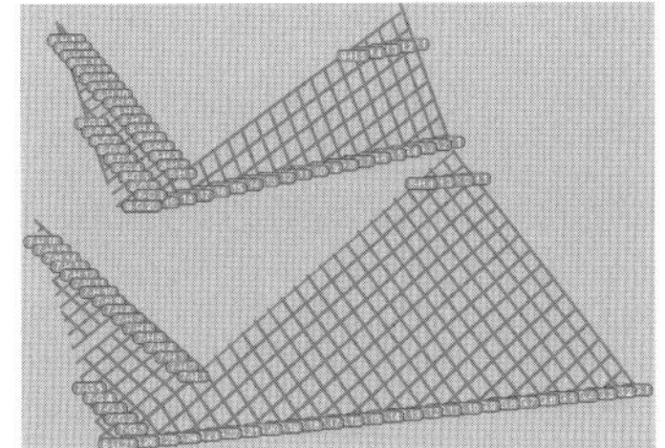

图 31　采光顶龙骨放线点位

(a)

(b)

图 32　采光顶主体钢结构及幕墙龙骨安装

图 33　采光顶龙骨和玻璃安装

## 3　陶棍+玻璃双层幕墙系统

本项目塔楼采用截面尺寸250mm×250mm的多腔体冰裂纹釉面陶棍装饰，截面尺寸为国内目前最大，总长度达到18000m，规模形式罕见。内侧玻璃幕墙采用全明框形式，可实现玻璃从室内安装和更换（图34、图35）。

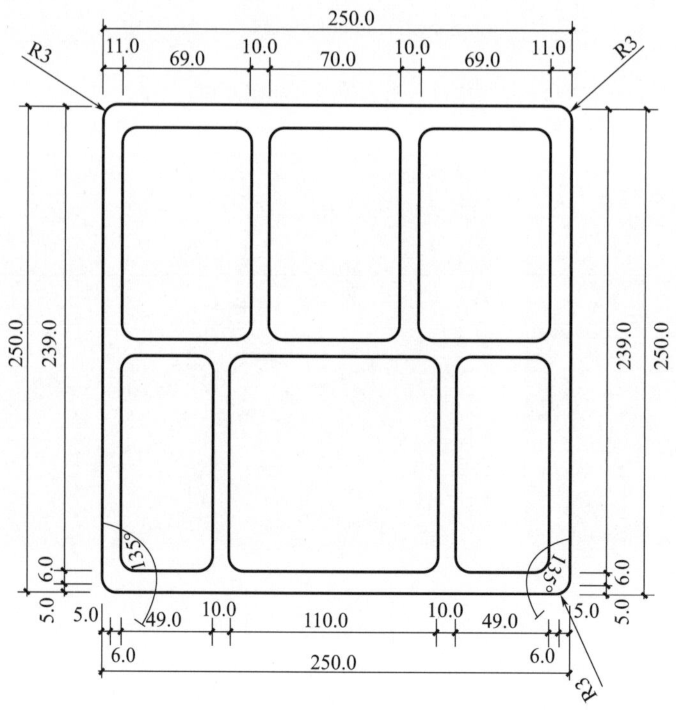


图 34　陶棍截面

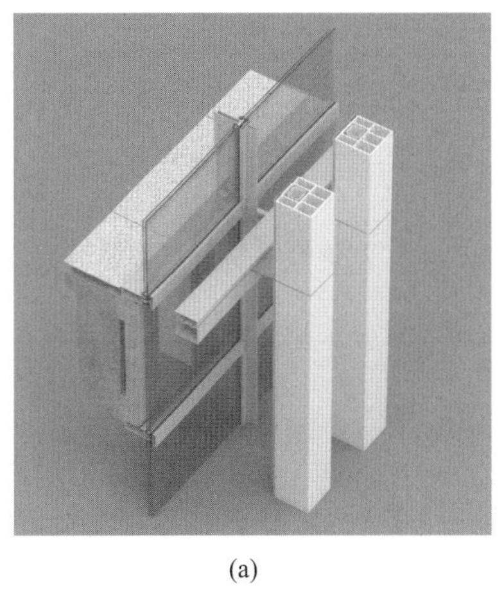

(a)

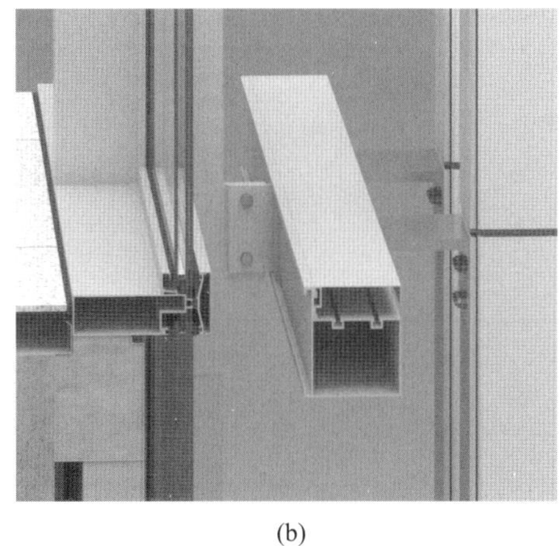

(b)

图 35 节点效果图

陶棍组件单元为装配式，系统构造可实现三维调节，通过腔体内铝合金插芯进行组装限位，将 4 根长度约 1m 的陶棍组装成整体，组装精度需控制在 1mm 范围内（图 36～图 39）。

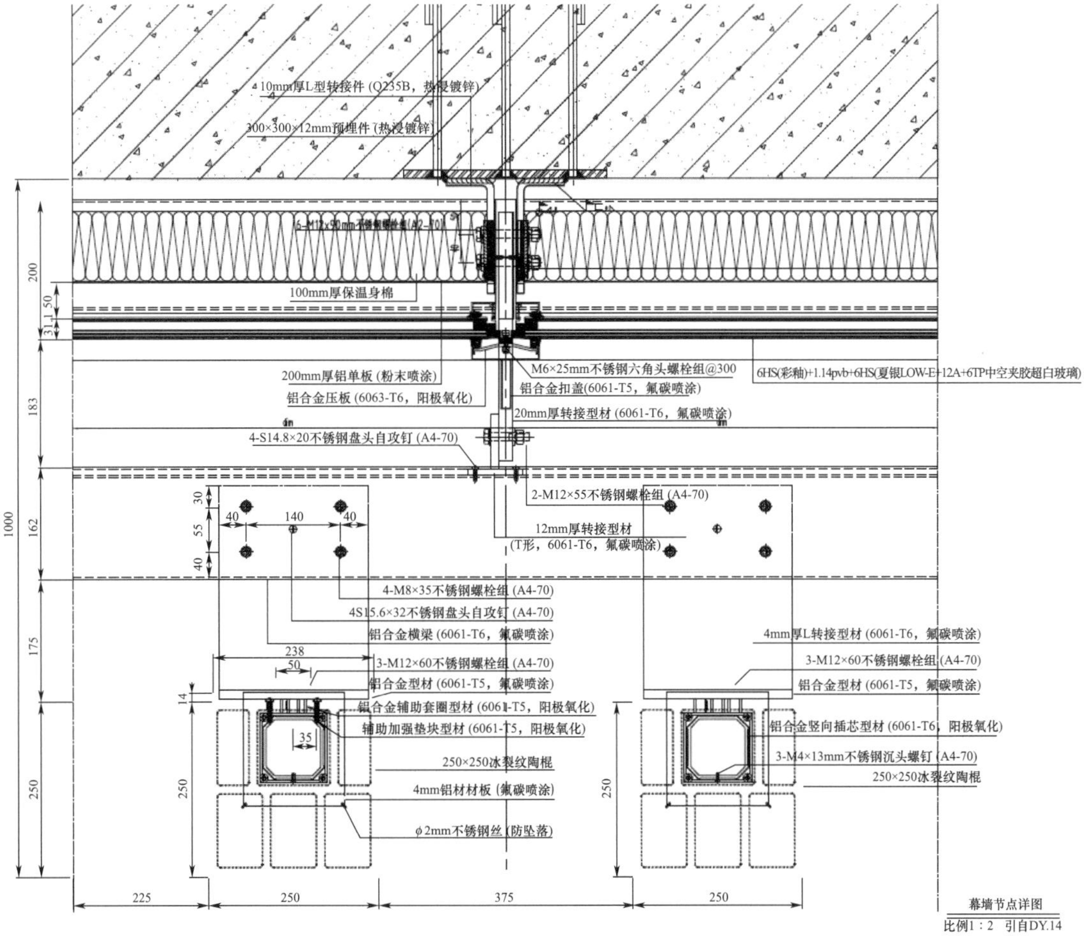

10mm厚L型转接件 (Q235B，热浸镀锌)
300×300×12mm预埋件 (热浸镀锌)
100mm厚保温身棉
200mm厚铝单板 (粉末喷涂)
铝合金压板 (6063-T6，阳极氧化)
M6×25mm不锈钢六角头螺栓组@300
铝合金扣盖(6061-T5，氟碳喷涂)
6HS(彩釉)+1.14pvb+6HS(夏银LOW-E)+12A+6TP中空夹胶超白玻璃)
20mm厚转接型材 (6061-T6，氟碳喷涂)
4-S14.8×20不锈钢盘头自攻钉 (A4-70)
2-M12×55不锈钢螺栓组 (A4-70)
12mm厚转接型材
(T形，6061-T6，氟碳喷涂)
4-M8×35不锈钢螺栓组 (A4-70)
4S15.6×32不锈钢盘头自攻钉 (A4-70)
铝合金横梁 (6061-T6，氟碳喷涂)
3-M12×60不锈钢螺栓组 (A4-70)
铝合金型材 (6061-T5，氟碳喷涂)
铝合金辅助套圈型材 (6061-T5，阳极氧化)
辅助加强垫块型材 (6061-T5，阳极氧化)
250×250冰裂纹陶棍
4mm铝材材板 (氟碳喷涂)
φ2mm不锈钢丝 (防坠落)
4mm厚L转接型材 (6061-T6，氟碳喷涂)
3-M12×60不锈钢螺栓组 (A4-70)
铝合金型材 (6061-T5，氟碳喷涂)
铝合金竖向插芯型材 (6061-T6，阳极氧化)
3-M4×13mm不锈钢沉头螺钉 (A4-70)
250×250冰裂纹陶棍
1000
200
50
31
183
162
30
55
40
175
14
250
40
140
40
238
50
35
225
250
375
250
幕墙节点详图
比例1：2 引自DY.14

图 36 陶棍安装节点（1）

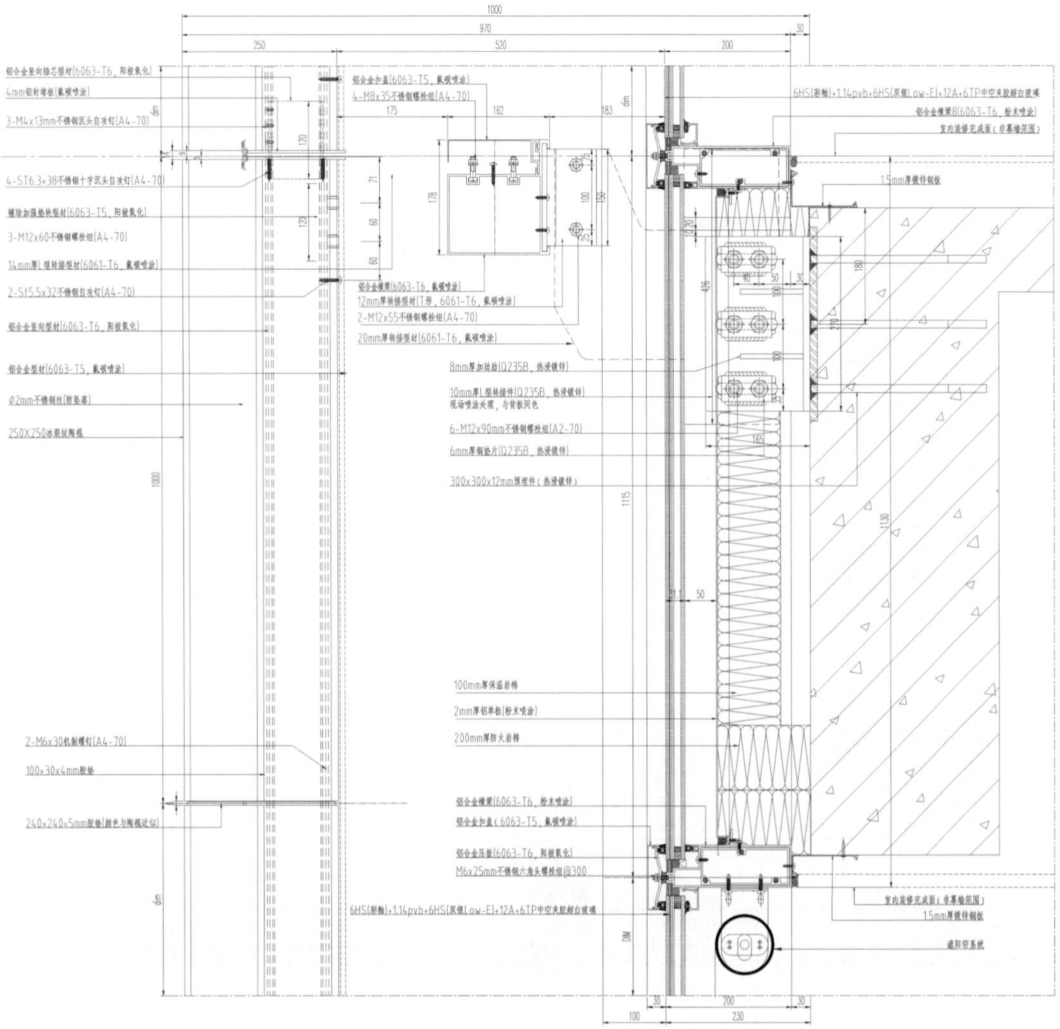

图37　陶棍安装节点（2）

图38　陶棍组件端部

图39　陶棍组件中间部位缝隙

使用汽车吊运至对应部位顺次挂装，通过陶棍端部铝封板与竖向插芯的插接配合，控制陶棍直线度，实现整体化一的外视效果（图 40）。

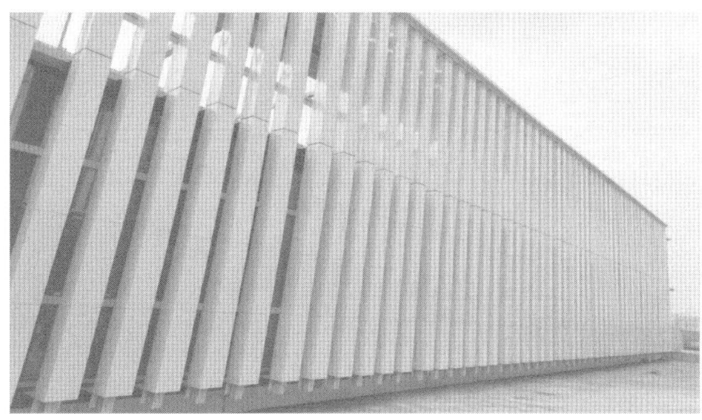

图 40　陶棍组件吊装及安装实景

本项目采用陶板、陶棍体量大，供货周期紧张，设计前期与厂家进行全面地沟通和考察，解决厂家生产过程中关于大截面陶棍和非标转角陶板的加工工艺难题，确保按时供货，保障现场工期（图 41～图 43）。

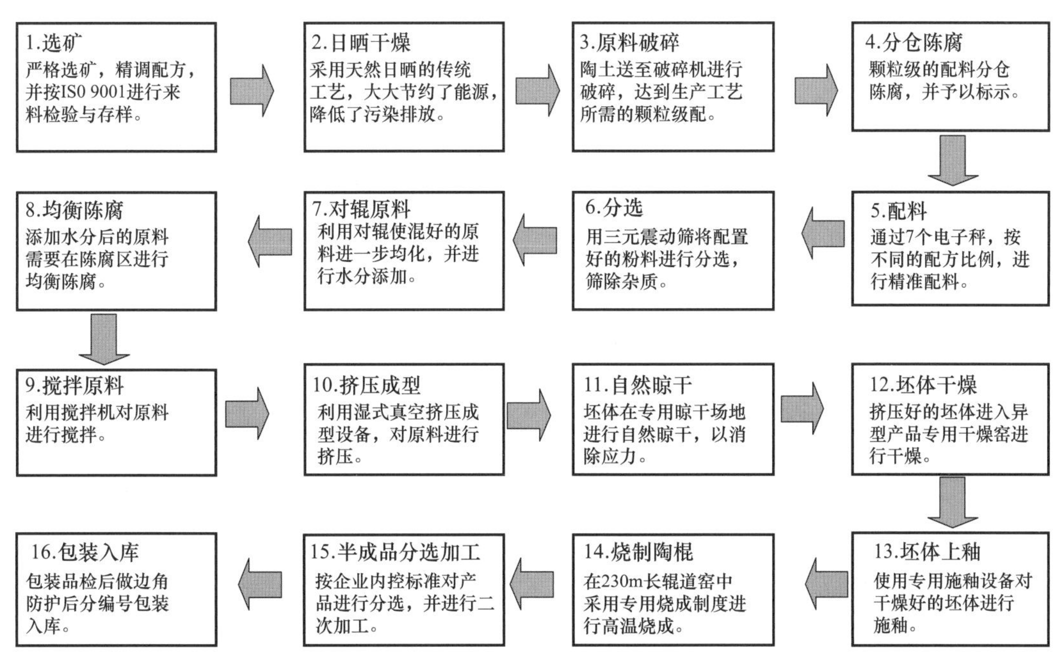


图 41　陶棍、转角陶板生产工艺

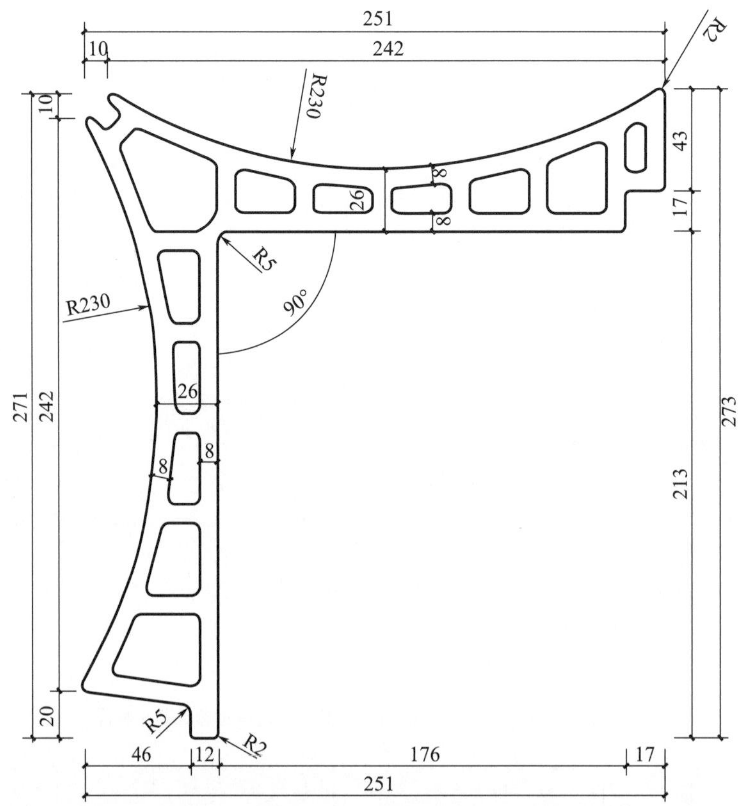


图42 转角陶板截面

图43 转角陶板生产现场

## 4 水泥耐力板系统

项目临江面水泥耐力板幕墙东、西跨度达到220m，呈现直纹曲面造型，空间定位复杂，背面龙骨安装精度要求高，施工难度大。本系统面材采用12.5mm优质水泥耐力板，通过

BIM（建筑信息模型）技术提取钢龙骨关键控制点并将其转换为空间坐标，通过全站仪对控制点进行精确放样，保证龙骨安装准确；同时严把质量关，按照施工工艺标准对每道工序仔细检查，精准控制螺钉数量及间距，做好接缝衔接、抹面找平及面漆喷涂处理，确保表皮顺滑流畅，自然和谐（图 44、图 45）。

图 44　水泥耐力板龙骨安装

图 45　水泥耐力板面板安装

项目体量大，处理好交接点收口也是保障项目效果的关键。设计团队结合 BIM 模型，对交接部位逐一建模，完美还原各交接点施工效果（图 46～图 48）。

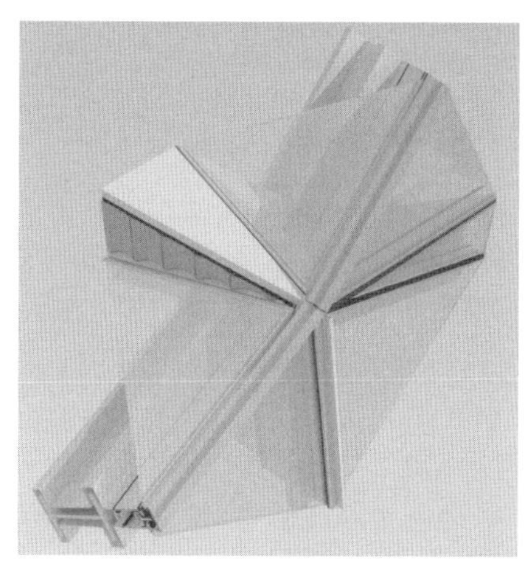

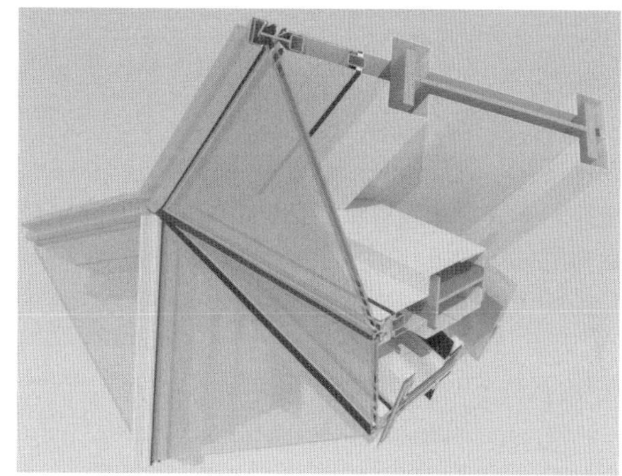

图 46　交接部位效果

图 47　项目交接面部位完成实拍

图 48　项目北面展示

面对外立面造型极为复杂的广州“三馆合一”项目，武汉凌云的项目团队将幕墙工程细分成三个区十三个施工段，并采用“绝对坐标”及“网格相对距离”的方式，对幕墙安装测量放线进行双重控制。同时，充分利用了BIM技术，进行项目双曲面、斜屋面幕墙分格点位坐标定位，再根据定位坐标放线。另外，还采用三维扫描技术，扫描形成幕墙骨架点云模型，并与理论模型对比，复核曲面、斜面幕墙钢结构龙骨安装精度，再进行材料加工生产，确保材料尺寸互相吻合、安装精确（图49）。

图49　项目南面展示

高标准才能造就高品质，“三馆合一”项目在建设过程中，业主、建筑师、总包、监理要求极高，针对幕墙施工有对应的管理手段和措施，现场验收程序严谨；幕墙工程质量要求标准高，不仅要达到验收合格标准，同时要确保整体工程获得“鲁班奖”，施工过程中项目还举办了多场省级和国家级的现场观摩会。一个超高标准的示范工程，宛如一艘“文化巨轮”扬帆珠江，呈现在世人面前。

## 参考文献


[1]　中华人民共和国建设部．玻璃幕墙工程技术规范：JGJ 102—2003［S］．北京：中国建筑工业出版社，2004.

[2]　中华人民共和国住房和城乡建设部．建筑幕墙用陶板：JG/T 324—2011［S］．北京：中国标准出版社，2012.

[3]　中华人民共和国住房和城乡建设部．人造板材幕墙工程技术规范：JGJ 336—2016［S］．北京：中国建筑工业出版社，2016.

[4]　中华人民共和国住房和城乡建设部．建筑玻璃采光顶技术要求：JG/T 231—2018［S］．北京：中国标准出版社，2018.

[5]　中华人民共和国国家质量监督检验检疫总局，中国国家标准化管理委员会．建筑采光顶气密、水密、抗风压性能检测方法：GB/T 34555—2017［S］．北京：中国标准出版社，2017.

[6]　中华人民共和国国家质量监督检验检疫总局，中国国家标准化管理委员会．建筑幕墙层间变形性能分级及检测方法：GB/T 18250—2015［S］．北京：中国标准出版社，2016.

[7]　中华人民共和国国家质量监督检验检疫总局，中国国家标准化管理委员会．建筑幕墙：GB/T 21086—2007［S］．北京：中国标准出版社，2008.

[8]　中华人民共和国建设部．铝合金结构设计规范：GB 50429—2007［S］．北京：中国计划出版社，2008.

# 紫晶国际会议中心项目幕墙设计与分析

马文超　杨　涛　张　洋

珠海市晶艺玻璃工程有限公司华北设计院　北京　100162

**摘　要**　景德镇紫晶国际会议中心项目幕墙工程主要包括铝合金框架式玻璃幕墙和木质龙骨框架式玻璃幕墙两种幕墙体系。由于项目主体为混凝土一次浇筑成型，不做任何外装饰，所以对建筑幕墙的设计提出了更高的要求。本文主要对此项目幕墙体系的设计思路进行阐述，以供行业内的工程技术人员探讨或借鉴。

**关键词**　混凝土一体浇筑建筑；木质龙骨玻璃幕墙；连接节点

## 1　引言

钢筋混凝土材料影响了整个建筑发展史。在其诞生至今的近 200 年间，已经成为现代建筑用量最大的材料。在一般建筑中，混凝土作为结构材料使用，是梁、板、柱等建筑支撑体系的主要组成部分。但随着建筑的发展，人类审美的变化，环保意识的增强，混凝土以其简洁、朴素、沉稳的外观效果逐渐被建筑师所推崇、被大众所欣赏并将其直接作为装饰材料使用。本文所介绍的紫晶国际会议中心就是直接采用一体浇筑混凝土为主体的代表性建筑群。本建筑群几乎所有的墙、板、柱均外露，一体浇筑成型。混凝土构造既是结构体，又是装饰层。在立面、顶面、室内外基本不做任何装饰，所有的管线及幕墙相关连接构造均采用预埋处理，没有后锚固条件，这对该项目方的设计与施工水平要求都非常高。

在设计建筑外围护时，就必须考虑一体浇筑成型及无外装饰层这一特殊性，并有针对性地进行细节设计。比如，设计事先要考虑混凝土装饰面不可逆且无法修补，预制埋件的埋设和隐藏、连接节点安全和连接节点的美观、混凝土浇筑的基本偏差等。

## 2　工程概况

紫晶国际会议中心（图 1）位于江西省景德镇新平路 168 号，其是以会议中心为主体，配套一定比例的展览用房、酒店用房等设施的大型综合性会议中心建筑群。其会议中心组团共包含 5 栋单体，分别为 1～5 号会议厅。酒店组团共包含 6 栋单体建筑，分别为 1～6 号酒店。建筑群最高地上 4 层，地下 1 层，总建筑面积约 40250m$^2$。

紫晶国际会议中心是由著名建筑大师朱锫先生亲自主持，朱锫建筑师事务所负责全专业设计。建筑设计师充分尊重当地文化和当地人的生存智慧，把所有功能集于一体的“会议中心”，转化为功能分散的单元式聚落“会舍”。使其消隐在群山之中（图 2），每座建筑单体都被推向山脚两侧，中间平坦开阔的地面被空出来作为交往的公共场所。整组建筑伴随山势的走向水平展开，宛若江西古村落一般。

图1　紫晶国际会议中心鸟瞰图

图2　建筑栖居于群山之中

整体建筑设计灵感来源于徽州古民居村落，屋顶形式由传统民居形式演化而来，布局参考当地院落形式布置，基地根据所处地势地貌确定。整体建筑布局清晰，流线合理。建筑群古朴典雅、高低错落地隐映在青山古树之间，建筑与环境相互渗透，人类与自然相互融合，为参会人员提供了高效、舒适的会议体验。

## 3　幕墙工程特点

本工程外围护结构是由一体浇筑成型的装饰型混凝土墙面及屋顶、铝合金金属框架玻璃幕墙、木龙骨框架玻璃幕墙和铝合金玻璃窗组成。

如前文所述，项目所有的外露混凝土都是一体浇筑成型。混凝土构造兼做建筑结构体系，也作为围护体系。混凝土完成面即为建筑装饰面，无论是室内室外基本不做更多的装饰。这对建筑幕墙的设计和建造提出了更严苛的要求，特别是幕墙龙骨或面板与主体结构的连接处理、预埋处理尤为重要。同时本建筑群会议中心部分采用了大面积的木质龙骨幕墙，木龙骨规格形状大小不一，最大的截面高度大于1m。在项目设计和建造时，国内还没有相应的木质龙骨幕墙设计规范，这也为后期采用木质龙骨玻璃幕墙的项目提供了经验和参考。

图3　会议室

图4　酒店

## 4　项目幕墙系统简介

### 4.1　铝合金框架式玻璃幕墙系统

铝合金框架式玻璃幕墙系统采用70mm明框形式。玻璃采用15（Low-E）+16A+15钢化中空Low-E双银玻璃或采用10（Low-E）+16Ar+10钢化中空Low-E双银玻璃。幕墙横竖龙骨均采用铝合金龙骨，材质6063-T6，室内外均采用原色阳极氧化。金属龙骨幕墙标准节点如图5所示。幕墙上下两根横框隐藏在混凝土楼板的预制凹槽中，达到视觉无框效果（图6）。

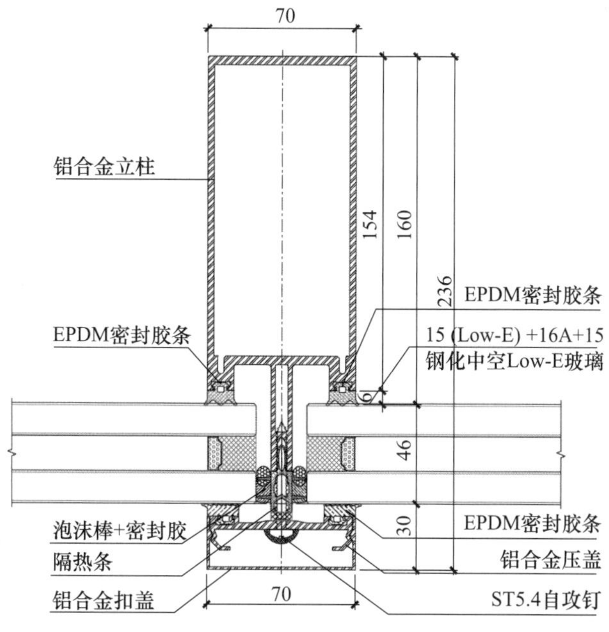


图5　金属龙骨幕墙标准节点

图6　金属幕墙的室内效果

### 4.2　木龙骨玻璃幕墙系统

木龙骨玻璃幕墙系统面材采用：15（Low-E）＋16A＋15钢化中空Low-E双银玻璃、采用10（Low-E）＋16A＋10钢化中空Low-E双银玻璃和双面实木组合面板。幕墙横竖龙骨均采用胶合木龙骨。木材原材为樟子松，龙骨表面为木原色并进行防腐、防蛀、防火处理。木材与连接件、木材与混凝土结构之间均采用构造防水，避免积水腐蚀。木质横梁立柱连接节点如图7所示，木龙骨玻璃幕墙效果图如图8所示。

(a)　(b)　(c)　(d)

图7　木质横梁立柱连接节点

图 8　木质龙骨幕墙的室外效果

### 4.3　铝合金玻璃窗

铝合金玻璃窗主要布置在会议厅凹形屋面交接处，兼做采光和排烟使用。铝合金窗采用 65 系列断桥铝合金型材，面材采用 6（Low-E）+12A+6 钢化中空 Low-E 双银玻璃。整体配消防联动链条式电动推杆。

## 5　重点、难点介绍

### 5.1　玻璃幕墙的预制埋件设计

因为项目主体没有装饰层，所以在埋件设计时，除了考虑埋件的埋设和受力等，还必须考虑埋件的隐蔽性。即幕墙施工后，埋板必须隐藏而不能外露。

根据幕墙特点，在本项目中设计了三种埋件形式。

一是普通板式埋件（图 9），这种埋件主要布置在竖龙骨截面尺寸较大的木质龙骨部位。木龙骨尺寸足够对埋件面板进行遮挡。

二是通槽式埋件（图 10），此种埋件主要用于建筑两侧，与弧形屋面垂直相交金属框架玻璃幕墙的龙骨连接。通槽式埋件面板既作为玻璃固定钢槽使用，也作为幕墙立柱连接件的生根点。幕墙龙骨连接件可以在槽式埋件里滑动，达到调解目的。

三是隐藏式板式埋件（图 11），此种埋件主要用于建筑前后侧，与弧形屋面相切的金属框架玻璃幕墙龙骨的连接处。此种埋件埋板和锚筋位于混凝土保护层内侧，仅一块连接金属板外露。最大限度减小连接板尺寸，使连接点能够利用铝合金龙骨的空腔进行一定的调节。

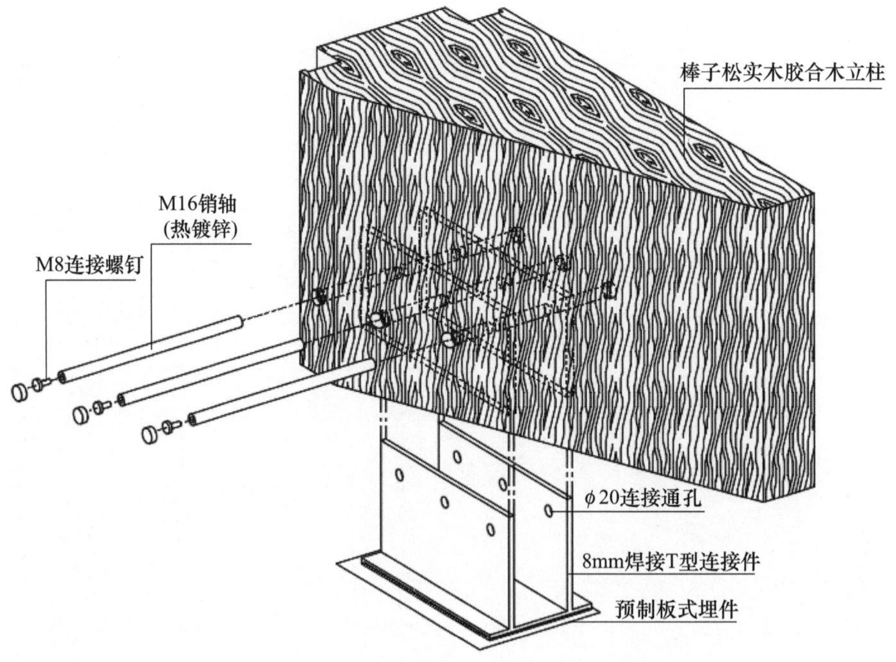


图 9 普通板式埋件示意图

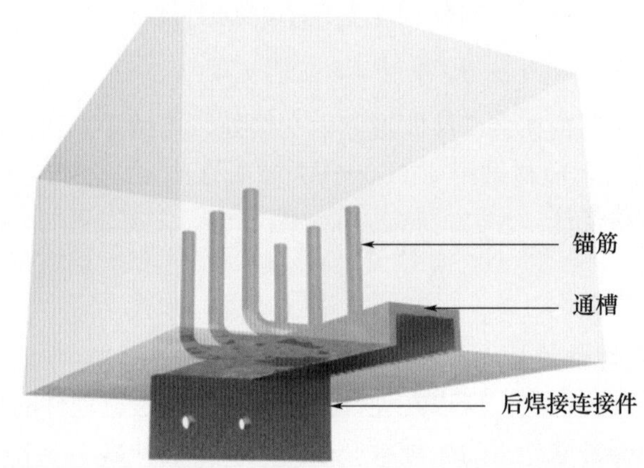


图 10 通槽式埋件示意图

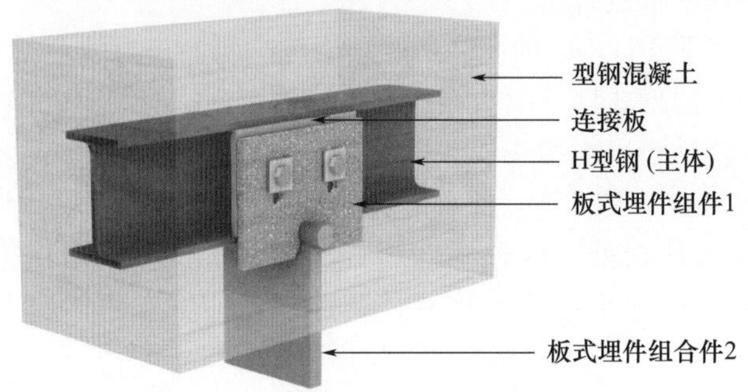


图 11 隐藏式板式埋件示意图

## 5.2 玻璃幕墙的连接形式设计

（1）铝合金框架式玻璃幕墙的上、下侧连接设计

根据建筑效果要求，为了尽可能减少立面元素，使建筑立面简单整洁。本项目建筑幕墙在设计之初就进行了顶部、底部横向的隐藏式设计。

在建筑首层金属框架玻璃幕墙的上、下侧及二层金属玻璃的下侧楼板或结构梁处，均设置了幕墙安装用凹槽。其目的是保证从室内和室外看，玻璃幕墙都为无框构造，但这给幕墙体系的连接造成了困难。特别是下侧横梁的安装不仅考虑连接，更重要的是要考虑防水（图 12 和图 13）。

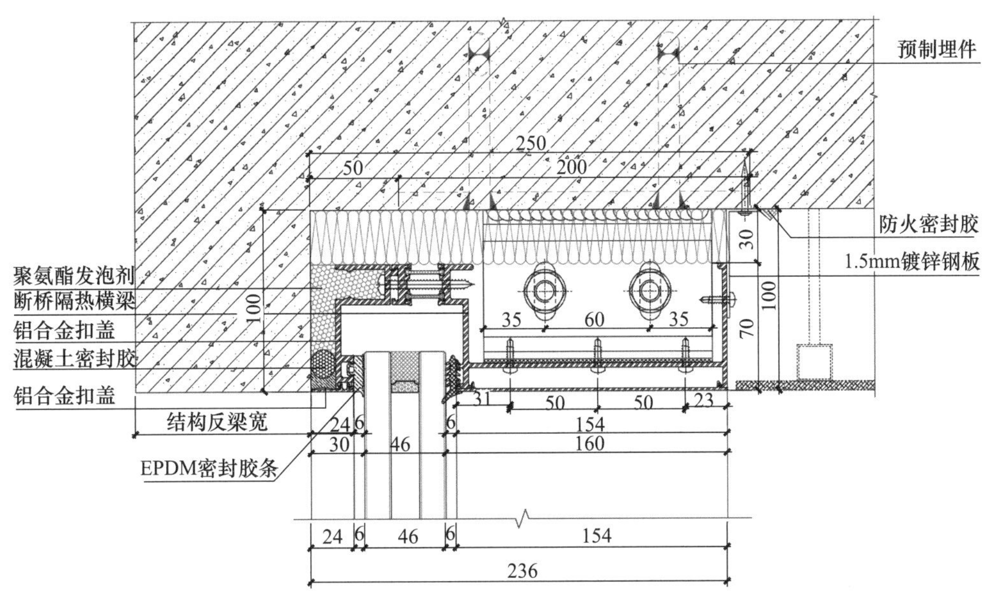


图 12 上横梁与结构密封

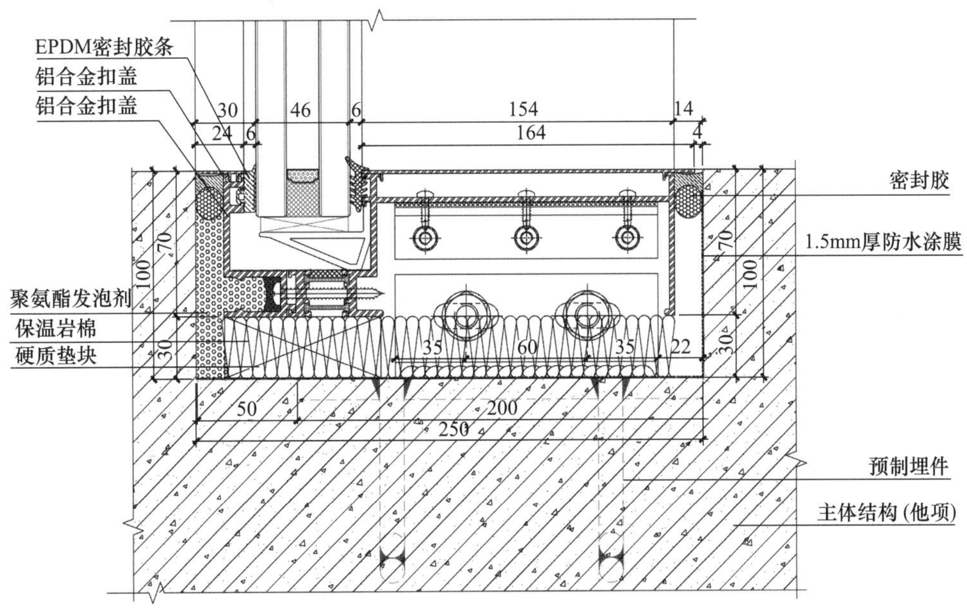


图 13 下横梁与结构密封

（2）玻璃幕墙侧面与主体结构之间的交接设计

由于混凝土建筑浇筑时的偏差问题，其玻璃幕墙框架与金属侧边交接的混凝土柱或墙之间的缝隙必然不会均匀。采用传统的密封胶填缝做法虽然能够达到密封和防水的建筑功能，但一定会影响建筑立面效果。本项目侧向交接采用预制断桥铝合金嵌条做法（图 14），既保证了建筑功能性，又可实现在室内和室外均不对建筑立面造成较大影响的目标。

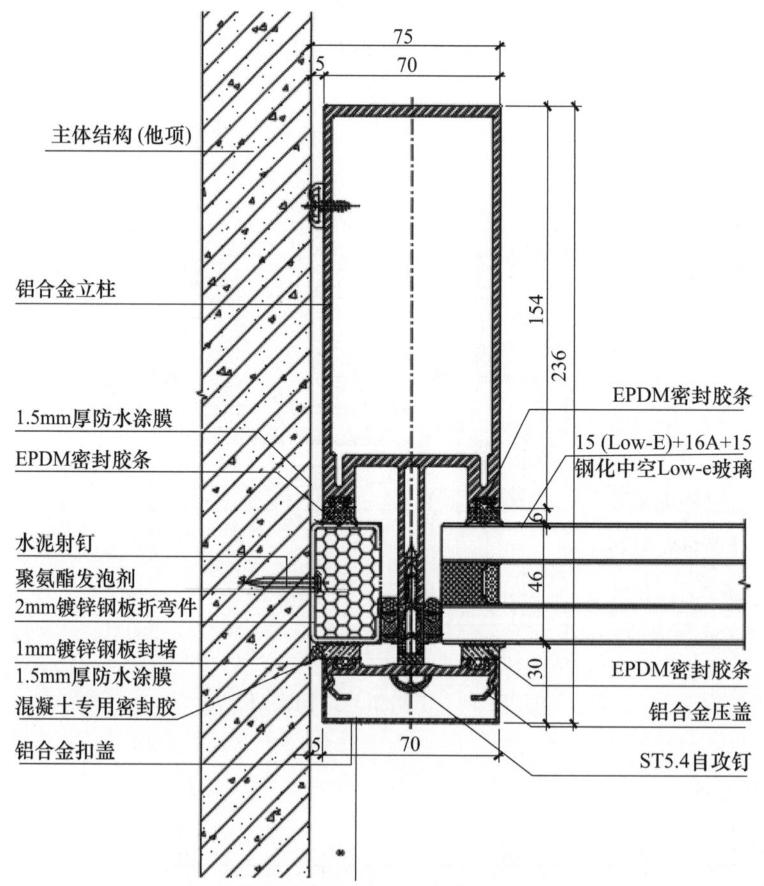


图 14　玻璃幕墙与主体结构收边节点

## 5.3　木质龙骨玻璃幕墙的设计

本项目在设计时，国内还没有木质龙骨幕墙设计的相关规范，国内木质龙骨幕墙建成的案例也很少。在设计中，根据《木结构设计标准》（GB 50005—2017）、《胶合木结构技术规范》（GB/T 50708—2012）、《建筑木框架幕墙组件》（GB/T 38704—2020）等，参考了国内外铝木结合窗的构造，结合本项目特点，进行了全新的系统设计。

在进行木质龙骨设计时，不仅要考虑幕墙本身的性能需求，木材的特点及力学性能，还需要对木质龙骨进行防腐、防虫、防火等综合考量。

在进行木质龙骨防腐设计时，首先是采用专用防腐剂对木材进行处理，还在构造设计上保证连接节点处干燥、避免积水，具体措施如下：

（1）木质立柱、横梁与混凝土结构交接部位预留缝隙，保证通风。

（2）龙骨与混凝土接触位置采用悬浮设计，设置防潮垫。

(3) 避免木质龙骨与金属材质的大面积接触，预留空腔，保证通风。

(4) 木质龙骨采用螺栓固定处，避免湿气通过螺栓孔进入，采用专用胶合木进行封堵，并用专用防腐剂对栓孔进行防腐处理。

在进行木质龙骨防火设计时，首先是选用经过防火处理的胶合木木材，其次进行了木质龙骨的碳化计算，保证火灾发生后一段时间内的幕墙体系完整性，不会发生垮塌。为救援提供充足的时间。

由于景德镇处于白蚁危害严重地带，防虫设计首先是保证木质龙骨、面板等木质构件不直接与土壤接触，同时对木材进行防虫处理，并提出在建筑周边土壤埋药的要求。

## 6 结语

虽然紫晶国际会议中心项目幕墙工程系统相对简洁，但其边部条件严苛，连接构造复杂，图纸设计精细，施工过程繁琐，对幕墙的设计施工都提出了较高的要求。目前，会议中心已经建成并投入使用两年有余，并承接了数个大小型会议。该会议中心已经和中国陶瓷博物馆、景德镇御窑博物馆并列成为景德镇的标志性建筑体。紫晶国际会议中心项目幕墙工程的设计和建设也为一体浇筑成型的、无装饰层的混凝土建筑幕墙工程、木质龙骨玻璃幕墙工程提供了设计经验和案例参考。

### 参考文献

[1] 中华人民共和国国家质量监督检验检疫总局，中国国家标准化管理委员会．建筑幕墙：GB/T 21086—2007 [S]. 北京：中国标准出版社，2008.

[2] 高志俊．浅谈木材腐朽的检验及木材的防腐措施 [EB/OL]. 2012.

[3] 蔡亮．胶合木材料力学性能研究．[D/OL]. 大连：大连理工大学，2014.

# 高层建筑幕墙后置锚板有限元结构设计

屈　铮

港湘建设有限公司　湖南长沙　410013

**摘　要**　高层建筑幕墙的外观造型设计一般比较复杂而独特，幕墙前置预锚板往往有偏差或漏埋，那么就必须根据幕墙板块所受的荷载，采用有限元重新进行结构设计，以便补充后置锚板。

**关键词**　后置锚板；荷载；有限元；结构设计

## 1　引言

高层建筑幕墙的外观造型设计，由于比较复杂而独特，一般采用金属构件作为支承结构，再通过钢制转接件和预埋锚板与建筑主体结构连接组成幕墙支承体系。但是幕墙前置预锚板往往有偏差或漏埋，那么就必须根据幕墙板块所受的荷载，采用 SAP2000 有限元重新进行结构设计，以便补充后置锚板，特别是更复杂的转角类锚板。

## 2　工程设计条件

南京某超高层建筑幕墙工程，建筑物地区类别为 A 类；抗震设防烈度为 7 度（0.1g）；基本风压为 0.40kN/m$^2$；钢结构造型幕墙计算标高为 149.8m，补充计算幕墙后置锚板参数。

### 2.1　锚板材料参数

选择锚板尺寸基本参数：300mm×200mm×10mm、材质为 Q235B。

### 2.2　锚板计算参数

根据幕墙结构的受力计算，得到锚板荷载基本参数（按包络取值）详述如下。

锚板总剪力（$Z$ 向）：$V$=2070N；

锚板总轴力（$Y$ 向）：$F$=4420N。

那么，转接件按工程实际尺寸为 324mm×100mm×8mm，计算等效模型则可以把钢制转接件设为 L 形：L100mm×324mm×8mm，建立计算模型。

## 3　建立分析模型

按工程实际锚板尺寸 300mm × 200mm × 10mm 与两个间距 85mm 的转接件规格 L100mm×324mm×8mm 绘制。此例模型较为简单，可以直接在 SAP2000 中的新模板方式建立幕墙后置锚板分析模型。

### 3.1　创建模型

先进行初始化设置，然后定义轴网数据最后建立模型，具体操作如下。

（1）初始化设置

启动 SAP2000 软件，显示程序界面进行初始化设置。

命令路径：点击界面左上角工具条中【文件 F】【新模型】弹出对话框，在“初始化选项”界面中点击【默认设置初始化模型】（Initialize Model from Default Settings），选择【默认单位】（Default Units）单位始化制为“N，mm，C”；选择【默认材料】（Default Materials）在【保存默认选项】上打钩☑；此时也可以点击【修改/显示信息】按钮，用于以后方便制作报告封面。

（2）定义轴网数据

轴网由坐标系组成，通过添加附加笛卡尔坐标系生成我们所需要的轴网系统。

①点击【轴网】按钮，显示“快速绘制轴网线”界面，设置轴网参数（图 1）。

②轴线 $X$、$Y$、$Z$ 向数量分别设置为 2、2、2 数量的轴网线。

③根据锚板规格，设置轴网间距，在 $X$、$Y$、$Z$ 向轴线间距分别为 300mm（宽度）、10mm（或默认）、200mm（高度），起始位置 $X$、$Y$、$Z$ 均选择为“0”。

④点击【确定】按钮，程序自动生成轴网图，为方便后续操作，可根据需要选择关闭 $X$-$Y$ Plane 视图，并在视图窗口中显示为生成 3-D View 轴网（图 2）。

图 1　定义轴网参数

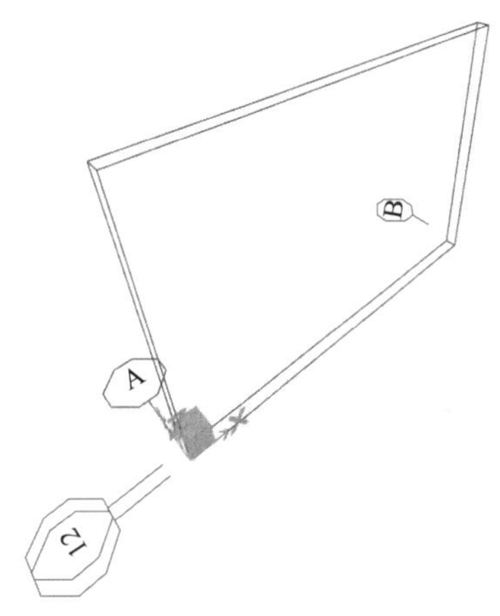


图 2　生成轴网图

（3）绘制模型图

①命令路径：点击界面上工具条中【绘制 R】下拉列表，选【多边形面】弹出“对象属性”对话框，选择“面属性”为“空”、绘图控制“无”，然后将轴网模型的上下左右边分别连接起来即可。

②命令路径：点击界面上工具条中【绘制 R】下拉列表，选【特殊点】弹出“对象属性”对话框，绘制定位 4 个锚栓点（假定边距各为 50mm），选择“$X$=50，$Z$=50”，点击节点“2”（原点）得到节点“5”，同样方法，分别得到节点“7”“8”“9”，完成绘制 4 个锚栓点位置。

③命令路径：点击界面上工具条中【绘制 R】下拉列表，选【特殊点】弹出“对象属性”对话框，绘制 100mm 高的转接件（假定布置在锚板中间位置），选择“$X$=（300－85）/2=107.5，

$Z=50$”点击节点“2”（原点）得到节点“10”，同样方法，分别得到节点“11”“12”“13”，完成绘制两个转接件定位点。

④点击界面上工具条中【绘制 R】下拉列表，选【特殊点】弹出“对象属性”对话框，绘制 324mm 长的转接件，选择“$Y=-324$”，依次点击节点“10”“11”“12”“13”得到节点“10”，同样方法，分别得到节点“15”“16”“17”“14”，然后用“直框架”“空”分别连接起来即可，完成绘制两个转接件。

⑤命令路径：点击界面上工具条中【绘制 R】下拉列表，选【多边形面】弹出“对象属性”对话框（或直接选择界面左边条），选择绘图控制为“无”、截面属性为“空”，然后依次连接两个转接件各节点绘制成“虚面”。

图 3 为锚板与转接件计算等效模型图。

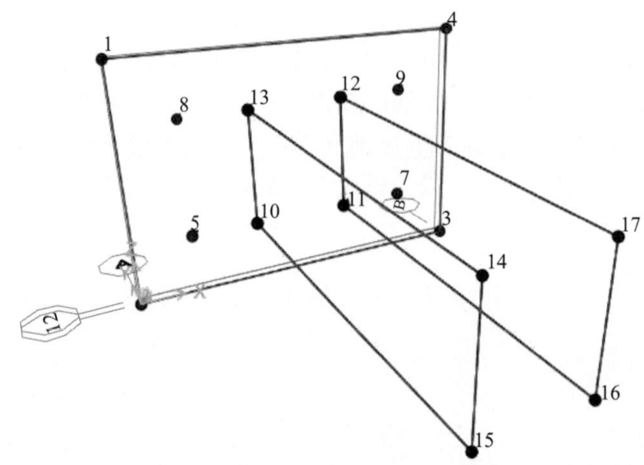


图 3　锚板与转接件计算等效模型图

### 3.2　定义材料参数

锚板与转接件均为钢材 Q235 材质。

按《玻璃幕墙工程技术规范》(JGJ 102—2003)“第 5.2 条”“材料力学性能”查得：钢材 Q235 材质弹性模量 $E=2.06\times10^{5}\,\text{N/mm}^2$、泊松比 $\upsilon=0.3$、膨胀系数 $\alpha=1.2\times10^{-5}$（1/℃）、重力密度 $\gamma_g=78.5\text{kN/m}^3$。强度设计值：抗拉强度、抗压强度、抗弯强度 $f_g\leqslant215\text{N/mm}^2$、抗剪设计值 $f_v\leqslant125\text{N/mm}^2$。

（1）定义材料属性

命令路径：点击界面上工具条中【定义 D】下拉列表，选【材料】弹出“定义材料”对话框，点击【添加材料...】弹出“添加材料”对话框添加钢材料，选“国家/地区”为“China（中国）”“材料类型”为“Steel（钢）”“标准/规范”为“GB（国标）”“材料等级”为“Q235”点击【确定】，弹出“材料属性数据”对话框，程序自动显出了 Q235 材料名称（颜色可任意）及其相关数据，再点击【确定】完成了钢型材 Q235 的定义。

（2）定义钢板（壳）截面

命令路径：点击界面上工具条中【定义 D】下拉列表，选【截面属性】【面截面】【添加面截面...】弹出“壳截面数据”对话框，定义锚板截面名称可输入为“M10”（名称、颜色可任意）；“类型”选“薄壳”；“截面厚度”中的“膜”与“板”均选锚板厚度“10”；“材料名称”选已定义好的“Q235”；“材料角”选“0”，完成锚板截面定义，图 4 为定义锚板截面所示。

命令路径：点击界面上工具条中【定义 D】下拉列表，选【截面属性】【面截面】【添加面截面...】弹出“壳截面数据”对话框，定义锚板截面名称可输入为“M8”（名称、颜色可任意）；“类型”选“薄壳”；“截面厚度”中的“膜”与“板”均选锚板厚度“8”；“材料名称”选已定义好的“Q235”；“材料角”选“0”，完成转接件截面定义，图 5 为定义转接件截面示意图。

图 4　定义锚板截面

图 5　定义转接件截面

### 3.3　指定钢板（壳）截面

完成了截面的定义后，我们可以选择指定已定义好了的锚板与转接件（壳）截面。

（1）指定锚板截面

命令路径：用左键选择模型图中锚板，点击界面上工具条中的【指定 A】下拉列表，选【面/面积】【面截面】弹出“指定面截面”对话框，点击已定义好的“M10”截面，点击【应用】【确定】，完成锚板截面的指定。

（2）指定转接件截面

命令路径：用左键选择模型图中两个转接件，点击界面上工具条中的【指定 A】下拉列表，选【面/面积】【面截面】弹出“指定面截面”对话框，点击已定义好的“M8”截面，点击【应用】【确定】，完成转接件截面的指定。

### 3.4　节点支座约束

选择已定义好了的锚板，绘制定位 4 个锚栓点均按铰接形式考虑。

命令路径：首先用鼠标左键，选择模型定位 4 个锚栓点（节点“5”“7”“8”“9”），再点击界面上工具条中的【指定 A】下拉列表，选【节点】点击【支座】弹出“指定节点支座”对话框，点击“铰接支座”按钮，这样就完成了锚板铰接约束的定义。

### 3.5　定义荷载模式与工况

幕墙锚板所承受力的主要荷载模式，通过幕墙受力（风荷载设计值、组合荷载、地震作用等）均转换为恒载 $DL$、锚板总剪力（$Z$ 向）$V$、锚板总轴力（$Y$ 向）$F$ 来计算。

（1）定义恒载与工况

命令路径：点击界面上工具条中【定义 D】下拉列表，选【荷载模式】弹出“定义荷载式”对话框，设置如下：在“定义荷载模式”对话框中，“名称”栏输入“$DL$”，“类型”栏选“Dead”，“自重乘数选”栏选“1”，“自动侧向荷载”栏为“灰”色，再点击【添加荷载模式】。

（2）定义剪力荷载与工况

同样，在“定义荷载模式”对话框中，“名称”栏输入“$V$”，由于总剪力均已先计算出来了，无须再由程序计算，因此“类型”栏选“Other（其他）”，“自重乘数选”栏选“0”，由于锚板总剪力为已知，再点击【添加荷载模式】。

（3）定义轴力荷载与工况

同样，在本例“定义荷载模式”对话框中，“名称”栏输入“$F$”，由于总轴力均已先计算出来了，无须再由程序计算，因此“类型”栏选“Other（其他）”，“自重乘数选”栏选“0”，由于本例锚板总轴力为已知，再点击【添加荷载模式】。

以上选项完成之后，如果需要修改模式可点击【修改荷载模式】，然后再按【确定】按钮就完成了整个荷载模式的定义（图6）。

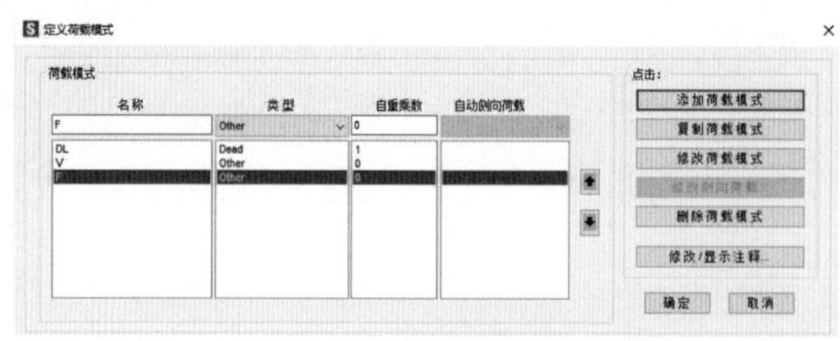


图6　定义荷载模式

## 3.6　施加荷载

定义的荷载模式，并且在已指定的荷载模式中再定义了荷载工况下，还必须对荷载进行指定施加，程序才真正作用于结构产生静力或动力响应，才能对模型进行相应的运行分析与计算。

（1）施加重力荷载

命令路径：点击界面上工具条中【指定A】【面荷载】【重力荷载】弹出“指定重力荷载”对话框中，“荷载模式”选定重力荷载$DL$、“坐标系”选定GLOBAL、“重力乘数”选定“Z”与“1”，选项“替换现有荷载”，点击【应用】【确定】完成重力荷载施加（图7）。

（2）施加剪力节点荷载

命令路径：首先用鼠标左键选择界面上模型中转接件截面外端部中间节点（“18”与“19”），再点击界面上工具条中【指定A】【节点荷载】【集中荷载】弹出“指定集中荷载”对话框中，“荷载模式”选定剪力荷载$V$、“坐标系”选定GLOBAL、“集中力Z”，填剪力$V=2070/2=1035$N（分成两个节点施加），“－1035”（－Z向），选项“替换现有荷载”，点击【应用】【确定】完成剪力节点荷载施加（图8）。

（3）施加轴力节点荷载

命令路径：首先用鼠标左键选择界面上模型中转接件截面外端部中间节点（“18”与“19”），再点击界面上工具条中【指定A】【节点荷载】【集中荷载】弹出“指定集中荷载”对话框中，“荷载模式”选定轴力荷载$F$、“坐标系”选定GLOBAL、“集中力$Y$”，填轴力

$V=4420/2=2210$N（分成两个节点施加），“2210”（$Y$ 向），选项“替换现有荷载”，点击【应用】【确定】完成剪力节点荷载施加（图 9）。

（4）显示施加荷载

通过以上操作，完成了锚板与转接件荷载的施加，但是完成了荷载施加还需在视图中查看荷载施加正确与否。

命令路径：点击界面上工具条中【显示 P】【对象荷载】【荷载模式】弹出“基于荷载模式显示荷载”对话框，点击【节点】，“荷载类型”选“集中荷载”，勾选“显示节点荷载数值”，点击【应用】【确定】完成显示 $F$ 轴力节点荷载（图 10）。

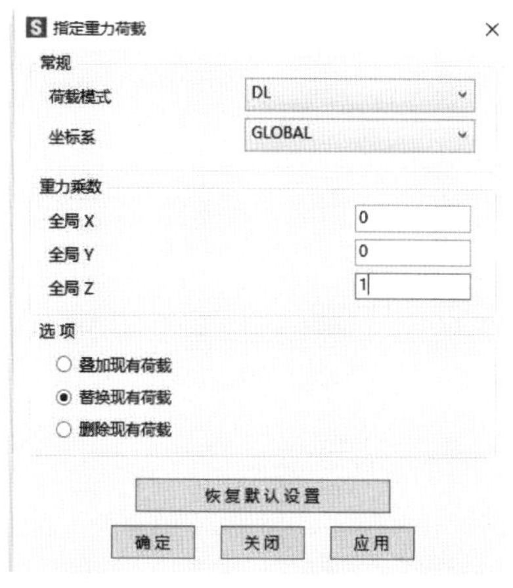


图 7　施加 $DL$ 重力荷载

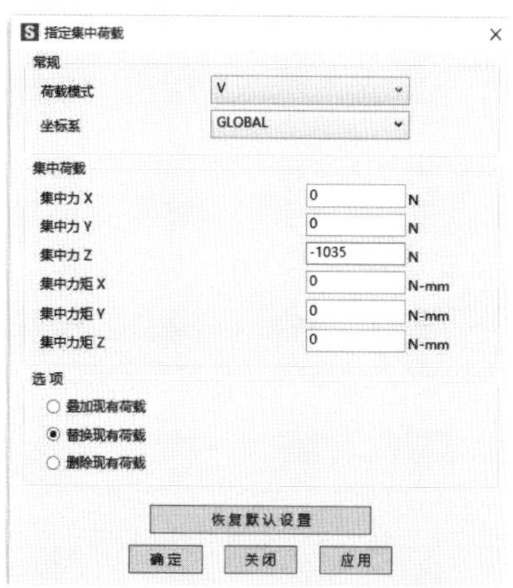


图 8　施加 $V$ 剪力节点荷载

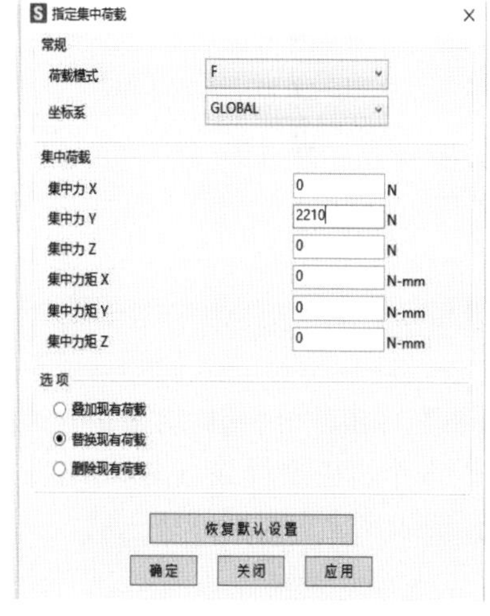


图 9　施加 $F$ 轴力节点荷载

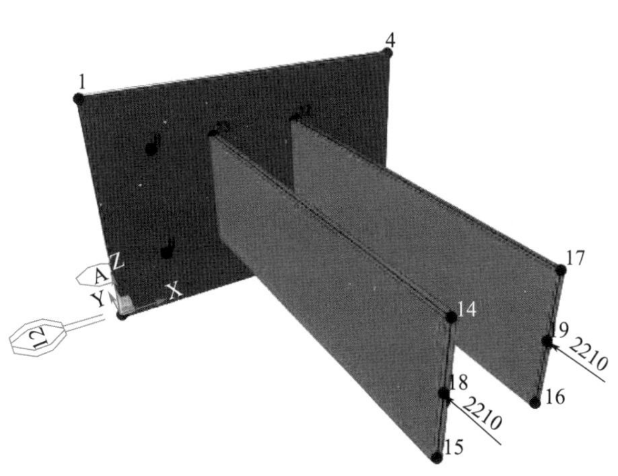


图 10　显示 $F$ 轴力节点荷载

## 3.7　指定截面的分割与自动剖分

在运行结构分析之前，为了保证转接件与锚板的模型稳定，需要对模型面板进行指定分割与剖分。

（1）面板的分割

命令路径：首先用鼠标左键将界面上模型图形全选中，再点击界面上工具条中【编辑 E】【编辑面】【分割面】弹出“分割面”对话框，在“分割选项”中，选“根据选择的点进行分割”，其他默认，再点击【应用】【确定】，即完成了指定面的分割（图 11）。

（2）面板的剖分

命令路径：首先用鼠标左键将界面上模型图形全选中，再点击界面上工具条中【指定 A】【面积】【自动剖分】弹出“指定面的自动剖分”对话框，“最大的单元尺寸”“边 1-2”与“边 1-3”，选填“20mm”（经验参考值），再点击【应用】【确定】，即完成了指定面的自动剖分（图 12）。

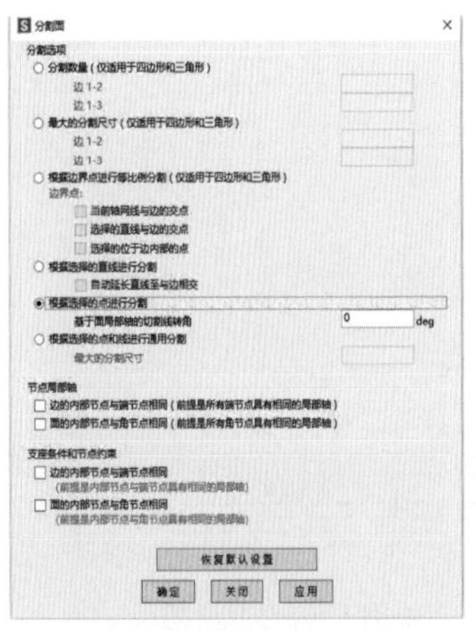


图 11　指定面的分割

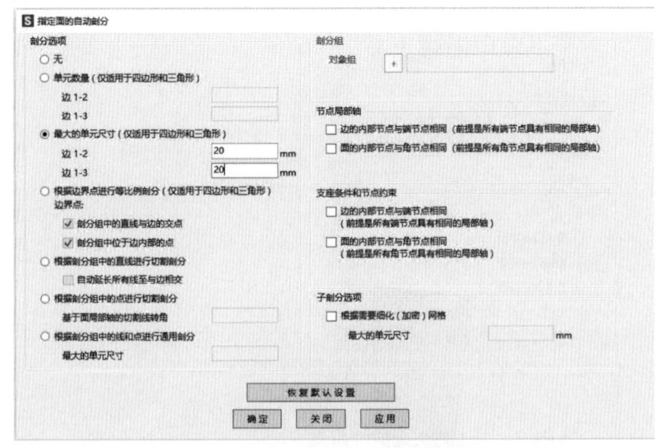


图 12　指定面的自动剖分

## 4　结构分析

当模型的几何信息、荷载信息、面板分割与剖分等设置完成并检查无误后，就可以进行分析选项进行设置与运行分析，对所建立的模型求解。

### 4.1　自由度分析选项

在运行分析之前，还需要对所建模型进行分析选项设置，然后才可以有选择性地运行荷载工况。

命令路径：点击界面上工具条中【分析 N】【设置分析】弹出“分析”，对话框，通过勾选“有效自由度”勾选“*UX*、*UY*、*UZ*、*RX*、*RY*、*RZ*”6 个自由度，或点击“快速选择”栏中的“空间框架”图形按钮选取自由度，点击【确定】按钮完成自由度分析选项。

### 4.2　运行分析

命令路径：点击界面上工具条中【分析 N】【运行分析】弹出“设置分析工况”选项对话框，再点击【运行分析】按钮，程序自动进行模型在荷载工况下的 $F$、$V$ 的分析计算。另外“MODAL”可以选择点击“运行/取消运行”按钮，再点击【运行分析】按钮完成运行工况分析。

模型通过以上的运行工况分析，程序已对建立的模型进行了结构分析与计算，得到了模型结构的相关内力与刚度结果。

（1）显示锚板最大刚度结果

命令路径：点击界面上工具条中【显示 P】【变形图】弹出“显示变形图”（或直接点击界面上工具条中按钮）对话框，在“工况/组合”名称栏中，分别选择已定义好了的 $F$ 与 $V$ 和下查看最大刚度。另在“缩放比例”栏选择自动计算；在“云图选项”选择“显示位移云图”、“云图分量”分别选择 $UY$ 向；再选择打钩“三次曲线”，其他默认；点击【应用】【确定】按钮，经 SAP2000 进行结构分析、计算、比较得到在剪力与轴力下最大刚度分别介绍如下。

①锚板在剪力 $V$ 下的刚度

锚板（不考虑转接件）在剪力 $V$ 下的刚度：$U_2$（$U_y$）$=0.194$（mm）。

那么，锚板最大变形：$U_{y\,max}=0.194<d_{f,lim}=300/250=1.2$mm。

故：在不考虑混凝土黏结及跨中锚栓作用下（图 13）锚板刚度满足要求！

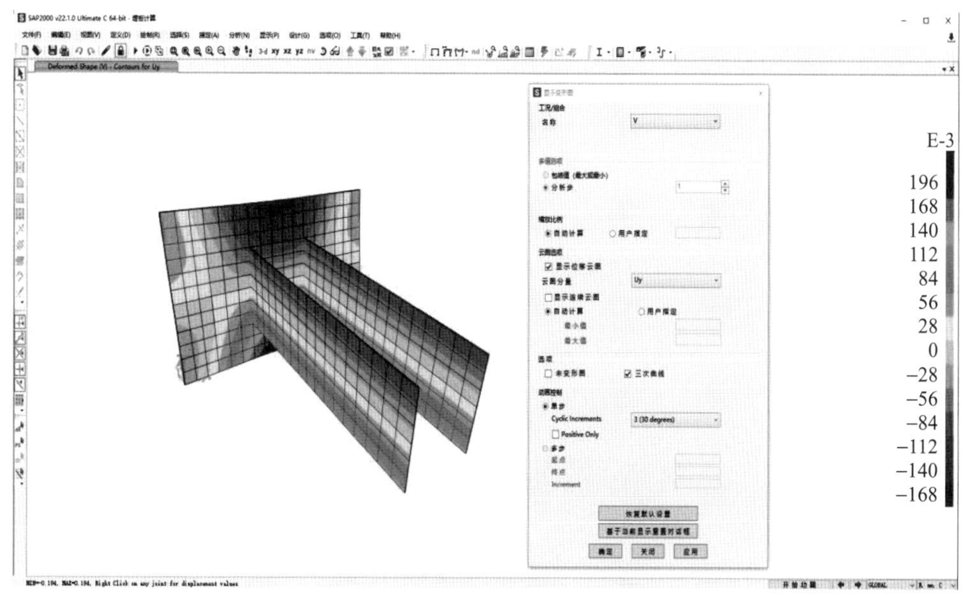


图 13　锚板在剪力 $V$ 下的刚度图

②锚板在轴力 $F$ 下的刚度

锚板（不考虑转接件）在轴力 $F$ 下的刚度：$U_2$（$U_y$）$=0.162$（mm）。

那么，锚板最大变形：$U_{y\,max}=0.162<d_{f,lim}=300/250=1.2$mm。

故：在不考虑混凝土黏结及跨中锚栓作用下（图 14）锚板刚度满足要求！

（2）显示锚板最大应力结果

①锚板在剪力 $V$ 下的应力

命令路径：点击界面上工具条中【显示 P】【内力/应力】弹出“显示壳单元内力/应力”对话框，在“工况/组合”名称栏中，分别选择已定义好了的剪力 $V$ 下查看最大应力。在“分量类型”选择“应力”；在“输出类型”选择“最大绝对值”；“分量”分别选择“$S_{max}$”、“$S_{min}$”与“$S_{max}V$”；“其他选项”勾选“变形图”，其他默认；点击【应用】【确定】按钮，经 SAP2000 进行结构分析、计算比较得到在剪力 $V$ 下最大应力：

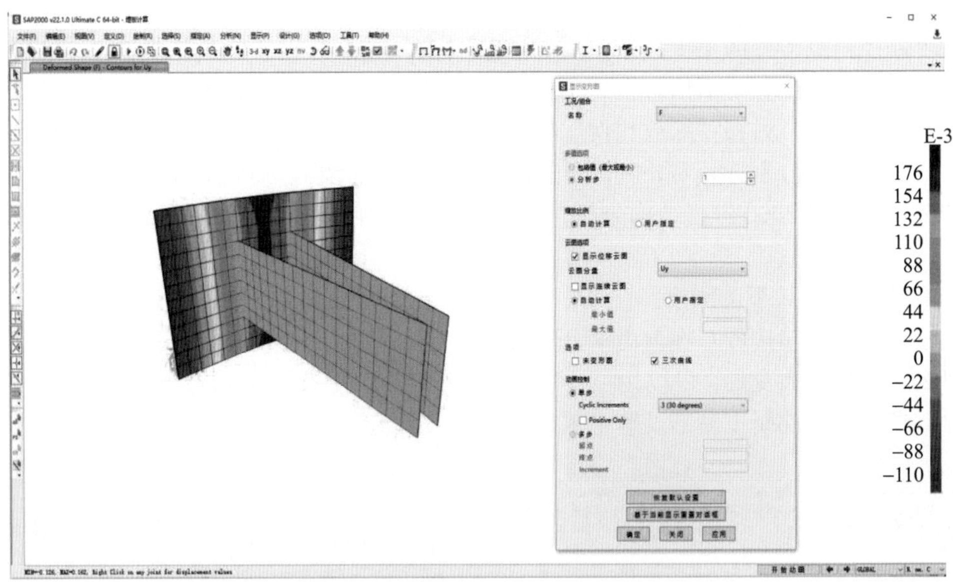


图14　锚板在轴力 $F$ 下的刚度图

$$\text{Stress } S_{max} = |-94.114| = 94.114\text{N/mm}^2;$$

锚板最大应力：94.114N/mm² $< f_g = 215$N/mm²（图15）锚板强度满足要求！

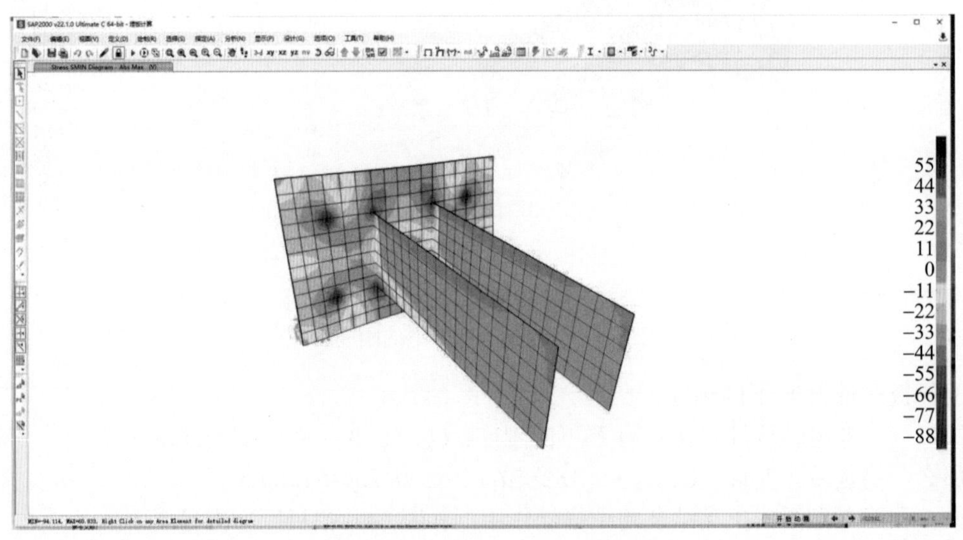


图15　锚板在剪力 $V$ 下的应力图

锚板在剪力 $V$ 下最大剪力“$S_{max}V$”：8.35N/mm² $< f_g = 125$N/mm² 锚板抗剪强度满足要求！

②锚板在轴力 $F$ 下的应力

命令路径：点击界面上工具条中【显示 P】【内力/应力】弹出“显示壳单元内力/应力”对话框，在“工况/组合”名称栏中，分别选择已定义好了的轴力 $F$ 下查看最大应力。在“分量类型”选择“应力”；在“输出类型”选择“最大绝对值”；“分量”分别选择“$S_{max}$”、“$S_{min}$”

与“$S_{max}V$”；“其他选项”勾选“变形图”，其他默认；点击【应用】【确定】按钮，经 SAP2000 进行结构分析、计算、比较得到在轴力 $F$ 下最大应力：

$$\text{Stress } S_{max} = |-43.244| = 43.244\text{N/mm}^2;$$

锚板最大应力：$43.244\text{N/mm}^2 < f_g = 215\text{N/mm}^2$（图 16）锚板强度满足要求！

锚板在轴力 $F$ 下最大剪力“$S_{max}V$”：$3.078\text{N/mm}^2 < f_g = 125\text{N/mm}^2$ 锚板抗剪强度满足要求！

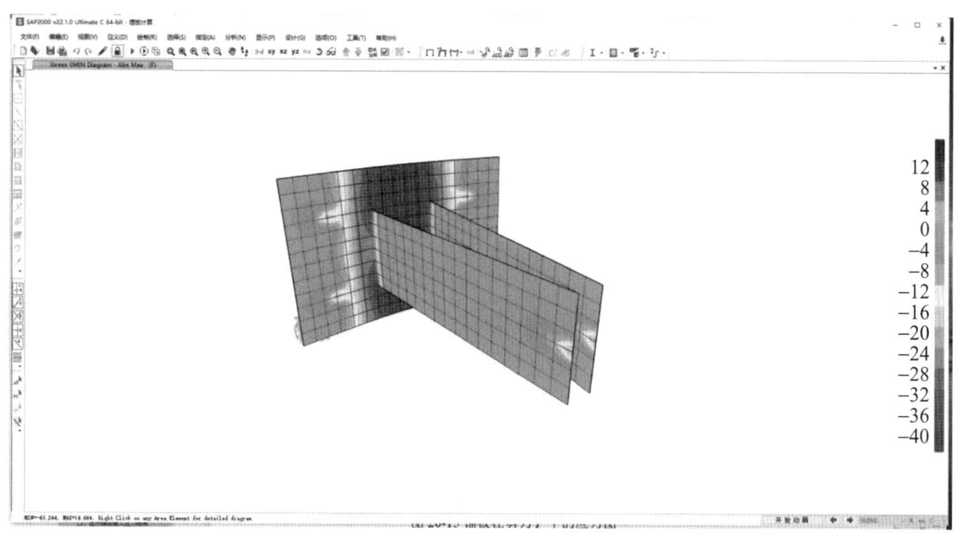


图 16　锚板在剪力 $F$ 下的应力图

## 5　结语

在高层建筑幕墙前置预锚板有偏差或者有漏埋的情况下，工程师根据幕墙板块所受的荷载，采用 SAP2000 有限元重新进行结构设计，可以更方便地补充后置锚板，特别是更复杂的转角类锚板。

### 参考文献

[1]　中华人民共和国建设部．玻璃幕墙工程技术规范：JGJ 102—2003 [S]. 北京：中国建筑工业出版社，2004.

[2]　中华人民共和国住房和城乡建设部．建筑结构荷载规范：GB 50009—2012 [S]. 北京：中国建筑工业出版社，2012.

[3]　屈铮．SAP2000 在建筑异形幕墙工程的设计实例解析 [M]. 长沙：中南大学出版社，2022.

# 建筑幕墙隔声性能探讨

杨廷海　王绍宏　罗文丰

北京佑荣索福恩建筑咨询有限公司　北京　100079

**摘　要**　噪声一直给人们正常的生产生活带来困扰，如何能在建筑内营造一个安静舒适的环境是人们关注的焦点问题。本文从隔声的基本原理出发，深入分析了幕墙隔声性能，并结合实际案例对幕墙隔声性能进行剖析，并阐述了一些幕墙隔声的基本解决方案，供业内人士共同探讨。

**关键词**　隔声基本原理；幕墙隔声；隔声设计；隔声性能检测

## 1　引言

随着科技的飞速进步和经济的高速发展，一方面交通工具和机械设备越来越多，交通、施工、工业等噪声源不断增多，噪声污染问题日益突出，另一方面人们对工作生活的“声”环境提出了更高要求，要求降低噪声和改善声环境的呼声日益强烈。幕墙作为建筑的外围护系统，必须将隔声降噪作为一项重要的环保因素加以考虑和设计。

幕墙隔声与降噪是两个不同的概念。幕墙隔声就是利用建筑幕墙来降低从噪声源至接受者之间的噪声传播，例如：道路上的噪声经过幕墙的反射和吸收，仅有部分噪声传入室内，这就是幕墙的隔声过程。幕墙降噪是防止幕墙受外部因素影响而产生的自身的噪声。例如：如何防止某些穿孔铝板幕墙在大风天气下发生“哨音”现象，如何防止某些框架幕墙在温度变化时产生框料间的摩擦声……这些都是幕墙降噪范围的内容。鉴于幕墙隔声更具有普遍性，本文主要对幕墙隔声的基本原理及应用进行讨论。另外对于幕墙门窗领域来说，撞击声引起的噪声问题比较少，故本文所述的隔声均指空气声隔声。

## 2　隔声基本原理

### 2.1　隔声的定义

声波传入室内的两种途径：

①空气。通过幕墙孔洞、缝隙直接传入。

②透射。声波透过墙体从一侧向另一侧传播的现象，可表示为：声波→墙体产生振动→再辐射（图1）。

隔声是指用隔声结构或构件将噪声源和接收方分开，使声能在传播过程中受到阻碍或消减，从而降低或消除噪声的措施。

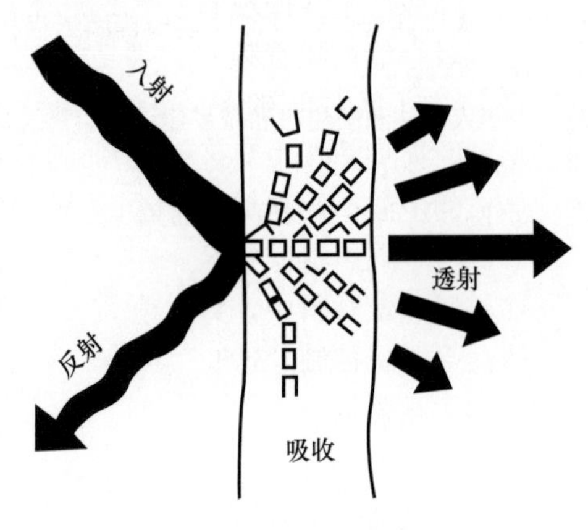


图1　声波的透射

## 2.2 隔声量定义及理论计算公式

$$R=10\lg W_i-10\lg W_\tau=10\lg(W_i/W_\tau)$$

隔声量 $R$——入射声分贝数与透射声分贝数的差值。

透射系数 $\tau$ ——透过围护结构的透射声功率与入射到围护结构上的入射声功率的比值

$$\tau=W_\tau/W_i$$

则隔声量 $R$（dB）如采用透射系数倒数的对数来表示，即

$$R=10\lg(1/\tau)$$

若 $\tau=0.01\rightarrow R=10\lg(1/0.01)=20$dB；

若 $\tau=0.001\rightarrow R=10\lg(1/0.001)=30$dB；

若已知 $R$，则 $\tau=10-R/10$。

## 2.3 单层均质墙体的隔声频率特性

影响隔声性能的主要因素是：面密度（单位面积质量）、内阻尼、材料刚度、边界条件等，如图 2 所示。

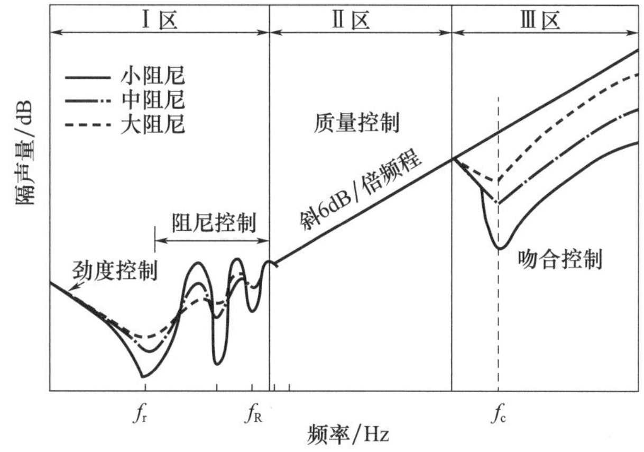


图 2　单层匀质密实墙典型隔声频率特性

频率从低端开始，单层匀质密实墙的隔声主要受“劲度控制”，隔声量随频率增加而降低，详见图 2 中Ⅰ区左半部分；随着频率的增加质量效应增大，在某些频率上，劲度和质量效应相抵消而产生共振现象，图 2 中 $f_r$，$f_r$称为“共振基频”，这时墙体振动幅度很大，隔声量出现极小值；随着频率的再增加，隔声量大小主要取决于构件的阻尼，称为“阻尼控制”，图 2 中Ⅰ区右半部分；当频率继续增加则质量起主要控制作用，此时隔声量随频率增加而增加，详见图 2 中Ⅱ区；特别强调的是当频率增加到吻合临界频率 $f_c$ 处，因声波入射角度造成的声波作用与单层匀质密实墙中弯曲波传播速度相吻合，隔声量有一个较大的降低，形成一个隔声量低谷区，通常称为“吻合谷”，图 2 中Ⅲ区低谷区域。

在一般建筑材料中，共振基频 $f_r$很低，常在 5～20Hz 之间，因而在主要声频范围内，隔声还是受质量控制，这时劲度和阻尼的影响较小可以忽略不计，从而把实墙看成是无刚度无阻尼的柔顺质量。

## 2.4 质量定律

图 2 中可以看出质量控制区（Ⅱ区、Ⅲ区）是隔声研究的重要区域。在质量控制区内，单层墙体隔声量理论推导得到：

隔声量 $R=20\lg(f\times m)-43$ (dB)

式中　$m$——隔声构件的面密度，kg/m²；

　　　$f$——入射声波的频率，Hz。

从上式可以看出：构件面密度越大，惯性阻力也越大，也就不易振动，隔声量也越大。通常把隔声量随质量增大的规律，称为隔声的“质量定律”。理论上频率增加一倍，隔声量增加6dB，面密度增加一倍，隔声量增加6dB。但在生产实践中发现，在质量控制的频率范围内明显出现质量定律的表现，但比6dB要小，一般面密度增加一倍隔声量增加4～5dB。

以单位面积质量 $m$ 和频率 $f$ 的乘积作为横坐标（用对数刻度表示），隔声量 $R$ 为纵坐标（用线性刻度表示），则按上式画出的隔声曲线是每增加一倍、上升6dB的直线，称为“质量定律直线”（图3）。

## 2.5　吻合效应

墙体在声音激发下会产生受迫振动，振动既有垂直于墙面的也有沿墙面传播的，不同的入射频率或入射角度将产生不同的沿墙面传播的传播速度 $C_f$，然而墙体本身存在着固有的自由弯曲波传播速度 $C_b$。

如果板在斜入射声波激发下产生的受迫弯曲波的传播速度 $C_f$ 等于板固有的自由弯曲波传播速度 $C_b$ 时，即出现 $C_f=C_b$ 时，将产生“吻合效应”，这时墙板会非常“顺从”地跟随入射声波弯曲，使大量声能透射到另一侧，形成隔声量的低谷，如图4所示。

声波无规入射时，每种隔声材料都会在某一频率上发生吻合效应，也只会发生在一定的频率范围内，这一范围有一下限频率，被称为“临界频率”，在隔声曲线上的低谷称为“吻合谷”。薄、轻、柔的墙体吻合频率高；厚、重、刚的墙体吻合频率低。以下列举几种常见材料的隔声量及其吻合效应（图4）。

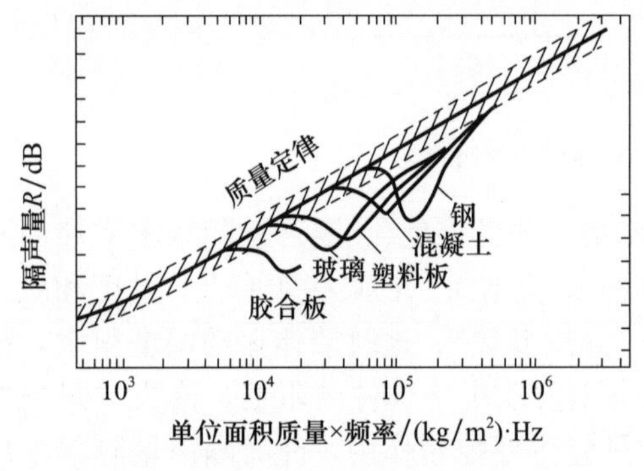


图3　几种材料的隔声量及其吻合效应

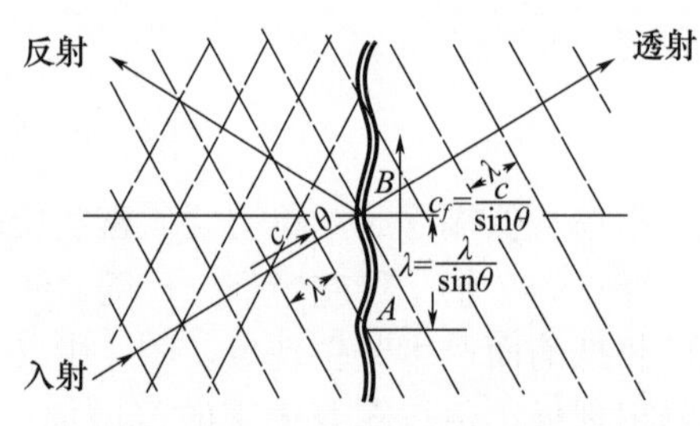


图4　吻合效应原理图

## 2.6　复合（双层或多层）墙体的隔声性能

从质量定律可知，单层墙体的单位面积质量增加一倍，即材料不变，厚度增加一倍，从而质量增加一倍，隔声量只增加6dB。实际上还不到6dB。显然，靠增加墙的厚度来提高隔声量是不经济的；增加了结构的自重，也是不合理的。如果把单层墙一分为二，做成双层墙，中间留有空气间层，则墙的总质量没有变，而隔声量却比单层墙有了提高。换句话说，两边等厚的双层墙虽然比其中一叶单层墙用料多了一倍，质量加了一倍，但隔声量的增加要超过6dB。双层墙可以提高隔声能力的主要原因是空气间层的作用。空气间层可以看作与两层墙板相联的“弹簧”，声波入射到第一层墙板时，使墙板发生振动，此振动通过空气间层传至第二层墙板，再由第二层墙板向邻室辐射声能。由于空气间层的弹性变形具有减振作用，传递给第二层墙体的振动大为减弱，从而提高了墙体总的隔声量。

双层墙的隔声量可以用单位面积质量等于双层墙两侧墙体单位面积质量之和的单层墙的隔声量加上一个空气间层附加隔声量来表示，在工程应用中，隔声量计算的经验公式：

$$R = 16\lg(m_1 + m_2) + 16\lg f - 30 + \Delta R$$

式中　$m_1$，$m_2$——双层结构的面密度，kg/m$^2$；

$f$——入射声波的频率，Hz。

$\Delta R$——空气层附加隔声量，dB。

附加隔声量与双层墙空气层厚度之间的关系，由图 5 查得。

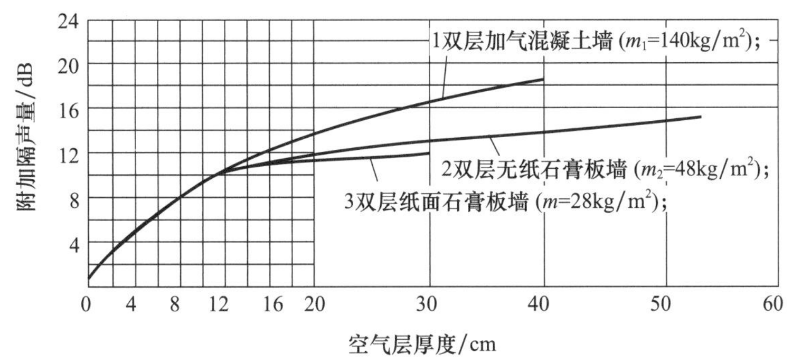


图 5　附加隔声量和双层墙空气厚度的关系

但是实际工程中，两层墙之间常有刚性连接，它们能较多地传递声音能量，使附加隔声量降低，这些连接称为“声桥”。

双层墙的每一层墙都会产生吻合现象，如果两侧墙是同样的，则两者的吻合临界频率 $f_c$ 是相同的，在 $f_c$ 处，双层墙的隔声量会下降，出现吻合谷。如果两侧的墙不一样厚，或不同材料，则两者的吻合临界频率不一样，可使两者的吻合谷错开。这样，双层墙隔声曲线上不至出现太深的低谷。

### 2.7　提高墙体隔声能力的主要措施

随着工业与民用建筑的快速发展，建筑的工业化现代化程度越来越高，同时还要求减轻建筑的自重，提高装配化程度，以满足建筑的高速发展。常用的轻型墙体材料有：防火石膏板、纸面石膏板、加气混凝土砌块、幕墙用玻璃铝板石材等。传统的 240mm 厚的砖墙，其平均隔声量约为 53dB，而现有的轻型墙其平均隔声量为 30dB，可见二者之间有较大差距。

提高轻型墙隔声能力的措施：

（1）将密实材料用多孔弹性材料（岩棉、玻璃棉、泡沫塑料）多层分隔复合，做成夹层结构，隔声量会比同质量单层墙提高很多，例如双层石膏板夹玻璃棉做法。

（2）使各层材料的面密度不同或厚度不同，避免板材的吻合效应引起的谐振，在质量定律范围内可以得到较理想的隔声效果。

（3）当将空气层的厚度增加到 75mm 以上时，在大多数的频带内可以增加 8～10dB 的隔声量。

（4）用松软的吸声材料填充空气间层，一般可以提高轻型墙 2～8dB 的隔声量。

综上所述，轻型墙体提高隔声性能的方法是多种多样的，双墙分立、多层复合、薄板叠合、弹性连接、填塞吸声材料、增加结构阻尼等，如图6所示。

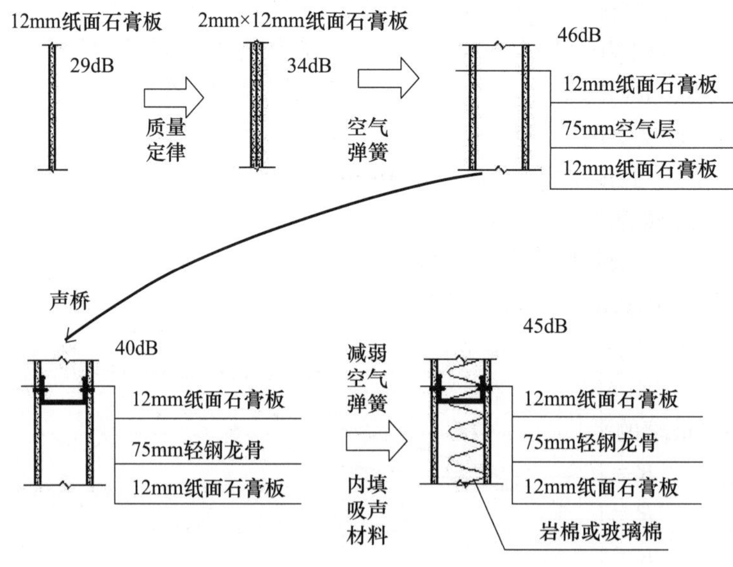


图6　提高墙体隔声措施示例

## 3　幕墙隔声性能

### 3.1　幕墙隔声性能分级

国标GB/T 21086—2007《建筑幕墙》中规定：空气声隔声性能以计权隔声量$R_W$作为分级指标，应满足室内声环境的需要，符合GB 50118—2010《民用建筑隔声设计规范》的规定。空气声隔声性能分级指标$R_W$应符合表1的要求。开放式建筑幕墙的空气声隔声性能应符合设计要求。

**表1　建筑幕墙空气声隔声性能分级表**

| 分级代号 | 1 | 2 | 3 | 4 | 5 |
|---|---|---|---|---|---|
| 分级指标值（dB） | $25 \leqslant R_W < 30$ | $30 \leqslant R_W < 35$ | $35 \leqslant R_W < 40$ | $40 \leqslant R_W < 45$ | $R_W \geqslant 45$ |

注：5级时需同时标注$R_W$的测试值。

### 3.2　幕墙隔声性能分析计算

在实践中，同样的构件在不同位置所测得的隔声量往往是不同的，这是因为受构件大小、声室条件的影响，因此为了尽可能地接近真实，便于比较，需在公式中加入一修正项，对各种玻璃的隔声量常采用经验公式估算：

单层玻璃

$$R = 10\lg M + 12$$

夹层玻璃

$$R = 10\lg M + 12 + \Delta R1$$

中空玻璃

$$R=10\lg M+12+\Delta R2$$

式中　M ——玻璃面密度，6mm 玻璃 $M=15.4\text{kg/m}^2$；8mm 玻璃 $M=20.5\text{kg/m}^2$；10mm 玻璃 $M=25.6\text{kg/m}^2$；12mm 玻璃 $M=30.7\text{kg/m}^2$；

$\Delta R1$ ——夹层材料附加隔声量；PVB 胶片膜厚 0.38mm 时取 4dB，PVB 胶片膜厚 0.76mm 时取 5.5dB，PVB 胶片膜厚 1.52mm 时取 7dB；

$\Delta R2$——中空玻璃空气层附加隔声量，空气间层为 6mm 时取 1dB，空气间层为 9mm 时取 2dB，空气间层为 12mm 时取 2.5dB。

计算各种单层玻璃的平均隔声量（玻璃及间层厚度单位：mm）：

6mm　　$R=$101gM15.4+12=23.88（dB）；

8mm　　$R=$101gM20.5+12=25.11（dB）；

10mm　　$R=$101gM25.6+12=26.08（dB）；

12mm　　$R=$101gM30.7+12=26.87（dB）。

计算各种中空玻璃的平均隔声量（玻璃及间层厚度单位：mm）：

6+6+6：　　$R=$101gM（15.4+15.4）+12+1=27.89（dB）；

6+9+6：　　$R=$101gM（15.4+15.4）+12+2= 28.89（dB）；

6+12+6　　$R=$101gM（15.4+15.4）+12+2.5=29.39（dB）；

8+9+8　　$R=$101gM（20.5+20.5）+12+2=30.12（dB）；

8+12+8　　$R=$101gM（20.5+20.5）+12+2.5=30.62（dB）；

10+12+10　　$R=$101gM（25.6+25.6）+12+2.5=31.56（dB）。

计算各种夹层玻璃的平均隔声量（玻璃及间层厚度单位：mm）：

3+0.38+3　　$R=$101gM（7.68+7.68）+12+4=27.86（dB）；

4+0.38+4　　$R=$101gM（10.24+10.24）+12+4=29.11（dB）；

5+0.38+5　　$R=$101gM（12.8+12.8）+12+4=30.08（dB）；

6+0.38+6　　$R=$101gM（15.4+15.4）+12+4=30.88（dB）；

6+0.76+6　　$R=$101gM（15.4+15.4）+12+5.5=32.38（dB）；

8+0.76+8　　$R=$101gM（20.5+20.5）+12+5.5=33.63（dB）；

6+1.52+6　　$R=$101gM（15.4+15.4）+12+7=33.89（dB）；

8+1.52+8　　$R=$101gM（20.5+20.5）+12+7=35.13（dB）。

### 3.3　提高幕墙隔声性能的主要措施

一般门窗幕墙结构相对于土建墙体而言都比较轻薄，而且存在较多缝隙，因此门窗幕墙的隔声能力往往比墙体低得多，形成隔声的“薄弱区域”。若想提高门窗幕墙的隔声性能，一方面要改变单、薄、轻的门窗幕墙构造，另一方面要密封孔洞、缝隙，减少孔洞缝隙进声。图 7 是孔洞与缝隙对隔声的影响。

对于窗和玻璃幕墙，因为采光和其他使用要求，只能采用玻璃等透光材料。对于隔声要求高的窗和幕墙，可采用较厚的单片玻璃或采用双层、多层玻璃（双中空玻璃或中空夹胶玻璃）或真空玻璃。在采用双层或多层玻璃时，若有条件，各层玻璃可以设置成不平行、厚度不同、玻璃之间的分子筛间隔条配置吸声材料。要尽量减少门窗幕墙缝隙和孔洞，要有严格的设计和加工精度的要求，要摆脱门窗幕墙加工中的落后工艺，结构和材料要有足够的强度和耐久性防止变形；采用构造做法来减少缝隙或增加密封道数，例如采用双道或多道密封，即增加门窗幕墙的气密性即可有良好的隔声效果。对于不可避免的门窗缝，在构造设计上要避免直通缝，要有所曲折和遮挡；缝间可设置柔软弹性材料（如橡胶条、泡沫胶条、毛毡条等）密封，另外还要注意门窗幕墙框和土建洞口之间缝隙的密封。

对于隔声要求较高的门，加强门扇隔声的做法一般有两种：一种是采用厚而重的门扇，如厚钢板钢质门、钢筋混凝土门；另一种是采用多层复合结构，用多层且性质相差很大的材料（玻璃、铝板、钢板、木板，阻尼材料如PVB胶片、沥青，吸声材料如岩棉、聚苯板等）复合而成，因为各层材料的阻抗差别很大，使声波在各层边界上被反射，提高了隔声性能。如果单道门难以达到隔声要求，可以设置双道门，之间的空气层可以得到较大的附加隔声量。如果加大两道门之间的空间，扩大成为门斗并在门斗内表面作吸声处理，例如喷涂吸声涂料，能进一步提高隔声效果。

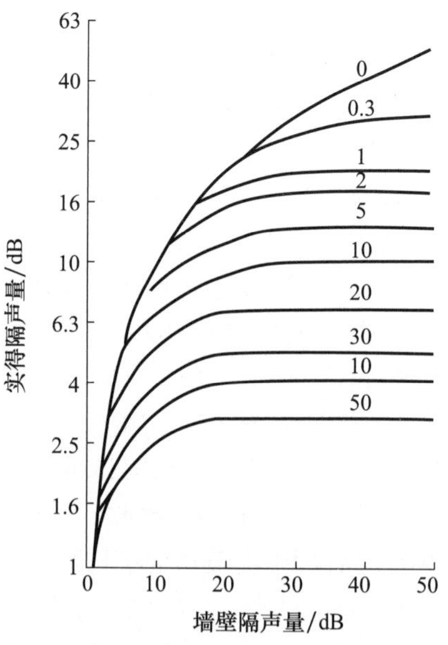


图7　幕墙上缝隙对隔声量的影响曲线

注：曲线上的数字代表缝隙，单位为%

## 4　典型案例分析

下文举两个工程实例来说明幕墙的隔声设计要点。

### 4.1　北京华能大厦玻璃幕墙隔声设计

北京华能大厦玻璃幕墙为带陶砖翼的定制铝挤型材并具热断桥的室外单元式幕墙。单元的可视区域使用双中空夹胶玻璃（6mm HS /1.5 INTERLAYER / 6mm HS /12mm AS / 6mm HS /12mm AS/6mm），窗间墙区域使用中空玻璃（6mm HS /1.5 INTERLAYER / 6mm HS /12mm AS /6mm HS 中空玻璃）并带有保温隔热的背衬板阴影箱，竖向内凹处使用单片玻璃（6mm钢化）及100mm保温隔热背衬板阴影箱，如图8所示。

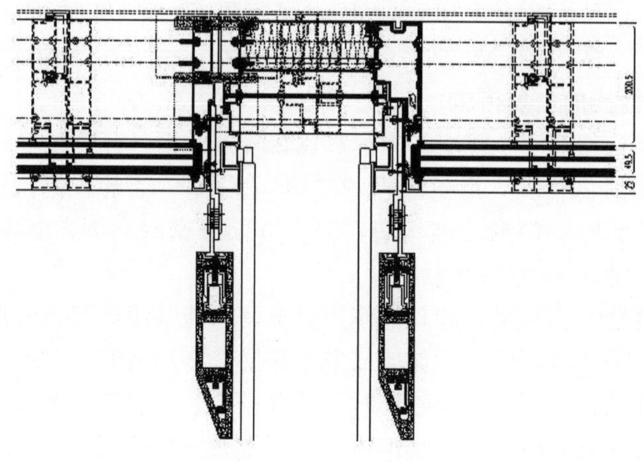

图8　北京华能大厦玻璃幕横剖节点

首先面材的外片玻璃采用夹胶玻璃，为多层复合结构且材料性质不同，使声波在各层边界上被反射，提高了隔声量，玻璃胶片为阻尼材料，对声波有较好的吸收。玻璃采用双中空配置充分利用了空气间层对声波的削减作用，如图 9 所示。

其次幕墙在非透明区域由外到内采用 6mm 单玻璃＋40mm 空气层＋3mm 铝单板衬板＋100mm 保温岩棉＋2mm 室内装饰铝板的构造做法，除了充分利用了以上隔声消声原理外，还加大了空气层，有效地利用了空气的“弹簧”消声作用，3mm 铝单板衬板反射了透过单玻璃的剩余声波，保温岩棉为多孔弹性材料，吸声能力很强，声波穿过岩棉大部分被吸收，2mm 室内装饰铝板进一步吸收和反射了剩余声波如图 10 所示。

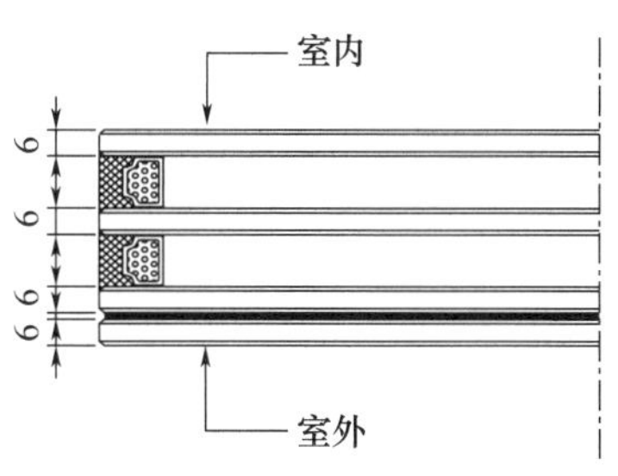


图 9　透明幕墙玻璃配置

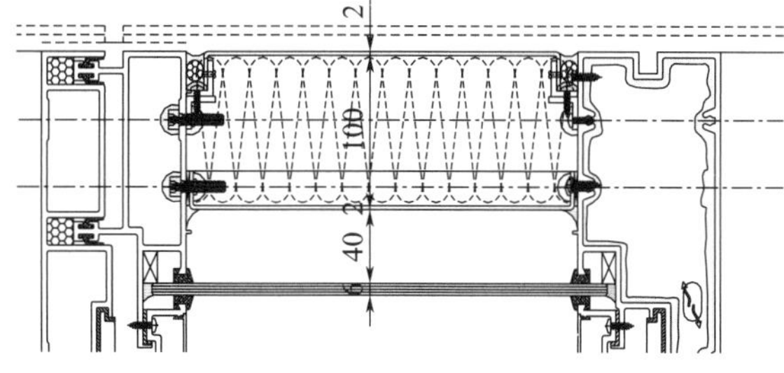


图 10 非透明幕墙横剖节点

最后一些声桥部位也进行了隔声处理：铝型材采用断桥式为多层复合材料组成，单元插接部位采用了 5 道胶条密封，玻璃和框的密封采用胶条、密封胶、双面贴、胶条 4 道密封方式，有效地阻止了声波向室内的传播，如图 11 所示。

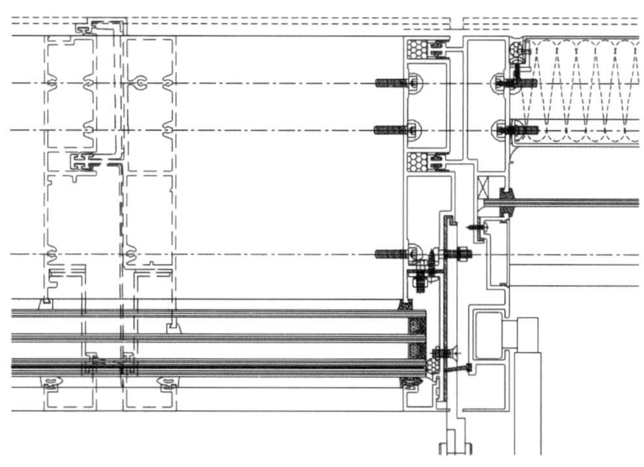

图 11　单元幕墙插接部位节点

## 4.2　北京国家开发银行总部隔声设计

幕墙采用双层呼吸式幕墙；内外幕墙间距 750mm，电动进气口和排气口处有穿孔铝板和不锈钢格栅，为有效地吸收声波，进气口和排气口都设置在层间部位，和内层门窗不是对应关系，即使在进出气口打开、内层门窗打开的情况下，外界噪声也要被多次反射和吸收，削弱到规范允许范围内，如图 12 所示。

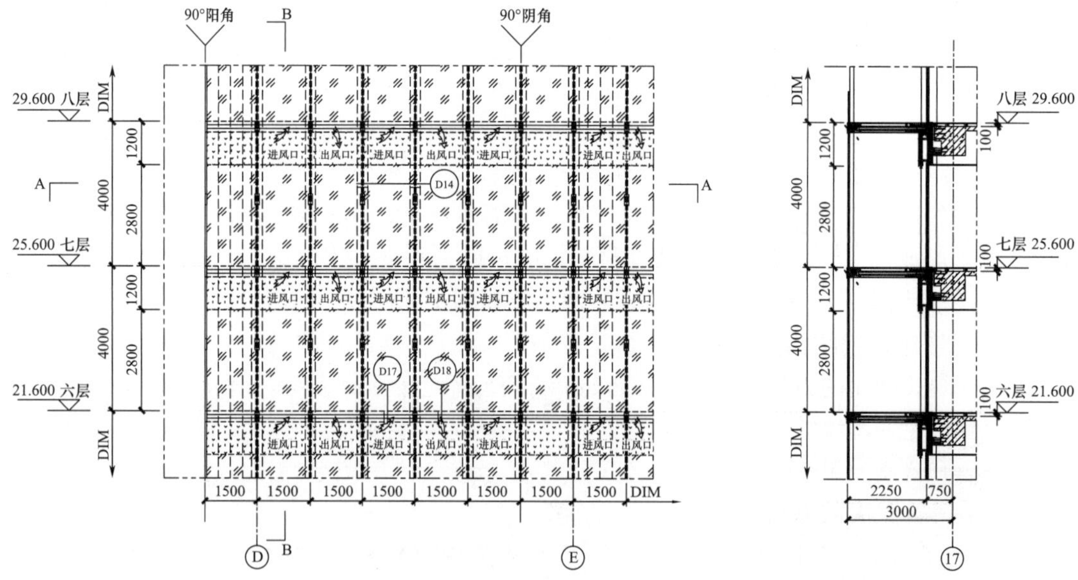


图12 北京国家开发银行总部幕墙大样图

## 5 结语

建筑门窗幕墙的隔声是一个比较系统且复杂的课题，门窗幕墙在前期设计阶段就要根据材料及结构的特点进行隔声设计，并分析计算隔声量是否能达到建筑设计要求。使用上述所列公式和方法，可以初步从理论上计算出所设计门窗幕墙的隔声量，如果要得到更接近真实的隔声效果，仍需在试验室测试或在1：1的样板墙上进行现场测定，以便得到更加真实有效的数据，从测定结果上分析，从而进一步修改完善幕墙的隔声设计。

## 参考文献

[1] 中华人民共和国住房和城乡建设部．民用建筑隔声设计规范：GB 50118—2010［S］．北京：中国建筑工业出版社，2011.

[2] 国家市场监督管理总局，国家标准化管理委员会．建筑幕墙空气声隔声性能分级及检测方法：GB/T 39526—2020［S］．北京：中国标准出版社，2020.

[3] 国家市场监督管理总局，国家标准化管理委员会．建筑幕墙：GB/T 21086—2007［S］．北京：中国建筑工业出版社，2007.

## 作者简介

杨廷海（Yang Tinghai），男，1974年8月生，高级工程师，国家注册一级建造师；E-mail：yangth_yrsfen@163.com。

王绍宏（Wang Shaohong），男，1968年7月生，高级工程师；E-mail：wangsh_yrsfen@163.com。

罗文丰（Luo Wenfeng），男，1978年11月生，高级工程师；研究方向：幕墙门窗屋面板等建筑围护结构；工作单位：北京佑荣索福恩建筑咨询有限公司；地址：北京市丰台区南三环东路嘉业大厦二期2号楼813室；邮编：100079；联系电话：010-5947 8439；E-mail：luowf_yrsfen@163.com。

# 非标结构件的计算长度

姜志浩　梁曙光
浙江中南建设集团有限公司　浙江杭州　310052

**摘　要**　长细比是钢结构进行稳定计算的重要参数，而计算长度则是构件分析的重点和难点。本文介绍长细比的力学意义，列举标准力学体系（包括轴力体系、弯矩体系）中计算长度的规定，讨论在幕墙结构中常用的非标力学体系中计算构件长度的方法，以解决实际项目中结构安全和幕墙效果相互平衡的问题。并以鱼腹式桁架弦杆的长细比确定为例，介绍了此类非标杆件计算长度的方法，为其他工程提供借鉴。

**关键词**　幕墙非标结构件；欧拉临界力；计算长度；鱼腹桁架

**Abstract**　The slenderness ratio is an important parameter in the stability calculation of steel structure, but the effective length calculation is the difficulty in determining this parameter. Based on the introduction of its mechanical significance and the effective length determination method of standard mechanical system (including axial force system and bending moment system) prescribed by the code, this paper focuses on the effective length determination problem in non-standard mechanical system commonly used in curtain wall structure, so as to realize the double realization of structure safety and curtain wall effect. Taking the slenderness ratio of fish-belly truss string as an example, this paper introduces the method to determine the effective length of this kind of non-benchmarking part. It provides a reference method for the effective of the length in the non-standard structure of curtain wall.

**Keywords**　curtain wall non-standard structure; Euler's critical force; the effective length; fish-belly truss

## 1　引言

深圳某项目塔楼顶部因建筑效果的需要，采用大分格玻璃以实现通透大气的立面效果，采用鱼腹式桁架作为主要受力构件。桁架跨度高达 18.1m，其间距为 5.6m，如图 1 所示，受力构件看面投影宽度仅 200mm，具有极好的视觉效果，然而为达到简洁的建筑效果，建筑师不同意室内侧弯弧弦杆设置隅撑，其平面外支撑只有上、下各一道，直接套用《钢结构设计标准》（GB 50017—2017）计算长度取 18.1m，无法满足现行规范关于长细比限值要求。

在幕墙结构中，经常出现类似鱼腹桁架这类非标力学体系，而幕墙规范多参照结构规范，很多工程师在设计时很少考虑长细比这一参数。本文以鱼腹式桁架为例，探讨长细比及计算长度的取值，研究设计的合规性，为幕墙非标结构件中计算长度的提供借鉴。

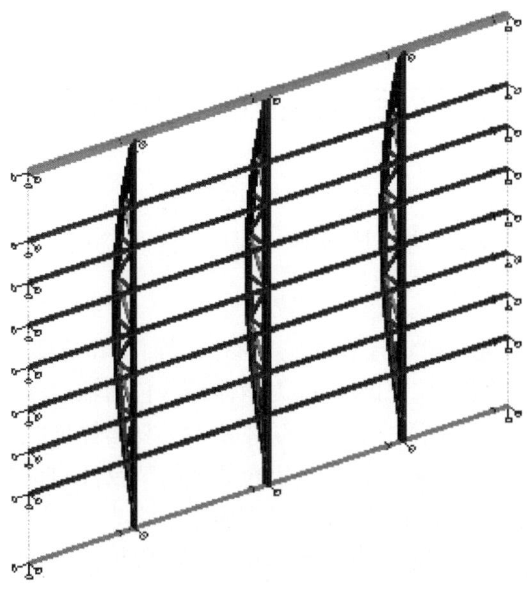

图1　项目模型

## 2　长细比及计算长度的力学含义

细长形压杆的失效模式通常表现为屈曲失稳，即达到临界压力时压杆受轻微侧向干扰便不能恢复到原状态；而短粗型压杆的失效模式通常表现为材料强度失效，即材料压溃。为防止压杆失稳，工程师使用长细比的概念来研究其属性、几何形状和预期失效行为。结合以上力学知识，我们可以将长细比视为研究压杆屈曲失稳的几何刚度，即用以度量压杆长细程度、区分长短柱的工具，用数学公式可以表达为 $\lambda = l_0/i$ 。细长形压杆屈曲失稳模态遵循正弦波，其波形取决于其边界条件。根据支撑类型和负载条件，压杆的计算长度有所不同。基于各类支撑条件，理想压杆的屈曲模态如图2所示，其边界条件的自由度要么为零（即自由），要么为无限刚度，然而在实际工程中，多为介于两者之间，即弹性约束。故实际工程中构件计算长度的确定要复杂得多。

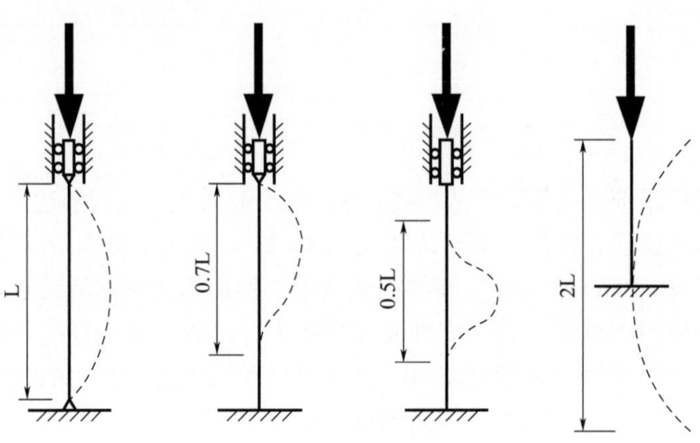


图2　压杆屈曲模态

## 3 各规范中长细比及计算长度的相关规定

### 3.1 《钢结构设计标准》相关规定

根据《钢结构设计标准》（GB 50017—2017）第 7.4.1 条，桁架弦杆平面外计算长度取桁架弦杆侧向支撑点之间的距离，即 $l_0 = l_1 = 18.1\text{m}$ 。但也有其他特殊情况，GB 50017—2017 第 7.4.3 条考虑弦杆轴力不相等时，$l_0 = l_1 \times (0.75 + 0.25 \times N_2 / N_1)$ ，其计算长度 $l_0 \leqslant l_1$ 。

《钢结构设计标准》（GB 50017—2017）第 8.3 节规定了框架柱的计算长度。其中。第 8.3.5 条规定：框架柱在框架平面外的计算长度可取面外支撑点之间的距离。

《钢结构设计标准》（GB 50017—2017）第 7.4.6 条规定：轴心受压构件的长细比不宜超过表 1 规定的容许值，但当杆件内力设计值不大于承载力的 50%时，容许长细比值取 200。

**表 1 受压杆件长细比容许值**

| 构件名称 | 容许长细比 |
|---|---|
| 轴心受压柱、桁架和天窗架中的压杆 | 150 |
| 柱的缀条、吊车梁或吊车桁架以下的柱间支撑 | 150 |
| 支撑 | 200 |
| 用以减小受压构件计算长度的杆件 | 200 |

### 3.2 《空间网格结构技术规程》[2] 相关规定

《空间网格结构技术规程》（JGJ 7—2010）第 5.1.2 条规定了不同杆件的计算长度，见表 2；第 5.1.3 条规定了杆件的长细比限值，见表 3。

**表 2 空间结构杆件计算长度**

| 结构体系 | 杆件形式 | 螺栓球 | 焊接空心球 | 板节点 | 毂节点 | 相贯节点 |
|---|---|---|---|---|---|---|
| 网架 | 弦杆及支座腹杆 | 1.0$L$ | 0.9$L$ | 1.0$L$ | — | — |
| | 腹杆 | 1.0$L$ | 0.8$L$ | 0.8$L$ | | |
| 双层网壳 | 弦杆及支座腹杆 | 1.0$L$ | 1.0$L$ | 1.0$L$ | — | — |
| | 腹杆 | 1.0$L$ | 0.9$L$ | 0.9$L$ | | |
| 单层网壳 | 壳体曲面内 | — | 0.9$L$ | — | 1.0$L$ | 0.9$L$ |
| | 壳体曲面外 | | 1.6$L$ | | 1.6$L$ | 1.6$L$ |
| 立体桁架 | 弦杆及支座腹杆 | 1.0$L$ | 1.0$L$ | — | — | 1.0$L$ |
| | 腹杆 | 1.0$L$ | 0.9$L$ | | | 0.9$L$ |

**表 3 空间结构杆件长细比限值**

| 结构体系 | 杆件形式 | 杆件受拉 | 杆件受压 | 杆件受弯与压弯 | 杆件受拉与拉弯 |
|---|---|---|---|---|---|
| 网架<br>立体桁架<br>双层网壳 | 一般杆件 | 300 | 180 | — | — |
| | 支座附近杆件 | 250 | | | |
| | 直接承受动力荷载杆件 | 250 | | | |
| 单层网壳 | 一般杆件 | — | — | 150 | 250 |

### 3.3 《玻璃幕墙工程技术规范》[3]相关规定

《玻璃幕墙工程技术规范》（JGJ 102—2003）第 6.3.9 条规定：承受轴压力和弯矩作用的立柱，其长细比不宜大于 150。

## 4 计算长度的概念及理论计算方法

首先，计算长度的概念源自欧拉的压杆稳定问题研究。根据材料力学[4]相关知识，压杆稳定采用的是“理想压杆模型”，即假定杆件是等截面直杆，压力作用线与截面形心纵轴重合，材料是完全均匀和弹性的，得到欧拉临界力：$N_{cr}=\frac{\pi^2 EI}{l_0^2}$。其中杆端约束越强，杆件计算长度越短，临界荷载越高。

其次，桁架结构模型采用的基本假定是：①节点均为铰接；②杆件轴线平直且都在同一平面内，相交于节点中心；③荷载作用线均在桁架平面内，且通过桁架的节点。因此，该项目的鱼腹桁架并不是标准桁架，而是广义上的桁架模型。

考虑到以上两个因素，本人提出：鱼腹桁架连续弦杆的平面外计算长度，不等于其侧向支撑点的间距。

### 4.1 基本思路及计算方法

本项目确定平面外计算的方法如下：

①采用有限元计算软件求得弦杆第一阶平面外屈曲临界力；

②根据欧拉公式反算计算长度。

### 4.2 屈曲分析的理论基础

屈曲分析是用于计算结构在特定荷载作用下的屈曲模态和屈曲因子。在数学上即求解以下广义特征方程：

$$(K_E+\lambda_i K_G)\,\Phi_i=0 \tag{1}$$

式中 $K_E$——结构的弹性刚度矩阵；

$K_G$——结构的几何刚度矩阵；

$\lambda_i$——第 $i$ 阶屈曲因子（特征值）；

$\Phi_i$——第 $i$ 阶屈曲模态（特征向量）。

屈曲失稳的临界荷载为屈曲荷载，即屈曲因子与实际荷载的乘积。

### 4.3 考虑桁架腹杆与弦杆铰接的算例

在软件中，建立模型，由于弦杆无法施加隅撑，其外弦杆与横梁刚接，弦杆上、下端为铰接（后文中模型相同）。施加轴向力，腹杆截面取 130mm×10mm，腹杆与弦杆铰接，计算得到计算杆件最大轴力 0.439kN。其第一阶屈曲模态就是弦杆平面外屈曲模态，如图 3 所示，对应屈曲稳定系数为 6926，乘以轴力得到弦杆第一阶平面外屈曲临界力为 3040kN。根据欧拉临界力公式，我们可以反算得到计算长度 $l_0=\sqrt{\frac{\pi^2 EI}{N_{cr}}}=9147\text{ mm}$，约为 0.5 倍侧向支撑长度 $l_1=18.1\text{m}$。鱼腹桁架弯曲弦杆的长细比为 91.87，远小于限值 150。故鱼腹桁架弦杆不能完全套用 GB 50017—2017 中弦杆计算长度的有关规定。

### 4.4 考虑桁架腹杆刚接的算例

在软件中，建立模型，并施加轴向力，腹杆截面取 130mm×10mm，腹杆与弦杆刚接，计算得到计算杆件最大轴力 0.433kN。其第一阶屈曲模态就是弦杆平面外屈曲模态，如图 4 所示，对应屈曲稳定系数为 33656，乘以轴力得到弦杆第一阶平面外屈曲临界力为 14573kN。根据欧拉临界力公式，我们可以反算计算长度 $l_0=\sqrt{\frac{\pi^2 EI}{N_{cr}}}=4178\,\text{mm}$，约为 2.14 倍节间长度（直弦杆侧向支撑间距），约为 0.23 倍侧向支撑 $l_1=18.1\text{m}$。其长细比为 42，远小于限值 150。

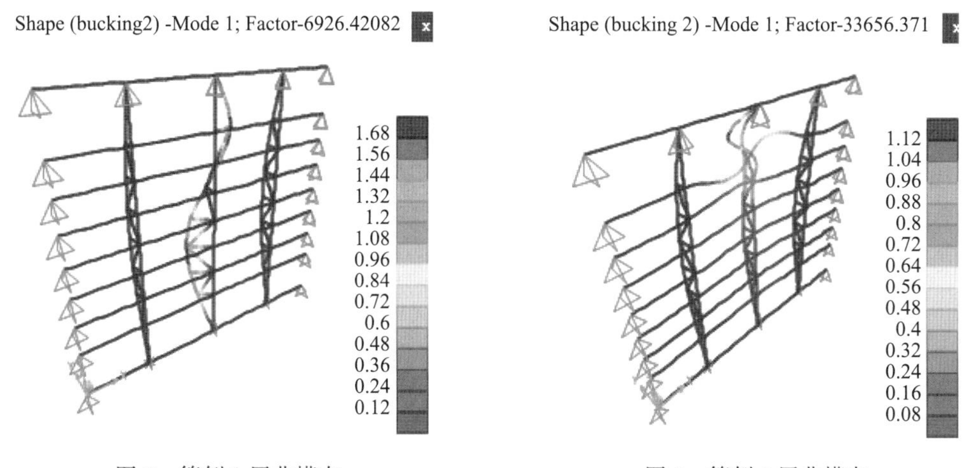


图 3　算例 1 屈曲模态　　图 4　算例 2 屈曲模态

## 4.5　考虑减小腹杆刚度的算例

在软件中，建立模型，并施加轴向力，将腹杆减小到 100mm×5mm，腹杆与弦杆刚接，计算得到计算杆件最大轴力 0.433kN。其第一阶屈曲模态就是弦杆平面外屈曲模态，如图 5 所示，对应屈曲稳定系数为 29015，乘以轴力得到弦杆第一阶平面外屈曲临界力为 1256kN。根据欧拉临界力公式，我们可以反算计算长度 $l_0=\sqrt{\frac{\pi^2 EI}{N_{cr}}}=4500\text{mm}$，约为 2.32 倍节间长度（直弦杆侧向支撑间距），约为 0.25 倍侧向支撑 $l_1=18.1\text{m}$。其长细比为 45，远小于限值 150。

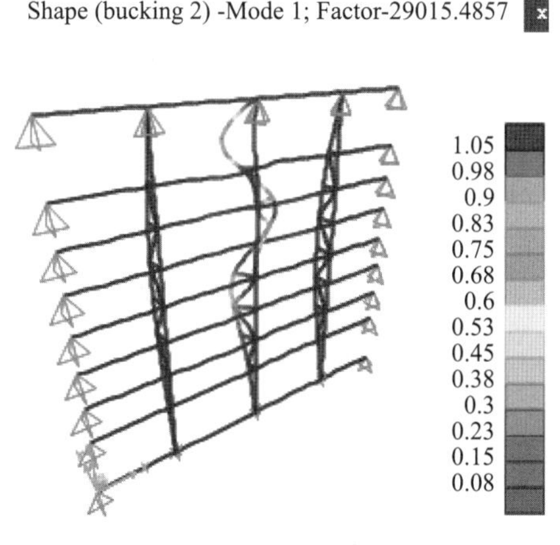


图 5　算例 3 屈曲模态

## 5 结语

在校核长细比的合规性时，受限于杆件截面大小，杆件的长细比通常取决于计算长度，而计算长度主要取决节点形式与杆件的受力状况。根据《钢结构设计标准》（GB 50017—2017），架弦杆平面外计算长度取侧向支撑长度，主要原因是桁架腹杆采用铰接，偏于安全。然而如果采用刚接节点，桁架腹杆可视为弦杆的约束，从而避免弦杆屈曲，减小计算长度。

分析3个算例，可以得出以下结论：

①弦杆和腹杆刚接的屈曲临界力远大于弦杆与腹杆铰接的屈曲临界力，其主要原因是刚接节点能为弦杆提供侧向约束，提高了弦杆刚度，使得弦杆不容易屈曲。

②无论弦杆和腹杆是否刚接，无侧向支撑弦杆计算长度均大于另一弦杆侧向支撑间距，但当弦杆与腹杆节点刚度较大、腹杆刚度较大时，其无侧向支撑弦杆计算长度越小，并且另一弦杆侧向支撑间距。

③鱼腹桁架平面外计算长度，不等于自身侧向支撑点的间距，直接套用《钢结构设计标准》（GB 50017—2017）偏于保守。

如果考虑腹杆与弦杆刚接，且腹杆能提供弦杆足够的约束作用，杆件的计算长度可以大大减小。因此，在实际工程项目中，应结合项目进行具体分析。

### 参考文献

[1] 中华人民共和国住房和城乡建设部．钢结构设计标准：GB 50017—2017 [S]. 北京：中国建筑工业出版社，2017.

[2] 中华人民共和国住房和城乡建设部．空间网格结构技术规程：JGJ 7—2010 [S]. 北京：中国建筑工业出版社，2010.

[3] 中华人民共和国建设部．玻璃幕墙工程技术规范：JGJ 102—2003 [S]. 北京：中国建筑工业出版社，2003.

[4] 刘鸿文．材料力学 [M]. 北京：高等教育出版社，2011.

### 作者简介

姜志浩（Jiang Zhihao），男，1993年3月生，毕业于暨南大学，工程师，一级建造师，研究方向：工程力学。工作单位：浙江中南建设集团有限公司；地址：浙江省杭州市滨江区长河街道绿香街66号；邮编：310052；联系电话：18867524060；E-mail：157706948@qq.com。

# 建筑幕墙中若干问题的探讨

曾晓武

深圳市建筑门窗幕墙学会　广东深圳　518053

**摘　要**　这几年，幕墙设计中出现了一些新问题，有些是标准中没解释清楚的，有些是还需要进一步探讨的，本文提出对这些问题的个人理解和观点，供幕墙业内人士参考。

**关键词**　幕墙设计；问题探讨

**Abstract**　In resent years, there have been some new problems in curtain wall design, some of which are not clearly explained in specification, and some that require further exploration. This article presents my personal understanding and opinions for reference only by industry personnel.

**Keywords**　curtain wall design; problems discussion

## 1　引言

随着幕墙技术的不断发展，相关标准和规范的不断完善，在幕墙设计过程中，也常常会遇到一些新问题，这些问题中，有些可能是相关标准或规范中没有解释清楚，有些还需要进一步探讨和研究，这些新问题主要有如下几个方面：

（1）不锈钢与碳钢或低合金钢的焊接；

（2）夏热冬暖地区传热系数 $K$ 值要求；

（3）幕墙防火构件隔热性要求；

（4）按荷载规范计算值与风洞试验值进行比对；

（5）玻璃幕墙面板耐撞击性能检测；

（6）强度提高的硅酮结构密封胶应用探讨。

类似的新问题还比较多，本文就不一一列举，下面分别对以上这几个新问题提出个人的见解，供业内人员参考。

## 2　不锈钢与碳钢或低合金钢焊接

幕墙设计中经常会遇到不锈钢需与碳钢或低合金钢的焊接问题，比如不锈钢玻璃栏杆系统的立柱能否与碳钢预埋件焊接、幕墙配件或附件中局部异种钢焊接等，有人认为不能焊接，依据是国家强制标准《钢结构通用规范》（GB 55006—2021）中第 4.3.3 条“不锈钢构件不应与碳素钢及低合金钢构件进行焊接”。个人认为不妥，主要有以下几点原因。

（1）钢结构设计中所涉及的构件通常需承受的荷载很大、跨度也很大，直接关系到主体结构的安全；而幕墙设计中的构件一般荷载较小、跨度不大，比如阳台栏杆立柱等；

（2）幕墙设计中不锈钢构件与碳钢构件的焊接一般属于小受力构件，在满足设计要求的前提下，现有焊接工艺完全能够满足异种钢材间的焊缝强度受力要求；

（3）几十年来幕墙工程一直都在采用不锈钢与碳钢直接焊接的工艺。

所以，将钢结构的设计规范一刀切地套用到幕墙小构件的设计中是不合理的。作为受力荷载较小的幕墙构件，不锈钢与碳钢等异种钢材可进行焊接，但应采用不锈钢焊条，常用的焊条如 A302、A312 等能够满足幕墙结构计算要求。当然，采用幕墙构件作为结构主体受力构件（即幕墙结构一体化设计时）时应严格按 GB 55006—2021 的相关规定执行。

## 3 夏热冬暖地区传热系数 *K* 值要求

国家强制标准《建筑节能与可再生能源利用通用规范》（GB 55015—2021）表 3.1.10-5 规定了夏热冬暖地区的传热系数和太阳得热系数，见表 1。

**表 1 夏热冬暖地区甲类公共建筑围护结构热工性能限值**

| | | | |
|---|---|---|---|
| 单一立面外窗（包括透光幕墙） | 窗墙面积比≤0.20 | ≤4.00 | ≤0.40 |
| | 0.20<窗墙面积比≤0.30 | ≤3.00 | ≤0.35/0.40 |
| | 0.30<窗墙面积比≤0.40 | ≤2.50 | ≤0.30/0.35 |
| | 0.40<窗墙面积比≤0.50 | ≤2.50 | ≤0.25/0.30 |
| | 0.50<窗墙面积比≤0.60 | ≤2.40 | ≤0.20/0.25 |
| | 0.60<窗墙面积比≤0.70 | ≤2.40 | ≤0.20/0.25 |
| | 0.70<窗墙面积比≤0.80 | ≤2.40 | ≤0.18/0.24 |
| | 窗墙面积比≤0.80 | ≤2.00 | ≤0.18 |

从表 1 可以看出，当窗墙面积比大于 0.3 时，传热系数不应大于 2.5W/（$m^2$·K），太阳得热系数应小于 0.35/0.40，其中传导和对流部分传递的热量是通过传热系数实现的，而太阳辐射传递的热量是通过太阳得热系数实现的。根据幕墙节能计算软件结果可以得出，未采取隔热措施的铝合金型材幕墙的传热系数一般大于 2.8W/（$m^2$·K），所以，只能采用铝合金隔热型材才能满足节能计算要求，有些幕墙工程甚至采用三玻两腔三银的暖边中空玻璃，但实际上，夏热冬暖地区并不应该重点考虑传热系数。

根据玻璃传递热量的简化计算公式（以深圳地区为例）

$$Q = K \times (T_w - T_n) + SHGC \times I_0$$

式中 $Q$——透过玻璃传递的总热量，W/$m^2$；

$K$——玻璃传热系数，取 1.6 W/（$m^2$·K）；

$T_w$——室外计算温度，取 38 ℃；

$T_n$——室内计算温度，取 24 ℃；

$SHGC$——玻璃遮阳系数，按遮阳型 Low-E 玻璃取 0.26；

$I_0$——深圳夏季平均太阳辐射强度，取 1000 W/$m^2$。

$$\begin{aligned} Q &= K \times (T_w - T_n) + SHGC \times I_0 \\ &= 1.6 \times (38 - 24) + 0.26 \times 1000 \\ &= 22 + 260 \\ &= 282\ (\mathrm{W/m^2}) \end{aligned}$$

从上述计算公式中可以看出，透过玻璃传递的热量中，传导部分传递的热量为 22W/m$^2$，太阳辐射部分传递的热量为 260W/m$^2$，即玻璃传热系数 $K$ 值在透过玻璃的总传递热量中仅占不到 8%，太阳辐射传递的热量占 92%，所以，深圳地区的节能设计应重点控制太阳辐射产生的热量，而不是去控制玻璃的传热系数，如尽可能降低玻璃的遮阳系数或太阳得热系数、采用外遮阳系统更佳的遮阳效果等。当然，一味地降低幕墙综合遮阳系数，导致增加室内采光用电，又反而不利于节能了。

另外，采用超级节能玻璃配置的幕墙工程往往是为了绿色三星，国标《绿色建筑评价标准》（GB/T 50378—2019）表 3.2.8 规定三星绿色建筑围护结构的热工性能应提高 20%，这个要求被许多设计人员片面地理解为只提高传热系数要求，而不是传热系数和太阳得热系数的综合热工性能提高，结果导致了在深圳地区居然出现了三玻两腔且带暖边的中空玻璃配置。其实，在保持原有传热系数的前提下，只需在占 90%多的太阳得热系数中做一些提高，就完全能够满足建筑幕墙的节能要求，同时也显著地降低了玻璃成本。

综上所述，夏热冬暖地区建筑幕墙限定传热系数不合理，同时，也不能过多地降低太阳得热系数却又增加了室内照明，这样的话反而是在浪费资源，与建筑节能的初衷背道而驰。

## 4 幕墙防火构件隔热性要求

《建筑设计防火规范》（GB 50016—2014，2018 年版）第 6.2.5 规定耐火等级为一级的建筑幕墙上、下层开口之间最少应设置高度不应小于 0.8m 的不燃性实体墙，且实体墙的耐火极限不应低于相应耐火等级中非承重外墙的要求，即耐火极限为 1.00h。

当主体结构不燃性实墙体高度小于 0.8m 时，幕墙防火层底部至结构顶面的有效高度不应小于 0.8m，如图 1 所示。同时，为达到主体结构（钢筋混凝土梁）相同的耐火极限，应增设幕墙防火层构件系统，防火构件的耐火隔热性同样也不应小于 1.00h，并独立支承在主体结构上。幕墙防火构件可采用国家标准《建筑设计防火规范》（GB 50016—2014）附录中的附表 1“各类非木结构构件的燃烧性能和耐火极限”非承重墙部分提供的构件，如采用两块 8mm 厚硅酸钙板中间填厚度为 75mm 以上，表观密度为 100kg/m$^3$的岩棉等，也可采用经国家级相关权威机构认可的其他防火构件。

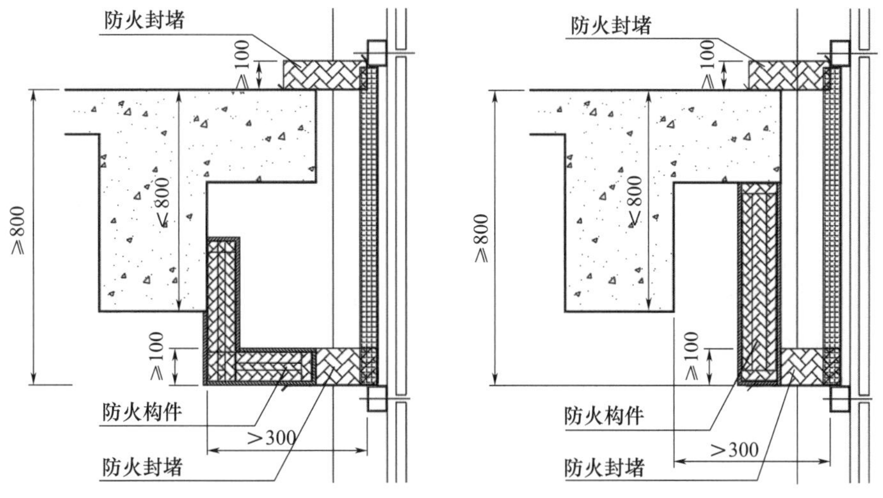


图 1　实体墙高度小于 0.8m 时幕墙防火层示意图

在实际幕墙工程中，该部位往往只是采用 1.5mm 厚镀锌钢板＋防火岩棉的防火构造措施，来替代图 1 中的防火构件，但该防火构件系统只能满足 1.00h 的耐火完整性要求，无法满足 1.00h 的耐火隔热性要求，可能存在安全隐患，如图 2 所示。

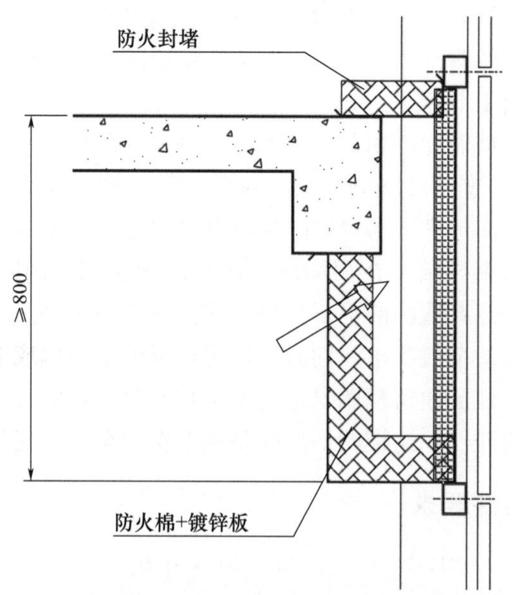


图 2　幕墙防火层设计不合理构造示意图

当主体结构梁高度远小于规范 0.8m 的要求时，由于未达到建筑防火的卷火高度要求，且该防火构件仅有耐火完整性要求，所以，一旦遭受火灾，箭头位置的温度可能超过 500℃，甚至达到上千度，从而通过楼面层的防火封堵将热能传递到上一楼层，而引燃上一楼层的可燃物，造成火灾进一步蔓延。采用不小于 1.00h 的耐火隔热性要求的防火构件，能有效地将箭头位置的温度控制在 200℃以内，并有效阻止热能进一步向上传递。

公安部印发《建筑高度大于 250 米民用建筑防火设计加强性技术要求（试行）》的通知公消〔2018〕57 号文第九条规定，“在建筑外墙上、下层开口之间应设置高度不小于 1.5m 的不燃性实体墙，且在楼板上的高度不应小于 0.6m”，其中在楼板上不燃性实体墙的高度小于 0.6m 时，也同样应采取不小于 1.00h 的耐火隔热性要求的防火构件以替代原主体结构的不燃性实体墙，而不能只有耐火完整性要求。

## 5　按荷载规范计算值与风洞试验值进行比对

风荷载计算是建筑幕墙结构设计中保障安全性的关键点，主要是依据国家标准《建筑结构荷载规范》（GB 50009—2012）的相关规定执行，当建筑幕墙做了风洞试验时，保守一些的幕墙设计单位通常取两者间最大值；而激进一些的幕墙设计单位通常直接采用风洞试验值，个人认为两种方案均不合适。

荷载计算值与风洞试验值主要有以下三种情况。

1. 风荷载计算值远大于风洞试验值时

可按《建筑工程风洞试验方法标准》（JGJ/T 338—2014）第 3.4.9 条规定“1 无独立的对比试验时，风荷载取值不应低于国标 GB 50009—2012 规定值的 90%；2 有独立的对比试验结果时，应按两次试验结果中的较高值取用，且不应低于 GB 50009—2012 规定值的 80％”的相关规定执行，即风荷载计算值可适当降低，但必须以荷载计算值的 80％或 90％兜底，不应直接采用风洞试验值进行幕墙结构计算。

2. 风荷载计算值与风洞试验值接近时

由于两值相差不大，可取两者间的最大值。

3. 风荷载计算值远小于风洞试验值时

以风洞试验值为准。鉴于不同风洞实验室试验得出的风荷载标准值可能相差很大，有些可能相差几倍，特别是建筑外立面造型比较复杂的区域。在这种情况下，宜增加另一家风洞实验室进行风洞试验值对比，以确定原风洞试验值是否准确，是否存在较大的系统偏差等。

另外，当两家独立的风洞实验室对比试验的结果差别较大时，可请两家风洞试验室相互间先沟通和比对，再经专门论证确定合理的试验取值。

## 6 玻璃幕墙面板耐撞击性能检测

业主和建筑师往往对玻璃幕墙楼面透明部分设置室内安全护栏难以接受，会影响室内效果，希望能够取消，而取消的前提就需要进行幕墙玻璃面板的耐撞击性能检测，所以，玻璃幕墙耐撞击性能检测广泛用于不设置建筑幕墙室内安全护栏时的超限专项方案论证，耐撞击性能检测方法主要依据《建筑幕墙耐撞击性能分级及检测方法》（GB/T 38264—2019）和《建筑幕墙》（GB/T 21086—2007）这两个标准。

目前，玻璃幕墙性能第三方检测机构通常以受撞击检测的玻璃被撞击后是否脱落、破碎作为判定玻璃耐撞击性能不合格的标准，个人认为不妥。

（1）人体可撞击部位的幕墙玻璃面板配置通常都是中空玻璃或中空夹层玻璃，均由数层单片玻璃构件组成的玻璃组件制品，单片受撞击检测的玻璃破碎并不能代表整个玻璃制品的安全防护失效，只有当整个玻璃面板制品出现脱落、破碎或开裂，如中空玻璃内、外两片玻璃都破碎时，才应判定为幕墙玻璃面板耐撞击性能不合格。

（2）采用中空夹层幕墙时，当夹层玻璃设置在室内侧，在进行耐撞击试验时，如夹层玻璃中两片玻璃的内片出现破碎，但另一片玻璃未破碎时，通常判定为合格，考虑的就是夹层玻璃是一个组合制品，但为何作为整个玻璃组件制品的中空夹层玻璃却又将单片玻璃和夹层玻璃分开考虑呢?

（3）采用中空夹层玻璃的，如从玻璃面板的耐撞击性能角度来说，夹层玻璃设置在室内或室内侧的功能均相同，作为一个玻璃组件制品，中空夹层玻璃出现整个玻璃面板在耐撞击性能检测时失效的概率极低。但如从高空坠落的安全角度出发，夹层玻璃应设置在室外侧，尽可能减少单片钢化玻璃破碎后坠落的风险。

最后，我想强调的是，从目前国内标准来看，玻璃幕墙应在室内设置安全护栏的要求没有相关的标准依据。另外，玻璃幕墙人体可碰撞部位的玻璃通常都是双层，甚至三层玻璃，即使撞碎室内侧单片钢化玻璃，双层或三层玻璃组件制品全部撞碎的概率极低，发生玻璃碎片高空坠落的概率也极低，幕墙行业发展这么多年来，也只有在电影上能看到玻璃被撞碎后人体从高空坠落的情景，所以，玻璃幕墙必须采用安全护栏不合理，国内非常多的标志性建筑均未设置室内安全护栏。当然，可能发生人体碰撞冲击的玻璃宜按《建筑玻璃应用技术规程》（JGJ 113—2015）第 7 章“建筑玻璃防人体冲击规定”中安全玻璃最大许用面积的相关规定执行。

## 7 强度提高的硅酮结构密封胶应用探讨

地处台风或强风易发、多发地区在进行超高层玻璃幕墙设计时，风荷载设计值往往很大，可达7.0MPa以上，再加上业主和建筑师越来越偏向于大玻璃分格，导致在进行结构胶计算时，结构胶宽度可达50mm以上，受结构胶宽厚比的限制，只能进行分段打胶，但有些工程即使分段打胶，也可能不满足结构胶宽厚比的要求。

《玻璃幕墙工程技术规范》(JGJ 102—2003) 规定硅酮结构密封胶在短期荷载作用下拉应力强度设计值不应大于0.2MPa，那能不能进一步提高硅酮结构胶设计值呢？比如将承受短期荷载作用的抗拉强度设计值由0.2MPa提高到0.3MPa，从而减少结构胶的计算宽度？这首先需要考虑以下几个方面。

(1) 适度提高硅酮结构胶拉伸粘接强度。结构胶23℃拉伸粘接强度标准度宜在1.0～1.2MPa之间，与相关标准相比，材料安全分项系数有所提高，同样具有较高的安全富余，但又不能片面提高强度而影响到其他力学性能参数，比如伸长率、老化性能等，所以一定要适度。

(2)《建筑幕墙用硅酮结构密封胶》(JG/T 475—2015) 要求硅酮结构胶的设计使用年限不应低于25年，为确保安全可靠，提高抗拉强度标准值后的结构胶应以满足此标准的要求为底线。

(3) 在抗拉强度满足要求的前提下，硅酮结构胶的耐老化性和耐久性是另外两项非常关键的指标。其中耐老化性指标主要是通过水-紫外线人工加速老化和自然暴晒两种试验方法进行检测；而耐久性指标主要是通过抗疲劳循环试验进行检测。

①水-紫外线人工加速老化试验。根据JG/T 475—2015要求，结构胶在放入水-紫外线试验箱后应进行1008h浸水辐照试验，拉伸黏结强度保持率应大于75%。经大量试验验证可知，1008h偏低，结构胶基本上都能满足，如对提高强度的结构胶进行相关检测，应大幅提高到3000h以上[1]，才有可能区分出水-紫外线光照加速老化性能更强的结构胶。

②自然暴晒试验是综合考核结构胶自然老化性能的关键因素。经试验验证，经过3年以上暴晒后，不同品质的结构胶会出现明显的差距，质量差的结构胶拉伸强度、最大强度伸长率等出现明显的降低[2]，通过自然暴晒这块"试金石"，能够有效地检测出结构胶自然老化性能的优劣。当然，如果暴晒时间更长，比如7～10年，应该更能说明问题。

③考核耐久性指标主要依靠抗疲劳循环试验。但JG/T 475—2015中的疲劳循环试验条件为8s为一周期，且仅做反复拉伸，最大循环次数也仅为5000次，指标要求严重偏低，与玻璃幕墙实际受力工况相差甚远，所以，需根据玻璃幕墙的实际工况，比如反复拉压工况等，重新编写结构胶抗疲劳循环试验方法标准。

(4) 现有规范中硅酮结构胶计算公式不能完全适用。当玻璃尺寸过大时，由于风荷载的偏心作用，很可能导致结构胶在宽度方向上两侧受力不均匀，受拉面积很可能明显减小，已不是结构胶全部的粘接面积，此时，再用《玻璃幕墙工程技术规范》(JGJ 102—2003) 中的轴心抗拉强度计算公式进行计算可能存在安全隐患，所以，可通过有限元分析软件进行结构胶受力计算，并根据计算结果进行相应的结构胶构造设计，以确保结构胶计算的准确性和安全性。

总之，要提高结构胶抗拉强度设计值，应进行大量的相关试验，耗费大量财力和时间(时间要3年以上)，只有建立在充分试验的基础上，才能通过大数据分析得出一些基本结论，所以，当结构胶提高拉伸强度值时，一定要慎之又慎，不能随便"拍脑袋"。

图 3　硅酮结构胶抗疲劳循环试验

如何解决目前台风或强风地区硅酮结构胶计算过宽的问题呢？只有笨办法。

（1）控制建筑分格和玻璃面积，减少玻璃分格尺寸，从而减小结构胶宽度。

（2）尽可能采用全明框幕墙形式，避免硅酮结构胶直接受力，也更安全更可靠。

（3）分段打结构胶，控制结构胶宽厚比，且必须按结构胶打胶工艺严格执行。

## 8　结语

随着幕墙技术的不断发展以及标准规范的不断修订，必然会出现一些新问题，对待新问题，只能以客观、务实的态度及幕墙行业已积累的丰富经验来正确对待和解决，而不宜唯标准论、唯教条论。以上所述的问题还具有较多的争议，有些个人见解已经与相关的标准规范的要求相左，这里仅代表个人观点。

### 参考文献

［1］ 潘成，王有治，庞坤海，等．加速老化试验对建筑用有机硅结构胶拉伸粘接性能的影响［J］．有机硅材料，2018，32(2)：118—123.

［2］ 罗银，张宇旋，蒋金博，等．硅酮结构胶自然暴晒老化试样表征方法研究［J］．中国胶粘剂，2022，31(12)：48—53.

# 考虑冷弯成型的曲面夹胶中空玻璃强度安全性判定探究

汪婉宁　王雨洲　韩晓阳　邹　云
阿法建筑设计咨询（上海）有限公司　上海　200031

**摘　要**　为了建筑表达上更加自由多变，越来越多的建筑围护玻璃幕墙采用了曲面玻璃，同时为了保证建筑的节能要求和合理降低曲面玻璃的造价，夹胶中空冷弯成型曲面玻璃有着最广泛的应用。然而，对于冷弯成型的曲面夹胶中空玻璃的结构计算方法，尚未有规范对此进行专门的总结归纳。相比于平面夹胶中空玻璃，冷弯成型曲面夹胶中空玻璃由于其冷弯成型，故长期承受冷弯应力，且由于其工作状态为曲面，其温度作用引起的玻璃应力也较平板玻璃更大。另外，冷弯荷载和温度作用对于刚度更大的玻璃会产生更大的应力，故在此工况下国标中默认 PVB 夹胶片的抗剪强度为零的计算方法并非偏保守，需合理考虑工作温度来选取合适的胶片强度。最后，由于此类中空玻璃往往承受短期（如风荷载）、中期（如雪荷载）以及长期（如冷弯荷载）两种或两种以上荷载的同时作用，而玻璃的强度在不同持荷时间下的差异较大，其组合方式以及判定方法也需被谨慎定义。本文详细地总结了以上因素的物理原理和各国规范的描述和差异，最后总结出了适用于国内规范的合理的玻璃强度计算流程和方法。

**关键字**　玻璃冷弯；中空玻璃；玻璃夹胶片强度；中空玻璃温度作用

**Abstract**　To achieve greater architectural expression, an increasing number of building glass curtain walls are adopting curved glass. In order to meet energy efficiency requirements and reduce the cost of curved glass, insulation laminated cold-bent glass is widely used. However, there is no specific summary or regulation regarding the structural calculation method for cold-bent insulation laminated curved glass. Compared to flat insulation laminated glass, cold-bent curved glass is subjected to long-term bending stress due to its shaping process, and the glass stress caused by temperature effects is greater due to its curved surface configuration. Additionally, for glass with higher rigidity, cold-bending loads and temperature effects result in greater stress. Therefore, a conservative calculation of shear strength for the interlayer (considered as negligible) is not applicable in this condition, and the working temperature should be considered to select an appropriate interlayer strength. Furthermore, as curved insulation glass is subject to short-term (e. g. , wind loads), medium-term (e. g. , snow loads), and long-term (e. g. , cold-bending loads) loadsat least two of them at the same time, the variation in glass strength over different durations must be carefully defined in terms of combination and evaluation methods. This paper provides a detailed summary of the physical principles and differences in descriptions among various national standards regarding these factors, and ultimately proposes a reasonable glass strength calculation process and method applicable to domestic regulations.

**Keywords** glass cold-bending; IGU; glass laminated sheet strength; temperature load for IGUs

## 1 引言

近年来，为了建筑表达上的标新立异，越来越多的建筑采用曲面玻璃作为其表皮材料，而玻璃冷弯技术，即由幕墙工厂或工地现场通过机械方式在玻璃的边框或角部用施加外力的方法使玻璃弯曲，由于其加工的简易性和成本较低等因素，在玻璃弯曲程度较小的曲面建筑中有广泛的应用。与此同时，由于建筑节能的要求日益增高，中空玻璃已然成为建筑围护幕墙的标准配置，而且为了保证面积较大的玻璃的安全性以及防坠落的要求，中空外片玻璃，甚至有些跨层中庭或内倾幕墙的内侧玻璃往往需要用到夹胶玻璃。因此，冷弯作用下的夹胶中空玻璃在建筑中的运用日益广泛。

传统的平板夹胶中空玻璃的强度安全性计算方法，在各国规范中均有详实的研究和详细的方法描述。然而，冷弯这一因素的引入，由于在曲面中空玻璃使用过程中将一直保持冷弯力的作用，此内力需要与玻璃受到的其他荷载等进行组合，以校核玻璃的强度来保证其安全性。另外，夹胶片对于玻璃冷弯应力往往产生不利影响，这一点与玻璃承受其他荷载（如风荷载）的响应恰恰相反，在玻璃应力计算中需要加以区别考虑。除此之外，对于曲面中空玻璃，温度改变作用下导致中空层的膨胀和收缩对玻璃板面产生的应力相比于平板玻璃有所增加，也需要在曲面玻璃的校核中予以考虑。

本文将根据各国规范中现有的计算方法，针对冷弯夹胶中空玻璃的应力计算与组合以及强度判定方法进行总结和归纳，旨在解决冷弯夹胶中空玻璃的应力玻璃配置计算与验证的实操问题。

## 2 冷弯曲面中空玻璃强度计算需考虑的特殊荷载

冷弯曲面中空玻璃板面强度计算中，除了需要考虑传统玻璃在承受荷载下产生的应力（重力荷载、风荷载、雪荷载、活荷载、冲击荷载以及地震荷载）以外，需要考虑其“冷弯”和“中空”两个特殊特性所产生的额外荷载，玻璃配置选择中需要考虑以上所有因素的荷载组合所产生的效应，以计算玻璃中的应力并进行判定。

### 2.1 玻璃冷弯对于玻璃强度计算的影响

热弯玻璃工艺，即通过加热玻璃使玻璃软化进而将平板玻璃加工成曲面玻璃。冷弯的成型工艺通过玻璃边界处［包括框架（玻璃或金属）或点夹等］施加的外力使玻璃产生永久性的变形，这种方法更加的经济实惠，且可以大大缩短工期，对于弯曲程度不大，以及对于弯曲后的形状要求并不非常严格的项目，提供了更多的生产便捷并节省了造价。

然而，由于热弯玻璃在玻璃的工厂成型过程中即产生了弯曲，则在使用过程中弯曲成型早已在出厂前完成，玻璃使用状态下其内无弯曲成型造成的额外内力。但对于冷弯玻璃而言，由于其弯曲成型是依靠玻璃与框的组合安装过程中扣盖、点夹或框对其施加的外力产生，且在玻璃的正常使用状态下一直保持着弯曲的形状，那么势必玻璃面板内会在整个使用过程中产生由于弯曲成型造成的额外弯曲应力。此应力的大小与冷弯量、冷弯前后玻璃的形态、玻璃的板面大小、形状以及玻璃配置有关。

汪婉宁等的研究成果表明，对于同样大小板块的玻璃，玻璃等效厚度越厚，板幅越小，其刚度则越大，造成其冷弯应力越大。另外，对于同一块玻璃而言，冷弯前后曲率变化差越大，则冷弯应力越大。此外，该篇论文同时提出了典型冷弯玻璃形态的简化手算计算方法，可以为冷弯应力的初步估算提供依据以及快速估值方法。

### 2.2 温度效应对于中空玻璃的玻璃板面强度计算的影响

对于中空玻璃，玻璃的中空层的空气或氩气由于间隔条的保护形成一个封闭的腔体，以满足玻璃的热工需求。其内空气为密闭腔，在温度变化的情况下，气体的粒子数保持不变。根据理想气体方程：

$$pV = nRT \tag{1}$$

可知，温度（$T$）的上升（或下降）会导致中空腔内气体的压强（$p$）的升高（或降低），与中空玻璃外的大气压形成差值，此压强差会对玻璃板面形成向外（或向内）的均布压力。此均布压力由玻璃板面以及中空封边结构胶承担且产生玻璃板面的弯曲变形和结构胶拉伸（或压缩）变形，变形后中空腔体积（$V$）变大（或变小），则空腔内气体的压强（$p$）相比玻璃变形前变小（或变大），即压强的升高（或降低）量由于空腔气体体积的变化程度而减小，即空腔气体体积的变化“缓解”了温度带来的气体压强变化。中空玻璃的空腔在温度变化过程中，通过体积和压强不断地变化，最终达到平衡（图1）。此平衡状态下温度荷载对于玻璃板面产生的均布压力即中空玻璃的温度作用，会导致玻璃板面弯曲而产生弯曲应力。此应力同样需要与玻璃在其他工况下的荷载效应进行叠加，以判定玻璃的强度是否满足设计要求。

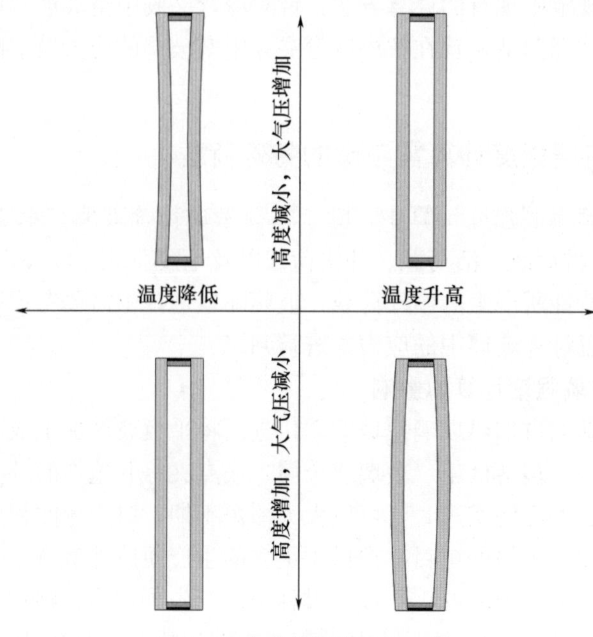


图1　中空玻璃温度作用示意

由以上物理原理阐述可知，对于同一尺寸的中空玻璃而言，温度作用对其玻璃板面产生的应力影响不仅仅与温度变化的程度有关，也与玻璃弯曲的刚度有着密切的关系。当玻璃的刚度越大（如玻璃板面越小，玻璃厚度越厚，胶片抗剪性能越强，玻璃的弯曲程度越大等），在相同的温度作用下玻璃产生的变形量越少，那么温度作用产生的压力由于体积变化的“缓解”程度越低，即在相同的温度变化下，对于刚度越大的玻璃板块，其温度作用越为明显。由此可知，相对于平板曲面中空玻璃而言，曲面中空玻璃由于其玻璃刚度大于平板玻璃，所以即使是相同的玻璃配置和玻璃尺寸，在相同的温度变化下，曲面中玻璃的温度作用将大于平板中空玻璃，且其弯曲程度越大，温度作用更大，此因素需在所有中空曲面玻璃的计算中予以考虑，并与其他荷载效应进行叠加，以判断玻璃配置的安全性。

EN 166112：2019 附录 C 中对于平板中空玻璃的温度效应进行了数学推导，对于常规矩形中空玻璃的温度效应给出了理论计算公式，可方便地计算出玻璃所受的温度作用等效均布压力值。然而，对于曲面中空玻璃在温度荷载下的应力计算，由于其玻璃的弯曲程度各异，无法推导出具体的形变方程，其计算仍有赖于有限元计算与迭代。

## 3 夹胶片抗剪强度对玻璃应力计算的影响

建筑幕墙中对于板面面积较大的玻璃往往采用夹胶玻璃的形式以形成安全玻璃，保证玻璃在破碎情况下不坠落，以确保玻璃幕墙使用安全。常用的夹胶片为聚乙烯醇缩丁醛胶片（PVB）以及 Sentryglass Plus 离子型胶片（SGP）两种。《玻璃幕墙工程技术规范》（JGJ 102—2003）中对于夹胶玻璃在承受面荷载（如风荷载）的作用下，利用刚度分配法，将荷载分配到两层单片玻璃中，计算其等效厚度，忽略了夹层胶片对于受力性能的影响。根据中国建筑科学研究院与美国杜邦公司共同开展的夹层玻璃受弯性能试验研究结果以及国外的研究资料，夹层胶片自身的性能对夹胶玻璃的受力性能影响很大。根据上海市工程建设规范《建筑幕墙工程技术标准》（DG/TJ 08-56—2019）（以下简称 2019 版上海幕墙规范）引用的美国杜邦公司提供的 PVB 与 SGP 的材料性能参数见表 1，其剪切模量以及泊松比对于温度条件和持荷时间极其敏感，如 PVB 胶片的抗剪模量在 20℃下持荷时间为 3s 工况下，其剪切模量约 8.06MPa，然而在大于 30℃以及持荷时间大于一年工况下，其剪切模量降低至约 0.052MPa，两者相差近 150 倍，而 SGP 胶片在同等温度和持荷时间下的抗剪模量远大于 PVB，工程中往往采用 SGP 胶片代替 PVB 胶片的方法降低玻璃配置，以减轻玻璃板块重力的同时又满足玻璃强度的要求。

对于胶片抗剪强度对于玻璃等效厚度的计算的影响，美标 ASTM-E1300 中计算方法由 Wölfel 提出，之后 Bennison 和 Stelzer 引入（简称 Wölfel-Bennison 迭代法）

$$\Gamma = \frac{1}{1 + 9.6\dfrac{EI_s h_v}{Gh_s^2 a^2}} \tag{2}$$

$$I_s = h_1 h_{s,2}^2 + h_2 h_{s,1}^2 \tag{3}$$

$$h_{s,1} = \frac{h_s h_1}{h_1 + h_2} \tag{4}$$

$$h_{s,2} = \frac{h_s h_2}{h_1 + h_2} \tag{5}$$

$$h_s = 0.5(h_1 + h_2) + h_v \tag{6}$$

式中 $h_v$ ——夹胶厚度；

$h_1$ ——第一片玻璃；

$h_2$ ——第二片玻璃；

$E$ ——弹性模量；

$a$ ——最小面内弯曲跨度；

$G$ ——夹胶剪切刚度；

计算夹胶玻璃挠度时，夹胶玻璃的等效厚度为

$$h_{ef,w} = \sqrt[3]{h_1^3 + h_2^3 + 12\Gamma I_s} \tag{7}$$

当计算夹胶玻璃应力时，夹胶玻璃的等效厚度为

$$h_{1,ef,\sigma} = \sqrt{\frac{h_{ef,w}^3}{h_1 + 2\Gamma h_{s,2}}} \tag{8}$$

$$h_{1,ef,\sigma} = \sqrt{\frac{h_{ef,w}^3}{h_2 + 2\Gamma h_{s,1}}} \tag{9}$$

欧洲规范（CEN/TS 19100）中同样阐述了夹胶玻璃的等效厚度计算方法：

$$h_{\mathrm{ef},w} = \sqrt[3]{\frac{1}{\dfrac{\eta}{\sum_{i=1}^{n} h_i^3 + 12\sum_{i=1}^{n}(h_i \cdot d_i^2)} + \dfrac{1-\eta}{\sum_{i=1}^{n} h_i^3}}} \tag{10}$$

$$h_{\mathrm{ef},\sigma,i} = \sqrt[3]{\frac{1}{\dfrac{2 \cdot \eta \cdot |d_i|}{\sum_{i=1}^{n} h_i^3 + 12\sum_{i=1}^{n}(h_i \cdot d_i^2)} + \dfrac{h_i}{h_{ef,w}^3}}} \tag{11}$$

$$\eta = \frac{1}{1 + \dfrac{E\sum_{i=1}^{3} h_i^3 \sum_{i=1}^{3}(h_i d_i^2)\,\Psi_{\mathrm{p}}}{(1-v^2)\,G_{\mathrm{int}}\left(\sum_{i=1}^{3} h^3 + 12\sum_{i=1}^{n}(h_{\mathrm{i}} d_{\mathrm{i}}^2)\right)\left(\dfrac{(d_1-d_2)^2}{h_{\mathrm{int},1}} + \dfrac{(d_2-d_3)^2}{h_{\mathrm{int},2}}\right)}} \tag{12}$$

2019版上海地标《建筑幕墙工程技术标准》（DG/TF 08-56—2019）中同样引用了相类似的计算公式，并注明仅用于胶片采用SGP时，夹层玻璃的等效厚度 $t_{\mathrm{e,w}}$ 可根据中间胶片材质按式（13）计算，等效厚度不应大于两片玻璃厚度之和：

$$t_{\mathrm{e,w}} = \sqrt[3]{t_1^3 + t_2^3 + 12\Gamma I_s} \tag{13}$$

式中，$\Gamma$ 为夹层玻璃中间层胶片的剪力传递系数，且附录中给出了PVB胶片和SGP胶片在不同的温度和持荷时间下的取值建议，但强调在使用PVB夹胶片，$\Gamma = 0$。

总结以上内容，《玻璃幕墙工程技术规范》中夹胶片剪切强度对于玻璃等效厚度影响的计算中，公式偏保守，忽略了它的影响，即假设夹胶片的抗剪模量 $\Gamma = 0$，而仅在上海市地方标准《建筑幕墙工程技术标准》（DG/TJ 08-56—2019）中认为SGP胶片可以考虑其剪切模量，是因为在等效厚度的运用上，其主要用于计算玻璃承受面荷载或集中荷载等传统荷载情况，忽略了夹胶片的剪切模量可算得更小的等效厚度，进而算得更小的玻璃抗弯模量和更大的变形以及玻璃应力，以便偏保守地验证玻璃配置。

然而，对于玻璃冷弯应力计算以及中空玻璃的温度作用计算而言，其产生的玻璃应力均与玻璃的厚度呈正相关：即玻璃的厚度越厚，其刚度越大，则在相同的冷弯量或温度变化量

下，玻璃内产生的应力越大。因此，对于玻璃冷弯应力计算与温度作用计算中，均应考虑夹胶片的剪切模量对于等效厚度的影响，并根据实际工况的持荷时间和环境温度，来选择合适且保守的胶片剪切模量，以防低估或高估该荷载下的效应。

## 4 中空玻璃强度计算的效应组合与判定

由于服役状态下玻璃材料存在着微观和宏观的缺陷，特别是表面存在微裂纹，在长期荷载的作用下裂缝会进行扩展，直至玻璃破坏；然而，对于短期荷载，例如风荷载下，其强度就相对较高。其次，玻璃为亲水性材料，其表面和大气中的水分子的反应，产生一种静态疲劳效应，进一步暴露玻璃的缺陷，增加应力集中并对玻璃中的化学键施加更高的应变，同样也会影响玻璃的力学性能。为此，各国的规范中也均根据持荷时间的不同对玻璃强度做出了不同的规定。

基于以上基本理论，不同的国家规范提出的玻璃强度验算方法以及考虑强度折减的方法均有所不同。下文将根据以下两个因素对于各个规范的异同来进行整理和综述。

（1）组合与判定，即不同持荷时间的荷载组合与玻璃强度判定；

（2）强度折减，即考虑玻璃强度在不同的持荷时间下的强度折减的考虑方法。

### 4.1 中国规范计算方法

#### 4.1.1 玻璃强度折减

《玻璃幕墙工程技术规范》(JGJ 102—2003)（下文简称 JGJ 102）中，对于玻璃的强度设计值的取值，根据玻璃的厚度，持荷时间以及玻璃强度位置，给出了具体的数字，用于不同工况下的玻璃强度校核。其中，如正则化厚度以及玻璃强度位置的影响，根据规范中不同厚度不同玻璃位置的玻璃“长期强度”与“短期强度”的数值进行比较，可以归纳出玻璃的荷载类型影响系数如表 1 所示。

表 1　JGJ 102 中根据玻璃强度换算的持荷时间系数

| 荷载类型 | 浮法玻璃 | 半钢化玻璃 | 钢化玻璃 |
|---|---|---|---|
| 短期荷载 | 1.0 | 1.0 | 1.0 |
| 长期荷载 | 0.29～0.32 | 0.5 | 0.5～0.51 |

在《玻璃结构工程技术规程》(T/CECS 1099—2022)（下文简称《玻璃结构》）中，对玻璃的弯曲强度设计值取值，按照玻璃种类、强度位置、荷载类型和玻璃厚度这 4 个因素进行了分类归纳，对于玻璃的设计强度值，有如下规定：

$$f_g = c_1 c_2 c_3 c_4 f_0 \tag{14}$$

式中　$f_0$——短期荷载作用下浮法玻璃中部强度设计值，取 28MPa；

$c_1$——玻璃种类系数；

$c_2$——玻璃强度位置系数；

$c_3$——荷载类型系数（或本文称之为持荷时间系数）；

$c_4$——玻璃厚度系数。

其中，与持荷时间有关的系数为 $c_3$，其取值见表 2。

表2 《玻璃结构》中规定的玻璃强度的持荷时间系数 $c_3$

| 荷载类型 | 浮法玻璃 | 半钢化玻璃 | 钢化玻璃 |
|---|---|---|---|
| 短期荷载 $c_3$ | 1.0 | 1.0 | 1.0 |
| 中期荷载 $c_3$ | 0.5 | 0.7 | 0.7 |
| 长期荷载 $c_3$ | 0.29 | 0.5 | 0.5 |

以上两种计算玻璃强度设计值的方法有所类似，即JGJ 102中给出了具体的持荷时间下的玻璃强度的数值，而《玻璃结构》规范中给出了具体的持荷时间系数取值，更加直接地反映了不同持荷时间下玻璃强度之间的关系；在应用范围上，JGJ 102仅给出了短期和长期荷载下玻璃强度设计值取值，而《玻璃结构》规范中还给出了中期荷载下玻璃强度设计值的取值；在具体数值上，对于长期荷载和短期荷载下持荷时间系数，两本规范给出的数值一致。

**4.1.2** 荷载组合与判定

由于异形曲面中空玻璃中往往同时存在着长期荷载工况、中期荷载工况以及短期荷载工况至少两种工况同时存在的情况，例如倾斜的冷弯玻璃在承受风和雪荷载的情况下，即属于这种情况。但是，由于玻璃在不同持荷时间下的强度表现不同，那么对于玻璃破坏的判定需考虑运用合适的荷载组合方法和判定手段，来对玻璃的强度进行合理但不至于太过保守的判定，以满足工程设计的要求。

在JGJ 102中，由于传统幕墙项目往往用于竖直的幕墙系统，玻璃的主要荷载来自于面外的风荷载和地震荷载的组合，故国标仅描述了荷载组合的方式，即以概率论为基础，以分项系数表达极限状态，并在极限承载力组合下计算不同荷载作用的组合得到玻璃最大拉应力的设计值。对于垂直于地面的幕墙玻璃，此设计值往往仅包含了风荷载和地震荷载，即短期荷载，故其玻璃最大拉应力设计值可与玻璃的短期强度进行比较，来判定玻璃强度的安全性，即：

$$S_{长} \leqslant R_{长} \tag{15}$$

或

$$S_{短} \leqslant R_{短} \tag{16}$$

然而，对于混合荷载组合（即长期、中期、短期荷载均存在）下，其荷载效应的组合和判定的方法主要在两本规范中有所描述：

在《建筑玻璃应用技术规程》（JGJ 113—2015）中提到，屋面玻璃或雨篷的最大应力设计值应按弹性力学计算，且最大应力不超过长期荷载作用下的强度设计值，即类似于屋面玻璃以及雨篷玻璃这种长期荷载（重力荷载）会和中期、短期荷载同时存在的情况下，

$$S_{短} + S_{中} + S_{长} \leqslant R_{长} \tag{17}$$

在《玻璃结构》中，则建议分别计算构件在不同持荷时间作用下的作用效应及抗力的设计值，并分别计算各个作用效应与对应抗力的比值，该比值之和不应大于1.0，即，

$$\frac{S_{短}}{R_{短}} + \frac{S_{中}}{R_{中}} + \frac{S_{长}}{R_{长}} \leqslant 1.0 \tag{18}$$

另外，我国香港特别行政区标准以及意大利规范CNRDT210中，也使用了与《玻璃结构》中同样的表达式。

### 4.2 美国规范计算方法

美国规范 ASTME1300-12a "Standard Practice for Determining Load Resistance of Glass in Buildings" 中对于玻璃在长期荷载下的影响的计算方法与中国规范有所不同，其中，对于玻璃在不同持荷长度的荷载作用的组合计算中，美国规范 ASTM 将不同持荷长度的荷载值乘以一个与荷载时间长度有关的系数（Load Duration Factor）全部换算为等效 3s 持荷时间下的荷载，再将换算后的等效 3s 荷载进行组合相加，得到一个等效 3s 荷载组合，以便进行玻璃应力的验算。

对于 $j$ 个荷载工况下，等效到 3s 的荷载总量为：

$$q_3 = \sum_{i=1}^{j} q_i / k_i \tag{19}$$

其中，浮法玻璃的持荷时间换算系数 $k$ 见表 3（对于半钢化玻璃与钢化玻璃的持荷时间换算系数，美国规范无具体定量描述）。

**表 3 美标 ASTME1300 中持荷时间换算系数取值表**

| 持荷时间（Duration） | 系数（Factor） |
| --- | --- |
| 3s | 1.00 |
| 10s | 0.93 |
| 60s | 0.83 |
| 10min | 0.72 |
| 60min | 0.64 |
| 12h | 0.55 |
| 24h | 0.53 |
| 7d | 0.47 |
| 30d | 0.43 |
| 1a | 0.36 |
| 大于 1a | 0.31 |

从表中描述可知，持荷时间越长，其相当于等效到 3s 的荷载越大，与玻璃的物理性质定性一致。

另外，美国规范中的荷载组合采用容许应力法来进行计算，即不计荷载组合系数。

为了方便和其他荷载进行比较，也可将此公式推导成与国标相类似的表达方式，根据玻璃强度计算中多数均为线性计算，即荷载作用扩大了 $n$ 倍则玻璃内最大应力同样扩大 $n$ 倍，那么，在等效 3s 荷载下产生的效应 $S_3$ 与单独荷载下产生的效应的关系为：

$$S_3 = \sum_{i=1}^{j} S_i / k_i \tag{20}$$

则玻璃强度判定公式

$$S_3 / R_3 \leqslant 1 \tag{21}$$

可推导为：

$$\sum_{i=1}^{j} S_i / k_i R_3 \leqslant 1 \tag{22}$$

即可以将 $k$ 理解为玻璃的承载力的折减系数，即持荷时间系数对于玻璃极限承载力设计值的折减系数。此表达式与《玻璃结构》中玻璃应力判定的表达式形式一致，对于有具体持荷时间的浮法玻璃按表3取值。

### 4.3 澳大利亚规范计算方法

澳大利亚规范AS 1288—2006中，对于玻璃的设计强度的计算方法有以下规定，即：

$$f_g = c_1 c_2 c_3 f_t' X \tag{23}$$

式中 $f_t'$——玻璃抗拉强度的标准值，MPa；

$X$——玻璃几何尺寸系数；

$c_1$——玻璃种类系数；

$c_2$——玻璃强度位置系数；

$c_3$——持荷时间系数（Load Duration Factor）。

即公式中采用了持荷时间系数来对中期荷载和长期荷载下玻璃的强度来进行折减，以便和玻璃内的应力进行对比，来判定玻璃的安全性。

其中，对于不同持荷时间下玻璃的强度的折减，主要体现在系数 $c_3$ 上，对于不同持荷时间下 $c_3$ 系数的取值规定见表4。

**表4 澳标AS 1288—2006中持荷时间系数取值表**

| 荷载组合 | $c_3$ |
|---|---|
| 短期荷载（例如，风荷载），所有类型玻璃 | 1.0 |
| 中期荷载（例如，屋顶灯光，栏杆荷载）施加在半钢化和钢化玻璃上（包含单片和夹胶玻璃） | 1.0 |
| 中期荷载（例如，屋顶灯光，栏杆荷载）施加在浮法玻璃上（包含单片和夹胶玻璃） | 0.72 |
| 长期荷载（例如，恒载，部分活载）施加在半钢化和钢化玻璃上（包含单片和夹胶玻璃） | 0.5 |
| 长期荷载（例如，恒载，水压力，部分活载）施加在浮法玻璃上（包含单片和夹胶玻璃） | 0.31 |

注：

1. 短期荷载包含所有持荷时间小于3s的荷载；
2. 中期荷载包含大于3s但小于10min的荷载；
3. 长期荷载包含所有大于10min的荷载；
4. 当精确的知道持荷时间时，对于浮法玻璃，$c_3$ 系数可以由 $c_3=(3/d)^{1/16}$ 求解得到。

此描述中基本方法与《玻璃结构》规范中提到的方法一致，即对于中期和长期荷载下的玻璃强度设计值进行折减，以描述随着持荷时间越长，玻璃强度降低的物理现象。

### 4.4 欧洲规范计算方法

欧洲规范EN 16612：2019 “Determination of the lateral load resistance of glass panes by calculation”（下文中简称欧标EN 16612）中，对于玻璃强度的设计值的计算方法，与美标和澳大利亚标准均有所不同。其强度计算的标准公式如下：

$$f_{g,d} = \frac{k_{\mathrm{mod}}\, k_{\mathrm{sp}}\, f_{\mathrm{g,k}}}{\gamma_{\mathrm{M,A}}} + \frac{k_{\mathrm{v}}\,(f_{\mathrm{b,k}} - f_{\mathrm{g,k}})}{\gamma_{\mathrm{M,v}}} \tag{24}$$

式中 $k_{\mathrm{mod}}$——持荷时间系数。

表5给出了不同的荷载的持荷时间参考，以及 $k_{\mathrm{mod}}$ 系数的取值。

**表 5　欧标 EN16612 中持荷时间系数取值表**

| 荷载 | 持荷时间 | $k_{mod}$ |
|---|---|---|
| 阵风 | 5s（或更短） | 1.0 |
| 持续风暴 | 等效 10min | 0.74 |
| 栏杆荷载（正常人群密度） | 30s | 0.89 |
| 栏杆荷载（拥挤人群密度） | 5min | 0.77 |
| 检修荷载 | 30min | 0.69 |
| 雪荷载 | 21d | 0.45 |
| 中空玻璃空腔压强变化 | 6h | 0.58 |
| 恒载，自重，中空玻璃海拔变化 | 永久（50a） | 0.29 |

尤其需要提醒注意的是，在 $k_{mod}$ 的取值上，欧标 EN 16612 中荷载组合时持荷时间系数的取值方法，即在表 4 的注释 2 中，提到了如果同时存在中期和长期荷载，则计算玻璃强度设计值时考虑持荷时间系数按照中期取值，如果同时存在短期、中期和长期荷载，则计算玻璃强度设计值时考虑持荷时间系数按照短期取值。

对于这一点，规范在附录 A 中也进行了解释。规范 EN 16612 认为，玻璃在长期荷载下虽然产生了“应力腐蚀”现象，但是玻璃的分子之间同样存在着“自愈”效应，玻璃在低应力状态下可以重新构建成一个更加稳定的状态，并在 EN 1288-1 中记载强调此试验需要至少 24h 的“自愈”时间。此规范认为，考虑此问题共有三种方式：

（1）当不考虑玻璃“自愈”时，应当采用不同的持荷时间下的抗力与效应进行分别比较的方法。

（2）对于玻璃可以“自愈”的情况（例如采光顶），持荷时间系数应该取所有被考虑的荷载中最短时间的荷载作为参考。

（3）该规范也提出了第三种解决方法，即采用荷载组合中的主导荷载的持荷时间系数作为荷载组合下的持荷时间系数。

由于正文中引用的方法为考虑玻璃“自愈”的方法，我们此章节中认为该规范中主要推崇的是方法（2）。

关于持荷时间系数的具体数值，公式（24）中，同时融合了浮法玻璃的情况（当 $f_{b,k} = f_{g,k}$ 时，公式退化成浮法玻璃强度设计值计算方法），也融合了半钢化与钢化玻璃的强度设计值计算（即 $f_{b,k} \neq f_{g,k}$）。为了方便将此公式与其他国家公式进行对比，将最常见的玻璃类型［$f_{g,k} = 45\text{MPa}$，$f_{b,k} = 70\text{MPa}$（半钢化玻璃）或 120MPa（钢化玻璃）］的参数带入公式，分别计算出了：

（1）风荷载（5s）：$k_{mod} = 1.0$，对应短期荷载；

（2）雪荷载（21d）：$k_{mod} = 0.45$，对应中期荷载；

（3）恒荷载（50a）：$k_{mod} = 0.29$，对应长期荷载。

三种工况下浮法玻璃、半钢化玻璃和钢化玻璃的强度设计值，见表 6。

表6 按照欧标 EN 16612 计算的不同持荷时间下玻璃强度值与持荷时间系数

| | 短期荷载 | | 中期荷载 | | 长期荷载 | |
|---|---|---|---|---|---|---|
| | 强度设计值（MPa）$f_{短}$ | 与短期持荷下强度的比值 $f_{短}/f_{短}$ | 强度设计值（MPa）$f_{中}$ | 与短期持荷下强度的比值 $f_{中}/f_{短}$ | 强度设计值（MPa）$f_{长}$ | 与短期持荷下强度的比值 $f_{长}/f_{短}$ |
| 浮法玻璃 | 25 | 1.0 | 11 | 0.45 | 7 | 0.29 |
| 半钢化玻璃 | 46 | 1.0 | 32 | 0.70 | 28 | 0.61 |
| 钢化玻璃 | 87 | 1.0 | 74 | 0.84 | 70 | 0.80 |

### 4.5 不同规范计算方法对比

对于建筑幕墙中运用的曲面中空玻璃，常见的荷载见表7。当设计阶段无法确定具体的持荷时间的情况下，对于常见荷载的持荷时间可按照长期荷载、中期荷载和短期荷载来进行区分（表7）。

表7 荷载类型与持荷时间假设

| 荷载类型 | 持荷时间 |
|---|---|
| 重力荷载 | 长期 |
| 冷弯荷载 | 长期（特指冷弯成型的曲面玻璃） |
| 风荷载 | 短期 |
| 雪荷载 | 中期 |
| 温度作用 | 长期 |
| 地震作用 | 短期 |

对于玻璃强度的设计值的持荷时间系数，不同规范的数值对比见表8。

表8 持荷时间系数总结

| 不同规范系数 | 长期荷载下持荷时间系数 | | 中期荷载下持荷时间系数 | | 短期荷载下持荷时间系数 | |
|---|---|---|---|---|---|---|
| | 浮法 | 半钢化/钢化 | 浮法 | 半钢化/钢化 | 浮法 | 半钢化/钢化 |
| 国标 JGJ 102—2003 | 0.29 | 0.5 | — | — | 1.0 | 1.0 |
| 玻璃结构 T/CECS 10992 | 0.29 | 0.5 | 0.5 | 0.7 | 1.0 | 1.0 |
| 美国规范 ASTM[a] | 0.31 | — | 0.47 | — | 1.0 | 1.0 |
| 澳洲规范 AS[b] | 0.31 | 0.5 | 0.72 | 1.0 | 1.0 | 1.0 |
| 欧洲规范 EN[c] | 0.29 | 0.61～0.80[d] | 0.45 | 0.70～0.84[d] | 1.0 | 1.0 |

注：[a] 美国规范中，长期荷载取一年以上，中期荷载取一周；
[b] 澳洲规范中，长期荷载取大于10min，中期荷载取大于3s小于10min；
[c] 欧洲规范中，长期荷载取50a，中期荷载取21d；
[d] 对于欧洲规范，前者表示半钢化玻璃的持荷时间系数，后者表示钢化玻璃的持荷时间系数。

对于不同持荷时间的荷载进行组合时，不同规范中也采取了不同的抗力取值方式用于判定。在长期、中期、短期荷载同时存在的工况下，不同规范采用判定的手段见表9。

**表9　长中短期荷载同时存在下荷载组合与玻璃强度判定方法总结**

| 不同规范 | 长期荷载下抗力 | 中期荷载下抗力 | 短期荷载下抗力 | 组合方法 | 判定 |
|---|---|---|---|---|---|
| 建筑玻璃<br>JGJ 113—2015 | $R_{长}$ | $R_{长}$ | $R_{长}$ | 分项系数法 | $\frac{S_{短}}{R_{长}}+\frac{S_{中}}{R_{长}}+\frac{S_{长}}{R_{长}}\leqslant 1.0$ |
| 玻璃结构<br>T/CECS 1099—2022 | $R_{长}$ | $R_{中}$ | $R_{短}$ | 分项系数法 | $\frac{S_{短}}{R_{短}}+\frac{S_{中}}{R_{中}}+\frac{S_{长}}{R_{长}}\leqslant 1.0$ |
| 美国规范<br>ASTM E1200—2012 | $R_{长}$ | $R_{中}$ | $R_{短}$ | 容许应力法 | $\frac{S_{短}}{R_{短}}+\frac{S_{中}}{R_{中}}+\frac{S_{长}}{R_{长}}\leqslant 1.0$ |
| 欧洲规范<br>EN 16612—2019 | $R_{短}$ | $R_{短}$ | $R_{短}$ | 分项系数法 | $\frac{S_{短}}{R_{短}}+\frac{S_{中}}{R_{短}}+\frac{S_{长}}{R_{短}}\leqslant 1.0$ |

由以上对比可以得到以下结论：

(1) 不同的规范中均考虑了持荷时间对于玻璃强度的影响这一重要因素，即持荷时间越长，玻璃的强度越低。

(2) 对于不同持荷时间下玻璃强度的设计值折减，各国规范的取值不尽相同。具体来讲，各国规范中对于浮法玻璃在长期荷载下持荷时间系数基本一致，在0.29～0.31之间，对于浮法玻璃在中期荷载下持荷时间系数也比较稳定，除澳大利亚规范中略大（0.72）以外，其他规范中此持荷时间系数在0.45～0.5之间。对于半钢化和钢化玻璃的持荷时间系数，长期荷载下，除了欧洲规范外略大（0.61～0.80）以外，其他规范均采用了0.5，但对于中期荷载，不同规范的持荷时间系数的范围较大，在0.7～0.84之间。

(3) 对于第（2）点的差距，可以推测出，学者们对于时间与浮法玻璃性能的关系研究比较深入，美国标准、澳大利亚标准和欧洲标准中，均给出了此系数与时间关系的数学表达式，即系数与（1/16）次方成正比，可见各国规范对于浮法玻璃的持荷时间影响系数是完全相同的。以上表9中浮法玻璃一栏各国规范系数取值的差距仅来自对于"长期""中期""短期"的具体时长的数值的区别，例如澳大利亚标准中对于中期荷载的定义是大于3s但小于10min的荷载，然而其他国家对于中期荷载的时长定义却往往更长。

(4) 对于建筑中更加常用的半钢化和钢化玻璃而言，各国规范中规定的持荷时间系数大小差距较大。此差距可能不仅仅来源于对于"长期""中期""短期"的具体时长的数值的区别，也来源于对于玻璃物理性能的假设以及简化计算方法。为了工程上设计出安全可靠的玻璃配置，建议工程实际计算中采用的计算方法与系数取值一致。

(5) 对于长期，中期和短期荷载同时存在的玻璃强度的判定准则，不同规范中呈现了较大的不同。其中《建筑玻璃应用技术规程》(JGJ 113—2015) 最为保守，认为采光顶玻璃计算中，由于玻璃的重力将作为长期荷载作用于玻璃表面，则无论其是否叠加有其他任何中期和短期荷载，玻璃的强度仅可以取长期强度（即最不利）作为比较；但《玻璃结构》以及意大利规范和中国香港特别行政区标准中，考虑玻璃在不同持荷时间下的强度区别，采用玻璃在一定持荷时间下产生的作用效应与该持荷时间下的抗力来进行比较，且把不同持荷时间下的比值进行相加的方法来进行判定，一定程度上更具有说服力；美国规范中虽然采用了不同的表达形式，即将所有的荷载换算为等效3s荷载来进行判定，然而根据本文推导，其表达的核心观点与《玻璃结构》采用的方法一致，且相应的持荷时间系数也非常相近；然而，在最新的欧洲规范EN 16612中创新地提出了玻璃在低应力水平的中长期荷载下，即使出现了微小裂缝，玻璃分子会重新进行排布，产生一种“自愈”现象，使得其强度会有所上升，基于这种现象，欧洲规范中认为当长、中、短期荷载同时存在时，玻璃用来判定采用的强度应按持荷时间最短的荷载对应的强度来进行验算，即玻璃强度取其中最大值，强度判定结果最为乐观和不保守。

## 5 冷弯曲面中空玻璃强度计算方法与建议

对于特定的国内实际工程项目遇到的包含玻璃冷弯的曲面中空玻璃的强度计算中，为了同时考量到以上提到的冷弯和温度作用的影响、夹胶片对玻璃等效厚度的影响以及持荷时间对于玻璃强度设计值的影响，并考虑到实际工程中以上因素带来的影响的组合效应，我们总结并推荐以下的工作流程来进行此类中空玻璃的强度计算和判定（图2）。

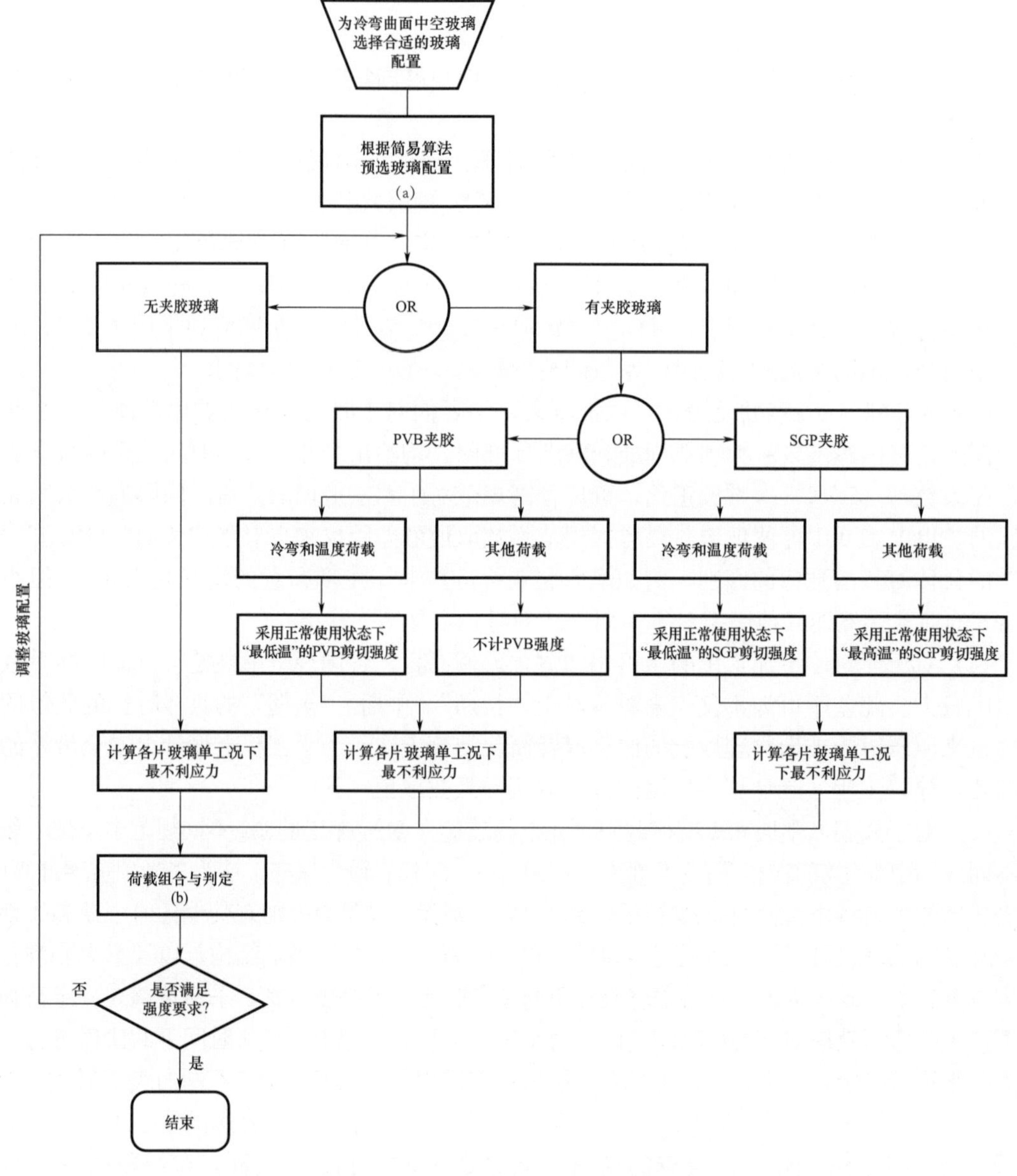


图2 曲面夹胶中空玻璃的玻璃配置计算方法流程图

(1) 关于第一步中采用简易算法预选玻璃配置这一步中，我们可根据已知的项目需求和初步计算来进行初算。这一步中需要考虑的项目需求包含但不限于：

①根据玻璃的使用位置（如立面或采光顶，倾斜或直立等），玻璃的规范要求（例如根据玻璃大小和当地地标等）来确定玻璃是否需要夹胶以及夹胶玻璃的具体位置；

②根据玻璃的节能要求等，来确定中空玻璃的中空腔数量；

③根据玻璃的力学计算所需条件，例如边部支撑情况（如四边支撑、对边支撑），基本荷载（重力，风，雪，检修，地震等）和特殊荷载（冷弯和温度），来初步估测玻璃配置。

此步骤中，初步估测考虑得越严密，则越可以减少计算迭代的次数。但如无法准确判断玻璃配置的选择，也可以根据已掌握的方法来进行初步选择，根据具体计算中遇到的问题来进行玻璃配置的调整并按上述方法重新验证。

(2) 关于的组合与判定，本文建议采用《玻璃结构》中建议的方法来进行计算，即，

$$\frac{S_{短}}{R_{短}}+\frac{S_{中}}{R_{中}}+\frac{S_{长}}{R_{长}}\leqslant 1.0 \tag{25}$$

且采用分项系数法来进行荷载组合。此选择的原因是此方法得到各国规范中最广泛的运用，且在国内规范中有明确的规定和引用依据。虽然欧洲规范中提出了玻璃“自愈”的概念并采用了更加激进的组合和判定方法，然而其附录中也对以上《玻璃结构》中的方法表示认可且认为其偏保守。

另外，荷载组合时需注意不同荷载下最大应力在玻璃板面上的分布情况，例如，玻璃在冷弯荷载下的最大应力多发生在玻璃的边缘以及角点处，而四边支撑的玻璃在承受风荷载下最大应力往往发生在玻璃跨中位置，那么在其组合时，正确的做法应该将各个部位的应力进行分别组合。当然，为了偏保守快速地判定玻璃的配置，也可将各个单工况下玻璃最不利应力按照以上判定方法进行组合和判定，用于项目初期的快速玻璃选择。

利用以上的流程，可以兼顾到冷弯曲面中空玻璃的强度计算中夹胶片的剪切强度取值对于不同荷载下的响应相反的情况，即对于冷弯和温度荷载下夹胶片越强越不利以及在其他荷载下夹胶片越强越有利这一矛盾，同时也避免了过于保守造成实际项目的资源浪费。

## 6 结语

本文详细描述了冷弯成型的曲面夹胶中空玻璃强度计算与传统平面夹胶中空玻璃强度计算的特殊之处。

(1) 冷弯中空玻璃除传统需要考虑的荷载外，还需特别考虑冷弯成型对于玻璃板面增加的附加应力，也需要考虑温度变化导致中空腔的鼓起和内凹对于曲面玻璃产生的额外应力相较同样的平板中空玻璃会有所增大的情况，故需对以上两个荷载进行谨慎计算。

(2) 玻璃冷弯荷载和温度荷载导致的玻璃内应力与玻璃强度呈正相关，即玻璃刚度越大，相同荷载情况下玻璃应力越大，故在以上单工况下需要考虑夹胶片的剪切强度来计算夹胶玻璃的刚度增大情况。美标、欧标以及上海市幕墙规范中均给出了 PVB 和 SGP 不同温度下的剪切模量以及等效厚度的计算方法。

(3) 冷弯成型曲面夹胶中空玻璃强度校核计算中，由于同时存在短期、中期、长期荷载，需考虑其组合方法以及强度判定时如何选择玻璃的强度。本文总结了各国规范中对于玻璃强度在不同持荷时间下的折减系数，并比较了其玻璃判定计算的不同方法，并总结了其中

异同以及原因。

（4）本文最后总结了冷弯成型的曲面夹胶中空玻璃的计算流程，并给出了判定参照的规范依据，旨在指导对此类玻璃进行全方位考虑的设计与计算。

## 参考文献


［1］ 中华人民共和国建设部．玻璃幕墙工程技术规范：JGJ 102—2003［S］．北京：中国建筑工业出版社，2003.

［2］ 中华人民共和国住房和城乡建设部．建筑玻璃应用技术规程：JGJ 113—2015［S］．北京：中国建筑工业出版社，2016.

［3］ 中国建筑科学研究院有限公司．玻璃结构工程技术规程：T/CECS 1099—2022［S］．北京：中国建筑工业出版社，2022.

［4］ 上海市金属结构行业协会．建筑幕墙工程技术标准：DG/TJ 08-56—2019［S］．上海市工程建设规范，2019.

［5］ 汪婉宁，韩晓阳，王雨洲，邹云．考虑冷弯效应的玻璃应力简化计算［A］．2023年建筑门窗幕墙创新与发展［J］．2023：162-175.

［6］ ASTM：E1300-12a. Standard Practice for Determining Load Resistance of Glass in Buildings［S］，2012.

［7］ Australian Standard：AS1288-2006. Glass in buildings-Selection and Installation［S］.

［8］ CEN：EN 16612：2019. Determination of the lateral load resistance of glass panes by calculation［S］，2019.

［9］ CEN：CEN/TS 19100-2：2021. Design of glass structure［S］，2021.

［10］ MARKUS FELDMANN，ETAL. The New CEN/TS 19100：Design of Glass Structure［M］，Glass Structure Engineering，2023.

［11］ LAURA GALUPPI，et al. Enhanced Effective Thickness of Multi-Layered Laminated Glass［M］. Composite：Part B 64（2014）202-213.

［12］ MINXI BAO，SAM GREGSON. Sensitivity Study on Climate Induced Internal Pressure Within cylindrical Curved IGUs［M］. Glass Structure Engineering，2018.


## 作者简介


汪婉宁（Wang Wanning），女，1988年4月生，工程师，研究方向：钢等特殊结构计算与设计，幕墙结构设计，玻璃等常规及特殊幕墙材料计算与设计等；联系电话：13020222042；E-mail：wanningwang@163. com。

# 让玻璃幕墙成为极致的预应力空间索结构
## ——折叠状弧形斜面玻璃幕墙关键技术解析

王德勤

北京德宏幕墙技术科研中心　北京　100062

**摘　要**　本文所介绍的是一种异形预应力空间索结构支承的折线斜面玻璃幕墙。其特点是索结构支承的连续折叠成锯齿状的斜面点式玻璃幕墙，墙面倾角达75°。支承结构采用索杆混合体系。由于结构立面排布既有倾斜又有转折，平面整体既有圆弧也有锯齿。结构设计复杂、施工难度极大。在本文内容中，重点介绍了玻璃面板之间的关键连接节点技术和该玻璃幕墙的支承系统，预应力鱼尾式双层不对称索结构的相关技术，并对设计与施工的难点和关键点进行了解析。

**关键词**　锯齿状折线斜面玻璃幕墙；空间索结构；鱼尾式双层不对称索结构

## 1　引言

当今的建筑造型已经呈现多元化的发展方向，建筑设计已不满足于中规中矩的建筑形式，许多大型和超大型的极富视觉冲击力的建筑越来越多地呈现在我们面前。建筑的外围护，包括幕墙和屋面部分的外饰层能很好地作为建筑设计思想的载体，展示着建筑艺术的魅力。异形空间索结构支承点支式玻璃幕墙体系，在实现建筑空间造型中起到重要的作用，已经在多个项目中大范围得到应用，特别是对异形立面能够完美实现其空间效果，包括双曲面、自由曲面、折叠锯齿形状、斜面幕墙等。空间索结构支承系统以灵活多变的造型越来越多地应用在国内外大型重要建筑中（图1）。

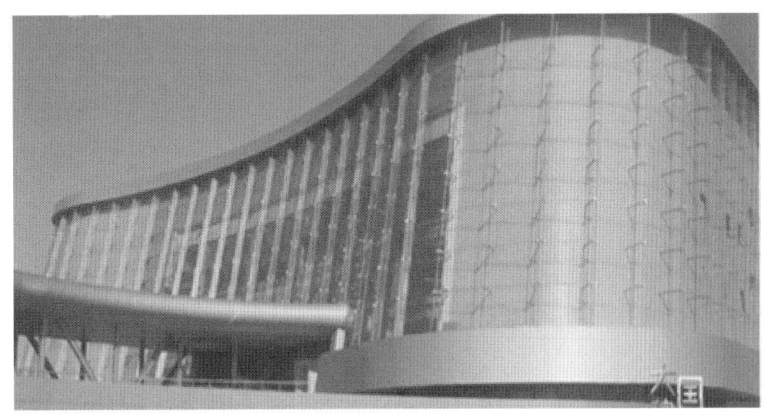

图1　南昌市民中心索结构锯齿形状斜面玻璃幕墙

近年来，由于建筑幕墙的设计方法和技术手段不断发展，BIM 技术和计算机三维设计软件的应用，已经完全可以满足异形建筑外围护的造型设计需要。特别是各种支承结构和构造形式在建筑幕墙中的应用使得建筑幕墙这个能表达建筑艺术魅力的媒介更加灵活，充满活力。

如何更好地实现建筑创意，在将建筑的语言表达得更加透彻的同时，还能保证幕墙的各项物理指标和使用性能，这已经是许多幕墙公司和幕墙设计师们必须面临的问题。

## 2 特殊造型的锯齿状弧形斜面玻璃幕墙

利用玻璃 90°～130°形成的多个玻璃面的光线反射和透视变化的效果，使得玻璃幕墙建筑的视觉效果得到大幅度的提升，大大增加了视觉冲击力，使建筑立面产生了强烈的节奏感（图 2 和图 3）。

图 2 索结构锯齿状斜面玻璃幕墙

图 3 锯齿状斜面玻璃幕墙外立面照片

本项目中，玻璃幕墙面为折线的曲面外围护。在建筑中有两个区域。一个是不透明的，是在玻璃与室内空间之间有一层结构墙体，将内外分割，使得内外的视线阻隔，形成一种特殊的视觉效果。另一个是透明通透的，是用高透明的超白玻璃做的外围护结构，以轻盈、造型美观的空间预应力索结构作为支承结构的玻璃幕墙。

## 3 索结构方案选型设计解析

在更好地实现建筑效果的同时，能有效地实现建筑外围护的功能，确保各项物理性能指标的实现。在通透的部位采用构造新颖、造型美观的水平布置鱼尾式双层预应力索结构点支式玻璃幕墙；在非通透的部位，利用中部的主体结构墙布置了水平支撑杆。以此来承受幕墙的水平荷载（风荷载），使这部分的玻璃幕墙支撑结构做到了极简的形式；在幕墙的面内，用一根直径 12mm 的竖向拉杆解决了幕墙结构受力体系的稳定性。

值得一提的是，原建筑设计方案幕墙结构所采用的是水平钢三角桁架分段布置，角部各布置 3 根竖索组成的竖向索桁架作为支承结构体。由于竖索跨度大导致拉索对主体结构梁的支座反力大，且存在室内观感较差以及工程造价高等一系列问题。因此在工程中重新对玻璃幕墙的支承结构进行优化设计。我们最初的方案是竖向单索加横向单索的结构形式和横向鱼腹双索加竖向单索的结构形式（图 4 和图 5）。

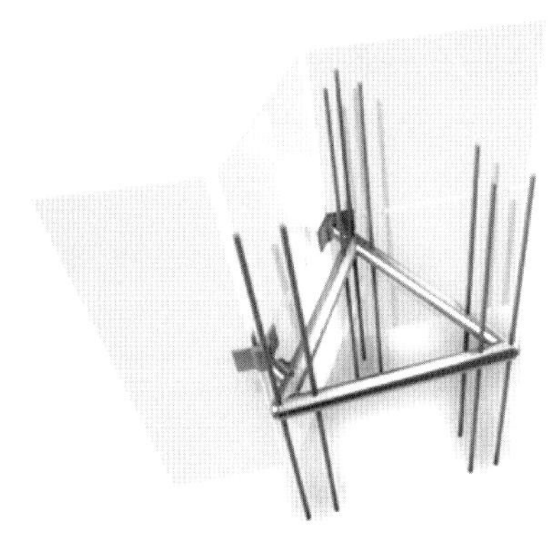

图 4　玻璃板块与金属板块的连接节点

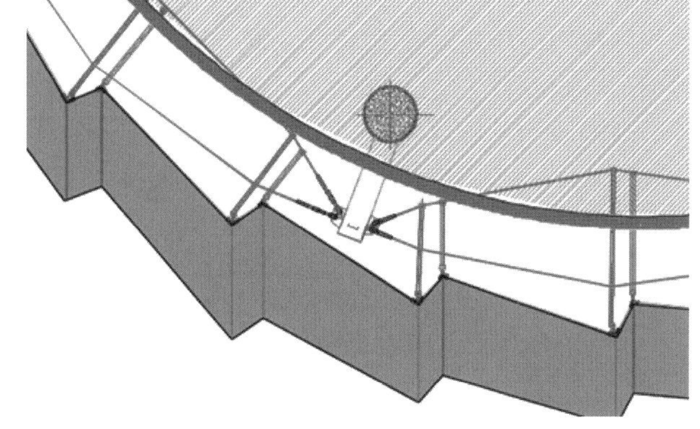

图 5　多角度大错缝的做法节点图

上面两种方案在进行结构可行性受力分析时，其稳定性与支座反力均不能满足结构设计要求。

由于工期很紧，施工现场已经开始了主体支撑结构的制作安装。在这种情况下，我亲自到现场观察了已经完成的结构情况。根据实际完成的主体结构支点构造，在现场勾画了玻璃幕墙支承结构的草图，初步确定了这片具有挑战性和异形玻璃幕墙开创性的“锯齿形状斜面点式玻璃幕墙”的索结构支承方案（图 6～图 8）。

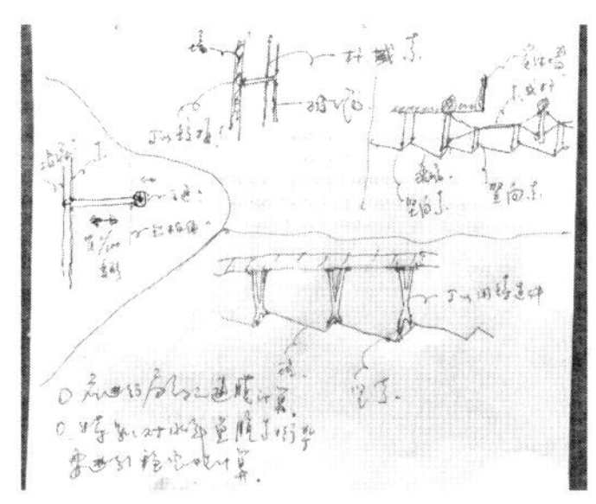

图 6　玻璃板块支承系统一

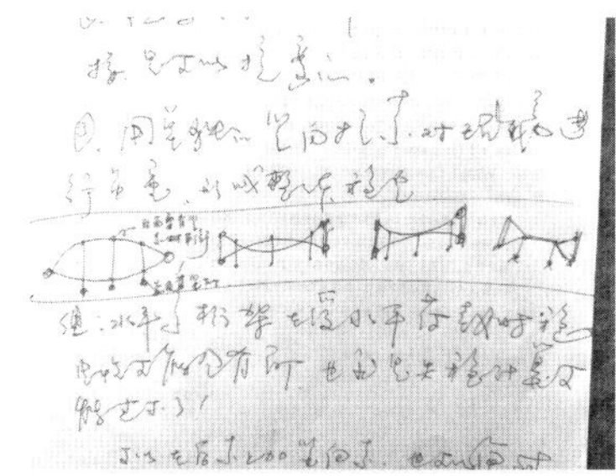

图 7　玻璃板块支承系统二

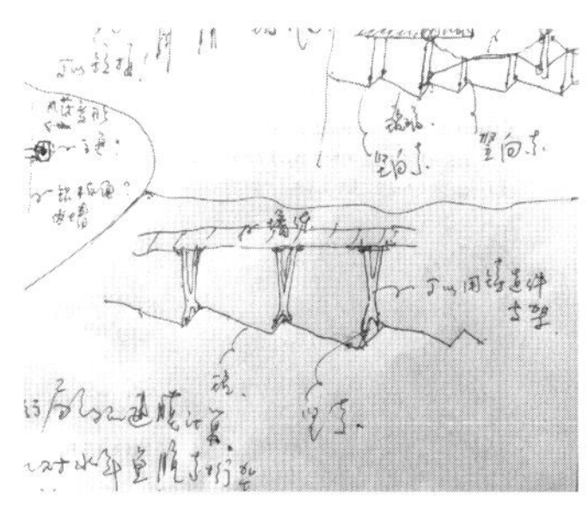

图 8　玻璃板块支承系统三

通过对这种具有挑战性的空间索结构进行结构稳定性、可行性方面的分析，在通透的部位（透视区）选择横向双层索系加竖向单索方案。而横向双索形式确定为水平不对称鱼尾双层索体系。该体系方案的优点是，在室内空间占比较小、索桁架自身平面外稳定性好、对边缘支承结构的支座反力较小，结构简洁明快，装饰效果好。该结构能同时承载水平荷载和由竖向斜面引起的自重分力竖向荷载。

此项方案，经严格的整体建模计算，对其稳定性和节点受力给出了明确的技术指标。最终采用竖向 ϕ16 单索主要承担玻璃面板的重力荷载；结构柱间设置水平鱼尾 ϕ22 双索支承，来抵抗水平风荷载及地震荷载，空间扭转力矩由水平向 ϕ14 稳定拉杆承担，通过组合索结构体系完全满足了设计要求。

在非通透部位（非透视区）的玻璃幕墙也同样是不均匀的弧形曲面的斜玻璃幕墙，倾斜角度在 80°～90°之间。外立面对玻璃幕墙的支承体系和整体传力系统的设计提出了更高的要求。

在非透明区域的设计中，最终采用竖向 ϕ16 单索主要承担幕墙的重力荷载，在玻璃节点处与结构构造墙之间设置水平 ϕ89×6mm 的支撑杆，以此来抵抗水平荷载及地震作用。在玻璃面板内侧设置 ϕ14mm 的水平向稳定拉杆。建立非透明区域结构计算模型，对其进行各种荷载的受力计算（图 9～图 11）。

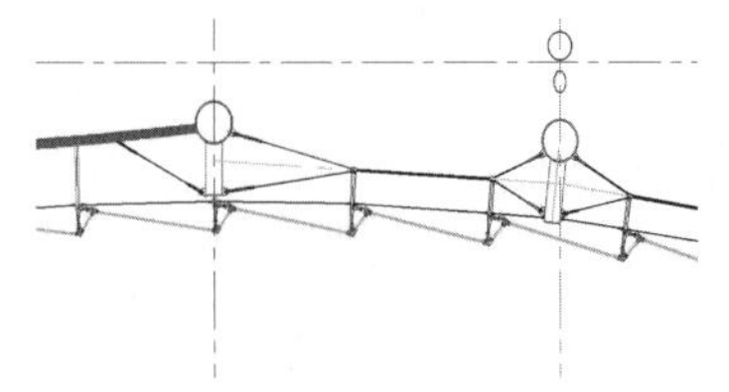

图 9　透视区与非透视区相交部位结构

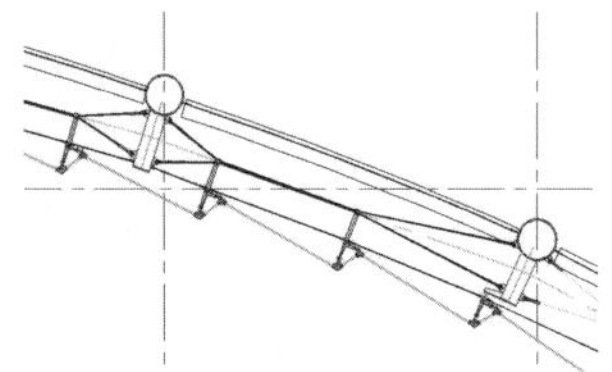

图 10　透视区鱼尾式索结构

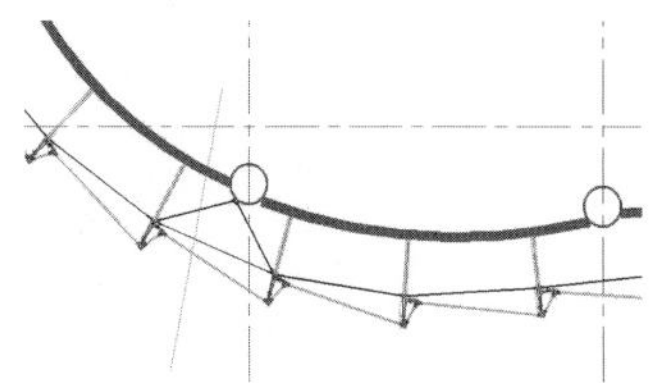

图 11　非透视区结构简图

在该项目中，由于面板玻璃的规格形状所限，索结构支撑体系要能有效的工作，这就要求在正负风压的作用下，双层索系中的索力变化是可控的。与此同时，玻璃幕墙的平面外变形应控制在规范的要求 1/200。

在常规的预应力索结构设计中，双层索系最好是对称布置（如鱼腹式、鱼尾式索桁架）。这样布置方法最大的好处是在受到正风压或负风压作用时，其平面外的变形是均衡的。在方向相反的两个水平荷载作用时，其幕墙平面外的变形绝对值也是一致的。这样对连接玻璃与结构之间的连接节点的适应影响能力无须进行特殊的考虑。

但该项目由于条件所限，要实现双层索结构的简洁支承，支撑结构就会出现前后两根受力索的布置不对称的现象（图 12～图 15），这样就会出现在玻璃面板受平面外荷载的作用下，正负压所给予预应力索结构的前索和后索受力不均匀。这将引起索结构两端部的支撑杆产生不相同的应力。

在实际工程中，如不能充分考虑到这种情况，可能会在受到较大荷载冲击时，在撑杆上出现永久变形。这将会对幕墙的面板和支撑结构产生安全性的影响。在充分分析了该预应力索结构支撑体系的受力状态和体型特点后，利用有限元计算软件作进一步分析，用增加受力部位的安全储备来适应该异形玻璃幕墙的抗风压变形的安全度；加强支撑杆件的刚度和节点的连接强度，使之有足够的安全储备能力来解决这一难题。

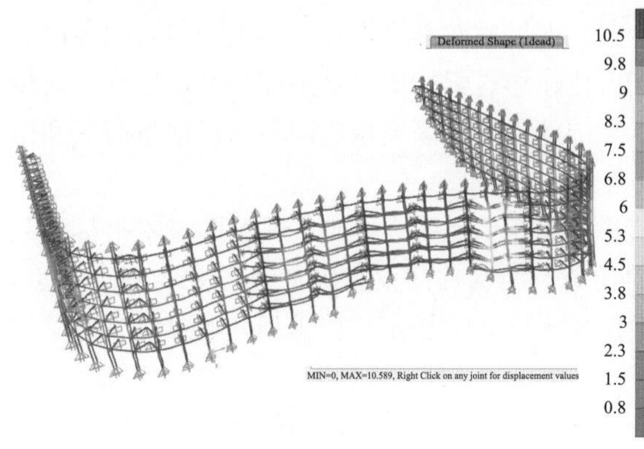


图 12　整体建模计算模型

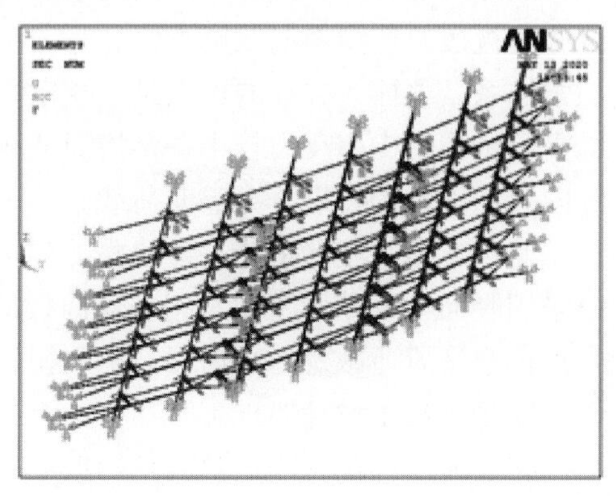


图 13　采用非线性计算软件进行受力分析

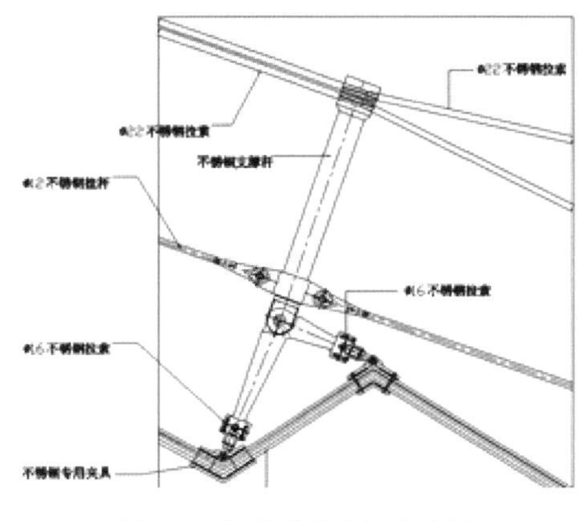


图 14　鱼尾式索桁架节点图

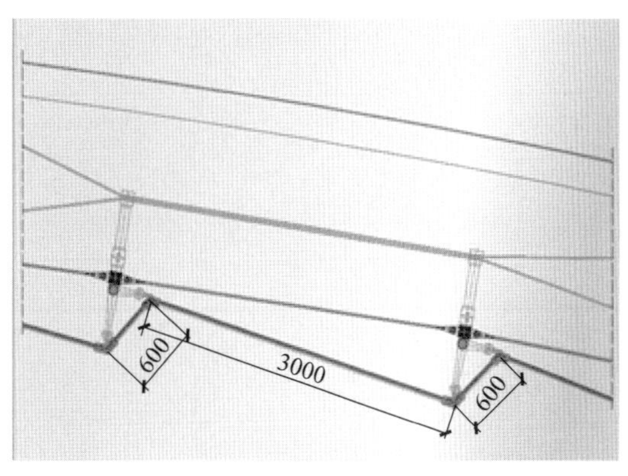


图 15　玻璃面板折线尺寸与索结构关系图

由于本工程的预应力空间索结构体型复杂，前期设计无风洞试验数据，因此对风荷载安全系数适当放大是必要且合理的。经综合评估决定将风荷载安全系数提高 1.3 倍进行受力分析。

经过有限元软件计算模拟，直径为 22mm 的索内最大轴力为 150.074kN、直径为 16mm 索内的最大轴力为 76.899kN、直径为 14mm 的拉杆最大轴力为 48.634kN 均满足强度设计要求。在该提高承载力安全储备的设计工况下，索结构体系依然满足安全要求，不会出现局部或整体失稳损坏。

## 4　连接节点方案设计及工作原理分析

在折线玻璃之间的连接节点设计时，我们结合该项目的特点，在保证斜面锯齿状玻璃幕墙面板外形要求的同时，要确保玻璃幕墙各项物理性能的实现。

这种具有挑战性的节点设计，是在充分考虑了其特殊性和幕墙工作状态时受力变化的情况下进行的。使玻璃连接节点在工作状态下既能固定、连接玻璃面板，又能利用其可转动和可变位构造来消除各种不利的应力。以此来确保这种异形外围护结构的整体安全性（图 16～图 19）。

在锯齿状折线玻璃的连续阴阳角部位，结合短边玻璃的尺寸在节点设计时采用了可变的双头连接节点。这种节点既能适应玻璃之间角度的变化，又能满足上下斜面玻璃之间的连接。

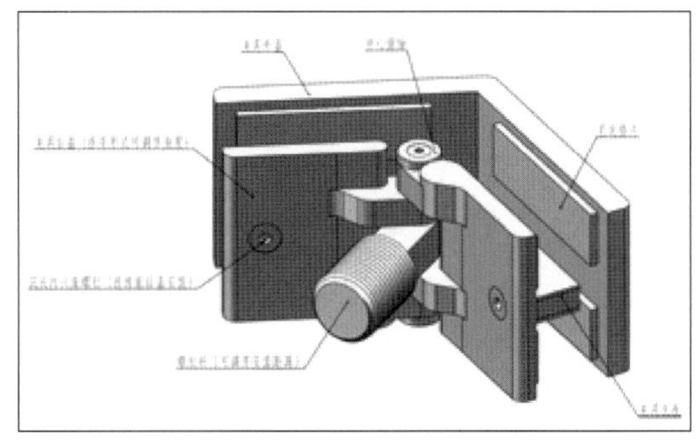

图 16　折线玻璃之间的连接节点效果图

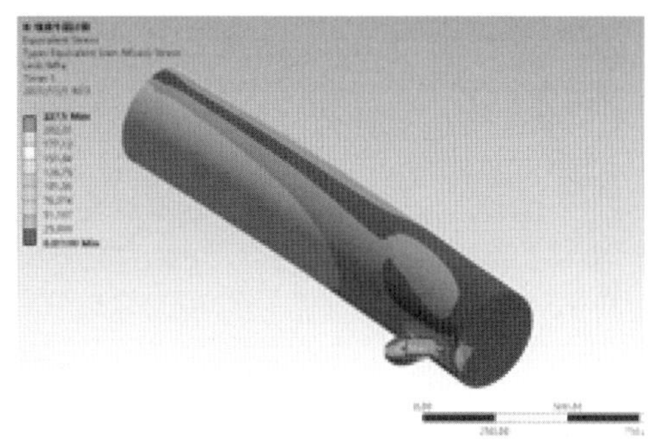

图 17　承载力极限状态工况变形云图

图18　折线玻璃之间的连接节点照片

图19　索桁架两端的连接牛腿节点照片

由于该项目从幕墙的支承结构到玻璃面板的外形固定，都是非常具有挑战性的设计。所以，考虑结构的安全性应多设想一些不利因素来推演其可靠性能。假设局部横索退出工作或存在不平衡外荷载时，节点仍然可有效传递荷载。

利用有限元分析软件进行计算模拟分析两种不同工况，一种为正常使用承载力极限状态分析，另一种为考虑一侧拉索失效或受力不均匀极端承载力工况分析。通过两种工况分析结果对比可知，由于圆管牛腿尺寸大，外侧布置起加劲肋作封口板，因此局部强度会成为结构的控制指标，牛腿根部的应力相对较小，有很大的安全储备。

## 5　索结构的安装精度控制方法解析

预应力的形成对索结构的刚度具有重要影响，在索结构内施加预应力是施工的重要环节。索结构施工过程应与设计考虑的荷载工况一致，在施工工作中，现场施工数据与设计数据全程进行核对，采用专有设备对拉索安装时的垂度、拱度偏差、索力变化、结构变形进行实时观测。

该工程项目的预应力索结构在安装时，施加预应力的难点在透明区域的鱼尾双索支承体系；由于这部分索桁架为非对称索，双索的内应力不同。随着索内应力的变化索桁架的体型也会产生变化，所以对这部分索结构的初始预应力精度要求极高。现场采用了索力测力仪器和液压指标双向控制（图20和图21）。

图20　非通透部位的水平支承构件安装

图21　施工现场索结构内力检测

在施工阶段，采用BIM技术对这一区域的整体模型及对施工阶段中多个工况进行模拟，确保索结构内力和平衡位置均能实现理想的建筑外形。索结构在初始状态的平衡位置是实现幕墙设计形态的关键问题。通过监测索结构目标点，与计算模型位置坐标进行对比分析，适当调整索预应力大小，以满足建筑外观设计要求。

索结构的状态一般定义为三种。零状态是指无预应力、自重及外部荷载的索构件。初始状态是指结构在预应力、自重作用下的平衡状态。工作状态是指结构在外部荷载作用下所达到的平衡状态。在索结构的施工过程中主要是对前两种进行控制和实现，往往是在预应力形成中设置多种工况，将实际预应力指标与设计给出的设计指标相对应，同时对索桁架的外形进行尺寸控制。

该项目的索结构安装顺序按照先竖索后横索进行，竖索除了需要连接两端的耳板外还需要通过6个支撑杆，通过在索支撑杆内部设计可供竖索通过同时又能固定定位的万向球铰结构，竖索能在三维空间上自由转动，一方面满足了竖索倾斜75°的布置需求，另一方面在空间上确保竖索的直线度。横向双索交叉鱼尾布置，在预应力施加过程中容易带动横索撑杆发生偏转，现场采用两台全站仪监测对撑杆的位置进行及时纠偏，直至预应力施加完毕。

在索结构安装完成后，对索桁架的整体稳定性进行了局部配重检测。与此同时对索桁架的外形尺寸做精确测量，用测量数据与设计计算模型进行合模，确保了异形立面整体尺寸精度，为玻璃面板的顺利安装打下基础。

由于幕墙的支承结构安装精度高，各种连接节点的设计与加工到位。在连接节点和玻璃面板安装时没有遇到太大的困难。斜面玻璃在安装时采用的是多组曲臂升降车、汽车吊、玻璃专用真空吸盘等智能安装设备（图22和图23）。在设计与施工过程中笔者多次到现场与设计、现场施工安装人员、现场管理人员进行技术交流。确定关键点，及时解决施工过程中出现的问题，使这个具有超大难题的异形幕墙项目顺利的完成（图24和图25）。

图22　通透部位索结构安装完成后安装玻璃面板

图23　采用曲臂升降车安装玻璃面板

图24　王德勤在施工现场与项目管理技术交流

图25　王德勤在现场讲解该幕墙工作原理

## 6　结语

近年来，各种异形玻璃幕墙和双曲面造型的外围护结构，越来越多地应用在国内外大型建筑中。我们应该看到，这些异形外围护结构在现代建筑上的应用确实能够展示新材料、新工艺、新技术的蓬勃发展。在为建筑增彩的同时也给我们幕墙人带来了思考。我们如何能在确保安全的情况下保证建筑物的美学效果，如何能在建筑师的启发下使得建筑幕墙这个能展示建筑美学效果的媒介与每个建筑的个性融为一体。

### 参考文献

[1]　王德勤．双层索结构支承在玻璃幕墙的应用分析[J]．建筑幕墙．2022.1.

[2]　中华人民共和国城乡建设部．索结构技术规程：JGJ 257—2012[S]．北京：中国建筑工业出版社，2012.

[3]　王启兵．南昌市民中心-锯齿状斜拉索杆混合结构点支式玻璃幕墙的创新[J]．幕墙设计．2020.5.

[4]　王德勤．点支式弧形玻璃幕墙设计与施工技术[A]．2010年全国铝门窗幕墙行业论文集[C]，2021.

### 作者简介

王德勤（Wang Deqin），男，1958年4月出生，教授级高级工程师，北京德宏幕墙技术科研中心主任；研究生导师；中国建筑装饰协会专家组成员；中国建筑金属结构协会专家组成员；中国钢协空间结构分会索结构专业专家；全国标准化技术委员会资深专家。十八项国家专利技术的发明人。

# 超大异形开合玻璃拱屋盖建造技术研究与实践

胡 勤 花定兴
深圳市三鑫科技发展有限公司 广东深圳 518000

**摘 要** 对超大开合玻璃拱屋盖，如何保证顺利开启和关闭并保证其气密性、水密性，在拱形钢网壳上安装超大、超重三角形双夹层中空玻璃，如何解决三维调节适应主体结构误差等问题，是亟待解决的关键建造技术难题。

**关键词** 六角星；防渗漏；开合屋面；导轨；轨道凹坑

## 1 引言

国家会议中心二期工程屋面分为平屋面和拱形屋面两大区域，南北长 458m，东西宽 148m，平屋面高 44.85m，拱屋面高 51.8m。拱屋面包含金属拱屋面和玻璃采光顶拱屋面两部分，其中金属屋面约占近 5 万 $m^2$，玻璃采光顶拱屋面约 2 万 $m^2$。玻璃采光顶拱屋面由固定采光顶、南开合拱屋面、北开合拱屋面三大系统组成，其中固定屋面部分约 15000$m^2$，南、北花园开合屋面部分约 3000$m^2$，屋面系统分布如图 1 所示，最大开合屋盖单扇尺寸为 45m×10.5m，由分格为 3464mm×3464mm×3464mm 的正三角形双夹层中空钢化超白玻璃组成，单块玻璃质量为 420kg。

图 1 屋面系统分布

## 2 超大采光玻璃拱屋面幕墙系统技术重点与难点

本工程屋面主体结构采用超长上凸式张弦杂交拱壳结构形式，跨度 72m。幕墙龙骨如何与主体钢结构精准定位并消除误差。4005 块玻璃，3731 个六角交叉点，22320m 长的胶缝，如何确保滴水不漏。大跨度的屋顶网壳无论在加工、安装精度以及温度变化的影响，在水平方向和垂直方向都存在着很大变形。幕墙龙骨如何与主体钢结构精准定位，并消除这些误差的影响，成为本工程设计与施工的主要难点。采光顶屋面对防水性能要求高，开合玻璃拱屋盖能否顺利开启和关闭，且确保做到滴水不漏，这是工程的重点与难点。

## 3 龙骨与主体钢结构可调连接设计与施工

### 3.1 采光顶铝合金龙骨与主体钢结构连接设计

为克服主体钢结构施工偏差，采光顶铝合金龙骨与主体钢结构的连接设计采用六角星盘系统。该系统采用三点定位方式，利用碳钢底座、主螺杆进行水平、垂直方向双向调节定位，实现幕墙龙骨与主体结构连接的三维调节，克服了主体钢结构在加工、安装过程中产生的偏差影响，以及温度、张拉和荷载作用下产生的变形。首先将主螺杆穿入碳钢底座，然后焊接碳钢底座，其次将限位定位盘旋入主螺杆，再进行位置调节，调整好后将螺母与底座进行焊接，可实现定位精度。如图2所示。

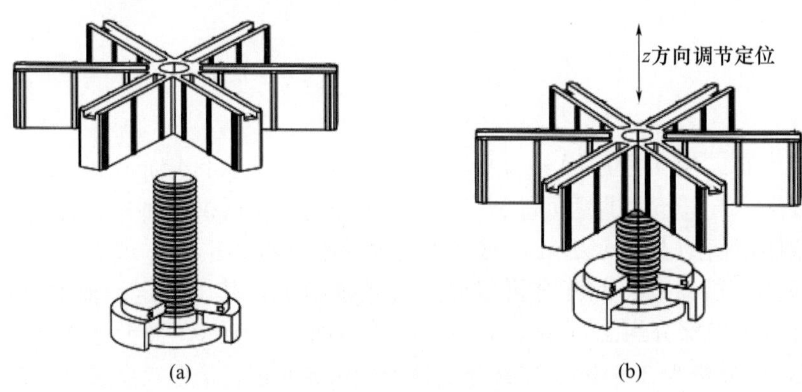


图2 六角星盘示意图

### 3.2 采光顶铝合金龙骨与主体钢结构连接施工

（1）测量放线、复测

在主体钢结构下方位置处，对主体钢结构的安装情况进行复测，并对碳钢底座进行定位、放线。然后在屋顶处进行复测、精准定位。根据碳钢底座定位，按照安装流程进行单个碳钢底座安装，并按照要求进行精度把控。利用预制好的三角形胎架，检查碳钢底座的相对位置精度。

（2）六角星盘安装

安装六角星盘，与铝合金一道、二道龙骨相连接，如图3所示。

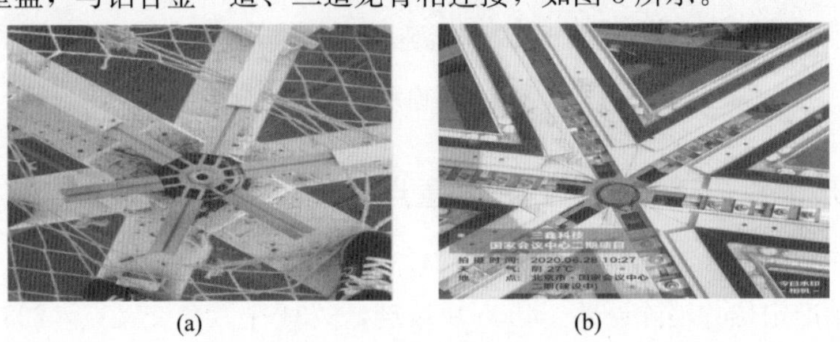


图3 六角星盘安装

(3) 铝合金龙骨安装

一道龙骨安装完成后，主要用于内侧密封胶施打承托。铝合金二道龙骨直接在加工厂组成单元，主要起到支撑玻璃面板作用，同时与一道龙骨一同组成第二道防水、排水体系，如图 4、图 5 所示。

图 4　安装第一道铝合金龙骨

图 5　安装第二道铝合金龙骨

## 4　采光屋面固定部分防水设计与施工

采光顶屋面对防水性能要求非常高，要确保做到滴水不漏，为防止玻璃室外侧胶缝因不可控原因发生少量漏水而流入室内，在玻璃龙骨位置设置了第二道防水，玻璃龙骨为单元式三角框，安装后框与框之间打密封胶密封形成第二道防水屏障，如图 6 所示。

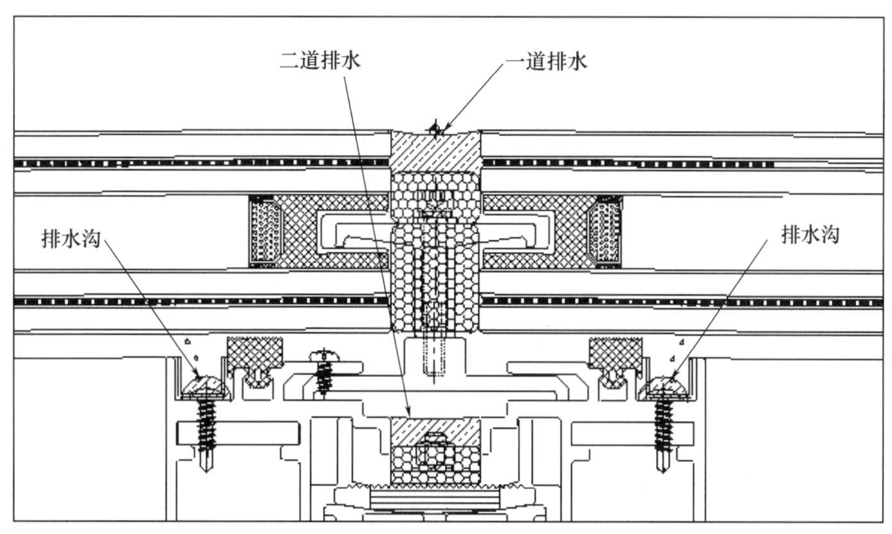


图 6　典型排水节点

### 4.1　双道防水节点设计

本工程防排结合，一道防水为面板防水，设计要求胶宽 25mm、胶深 10～12mm，可防住大量的水。二道排水起到防排的作用，当少量的雨水突破一道防水渗漏进来后，按照预先设计好的排水路径流到东西两侧的排水沟内的主、次排水方向，如图 6、图 7 所示。

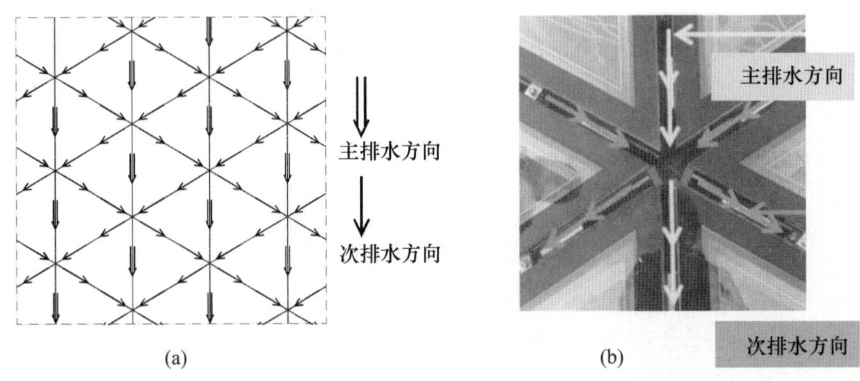


图7 主、次排水方向

### 4.2 采光屋面固定部分防水施工过程

（1）第一道密封胶

采光顶屋面铝合金龙骨缝隙间，形成防水界面和排水通道。对打胶时的温度以及排水路径方向进行把控。打胶前应做好基层处理，清理干净缝隙内的杂物和灰尘。

（2）基层处理

面板打胶前用吸尘器清理缝隙内的积灰和杂物，填塞泡沫棒，基层处理。

（3）面板打胶

在面板边部贴好单面贴，防止密封胶污染玻璃。在打胶区域设置警戒线，防止人员走动产生振动影响固化及破坏打好的玻璃。

## 5 开合屋面气密性、水密性设计与施工

本工程开合玻璃拱屋面由南花园和北花园组成，总面积约3000m²。超大面积开合屋面气密性、水密性设计要求极高，对设计和施工都具有极大的挑战。根据要求，开合玻璃拱屋面开启方式为东西对开，最大开启尺寸为45m×10.5m，面积达472m²，如图8至图10所示。

图8 开合屋面三维效果图

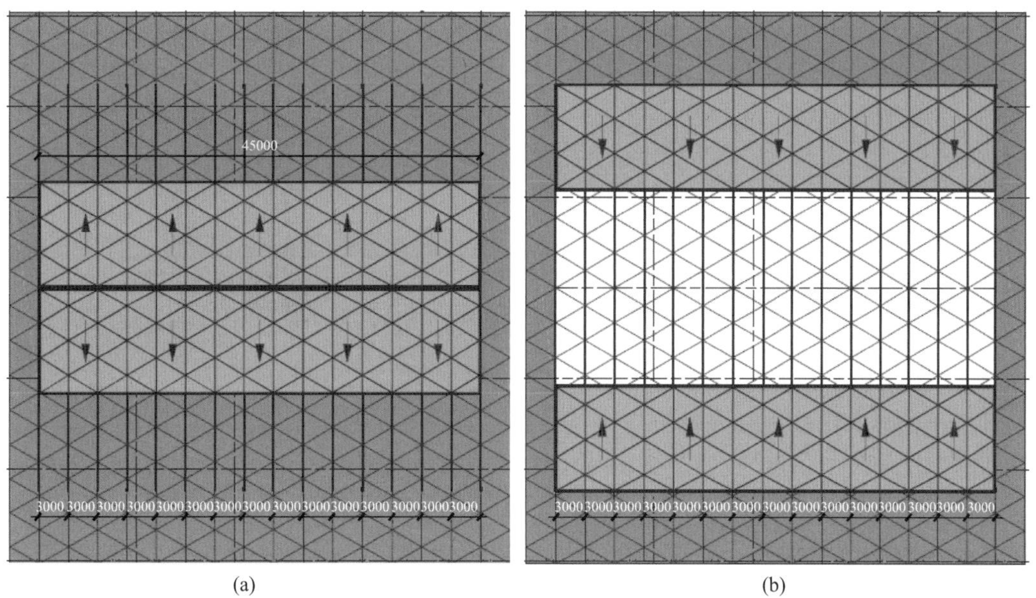


图 9　北花园 45m×10.5m 的 2 片开合屋面关闭/开启状态平面图

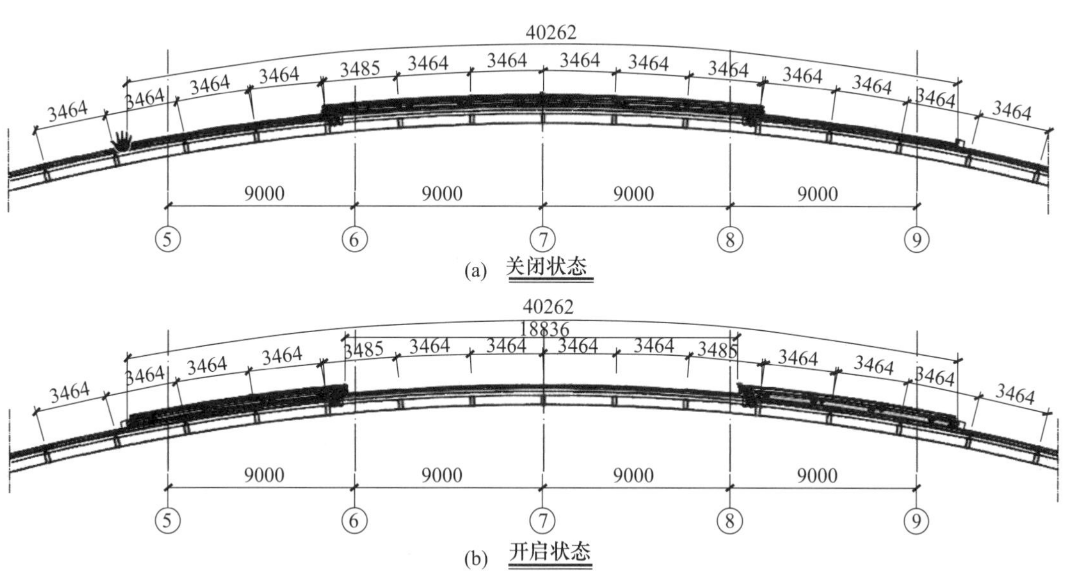


图 10　开启/关闭屋面剖面图

### 5.1　开合屋面主要构造设计

开合玻璃拱屋面主体结构与固定部分相同，钢轨道通过支座与主体钢结构连接。铝合金轨道包裹在钢轨道屋面，起到装饰、防腐等作用。台车即行走轮均布在铝合金轨道上，并与活动屋架相连接。活动屋架类似于主体钢构，为一整片三角形网壳。玻璃面板通过铝合金龙骨、六角星盘、碳钢底座与活动屋架连接，构造做法与固定部分相同，如图 11 所示。

### 5.2　轨道系统介绍

本开合屋面重点为行走轨道系统，如何达到超高要求的气密、水密性能，关键在于轨道

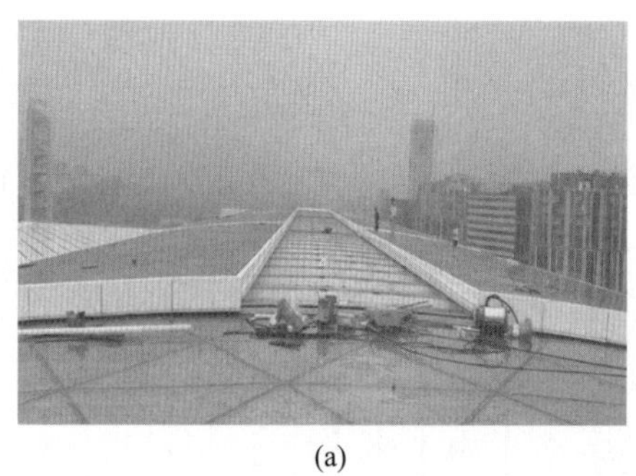
(a)

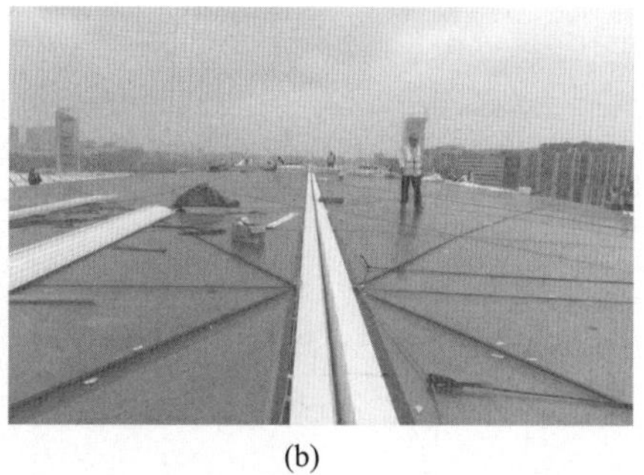
(b)

图11　屋盖开启/关闭状态实景图

的设计，这是本项目的重点，也是与其他开启屋面最主要的区别。常规的钢轨均为碳钢材质，暴露在室外会产生锈蚀，与雨水混合形成锈水污染周围的玻璃及铝板，严重影响建筑美观。为防止轨道与台车轮接触的踏面锈蚀，避免玻璃和铝板与钢材之间的胶缝（与钢之间的胶缝极易出现漏水现象），本工程采用特殊挤压成型的铝合金轨道。由于铝合金轨道的受压硬度没有碳钢高，通过增加轨道和台车数量可达到挤压要求。轨道系统是开合屋面台车行走的支撑和导向构件，其结构形式设计与台车结构和驱动布置密切相关。

轨道系统的结构是由钢轨道梁、轨道梁钢立柱、铝合金轨道及轨道不锈钢连接螺栓等组成。轨道梁通过钢立柱与下面圆弧主梁焊接，轨道梁采用120mm×80mm×6mm矩形钢管弯弧而成。轨道采用6082-T6铝合金挤压成型。8片开合屋面共有53根轨道形成屋盖开闭运行的支撑面。轨道的上下部位设置限位缓冲装置，起到定位及确保安全的作用，缓冲器采用聚氨酯弹性材质。

轨道梁及轨道在开启/关闭节点部位采用隔断形式，防止冷热传导到室内。隔断节点采用结构密封胶填充，轨道梁端面采用焊接封头，再用密封胶密封，防止漏水进入。轨道采用斜角接缝可以防止接缝产生的噪声与振动，台车可平滑过渡，如图12所示。

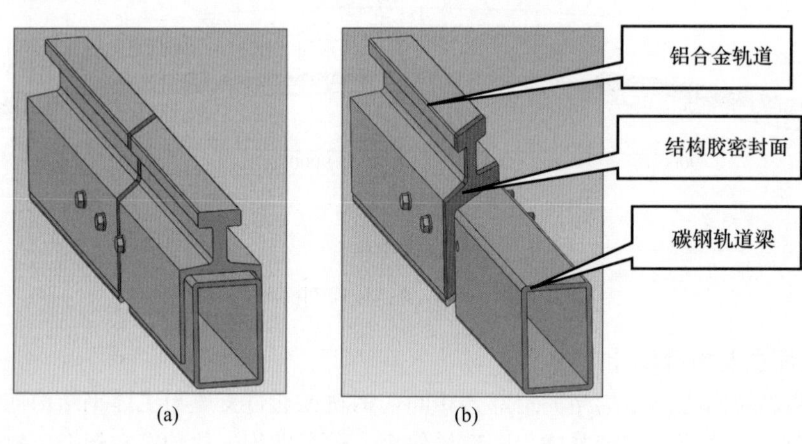

(a)　　(b)

图12　轨道组成

## 5.3　轨道凹坑设计

为本项目满足超高的气密水密性能要求，每根铝合金轨道设置有对称分布的14个凹坑，其作用是：开合屋面的主要密封都采用压密封形式，当开合屋面到达关闭位置，所有台车进入凹坑时，竖向密封胶条压紧，使得压密封胶条有一个紧密的压缩过程，提高了密封效果。凹坑宽 78mm，深 8mm，底部水平面宽为 18mm。当开合屋面打开时，台车出坑，屋面抬高 8mm，密封胶条脱离密封面，在开启过程中密封无摩擦，可延长使用寿命，并降低了运行中的摩擦损失。

开合屋面的主要密封都采用压密封形式，为了解决胶条的压缩和释放，进行轨道凹坑设计。当开合屋面到达关闭位置时，所有台车进入凹坑时，竖向密封胶条压紧，使得压密封胶条有一个紧密的压缩过程，提高了密封效果，如图 13 所示。

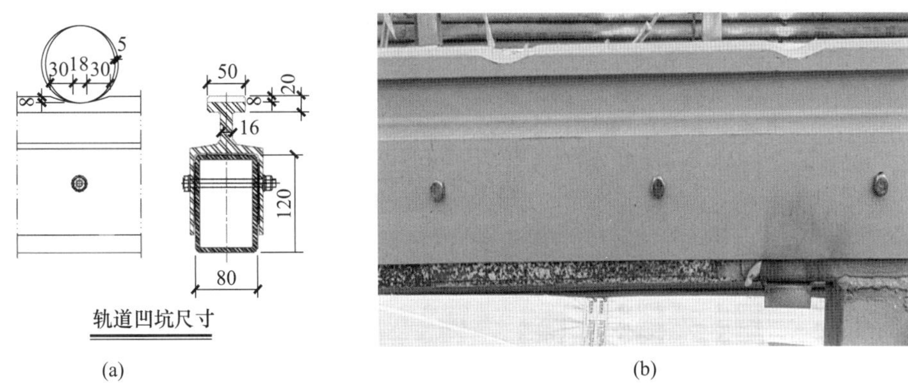


图 13　轨道凹坑设计

当开合屋面打开时，台车出坑，屋面抬高 8mm，密封胶条脱离密封面，在开启过程中密封无摩擦，可延长使用寿命，并降低了运行中的摩擦损失。关闭时所有台车进入凹坑，屋盖下降。在其他任意位置，屋盖处于升高状态，内密封竖胶条不产生接触摩擦。不同运行状态下台车与凹坑结合形式，如图 14 和图 15 所示。

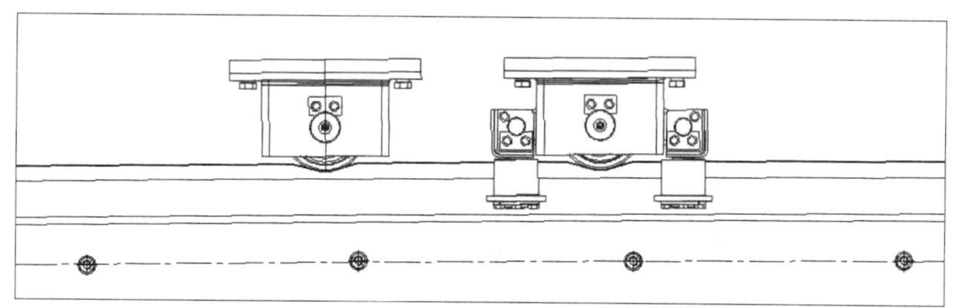

图 14　开合屋面关闭状态（台车下沉进入凹坑）

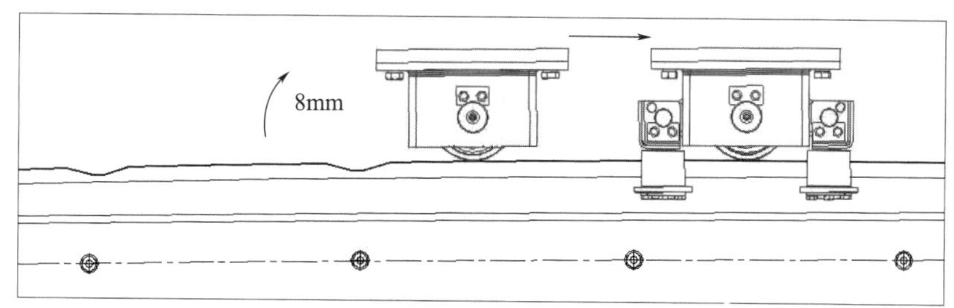


图 15　开合屋面启动状态（台车出坑、提升）

### 5.4 防水密封设计与施工

（1）固定屋面-开合屋面边轨侧面收口密封结构

开合屋面侧面与固定屋面的密封结构通过蓝色的水/气密封路径设置多层密封胶条达到密封要求。开合屋面的外密封设置有两道批水密封胶条与固定屋面始终贴合形成防水密封，如图16所示。

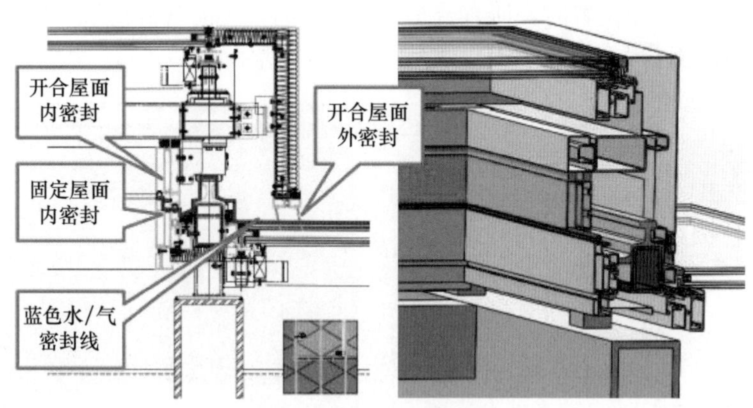


图16　开合屋面侧收口

（2）开合屋面-开合屋面对碰屋脊上口密封结构

两个开合屋面在屋面顶端的屋脊处对碰，需要设置多道水密封和气密封结构，蓝色线为密封路径，可以看出水密＋气密需要经过8个密封节点。从实际情况可见，开合屋面的4道外密封已经可以阻挡住大部分外部雨水的进入。如果雨水穿过3道密封后到达第一个排水沟可以完全排出。开合屋面的内密封主要用于气密封，产生的冷凝水可以通过第二道排水沟排出，如图17所示。

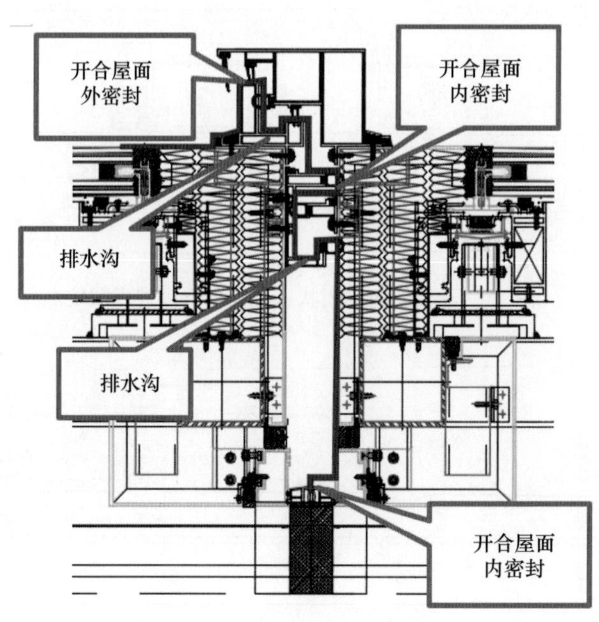


图17　开合屋面对碰设计

（3）固定屋面-开合屋面下口密封结构

开合屋面下口与固定屋面的密封结构通过蓝色的水/气密封路径设置多层密封胶条和挡水条达到密封要求。开合屋面设置了两道内外密封门与轨道密封，每道密封门采用双道橡胶板与轨道摩擦密封，四道橡胶板与中间挡水板的防水措施能够保证水密性，如图 18 所示。

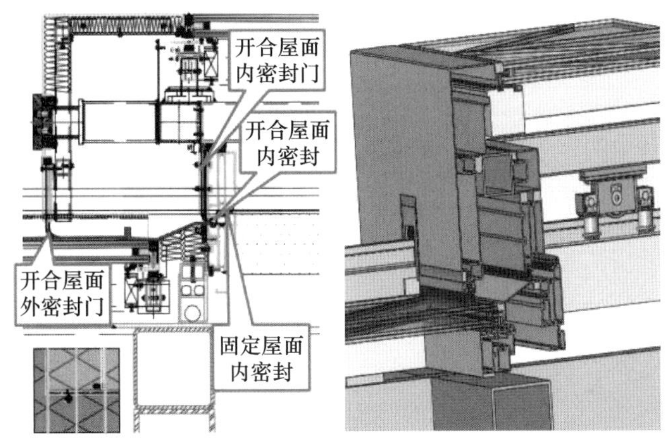


图 18　开合屋面下收口

## 6　开合屋面施工过程

（1）轨道安装

开合屋面主体结构与固定部分相同，钢轨道通过支座与主体钢结构连接。铝合金轨道包裹在钢轨道屋面，起到装饰、防腐等作用。

（2）台车安装

安装台车，台车即行走轮均布在铝合金轨道上，是活动屋架的支撑和动力装置。

（3）活动屋盖加工及安装

活动屋架类似于主体钢构。首先在地面采用胎架制作成单榀 3m×10m，然后使用屋面吊吊至安装位置，每个 3m 进行摆放，中间部分次龙骨在屋面焊接，最终形成一整片屋架。

（4）铝合金龙骨及面板安装

玻璃面板通过铝合金龙骨、六角星盘、碳钢底座与活动屋架连接，构造做法与固定部分相同，如图 19 所示。

图 19　开合屋面铝合金龙骨及面板安装

## 7 气密性、水密性测试

为了确保国家会议中心二期开合玻璃拱屋面的机械、电气及密封性能的可靠性能，并为大面施工积累经验，找出出现问题的原因以及相应的解决办法，在国家建筑幕墙检测中心实验室进行了开合玻璃拱屋面的性能试验。试件外形尺寸 6000mm×21500mm，总面积 129m²，如图 20所示。

图 20 试验测试过程

由于超大开合玻璃拱屋面系统技术属于研发和探索阶段，无经验可循。经过多次拆改、测试、方案调整，实验室正式试验达 16 次，在各方不懈努力下，终于完成了国内首次开合玻璃拱屋面性能试验并取得成功。通过测试，其气密性及水密性达到设计要求的国家标准，实现了超大开合玻璃拱屋面密封性能国内最高水准首创，为本工程完美竣工打下良好基础。

## 8 结语

超大异形开合玻璃拱屋面技术研究，通过理论分析、试验验证，精心建造，其主要创新点包括发明的六角星盘连接系统专利应用，解决了异形屋面玻璃单元三维安装调节难题，该系统同时具有适应温度、荷载作用下产生变形的能力。首次采用防排结合、双道设防，解决了异形玻璃屋面雨水渗漏问题。创新性采用轨道凹坑设计，解决了大型开合玻璃屋面水密、气密的行业难题。本项目技术成果经国家科学技术委员会组织鉴定评价为国际领先。

### 参考文献

[1] 中华人民共和国建设部．玻璃幕墙工程技术规范：JGJ 102—2003 [S]. 北京：中国建筑工业出版社，2003.

[2] 中华人民共和国住房和城乡建设部．建筑结构荷载规范：GB 50009—2012 [S]. 北京：中国建筑工业出版社，2012.

[3] 中华人民共和国住房和城乡建设部．采光顶与金属屋面技术规程：JGJ 255—2012 [S]. 北京：中国建筑工业出版社，2012.

[4] 中华人民共和国住房和城乡建设部．屋面工程质量验收规范：GB 50207—2012 [S]. 北京：中国建筑工业出版社，2012.

# 幕墙水平悬挑大装饰带设计

李才睿　刘晓峰　闭思廉
深圳中航幕墙工程有限公司　广东深圳　518100

**摘　要**　由于建筑外观和遮阳要求，玻璃幕墙悬挑装饰带尺度越来越大，对幕墙系统的影响也越来越大。对于幕墙悬挑尺寸较大的装饰带，结构计算很重要；除此之外，在构造设计上需要注意尽量降低对幕墙系统的影响，并简化力学模型；同时，为确保工程质量和提高施工效率，采用装配式构造。

**关键词**　玻璃幕墙；水平悬挑大装饰带；结构计算；装配式构造

## 1　引言

在进行幕墙水平悬挑装饰带结构设计之前，首先需要考虑装饰带对幕墙立柱的影响，再具体分析装饰带与幕墙立柱的连接方式，以及装饰带自身的强度、刚度、稳定性，还有装饰带的构造及装饰带与立柱的连接构造。

## 2　水平大装饰带对幕墙立柱的影响

### 2.1　水平大装饰带与简支梁立柱连接的情况

简支梁立柱承受均布荷载，水平大装饰带承受竖向均布荷载，这个竖向荷载转换为作用到立柱的集中弯矩，可以理解为在简支梁原有荷载的基础上增加一个集中弯矩 $M_{yp}$。

简支梁立柱在原有均布荷载作用下，跨中最大弯矩为 $M_i$，在立柱跨中任意位置施加集中弯矩 $M_{yp}$后，立柱跨中弯矩变为 $M_i + 0.5M_{yp}$。当 $M_{yp}$小于 $M_i$ 时，立柱最大弯矩只是稍大于立柱跨中弯矩，但比值不大于 104%，可认为立柱跨中弯矩与立柱最大弯矩近似相等。

在施加集中弯矩 $M_{yp}$后，通常会觉得立柱跨中弯矩增加 $M_{yp}$，并与弯矩作用位置有关。但实际情况并不是这样，为方便理解，我们假定立柱跨度为 $L=4.5$m，水平装饰带悬挑尺寸为 $L_{yp}=1.5$m，立面幕墙和水平装饰带的分格均为 1.5m，立面幕墙的风荷载标准值为 4kPa，按照相应体型系数进行计算，采用有限元分析，参见图 1～图 3。

可以看到，在施加集中弯矩 $M_{yp}$后，跨中增加弯矩始终为 $0.5M_{yp}$。该结论可以用于评估有悬挑水平装饰带的简支梁立柱，为方便使用，这里将装饰带悬挑长度与简支立柱跨度比值作为参数，换算出 $M_i$ 的变化幅度，具体推导参见图 4、图 5。

可以直接用公式或者图 5 的图表进行设计方案的评估，例如：

当 $L_{yp}/L=1.5/4.5=33\%$时，查图 5 图表，跨中弯矩变为原简支梁的 126%；

当 $L_{yp}/L=1.5/6.0=20\%$时，查图 5 图表，跨中弯矩变为原简支梁的 115%；

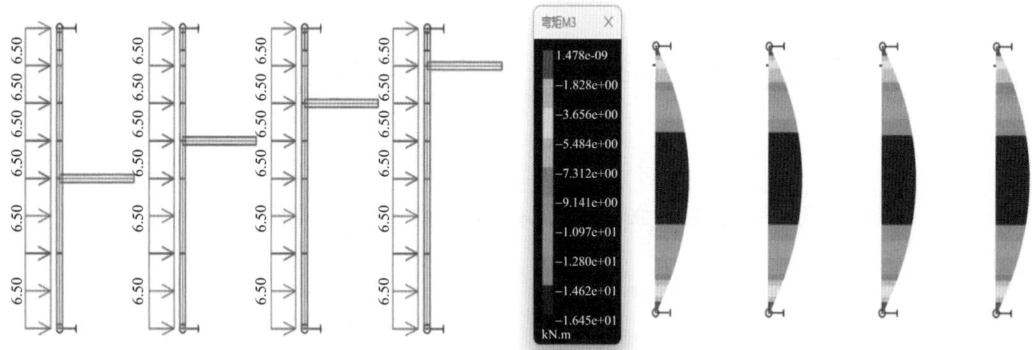


图 1　均布线荷载作用下简支梁弯矩图

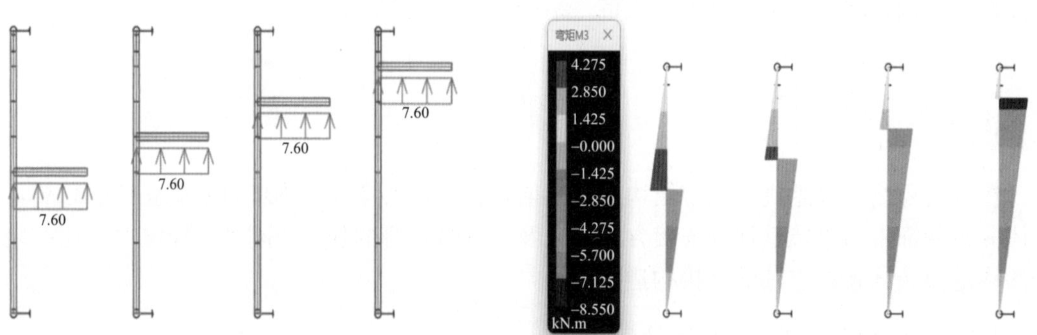


图 2　集中弯矩作用下简支梁弯矩图

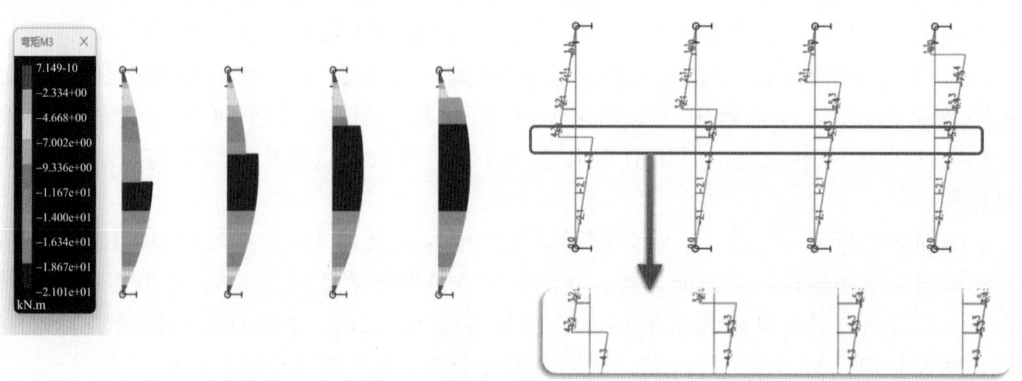


图 3　均布线荷载叠加集中弯矩后简支梁弯矩图

这里有一个有趣的结论：简支梁立柱作用有两个等值同号的弯矩时，如果两个弯矩其中一个在跨中以上，另一个在跨中以下，那么简支梁跨中增加的弯矩为 0，对此感兴趣的读者可以自行验证一下。

基本信息

| | | | |
|---|---|---|---|
| 立柱跨度： | $L$=4.5m | 分格： | $B$=1.5·m |
| 假定立面幕墙风荷载标准值： | $w_k$=2.88kPa | 雨篷悬挑： | $L_{yp}$=1.5·m |
| 立面幕墙体型系数： | $\mu_{s1}$=1.7 | 雨篷风吸体型系数： | $\mu_{slyp}$=−2.0 |

线荷载计算

立面幕墙线荷载标准值： $q=w_k \cdot B\gamma_Q=6.5\text{kN}\cdot\text{m}^{-1}$

雨篷线荷载标准值： $q_{yp}=\left|\dfrac{\mu_{slyp}}{\mu_{s1}}\right| w_k \cdot B\gamma_Q=7.6\text{kN}\cdot\text{m}^{-1}$

即： $\left|\dfrac{\mu_{slyp}}{\mu_{s1}}\right| \cdot q=7.6\text{kN}\cdot\text{m}^{-1}$

即： $1.176 \cdot q=7.6\text{kN}\cdot\text{m}^{-1}$

LC1：简支梁考虑立面线荷载标准值后最不利弯矩：

$M_i=0.125 \cdot q \cdot L^2=16.4\text{kN}\cdot\text{m}$

LC2：水平装饰条产生的不利弯矩：

$M_{yp}:=0.5 \cdot q_{yp} \cdot L_{yp}^{\ 2}=8.6\text{kN}\cdot\text{m}$

即： $0.5 \cdot (1.176 \cdot q) \cdot L_{yp}^{\ 2}=8.6\text{kN}\cdot\text{m}$

即： $0.5 \cdot (1.176 \cdot q) \cdot L^2\left(\dfrac{L_{yp}}{L}\right)^2=8.6\text{kN}\cdot\text{m}$

即： $\dfrac{0.5}{0.125}\ 0.125 \cdot (1.176 \cdot q) \cdot L^2\left(\dfrac{L_{yp}}{L}\right)^2=8.6\text{kN}\cdot\text{m}$

即： $\dfrac{0.5}{0.125}\ 1.176 \cdot \left[(0.125 \cdot q) \cdot L^2\right] \cdot \left(\dfrac{L_{yp}}{L}\right)^2=8.6\text{kN}\cdot\text{m}$

即： $\dfrac{0.5}{0.125}\ 1.176 \cdot M_i \cdot \left(\dfrac{L_{yp}}{L}\right)^2=8.6 \cdot \text{kN}\cdot\text{m}$

即： $4.7 \cdot M_i \cdot \left(\dfrac{L_{yp}}{L}\right)^2=8.6 \cdot \text{kN}\cdot\text{m}$

图 4　公式推导（1）

同时考虑LC1和LC2后立柱跨中最不利弯矩

简支梁，在跨中任意位置施加弯矩$M_{yp}$后，其跨中弯矩是在其原有均布荷载作用下增加$0.5M_{yp}$的弯矩，即：

$M_{max}=M_i+0.5 \cdot M_{yp}=20.7\text{kN}\cdot\text{m}$

即： $M_i+0.5 \cdot 4.7 \cdot M_i \cdot \left(\dfrac{L_{yp}}{L}\right)^2=20.7\text{kN}\cdot\text{m}$

即： $M_i+2.35 \cdot M_i \cdot \left(\dfrac{L_{yp}}{L}\right)^2=20.7\text{kN}\cdot\text{m}$

即： $M_i\left[1+2.35 \cdot \left(\dfrac{L_{yp}}{L}\right)^2\right]=20.7\text{kN}\cdot\text{m}$

增加比例： $\dfrac{M_{max}}{M_i}=126.1\%$

即： $\left[1+2.35 \cdot \left(\dfrac{L_{yp}}{L}\right)^2\right]=126.1\%$

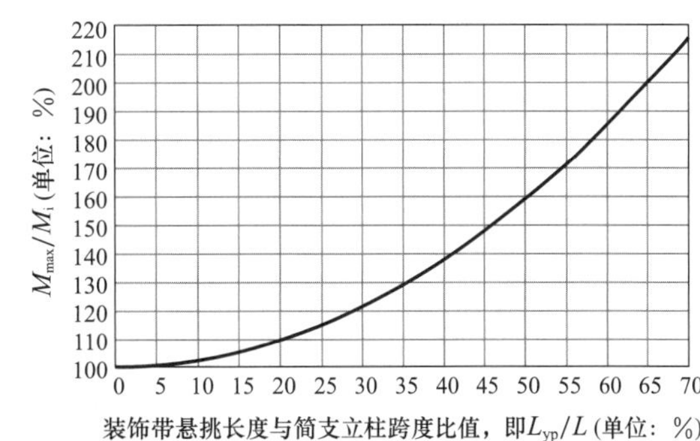


图 5　公式推导（2）

## 2.2　水平大装饰带与双支座立柱连接情况

水平大装饰带与双支座立柱连接情况下，结构受力较为复杂，本文给出三种建议方案，参见图 6。

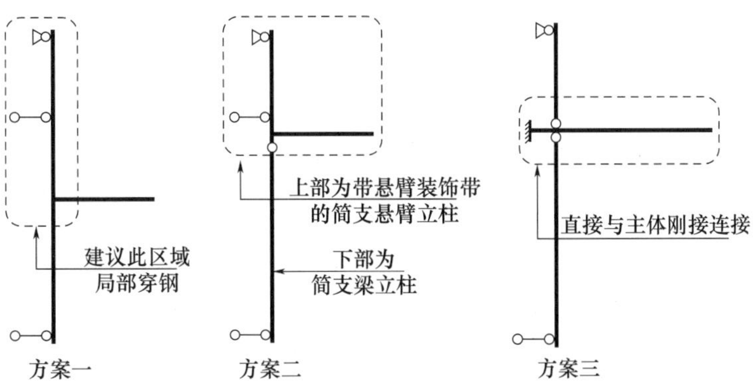


图 6　建议方案

方案一：当水平装饰带位置离立柱中支座较远时，装饰带直接与立柱连接，建议在图示区域穿钢筋加强，因为此区域弯矩较大。

方案二：水平装饰带位置离立柱中支座较近时，装饰带也可直接与立柱连接，建议将立柱进行拆分，下部设计为简支梁立柱，上部设计为带悬臂装饰带的简支悬臂立柱。

方案三：水平装饰带悬挑尺寸很大时，建议按照悬挑雨篷处理，即装饰带直接与主体结构固定，此时立柱变为上、下两个简支梁立柱。

### 2.3 工程案例设计方案选择

以下为某工程案例，因为装饰带造型较为特殊，装饰带截面高度尺寸为1000mm，悬挑尺寸达1500mm，未采用常规的设计方案，综合考虑后，采用装配式构造方案，将幕墙立柱设计为双支座，水平装饰带与幕墙设置上、下两个连接点，上连接点尽可能靠近幕墙立柱上支座，下连接点尽可能靠近幕墙立柱中支座，这样水平装饰带可以将其反力近似于直接地传到支座上，使得装饰带对幕墙立柱的弯矩影响降到最小，参见图7。

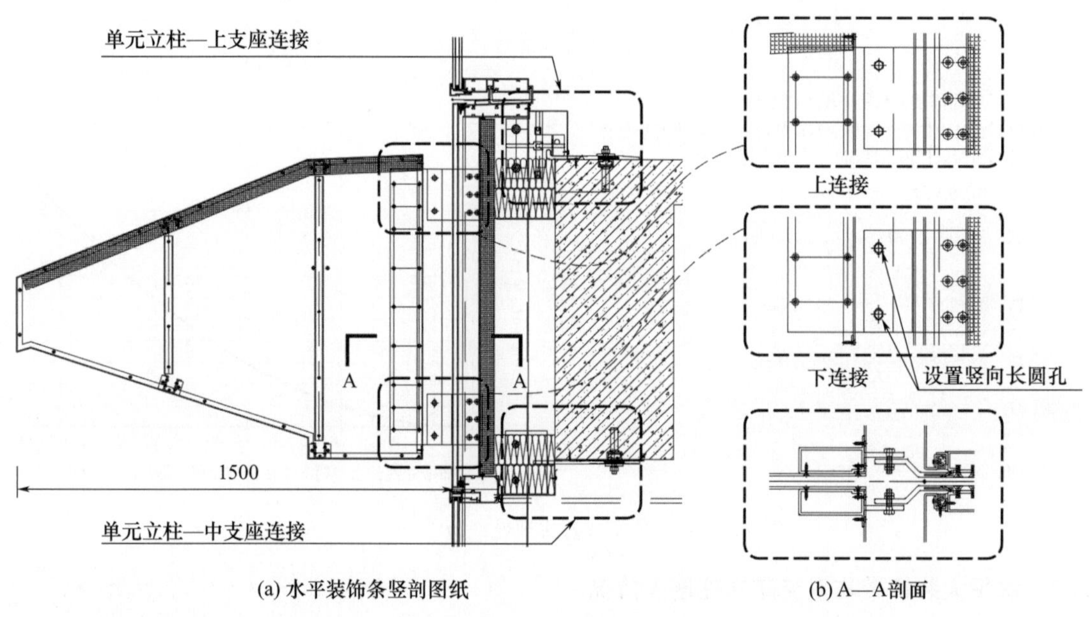


(a) 水平装饰条竖剖图纸 (b) A—A剖面

图7 选用方案

在装饰带与立柱的连接节点处理上，需要注意在下连接件上开竖向长孔，避免因多余约束而产生不利内力，保证装饰带根部弯矩转化为上、下连接的水平力偶，而重力荷载由上连接件单独承担。

## 3 水平大装饰带利用端部封板提供结构支撑

本案例装饰带由于截面尺寸较大，我们将装饰带分缝设计为一个幕墙分格宽度，没有采用额外的悬臂龙骨作为支撑构件，而是利用装饰带面板自身的刚度，当面板形成了一个封闭的箱型构件时，本身具备很大的刚度，两侧的端部封板类似于钢板剪力墙，能够抵抗装饰带受到的竖向荷载，但需要注意薄板失稳的问题，两侧端部封板拟选用4mm厚铝板，在根部设置竖向铝龙骨，铝龙骨的侧面与端部封板通过间隔布置的自攻螺钉连接，并且加密布置，保证根部弯矩有效的传递。

装饰带水平铝板按计算要求布置加强筋并与端部封板进行焊接，考虑到铝焊部位强度削弱，需在铝板两侧进行折边，折边通过自攻螺钉与端部封板连接进行加强。

采用有限元分析，参见图 8、图 9。

还需要考虑端部封板的稳定性，并对其进行失稳模态分析，参见图 10。

可以看到，第一阶失稳模态的屈曲特征值为 $\eta_{cr}$=5.41，并且失稳的区域不在端部封板，参考《钢结构设计标准》(GB 50017—2017) 5.1.6-2 条，标准原文参见图 11，对于容易失稳的薄板，其二阶效应控制在 0.25 以下，可以通过增加端板的刚度降低二阶效应，对应的 $\eta_{cr}$应大于 1/0.25=4.0。

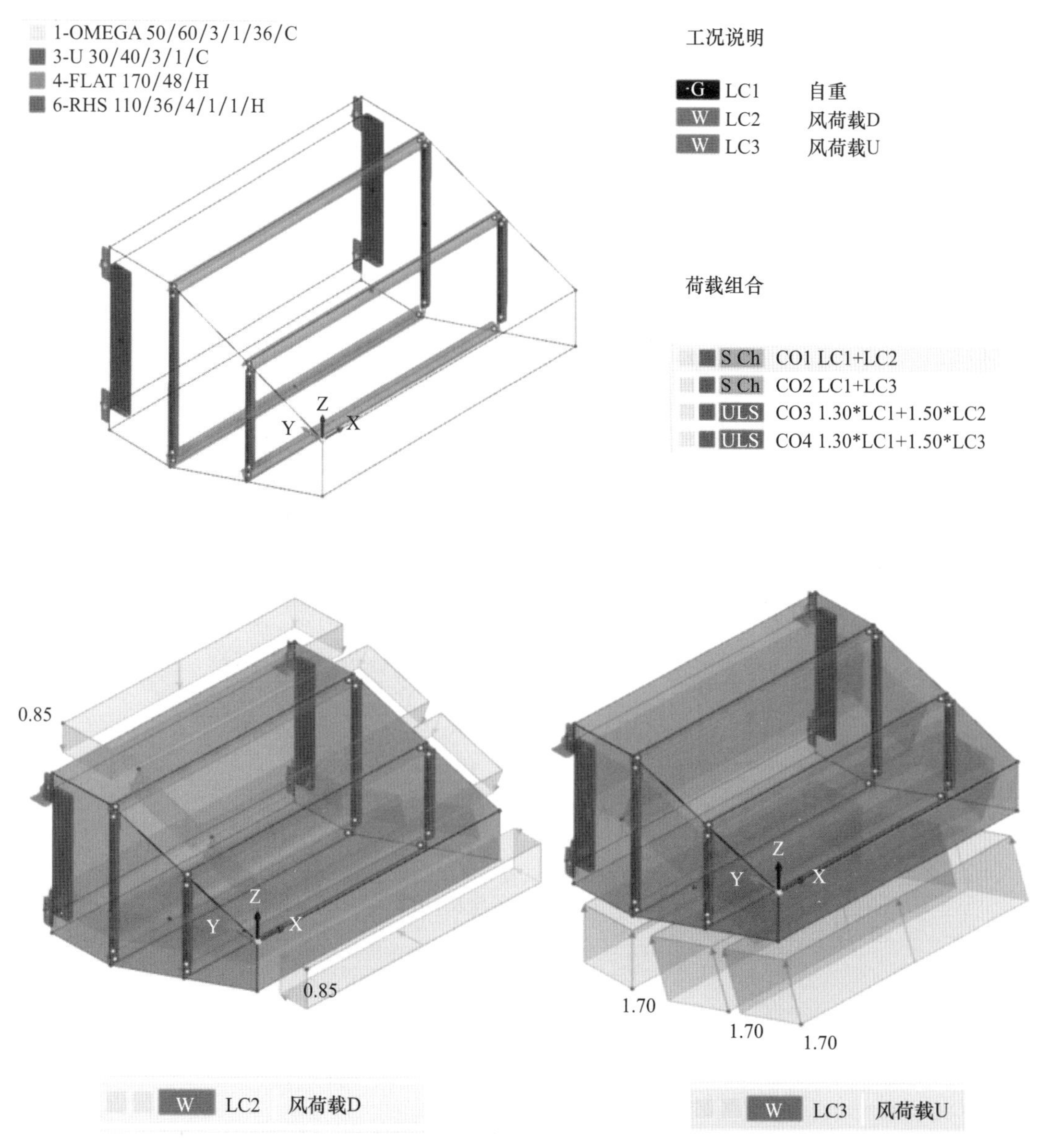


图 8　有限元模型示意

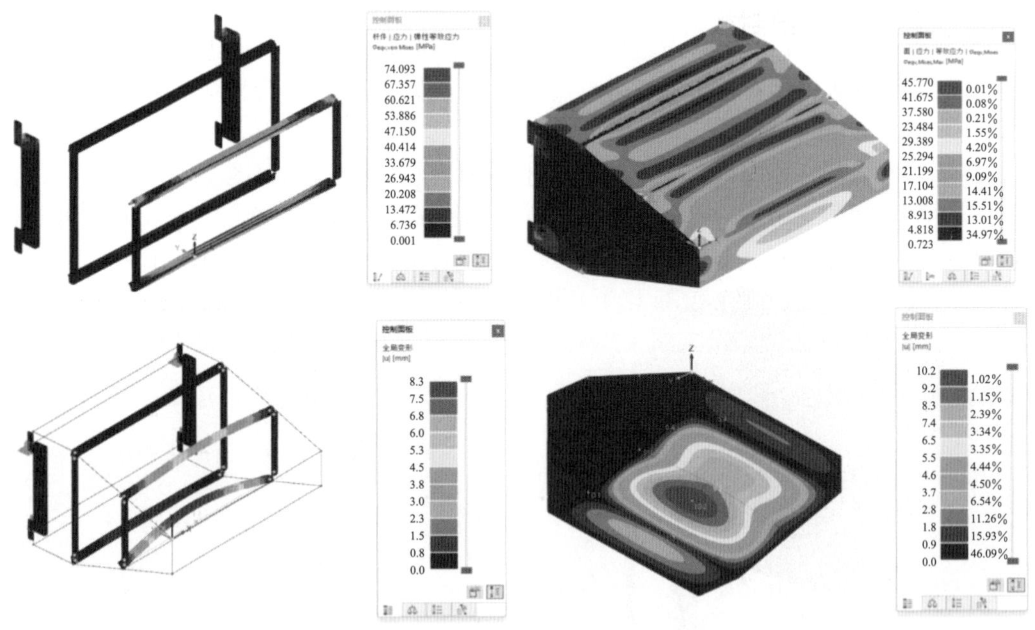


图 9　有限元模型分析结果

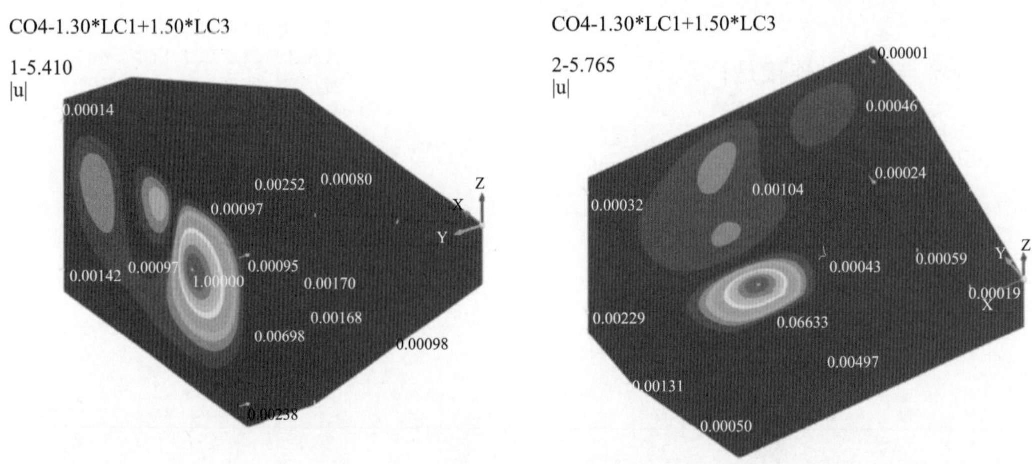


图 10　失稳模态

5.1.6 结构内力分析可采用一阶弹性分析、二阶$P$-$\Delta$弹性分析或直接分析，应根据下列公式计算的最大二阶效应系数$\theta_{i,\max}^{\mathrm{II}}$选用适当的结构分析方法。当$\theta_{i,\max}^{\mathrm{II}}\leqslant 0.1$时，可采用一阶弹性分析；当$0.1<\theta_{i,\max}^{\mathrm{II}}\leqslant 0.25$时，宜采用二阶$P$-$\Delta$弹性分析或采用直接分析；$\theta_{i,\max}^{\mathrm{II}}>0.25$时，应增大结构的侧移刚度或采用直接分析。

2 一般结构的二阶效应系数可按下式计算：

$$\theta_i^{\mathrm{II}}=\frac{1}{\eta_{\mathrm{cr}}} \qquad (5.1.6\text{-}2)$$

式中：$\eta_{\mathrm{cr}}$——整体结构最低阶弹性临界荷载与荷载设计值的比值。

图 11　标准原文截图

## 4　水平大装饰带端部封板稳定性对比分析

前文布置竖向加强筋，减小了铝板失稳间隔，以增加端部封板的稳定性。作为对比，这里提供一个采用 3mm 端板，无竖向加强筋的失稳模型分析，其失稳模态参见图 12，可以看到，此时的第一阶失稳模态的屈曲特征值为 $\eta_{cr}=3.104$，并且失稳的区域在端部封板，刚度明显不足，这也说明了增加端板厚度及增加根部竖向加强筋的必要性。

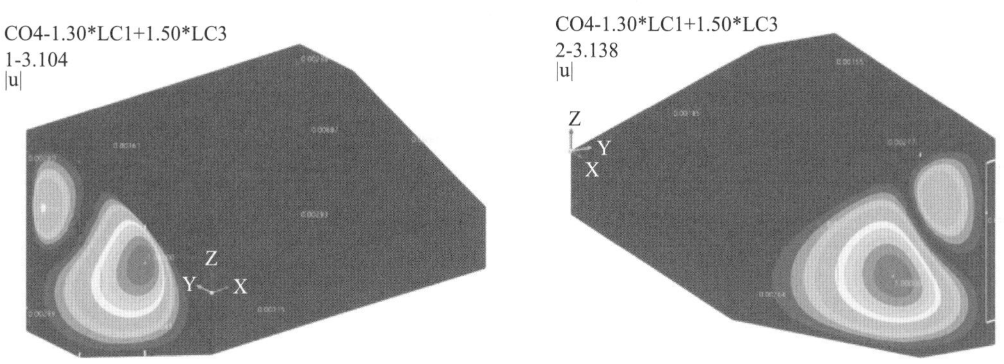


图 12　失稳模态

## 5　水平大装饰带与立柱连接的分析

装饰带与立柱的连接是设计的关键，这里我们进行了有限元分析，参见图 13～图 15，通过有限元分析，论证了端部封板通过间隔布置的自攻螺钉及连接板将荷载有效的传递给了幕墙的立柱。

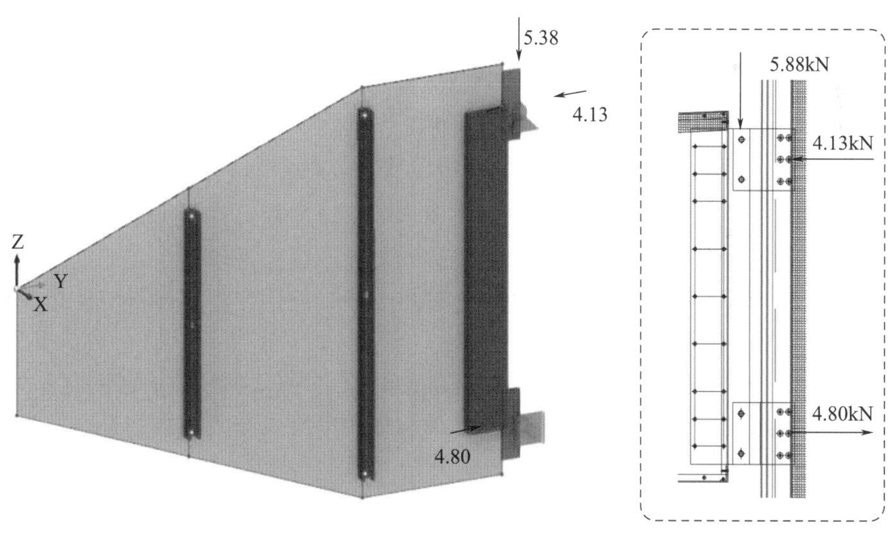


图 13　连接处反力示意

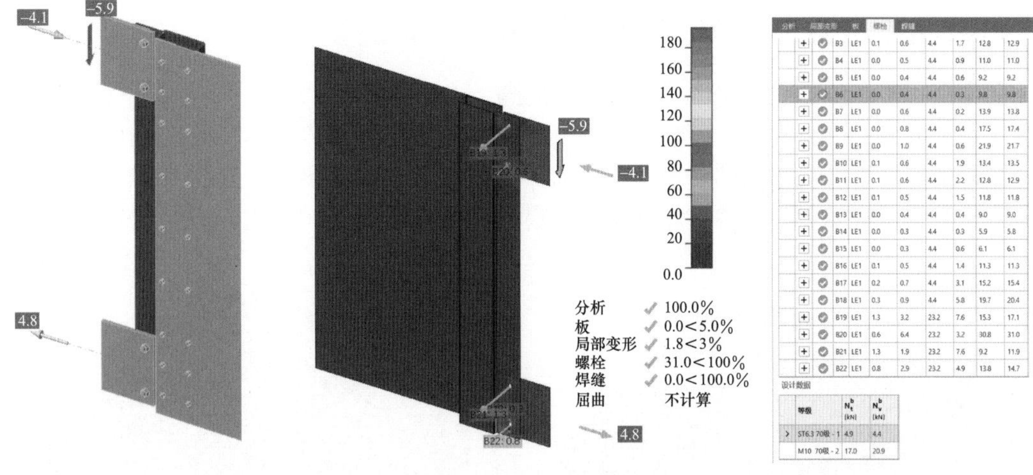


图 14　与装饰条连接分析

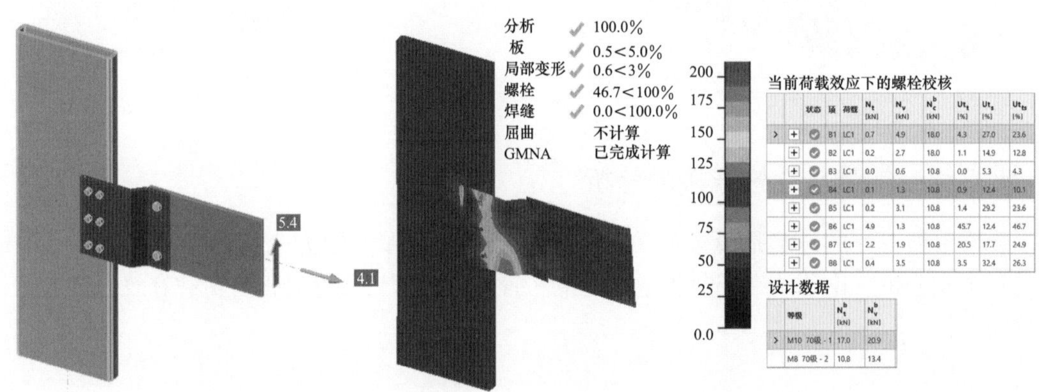


图 15　与立柱连接分析

## 6　结语

（1）简支梁立柱承担水平装饰带产生的集中弯矩 $M_{yp}$ 之后，并不会增加 $M_{yp}$ 的弯矩，而是在跨中增加 $0.5M_{yp}$ 的弯矩。

（2）水平大装饰带如果通过上、下两个连接点与立柱连接，下连接点应注意释放竖向位移，避免因多余约束而产生不利内力。

（3）当装饰带的面板能够形成封闭箱型构件的时候，可以考虑利用面板自身的刚度承受外部荷载，但需要注意面板的稳定性，通过增加面板的厚度及布置加强筋提高其失稳模态的屈曲特征值。

（4）在进行水平大装饰带系统设计时，采用装配式构造，以确保工程质量，提高施工效率。

### 参考文献

[1]　中华人民共和国住房和城乡建设部．钢结构设计标准：GB 50017—2017 [S]．北京：中国建筑工业出版社，2017.

## 作者简介

李才睿（Li Cairui），男，1990年12月生，助理工程师，研究方向：幕墙结构设计；工作单位：深圳中航幕墙工程有限公司；地址：深圳市龙华区东环二路48号华盛科技大厦4楼；邮编：518100；联系电话：18898775125；E-mail：1019951699@qq.com。

刘晓烽（Liu Xiaofeng），男，1972年1月生，职称：高级工程师，研究方向：建筑幕墙设计及施工；工作单位：深圳中航幕墙工程有限公司；地址：深圳市龙华区东环二路48号华盛科技大厦4楼；邮编：518100；联系电话：13603077305；E-mail：389652549@qq.com。

闭思廉（Bi Silian），男，1963年9月生，教授级高级工程师，研究方向：建筑门窗幕墙产品开发、工程设计及施工管理；工作单位：深圳中航幕墙工程有限公司；地址：深圳市龙华区东环二路48号华盛科技大厦4楼；邮编：518100；联系电话：13902981231；E-mail：bisilian@126.com。

# 基于 SolidWorks Simulation 的高隔热断桥稳定性分析与优化

陈　达　侯世林　可江涛

浙江中南建设集团建筑幕墙设计研究院　浙江杭州　310000

**摘　要**　随着各地不断提高门窗幕墙的节能性要求，大跨度的聚酰胺隔热条在断桥铝门窗幕墙产品中的应用将逐渐普及，如何保证大跨度隔条断桥复合后的稳定性和安全性，正在变得越来越重要。本文通过引入有限元技术，举例分析材料内部应力、应变和位移情况来指导断桥的选择和优化设计，以提高断桥产品的安全性，为建筑铝系统的设计提供科学的方法和依据。

**关键词**　断桥铝合金；虚拟样机；聚酰胺隔热条；有限元技术

**Abstract**　With the increasing energy efficiency requirements for doors, windows, and curtain walls across the globe, the application of large-span polyamide thermal breaks in thermal break aluminum doors, windows, and curtain wall products is gradually becoming widespread. Ensuring the stability and safety of the large-span thermal breaks after composite bridging is becoming increasingly important. This paper employs finite element technology to analyze internal stresses, strains, and displacements of materials, providing guidance for the selection and optimization of thermal breaks. The goal is to enhance the safety of thermal break products and to offer a scientific method and basis for the design of architectural aluminum systems.

**Keywords**　thermal break aluminum alloy; virtual prototype; polyamide thermal break; finite element technology

## 1　引言

在我国建筑围护总能耗中，建筑门窗幕墙的能耗超过 49%，已经成为建筑节能最薄弱的环节。各地政府不断出台新的建筑节能标准，以北京市为例，在 2014 年 2 月修改的北京市地方标准《居住建筑门窗工程技术规范》(DB11/1028—2013) 就已经将断桥铝合金外窗、敞开式阳台门、户门、单元外门的传热系数设定到 2.0W/($m^2$・K) 以下，常用的短聚酰胺隔热条已经远远不能满足节能要求（表 1）。

随着门窗幕墙节能技术不断发展，大跨度的隔热条不断得到应用。市场上最长的聚酰胺隔热条已经做到了 77mm。在断桥幕墙系统、窗墙单元体、平开窗、平开门和推拉门系统上，长度大于 30mm 的长隔热条已经有较为普遍的应用。随着各个地方不断出台高隔热的门窗幕墙相关的节能地方标准，如何保证大隔条断桥复合后的稳定性和安全性，正在变得越来越重要。

**表 1　北京市外窗、敞开式阳台门、户门、单元外门的传热系数要求**

| 传热系数 $K$ [W/ (m$^2$·K)] | | | | | |
|---|---|---|---|---|---|
| | 建筑朝向 | 窗墙面积比 $M_1$ | ≤3 层建筑 | (4～8) 层建筑 | ≥9 层建筑 |
| 外窗、敞开式阳台门 | 北向 | 窗墙面积比≤0.20 | 1.8 | 2.0 | 2.0 |
| | | 窗墙面积比>0.20 | 1.5 | 1.8 | 1.8 |
| | 东、西向 | 窗墙面积比≤0.25 | 1.8 | 2.0 | 2.0 |
| | | 窗墙面积比>0.25 | 1.5 | 1.8 | 1.8 |
| | 南向 | 窗墙面积比≤0.40 | 1.8 | 2.0 | 2.0 |
| | | 窗墙面积比>0.40 | 1.5 | 1.8 | 1.8 |
| 户门 | | | 2.0 | | 2.0 |
| 单元门 | | | 3.0 | | 3.0 |

本文通过引入有限元技术，举例研究模拟大跨度隔热条型材受力状况，根据模拟得到的隔热条和型材内部应力云图对比材料的张力强度、屈服强度和弹性模量，以分析材料内部应力是否超过许用应力。

同时，根据断桥受力后位移和应变的参数云图，评估材料受力后的变形情况。综合三个因素用来评估断桥的稳定性和安全性，指导高隔热门窗幕墙系统的断桥隔热条长度的选择；根据应力集中情况，指导优化型材壁厚设计。

## 2　大跨度断桥铝产生问题的原因

大跨度断桥铝产生问题的原因主要在三方面。一是由于隔热条长度过大，在复合过程中容易产生平行度问题。如图 1 所示，图示节点是一款 63 系列推拉门的下框和扇部位剖视图，扇料所用隔热条长度为 28mm 聚酰胺加玻璃纤维的隔热条。两条隔热条之间的间距过小，非常容易导致复合后铝型材两个面产生不平行的现象。复合不紧密导致的型材平面平行度问

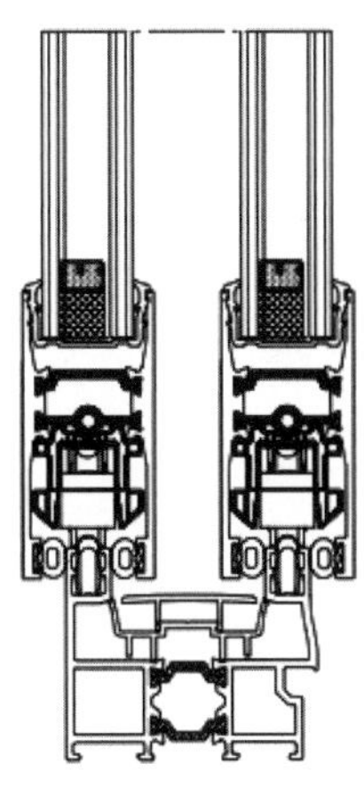

图 1　63 系列推拉门的下框和扇部位剖视图

题会进一步影响型材的稳定性，这一问题可以通过设置特殊的复合工具来解决。二是由于铝合金和聚酰胺隔热条的热膨胀系数不一致，根据《铝合金建筑型材用隔热材料 第1部分：聚酰胺型材》（GB/T 23615.1—2017）规定：线膨胀系数在（2.3～3.5）$\times10^{-5}K^{-1}$区间内，各厂家聚酰胺隔热条玻璃纤维含量不一，热膨胀系数和线膨胀系数存在三次方的关系，导致断桥型材质量差异的存在。而热膨胀系数随温度变化，即便是同一断桥，铝合金和聚酰胺的热胀冷缩并不同步，这也会导致断桥不稳定。但是随着技术的进步，聚酰胺隔热条的不断改进，这一问题已经逐步被解决。三是没有科学依据盲目地提高型材的 $K$ 值，选择大跨度的隔热条，导致型材在受力后内部应力过大，超出材料的许用应力。同时，国标选用的T5材质的铝合金和聚酰胺隔热条都容易变形，会破坏型材的稳定性。

## 3 模拟试验组的设计

在高隔热平开门、断桥幕墙和推拉门等常见的建筑铝系统中常常会选用大跨度隔热条。为了研究方便，选用图1中的推拉门扇作为研究对象。设置五个试验组分别对应的玻璃厚度是24（6+12+6）mm、28mm、34mm、38mm、42（6+12+6+12+6）mm，如图2所示，对应的隔热条长度为28mm、34mm、38mm、42mm、46mm的聚酰胺隔热条。研究对象是2.0m×1.2m的推拉门扇，试验的目的是模拟不同长度隔热条在对应厚度的玻璃扇下边框应力、应变、位移情况。

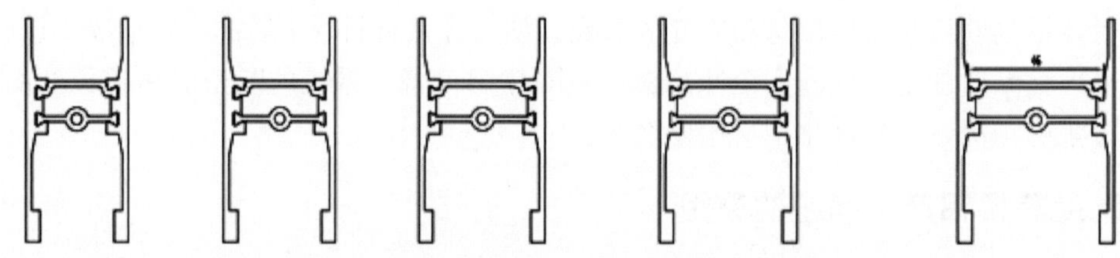

图2 不同玻璃厚度对应的推拉门扇料

有限元分析是利用数学近似的方法对真实物理系统进行模拟。首先对铝合金部分的形状进行简化，以便于有限元分析过程中的网格划分，如图3所示。

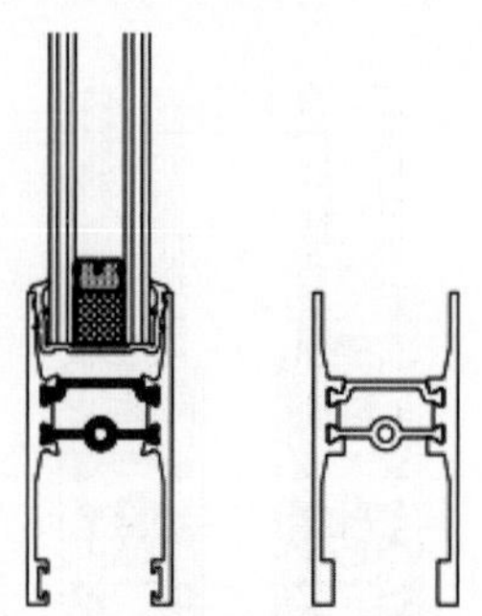

图3 63系列推拉门扇料简化

进行试验之前我们需要了解和设定的理论基础如下：

本试验主要研究带线性材料的应变、位移、应力、安全系数等问题，参照门窗规范设置基本风压为1.0kN/m$^2$，不考虑型材的移动过程影响，选择SolidWorks静应力算例。

本试验型材承受的主要荷载为均布荷载，Solidworks 静应力算例提供了智能化的单元划分方式，会根据分析对象自动设置网格尺寸区间为粗糙至良好，用户可以选择合适的网格密度，此处分析模型较小，我们选择网格划分密度为良好，网格类型为实体网格，所用网格器选择标准网格，如 42mm 试验组中，网格的整体大小自动调整为 17.4mm，公差自动调整为 0.87mm，雅可比点为 4。

本试验单元类型为实体单元。根据包裹法确定边界条件和约束方式，将滑轮接触部位等效为夹具，夹具的约束方式为固定，夹具的接触方式为滑轮区域对应的全局面接触，确定边界条件为 1.2m 的型材。

## 4　模拟参数的设置

本试验使用 SolidWorks 根据简化后的模型建立隔热条和铝合金部分，然后通过配合组成虚拟样机装配体。

SolidWorks 插件 Simulation 有常用的材质参数库，除了聚酰胺隔热条因添加了玻璃纤维，需要设置物理参数外，铝合金材质可以选择 T5 材质而自动生成物理属性（图 4）。

| 属性 | 数值 | 单位 |
|---|---|---|
| 弹性模量 | $6.9\times10^{10}$ | 牛顿/$m^2$ |
| 泊松比 | 0.33 | 不适用 |
| 抗剪模量 | $2.58\times10^{10}$ | 牛顿/$m^2$ |
| 质量密度 | 2700 | $kg/m^3$ |
| 张力强度 | 185000000 | 牛顿/$m^2$ |
| 压缩强度 |  | 牛顿/$m^2$ |
| 屈服强度 | 145000000 | 牛顿/$m^2$ |
| 热膨胀系数 | $2.34\times10^{-5}$ | /K |
| 热导率 | 209 | W/(m·K) |
| 比热 | 900 | J/(kg·K) |
| 材料阻尼比率 |  | 不适用 |

图 4　T5 材质铝合金各项物理参数

根据《铝合金建筑型材用隔热材料 第 1 部分：聚酰胺型材》（GB/T 23615.1—2009）和尼龙材质的属性设置聚酰胺隔热条的各项参数，如图 5 所示。

| 属性 | 数值 | 单位 |
|---|---|---|
| 弹性模量 | 5000000000 | $N/m^2$ |
| 泊松比 | 0.3 | 不适用 |
| 抗剪模量 | 318900000 | $N/m^2$ |
| 质量密度 | 1020 | $kg/m^3$ |
| 张力强度 | 80000000 | $N/m^2$ |
| 压缩强度 |  | $N/m^2$ |
| 屈服强度 | 60000000 | $N/m^2$ |
| 热膨胀系数 | $1\times10^{-6}$ | /K |
| 热导率 | 0.53 | W/(m·K) |
| 比热 | 1500 | J/(kg·K) |
| 材料阻尼比率 |  | 不适用 |

图 5　隔热条各项参数的设置

## 5　模拟受力与结果分析评价

不同厚度玻璃对应的扇料分析过程大体相同，24～38mm厚度玻璃对应的扇料分析在这里不再赘述，这里选择42mm玻璃对应的46mm断桥扇料做受力模拟。

如图6所示，首先要建立42mm的隔热条和对应型材的装配体，然后分别在软件中赋予材质。

其次要分析型材的受力，为了更加真实地反映出推拉门扇料的受力，在1200mm的型材下隔热条和对应的铝型材处分割设置70mm滑轮对应的夹具区域。

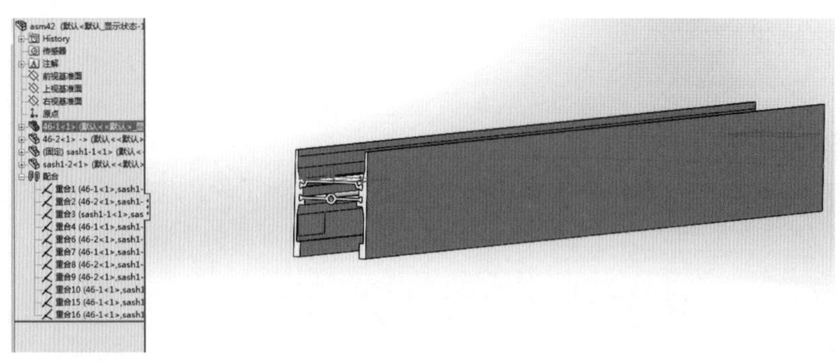


图6　装配体

由于型材下部靠两个滑轮支撑，型材上部放的是玻璃。注意此处荷载是均布荷载，当玻璃的重力均匀施加到型材上时，需要在型材上部等效出第二个平面夹具，预留出适当的上、下方向的变形量。玻璃重量设置两倍的安全系数。

型材上部压力：$F=2\times(1.2\times2\times0.018)\times2.5\times10^3\times10\text{N}$

$F=4320\text{N}$

根据《铝合金门窗工程技术规范》（JGJ 214—2010），建筑外门窗的抗风压性能指标值$P_3$应按照不低于门窗所受风荷载标准值确定，且不小于1.0kN/m²。这里设置风压为1.0kN/m²，则可以计算出型材所受的剪力为600N。

分别设置两类夹具和两个主要作用力，并按照均布荷载和静应力算例划分网格，设置网格密度为良好，网格类型为标准网格，选择如图7所示。运行算例得到如图8～图10所示的云图。

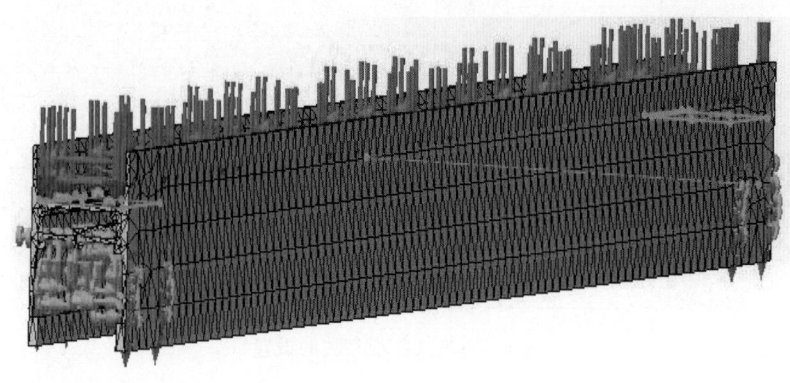

网格信息

| 网格类型 | 实体网格 |
|---|---|
| 所用网格器 | 标准网格 |
| 自动过渡 | 关闭 |
| 网格自动环 | 关闭 |
| 雅可比点 | 4点 |
| 单元大小 | 17.4027mm |
| 公差 | 0.870135mm |
| 网格品质 | 高 |
| 重新网格使带不兼容网格的零件失败 | 关闭 |

网格信息—细节

| 节点总数 | 37184 |
|---|---|
| 单元总数 | 21320 |
| 最大高宽比例 | 245.93 |
| 单元(%)，其高宽比例<3 | 2.77 |
| 单元(%)，其高宽比例>10 | 36.8 |
| 扭曲单元(雅可比)的% | 0 |
| 完成网格的时间(时；分；秒) | 00:00:11 |
| 计算机名 | AR |

图 7　设置夹具、添加受力和网格划分数据

模型名称：asm42
算例名称：asm42 ( -默认-)
图解类型：静应力分析节应力应力1
变形比例：325.929

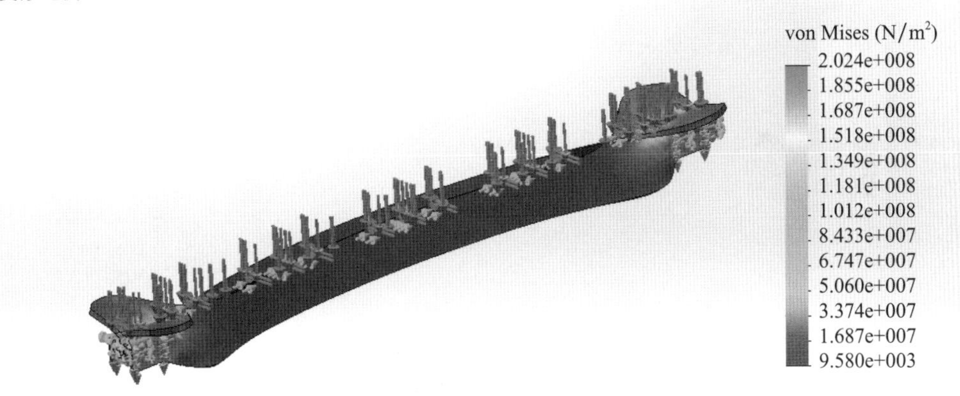

图 8　断桥应力云图

放大应力云图，播放动画，可以观察到规则“C”形隔热条以及“C”形隔热条和铝合金复合处的颜色最深，最大应力达到 $2.024\times10^8$ N/m$^2$。

对比图 4 和图 5，隔热条的最大应力已经超过隔热条的屈服强度 $6\times10^7$ N/m$^2$ 和张力强度 $8\times10^7$ N/m$^2$，隔热条已经发生塑性变形，也超过了 T5 铝合金的屈服强度 $1.45\times10^8$ N/m$^2$ 和张

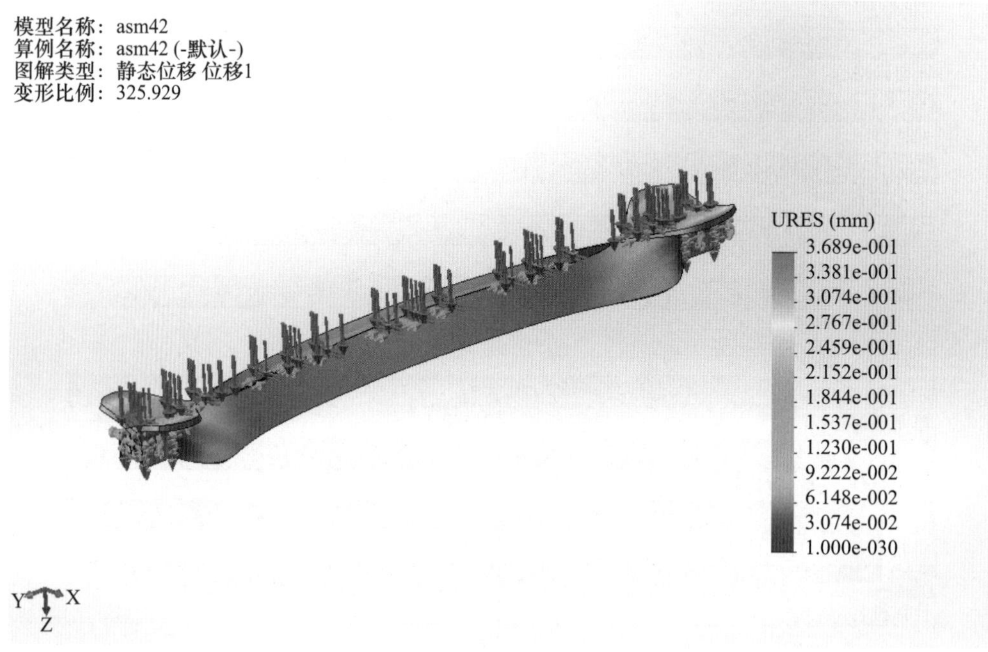


图 9　断桥位移云图

力强度 1.85×$10^8$ N/$m^2$，铝合金也已经发生塑性变形。结合图 9 和图 10，最大变形位置偏离原来位置的距离达到 0.3689mm，并且按照应变和位移的趋势变形。虽然变形量并不大，即便是按照这种设计来做出成品的门窗，也看不到变形，但是实际上，巨大的安全隐患已经存在。随着隔热条的不断老化，产品会断裂瓦解。

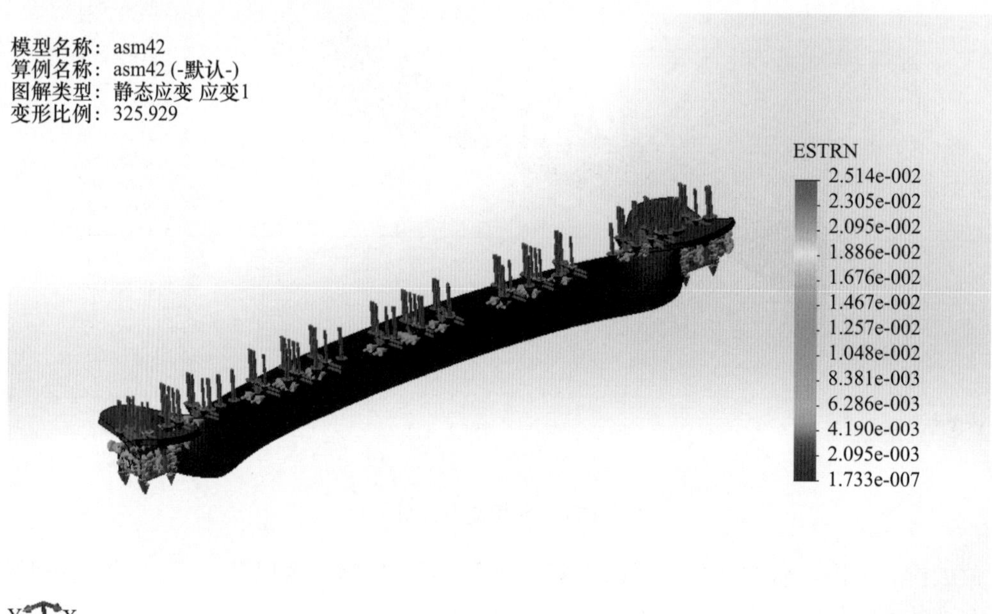


图 10　断桥应变云图

## 6 结语

综上分析，不论是隔热条还是 T5 铝合金型材截面都不能满足上述设计的需要，需要改用组合型的隔热条，改变铝合金截面结构，增加应力集中部位的厚度，再次通过相同的试验步骤，直到满足模拟结构的应力值和应变值满足许用的应力值和应变值。此种研究方法在高荷载、高风压、高隔热要求的建筑铝合金系统工程中具有通用性。

## 参考文献

[1] 符旭晨，刘斌，刘旭涛．空中铰幕墙立梃最优作法问题研究［J］．水利与建筑工程学报，2017，15（1）：143-146.

[2] 胡于进，王璋奇．有限元分析及应用［M］．北京：清华大学出版社，2009.

## 作者简介

陈达（Chen Da），男，浙江中南幕墙科技股份有限公司工程师，研究方向为机械设计制造及其自动化，工学学士，幕墙设计师，从事建筑铝系统相关理论研究、系统研发和工程实践工作。NOTTER-Z 系统核心研发成员，致力于制造业虚拟样机相关技术对建筑铝系统产品的品质提升。地址：杭州市滨江区滨康路中南建设集团技术中心光伏所；邮编：310000；联系电话：13071818532；E-mail：1358526229@qq. com。

侯世林（Hou Shilin），男，1998 年 10 月生，助理工程师，研究方向：幕墙设计；工作单位：浙江中南幕墙科技股份有限公司；地址：浙江省杭州市滨江区滨康路中南建设集团技术中心光伏所；邮编：310000；联系电话：15938616533；E-mail：1520563706@qq. com。

可江涛（Ke Jiangtao），男，1999 年 1 月生，管理类学士，研究方向：管理科学与工程类；工作单位：浙江中南幕墙科技股份有限公司；地址：浙江省杭州市滨江区滨康路中南建设集团技术中心光伏所；邮编：310000；联系电话：18651837828；E-mail：1511903585@qq. com。

# 深圳湾文化广场幕墙工程方案设计浅析

韩点点　盖长生　邓军华

深圳市方大建科集团有限公司　广东深圳　518057

**摘　要**　深圳湾文化广场作为文化地标建筑，是深圳城市发展“新十大文化设施”之一，承载着非常重要的文化属性：自然、艺术、科技创新，赋予了深圳新的城市名片。项目共有八块随机分布的石头，组成极具特色的石群建筑。石群建筑的整体呈双曲造型，幕墙形式主要为石材幕墙，石材面板分为 50mm、80mm 和 100mm 三种不同宽度的石条。石条长度无规律、错缝密拼，密拼缝仅 4mm，通过石条的随机布置，以呈现出自然、顺滑的建筑曲面。据统计，本项目共用石条约 34 万条，每个石条的尺寸和外形均不相同，又因石条布置无规律可循，对设计和施工均带来了巨大的挑战。

**关键词**　石群建筑；石条；错缝密拼；双曲；调节；更换；BIM；Rhino+GH 参数化

## 1　工程概况

深圳湾文化广场项目占地面积约 5 万 $m^2$，总建筑面积约 18.8 万 $m^2$，主要功能为展览陈列区、藏品库区、公共教育及综合服务区、辅助用房及停车库。项目位于深圳市南山区后海中心区，分为南、北两馆，建筑最大高度 52.3m。南馆由 A 座浮水石馆（19.3m）、B 座望云石馆（31.3m）、B 座悬云石馆（26.3m）、流纹石馆（12.3m）四部分组成，其中流纹石馆非幕墙范围。北馆由 C 座倚虹石馆（25.3m）、C 座摄云石馆（52.3m）、D 座衔海石馆（15.4m）、珍珠石馆（10.3m）四部分组成，其中珍珠石馆非幕墙范围。各石头分布如图 1 所

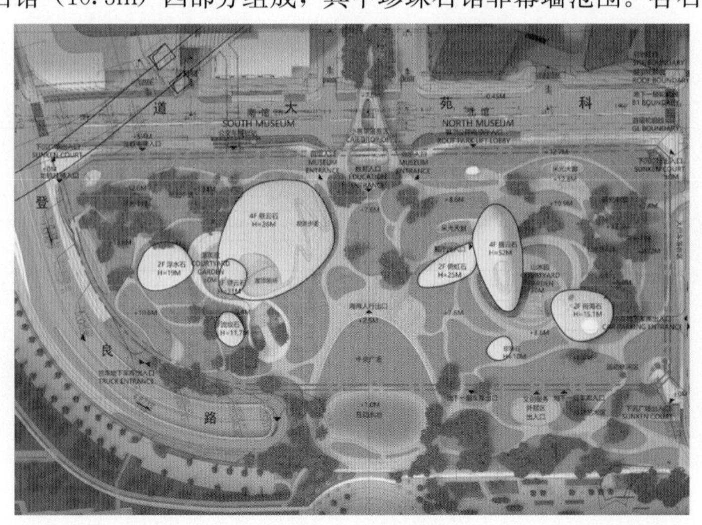


图 1　石群分布图

示，整体效果如图 2 所示。

图 2　整体效果图

## 2　主要幕墙系统和重难点

本工程主要幕墙系统包括：石材幕墙、采光顶幕墙、外倾玻璃幕墙、裙房幕墙、百叶幕墙、玻璃栏板、出屋面电梯玻璃房幕墙等。石材幕墙作为本工程的主要幕墙系统，共有约 34 万条错缝密拼石材，且石条走向无规律，存在横向、斜向、竖向等各种角度的石材（图 3），设计和施工均存在较大的难度。鉴于本工程石材幕墙的特殊性，仅对石材幕墙系统进行分析和论证，主要难点体现在：

（1）石材幕墙系统可调节设计；

（2）石材防坠落设计；

（3）BIM 应用。

针对以上问题，对如何实现立面效果、如何保证安全以及减少设计和施工难度分别进行论证和阐述。

图 3　石材走向示意

## 3 石材幕墙系统的可调节设计

### 3.1 系统介绍

如图 4 所示，本工程石材为 4mm 密拼缝，由 50mm、80mm、100mm 三种不同宽度的石材随机组合，采用“钢支座＋钢立柱＋铝横梁”三层骨架设计，多层转接以吸收误差，铝横梁分为三种规格，分别对应不同宽度的石材，以便于石材的定位和安装。

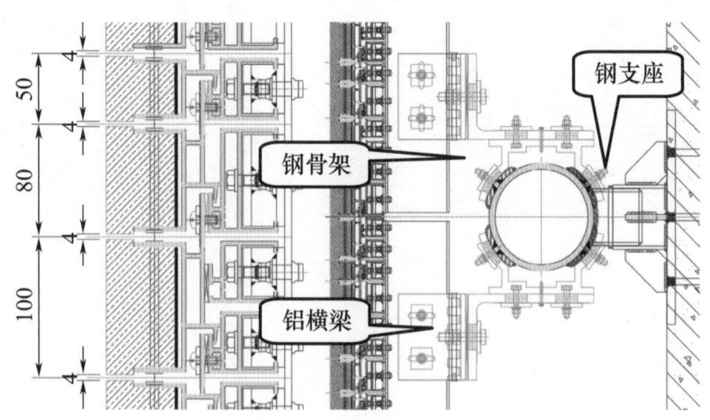


图 4　节点图

由于石材系统调节难度大，石材和铝横梁仅靠不同厚度的垫片进行调节，安装精度难以保证。在前期制作工程样板时，出现了石材表面凹凸不平、石材缝隙宽窄不一以及石材安装完成后出现松动等情况，如图 5 所示。

图 5　石材样板的实际照片

### 3.2 深化设计

鉴于石材曲面造型复杂且无序，定位难度大，安装难度大，石材系统应具备调节能力以适应误差，满足安装要求。对此进行如下深化：①钢骨架单元化设计，支座可调；②铝横梁散装，间隙可调；③石材挂件系统设计为水平方向，便于调节；④石材挂件三维可调，深化设计节点图如图 6 所示。

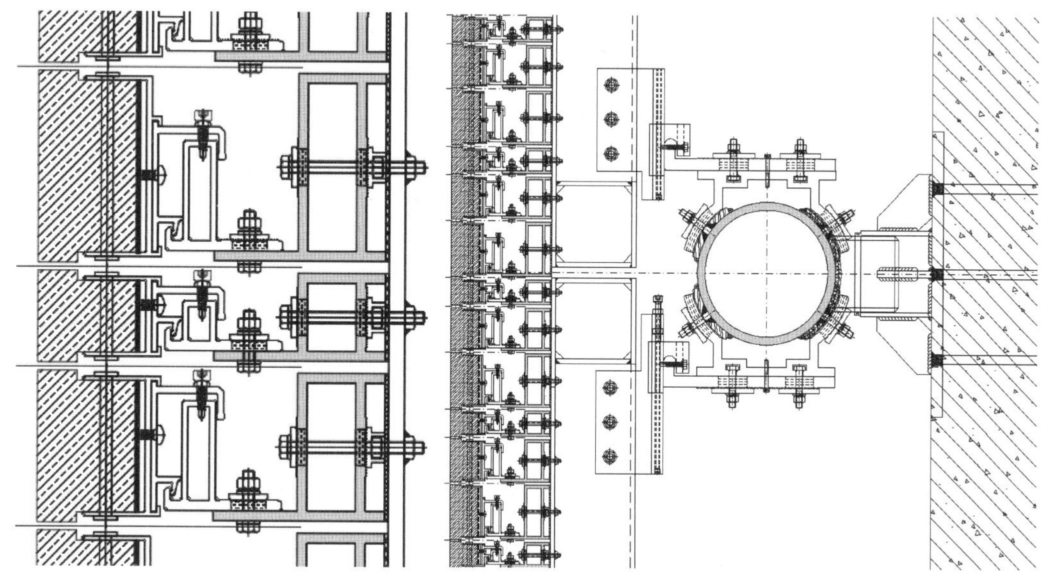

图 6　深化设计节点图

### 3.3　安装步骤和调节示意

（1）安装钢支座（图 7）：为了吸收主体结构误差，钢环梁前后可调±25mm，铝合金支座铝支座可旋转调节角度±9°，以满足曲面造型变化的需求（图 8）。

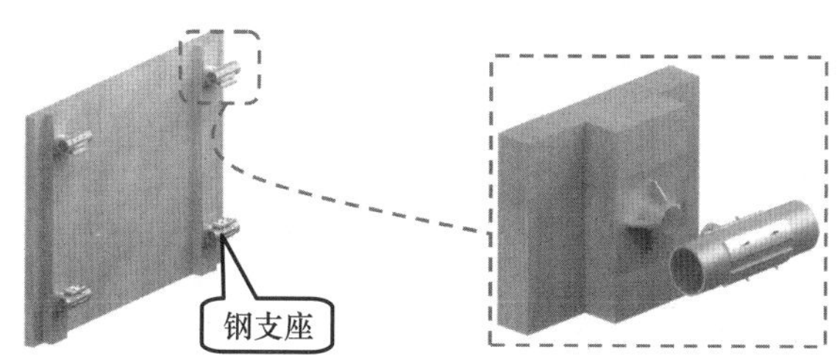


图 7　安装钢支座

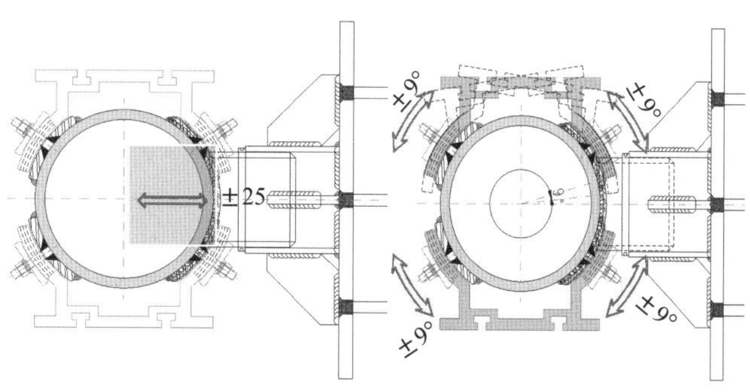


图 8　钢支座和铝支座可调节示意

（2）安装钢骨架（图 9）：钢骨架设计成单元化，提高施工效率，同时将骨架支座设计成三维可调，调节量为±25mm（图 10），以便于吸收各方向的误差。

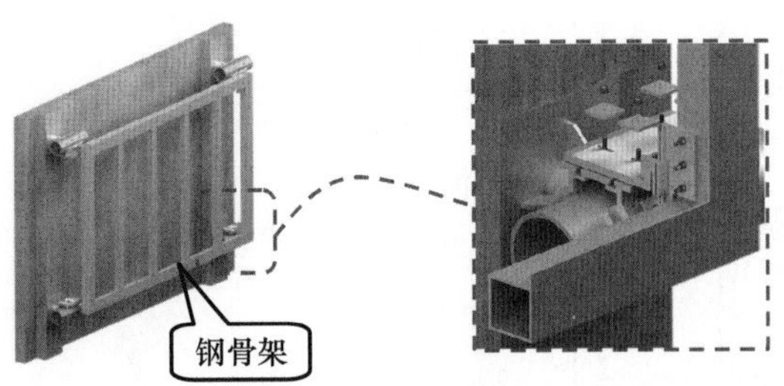


图9　安装钢骨架

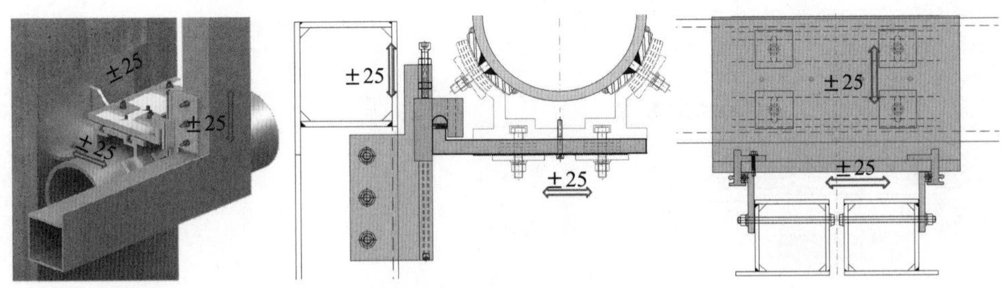


图10　支座可调节示意

（3）安装铝横梁（图11）：铝合金横梁开设腰孔，使铝横梁间隙可调±5mm，同时铝横梁旋转角度可微调约±1°（图12）。

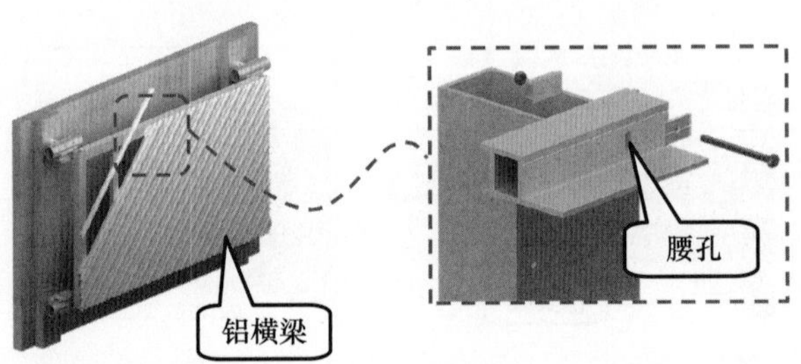


图11　安装铝横梁

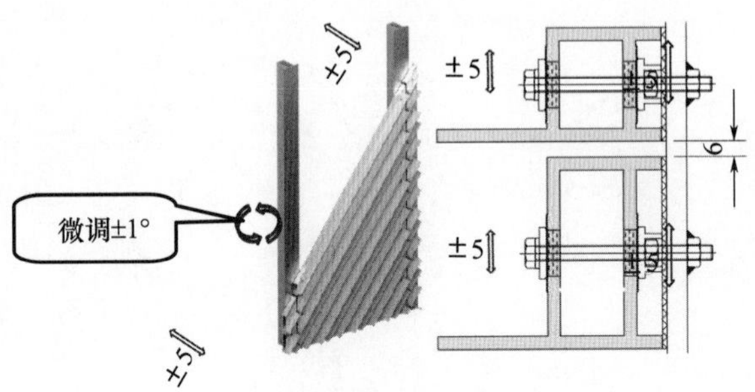


图12　铝横梁可调节示意

（4）安装铝挂座（图13）：为了便于调节，铝合金挂座设计成水平支座，铝挂座前后可调±5mm（图14）。

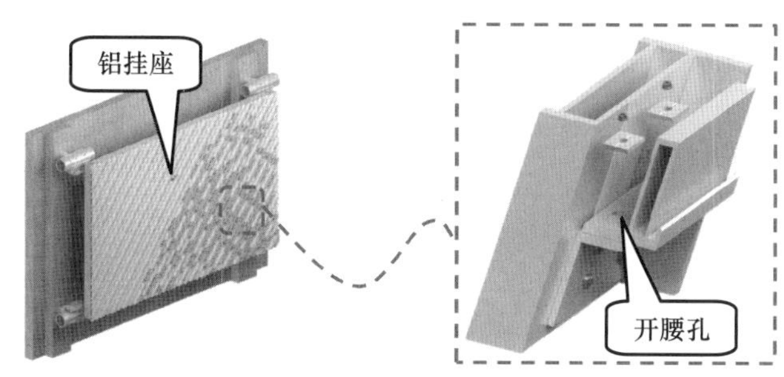


图 13　安装铝挂座

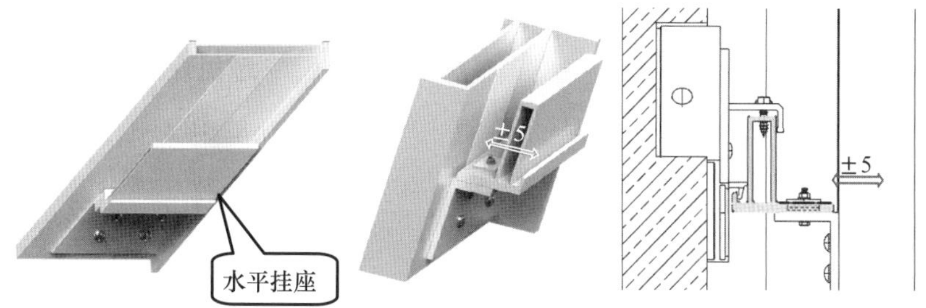


图 14　石材挂座可调节示意

（5）安装石材（图 15）：为了满足石材面板的调节，石材挂件设计为左右可调节±5mm，上下可调±2mm，同时石材挂件也设计为水平方向，便于调节（图 16）。

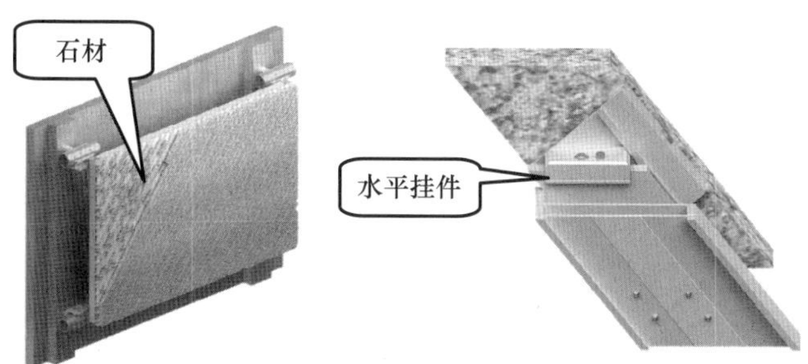


图 15　安装石材

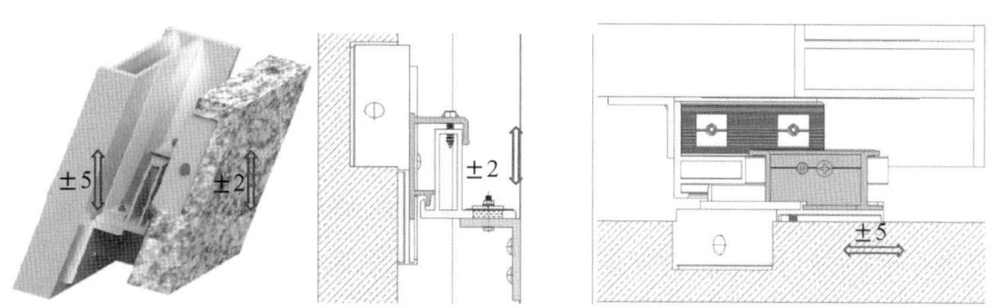


图 16　石材挂件可调节示意

（6）安装完成（图 17）：通过多层调节，尽可能满足安装要求和精度控制。

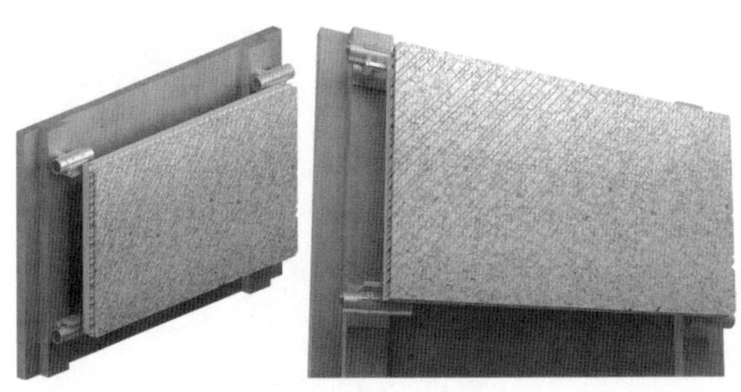

图17　安装完成局部示意

## 4　石材防坠落设计

由于石材存在一定的坠落风险，且本工程石条数量巨大，为防止石条坠落造成人员和财产的损失，设计阶段应全面考虑防坠措施，尤其应着重考虑吊顶区域的石材防坠。

### 4.1　石材挂件的防坠设计

由于石材通过M6不锈钢空心铆钉进行连接，为了满足安装要求，石材实际的工艺孔存在正公差，从而产生晃动，长期晃动会造成石材的损坏，发生坠落，因此石材挂件和石材之间应涂抹结构胶（图18）。吊顶区域的石材采用通长挂件，即便石材局部断裂，通长挂件依然可以通过槽口将石材勾住，防止发生坠落（图19）。

图18　涂抹结构胶

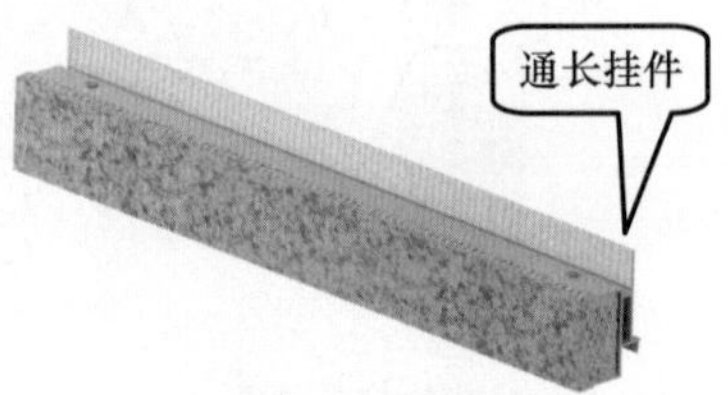


图19　通长挂件

### 4.2　石材的辅助防坠措施

由于天然石材属于脆性面板，有发生断裂的风险，比如在受到撞击或者安装不合理造成的应力集中，甚至连接不合理造成石材脱落，均可能造成石材的坠落。在石材挂件设计合理的前提下，增加辅助防坠措施，如增加防坠网和防坠绳（图20），可有效避免石材的坠落，同时防坠网建议五面防护，对石材进行全面保护。

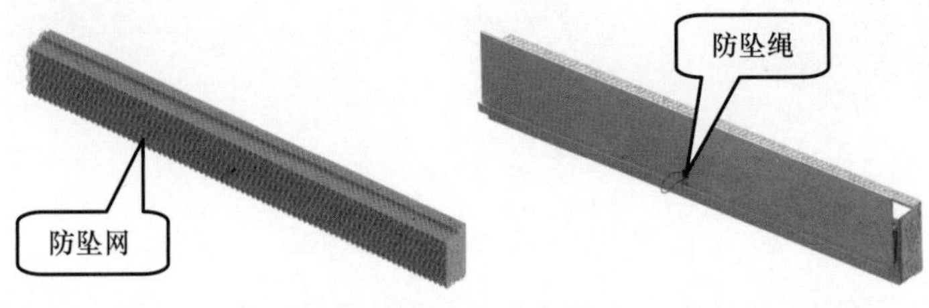


图20　辅助防坠措施

## 5 BIM 应用

本工程石群建筑整体呈双曲造型，34 万条石材均不相同，对深化设计、加工制造、施工管理以及后期维护等均带来了巨大挑战，传统的设计方式已很难适用于造型复杂的项目，因此 BIM 全过程应用可大大降低项目的风险。

### 5.1 曲面优化

本工程石材数量巨大，为了简化曲面加工难度，减少双曲板，通过 BIM 的参数化设计（图 21）对石材面板进行优化和分类，以便于进一步优化工作。

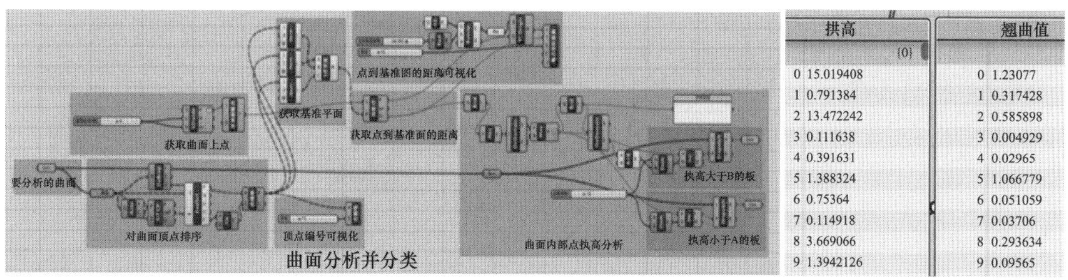


| 拱高 | 翘曲值 |
|---|---|
| {0} | |
| 0 15.019408 | 0 1.23077 |
| 1 0.791384 | 1 0.317428 |
| 2 13.472242 | 2 0.585898 |
| 3 0.111638 | 3 0.004929 |
| 4 0.391631 | 4 0.02965 |
| 5 1.388324 | 5 1.066779 |
| 6 0.75364 | 6 0.051059 |
| 7 0.114918 | 7 0.03706 |
| 8 3.669066 | 8 0.293634 |
| 9 1.3942126 | 9 0.09565 |

图 21　BIM 参数化设计

为了保证立面效果，优化后将石材阶差控制在 2mm 以内，以翘曲值以及拱高 2mm 为限值，进行曲面优化（图 22）。优化内容：①翘曲值>2mm，采用双曲板，不优化；②翘曲值≤2mm 且拱高>2mm，优化为单曲板；③翘曲值≤2mm 且拱高≤ 2mm，优化为平板。

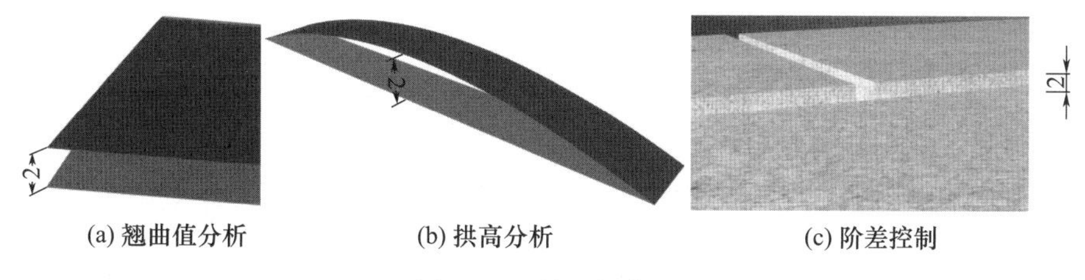


图 22　石材面板优化

通过优化，大大减少了曲面石材，以望云和悬云石为例，优化对比如下（图 23）。

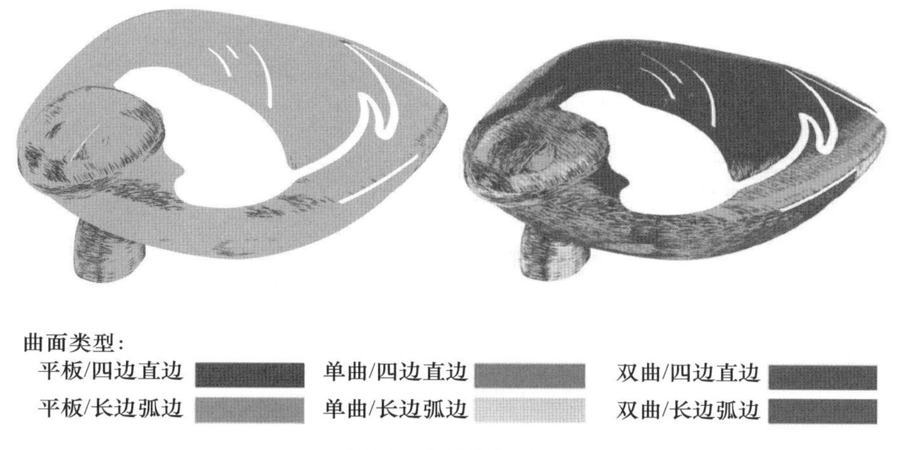


图 23　曲面优化对比

## 5.2 石材精细化管理

为了便于施工管理，通过 BIM 依次对各石头进行编号、对各石头进行分区、对各分区的石条进行详细编号（图 24），以便于指导石材加工和现场施工，提高施工效率。

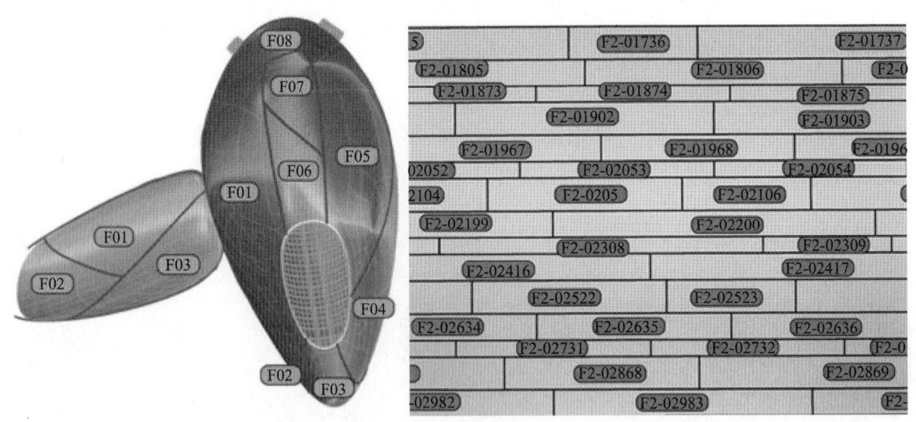


图 24　石材编号

## 5.3 维护和更换

在后期维护过程，当石材破损需要更换时，利用 3D 扫描设备对破损区域进行扫描，再与 BIM 模型进行对比，找到破损石条，并提取该石条的加工信息（图 25）。同时，本工程将预留部分大板石材备品，便于供应更换石材。

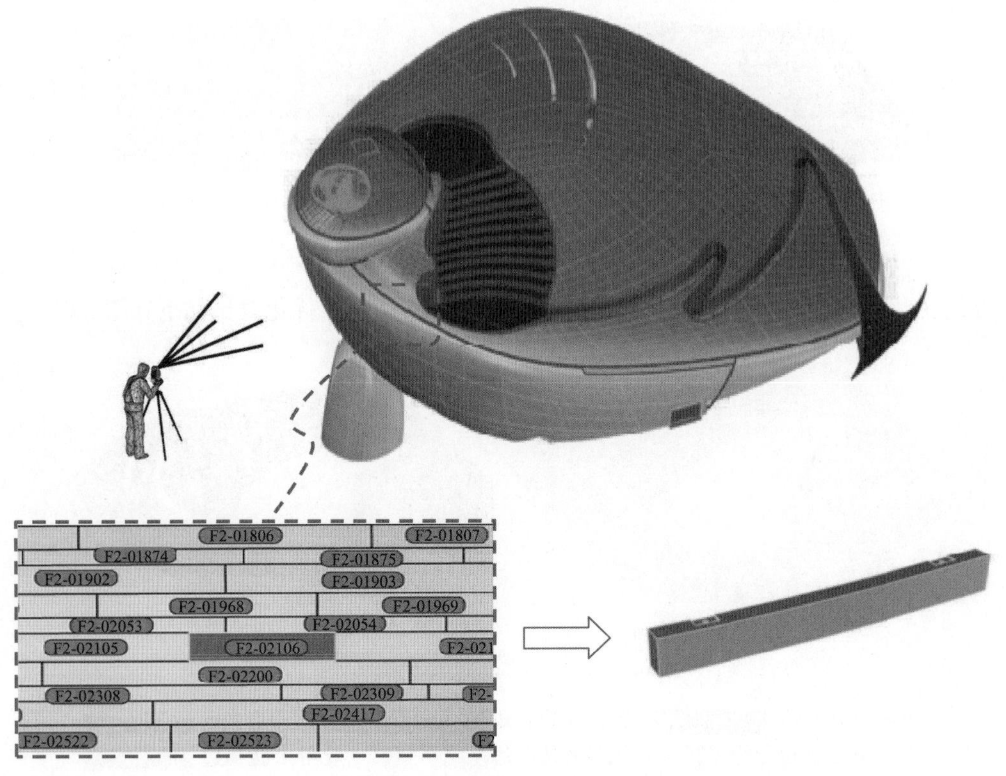


图 25　扫描和提取石材信息

石材更换步骤（图 26）：①在石材后侧开孔；②安装铝合金挂件和锚栓；③石材孔内注胶；④安装石材并塞入限位垫片；⑤待结构胶硬化后，取出限位垫片，完成更换。

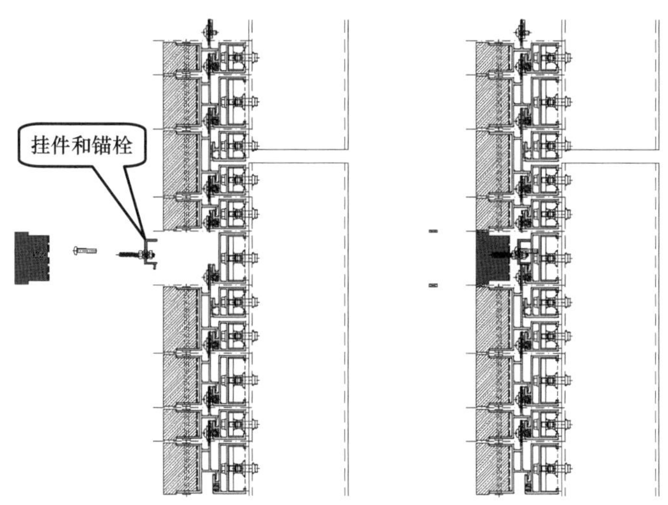


图 26　石材更换步骤

## 6　结语

近年来，随着建筑行业的发展，建筑师的设计理念也随之创新，很多极具特色的建筑应运而生。深圳湾文化广场作为文化场馆类建筑，带有一定的文化属性：石群与城市、现代与自然的碰撞，充满了艺术气息。

本文对深圳湾文化广场石群幕墙的系统方案进行了简要阐述，特别针对石材系统的调节、防坠和 BIM 应用等方面进行了分析和研究，旨在提供一些关于错缝密拼石材的设计思路。除此之外，本工程依然存在很多难题需要解决，比如石材的加工效率和精度控制、型材拉弯的精度控制、施工过程中的管理等，都需要更进一步的研究和实践，才能保证工程顺利完成和完美呈现。

### 参考文献


[1]　中华人民共和国住房和城乡建设部．建筑幕墙：GB/T 21086—2007 [S]. 北京：中国标准出版社，2007.

[2]　中华人民共和国住房和城乡建设部．金属与石材幕墙工程技术规范：JGJ 133—2001 [S]. 北京：中国建筑工业出版社，2001.

[3]　中华人民共和国住房和城乡建设部．天然石灰石建筑板材：GB/T 23453—2009 [S]. 北京：中国标准出版社，2009.

[4]　中华人民共和国住房和城乡建设部．天然花岗石建筑板材：GB/T 18601—2009 [S]. 北京：中国标准出版社，2009.

[5]　中华人民共和国国家发展改革委员会．干挂饰面石材及其金属挂件 第 1 部分：干挂饰面石材：JC 830.1—2005 [S]. 北京：中国建材工业出版社，2005.

[6]　中华人民共和国国家发展改革委员会．干挂饰面石材及其金属挂件 第 2 部分：金属挂件：JC 830.2—2005 [S]. 北京：中国建材工业出版社，2005.

# 深圳天音大厦单元幕墙系统设计要点浅析

谭伟业　文　林

深圳市方大建科集团有限公司　广东深圳　518052

**摘　要**　本文主要介绍了深圳天音大厦单元幕墙系统设计的重点和要点，特别是针对圆弧转角整体外框、圆弧转角通风格栅、防水构造设计等，并简单陈述了其结构体系的连接设计。

**关键词**　单元幕墙；圆弧转角整体装饰框；圆弧转角通风格栅；内平开窗；连接设计；防水构造

## 1　工程概述

天音大厦位于深圳湾超级总部基地的北部门户位置，毗邻白石二道与深湾二路，是集办公、商业、通信机楼等多种业态于一体的综合体，总建筑面积 13.43 万 $m^2$。天音大厦“世界之树”的建筑设计理念来自人与自然的和谐一体，项目主要由南北两栋高 155.76m 和 104.76m 的 A、B 塔楼，中部 57.28m 高的文化中心 C 楼，以及位于同一基座上面的独栋商业裙楼组成（图 1、图 2）。

图 1　天音大厦效果图

图 2　天音大厦施工现场照片

本工程外立面体型较为复杂，由错落、悬浮的立方体堆叠而成，每个立方体与建筑功能相对应，建筑幕墙灵感来自智能手机的屏幕设计。塔楼幕墙形式为单元式玻璃幕墙，一个幕墙单元仅由一块玻璃与四周型材组合而成，视觉上干净整洁，立面完整性高，下面笔者对天音大厦单元幕墙系统的设计要点进行介绍和分析。

## 2 单元式幕墙系统设计介绍

### 2.1 单元构造组成

标准单元板块分格尺寸 2250mm（宽）×4500mm（高），厚度尺寸为 400mm，板块质量约 1000kg（图 3）。单元中部为一整块完整玻璃，配置为 10 半钢化＋2.28PVB＋10 半钢化＋12A＋12 钢化夹胶中空超白玻璃，玻璃四周为带圆弧转角的装饰整体内框和装饰整体外框，内、外框之间为内嵌式的带圆弧转角通风格栅，内平开窗隐藏于两侧竖向通风格栅后的室内侧，除平开窗外其余位置为固定铝单板，一个单元体共设有 4 扇内平开窗（图 4、图 5）。标准单元水平横剖节点做法如图 6、图 7 所示，垂直竖剖节点做法如图 8、图 9 所示。

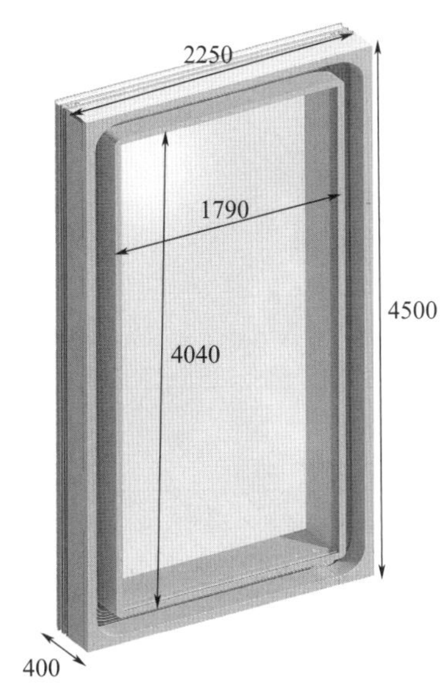


图 3　标准单元尺寸

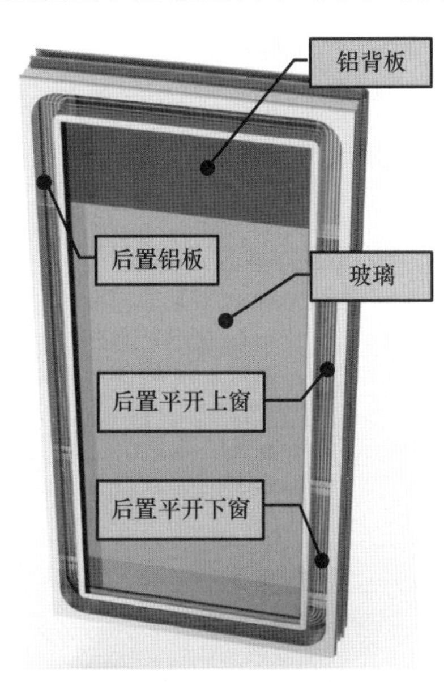


图 4　天音大厦单元构造

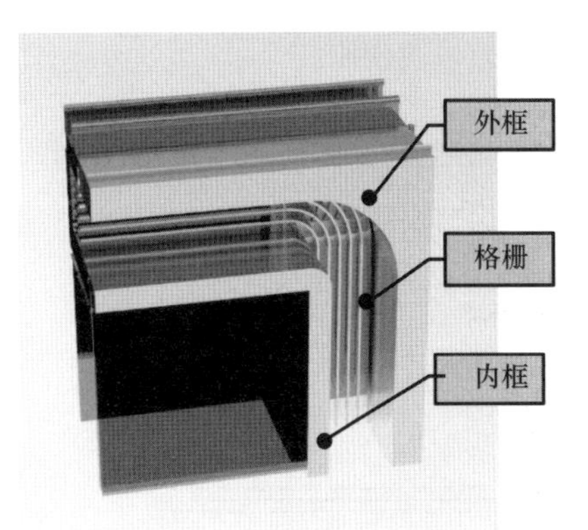


图 5　单元构造局部放大

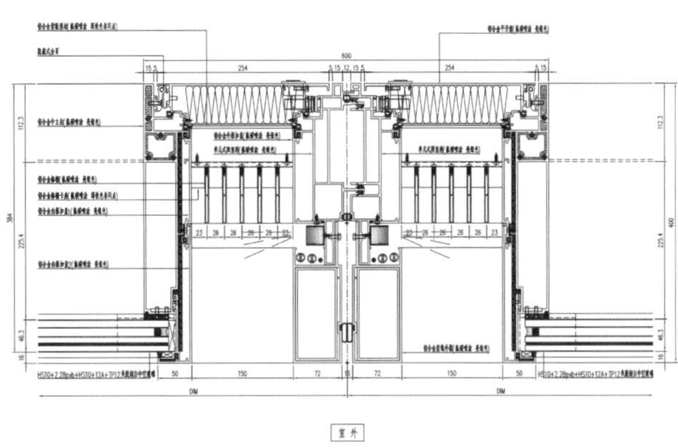

图 6　开启位置水平横剖

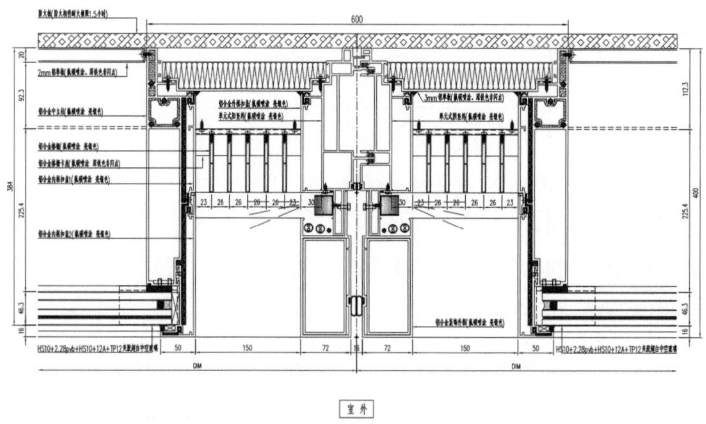


图7　层间位置水平横剖

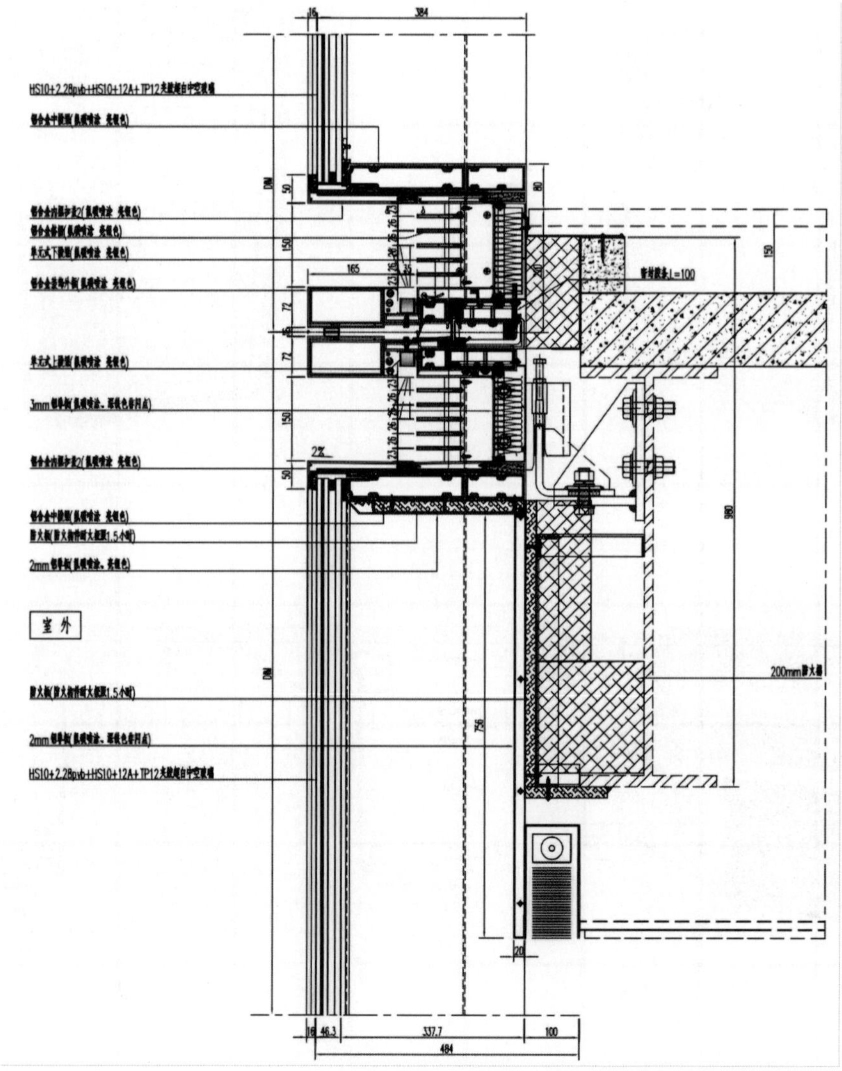

HS10+2.28pvb+HS10+12A+TP12夹胶超白中空玻璃
铝合金中横梁(氟碳喷涂 亮银色)
铝合金内部护盖2(氟碳喷涂 亮银色)
铝合金格栅(氟碳喷涂 亮银色)
单元式下横梁(氟碳喷涂 亮银色)
铝合金装饰件(氟碳喷涂 亮银色)
单元式上横梁(氟碳喷涂 亮银色)
3mm铝单板(氟碳喷涂、颜色色待同点)
铝合金内部护盖2(氟碳喷涂 亮银色)
铝合金中横梁(氟碳喷涂 亮银色)
防火板(防火棉厚耐火极限1.5小时)
2mm铝单板(氟碳喷涂、亮银色)
室外
防火板(防火棉厚耐火极限1.5小时)
2mm铝单板(氟碳喷涂、颜色色待同点)
HS10+2.28pvb+HS10+12A+TP12夹胶超白中空玻璃
200mm防火棉
密封胶条L=100

图8　玻璃位置垂直竖剖

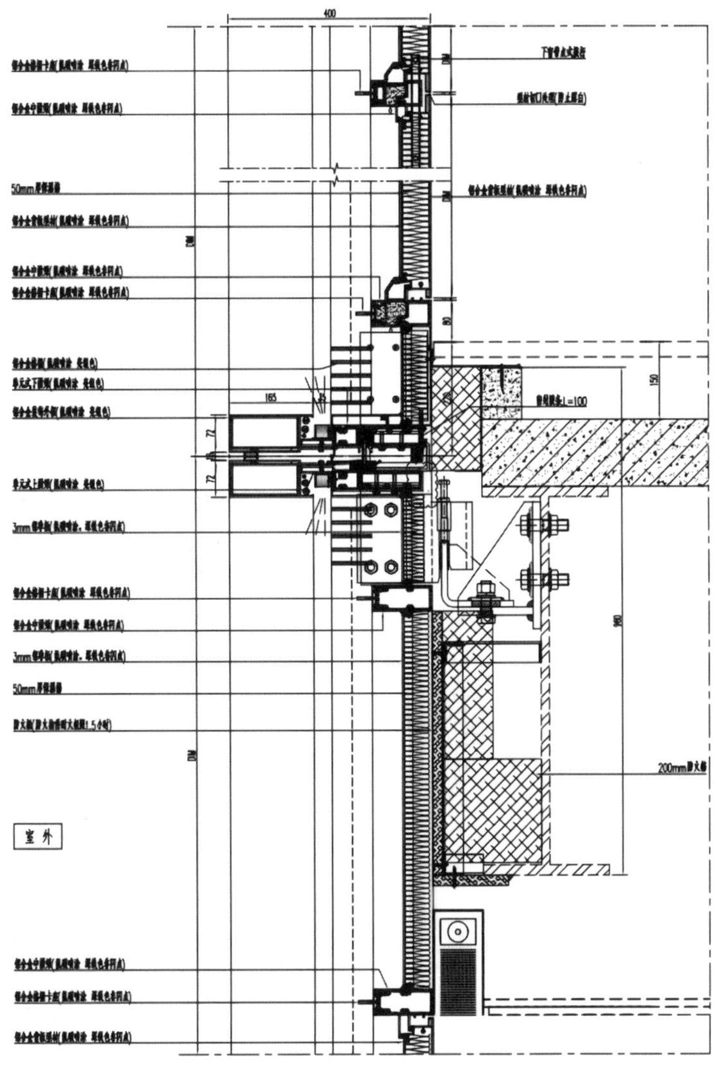


图 9　开启位置垂直竖剖

## 2.2　圆弧转角整体装饰框设计

单元装饰外框建筑设计要求为无拼缝整框设计，保持立面的整体性和简洁。原设计为铝板外框，在样板制作过程中出现了框架整体变形严重、平整度低、铝板折角 $R$ 角明显、铝板表面不光滑等问题。经过反复的技术研判，深化设计调整为铝型材整体装饰框，有效解决了铝板外框存在的诸多问题。

型材整框无拼缝设计，亦面临着拼接位置的焊接处理问题，考虑到焊接可能存在变形，焊缝位置打磨平整度的控制，专门用库存材料进行了型材焊接工艺样品的试制（图 10、图 11）。前两次型材焊接样品不同程度存在焊接位置局部变形，焊缝打磨不够平整的问题，针对前两次工艺样品试制过程出现的问题进行总结研讨，创新性地提出了型材整框低能耗激光焊接技术，并组织了第三次焊接样品的制作，强度及效果完全达到了设计的要求（图 12、图 13）。

图 10　第一次型材焊件样品试制

图 11　第二次型材焊件样品试制

图 12　型材激光焊接试件

图 13　焊接后打磨平整

本单元体装饰框由四部分组成，分别为装饰外侧外框、外侧内框、内侧外框、内侧内框(图 14)，从材料可焊性、构造稳定性、色泽匹配度等角度出发，包括转角在内所有装饰框均采用铝型材设计，整框采用相同的基材材质，避免喷涂色差，同时观感上没有铝板明显的 $R$ 角，提高了幕墙的品质。

由于型材本身刚度大，焊接过程变形小，结合胎架平台精准定位，焊接整框平整度好、精度高。激光焊接采用专用焊机和焊条，通过前期样品的测试，确定焊机输出电流大小，保证型材间的可熔透焊接，确保连接位置牢靠。

(1) 外侧外装饰框设计

外侧外装饰框的整体设计构造如图 15～图 18 所示。转角内侧带圆弧边，采用型材开模可以很好地控制弧边的半径大小，同时开模时与直线段拼接位置考虑插接筋卡接配合，从而

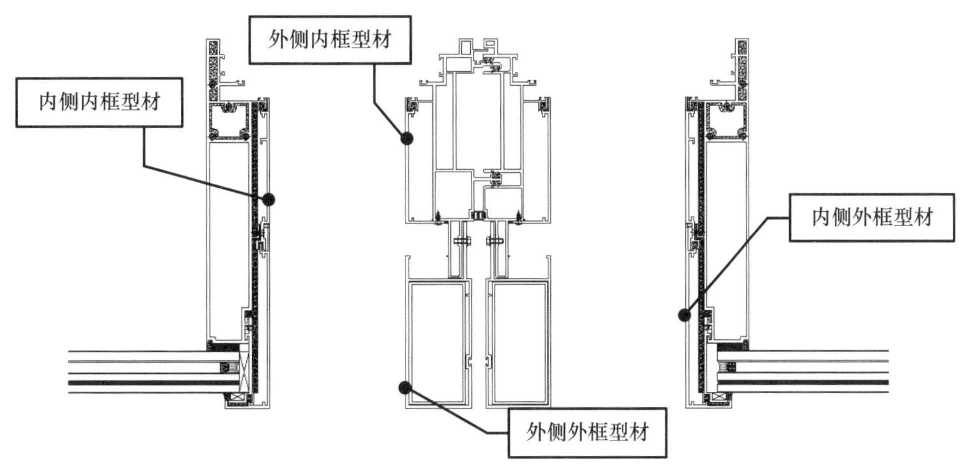


图 14　铝型材装饰框

保证拼接精度。直线段型材与转角型材采用激光焊接，在内侧不可视位置打钉加强，转角位置最后焊接封堵型材面板，型材面板在加工中心通过激光切割，弧度与转角型材可完美匹配，焊接后打磨平整，再进行整体喷涂，大大提升了整框的平整度及安装精度。

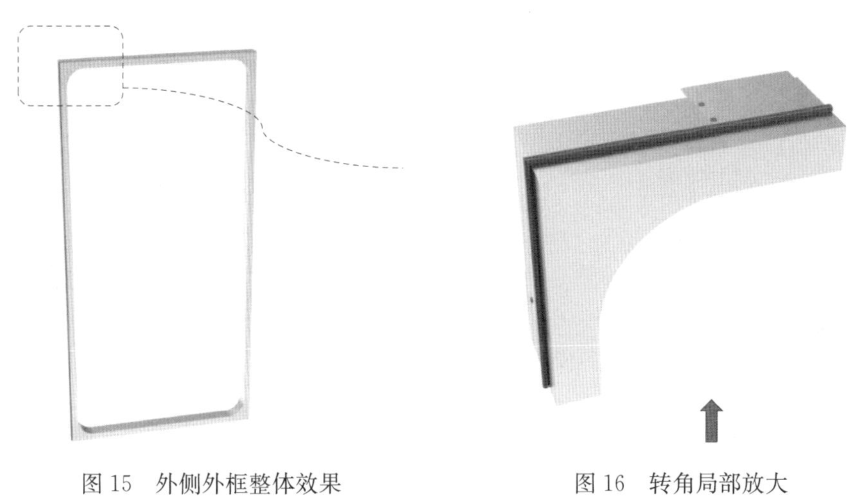

图 15　外侧外框整体效果　　　　图 16　转角局部放大

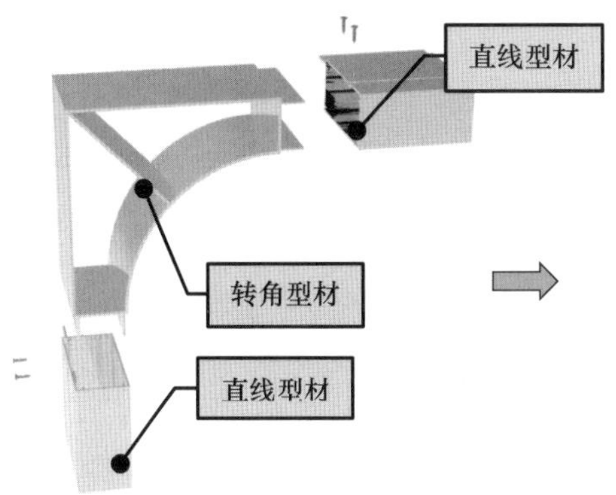


图 17　型材构造组成

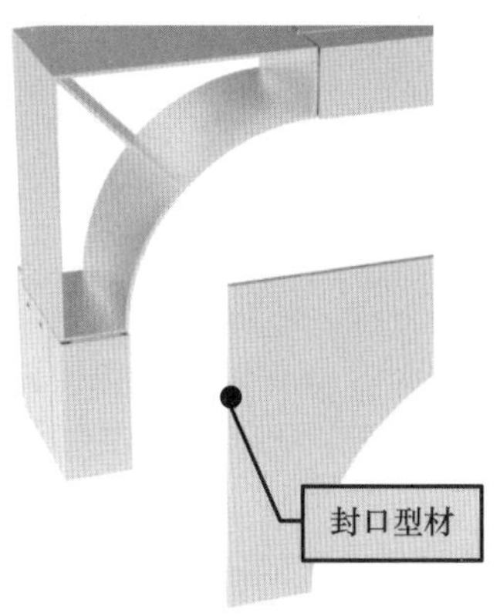


图 18　转角型材面板封堵

（2）外侧内装饰框设计

外侧内装饰框的整体设计构造如图19～图22所示。与外侧外装饰框类似，内框转角同样存在弧边设计，采取带卡接定位配合的型材开模解决精度问题。正面封堵板同样采取开模型材通过激光切割，匹配转角型材的弧度。

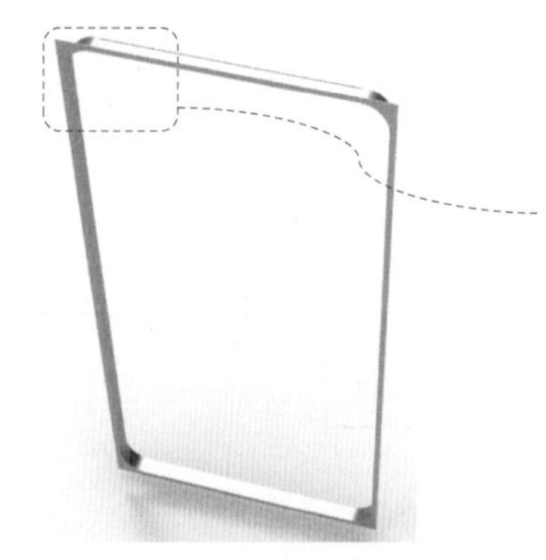

图19 外侧内框整体效果

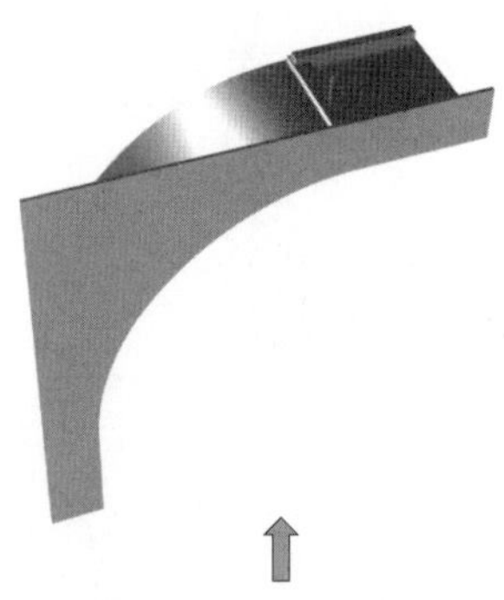

图20 转角局部放大

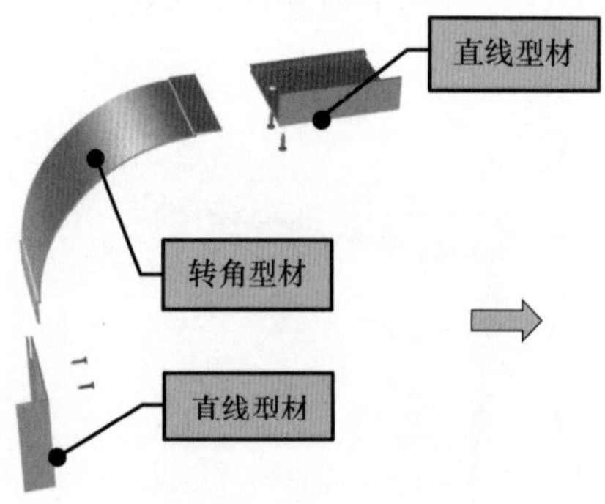


图21 型材构造组成

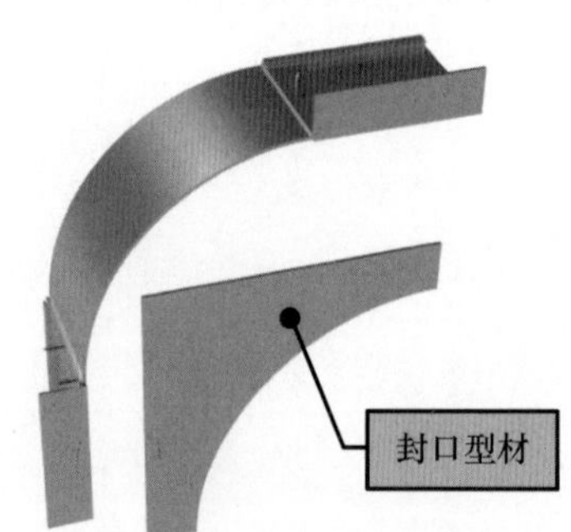


图22 转角型材面板封堵

（3）内侧外装饰框设计

内侧外装饰框的整体设计构造如图23～图25所示。内侧装饰框整体设计思路与外侧装饰框类似，不同的是内侧装饰框正面尺寸相对较小，封堵面板可不单独开模，利用单边的直线型材通过加工实现弧边封堵效果。

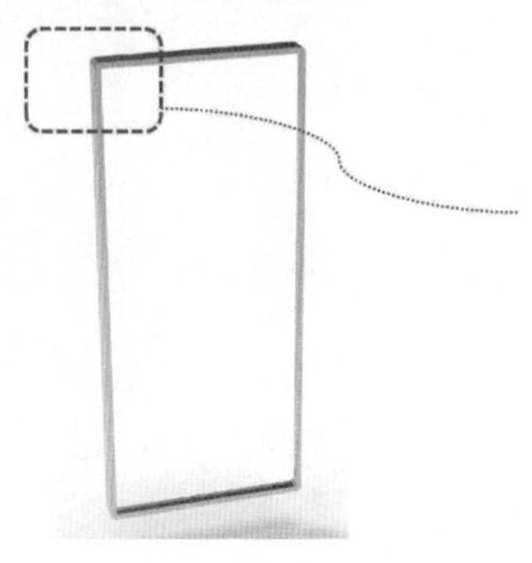

图23 内侧外框整体效果

图24 转角局部放大

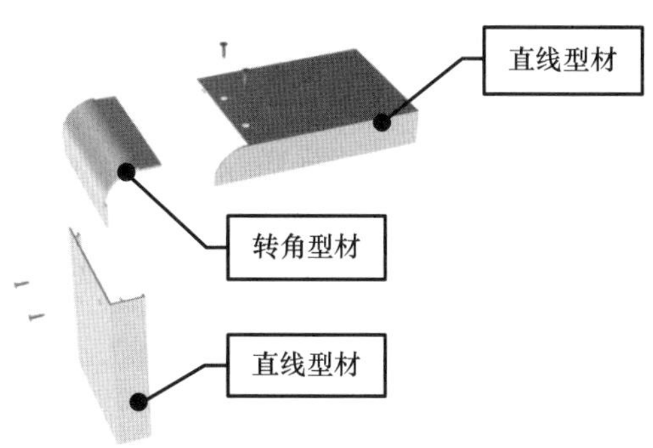


图 25　型材构造组成

（4）内侧内装饰框设计

内侧内装饰框的整体设计构造如图 26～图 28 所示。内框转角同样为开模型材设计，与直线段型材激光满焊，无须设置封堵面板。

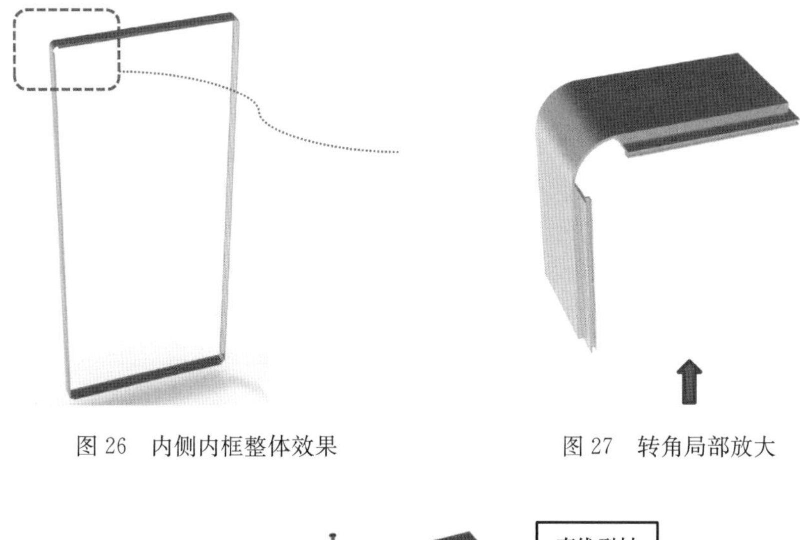

图 26　内侧内框整体效果　　图 27　转角局部放大

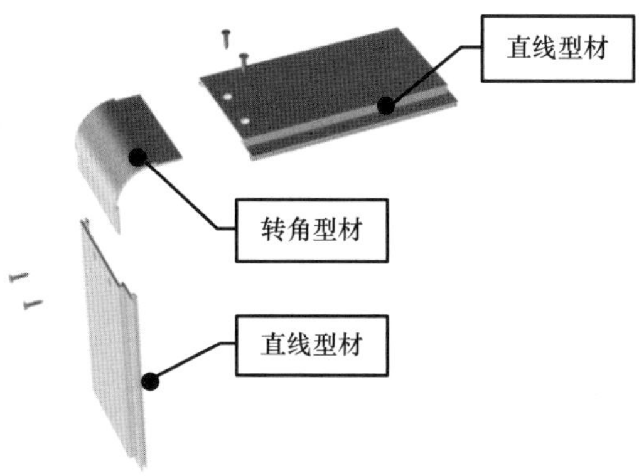


图 28　型材构造组成

型材整框焊接呈现出来的实际效果获得了建筑师和业主的高度认可（图 29、图 30）。

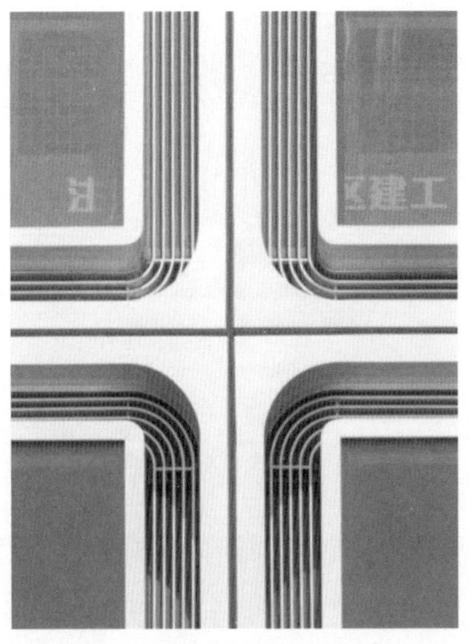

图29　型材焊接整框上墙效果

图30　型材焊接整框细部效果

## 2.3　圆弧转角格栅设计

单元体在内外装饰框间设置内嵌式的格栅整框，内退尺寸为200mm。格栅截面为80mm×6mm的扁通，整体由5片格栅组合环绕而成，格栅四个转角位置为弧形造型（图31）。

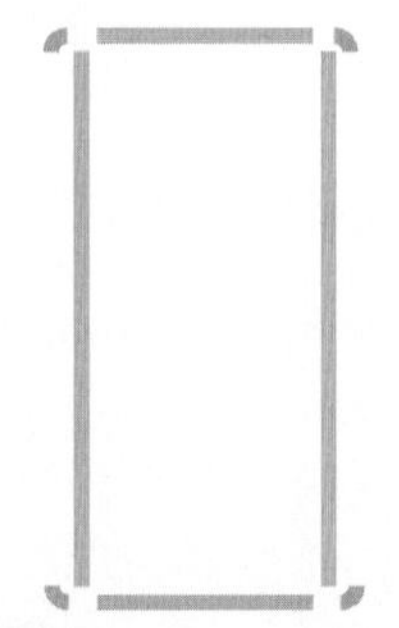

图31　格栅型材划分图

原设计转角位置格栅片为单独的拉弯型材（图32、图33），且存在不同拉弯半径（$R$=78mm、103mm、126mm、153mm、178mm），需多次单独拉弯，本项目约9万片需拉弯格栅，成品率极低，标准化程度低，同时拉弯还会存在回弹、变形大与直线段衔接不顺畅等问题。

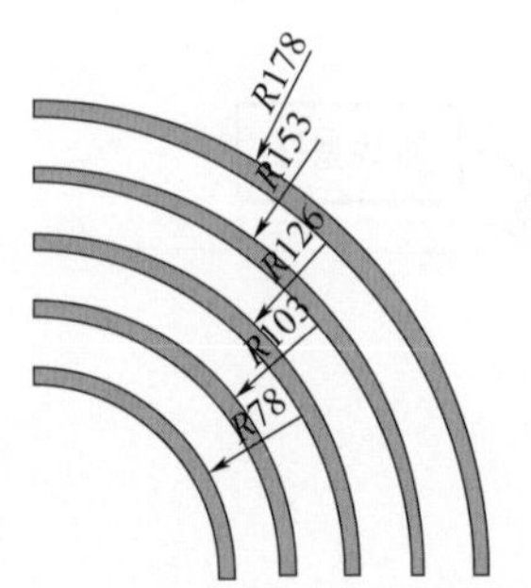


图32　原设计格栅型材拉弯方案

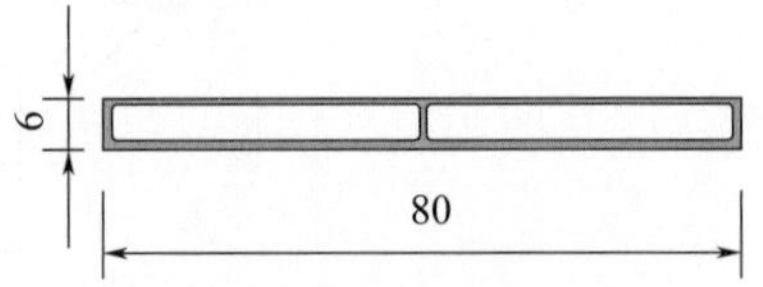


图33　格栅型材截面尺寸

鉴于型材拉弯存在的诸多不利，格栅转角深化设计调整为整体开模型材（图34、图35）。整体型材开模可以实现工厂标准化批量生产，数控加工，拼接精度高，有效缩短工期。同时，整体型材开模有加强板连接，整体刚度大，提高了整体平整度。带圆弧转角格栅整框的整体设计构造如图36～图39所示。

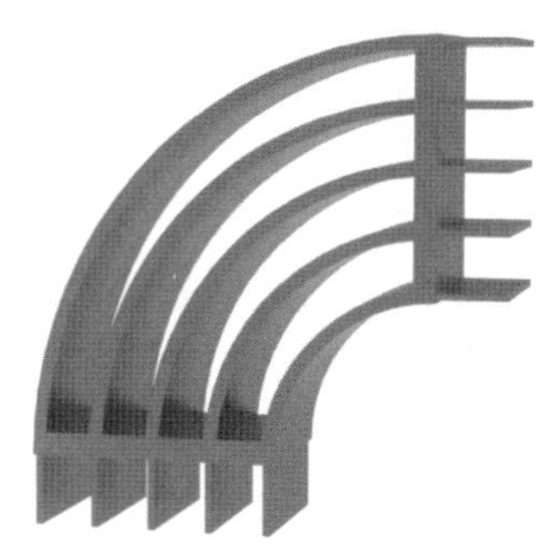

图 34　转角格栅型材

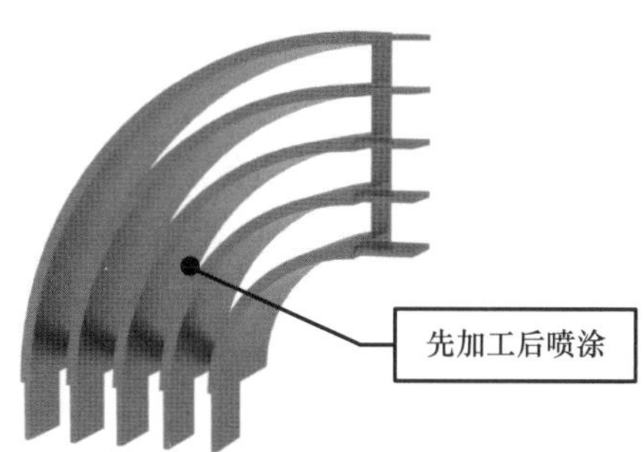


图 35　格栅型材铣加工

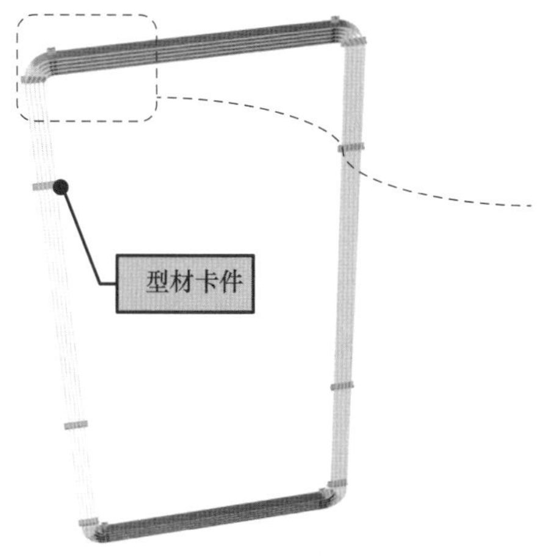


图 36　格栅框整体效果

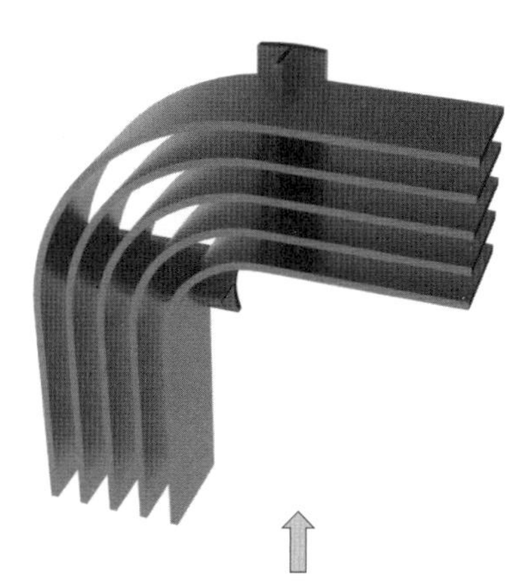

图 37　转角局部放大

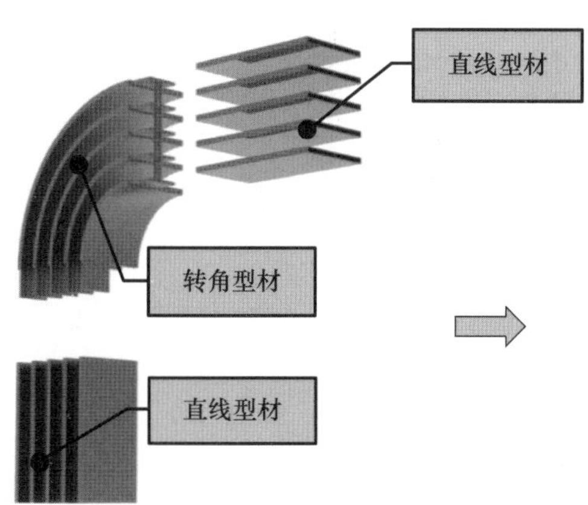


图 38　型材构造组成

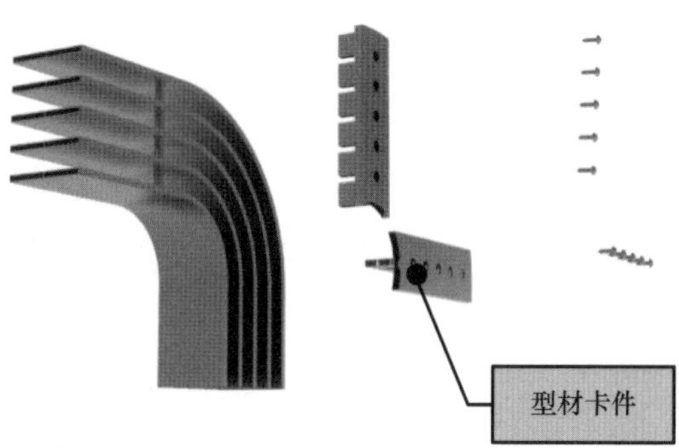


图 39　格栅型材固定方式

## 2.4 内平开窗设计

单元体内平开窗隐藏于通风格栅后侧，室内分上、下两扇，上扇设隐藏式执手，下扇不常开，因此不设执手，需要打开上扇后通过隐藏的点式拨杆开启下扇。

窗扇为型材扇，由于室内外颜色不一样，采用分离式型材设计。上、下扇之间只保留一道5mm面板间拼缝，窗五金均进行隐藏式设计，整体简洁美观。窗下窗框的设计增加排水构造，多道排水设计（图40）。开启扇采用硬度较小的复合发泡胶条，转角位置采用成品转角胶膜，保证平整度，同时能提高防水性能（图41、图42）。

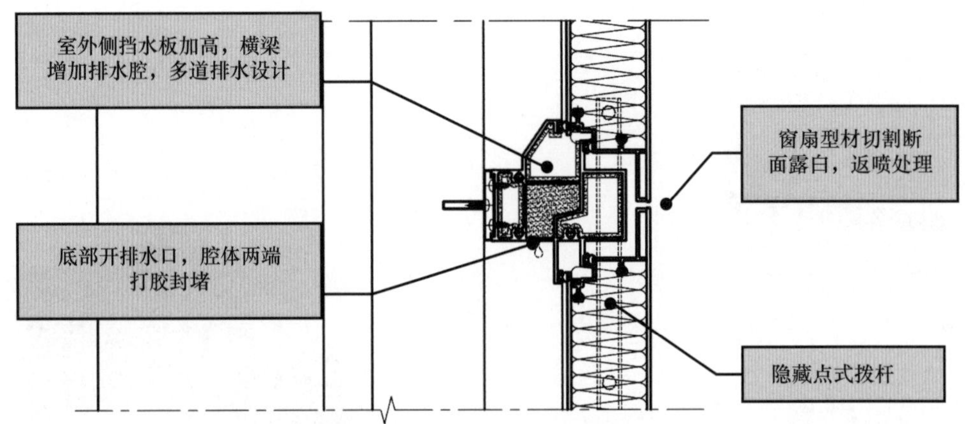


图40 开启扇下横框防排水设计

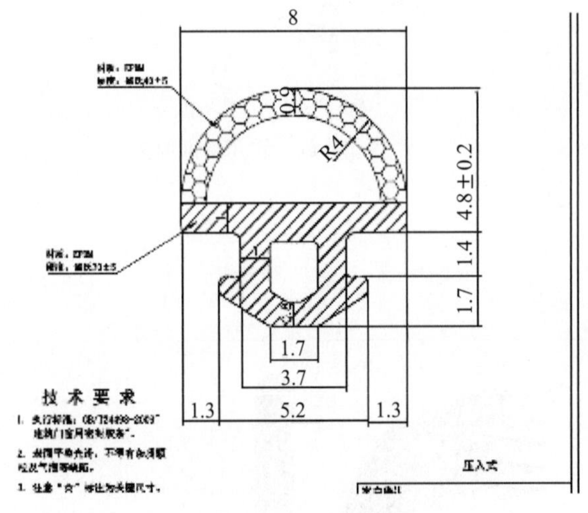


图41 复合发泡胶条

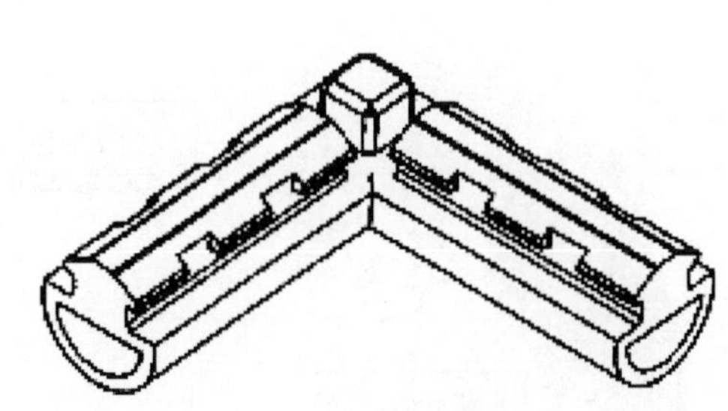

图42 转角一体胶膜

## 2.5 板块连接设计

设计时为了提高连接的刚度和稳定性，单元板块上、下横梁与阴阳立柱间采用组角连接，组角与板块挂件通过螺栓连接到一起（图43），传力更直接也更有利，同时上、下横梁与立柱保留部分用自攻钉连接，避免运输和吊装过程中横梁与立柱间榫口胶开裂的情况（图44）。

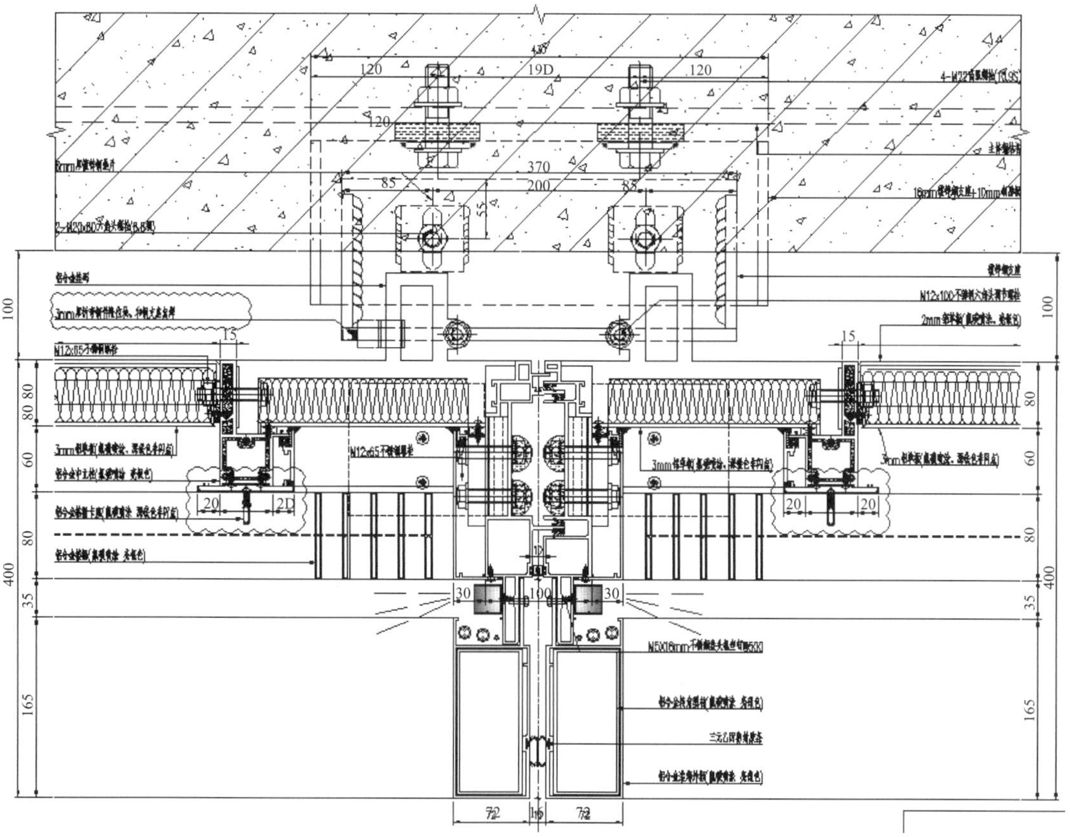

图 43　支座挂件连接位置横剖

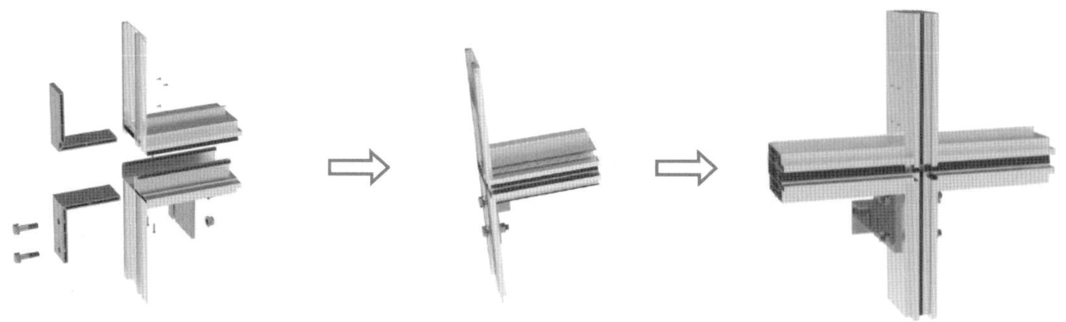

图 44　单元上、下横梁与立柱间连接组角

考虑到板块超大、超重，且玻璃面板荷载通过中立柱进行传递，设计时创新性地采用U形加强连接挂件把单元立柱与中立柱在支座位置进行捆绑，整体受力，同时挂接位置采用闭腔双截面，大大提高了板块安全性能（图 45）。鉴于挂件的重要性，采取公式校对同时进行有限元仿真模拟分析，剔除几何模型直角部位的应力集中后，挂件整体应力情况均处于较低水平，变形也很小（图 46、图 47）。

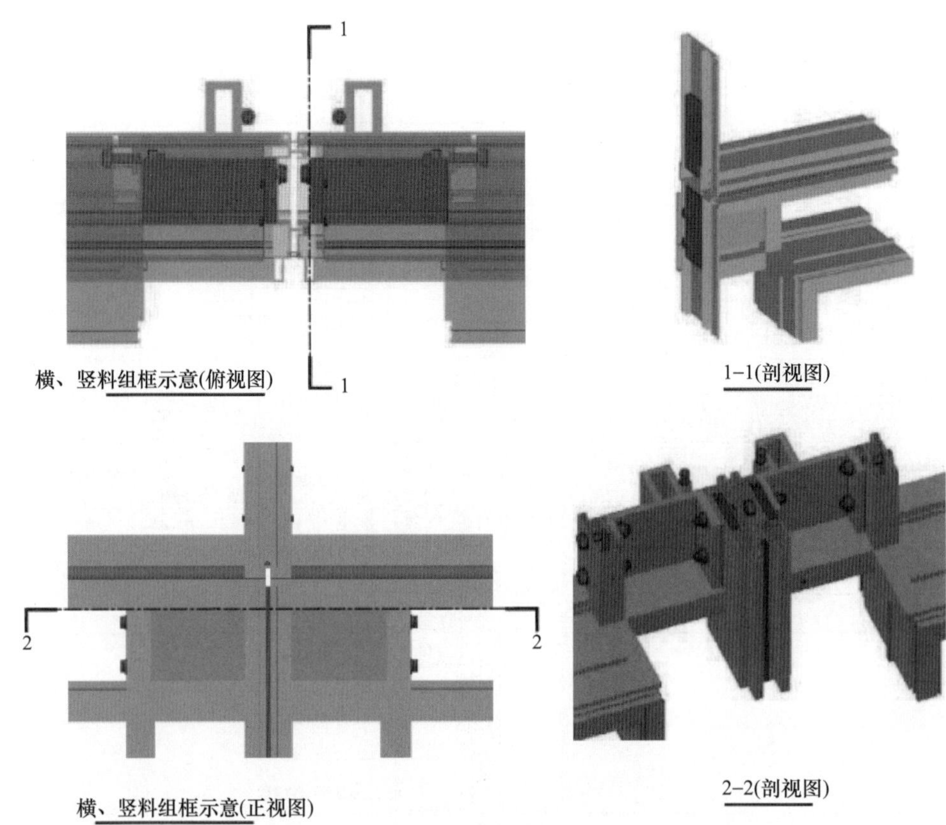


图45　单元支座挂件设计

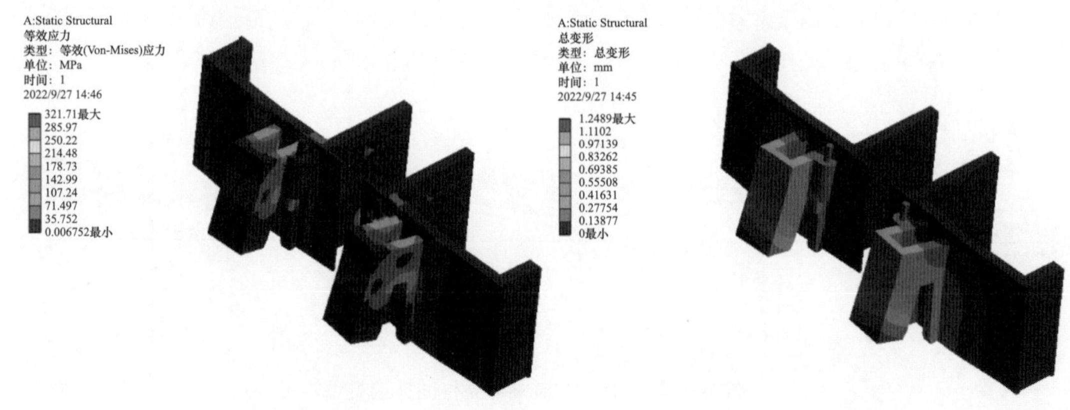


图46　挂件应力情况

图47　挂件变形情况

## 2.6　板块防排水设计

单元板块整体设计为有组织排水，内侧的内外装饰框上方分别往中间找坡，避免带灰尘杂质的水流污染玻璃面，水往两侧排，沿着格栅处凹槽往下排，外框灯槽处开有排水通道，可以排到下一层，内侧装饰框底部均设置有第二道排水措施（图48～图51）。本工程整体水密性能达到规范中分级指标的最高级别5级。

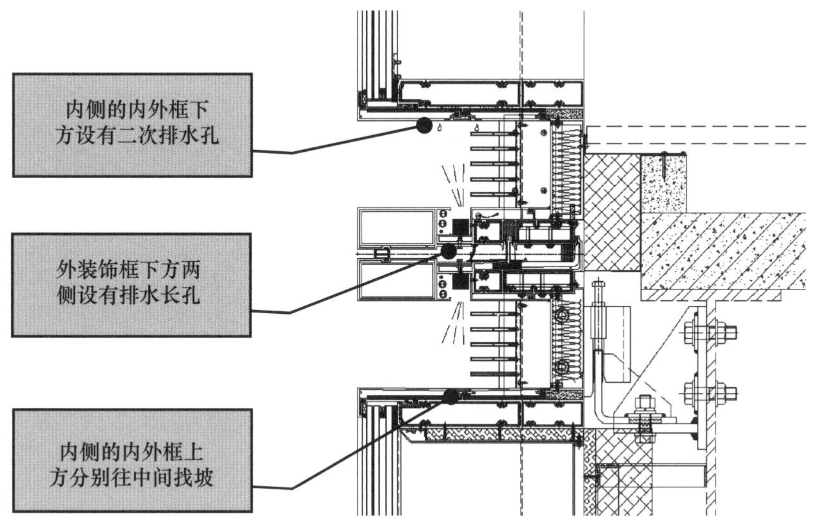


图 48　装饰框排水示意

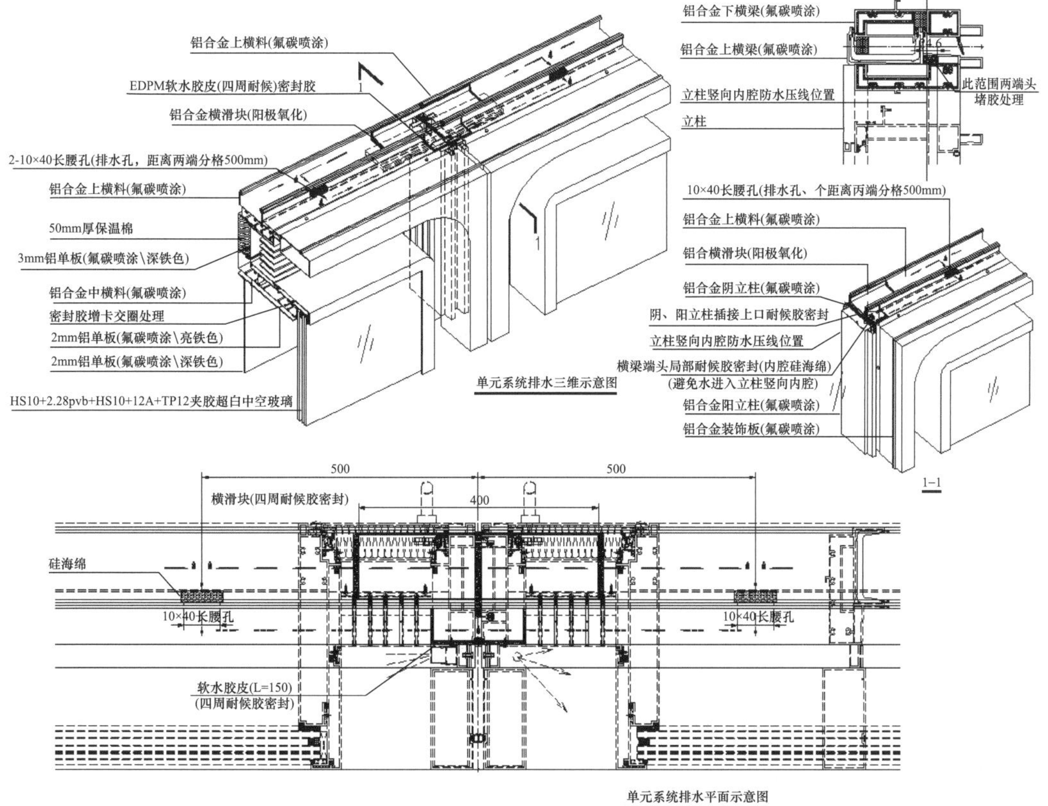


图 49　板块上横梁排水三维图

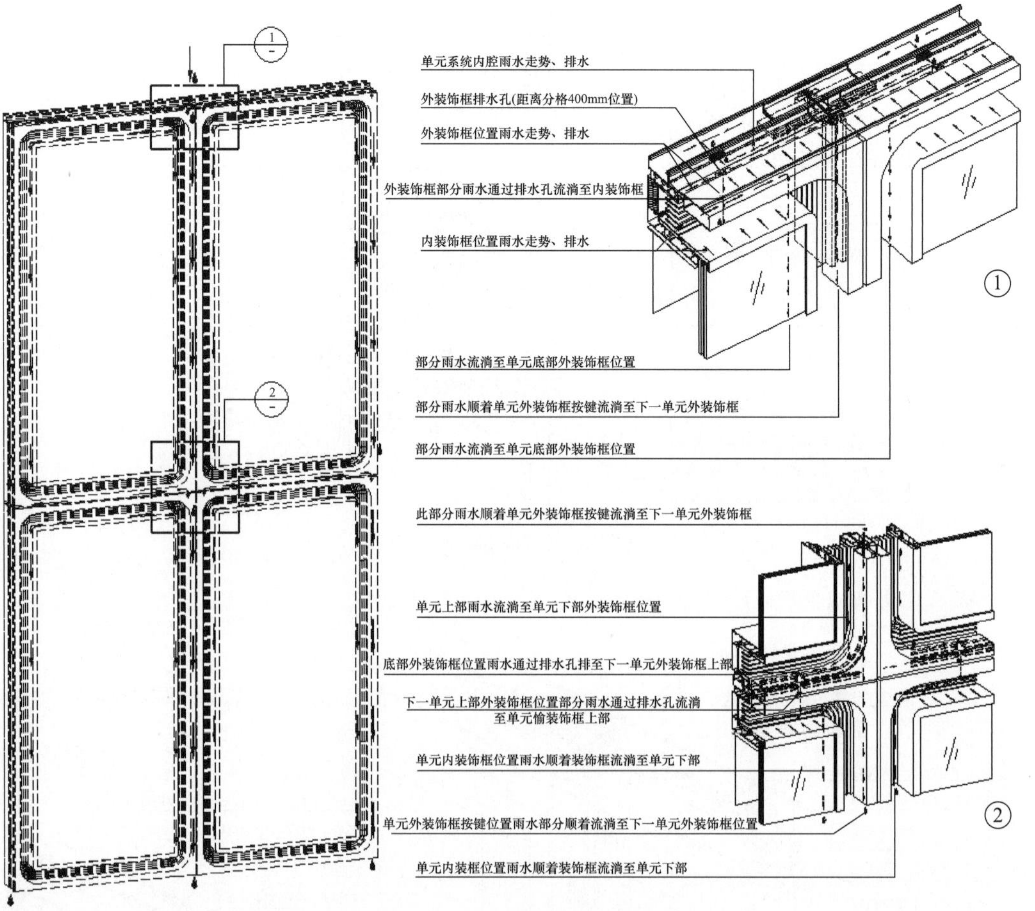

单元系统内腔雨水走势、排水
外装饰框排水孔(距离分格400mm位置)
外装饰框位置雨水走势、排水
外装饰框部分雨水通过排水孔流淌至内装饰框
内装饰框位置雨水走势、排水
①
部分雨水流淌至单元底部外装饰框位置
部分雨水顺着单元外装饰框按键流淌至下一单元外装饰框
部分雨水流淌至单元底部外装饰框位置
此部分雨水顺着单元外装饰框按键流淌至下一单元外装饰框
单元上部雨水流淌至单元下部外装饰框位置
底部外装饰框位置雨水通过排水孔排至下一单元外装饰框上部
下一单元上部外装饰框位置部分雨水通过排水孔流淌至单元愉装饰框上部
单元内装饰框位置雨水顺着装饰框流淌至单元下部
②
单元外装饰框按键位置雨水部分顺着流淌至下一单元外装饰框位置
单元内装框位置雨水顺着装饰框流淌至单元下部

图 50　板块整体排水路径图

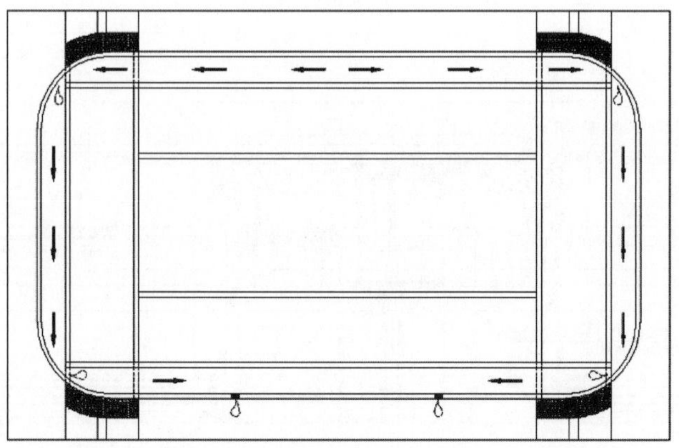

图 51　板块内装饰框二次排水图

## 3 结语

建筑的外装饰效果通过幕墙工程的精心设计，完美地展现在人们的视野里。现代建筑的发展历程中，建筑造型的求新求异给建筑幕墙带来了挑战和机遇。天音大厦作为深圳湾超级总部基地的北面门户，我们能参与建设，倍感荣幸。本文所介绍的单元式幕墙设计内容以及一些创新的设计思路，是我们整个设计团队在设计和实践中的一点经验总结，受篇幅所限无法详述，仅简要阐述标准单元系统的设计要点，供幕墙设计师参考。

**参考文献**

[1] 中华人民共和国国家质量监督检验检疫总局，中国国家标准化管理委员会．建筑幕墙：GB/T 21086—2007[S]. 北京：中国标准出版社，2007.

[2] 中华人民共和国建设部．玻璃幕墙工程技术规范：JGJ 102—2003[S]. 北京：中国建筑工业出版社，2003.

[3] 中华人民共和国住房和城乡建设部．建筑结构荷载规范：GB 50009—2012[S]. 北京：中国建筑工业出版社，2012.

[4] 广东省住房和城乡建设厅．建筑结构荷载规范：DBJ 15-101—2014[S]. 北京：中国建筑工业出版社，2014.

# 幕墙面板及其连接结构设计要素

黄庆文

广东世纪达建设集团有限公司　广东广州　510000

**摘　要**　为分析幕墙面板及连接结构设计要素，笔者运用现有建筑结构分析理论，结合现行有关标准规范，对常见幕墙面板及连接结构设计计算分析思路进行梳理，在幕墙结构设计基准期、幕墙结构设计使用年限、荷载取值、支撑结构设计、面板与连接设计等方面提出了系统的方法。结论将为幕墙面板及连接结构计算分析设计提供参考。

**关键词**　安全等级；可靠度；极限状态设计方法；结构设计工作年限；面板与连接结构设计

建筑幕墙面板及连接结构在设计时要考虑的因素很多，如建筑设计的要求、荷载及作用等，通常选用相应的面板材料、构造形式、与支撑结构的连接等。

幕墙按照面板材料可分为玻璃幕墙、金属板幕墙、石材幕墙、人造板材幕墙；按照板块制作安装方式可分为构件式幕墙、单元式幕墙；按照面板连接方式可分为点支式幕墙、框支撑幕墙等。

建筑幕墙结构设计应规定建筑幕墙结构的设计工作年限，宜不小于 50 年，不得小于 25 年。

幕墙结构的设计基准期应为 50 年。

本文对幕墙面板及连接结构设计的几个要素：安全等级、极限状态设计方法、可靠度水平、设计基准期、设计工作年限、面板及连接结构设计等进行分析，明确了以上几个结构概念。

## 1　幕墙结构安全等级及设计工作年限

### 1.1　幕墙结构安全等级

幕墙结构是建筑幕墙中能承受作用并具有适度刚度的由各连接部件有机组合而成的系统。幕墙结构构件是幕墙结构在物理上可以区分出的部件。幕墙结构体系是幕墙结构中所有构件及其共同工作的方式。幕墙结构模型是用于幕墙结构分析及设计的理想化幕墙结构体系。

同一建筑结构中的各种结构构件一般与整体结构采用相同的安全等级，可根据具体结构构件的重要程度和经济效果进行适当调整。

### 1.2　极限状态设计方法及可靠度水平

幕墙结构极限状态是整个结构或结构的一部分（如幕墙结构）超过某一特定状态就不能满足规定的某一功能要求，此特定状态为该功能的极限状态。

极限状态设计方法是不使结构超越规定极限状态的设计方法。

幕墙结构极限状态分为承载能力极限状态、正常使用极限状态、耐久性极限状态。

采用以概率理论为基础的极限状态设计方法，用分项系数设计表达式计算，分为承载能力极限状态设计、正常使用极限状态设计、耐久性极限状态设计。

承载能力极限状态是对应于幕墙结构或结构构件达到最大承载力或不适于继续承载变形的状态。当幕墙结构或结构构件出现下列状态之一时，就认定超过承载能力极限状态：幕墙结构构件或连接因应力超过材料强度而破坏，或应过度变形而不适于继续承载（如幕墙钢结构已经达到屈服强度，变形持续扩大，无法继续承载）；幕墙结构或结构构件丧失稳定（如幕墙空间结构已经丧失稳定，如超高全玻幕墙玻璃肋结构已经侧向失去稳定，无法继续承载）；幕墙结构或结构构件疲劳破坏（如幕墙开启窗结构及连接多次启闭已经疲劳破坏，无法继续承载）。

正常使用极限状态是对应于幕墙结构或结构构件达到正常使用的某一项规定限值的状态。当幕墙结构或结构构件出现下列状态之一时，就认定超过正常使用极限状态：影响幕墙正常使用或建筑外观效果的变形（如玻璃幕墙变形过大）；影响幕墙正常使用的局部损坏（如石材面板有个别裂缝）。

耐久性极限状态是对应于幕墙结构或结构构件在环境影响下出现的劣化达到耐久性能的某一项规定限值或标志的状态。当幕墙结构或结构构件出现下列状态之一时，就认定超过耐久性极限状态：影响幕墙承载能力和正常使用的材料性能劣化（如幕墙钢结构防腐涂层已经丧失保护作用，密封胶老化）；影响幕墙耐久性能的裂缝、变形、缺口、外观、材料削弱（如石材面板有超过一定长度的裂缝）。

幕墙结构设计应对幕墙结构各个的极限状态分别进行分析计算，幕墙结构在正常情况下即持久设计状况时，承载能力极限状态或正常使用极限状态的计算起控制作用。

### 1.3 设计工作年限

幕墙结构的设计工作年限是设计规定的幕墙结构或幕墙结构构件不需大修即可按照预定目的使用的年限。

幕墙结构的可变作用可分为使用时推力、施工荷载、风荷载、雪荷载、撞击荷载、地震作用、温度作用。

当界定幕墙为易于替换的结构构件时，幕墙结构的设计使用年限为 25 年；当界定幕墙为普通房屋和构筑物的结构构件时，幕墙结构的设计使用年限为 50 年；当界定幕墙为标志性建筑和特别重要的建筑结构时，幕墙结构的设计使用年限为 100 年。

当建筑设计有特殊规定时，幕墙结构的设计使用年限按照规定确定且不得小于 25 年。

## 2 面板及连接结构设计

### 2.1 面板及连接结构设计及结构分析原则和结构模型

幕墙支撑结构设计应使幕墙结构在规定的设计使用年限内以规定的可靠度满足规定的各项功能要求。功能要求包括安全性、适用性、耐久性。

### 2.2 设计原则

根据建筑立面设计，合理选择幕墙面板的材料种类和构造形式。幕墙面板及其连接设计，应满足承载能力极限状态和正常使用极限状态的要求。应能满足荷载、地震和温度作用所产生的幕墙平面内和平面外的变形要求，应符合性能设计、加工制作、运输安装、维护更换及信息化管理的要求。

面板厚度应经强度和刚度计算确定。不规则平面尺寸及弯曲异形面板应按几何非线性有限元方法计算。面板各种荷载和作用应按本标准的规定组合，最大应力设计值不超过面板强度设计值。面板及其连接设计应满足拆卸时不损坏其相邻部位构件和结构的要求。面板及其连接设计应符合信息化管理规定，在幕墙工作年限内均可溯源。

幕墙采用的玻璃面板可选用钢化玻璃、半钢化玻璃及以上玻璃组成的夹层玻璃、中空玻璃。幕墙用钢化玻璃应经均质处理。点支撑玻璃幕墙的面板应选用钢化玻璃。玻璃肋应选用夹层钢化玻璃或夹层半钢化玻璃，有钻孔的玻璃肋应选用夹层钢化玻璃。玻璃面板应有防坠落的措施。高度4m以上部位不宜采用全隐框玻璃幕墙，外倾式的斜幕墙不得采用全隐框玻璃幕墙。

## 2.3 风荷载计算及地震作用

面板属于建筑外围护结构构件，风荷载根据广东省标准《建筑结构荷载规范》（DBJ/T 15-101—2022）规定取值。地震作用计算根据行业标准《玻璃幕墙工程技术规范》（JGJ 102—2003）规定取值：动力放大系数按5.0，水平地震影响系数最大值按相应抗震设防烈度和设计基本地震加速度取0.10。

## 2.4 作用及效应计算

幕墙结构采用以概率理论为基础的极限状态设计方法，用分项系数设计表达式计算，按承载能力极限状态和正常使用极限状态设计应符合下列规定：

（1）承载能力极限状态验算应符合下式要求：

无地震作用组合时：

$$\gamma_0 S_d \leqslant R_d \tag{2.4.1-1}$$

有地震作用组合时：

$$S_E \leqslant R_d / \gamma_{RE} \tag{2.4.1-2}$$

式中 $S_d$——无地震作用的作用组合效应设计值；

$S_E$——有地震作用的作用组合效应设计值；

$R_d$——结构构件抗力设计值；

$\gamma_0$——结构重要性系数，取不小于1.0；安全等级一级时，取1.1；

$\gamma_{RE}$——承载力抗震调整系数，取1.0。

（2）正常使用极限状态下的挠度验算应符合下式要求：

$$d_f \leqslant d_{f,lim} \tag{2.4.1-3}$$

式中 $d_f$——结构构件的挠度值；

$d_{f,lim}$——结构构件挠度限值。

幕墙结构应按各效应组合中的最不利组合设计。建筑物转角部位、平面或立面突变部位的构件和连接应作专项验算。

幕墙结构计算模型应与结构的工况相一致。采用弹性方法计算幕墙结构时，先计算各荷载与作用的效应，然后将荷载与作用效应组合。考虑几何非线性影响计算幕墙结构时，应将荷载与作用组合后计算组合荷载与作用的效应。

规则构件可按解析或近似公式计算作用效应。具有复杂边界或荷载的构件，可采用有限元方法计算作用效应。采用有限元方法作结构验算时，应明确计算的边界条件、模型的结构形式、截面特征、材料特性、荷载加载情况等信息。转角部位的幕墙结构应考虑不同方向的风荷载组合。

主体结构应能有效承受幕墙传递的荷载和作用。幕墙结构连接件与主体结构的锚固承载力设计值应大于连接件的实际承载力设计值。幕墙和主体结构的连接应满足幕墙的荷载传递，适应主体结构和幕墙间的相互变形，消减主体结构变形对幕墙体系的影响。异形空间结构及索结构应考虑主体结构和幕墙支撑结构的协同作用，应会同主体结构设计对主体结构和幕墙结构整体计算分析。

（3）计算幕墙构件承载力极限状态时，其作用的组合应符合下列规定：

①无地震作用时，按下式计算：

$$S_d = \gamma_G S_{GK} + \psi_w \gamma_w S_{wk} + \psi_t \gamma_t S_{tk} \tag{2.4.2-1}$$

②有地震作用时，按下式计算：

$$S_d = \gamma_G S_{GK} + \psi_w \gamma_w S_{wk} + \psi_E \gamma_E S_{Ek} \tag{2.4.2-2}$$

式中 $S_d$——作用组合的效应设计值；

$S_{GK}$——永久荷载效应标准值；

$S_{wk}$——风荷载效应标准值；

$S_{Ek}$——地震作用效应标准值；

$S_{tk}$——温度作用效应标准值，对变形不受约束的支撑结构及构件，取0；

$\gamma_G$——永久荷载分项系数；

$\gamma_w$——风荷载分项系数；

$\gamma_E$——地震作用分项系数；

$\gamma_t$——温度作用分项系数；

$\psi_w$——风荷载组合值系数；

$\psi_E$——地震作用组合值系数；

$\psi_t$——温度作用组合值系数。

（4）幕墙构件承载力设计时，荷载作用分项系数按下列规定取值：

①对永久荷载分项系数 $\gamma_G$，当永久荷载的效应对承载力不利时取值1.3；当永久荷载的效应对承载力有利时取值应不大于1.0；

②风荷载、地震作用、温度作用的分项系数 $\gamma_w$、$\gamma_E$、$\gamma_t$分别取1.5、1.3和1.4；

③风荷载效应起控制作用时，风荷载组合值系数 $\psi_w$ 取1.0，温度荷载组合值系数 $\psi_t$取0.6，有地震作用组合时系数 $\psi_E$ 应取0.5；

④温度作用效应起控制作用时，温度作用组合值系数 $\psi_t$取1.0，风荷载组合值系数 $\psi_w$ 取0.6；

⑤永久荷载效应起控制作用时，风荷载组合值系数 $\psi_w$ 和温度作用组合值系数 $\psi_t$ 均取0.6；

⑥地震作用状况时，地震作用的组合值系数 $\psi_E$ 应取1.0，风荷载组合值系数 $\psi_w$取0.2；

⑦考虑设计使用年限不等于50年时，单一作用应乘以相应的作用调整系数。

## 2.5 强度设计值

玻璃的强度设计值应按《玻璃幕墙工程技术规范》（JGJ 102—2003）及《建筑玻璃应用技术规程》（JGJ 113—2015）的规定采用。

金属与石材幕墙的强度设计值应按《金属与石材幕墙工程技术规范》(JGJ 133—2001)的规定采用。人造板材板的强度设计值应按《人造板材幕墙工程技术规范》(JGJ 336—2016)的规定采用。

五金件、连接构件承载力设计值应按其产品标准或产品检测报告提供的承载力标准值除以相应的抗力分项系数($\gamma_R$)或材料性能分项系数($\gamma_f$)确定，如建筑设计无特殊要求，总安全系数$K$取2.0，则$\gamma_R$、$\gamma_f$取1.4。

## 2.6 玻璃面板及连接结构设计

玻璃幕墙设计挠度限值应符合《玻璃幕墙工程技术规范》(JGJ 102)及《建筑玻璃应用技术规程》(JGJ 113)的规定。

玻璃面板应采用安全玻璃，四边支承玻璃在垂直于玻璃幕墙平面的风荷载和地震作用下的最大应力及挠度计算应符合《玻璃幕墙工程技术规范》(JGJ 102)及《建筑玻璃应用技术规程》(JGJ 113)的规定。幕墙中空玻璃的硅酮结构密封胶应能承受外侧面板传递的荷载和作用，有效宽度应符合《玻璃幕墙工程技术规范》(JGJ 102)的规定经计算确定。

在垂直于幕墙平面的风荷载和地震作用下，四点支承玻璃面板应力和挠度计算应符合《玻璃幕墙工程技术规范》(JGJ 102)及《点支式玻璃幕墙工程技术规程》(CECS 127)的规定。非四点支撑的点支撑玻璃面板应力和挠度计算应符合《点支式玻璃幕墙工程技术规程》(CECS 127)的规定，可采用有限单元法分析计算。

隐框或横隐半隐框玻璃面板的承托件应验算强度和挠度。每块面板不少于两个承托件，承托件应同时承接组成面板的所有玻璃，局部受弯、受剪的有效长度不大于其上垫块长度的2倍，必要时可加长承托件和垫块。承托件可用铝合金或不锈钢材料。承托件尚应验算其支撑处的连接强度。隐框幕墙硅酮结构密封胶的粘结宽度和粘结厚度应符合《玻璃幕墙工程技术规范》(JGJ 102)的规定经计算确定。

明框玻璃面板应通过定位承托胶垫将玻璃重量传递给支撑构件。胶垫数量不少于2块，厚度不小于5mm，长度不小于100mm，宽度与玻璃面板厚度相等，满足承载要求。

点支撑装置设计应符合《玻璃幕墙工程技术规范》(JGJ 102)、《点支式玻璃幕墙工程技术规程》(CECS 127)及《建筑玻璃点支承装置》(JG/T 138)的规定。支撑装置应能适应玻璃面板在支承点处的转动变形，其承受玻璃面板所传递的荷载或作用，不应在支撑装置上附加其他设备和重物。

## 2.7 金属面板及其连接设计

金属面板的应力和挠度计算应符合《金属与石材幕墙工程技术规范》(JGJ 133)的规定。金属面板应根据受力需要设置加劲肋。应采用周边折边，沿周边设置固定耳子。面板、加劲肋、固定耳子、连接螺钉尺寸及数量应根据经结构分析计算确定。铝合金型材框架其连接处的局部型材壁厚应不小于连接螺钉的公称直径。金属面板加劲肋宜采用铝合金挤压型材或经表面镀锌处理后的钢型材，铝合金挤压型材壁厚不小于2.5mm，钢型材壁厚不小于2mm，壁厚不小于面板壁厚，加劲肋与面板边缘折边处以及加劲肋纵横交叉处应采用角码可靠连接。

金属面板板缝宽度的设置按结构分析计算确定。注胶式板缝宜不小于10mm，板缝内底部应垫嵌聚乙烯泡沫条填充材料，其直径宜大于板缝宽度20%，硅酮建筑密封胶注胶前应经相容性试验，注胶厚度应不小于3.5mm，且宽度不小于厚度的2倍；嵌条式板缝宜不小于 20mm，可采用金属嵌条或橡胶嵌条等形式，应有防松脱构造措施，胶条拼缝处及十字交叉拼缝处应有粘结材料粘结，防止雨水渗漏；开放式板缝应设置导排水构造。

### 2.8 石材面板及其连接设计

石材面板应选用花岗石，弯曲强度应经法定检测机构检测确定，其弯曲强度不应小于 8.0MPa。面板设计、计算应符合《金属与石材幕墙工程技术规范》（JGJ 133）的规定。石材面板厚度应经面板抗弯及抗剪设计计算确定。磨光面板厚度应不小于 25mm，火烧石板厚度取计算厚度加 3mm；高层建筑及临街建筑，花岗石面板厚度应不小于 30 mm。石材面板应作六面防护处理。面板边缘宜经磨边和倒棱，倒棱宽度宜不小于 2mm。建筑设计水平倒挂外墙、斜幕墙选用石材效果时，应采用仿石铝板。石材面板应有防坠落设计。板块的连接和支撑不应采用钢销、T 形连接件、蝴蝶码和角形倾斜连接件。石材面板采用短槽支承、背栓支撑连接时，应按点支撑板计算。石材面板采用对边通槽连接时，按对边简支板计算，面板跨度为两支撑边之间的距离。

### 2.9 人造板材面板及其连接计算

人造板材面板可选用微晶玻璃、瓷板、陶板、玻璃纤维增强水泥外墙板（GRC 板）等多种材质，按《人造板材幕墙工程技术规范》（JGJ 336）和《玻璃纤维增强水泥（GRC）建筑应用技术标准》（JGJ/T 423）的规定设计。人造板材面板承载力计算应符合《人造板材幕墙工程技术规范》（JGJ 336）的规定。人造板材面板的连接设计应符合《人造板材幕墙工程技术规范》（JGJ 336）的规定，构造上应有防滑移防脱落措施。人造板材面板的板缝设计应符合《人造板材幕墙工程技术规范》（JGJ 336）的规定。

## 3 有关设计使用年限和结构分析方法的建议

3.1 幕墙结构设计使用年限的确定非常重要，应在设计中规定。宜不小于 50 年，不得小于 25 年。

3.2 对于特殊结构幕墙面板及连接，一般的力学分析方法很难真正反映实际，而有限元分析模拟的边界条件也会很大程度地影响计算结果，本文特别希望通过专门的结构试验方法进行模拟，得到一定数量的数据，最终证明贴合实际的特殊幕墙结构计算经验公式，方便广大设计人员使用。

## 4 结语

针对幕墙面板及连接结构设计的几个要素：安全等级、极限状态设计方法、可靠度水平、设计基准期、设计使用年限、支撑结构设计、面板及连接设计等进行分析，本文梳理了其内在本质的逻辑关系，明确了以上几个结构概念，为理清幕墙结构设计思路建立了良好的理论基础。提出主要的观点：幕墙结构设计工作年限应在设计中规定；可以通过结构试验方法来证明计算经验公式。

# 强风压地区挂接式超大板块铝板幕墙设计及加工问题解析

闻　静　陈　猛　刘黎明

北京凌云宏达幕墙工程有限公司　北京　100024

**摘　要**　本文介绍了超大铝板幕墙的深化设计及加工，对四点挂接式超大铝板的安装设计、结构计算及铝板加工进行了设计及分析。

**关键词**　超大铝板；挂接式；铝板背筋；铝板加工

## 1　引言

随着建筑业的不断发展，建筑师为了满足大型公共建筑的视觉效果，体现建筑大气之感，建筑幕墙大分格面板设计开始广泛应用。铝单板外观形状可以多样化且色泽丰富持久，是建筑师常用的建筑材料之一。

目前对于超大铝板幕墙的设计存在两大难点。首先是超大铝板安装难度大，安装速度和精度不好控制；其次是超大铝板面积大，难以保证强度及板面平整度等问题，尤其是在台风多发区，对于超大铝板幕墙的设计及加工提出了更高的要求。

本文是针对厦门英蓝国际金融中心项目的挂接式超大板块铝板幕墙系统在强风压条件下的设计及加工问题进行的解析。

厦门英蓝国际金融中心是厦门市标志性建筑，位于厦门岛的东端海岸线上，展示出拥抱海峡的开放姿态，建筑呈大型门形风格，建筑面积约 30 万 $m^2$；幕墙面积 13 万 $m^2$；单体规模之大国内少有，整体气势恢宏，建筑细节处理上又不失优雅，建成后将成为海峡两岸金融中心的核心坐标。

本项目所在地为福建省厦门市，风压设计年限 50 年，城市基本风压 0.8kN/$m^2$，基本风压几乎是内陆城市的 2 倍，且安装方式为四点挂接。在设计上，铝板幕墙系统不仅满足超强受力要求，还需保证安装的便捷性和可控性。在加工方面，进行设计及深度把控，保证超大铝板板块表面平直度等质量要求，从而保证安装效果，满足验收标准。

## 2　铝板背筋系统设计

本文中的超大铝板板块最大尺寸 4410mm×1355mm，采用四点挂接体系。因为铝板背筋是铝板受力的第一道屏障，其直接承受铝板板面传递的荷载，然后通过四个挂接点将力传递至钢立柱上。因此，铝板背筋系统设计是保证整个系统受力和实现最终效果的关键。

## 2.1 铝板背筋设计原则

铝板背筋的连接方式通常为植钉的方式，此种连接使加强筋与铝板面材之间采用点状固接，且由于人工固定螺母是扭紧力矩的随意性，易造成板面由于点状绷紧产生变形。

本文中超大铝板板块背筋连接设计为硅酮耐候结构胶连接，此种连接使加强筋和铝板面材之间形成线形固接。并且，为保证背筋连接的长效安全性，在结构胶固接的基础上增加了焊钉进行机械连接，作为安全附加措施。

为保证铝板板面的强度、板面平整度及铝板跨中挠度变形及挂接要求，背筋系统根据铝板的受力特点设计为主、次两种，均为闭口型材，具有强度高、易组装等特点（图 1、图 2）。

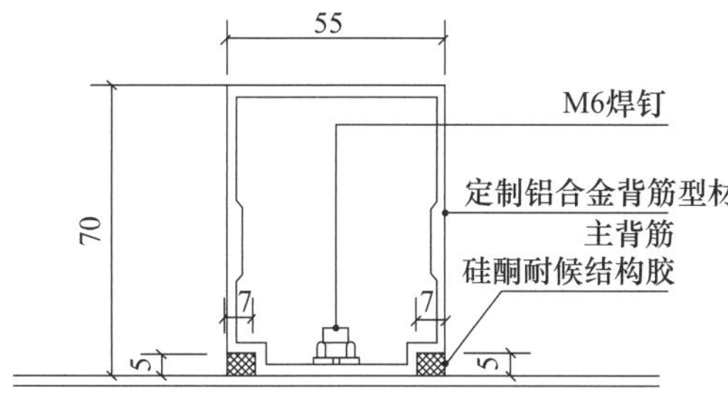


图 1　铝板主背筋标准节点

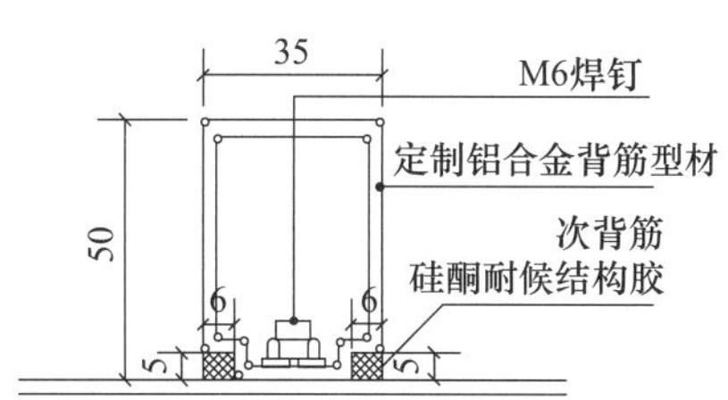


图 2　铝板次背筋标准节点

## 2.2 铝板计算简图

根据上述分析，绘制铝板计算简图，初步确定主次背筋布置尺寸及挂点位置。铝板计算形式为四点支撑，竖向布置两道主背筋，横向布置两道主背筋，其余背筋采用次背筋，待有限元计算分析确定（图 3）。

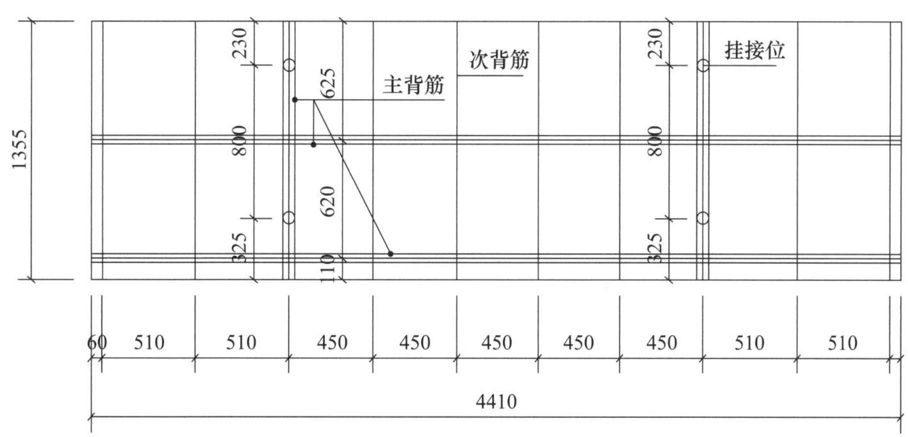


图 3　铝板计算简图

## 2.3 强度计算

根据上述铝板计算简图建模，进行有限元分析，本项目铝板面板材质选用 3003-H14，铝板背筋材质选用 6063-T6（图 4）。

铝板板面强度满足计算要求，如图 4 所示。

铝板背筋强度满足计算要求，如图 5 所示。

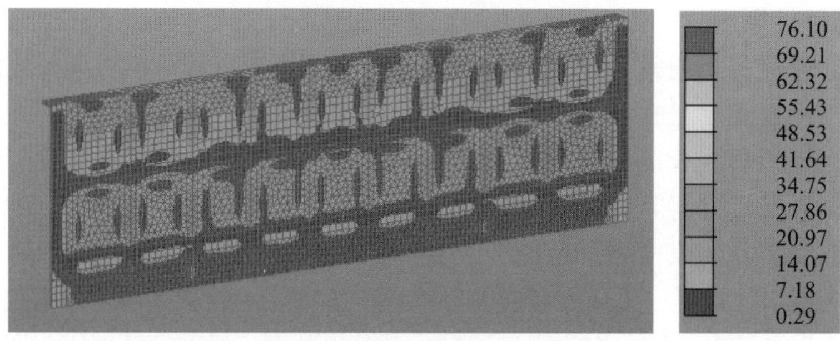


图 4

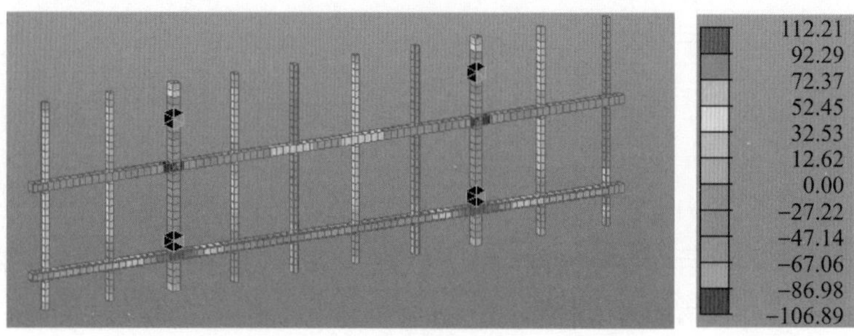


图 5

## 2.4 挠度计算

铝板挠度满足计算要求，如图 6 所示。

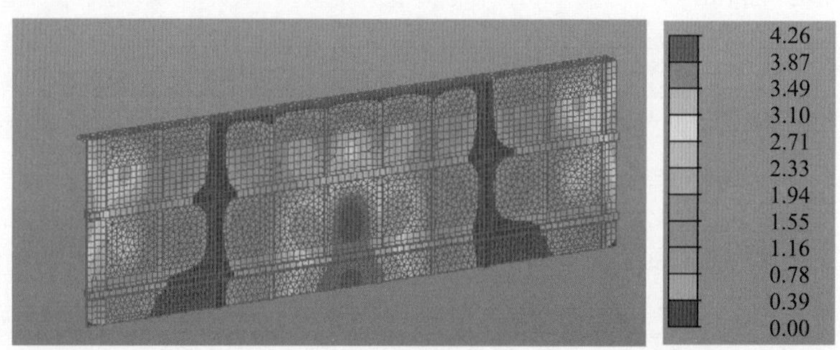


图 6

铝板背筋挠度满足计算要求，如图 7 所示。

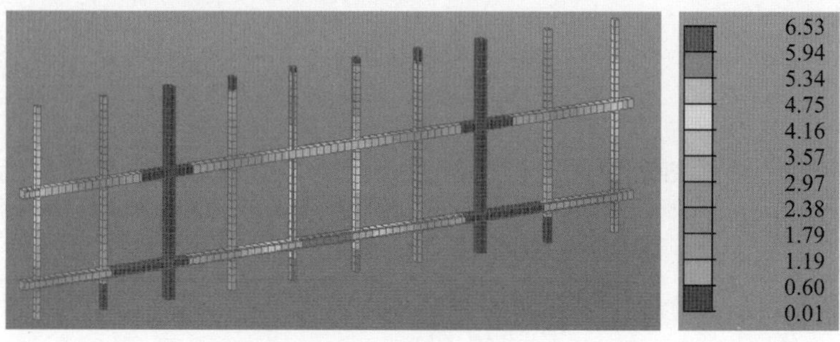


图 7

通过上述计算分析验证了主次背筋布置的方式，在四点挂接下铝板自身的强度和挠度均满足设计要求，且通过软件可求得四点的支座反力，用于计算分析铝板的挂接系统。

## 3 铝板挂接系统设计

原设计方案为 4mm 铝合金连接耳板安装于钢立柱上（图 8），在铝板背筋上安装不锈钢连接挂轴，直接将铝板通过挂轴挂在连接耳板上，此种方式无法安装调节，不能满足铝板的安装精度要求。

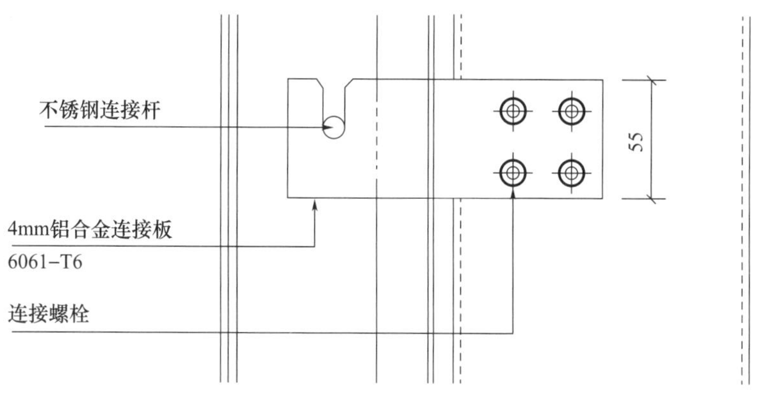


图 8 挂接系统—原方案

通过分析板块规格和安装方式等特点，将大板块铝板幕墙设计为单元体式系统（图 9），铝板挂接系统为三维可调节的铝合金挂接系统（图 10），进出方向和高度方向均为双调节设计，满足铝板加工误差调节，钢龙骨安装误差调节等。通过受力计算确定挂接系统的材质为 6061-T6。

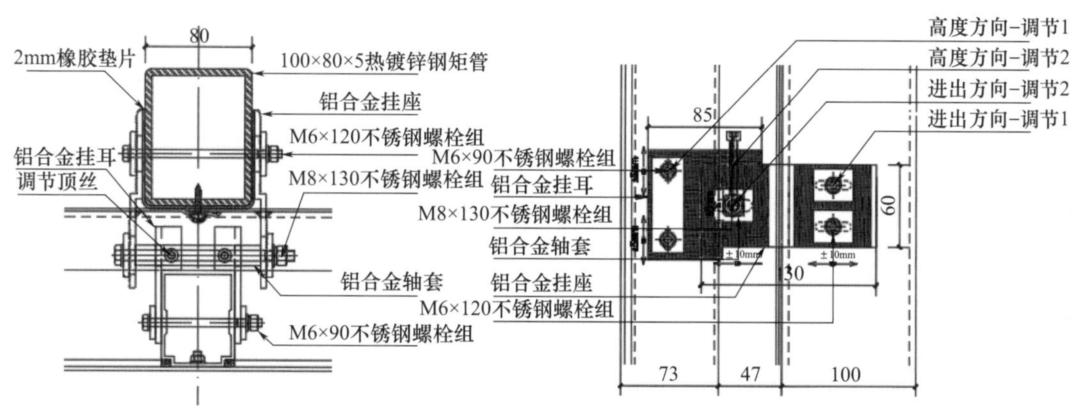


图 9 挂接系统—单元式

由于挂接点在铝板内部，为保证铝板的安装便捷性，将左、右限位设计在铝板两侧边部，即单块铝板吊装安装完毕后，再安装左、右限位装置，调整好尺寸后再进行下一块铝板的安装（图 11）。

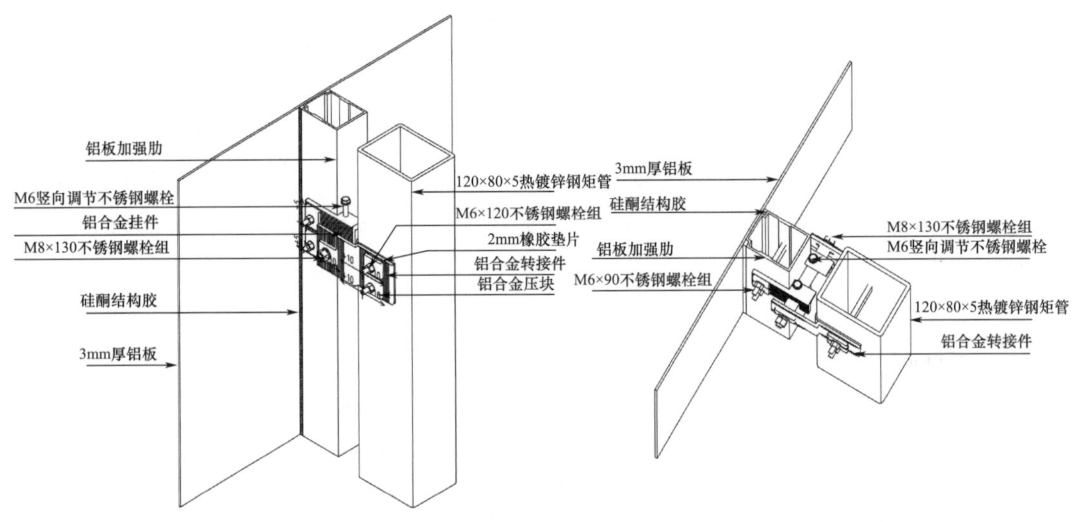


图10　挂接系统—单元式（三维示意）

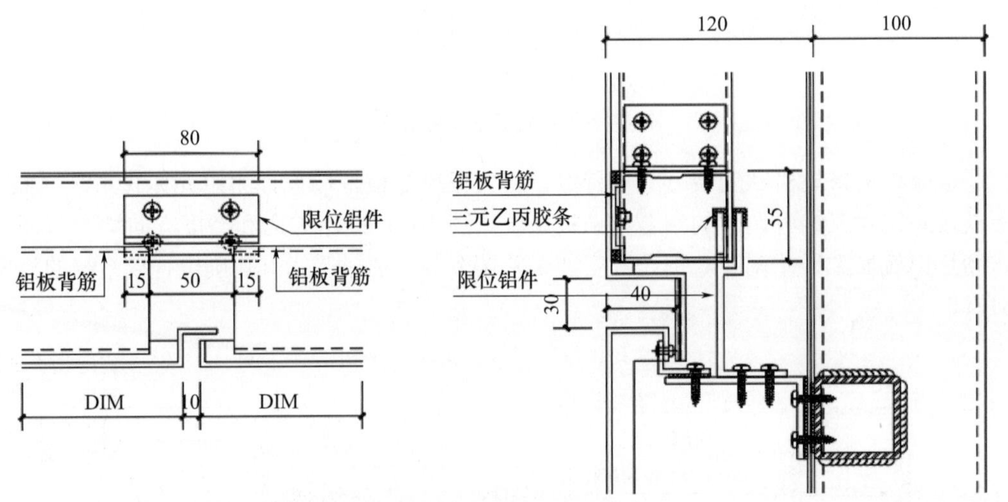


图11　铝板侧边限位节点

## 4　铝板加工设计

为保证超大铝板的背筋系统组装满足设计及平整度等外观要求，在铝板加工中需要对加工过程层层把控，从钣金加工到背筋安装再到植钉、喷涂、结构胶粘结等均进行质量控制。

### 4.1　加工工序要求

主次背筋之间采用角铝及螺钉连接，要求铝板背筋安装时，按照以下工序进行加工（图12）。由于超大铝板加工的特殊性，在加工工序中，设置板面打磨调整平整度和加工厂预拼装等工序，在预拼装工序满足设计要求后，才可进行铝板喷涂。

### 4.2　焊钉技术及质量要求

本项目单层铝板加劲肋的固定采用电栓钉，但在加工时应确保铝板外表面不变形、褪

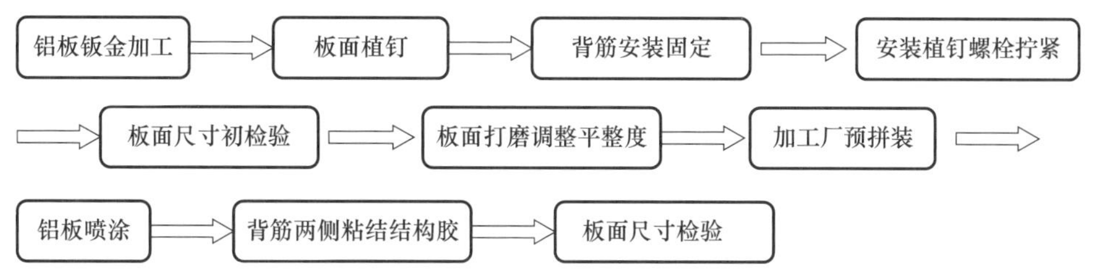


图 12　加工工序

色，固定应牢固。植钉间距 350mm 以内均布。

焊栓质量要求：

(1) 用扳手扳弯到 30°，无裂痕或脱落（图 13）；

(2) 用锤子锤弯到 30°，无裂痕或脱落（图 14）；

(3) 扭力达到 309N，无脱落、断钉（图 15）；

(4) 要求等强度焊接，且拉力≥2000N，并经拉拔测试进行检验（图 16）。

图 13　用扳手扳弯到 30°，无裂痕或脱落

图 14　用锤子锤弯到 30°，无裂痕或脱落

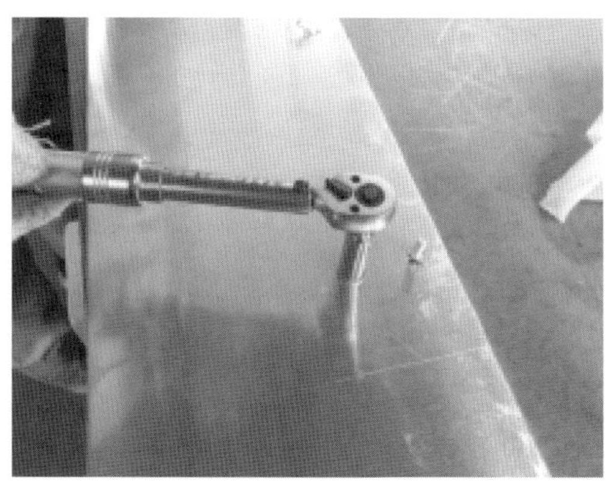

图 15　测试焊钉扭力

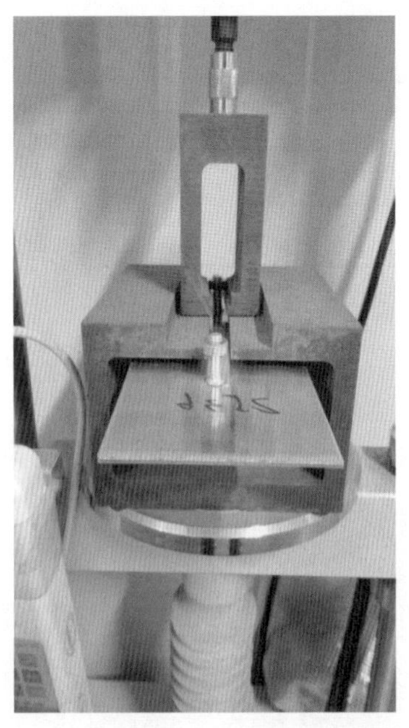

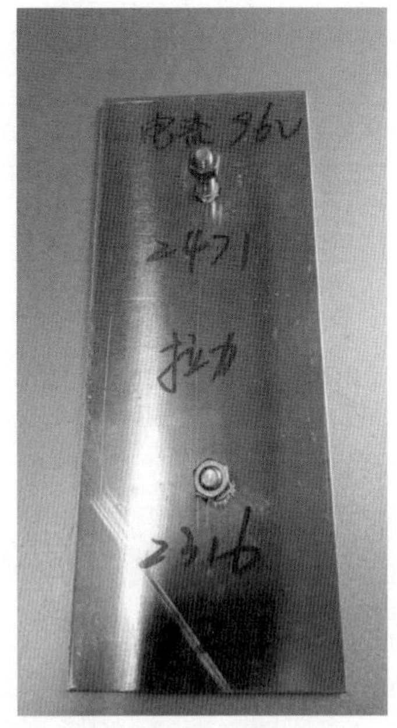


图 16　测试焊钉拉拔力

### 4.3　背筋安装技术及质量要求

在焊钉安装及测试结束后，安装背筋。背筋按照铝板加工图先安装竖向两道主背筋（竖向主背筋通长布置），再安装横向两道主背筋，最后安装次背筋。横、竖背筋交接处采用 $L$40mm×4mm 铝合金角铝固定。角铝两个方向分别安装 4-ST4.8mm×22mm 不锈钢自攻钉与主、次背筋螺接，确保连接部位的牢固。另外，加强筋与铝板折边不适宜进行牢固连接，因为在温度变化下，铝板与加强筋受影响的长度变形量不同，如果两头牢固连接将影响铝板的自由伸缩。加强肋与折边连接得越牢固，越容易对铝板造成损害。因为铝板在喷涂烘烤的高温条件下，极易受重力影响而变形，大板面铝板在烘烤前，应该首先安装好加强肋，而且喷涂后再利用闪光焊接技术固接加强肋，可能会导致板面出现变形痕迹。

综上所述，加强肋安装的正确方式可总结为在铝板喷涂前安装加强肋，加强肋两头不要与折边连接且预留 2mm 左右的伸缩缝（图 17、图 18）。

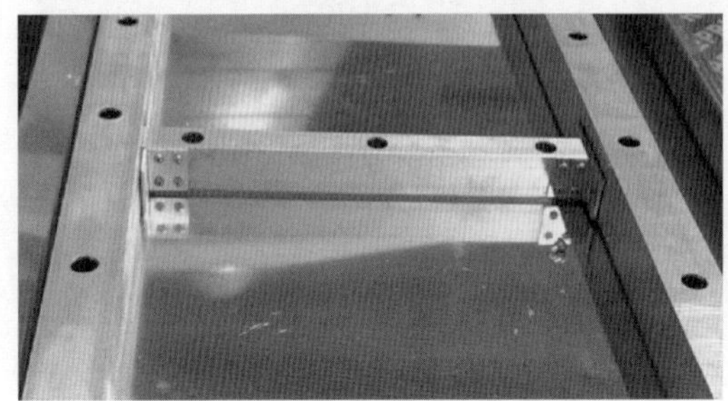

图 17　背筋组框检查

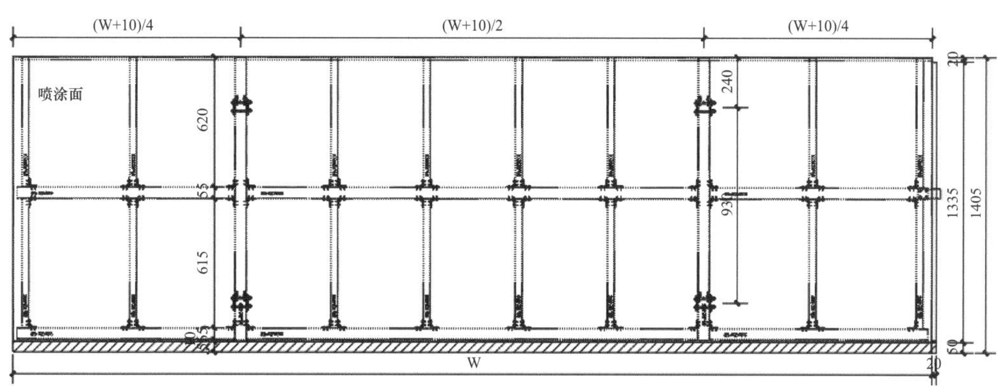


图 18　铝板加工图

## 4.4　板面尺寸初检验技术及质量要求

在全部背筋安装完毕并锁紧后，首先对板面平整度进行检测。我国相关行业规范和标准中关于金属幕墙平整度的内容，如《建筑装饰用铝单板》(GB/T 23443—2009)、《建筑装饰装修工程质量验收标准》(GB 50210—2001) 等，要求幕墙表面平整度≤2mm，采用靠尺或塞尺进行检测。

同时，对基层厚度、长度、宽度、对角线、对边尺寸、折边角度及折边高度等进行检测。并符合《建筑装饰用铝单板》(GB/T 23443—2009) 中 7.3 的要求（图 19)。

图 19　板面平整度检测

## 4.5　预拼装技术及质量要求

铝板在面层喷涂前要进行板块的预拼装，此做法目的在于通过相邻板块的预拼装模拟现场的安装效果。对板面的尺寸及交接部位的角部处理方式进行校核，若出现缝隙过大或者过小，就会存在板面尺寸的偏差，应及时做出调整，为后续现场安装提供便利，避免返工的情况发生（图 20)。

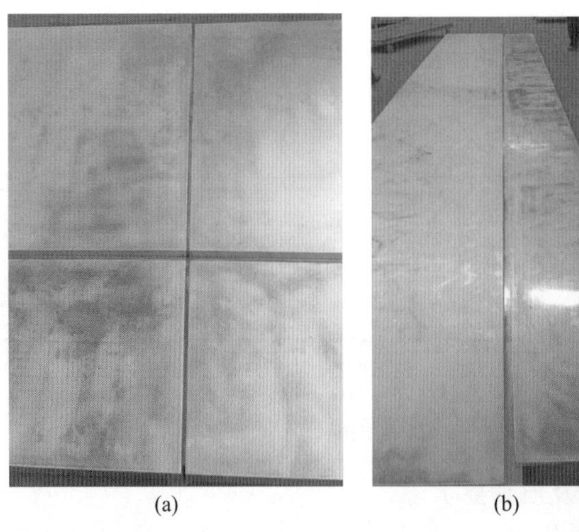

(a) (b)

图20 预拼装检测

## 4.6 铝板喷涂技术及质量要求

铝板表面为PVDF氟碳喷涂处理，采用“三涂两烤”工艺。三遍涂层的厚度≥（40±5）μm，其中面漆层厚度（20～30μm），罩面漆涂层（5～10μm）。平均膜厚42μm，最小局部膜厚39μm。检测依据应符合《建筑装饰用铝单板》（GB/T 23443—2009）及《非磁性基体金属上非导电覆盖层 覆盖层厚度测量 涡流法》（GB/T 4957—2003）要求。

## 4.7 背筋两侧粘结结构胶技术及质量要求

铝板喷涂结束后，对铝板背筋两侧粘结结构胶（此目的在前文中已讲过，不再赘述），要求粘结结构胶之前应清洁注胶部位的材料表面。因结构胶的黏附力依赖于表面的接触，因此，在使用结构胶之前，一定要确保需要黏附的表面干净、干燥、无油污和灰尘。如果表面有残留物，将会影响结构的黏附效果。同时，结构胶的黏附效果也会受到环境的温度和湿度的影响。一般来说，结构胶厂家使用时需要将温度控制在15～30℃，湿度控制在30%～75%。如果温度过低或者湿度过高，结构胶的黏附效果也将受到负面影响。打胶量需要掌握得当，太多或太少都会影响结构胶的黏附效果（图21）。

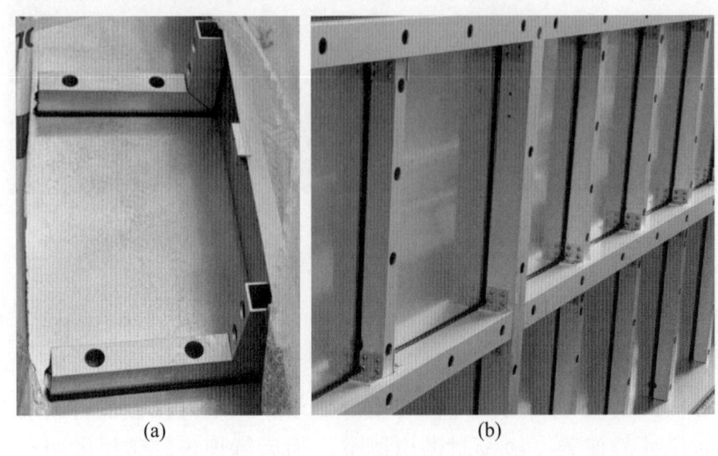

(a) (b)

图21 背筋结构胶粘结完成

### 4.8 铝板出厂前尺寸终检验

铝板各项加工工序均完成后，在出厂前要求对板面尺寸进行最终的检验，技术及质量要求与初检验一致。确保合格后方可发至施工现场。对不符合要求的板进行调整，直至满足各项要求方可离厂（图 22～图 24）。

图 22　出厂检验

图 23　成品板面效果—背面

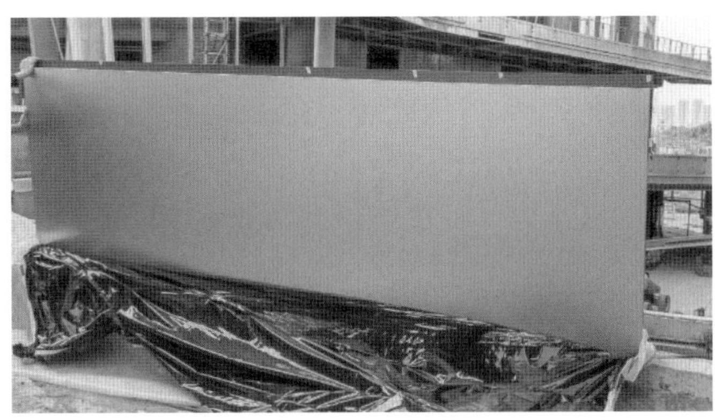

图 24　成品板面效果—正面

通过以上对铝板加工设计控制，铝板的背筋组装及外观效果满足相关规范及项目验收标准。

## 5 结语

随着幕墙的不断发展，建筑形式更加多样化和个性化，所以对于幕墙工程师来说，需要对每个系统的设计及加工精益求精，才可以保证幕墙的最终实现效果。

本文通过对沿海城市强风环境下，大板块的背筋及挂接系统的设计及受力分析，阐述对铝板加工过程中的加工工序及质量把控措施是如何保证超大铝板的加工质量、外观要求及铝板的受力和安装要求，满足设计的最终效果。

本文中所介绍的内容是在设计与施工中的一些经验总结，望与幕墙同仁共同分析与探讨。

### 参考文献

[1] 魏蔚．建筑幕墙大分格铝板平整度控制问题简析[J]．江西建材，2017(19)：80－81.

[2] 中华人民共和国国家质量监督检验检疫总局，中国国家标准化管理委员会．建筑装饰用铝单板：GB/T 23443—2009[S]．北京：中国标准出版社，2009.

[3] 中国石油和化学工业协会．色漆和清漆 不含金属颜料的色漆漆膜的 20°、60°和 85°镜面光泽的测定：GB/T 9754—2007[S]．北京：中国标准出版社，2007.

[4] 国家市场监督管理总局，国家标准化管理委员会．色漆和清漆 划格试验：GB/T 9286—2021[S]．北京：中国标准出版社，2021.

[5] 中国工程建设标准化协会．装配式幕墙工程技术规程：T/CECS 745—2020[J]．北京：中国计划出版社，2020.

### 作者简介

闻静（Wen Jing），女，1981 年 1 月生，工程师，研究方向：建筑幕墙设计与施工；工作单位：北京凌云宏达幕墙工程有限公司；地址：北京市朝阳区金泉时代广场 3 单元 2311、2312 室；邮编：100024；电话：18201099798；E-mail：383386757@qq. com。

陈猛（Chen Meng），男，1983 年 9 月生，工程师，研究方向：建筑幕墙设计与施工；工作单位：北京凌云宏达幕墙工程有限公司；地址：北京市朝阳区金泉时代广场 3 单元 2311、2312 室；邮编：100024；电话：13370148624；E-mail：370475586@qq. com。

刘黎明（Liu Liming），男，1987 年 6 月生，工程师，研究方向：建筑幕墙设计与施工；工作单位：北京凌云宏达幕墙工程有限公司；地址：北京市朝阳区金泉时代广场 3 单元 2311、2312 室；邮编：100024；电话：18611445270；E-mail：18611445270@163. com。

# 浅析特异体型幕墙工程技术优化路径
## ——以横琴国际金融中心裙楼项目为例

张雪冬　李云龙　贺国礼　王玉朔
珠海市晶艺玻璃工程有限公司　广州珠海　519060

**摘　要**　本文以横琴国际金融中心裙楼幕墙工程为例，介绍了特异体型幕墙工程在现场安装前进行技术优化的必要性和技术优化实施路径方法，主要从幕墙系统的安全、工艺和性能三方面的优化工作进行了阐述和总结，希望能对类似的工程相关技术工作者提供有益的借鉴意义。

**关键词**　横琴国际金融中心；特异体型幕墙；安全优化；工艺优化；性能优化；BIM

## 1　珠海横琴国际金融中心工程概况

珠海横琴国际金融中心（IFC）坐落于珠海横琴十字门中央商务区核心位置，是横琴自贸区金融岛标志性工程，336m 高度迄今雄踞粤港澳大湾区三极之一珠江西岸“最高天际线”。项目建筑面积 22 万 $m^2$，由一座集合了办公和公寓的超高层塔楼以及连于一体的地面裙楼组成。

图 1　项目外观

建筑体量生成的灵感则来自我国古典绘画经典南宋陈容《九龙图》中的造型，建筑的外形仿佛四条飞天神龙，交会缠绕融合为一体直冲云霄。复杂多变的建筑造型仿佛神龙在滔天骇浪、变幻风云环境中纵横穿梭，其寓意该地区将汇聚珠海、澳门、香港和深圳（广东）气脉，开天阔地、携手进步。项目外观为流畅飘逸又极富动感的自由曲线和曲面，主体和裙楼浑然一体无缝衔接（图 1）。其中，又以裙楼部位体型变化最为复杂。裙楼商业部分跨越酒店入口处体型凌空 180°旋转，气势雄伟，但也造成裙楼部位幕墙系统多，交界面多。该部位外装饰工程除玻璃幕墙、铝板幕墙、金属吊顶格栅和金属屋面外，还有大量的大截面装饰线条，设计和安装难度极高（图 2）。

图 2 裙楼部位

## 2 珠海横琴国际金融中心裙楼幕墙系统分布

珠海横琴国际金融中心塔楼展现高耸、挺拔、平直的硬朗风格，裙楼则具有回环、柔曲、旋转的气质。项目体型开始展现复杂变化的位置为主楼和裙楼交界处，为了变化又不脱离统一，幕墙效果设计遵循四个原则：材料延续——由玻璃逐渐过度到金属；质感延续——由通透和轻盈逐渐过渡到厚重和闪亮；界面延续——所有直面到曲面的变化自然流畅平滑；线条延续——所有装饰线条和缝隙从曲入直，相贯到底。基于以上设计思路，塔楼和裙楼在技术路线上分道扬镳——塔楼使用了统一的工业化属性较强的单元式幕墙，裙楼则变成了多种幕墙技术大荟萃的试验场（图 3）。

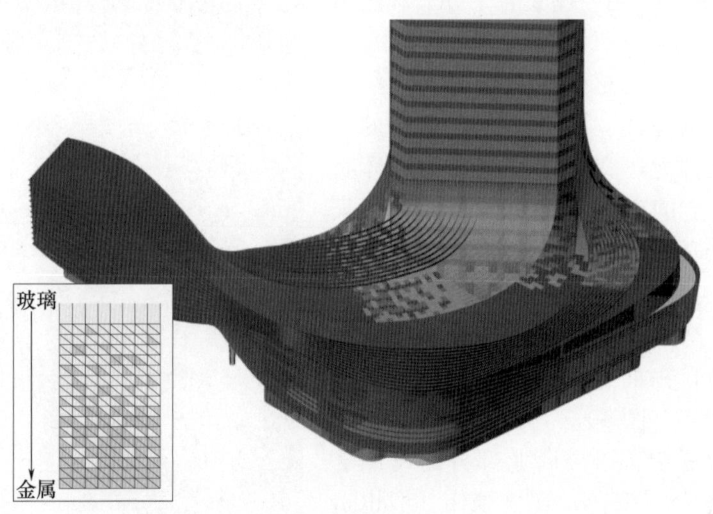


图 3 材质转换，虚实相间展现“龙鳞”般的肌理效果

珠海横琴国际金融中心共 15 个幕墙系统，其中 13 个在裙楼位置。该裙楼幕墙系统包括：首层 EWS 4 系统大堂为隐框玻璃幕墙；EWS 10、12 系统为隐框玻璃幕墙；EWS 11 系统为开放式铝板幕墙；三层 EWS 7 系统为钢龙骨竖明横隐玻璃幕墙；四至八层室内中庭

EWS 16 系统为竖明横隐玻璃幕墙；贯穿全部裙楼的 EWS 3/5/8 系统为钢龙骨特异板块规格结合装饰线条的玻璃（含采光顶）、铝板幕墙；贯穿全部裙楼的 EWS 6/9 系统为分离式金属屋面；EWS 13 系统为开放式铜板幕墙和夹板式结构幕墙；EWS 14 系统为铝百叶吊顶幕墙。另外，还有下沉广场玻璃、铝板幕墙、各层间玻璃栏杆等、玻璃地弹门、旋转门、铝板门、格栅门等，各类幕墙系统总面积约 3.5 万 $m^2$（图 4）。

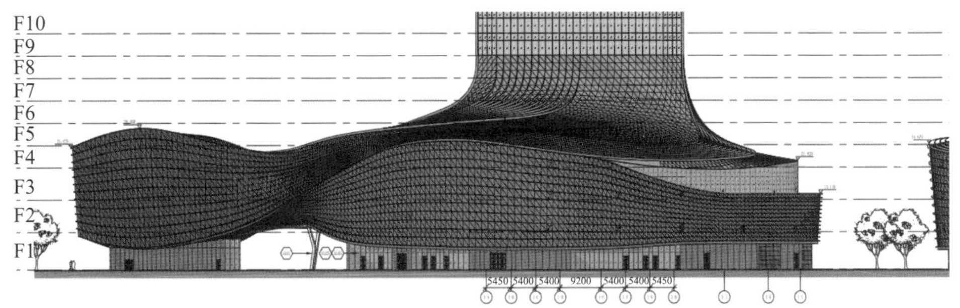


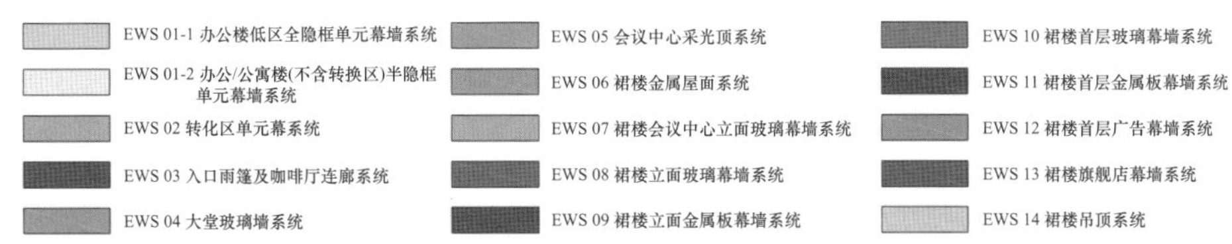


图 4 裙楼幕墙系统分布

裙楼幕墙中自由曲面表皮的拟合是通过 EWS 3/5/8/6/9 系统中尺寸完全无规则的三角板材拼接实现的；裙楼幕墙中装饰线条的扭转和延续也是通过 EWS 3/5/8/6/9 系统上的百叶连接技术实现的；裙楼幕墙从玻璃到金属板之间龙鳞般的渐变和转换是在 EWS 5 系统（采光顶）上完成的；EWS 6/9 系统在大弧度扭转曲面上使用分离式屋面系统。以上技术特点构成了珠海横琴国际金融中心幕墙工程从概念设计到实施落地的重点技术瓶颈（图 5）。

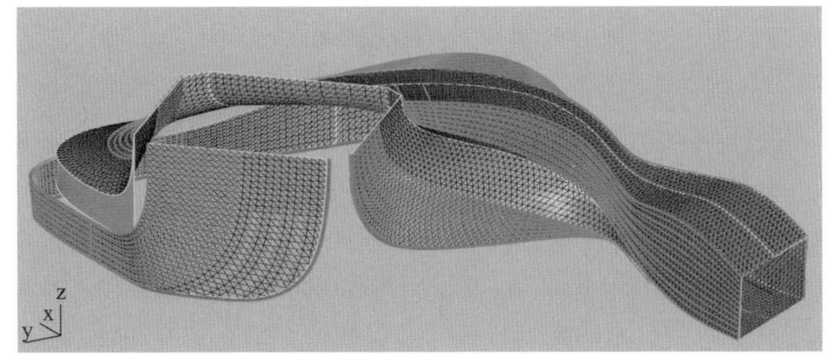


图 5 平面和直线转变为复杂扭曲面和空间扭曲线

## 3 技术优化路径

珠海横琴国际金融中心幕墙工程 2016 年初开始启动，招标时顾问公司对于每个系统仅提供了标准节点构造图。承建方以建筑设计理念为指导原则，在顾问招标图的基础上展开了技术攻关和设计优化之路，从BIM软件进行建筑表皮有理化分析（BIM反向验证）、节点系统优化、收边收口深化设计、样板制作、工程实施到最终技术总结全过程，几乎历经了一个类似工业产品研发研制的全过程。通过细致的研究，兼顾幕墙的安全性、经济型乃至安装工艺的可行性等因素，技术团队从EWS 3系统到EWS 15系统每一个系统都进行了优化和改进，本文重点介绍幕墙节点的系统优化部分内容。

### 3.1 安全优化

以EWS 3/5/8系统为例。该系统钢龙骨框架式隐框幕墙系统，10 ＋12A＋8 ＋1.52PVB＋8 Low-E中空钢化夹胶玻璃，钢立柱截面控制尺寸200mm×100mm；幕墙分格为三角形，分格尺寸1500～2100mm；幕墙最大跨度约5000mm。这三个系统贯穿裙楼楼体的自由曲面位置，既是立面幕墙也包含屋面采光顶，同时邻近城市道路、建筑主入口和室内大厅等人流量较大的位置，有玻璃坠落伤人的安全隐患。但本项目招标图成图在2015年以前，对隐框幕墙相关风险问题未做充分的考虑。

优化方案：增加机械压块提高幕墙整体安全性能。首先在玻璃十字缝处增加圆形铝合金压块，压块作为机械压接方式为玻璃的固定和耐久性提供了保障。其次，利用外装饰条的连接构造，增加铝合金短肢角码，进一步强化了这种保障（图6）。

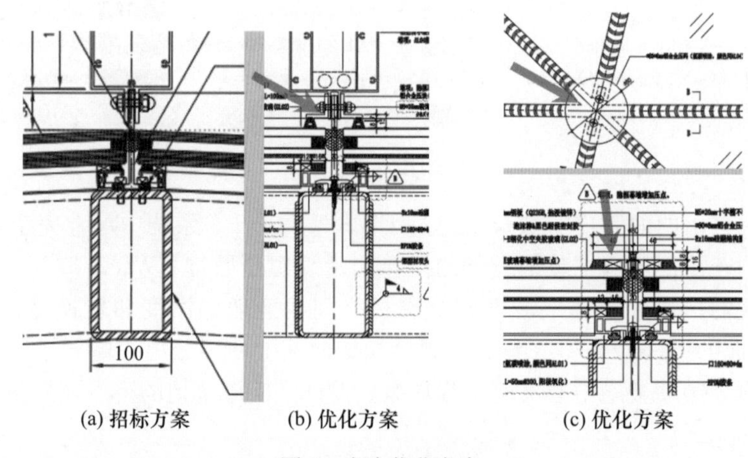


图6 安全优化方案

### 3.2 工艺优化

以EWS 3/5/8/6/9系统上的450装饰线条为例。该项目从裙楼端部到主楼塔冠设置了450mm和80mm两种尺度的装饰线条，用来强化建筑外立面线条的连贯性。其中，高450mm线条如何沿建筑表皮完成大弧度的弯曲和扭转、如何连接可靠并且安装精准、如何均匀消化型材对接位置的偏差等是本项目构造优化方面一系列重难点。因为复杂的扭曲变化，无法实现业主和建筑师提出的把型材拉弯的设想。于是，技术问题的焦点就放在如何进行安装角度调节和如何消化型材对接位置的必然偏差上。

原设计方案是通过短肢钢板栓接150mm型材，再卡接300mm型材。这种连接方式三个问题：一是型材扭曲时的旋转点位于短肢钢板附近，型材对接时，最大偏差位置在型材的最外端；二是不能调整型材偏转角度；三是型材角度偏转依次通过钢板到150mm型材再到300mm型材完成，钢龙骨上的施工偏差会通过上述三个依次连接的构件逐步累积到最大，最后型材最外端的精度很难控制。

优化方案：通过 BIM 反向验证、结合装饰线条长度要素及视觉效果要求，确定型材对接位置（最大）错位尺寸具体数值（该过程中要通过 BIM 软件反复比对不同的型材长度下型材对接状态，找到外观视觉效果和成本之间的平衡点）。保留 300mm，把 150mm 型材分成左、右相对的两个盖板。在装饰线条中心部位增加了一对可以进行角度调节的公、母料组件，两个零件形成类似抱箍的连接装置，直接对 300mm 型材进行角度调节。调节装置以最直接的方式对型材最外端进行偏差控制。而且由于旋转点设在装饰线条中部位置，与原方案相比，同样的旋转角度在型材断面末端造型的尺寸偏差却小了 45%，拼接后外观效果更加顺滑美观。同时，连接也更稳定可靠，安装效率也有提升。

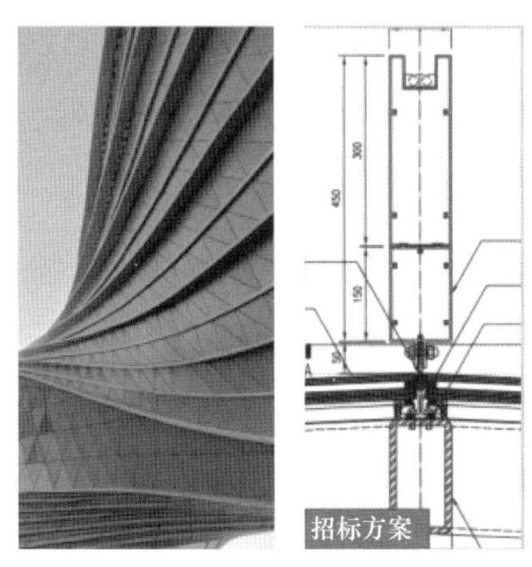


图 7　招标方案

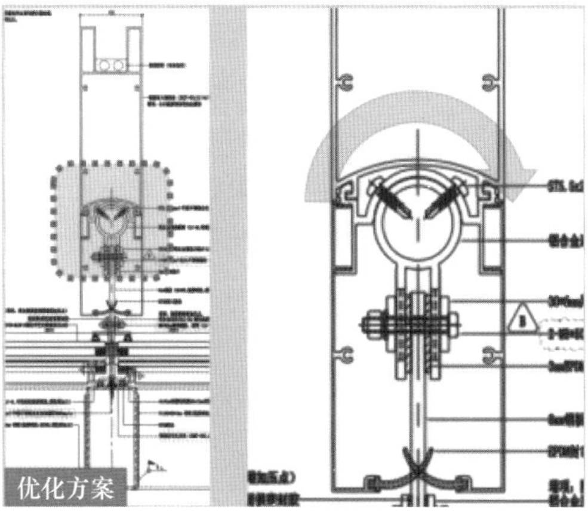

图 8　优化方案

## 3.3　性能优化

以 EWS 6/9 金属屋面系统为例。该系统使用功能层（防水层）与装饰层（面材装饰铝板）相分离的分离式屋面系统概念，这个基本思路是正确的。但原设计从下往上暴露有三个适应性问题（图 9），导致该方案本质上无法实施。

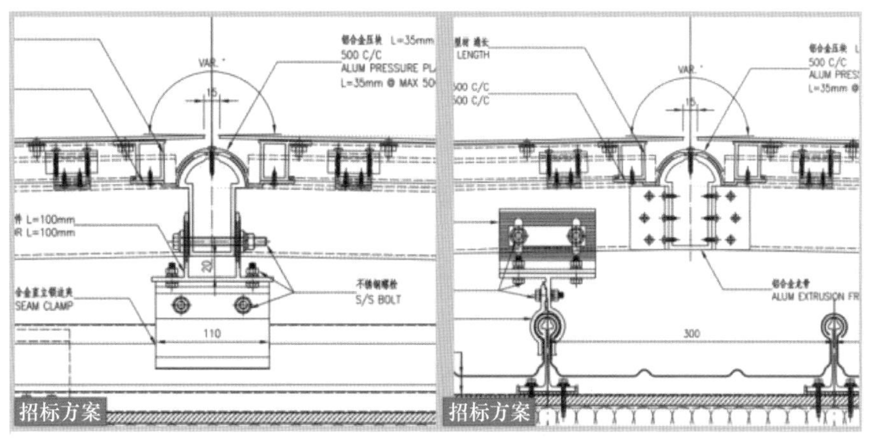


图 9　EWS 6/9 金属屋面系统原设计方案

首先，防水板立边和面材龙骨走向适应性问题。防水板作为功能层其走向遵循沿建筑表皮与地面产生最大夹角（排水最有利）方向原则，而面板龙骨走向遵循美学原则。所以实际项目中不会出现原方案防水板立边和面材龙骨正交 90°那样理想的工况，真实的夹角变化范围是 90°～0°之间的一个任意值。

其次，三个方向面板龙骨之间的适应性问题。同上原理，面板龙骨从六个方向汇聚于一点，每两根龙骨间角度也是一个变量，不可能用常规角码来连接。

最后，面板和龙骨适应性问题。原方案装饰铝板侧边设置通常的型材与配套的型材龙骨搭接，然后用专用压板固定，搭接位置是弧形，应该是考虑到板面需要角度变化的问题。但通常型材之间的“面”连接，需要精准的加工工艺配合才能实现。而本项目所有的三角形装饰板面，每一块都是一个特定规格。龙骨的现场安装偏差，以及板面的加工难度都决定了这种高标准、高要求的双向配合度是实现不了的。

上述三个问题，每一个都对项目的安装造成无法逾越的障碍，且三个问题互相关联，逐一突破并无意义，于是技术团队抛开原方案的基本概念，另辟蹊径进行系统性的整体技术优化。

（1）针对防水板立边和面材龙骨走向适应性问题：创新地使用桥式转接组件从结构和构造两方面进行优化。桥式组件由两组或四组夹具结合一个铝合金横梁形成了一个类似凳子的转换平台，通过这个平台，之上的面板龙骨可以不受平面内角度约束的连接和固定。这种桥式组件另一个优点在于该原方案中单夹具固定方式为 2～4 个夹具协同受力的“集束”效应，从而使屋面装饰层的抗风掀性能更可靠（图 10）。

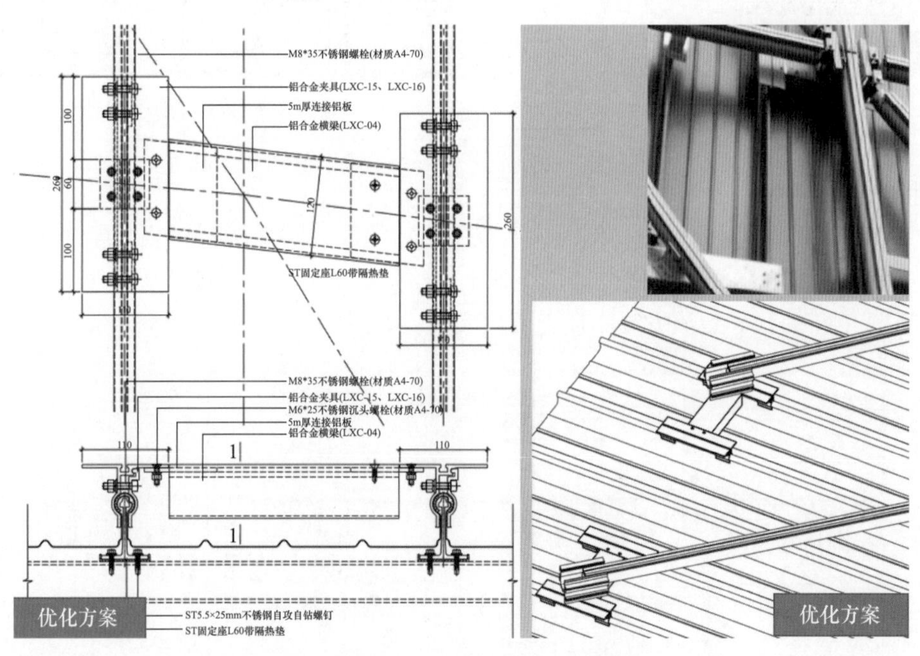


图 10　优化方案桥式转接组件示意

（2）针对三个方向面板龙骨之间的适应性问题：创新地使用槽式主、次檩条转接组件，这套组件由一主两次 3 个槽式型材、一套抱箍、四套附带转轴的滑块、四套插芯等几十个部件组成。现场只要提供杆件交点坐标，就可以快速实现各个杆件的对位调节和固定工作，安装快捷，对位精准（图 11）。

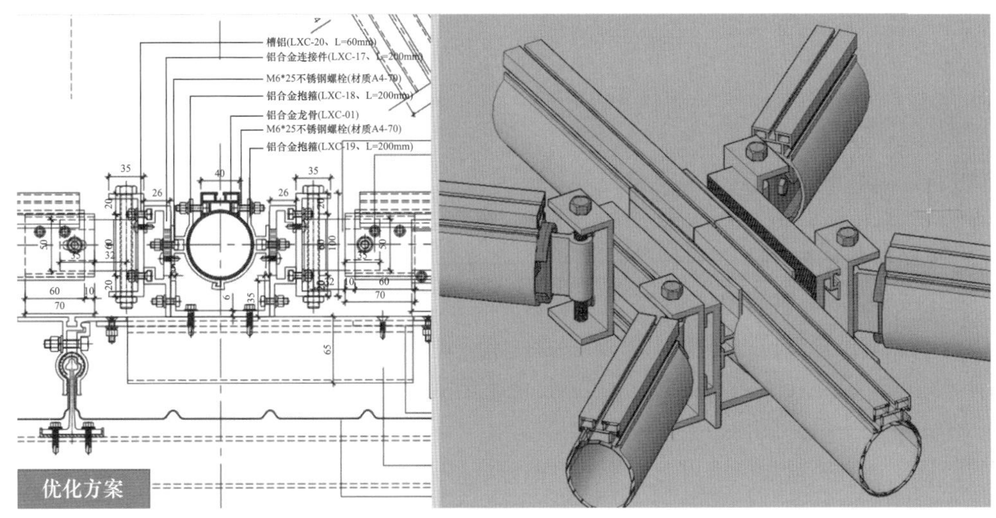


图 11　槽式主、次檩条转接组件系统示意

（3）针对面板和龙骨适应性问题：该线、面连接为“点”连接，并设置多维可调节的转接角码。降低复杂规格板材加工精度要求，同时适应面板的角度变化（图 12）。

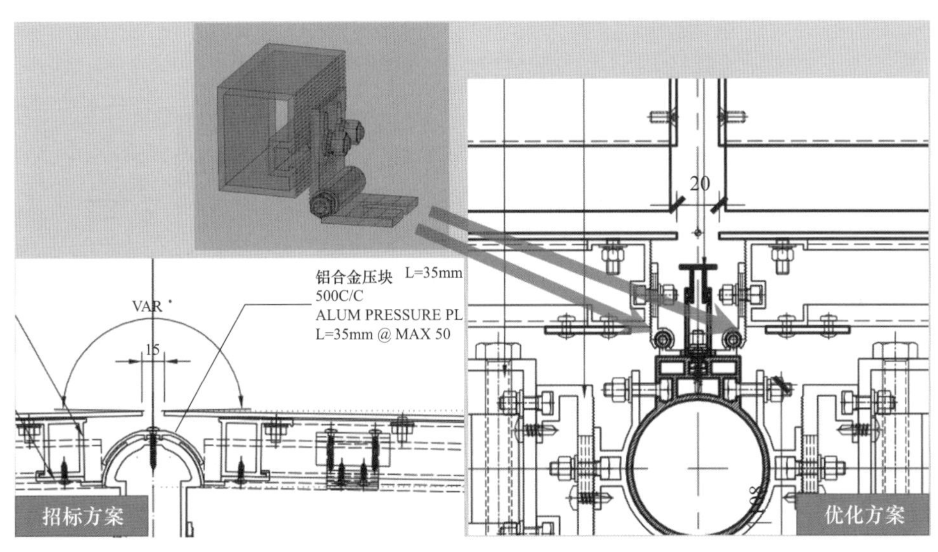


图 12　多维可调节的转接角码示意

以上分析了本项目三个比较典型的优化路径，此外还有旨在保证金属板平整度（EWS11 系统改自攻钉固定为挂接）的连接节点优化、提升滨海项目防腐性能（EWS14 吊顶格栅系统镀锌钢改为铝和不锈钢）的材质优化及大量的基于成本考虑方面的优化等，限于篇幅，不再一一赘述。

## 4　关于技术优化一些总结和思考

### 4.1　设计先行和设计全控

特异体型幕墙工程系统种类繁多，收边收口工作量大，又存在大量需要进行技术攻关问题，设计研发工作投入需要很大，项目管理及决策人员要对此有充分的思想准备。横琴国际金融中心裙楼幕墙项目前期的技术研发、方案优化设计共耗时约8个月，难度较大，且前期顾问方的方案不够深入，甚至在基本思路上存在问题，因此，要完善并认真细化施工图设计。设计团队要对每种类型的每一个系统、每一个收边收口，反复斟酌并完成图纸的准确表达。该类项目设计人员（包括BIM人员）在项目现场实施全过程都需要参与支持——即施工过程需要设计先导和设计全控。

## 4.2 实体样板和检测

对于研发属性较强的设计工作，实体样板是验证设计成果可实施性的最科学的手段。横琴国际金融中心裙楼幕墙施工样板要求安装在现场。项目要求观察样板通过后，才能根据进度安排材料等采购。最终在13个系统中选定了6个体型变化最为复杂部位的系统（EWS 3/5/8/6/9/14，立面幕墙、采光顶和吊顶格栅等），组合成了4个视觉样板。4个视觉样板耗时73d，样板安装完后，各方按验收标准进行检查，检查分格尺寸是否与设计图纸相符；连接是否安全可靠，是否符合设计要求；操作步骤是否正确；板块整体安装是否合格等（图13）。

图13 现场视觉样板完成后的照片

除了视觉样板对安装工艺和效果做验证外，幕墙的性能检测也是技术优化成果的重要步骤。由于横琴国际金融中心大厦工程项目地处台风频现的珠海市（项目本身临海且体型复杂），裙楼的EWS-09系统构造为内侧直立锁边金属板、外侧金属铝板的双层幕墙，外侧金属铝板通过夹具跟内侧直立锁边肋连接，通过连接夹具和直立锁边之间的紧固摩擦力固定外侧金属铝板，考虑到此连接非机械连接，为了验证连接位置可靠性，项目各方组织现场静载试验，通过对试验中两次加载后破坏原因分析，得出对竖向龙骨长度＞1000mm的分格通过增加支座点分担支座荷载的结论，也验证了技术优化时提出的桥式连接组件的可靠性（图14）。

## 4.3 关于BIM应用的一些看法和误解

对于特型、异形自由曲面表皮幕墙工程来说，因为建筑表皮往往是复杂不可数学解析的曲面，导致所涉及的相关建筑构件基本上是不易归纳的非标尺寸构件。而几何信息作为建设工程的基础信息，其信息量放大意味着其他如物理信息和规则信息等关联信息均指数级放大。因此，特型、异形自由曲面表皮幕墙工程必须通过以信息处理为基础的BIM技术之路来实现。

特型、异形自由曲面表皮幕墙工程BIM技术的首要工作是项目表皮有理化分析。有理化分析的目的是将虚拟的数字模型转化为一组信息集合，这组信息集合所表达的幕墙装饰构第一次试验：

参加单位：华发城运集团，中建三局，监理单位，珠海晶艺玻璃工程有限公司。

试验时间：2019-04-07

试验经过：

根据珠海市晶艺玻璃工程有限公司提供的拉拔荷载，现场用增加配重通过定滑轮转变荷载方向模拟试验，荷载取值情况如下：

| 第一次试验荷载值 | | |
|---|---|---|
| 荷载选取原则 | 水平最大荷载 | 竖直最大荷载 |
| 单独选取大装饰条不利分格，理论计算支座反力 | 12.4kN | 4.8kN |

第二次试验：

参加单位：华发城运集团，中建三局，监理单位，珠海晶艺玻璃工程有限公司。

试验时间：2019-04-09

试验经过：

根据第一次试验中试验结果及问题解决方案，整体建模进行荷载提取，现场用增加配重通过定滑轮转变荷载方向模拟试验，荷载取值情况如下：

| 第二次试验荷载值 | | |
|---|---|---|
| 荷载选取原则 | 水平最大荷载 | 竖直最大荷载 |
| 整体建模，提取支座荷载 | 13.9kN | 1.8kN |

图 14　金属板块安装支撑装置静载试验

件产品必须满足现有生成加工技术和项目既定的经济条件（图 15）。

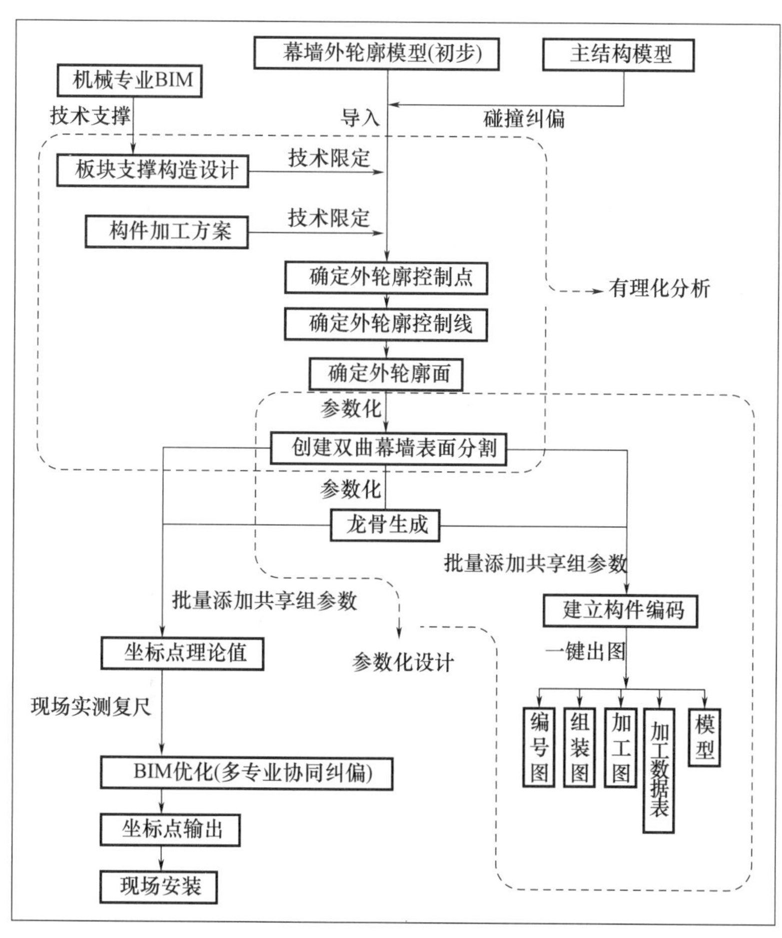


图 15　IFC 项目幕墙专业 BIM 模型实施路线（张雪冬）

BIM 参数化下料解决的是效率和出错率的问题，不是为了“偷工减料”。BIM 模型中的几何信息与结构计算软件的信息交互方式能提高部分结构构件的“使用效率”，从而产生成本优化。实质上，BIM 推进了项目管理的规范化和严密性，从而更不易产生传统意义上的偷工减料行为。但也有些技术人员认为，BIM 导致项目材料规格和用量“透明化”（包括人工），不利于幕墙公司在项目前期为项目投标到“合理”利润。还有人认为 BIM 的可视化优势会导致某些外行领导把主观的、非专业性的意见实时带入到专业工作中从而影响新项目推进。我们认为这些都是技术手段推广过程中不可避免的非技术性障碍。随着建设市场的逐渐规范，那些因恶性竞争衍生的不良潜规则会逐步消失，总体上来说 BIM 的模拟功能和强大的信息分析能力会更有助于我们快速准确地做出专业性决策。

有些技术管理人员喜欢盲目增加模型信息量，这也是个误区。在 BIM 信息管理平台上无关信息即为干扰。保证模型的轻量化，即保证信息的有效性和关联性，才是信息模型的应用规则。

## 5 结语

IFC 裙楼幕墙工程历经 14 个月工期，严格遵照优化后的设计方案和 BIM 技术路线进行设计和施工管理，极大地提升了项目实施效率，实现了设计构想并保证了安装质量。项目在施工过程中和完工以后经历了“天鸽”和“天竺”两个超强台风的检验。该项目获得 2021 年省级和国家级优秀装饰工程奖和年度最喜爱幕墙工程奖等荣誉。

国内幕墙技术经过 30 多年的发展日趋成熟。随着人们精神文化素质的不断提升，现代建筑把建筑作为艺术属性的意义进一步确认，建筑师在建筑表面技术效果的要求上表现欲更强，未来必将出现更多的自由曲面表皮的工程案例。项目的策划者和技术人员要明白特异自由曲面项目不仅是每一个技术点的创新和突破，更是多个技术点之间的关联性、技术体系的集成性和技术实践过程的连贯性验证。特异体型/自由曲面幕墙项目技术工作一定要遵循研发、加工、设计、安装“四位一体”的体系化思维方式推进。技术人员要清醒地认识到，对于自由曲面这种具有艺术和工业化双重属性的工程项目来说，不能抛开经济条件和技术基础去盲目追求。工程领域没有完美的艺术效果，只有高完成度的工业产品。

# “幕墙与建筑同寿”的技术要点解析

牟永来[1]　李书健[2]
1 上海建工装饰集团　上海　200436
2 华东建筑设计研究院　上海　200011

**摘　要**　幕墙 25 年的设计使用年限远远低于建筑使用年限 50 年的要求。目前有大量建筑幕墙在没有达到 25 年寿命的情况下进行了改造升级。幕墙的拆改会造成资源的浪费和环境的污染，提高幕墙的使用年限是响应国家节能环保要求的有效措施。幕墙作为建筑的表皮，是集装饰、保温、防水、通风等功能于一体的综合系统，提高幕墙的使用年限需要综合考虑以上因素，在建筑设计阶段，针对幕墙美观性、防水性、热工性能、防火性能、安全性等进行提升。

**关键词**　幕墙；耐久性；年限

**Abstract**　The design service life of curtain walls for 25 years is much lower than that of buildings for 50 years, and currently, a large number of building curtain walls have been renovated and upgraded without reaching their 25 year lifespan. The dismantling and renovation of curtain walls can cause waste of resources and environmental pollution. Improving the service life of curtain walls is an effective measure in response to national energy-saving and environmental protection requirements. As the skin of a building, curtain walls are a comprehensive system that integrates functions such as decoration, insulation, waterproofing, and ventilation. To increase the service life of curtain walls, the above factors need to be comprehensively considered. In the architectural design stage, curtain wall performance should be improved in terms of aesthetics, waterproofing, thermal performance, fire resistance, and safety.

**Keywords**　prefabricated; curtain wall; standardized

## 1　引言

幕墙作为现代化的建筑表皮系统。从 20 世纪 80 年代开始在我国出现，经过 90 年代的技术积累期，最终在 21 世纪初迎来大爆发，经过 21 世纪蓬勃发展的 20 年，我国目前已经拥有了世界上最大的幕墙存量项目。当我们去观察这些幕墙项目时，并没有看到类似之前老建筑那种通过时间的积累赋予建筑本身的历史美感，看到的反而是纯粹的破败。这种破败感会让业主及建筑师在建筑改造升级的时候选择直接拆除老的幕墙表皮。反观一些民国建筑，建筑的表皮是整个建筑的灵魂，为了保留老的建筑外观，不惜投入巨额资金，将建筑内部全部拆除，实现“老瓶装新酒”的效果（图 1）。

图1　上海苏州河边老建筑改造

## 2　影响幕墙使用年限的因素

### 2.1　幕墙表皮材料的不耐久、不耐磨

作为民国建筑代表的砖石，有一个共同点，就是内外一致，可磨损。石材作为天然材料，虽然在岁月的侵蚀下，表面会逐步脱落，但是石材本身内外一致，石材表面没有所谓的一次性的面层，磨损后的石材与原来的效果一致，甚至能通过岁月的磨损产生古朴自然的视觉效果。红砖作为黏土烧制而成的建材，同样具有可磨损，内外一致的特性。

目前幕墙面板材料主要是玻璃、铝板、石材、型材等。玻璃本身耐久性是没有问题的，为了保证整体的热工效果，玻璃需要进行多道的加工，包括镀膜、夹胶、中空处理等。因为夹胶片、中空合片胶等柔性粘接及密封材料的年限限制，会造成玻璃在超过使用年限之后出现中空层进水汽、夹胶片起泡等缺陷。同时，对于早期的幕墙建筑，采用单片玻璃加阳光控制膜的组合方式，阳光控制膜设置在室内，在人接触的部位，阳光控制膜会被划伤，造成整个玻璃效果破坏。铝合金型材也会因为磨损出现破坏（图2、图3）。

图2　南京某项目玻璃划痕

图3　南京某项目型材磨损

铝板本身是银白色，通常会进行氟碳喷涂或粉末喷涂的处理。以氟碳喷涂为例，其平均厚度为 $40\mu m$，长时间地使用会造成表面氟碳漆的磨损、起泡、变色、变脏等，影响建筑的整体效果（图4）。

图 4　铝板的磨损、起泡、变脏

石材本身为天然材料，相比玻璃和铝板，耐久性要好很多。目前影响石材品质的主要是石材因为表面防护处理不到位造成的表面被胶及灰等污染（图 5）。

图 5　石材泛碱、变脏

## 2.2　幕墙设计缺少美感

幕墙作为建筑的表皮，是建筑的衣服，除了基本属性，美感是最重要的因素。在 21 世纪初，幕墙高速发展的阶段，大部分项目都是建筑图招标，施工单位各自出图，根据自己的图纸报价。最终形成的幕墙图纸更偏向于价格便宜和好施工。做法千篇一律，细节不够，缺少美感（图 6）。在 2010 年之前的大部分项目都是类似的情态。随着专业幕墙顾问的兴起，幕墙设计才进入了先设计再施工的相对合理的状态。顾问对业主和建筑师负责，形成了制约施工单位的重要因素，使项目品质有了保障。

图 6　缺少美感的幕墙设计

## 2.3　幕墙功能性问题

幕墙最主要的功能是采光和通风，以通风为例，传统的通风是通过开启扇实现的。一些老建筑的开启扇会出现各种问题，如执手脱落，五金件脱落，无法完全闭合，开启和关闭很费力等。开启扇是需要经常使用的幕墙产品，设计和施工都有可能造成以上问题。如苏州某项目，在设计之初，东、西立面采用了平推窗，南、北立面采用了上悬窗。为了保证一体化的建筑立面效果，采用了超大开启扇，开启扇面积超过了 $3m^2$。目前平开窗存在关闭后无法锁死的情况。平推窗因为开启执手设置在开启扇的下口，开启和关闭的时候力无法传递到上半个窗户，会出现打开的时候只有下半部分被推出去了，关闭的时候也只有下半部分被拉回来了，无法正常打开和关闭。开启扇虽然在整个立面上占的比例很小，但是因为经常使用，是人能够和幕墙交互的为数不多的系统，开启扇不好用，会对整个幕墙系统的使用造成很大困扰（图 7、图 8）。

图 7　开启扇执手脱落

图 8　超大平推窗无法关闭

漏水问题也是很多幕墙项目在后期要面对的问题，设计缺陷，胶条及密封胶的老化等，都是后期可能出现漏水的重要因素。硅酮密封胶是以聚二甲基硅氧烷为主要原料，辅以交联剂、填料、增塑剂、偶联剂、催化剂在真空状态下混合而成的膏状物，在室温下通过与空气中的水发生反应，固化形成弹性硅橡胶。随着时间的增加，密封胶会出现老化和硬化，最终失去防水作用。

### 2.4　安全隐患

安全隐患是推动幕墙改造的最重要的原因。面板干挂是幕墙的特点，在面板不损坏的情况下，龙骨及连接是决定幕墙安全隐患的重要因素。这些因素中，钢材的腐蚀和结构胶的老化是其中两个最主要的因素。曾经对 21 世纪 90 年代石材幕墙的拆除，发现内部的钢龙骨腐蚀殆尽，钢材的腐蚀速度远远超过了对于经过镀锌处理的钢材的理论腐蚀速度。钢材的腐蚀不是钢龙骨自身的问题，防水的失效也是引起钢材腐蚀的重要因素，设计及施工都有可能造成钢材腐蚀的加快。

## 3　提高幕墙使用寿命的措施

幕墙使用寿命的提高能够分摊整体建筑的建造成本，所以为了提高建筑使用寿命而在建筑建造阶段增加一些成本可能是更加合理的选择。初期建筑成本的增加不仅仅是提高建筑的寿命，也会提高建筑的品质，打造精品建筑，避免大拆大建，符合社会整体发展目标。

### 3.1　精细化设计

好的幕墙设计会在美观性、安全性、防水性、保温性等性能方面达到均衡。好的设计是保证幕墙整体品质的基础，而品质是项目得以长时间存在的基础。好的设计是系统性的、科学的设计，除了传统的保证幕墙各项性能的措施之外，精细化设计是保证项目品质的重要措施。精细化设计通过细节部位的处理，给建筑以精致感，如在包柱设计中，可以通过加入细节处理，将单调的包柱变成有灵魂的设计产品。苏州中心裙楼铝板包柱与吊顶之间设置过渡的内凹空间，提高质感。在柱子上设置变化的内凹灯带。上海某项目室外竖向石材装饰在外形和颜色方面都进行了变化（图 9、图 10）。

图 9　苏州中心包柱

图 10　上海某项目石材线条

### 3.2　材料的选择

设计是整个项目的基础，设计阶段决定了材料和系统，材料和系统是整个建筑表皮的基础。在材料选择方面，建议优先选择耐久性好，免维护的材料。不建议采用通过表面处理获得的立面效果，因为不管采用哪种表面处理方式，其使用寿命都远远小于材料本身的寿命。对于材料的选择，建议如下：

（1）金属类面材

金属板是非透明部位使用最多的材料，为了提高耐久性，建议优先选用单板，单板相比复合板及蜂窝铝板耐久性更好。复合板及蜂窝板都涉及通过胶、PE 等材料将金属板复合到一起，胶及 PE 等材料的耐久性远远低于金属本身，会影响最终材料的寿命。

在材料表面处理方面，建议采用金属氧化的颜色，相比氟碳喷涂等颜色，金属本身的颜色耐久性更好，更能够承载历史的积淀，带来天然金属的厚重感。

阳极氧化铝板、铜板、钛板、不锈钢钛金板等都是比较好的金属面板（图 11、图 12）。

（2）非金属类面材

非金属类面材主要包括天然材料和人造材料，其中天然材料主要为石材，人造材料众多，以 GRC、水泥纤维板等水泥类材料为主。水泥类材料整体耐久性较差，且不具备回收价值，不建议采用。陶板等烧结材料具有和天然材料类似的特性，具有长时间使用及外观效果，建议采用。

（3）龙骨

普通碳钢龙骨的腐蚀是造成结构失效的重要原因，在条件允许的情形下，建议优先选用

图 11　铜幕墙——郑州皇帝故里项目

图 12　钛瓦屋面——观音圣坛

铝合金龙骨、不锈钢龙骨、耐候钢龙骨等耐腐蚀更强的龙骨材料。在龙骨连接方面，建议减少焊接，优先采用螺栓等机械连接措施。

### 3.3　幕墙维护

在幕墙系统设计中，建议采用方便后期维护的幕墙设计，避免在维护过程中对幕墙的构造造成损害。同时，建议适当提高幕墙系统的冗余，在防水、安全等重要性能的保证方面，可以通过特殊的设计，减少后期防水及安全失效的可能。

在防水方面，建议考虑多道防水系统，防水设计建议排水和防水相结合，避免将防水完全依赖密封胶，减少后期密封胶失效引起的漏水风险。例如，在观音圣坛项目中，设置了排水孔，方便将可能进入的水排出，避免内部积水对钢架的腐蚀（图 13）。

图 13　观音圣坛砌筑石材排水设计

在安全方面，建议采用机械咬合等构造安全措施，避免将玻璃的安全依赖于结构胶等容易失效的措施。

## 4 超过 10 年的建筑幕墙带给我们的思考

当我们游走在大街小巷，随处可见超过 10 年的幕墙建筑，随着建筑技术的发展和幕墙技术的成熟，很多做法已经被淘汰，很少在新项目中出现。被淘汰的幕墙做法基本都有其被淘汰的理由，经过岁月检验的幕墙做法才代表了幕墙技术发展的方向。

以下是搜集的一些存在缺陷的做法及先进的做法对比（图 14～图 22）。

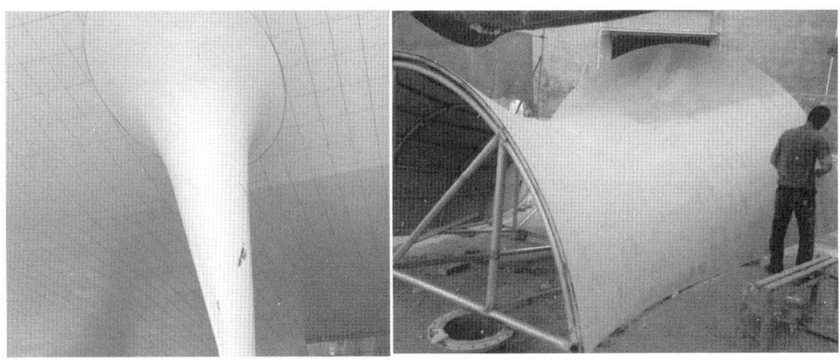

图 14 杭州东站室外柱氟碳漆脱落

图 15 灯光外露

图 16 灯光隐藏

图 17 吊顶黑胶缝

图 18 开放式铝板吊顶

图19　螺钉外露

图20　倒吊式点式雨篷

图21　线条不顺直

图22　玻璃无背板

## 5　对未来技术的展望

幕墙技术的发展是整体建筑技术及整个科技进步的一部分，在耐候性方面，幕墙技术的发展方向将顺应技术发展的潮流。

### 5.1 标准化

目前幕墙仍然作为一个定制化产品出现，每个建筑均不相同，最终建筑效果及品质的好坏受限于项目的设计方及施工方，有很大的不确定性。

幕墙的标准化并不代表放弃个性，个性呈现的是建筑的外观，而标准化是幕墙产品的内在。幕墙如果想要作为产品出现，则应该被拆分为最小的零件，对零件进行标准化设计，所有的幕墙都是被足够多的零件拼接而成，零件之间的连接方式也应该是标准的。标准化代表了加工的标准化、安装的标准化和维修的标准化，最终实现了整个幕墙的高品质和高耐候性。

### 5.2 新的焕新技术

幕墙是建筑的衣服，平时的幕墙清洗类似定期洗衣服，但是衣服还是会旧、会破损。衣服破旧之后可以买新的衣服，幕墙破旧之后却很难去换新的幕墙，因为更换的成本太大。幕墙是由玻璃、铝板、石材等材料组成的表皮，相信随着科学技术的进步，材料的焕新会更加简单和高效，比如材料表皮有很多层保护层，当材料出现破旧感之后，将保护层撕下，会露出新的表皮，焕然一新。保护层设置的数量越多，建筑维持“新”状态的时间越久，纯视觉方面的耐候性就越久。

### 5.3 新的防水技术

漏水是建筑不得不维修的点，传统的依靠胶条和密封胶的防水体系依赖于胶条和密封胶自身的耐久性，密封胶和胶条的老化是不可避免的。未来有望出现新的防水材料，防水材料的耐久性能够实现和龙骨的耐久性相同。同时，在防水的实现方面，有望通过防水构造替代传统的封堵。

### 5.4 智能化自我维护

将类似传感器的材料植入幕墙中，实时监测幕墙各种材料的状态，为幕墙的维护提供实时数据。

## 作者简介

牟永来（Mu Yonglai），中国建筑金属结构协会铝门窗幕墙委员会专家组专家，工作单位：上海市建筑装饰工程集团有限公司。

李书健（Li Shujian），一级建造师、中国建筑装饰协会科学技术奖专家，华东院幕墙工程咨询设计院执行总监。

# 超高层屋顶多层架空层幕墙施工方案探讨

高胜坤　姜　涛　范绍甲　姜清海

姜清海幕墙系统工程（武汉）有限公司　湖北武汉　430063

**摘　要**　不同于传统构件式幕墙和单元式幕墙的施工方案，在超高层屋顶多层架空层部位的幕墙施工方案中，无论是构件式幕墙和单元式幕墙，传统的施工方案在技术性、安全性、经济性、周期性等都存在不足或不能完全满足施工要求。本文在分析比较之前30多年传统施工方案基础上，提出三种创新的施工方案，旨在为业主、总包单位及幕墙施工单位提供切实可行的科学、安全、快捷的解决方案。

**关键词**　架空层幕墙；构件式幕墙；单元式幕墙

## 1　引言

在现代超高层建筑的外立面幕墙设计中，屋顶部分设计的重要性越来越明显，也表现出多种设计特色。

（1）创新的结构设计：超高层建筑的幕墙屋顶通常采用创新的结构设计，以确保建筑的整体稳定性和安全性。结构设计可能包括使用高性能材料，如高强度钢、精制钢和高强度铝合金，以及先进的连接技术，如焊接、高强螺栓连接和铆钉连接，以确保屋顶幕墙的稳定性。

（2）节能环保设计：超高层建筑的幕墙屋顶部位通常须更加注重节能环保的设计。这包括使用低辐射玻璃、保温材料、遮阳系统等，以减少能源消耗，提高建筑的能效。同时，也可能采用绿色屋顶设计，如种植植被，提供绿色休闲空间，降低城市热岛效应。

（3）防风防雨设计：超高层建筑的幕墙屋顶需要承受较大的风力和雨水的冲击。因此，设计时需要考虑到这些因素，采用有效的防风防雨措施。这包括使用防风抑摆装置、防水材料、排水系统等，以抵抗风力和雨水的侵袭。

（4）艺术化设计：超高层建筑的幕墙屋顶部位也是整体建筑的画龙点睛之处，建筑师更加注重屋顶部位设计的艺术性，以增加建筑的美感和特色，包括使用各种形状和颜色的玻璃、石材、金属板材、金属型材等材料，创造出独特的视觉冲击效果。

（5）智能化设计：随着科技的发展，超高层建筑的幕墙屋顶部位也可以采用智能化设计，这也包括使用传感器、控制系统和能源管理系统等，以实现能源的高效利用和智能化管理。

（6）结构与功能的整合：超高层建筑的幕墙屋顶部位的设计往往追求结构与功能的整合。例如，幕墙系统可以同时作为承载结构和建筑表皮，实现了建筑美学与工程技术的完美结合。同时，屋顶部位的设计也需要考虑到设备安装、维护和检修的需求。

（7）自然采光与通风：超高层建筑的幕墙屋顶部位通常会考虑自然采光和通风的需求。通过设计合适的天窗和通风口，可以有效地利用自然光线和风力进行照明和通风，减少对机械设备的依赖。

（8）绿色建筑技术：为了响应可持续发展的需求，超高层建筑的幕墙屋顶部位往往会采用绿色建筑技术。例如，利用雨水收集系统进行灌溉植物或冲洗卫生间，使用太阳能板进行发电等。这些技术不仅可以节约能源和水资源，还可以减少对环境的影响。

（9）人性化设计：超高层建筑的幕墙屋顶部位也需要考虑到使用者的需求。例如，为了提供更好的视野和舒适度，可能会设计观景台或休息区；为了方便维护和检修，可能会设计可伸缩的检修通道或设备平台等。

（10）文化内涵的体现：超高层建筑的幕墙屋顶部位也可以通过设计来体现当地的文化内涵。例如，可以采用具有地域特色的材料、色彩或图案等元素，使建筑成为当地文化的象征和代表。

总体来说，超高层建筑幕墙屋顶部位的设计特色是多方面的，需要考虑到结构、功能、节能、环保、艺术等多方面的因素。同时，也需要根据当地的文化和市场需求进行具体的设计和规划，而实现这些功能的手段，最多采用的就是在屋顶设置多层架空层，因此屋顶多层架空层部位的幕墙设计和施工就显得尤为重要。本文即针对多种屋顶结构状态、多种屋顶幕墙的不同结构形式，具体分析和探讨超高层屋顶多层架空层幕墙的创新施工方案。

## 2　超高层屋顶多层架空层幕墙传统施工方案分析

超高层屋顶架空层幕墙的施工方案需要从材料选择、结构设计、施工手段和辅助工具、隔热隔声防火处理、施工安全、使用安全等方面进行考虑，施工安全方面是重中之重，必须要进行“危大安全专项论证”合格后才能进行施工，且施工过程也须严格监理监造。传统的施工方案包括电动吊篮施工方案、脚手架施工方案、塔吊吊装施工方案等，这些施工方案在超高层屋顶多层架空层幕墙的施工中各有利弊。

### 2.1　超高层屋顶多层架空层构件式幕墙传统施工方案

超高层幕墙的传统施工措施通常包括吊篮施工方案和脚手架施工方案。

吊篮施工方案应包括以下内容，并按要求编制详细的施工方案及结构计算书经报批后执行。

（1）施工前准备：确定吊篮的型号、规格和数量，并检查其性能和安全性。同时，对施工现场进行清理和平整，确保吊篮的安装和使用安全。

（2）安装吊篮：根据施工图纸和规范要求，确定吊篮的安装位置和高度。在安装过程中，应使用专业的工具和设备，确保吊篮的安装牢固、稳定。

（3）吊篮调试：安装完成后，应对吊篮进行调试，确保其正常运行。同时，对吊篮的安全保护装置进行检查，确保其有效性。

（4）吊篮使用：在吊篮使用过程中，应遵守安全操作规程，佩戴安全带、安全帽等防护用品。同时，应定期对吊篮进行检查和维护，确保其正常运行和使用安全。

（5）吊篮拆卸：完成施工后，应按照安装相反的顺序进行拆卸，并妥善保管好拆卸后的零部件，以便再次使用。

脚手架施工方案应包含以下基本内容，并按要求编制详细的施工方案及结构计算书经报批后执行。

(1) 施工前准备：根据施工图纸和规范要求，设计脚手架的构造和搭设方案。同时，准备好脚手架材料和工具，并对施工现场进行清理和平整。

(2) 脚手架搭设：按照脚手架设计方案进行搭设，确保脚手架的搭设牢固、稳定。在搭设过程中，应注意调整脚手架的垂直度和水平度，确保其符合施工要求。

(3) 脚手架加固：在脚手架使用过程中，应采取措施对其进行加固和维护，确保其稳定性和安全性。例如，可以在脚手架上加装支撑和固定件等。

(4) 脚手架使用：在脚手架使用过程中，应注意安全操作规程，佩戴安全带、安全帽等防护用品。同时，应定期对脚手架进行检查和维护，确保其正常运行和使用安全。

(5) 脚手架拆卸：完成施工后，应按照搭设相反的顺序进行拆卸，并妥善保管好拆卸后的材料和工具，以便再次使用。

## 2.2 超高层屋顶多层架空层单元式幕墙传统施工方案

超高层屋顶多层架空层幕墙采用单元式幕墙时，传统最常用的施工方案就是采用塔吊进行单元板块吊装。利用总包塔吊进行单元板块的起吊、垂直运输、水平运输、板块就位等各项工序作业时都非常方便、快捷且安全可靠。需要注意的是，在利用塔吊进行幕墙施工时，需要采取相应的安全措施和操作规程，确保施工安全和质量。同时，需要合理安排塔吊的使用时间和频率，避免影响施工进度和其他作业。

## 2.3 传统施工方案的优缺点分析

传统的施工方案在施工过程中各有利弊，具体比较如下。

(1) 吊篮施工的优缺点分析。

优点：①可以灵活布置作业平台，方便施工人员进行操作，具有较强的灵活性和适应性。②可以适应不同形状和大小的玻璃幕墙，具有较强的多用性。③吊篮施工不受建筑物高度的限制，可以方便地进行高层和超高层玻璃幕墙的施工。④电动吊篮的施工效率比传统的高空作业方式要高，可以节省人力和时间成本。在施工方案中，需要考虑如何提高施工效率，以实现经济效益的最大化。⑤电动吊篮相对于传统的高空作业方式，其安装方便、速度快，可以节省安装时间和人力成本；电动吊篮的操作简单、方便，作业人员可以快速上手操作，且电动吊篮的维护相对简单，只需要定期检查、保养和更换部件即可，相对于传统的高空作业方式，其维护方便、成本低。

电动吊篮施工的缺点也很明显：①受天气和风力影响较大，遇到大风天气需要停止作业，影响施工进度。②需要使用专业的吊篮设备，初期投入成本较高。③需要专业的操作人员对吊篮进行安装、拆卸和维修，人力成本较高。④高空电动吊篮作业也有一定的危险性，电动吊篮本身存在一定的安全隐患：电动吊篮作为一种高空作业工具，其本身的质量和稳定性对施工安全至关重要。如果吊篮的质量不过关，或者使用不当，可能会导致吊篮翻倒、部件脱落等安全事故。另外，高空作业需要专业的操作技能和经验，如果作业人员没有经过严格的培训或者操作不当，可能会造成安全事故。并且，高空作业需要采取必要的安全防护措施，如佩戴安全带、设置安全网、吊篮作业人数限制、设备须定期检查等，如果安全防护措施不足或者使用不当，可能会造成安全事故。

(2) 脚手架施工方案的优缺点分析。

优点：①脚手架具有较高的安全性，布置有密目安全网、水平兜网以及拦腰杆等措施，可以有效地保障施工人员的安全。②脚手架在多用性方面较强，不仅可以作为砌体抹灰、幕墙、夜景等工序施工的操作平台，还可作为楼层的临边防护措施使用。③在脚手架上施工工效高，脚手架上操作空间大受限小，便于作业人员施工操作。④脚手架搭设成本较低，不需要使用专业的吊篮设备，可以减少初期的投入成本。

脚手架方案施工的缺点：①脚手架的搭设和拆卸需要耗费大量人力和时间，对于高度较高的建筑物来说，搭设脚手架的难度较大。②脚手架受建筑物高度的限制，对于超高层玻璃幕墙的施工可能存在困难。

对于超高层屋顶多层架空层部位，如采用脚手架方案，则多数情况下需要搭设悬挑脚手架，超高层悬挑脚手架的搭设和使用过程中存在高空作业的危险，如高空坠落、物体打击等。超高层悬挑脚手架需要具备足够的承载能力和稳定性，能够承受施工过程中的各种荷载和风力等自然因素的影响。此外，还需要采取相应的加固措施，确保脚手架在使用过程中的安全性和稳定性。超高层悬挑脚手架的经济性还需要考虑施工成本、施工周期和维护费用等因素。

在搭设和使用过程中还需要注意以下几点：①严格遵守相关安全操作规程，确保施工安全；②在搭设和使用过程中，需要采取相应的加固措施，确保脚手架的稳定性和安全性；③在使用过程中，需要定期检查和维护脚手架，确保其正常运转；④在搭设和使用过程中，需要注意施工人员的操作安全和防护措施；⑤在拆卸过程中，需要注意安全和环境保护，避免对周围环境和人员造成影响。

综上所述，吊篮施工和脚手架施工各有其优缺点，需要根据具体的施工条件和要求进行选择。在选择时需要考虑建筑物的形状、高度、施工环境、成本等因素。同时，无论采用何种施工方式，都需要采取相应的安全措施和操作规程，确保施工安全和质量。

## 3 超高层屋顶多层架空层幕墙施工方案创新探讨

超高层建筑屋顶设置有多层架空层时，架空层部位的外幕墙如按照传统的施工方法来施工，不仅周期长、施工措施费用高，而且施工安全风险大，必须针对不同的建筑特点并结合各项目现场的实际结构状态，创新思路，编制经济高效、安全快捷的施工方案。下面探讨三种不同结构状态下的新型施工方案。

### 3.1 超高层屋顶多层架空层构件式幕墙创新施工方案探讨

超高层屋顶带有多层架空层，外立面幕墙采用构件式幕墙设计时，则幕墙的施工就不可能在屋顶室内完成，必须在室外按散装构件依次完成支座安装、立柱安装、横梁安装、背衬板安装、面板安装、室外侧防水密封胶打胶及幕墙内侧的防水密封胶打胶。所有这些工序操作，必须依赖施工措施，最常用的设备就是外脚手架或电动施工吊篮。但屋顶部位多层架空层均无楼板，无法架设电动吊篮，同时屋顶层以下已全部采用吊篮施工，也无法从下层再满铺搭设脚手架，如从屋面结构板部位按悬挑结构搭设双排外脚手架时，不仅搭设周期长，而且费用高，危险性大，并且拆除时，最后一步脚手架部位的面板将无法在室外完成安装。因此，需要针对屋顶架空层幕墙来设计创新的施工方案。

如某联投广场的剖面图和立面图所示（图 1、图 2），屋面以上有四层架空层，架空层总高度为 15.17m。经计算分析和综合比较，架空层部位采用如下创新施工方案。

（1）首先在屋面上搭设可移动式操作平台，高度与架空层顶部结构梁平齐，如图 3 所示。

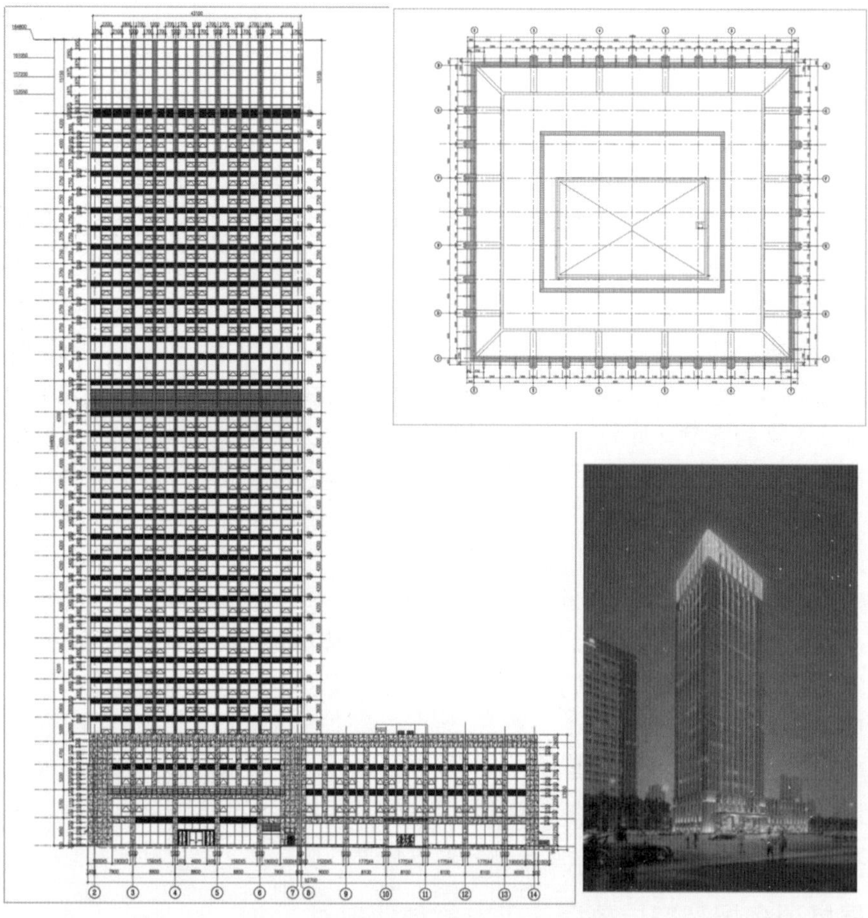

图1　某联投广场屋顶立面图

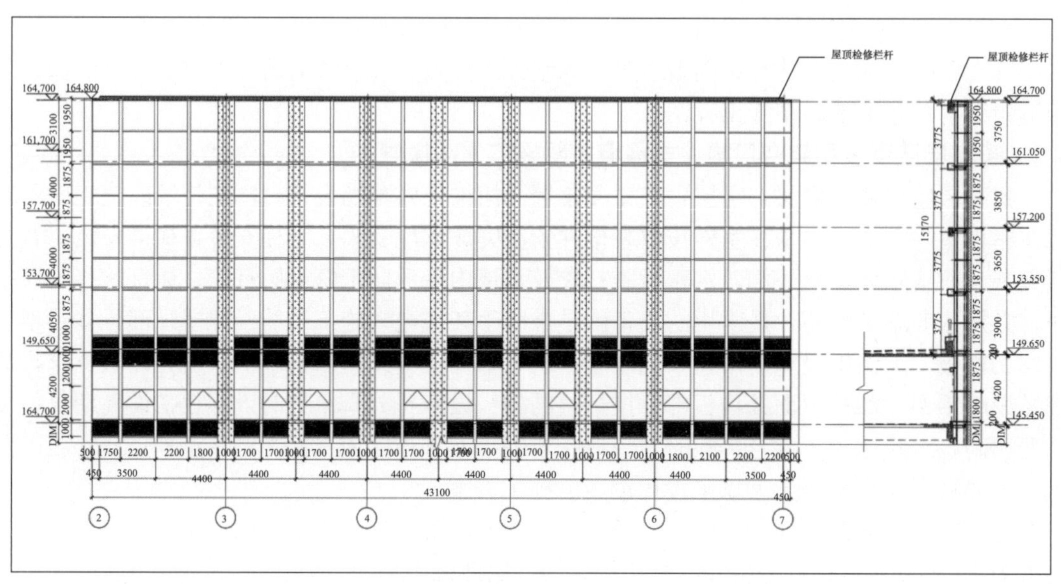


图2　某联投广场屋顶架空层幕墙立面图、剖面图

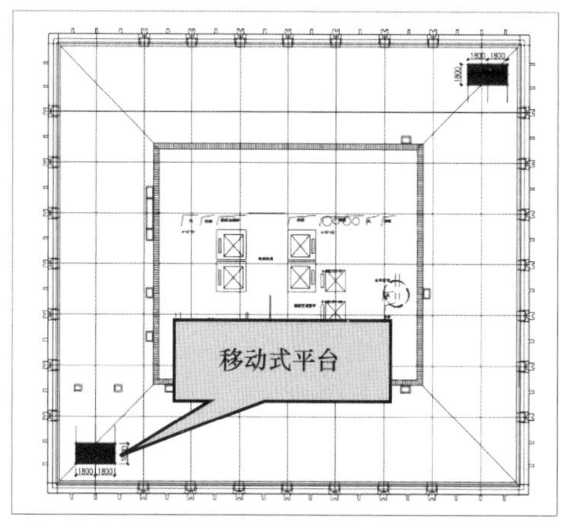

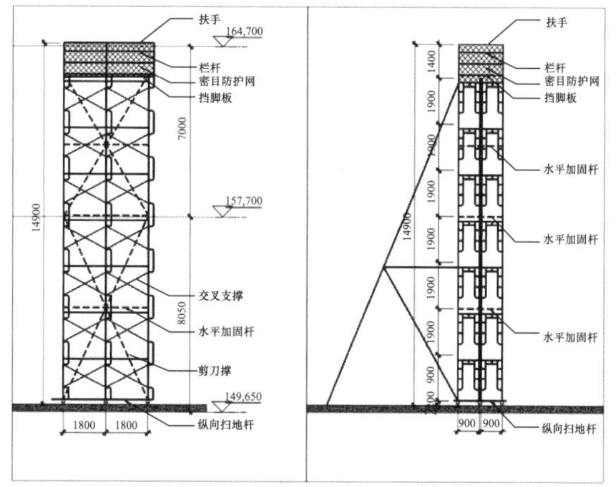


图 3　可移动式平台平面图、剖面图

（2）移动式平台搭设完毕，经检查验收后，利用移动式平台安装“夹墙式电动吊篮”，如图 4 所示，吊篮支臂间距按不超过 3m 安装，每装完两套吊篮支臂后，将移动式平台平移后继续安装，直至将屋顶四周架空层顶部结构梁全部安装完毕。吊篮支臂安装完毕后，即按常规方法组装好吊篮，经检查验收合格后，电动吊篮即可全部投入使用，使用方法与常规吊篮完全相同。

需要强调的是，为保障施工安全，夹墙式吊篮支臂安装完毕后，按图 4、图 5 所示方法采用角钢拉杆与下层的主体结构框架梁进行加固，所有杆件、支座、连接件、螺栓等均须进行计算，并满足安全系数要求。

（3）利用以上吊篮将外立面玻璃及室外侧装饰线及防水密封胶等全部施工完成后，经检查验收合格，室外电动吊篮可以拆除，并转移到室内侧屋面上，继续利用吊篮完成架空层幕墙内侧的所有装饰构件及防水密封胶施工，最后经检查验收合格后，再利用移动式平台拆除“夹墙式吊篮支臂”，待所有吊篮全部拆除完毕，且屋顶女儿墙盖顶全部完成清理后，最后再拆除移动式操作平台，则屋顶架空层幕墙全部施工完毕。

以上施工方法，基本不占用屋面，不影响总包屋面施工及屋顶设备占位，不占用总包塔吊，施工周期快，施工措施费节约，且高效安全。

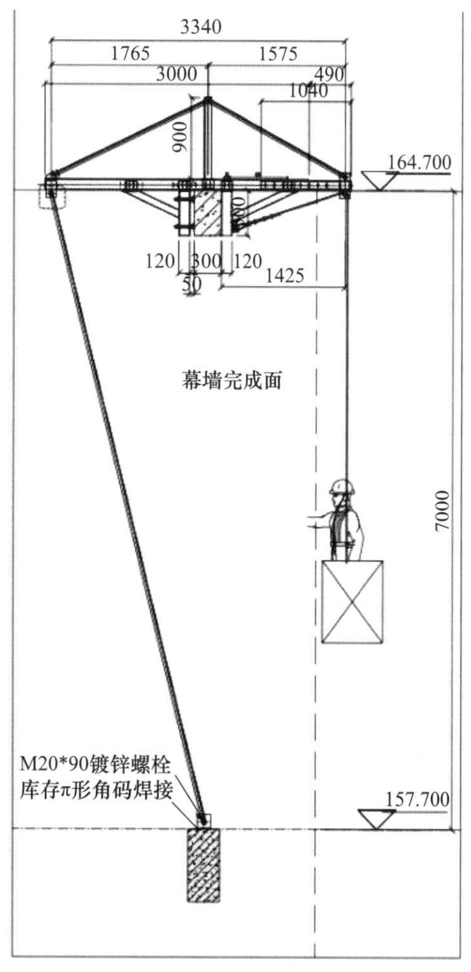


图 4　夹墙式吊篮安装与加固

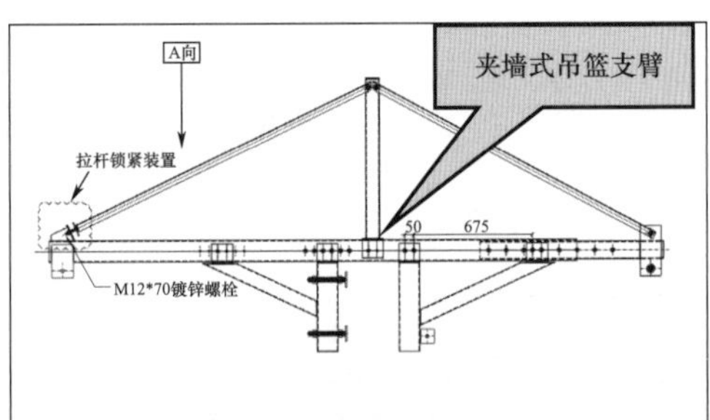

图5　夹墙式吊篮支臂安装

## 3.2　超高层屋顶多层架空层单元式幕墙创新施工方案探讨（有塔吊时）

单元式幕墙与构件式幕墙相比，单元板块须整体吊装，因此须安装吊装设施。屋顶架空层部位因楼层高，无结构楼板，只有框架梁，如在架空层最顶部安装吊装设施（吊装轨道和电动吊车等），则安装难度较大，因此应根据现场的条件，优先选用总包塔吊进行单元板块吊装。

图6、图7所示为中交城单元式幕墙，其外立面总高度180m，设置多层次退层，屋顶设置了6层架空层，外立面为玻璃幕墙，并带有凸出的干挂石材柱，为单元式幕墙吊装增加了难度。本项目多层架空层单元式幕墙采用如下施工吊装方案。

图6　中交城—屋顶6层架空层

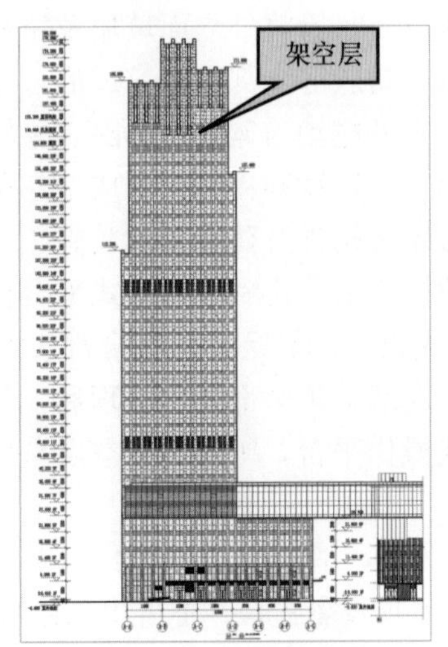


图7　中交城立面图

(1) 如图 8、图 9 所示，利用屋顶架空层结构，先架装电动吊篮，利用吊篮再完成单元幕墙支座安装，辅助吊装单元板块，单元式玻璃幕墙外侧凸出 600mm 的石材柱干挂石材面板安装施工。

图 8　塔吊吊装单元板块

图 9　屋顶架设电动吊篮

(2) 电动吊篮安装完成后，经检查验收投入使用，但不需要再安装单元板块的吊装轨道，而直接利用总包的塔吊来吊装单元板块，如图 10、图 11 所示。

图 10　塔吊吊装单元板块

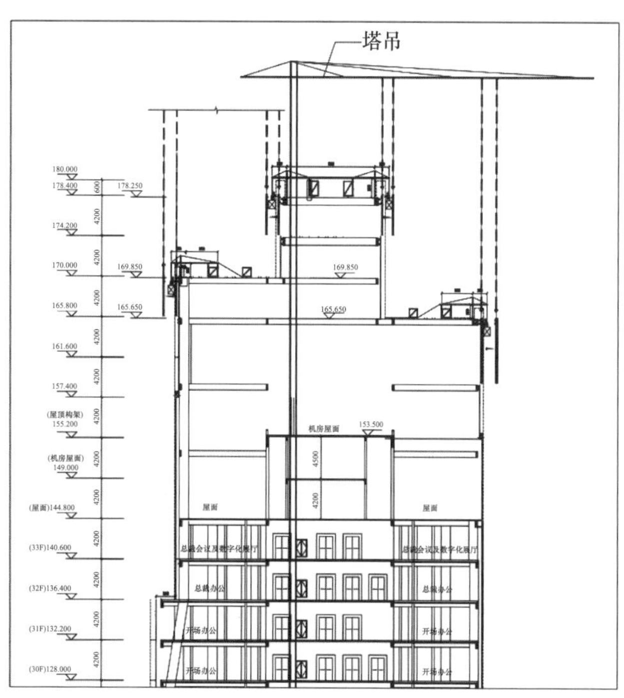


图 11　塔吊吊装单元板块示意

在单元板块吊装完成后，再利用电动吊篮安装凸出600mm的柱面石材，并按图纸要求完成室外需要注胶密封部位的打胶施工及所有室外装饰构件，如图12、图13所示。

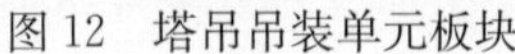

图12　塔吊吊装单元板块

图13　吊篮安装凸出柱石材

## 3.3　超高层屋顶多层架空层单元式幕墙创新施工方案探讨（无塔吊时）

以上中交城屋顶6层架空层，室外侧为单元式幕墙及构件式石材柱，内侧也为装饰面，须安装铝板封闭并打胶密封，施工过程中因总包塔吊尚在服务周期内，所以充分利用塔吊和电动吊篮，方便快捷施工，并节约了措施费。

但有些超高层项目，因施工周期原因或资金原因，主体结构封顶后，总包塔吊已经拆除，无法再利用总包塔吊，在此状况下，屋顶架空层的单元式幕墙安装施工则又增加了难度，不仅需要安装电动吊篮来安装单元幕墙支座及辅助钢结构构件，而且需要安装吊装单元板块用的吊装轨道及吊车。电动吊篮和吊装轨道安装完成后，才能进行单元板块吊装，最终完成屋顶架空层幕墙的施工。

图14、图15所示为佛山某广场项目，屋顶设计有6层架空层，架空层幕墙总计高度达到20.47m，而且平面为弧形，立面也为弧形，为施工增加了很大的难度。

由于本项目主体结构完工两年之后才开始幕墙施工，总包塔吊早已拆除，屋面以上的6层架空层只有框架梁柱结构，幕墙吊装设施无法直接在最高处安装。为赶工期，只能在屋面层位置先安装水平吊装轨道，用于屋面以下单元式幕墙的吊装施工，如图16、图17所示，屋面以下单元式幕墙，仍按照正常的单元板块吊装方案施工。

当屋面以下单元式幕墙吊装施工完毕后，转入屋顶架空层单元式幕墙施工，原屋面层安装的水平吊装轨道及吊车将不再适用，须再另行制订施工方案。屋顶架空层的新施工方案包括架设吊篮、安装用于斜顶面的吊装轨道、安装吊车等内容。

图 14　佛山某广场项目效果图

图 15　佛山某广场屋顶 6 层架空层

图 16　立面吊装

图 17　屋顶架空层吊装

（1）屋顶架空层脚手架搭设。由于屋顶已无塔吊，无脚手架，只有 6 层的主体框架梁柱，施工人员无法到达顶层结构梁位置，因此要在最顶部 226.2m 标高位置安装吊装单元板块用的吊装轨道，则必先要搭设安装轨道所需要的施工设施，鉴于现场条件，只能在屋面以上主体框架内部先搭设双排脚手架，如图 18、图 19 所示。

（2）安装吊装单元板块用的轨道。如图 20、图 21 所示，因屋顶最顶部立面为斜向，而吊装轨道需要安装成水平轨道，故须将屋顶吊装轨道设计为分段式阶梯安装。

（3）单元板块吊装。吊装轨道安装完成后，经检查验收并加 2 倍配重试车合格后，吊装轨道和吊车才允许投入使用。如图 22～图 24 所示，在每段阶梯式轨道上均设置一台电动吊车，单元板块沿阶梯式轨道按逆时针方向逐层吊装，直至完成全部立面单元板块吊装。

图 18　架空层脚手架

图 19　架空层脚手架

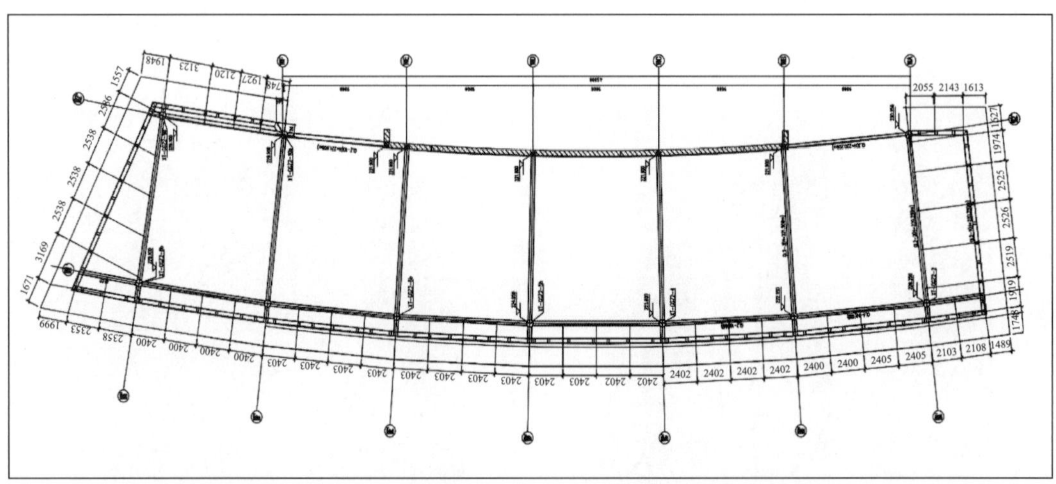

图 20　吊装轨道平面为弧形轨道

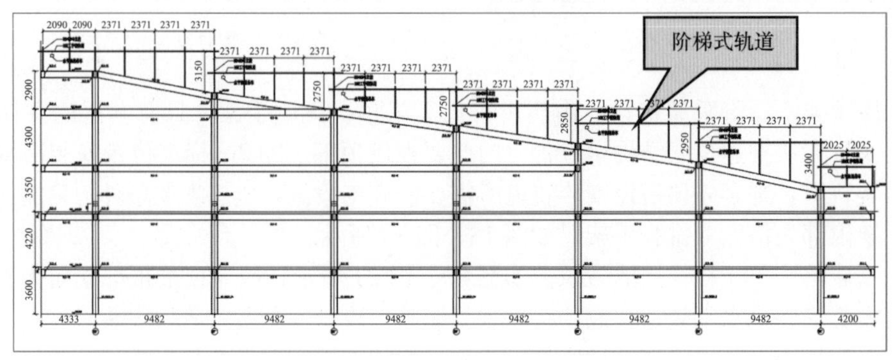


图 21　吊装轨道立面设置为分段阶梯式轨道

图 22　架空层吊装轨道

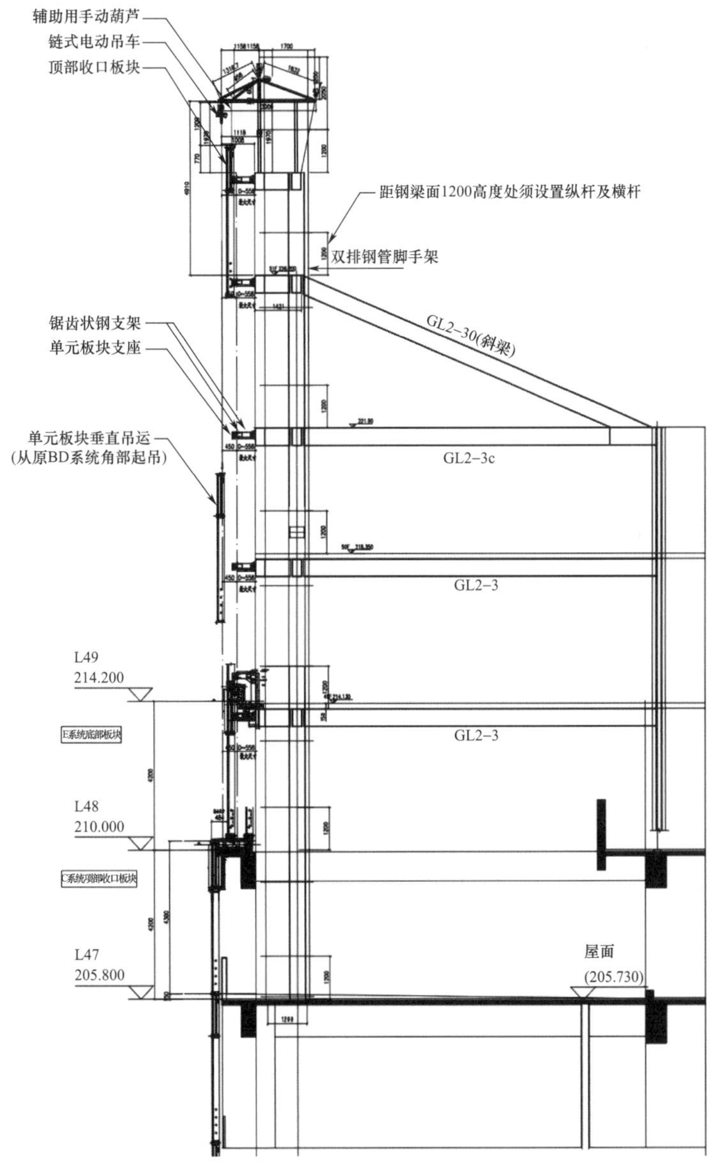


图 23　单元板块吊装示意

图24 阶梯式轨道吊装屋顶架空层单元板块

## 4 结语

作为幕墙产品的最终交付过程，现场施工是幕墙从设计到交付业主全过程中最重要的环节，无论是保障原建筑师对建筑立面的艺术及功能设计要求，还是产品的质量、产品的安全顺利移交，都对幕墙施工是最重要的考验，而幕墙施工过程中难度最大、危险系数最高的部分，就是屋顶以上多层架空层部位的施工，同时这里也是项目完工质量评奖的必检内容之一。因此，针对各项目屋顶架空层不同的实际状况，应经过科学规划、结构理论计算、仔细比较，合理选择满足规范要求、满足安全要求，且经济简便、工期容易控制的施工方案。本文提出了不同于传统施工方案的三种创新施工方案，可满足和解决各种超高层建筑屋顶有多层架空层结构的各种幕墙的施工难题，对广大业主、建筑师、建筑总包单位、幕墙施工单位等都具有积极的推广作用。

# 光触媒自洁无机人造石在建筑外墙的应用

雷俊挺[1]　汪远昊[2]　罗永增[3]

1　广东美博新材料科技有限公司　广东云浮　527527

2　深圳霍夫曼先进材料研究院　广东深圳　518055

3　上海　201799

**摘　要**　光触媒材料可以吸收太阳光的光能，产生电子和空穴，从而具有强氧化性，实现有机物的分解。在建筑材料中广泛应用的光触媒涂层，增加美观的同时还可以降低清洁成本，净化空气，是一种全新的绿色建筑材料。本论文首先介绍了光触媒的工作原理、研究进展；其次，介绍了光触媒涂层在建筑领域的应用案例，以及广东美博新材料科技有限公司在光触媒材料研发领域取得的研究成果；还讨论了光触媒与无机人造石结合应用于建筑外墙装饰的可行性及意义。

**关键词**　光触媒；建筑；催化；半导体；无机人造石

## 1　引言

光催化反应是以光为能源的一种物质转化形式，能促进光催化反应的物质称之为光催化剂，也叫光触媒。现代科学家花费大量的精力与时间，利用各种资源，去探索开发光催化反应的应用。从 2010 年起光催化反应现象的发现数量激增，伴随着大量的文章发表。图 1 是自 2000—2019 年有关光催化论文发表数量的逐年递增情况（数据来源于 Scopus 数据库）。

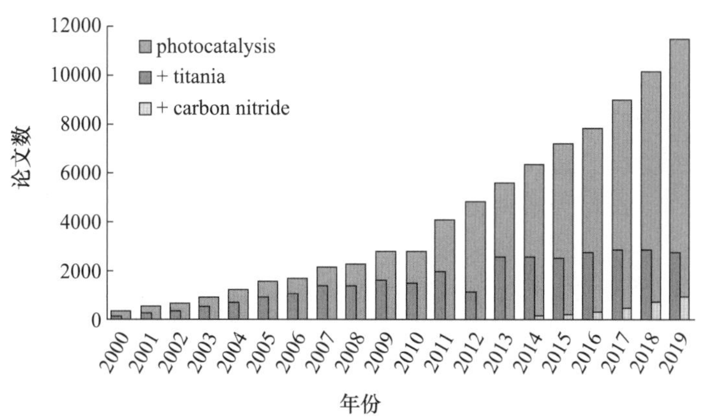


图 1　2000—2019 年光催化文章发表数量

光催化反应现象的发现可以追溯到 20 世纪 60 年代末。1969 年日本学者 Akira Fujishima 在试验中发现了光催化电解水现象，这一发现于 1972 年发表在《自然》杂志。当时正值石油危机，光催化电解水产生氢气与氧气被认为可能是能源领域的革命。随着研究的深入，人们开始发现光照可以促进更多的化学反应，如光催化降解有机污染物、光催化合成有机化合物等。在20世纪80年代后期，随着纳米材料和光电子学的快速发展，光催化技术迎来了爆发式的增长。新型催化剂的研究以及光催化材料的优化，使得光催化反应的效率和选择性得到了大幅提高。

## 2 光催化基本原理及研究历史与现状

光催化的基本原理如图2所示。

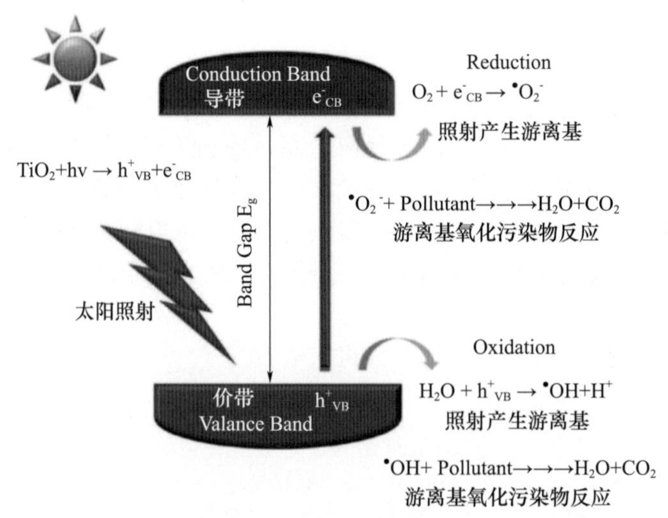


图2 光催化的基本原理

光触媒材料在光的照射下，电子从价带（Valance Band）跃迁到导带（Conduction Band），伴随这个过程在材料表面生成具有强氧化性的游离基，这些游离基可以把吸附在材料表面的污渍（如烟尘、污垢、油污和其他污染微粒）、生物体（如霉菌、藻类、细菌、过敏源）及来自空气中的污染物（如甲醛、苯、其他VOCs、烟草烟雾、氮氧化物、硫氧化物）氧化成水与二氧化碳，将有害的污染物转化成无毒无害物质。被氧化后的产物很容易被雨水冲洗干净。应用这个原理将可以被光触发的材料应用于建筑材料，形成了光触媒自洁建筑材料。这里所指的自洁，不仅是因为光触媒自洁材料的表面保持直观上的干净自洁，更因为对空气中有害气体的分解及各种细菌病毒不可能在其表面繁殖生存而具有卫生健康自洁，所以此处的“自洁”不仅是物理意义的干净自洁，而且是卫生健康意义上的自洁。有研究表明，如果城市建筑广泛使用自洁外墙材料，城市的空气质量可提高80%。

随着光催化电解水反应的发现，光催化反应的潜在应用被进一步研究，最重要的一个潜在应用是光催化对水及空气的净化。这起源于1977年现代电化学之父Allen J. Bard与Steven N. Frank发现氰化物在二氧化钛悬浮液里分解的现象。1980年以后，陆续发现水及空气中的许多有害化合物可以被二氧化钛光触媒分解消除，用二氧化钛光触媒净化空气与水的研究于是活跃起来。

有关催化反应的实际应用始于20世纪90年代。当时日本东京大学的科研团队与日本的陶瓷洁具公司TOTO合作，深入研究二氧化钛光催化净化空气及水的局限性。研究发现二氧化钛光触媒在三维空间（容器）对水及空气净化作用有限，因为太阳光的能量密度太低，而且二氧化钛光触媒只能吸收太阳光里少量的紫外光，不足以产生足够的光催化能量分解三维空间里的水或空气的有害物质。基于这样的结论，他们把注意力从三维空间移到二维平面。他们发现，户外遮阴下的太阳光虽然紫外线的能量密度只有几百个微毫瓦每平方厘米（$\mu W/cm^2$），但是其光子数量可达 $10^{15}/cm^2/s$，这些光子的数量相对于吸附在光触媒表面的分子数量要大得很多。东京大学的科研团队做了一个试验，他们在二氧化钛光触媒表面引进硬脂酸单分子层（油层），分子数量在 $10^{16}\sim10^{17}/cm^2$，在紫外光照射 20min 后，硬脂酸分子层消失。进一步的研究还发现，光触媒表面受紫外光照射时不仅能分解吸附在其表面的污染物，被紫外线照射的光触媒表面还呈现超亲水性能，即雨水可以非常均匀地扩散在被紫外线照射的光触媒表面，切入污染物与光触媒的表面，将光触媒表面的污染物清洗干净。光触媒自洁材料的新概念因此产生。

## 3 光触媒在建筑领域的应用案例

20 世纪 90 年代中期，二氧化钛光触媒大范围进入实际应用阶段，以 TOTO 公司 1994 年推出的光触媒自洁陶瓷为典型例子，随后光触媒自洁建筑材料也进入了实际应用阶段。例如，2000 年日本建设的中部国际机场（Chubu International Airport）的 20000$m^2$ 的幕墙玻璃就是采用二氧化钛光触媒自洁技术。图 3 为中国国家大剧院，其顶棚也采用了光触媒自洁技术。

图 3 顶棚采用了光触媒自洁技术的中国国家大剧院

实际上，国外对于光触媒应用于建筑领域的时间要远远早于我国。目前日本在光触媒技术上一直处于领先地位，其光触媒自洁的应用也处于领先地位。自 TOTO 公司光触媒自洁产品推出后大约十年间，日本就有超过 2000 家公司从事与光触媒行业相关的业务，超 7000 栋的商业建筑采用光触媒自洁技术，甚至人行道也采用光触媒地砖铺设以提高空气质量，如图 4 所示。

欧洲对光触媒自洁技术也非常重视，1998 意大利建造的罗马千禧教堂（Jubilee Church）就应用了大面积的光触媒自洁混凝土板，2003 年就开始有了第一个光触媒自洁建筑项目落地——法国张伯伦音乐博物馆（CHAMERY MUSIC MUSEUM，FRANCE），如图 5 所示。

作为"竞争力与可持续性发展"的欧洲计划的一部分，欧盟在 2001—2005 年为开发及评估光催化净化空气立项，项目全称为 Photocatalytic Innovative Coverings Applications for Depollution Assessment，简称 PICADA，项目的中文名称可翻译为"光催化创新涂覆去污染应用评估"。PICADA 项目结束后一大批光触媒自洁建筑项目在欧洲及美国出现，例如法国航空总部大楼（AIR FRANCE HEADQUARTERS）、法国波尔多警察局（BORDEAUX POLICEDEPARTMENT）、2015 米兰世博会意大利馆（Expo 2015，Milan Italy）、美国路

图4　在日本光触媒铺路砖被用来铺设人行道以保持路面清洁干净及降低空气污染

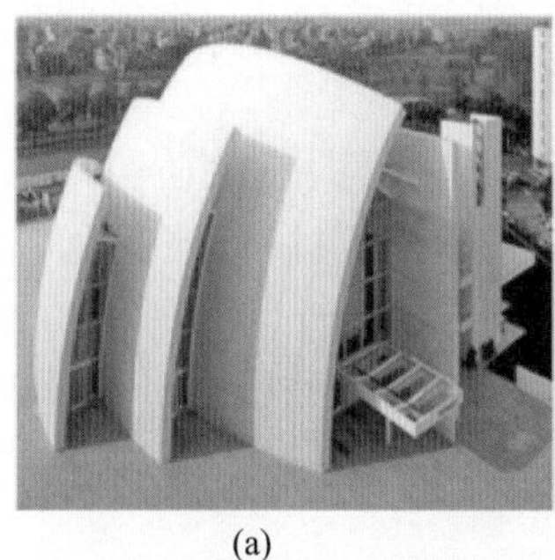

(a)　(b)

图5　光触媒自洁混凝土板块使罗马禧年教堂长期保持雪白干净（a），法国张伯伦音乐博物馆（CHAMERY MUSIC MUSEUM，FRANCE）（b）

易斯安那州大学篮球体育馆（LSU BASKEBALL PRACTICE FACILITY，BATON ROUGE，LA）、美国乔治亚州道尔顿学院钟塔（THE BELL TOWER，DALTON，GEORGIA）和美国米富林州长学校（GOVERNOR MIFFLIN SCHOOL，SHILLINGTON，PENNSYLVANIA）等（图6）。

(a)　(b)　(c)

(d)　(e)　(f)

图6　世界各地光触媒在建筑领域的案例

注：法国航空总部大楼（AIR FRANCE HEADQUARTERS，(a)；法国波尔多警察局（BORDEAUX POLICE DEPARTMENT，(b)；2015米兰世博会意大利馆（Expo 2015，Milan Italy，(c)；美国路易斯安那州大学篮球体育馆（LSU BASKEBALL PRACTICE FACILITY，BATON ROUGE，LA，(d)；美国乔治亚州道尔顿学院钟塔（THE BELL TOWER，DALTON，GEORGIA；(e) 和美国米富林州长学校（GOVERNOR MIFFLIN SCHOOL，SHILLINGTON，PENNSYLVANIA，(f)

## 4 广东美博新材料科技有限公司在光触媒建筑材料领域的探索

意识到光触媒自洁建筑材料的重要性及中国在光触媒建筑材料与世界发达国家的差距，广东美博新材料科技有限公司（以下简称广东美博）于2019年提出了无机人造石朝功能化方向发展的计划。在参考大量中外文献的基础上，制订了发展光触媒无机人造石“三步走”的计划。

### 4.1 打好基材基础

要将无机人造石作为光触媒载体，必须把无机人造石质量做好、做稳定。广东美博一直致力于将无机人造石制造与无机人造石应用作为整体解决方案来研究，借助混凝土的基础理论知识，综合高性能混凝土（High Performance Concrete，HPC）、超高性能混凝土（Ultra High Performance Concrete，UHPC）、纤维增强混凝土（Fiber Reinforced Concrete，FRC）、聚合物改性混凝土（Polymer Modified Concrete，PMC）、聚合物改性—纤维增强混凝土（Polymer Modified-Fiber Reinforced Concrete，PM-FRC）、工程水泥基复合材料（Engineered Cementitious Composite，ECC）及装饰性混凝土（Decorative Concrete）等技术工艺，广东美博目前生产出的无机人造石综合性能均衡，质量稳定，不管是薄型板材（10mm）还是常规厚度板材（18mm以上）都能根据需要控制其综合性能，满足特定应用领域的要求。

### 4.2 光触媒与无机人造石结合

在实现了把无机人造石基材质量做好、质量稳定的基础上，广东美博开始进行无机人造石与光触媒结合的试验。经过两年多反复试验及参考大量中外文献，广东美博成功地将无机人造石与光触媒有效地偶联，通过对模拟污染物（亚甲基兰、红玫瑰B、茶水、酱油）的自然光降解比对（图7），证明了光触媒无机人造石对污染物有很好的降解能力。

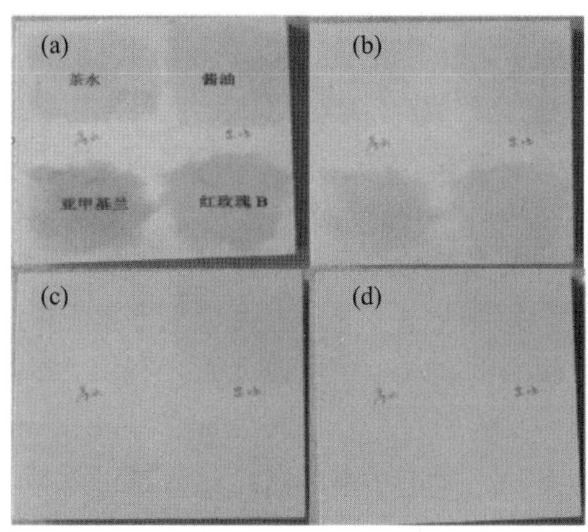


图7 含有光触媒和模拟污染物（亚甲基兰、红玫瑰B、茶水、酱油）(a)的及光照20min（b），40min（c）和240min（d）后的无机人造石基材

另外，如我们考虑实际应用场景，光触媒去污自洁效果应比测试样效果更加优越。实际应用场景中，板面的污染是日积月累附在板材表面的过程。在这个过程中，刚到达光触媒表面的污染物分子在阳光照射下立即被氧化破坏，也就是说在绝大多数情况下污染物没有机会积累就被光触媒氧化破坏了。再加上不定期的雨水冲洗板材表面，把被氧化的污染物残留冲

洗干净，使光触媒表面再生。因此，在实际应用中，光触媒的去污自洁效果将非常明显。

此外，广东美博还把无机人造石与光触媒的结合扩展到仿自然断裂的板面，效果也很好。如图 8 所示，表面为自然断裂面的板材也可以作为光触媒载体，具有很好的光触媒自洁效果。

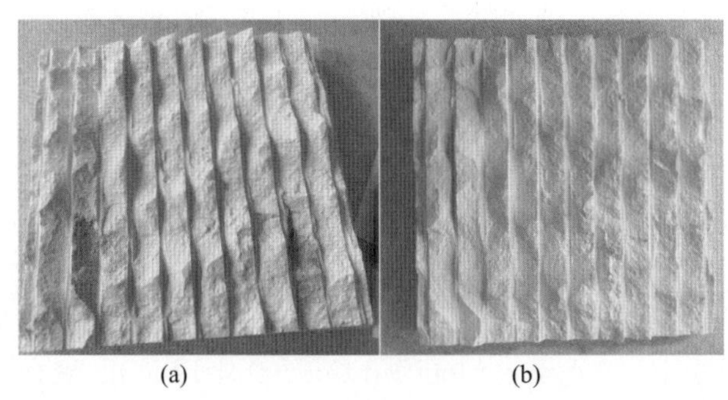

(a)　　(b)

图 8　刚制备好的样块板面（a）和受光照射 300min 后的板面（a）

至此，广东美博已完成了从光面板到自然断裂板面与光触媒的结合，自洁效果都非常好。同时，广东美博还做了初步的耐久性试验：将试验后的板块放在自来水龙头下反复冲洗 10～30min 模拟雨水冲刷，晾干后继续做自洁试验，结果自洁功能基本上不受影响。

### 4.3　将光触媒无机人造石付之于应用

广东美博正在与学术界专家、外墙装饰应用行业领军专家密切合作，夯实光触媒无机人造石应用的理论基础及工艺技术，将光触媒无机人造石应用落到实处，以缩短中国在光触媒建筑材料及应用方面与国际先进水平的差距。

光触媒自洁建筑可以大幅降低建筑外墙的维护成本，能长期保持建筑外表干净，延长建筑外墙老化。除了这些直观的优点外，光触媒自洁建筑另一个更重要的优点是对空气的净化功能。光触媒建筑外墙可以把吸附在其表面的有害气体如氮氧化物、硫氧化物、各种 VOCs 分解成无毒无害物质。这些有害气体中的氮氧化物、硫氧化物是酸雨源，是对混凝土造成实质性破坏的主要原因之一。而如烟尘、污垢、油污、VOCs 和其他污染微粒除了污染建筑物外表面使建筑物陈旧老化外，VOCs 还通过各种光化学反应破坏臭氧层，其光化学反应的产物含有致癌及其他对健康有严重危害的物质。光触媒自洁建筑外墙能将吸附在其表面的有害气体如氮氧化物、硫氧化物、各种 VOCs 分解成无毒无害物质，所以光触媒外墙被认为是应对城市空气污染最有效的手段。例如，米兰世博会意大利馆 9000m$^2$ 的光触媒自洁外墙被评估可以净化大约 100 辆柴油卡车或相当于 300 辆汽油小车的尾气排放。

光触媒还有强大的抗菌杀菌、除味能力。有资料表明，光触媒的抗菌/杀菌能力要比氯气强 3 倍，比臭氧强 1.5 倍。所以，光触媒建筑外墙不会发霉，不会产生青苔。光触媒自洁建筑外墙净化空气、抗菌杀菌的过程除了利用阳光外，不利用任何其他化学物质，不利用任何额外的能量，整个过程既不消耗光触媒，也没有任何有害废物产生，用绿色环保手段达到更绿色环保目的，所以光触媒被认为是适用性最广、效果最佳的洁净方法。图 9 形象地体现了光触媒的广泛应用。

理论上，光触媒可以应用在任何建筑材料表面接受阳光照射实现自洁功能。但基材能否承受强大的氧化还原反应是光触媒能否实际应用的主要因素。例如各种乳液涂料，虽然加入

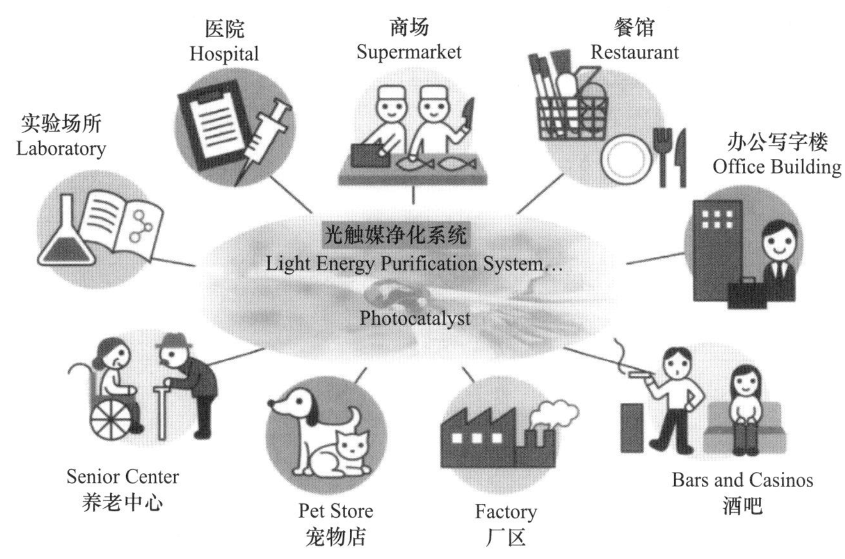


图 9　光触媒净化的应用领域

光触媒可以使涂层具有自洁功能，但除非特殊的保护措施，否则由于发生在光触媒表面的氧化还原反应，将使涂层自身也会遭到影响导致涂层老化、剥落等。

在建筑材料中，陶瓷、水泥混凝土以及玻璃因其对发生在光触媒表面的氧化还原反应有非常强的承受能力，因此是光触媒最优良的载体。相比陶瓷与玻璃，水泥混凝土作为光触媒载体其优势更加明显，因为陶瓷光触媒涉及高温烧结，玻璃光触媒涉及折光系数的匹配，这些都导致相对复杂的工艺，所以成本相对高。混凝土光触媒工艺简单，而且混凝土是建筑用量最大的材料，所以外墙装饰性混凝土是光触媒应用最广泛的领域，这也是为什么欧洲的 PICADA 项目以水泥混凝土装饰性外墙为主。

以水泥为胶凝材料的无机人造石由于其优越的耐候性正在成为取代天然石材用于建筑装修，特别是外墙装饰材料，无机人造石与光触媒结合作为自洁装饰材料不仅能保持装饰效果的长期美感，更重要的是光触媒无机人造石广泛应用于外墙将对减轻空气污染、提高空气质量进而提高公众的健康水平有极大的帮助。

## 5　结语

多家国际市场评估机构预测，2023—2030 年的 7 年间，光触媒自洁材料的发展将以年增长率（Compound Annual Growth Rate，CAGR）9.6%的速度增长，主要的应用领域为建筑行业。无机人造石作为光触媒载体具有巨大的优势，其特性使它具有良好的耐候性成为取代天然石用于室外的建筑装饰材料，它的无机特性还使它与光触媒高度兼容，不受光触媒表面所发生的强氧化还原反应所影响。无机人造石的人造特性使无机人造石可工厂产业化生产，性能可控可调，因此与光触媒的结合方式也可控可调，其制备成本也比目前混凝土光触媒外墙低很多，满足大面积推广使用的成本要求。

我国是世界上唯一具有无机人造石制造产业的国家，利用产业优势开发应用光触媒无机人造石将给无机人造石行业及相关行业带来良性互助发展。首先，光触媒无机人造石对基材的质量要求将有效遏制目前无机人造石以价格为导向、价廉物不美、浪费资源的发展趋势；

其次，光触媒无机人造石的应用将促进中国对光触媒材料的研究开发，这对中国在纳米材料领域的发展有促进作用；最后，光触媒无机人造石作为外墙装饰或户外其他具体应用不仅能使城市的面貌常新，降低外墙维护成本，还能有效地降低城市的空气污染，提高空气质量，提高大众的身体健康水平。因此，光触媒无机人造石作为外墙装饰或户外其他应用不仅具有巨大的经济效益，也有巨大的社会效益。

# 基于天辰MES的系统门窗数智化生产线的研究与应用

周　倩　傅　旺　张修福　贾　柯　边海涛
济南天辰智能装备股份有限公司　山东济南　250104

**摘　要**　随着“十四五”规划和《中国制造2025》规划的快速推进，智能制造工厂成为工业发展的一大趋势。政府的诸多行动也向市场传递出强烈信号，显示工业转型将迎来大突破、大提速。在生产制造过程中，推进新一代信息技术和制造技术的深度融合，成为制造企业摆脱传统加工模式的着力点与突破点。作为国内第一家门窗幕墙专用设备上市企业，天辰股份一直立足于行业需求，为客户提供性能稳定、技术先进的加工设备和智能生产线解决方案。自主研发了智能化的天辰MES生产执行制造系统，构建了在MES管理下，以订单模式，引入按樘齐套、框扇匹配的生产理念，集成多种高度自动化加工设备、工业机器人、智能分拣线、齐套库、凝胶缓存库、AGV机器人、组装流水线等诸多工序单元，实现满足客户生产需求的全厂定制化智能生产线，这在全世界都属于行业首创。

**关键词**　天辰MES；智能制造；二维码；工业机器人；AGV机器人；按樘齐套；框扇匹配；凝胶缓存；智能分拣；组装流水线

**Abstract**　With the rapid advancement of the “14th Five-Year Plan” and “Made in China 2025” plan, smart manufacturing factories have become a major trend in industrial development. Many actions of the government have also sent strong signals to the market, indicating that the industrial transformation will have a major breakthrough and speed up. In the manufacturing process, the in-depth integration of a new generation of information technology and manufacturing technology is promoted, which has become the focus and breakthrough point for manufacturing companies to get rid of the traditional processing mode. As the first domestic listed company of special equipment for windows, doors and curtain walls, based on industry needs, Jinan Tianchen Smart Machine Co., Ltd. has always been providing customers with stable performance, technologically advanced processing equipment and intelligent production line solutions. Independently developed the intelligent Tianchen MES production execution manufacturing system, built a production concept under MES management, using the order mode, introducing the production concept of complete sets of presses and matching frames and fans, integrating a variety of highly automated processing equipment, industrial robots, intelligent sorting line, assembly tower warehouse, gel cache warehouse, AGV robot, assembly line, and many other process units, realize a factory-wide customized intelligent production line that meets customer production needs, this is an industry first in the world.

**Keywords** Tianchen MES; intelligent manufacturing; QR code; industrial robot; AGV robot; complete set of presses; frame and fan matching; gel cache; intelligent sorting; assemblyline

## 1 基于天辰MES的系统门窗数智化生产线模式的设备构成与功能介绍

如图1所示，设备构成主要由锯切中心（含二维条码自动打印、自动粘贴与原材料机器人自动上料）、高速数控钻铣中心、数控双头端面铣床、智能分拣线、分拣工业机器人、齐套塔库、数控四头组角线、窗框注胶凝胶缓存库、窗扇注胶凝胶缓存库、窗框五金胶条安装调试台、窗扇五金胶条安装台、窗扇成品缓存库、智能看板等部分构成。

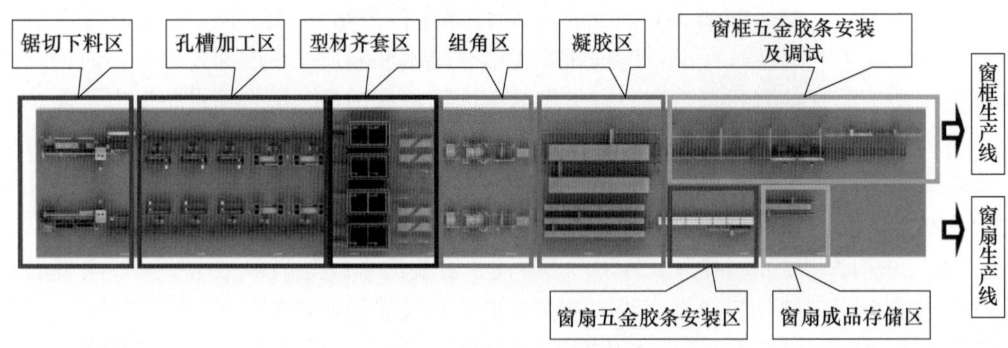


图1 系统门窗数字化生产线布局示意

该智能化生产线由窗框产线与窗扇产线组成，从前端的机器人上料、切割下料、孔槽加工、按樘出入齐套库、四头组角、注胶凝固缓存、五金胶条安装、框扇调试、质检打包等全线门窗工序实现线上作业，自主研发的天辰MES系统可无缝对接上游ERP系统，自动导入门窗企业工程作业单生成优化加工数据，整条智能生产线通过MES进行动态物流管控与加工数据管理，实现自执行的设备加工管控。

天辰MES系统配置了总控系统电子看板，分别布局于生产线前段、中段和后段；前段的为总控看板，可显示生产线工作状态、产能、设备监控、数据统计报表等实时信息；中段的电子看板为齐套装置的物料追踪显示，指导物料上车及型材缓存，直观清晰、一目了然；后段的为组装工序电子看板，指导人工组装使用（图2）。

该智能生产线中的数控设备均预留了5G数据采集端口，可应用“5G+工业互联网”实现远程运维等的功能扩展。全智能生产线设置服务器，服务器可外接办公室网络，内接产线工控电脑，实现整条智能产线的数据信息互通（图3）。每个单元通过天辰MES系统串接在一起，天辰MES系统上承企业ERP，下连产线工控电脑，完成各加工工序之间的任务与数据的传输。每个单元设置工作站，工作站之间通过局域网相连。

引入工业机器人，结合智能物流分拣，在天辰MES系统调度下，实现工件物流的自动化以及孔槽加工的智能化、数据化，无须人工操作（图4）。

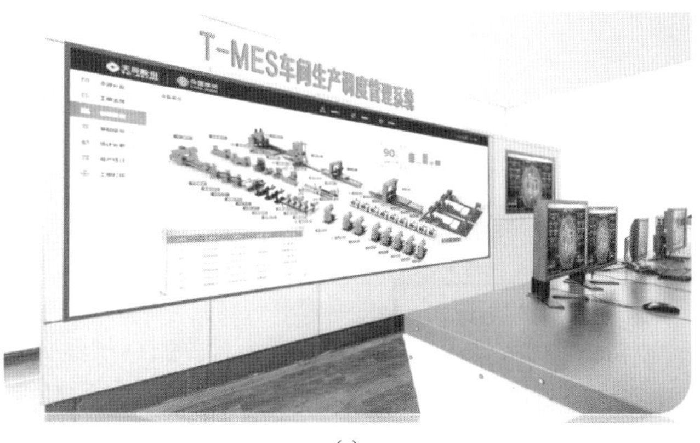


(a)

(b)

图 2　看板调度系统

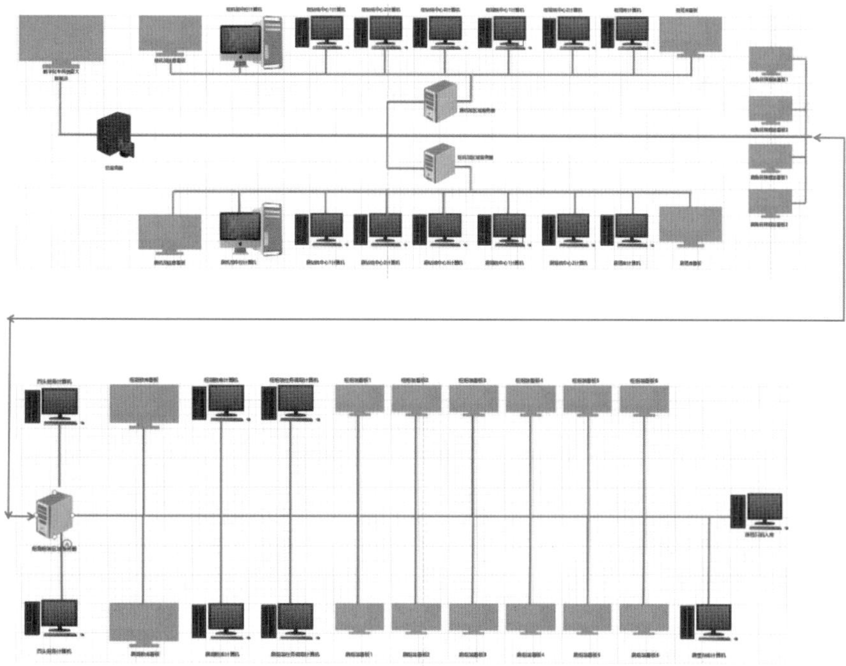

图 3　系统门窗数字化车间网络布局

图4　工业机器人智能分拣

智能齐套仓储实现按樘齐套生产管理，无须人工挑拣（图5）。

图5　齐套仓储中控界面

通过缓存库实现框扇匹配生产，实现订单的精准管控（图6）。

通过看板管理，实现门窗组装无纸化作业（图7）。

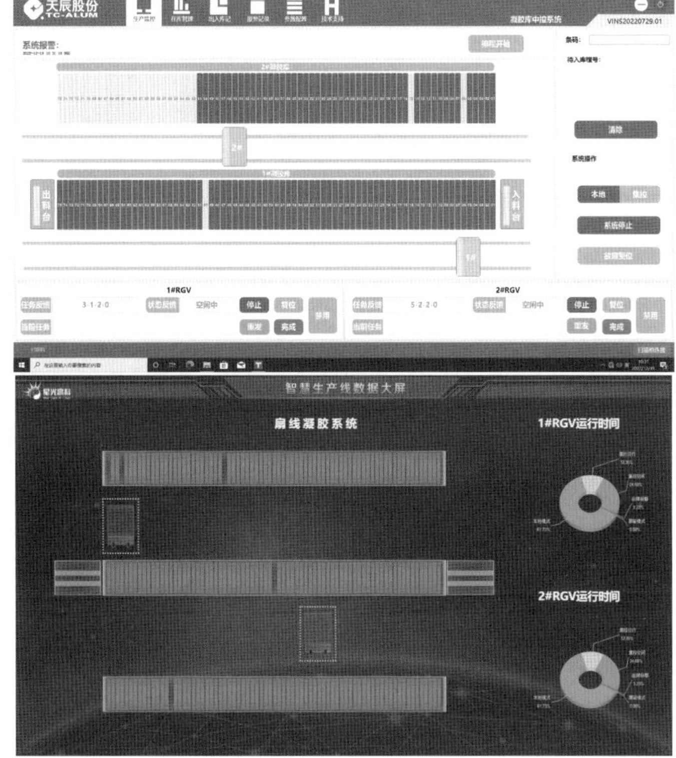


图 6　凝胶缓存系统控制界面

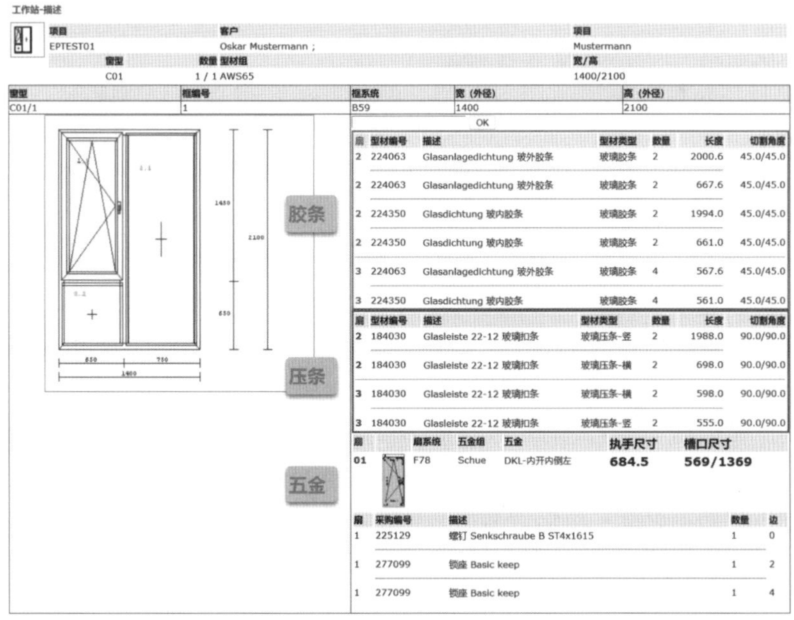


图 7　看板管理无纸化界面

## 2 天辰MES工厂执行系统

### 2.1 铝合金门窗生产线MES概述

MES全称为Manufacturing Execution System，即工厂执行系统，或者车间执行系统，重点是在执行这个层面。但目前很多企业所宣传的MES，并不是真正意义上的MES，不是工厂的执行系统，而是工时或者成本的记录系统，只是纯做记录而已。而在MES的定义里，执行是非常重要的一部分，专注于自动化的表现，即生产指令通过生产、搬运等，或者是履带、传输带等统筹起来，去执行生产工单，这个才是真正意义上的生产执行系统。

上层ERP下发的门窗作业单传输至生产车间，由MES系统接收订单信息后，进行计划的优化排产，通常称作APS先进排产模块。优化后的计划将存储到MES数据库，再由MES执行模块动态给生产线上的各个设备下达具体加工计划，其中包括发送给锯切中心的计划，一般包括下料切割的长度、角度、型材类型等信息，与锯切中心配合生产的转运系统，如智能机器人或者移动料仓等，以及后续的诸多机械加工设备。在整个计划执行过程中需要动态识别设备的计划执行状态，实现全流程的物料定位管理与识别，智能化的安排物料流转，实现自动化甚至无人化的加工过程。如果只是纯粹地停留在记录和管理上面，用于记录生产设备上的数据，以及工时、损耗等成本相关的数据，并通过这些数据分析生产过程中的一些问题，虽然能提高生产效率，但仍不是MES系统，如果没有自动化和半自动化的关联，我们只可以称之为工厂大数据平台。

### 2.2 MES系统数据信息流的管控

MES系统数据信息流管控主要组成：

（1）ERP计划接入和MES计划执行反馈。完成生产计划来源的数据接收以及当前生产计划执行状态反馈给ERP等上层管理系统。

（2）ERP计划转换为MES的优化排产计划，实现APS先进计划排产。

（3）各个工序读取、执行和回馈MES的工序生产计划。

（4）物流设备与工序设备配合，读取、执行和回馈MES的工序生产计划。

（5）lMES的整体协调管控以及管控信息的展示。

在集成的前提下实现可视化，在可视化的基础上实现精细化，在精细化的前提下实现均衡化，透明的目的在于实现生产过程的可视化，实现精细化生产。

首先，要实现生产信息的采集，这是企业实施MES系统软件的初衷，也是很容易见效的环节。但要实现真正“透明”，不仅要完成生产数据的采集，还要实现生产数据的集成，即物料数据、产品数据、工艺数据、质量数据等高度集成。

其次，要实现生产过程可视化。即在实现了集成后，通过逐步的细化（从控制的力度：车间→工序→机台→工步等；从控制的范围：计划执行→物料→工艺→人员→环境等），实现生产过程的可视化管理。

再次，在透明的基础上，实现均衡生产。企业只有实现了均衡的生产，才能实现产品质量、产品成本、产品交货期的均衡发展。均衡生产是质量稳定、降低制造成本的基础。

最后，实现高效生产，即在生产均衡的前提下，通过优化，实现高效的生产。

## 2.3 天辰MES二维码全流程管控系统门窗智能生产线

无缝对接上游设计软件：KLAES、支持长风、新格尔、杜特、尊蒙等市面主流设计软件，并支持数据的一键导入。

支持无损拆单：在不影响总体优化率的情况下，可以优先出单，实现样窗的制作。

设备集中控制：可视化集中控制的操作界面，使得操作更简单，生产更安全。

支持订单设计及优化：客户可以通过窗型设计模块，进行窗型建模和排单优化。

智能的余料管控：自动生成余料标签，可配合余料架（余料库）系统，实现余料管控。

方便地实现生产补料：扫描型材标签一维码，可实现快速优化补料。

数据汇总及追溯：实现数据的实时采集和记录，发现问题可快速追溯定位，及时纠错保障产品质量。

完善的数据接口：支持对接客户的各类ERP系统（图8、图9）。

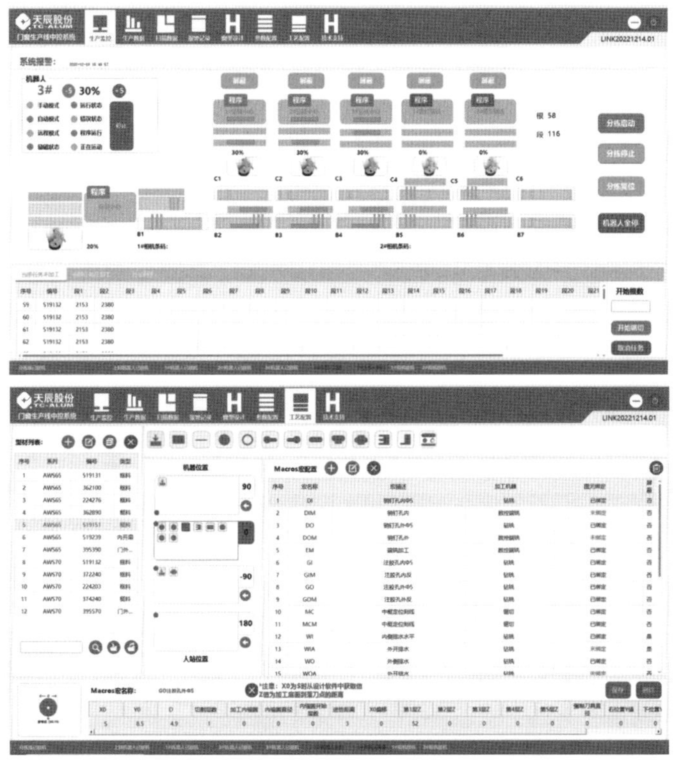


图8 天辰MES中控系统

根据客户工程作业单，天辰MES系统可实现智能化排产。天辰MES作为上承上级计划管理系统（ERP），下接加工设备的核心环节，是IT系统的最后一站。在天辰MES的智能排产模块实现了智能边缘计算，具备了计划即预见生产过程的超前预计算功能。天辰MES智能排产模块在接收到生产计划后，将自动生成可预见性的计算计划（图10）。天辰MES在生成预见性计算计划过程中，应用了分治算法、动态划分算法、贪心算法、分支限界算法与穷举算法等相结合的优化计算方式，基本解决了大数据计算模式与计算速度之间的矛盾。采取了加工计划与物流计划同步计算、同步控制的生产策略。引入了精益生产的管理理念，优化加工计划的排序、物流分拣计划的策略，极大地减少了物料周转。深入研究分析

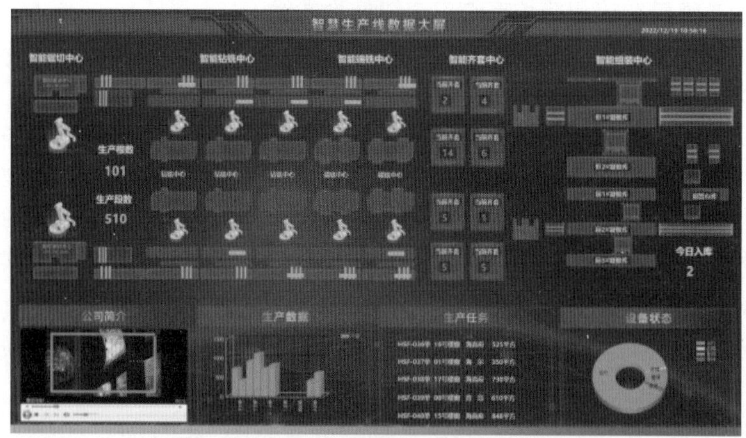


图 9　生产数据大屏

精益生产的动作，并运用到系统优化中来，按照动作经济原则尽可能减少人工数量并降低人工的劳动强度、提高生产效率，合理设计物流与分拣流程。在关键、易出错、劳动强度大的工位，合理使用工业机器人技术，从而实现智能化制造系统的重要特征，达到系统化的效率最高，成本最低，物料转运与加工准确度最高。比如在门窗生产中，创新性地实现了锯切后同类窗型物料一次集中分拣到位，大大减少了常规生产流程中多次分拣的消耗时间，具备全流程加工计划、物流计划设计的 MES 管理也使得生产线的错误率极大降低。

对于生产的异常状态等影响因素，天辰 MES 提供了人工干预的接口，天辰 MES 的设计原则是：人工干预是为了维护 MES 的计划正常执行，而不是改变计划。

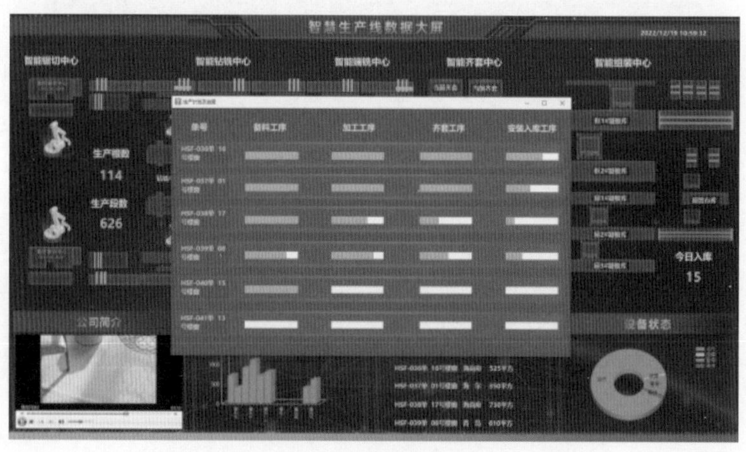


图 10　生产计划大屏

MES 加工数据管理是 MES 智能排产模块预计算排产计划正确执行的保障。它负责解析排产计划，进行设备和物流计划的再分解、数据协议重组、物料计划协调，通过各个子接口模块下达给生产线上的每一台需要 MES 管理排产的设备。其包括了多种多样的设备通信接口，以及多种工艺设备的计划控制子模块。其还包括：锯切下料模块、机器人动态路径模块、铣削模块、齐套缓存模块、四头组角模块、凝胶缓存模块、框扇组装调试模块、物流传送模块等。

制造业中采用离散型生产模式的企业占据了绝大多数。MES 动态物流管控是按照 MES 智能排产下达给设备的上下料计划，执行加工自动排程。采用物流自动化技术、机器人技术、条形码或二维码、RFID 技术实现对每个物料的定置定位追踪与控制管理，使得每个物料每时每刻都在 MES 的掌控之下，确保每道工序都严格按照 MES 智能排产模块设定的预见性计划进行生产。

MES 系统直接管理着机器人、锯切中心、钻铣中心、数控端铣、齐套缓存库、数控四头组角线、凝胶缓存库、框扇组装调试等各种生产线设备以及物流控制系统，实现实时下达加工计划、优化产线计划、协调工序加工、管理物流缓存、异常处理等功能。在生产线中也可能存在着少量纯人工操作的设备，比如小型冲床、手工装配台等，这类设备通常没有自动化接口，MES 系统则采用看板形式指导工人完成加工，能够更方便灵活地适应实际生产的个性化要求。

## 3　紧跟门窗企业“两化融合”的步伐，天辰智能有责任与义务推动行业智能化产线发展壮大

随着门窗企业“两化融合”（信息化和工业化融合）的推进，尤其是“5G＋工业互联网”的飞速发展，企业信息化、数字化的水平将有大幅度提升，这对智能线的落地实施将带来巨大的帮助和促进。当然，这也需要软硬件的更好结合，尤其是软件方面要有更好的支撑。不仅是门窗的加工数据来源，还有各种 ERP＼MES＼APS 等。

智能化生产也要求从业者改变传统的生产工艺设计思维，站在系统控制等全新的角度来看待工艺布局设计，进一步挖掘智能化生产模式的优势，分析整合数据会给生产带来的改变，不仅需要推动生产设备的不断改进，也要实现工艺进步，进而推动全流程生产效率的提升。

依托软硬件的技术革新和更好融合，最终，门窗生产的设计、生产、管理、服务等各个环节都将全面智能化地转型升级，完善整个智能制造系统。

结合客户生产现场需求，天辰智能产线可进行个性化定制。特殊工艺、资金投入和场地面积的限制是导致个性化定制的主要因素。基于日渐成熟的智能化生产线制造经验，天辰智能将根据用户的场地规模和资金预算，设计符合用户工艺和产能需求的个性化智能产线。

智能制造是制造业发展的必然趋势，也是门窗企业转型升级的必然方向，是解决门窗制造过程中难点、痛点的必由之路，可以实现更好的生产制造，提高企业营利能力。基于天辰 MES 的系统门窗数智化生产线实现对门窗整个生产过程的全面管控，改变了传统的单机生产模式，实现了多个加工单元的数字化、智能化、信息化联网作业，极大地降低人工成本，提高生产效率，减少错误成本，引领门窗行业的发展潮流。

## 4　结语

1999 年，“物联网”概念初步提出；

2009 年，美国提出“智慧地球”概念；

2010 年，中国进入智慧时代准备阶段；

2017 年，党的十九大提出推动互联网、大数据、人工智能和实体经济深度融合；

2018 年，“十三五”规划和《中国制造 2025》规划的快速推进，智能制造工厂成为工业发展的一大趋势；

2021年，“十四五”规划提出科技创新，进一步提高全要素生产率，加快制造业转型升级。

我们正处在百年未有之大变革时期，一切的行业发展都进入了“确定性与不确定性”并存的时期，未来短期内，新型基础设施建设，新型城镇化建设，交通、水利等重大工程建设，仍是“十四五”期间重要的投资方向。2022年我国经济总体量突破“百万亿”大关，其中房地产业及建筑业占GDP比重达14.5%，地位举足轻重。门窗市场的总体量仍然上涨，中国建筑金属结构协会铝门窗幕墙分会数据统计调查工作中的结果显示，铝门窗市场总产值在3000亿元以上。门窗行业的发展必须紧跟时代脚步，并以高质量的发展模式作为企业的主方向，抓好产品品质提升与市场管理的提质转型。在未来，绿色环保、智能化、个性化和数字化将成为门窗行业的主要发展趋势。铝门窗幕墙行业需要抓住机遇，以“科技创新”解决核心问题；以“数字化和智能化”顺应大势所趋；全面升级智能化生产线，从追求高速增长转向追求高质量发展，从“量”的扩张转向“质”的提升，走出一条内涵集约式发展的“窗”新之路……

## 参考文献


[1] 林土保．建筑幕墙门窗节能技术的应用及控制措施[J]．才智，2009(17)：39-40.

[2] 黄晓华．浅谈建筑幕墙成本控制的有效途径[J]．现代经济信息，2010(16)：2.

[3] 钦健．国内铝合金门窗建筑幕墙行业经济现状[J]．内蒙古科技与经济，2018(11)：16-17.

[4] 黄圻，张志华．铝合金门窗行业发展30年[J]．中国建筑金属结构，2012(1)：17-20.

[5] 黄颖华．MES系统在铝加工企业的运用[J]．电子技术与软件工程，2015(10)：264.

[6] 李鑫．企业车间MES生产调度的设计与实现[D]．中国科学院研究生院(沈阳计算技术研究所)，2011.

[7] 郭春花，徐世祥，王平．MES与搬运机器人实时信息传递，实现气缸盖自动识别[J]．内燃机与配件，2017(6)：36.

[8] 陈运军．基于工业机器人的“智能制造”柔性生产线设计[J]．制造业自动化，2017(08)：55-58.


## 作者简介


周倩（Zhou Qian），男，1970年3月生，高级工程师，总经理，研究方向：天辰MES-TCi铝门窗智能制造系统、数智化全厂定制智能产线、激光复合集成锯铣中心、高效铝合金门窗自动锯切组角生产线等；工作单位：济南天辰智能装备股份有限公司；地址：山东省济南市高新区科云路88号；邮编：250104；联系电话：0531-88877011；E-mail：tc-adm@163com。

# 浅谈如何提升铝门窗的耐用性、安全性

孟凡东　肖伟锋
广东贝克洛幕墙门窗系统有限公司　广东清远　511500

**摘　要**　影响门窗寿命的因素有很多，产品结构、材料选用、加工组装、施工安装，操作使用等，主要体现为窗户坠落、窗扇坠落、玻璃脱落坠落、玻璃自爆坠落等现象，而窗扇坠落是窗扇与窗框连接用的五金构件松脱或损坏失效导致坠落，多见于外开窗扇和推拉窗扇坠落。
**关键词**　门窗寿命；损坏；松脱失效；坠落

**Abstract**　There are many factors that can affect the lifespan of doors and windows, including product structure, material selection, processing and assembly, construction and installation, and operation and use. These factors can manifest in phenomena such as window falling, sash falling, glass detachment and falling, and glass self-explosion and falling. Sash falling occurs when the hardware components used to connect the sash and frame are damaged or loosened, commonly observed in outward-opening and sliding sashes.
**Keywords**　lifespan of doors and windows; damaged; loosened; sash falling

## 1　引言

进入21世纪以来，随着建筑技术的更新迭代，新建建筑外立面造型更是日新月异。为迎合当前的潮流趋势，设计师追求通透、大气的建筑风格，要求门窗的分格尺寸越来越大，开启扇规格也随之增大，加上采用中空玻璃，甚至采用中空夹胶玻璃，每个窗扇质量达100kg以上。常规的五金承重机构已经不能满足要求，框、扇的安装连接固定方式良莠不齐，在台风频发的恶劣天气里，给外立面门窗的应用带来严峻的挑战，随之而来的，更是频频听闻高楼窗户坠落事件，给人们的生活和社会的稳定带来了巨大影响和不可挽回的损失。

## 2　门窗坠落的原因分析

门窗坠落的原因有多种，但主要有如下几个原因：

（1）设计或安装问题：门窗的设计或安装存在问题，例如不稳固的连接件、不合适的尺寸或不正确的安装方法。这些问题可能导致门窗无法正确固定，增加了坠落的风险。

（2）操作使用不当：如果门窗被错误地使用，例如过度施加力量、过度拉扯或操作不当的开关方法，可能会导致门窗松动或脱离轨道，从而引发坠落事故。

（3）材料老化或破损：长时间的使用和自然风化可能导致门窗材料老化或破损，如金属腐蚀、玻璃破裂、塑料变形等。这些问题可能削弱门窗的结构强度，增加了门窗坠落的风险。

（4）强风或地震：强风或地震可能会对建筑物施加巨大的力量，这可能导致门窗受力过大而脱落或破碎。

（5）意外撞击：门窗可能会被意外地撞击或冲击力量所破坏，例如被移动的家具、交通事故等。这种情况下，门窗可能会破碎或脱离固定点，导致坠落。

（6）维护不当：缺乏定期的维护和保养可能导致门窗部件磨损、松动或失效。这些问题可能导致门窗不稳固，增加了坠落的风险。

## 3　如何提高门窗的耐用性和安全性

影响门窗寿命的因素有很多，包括产品结构、材料选用、加工组装、施工安装、操作使用等。本文主要从门窗产品结构设计确切地说从五金部件设计及安装方面思考如何提高门窗的耐久性、安全性。由于篇幅有限，主要从外开窗的窗框与窗扇连接固定角度，论述五金构件是门窗耐久性和安全性的主要影响因素。

### 3.1　窗扇的连接与固定

滑撑也称摩擦铰链，它在《建筑门窗五金件　滑撑》（JG/T 127—2017）中是这样被定义的：用于连接窗框和窗扇，支撑窗扇，实现向室外产生旋转并同时平移开启的多杆件装置。在铝合金外开窗中起到支撑、固定、调节开启角度和减少摩擦力等重要作用。它能够保证窗扇的稳定性和平稳的开启关闭操作，提供良好的通风效果，同时增加窗户的安全性和耐久性。

从上面的内容我们知道外开窗的窗扇是通过滑撑连接固定于窗框上的，但滑撑又是如何与窗框、窗扇连接固定的呢？通过对过往窗扇坠落的事件分析（图1、图2），发现所掉落的外开窗普遍采用只有螺钉连接的方式，这种连接方式存在重大的安全隐患。所以，滑撑与窗框、窗扇的连接固定很关键也很重要。

图1　框端脱落

图2　扇端脱落

目前很多地方规范明确规定，中高层建筑不应使用外开窗，当采用外开窗时，应有加强窗扇牢固、防脱落措施。贝克洛外开窗专用的摩擦铰链，以一种创新的结构降低窗扇脱落的隐患，且安装更快捷，准确度更高。以下从贝克洛的滑撑结构设计及应用方面和大家分享如何提高门窗的耐用性和安全性。图3为贝克洛滑撑的结构功能图示。

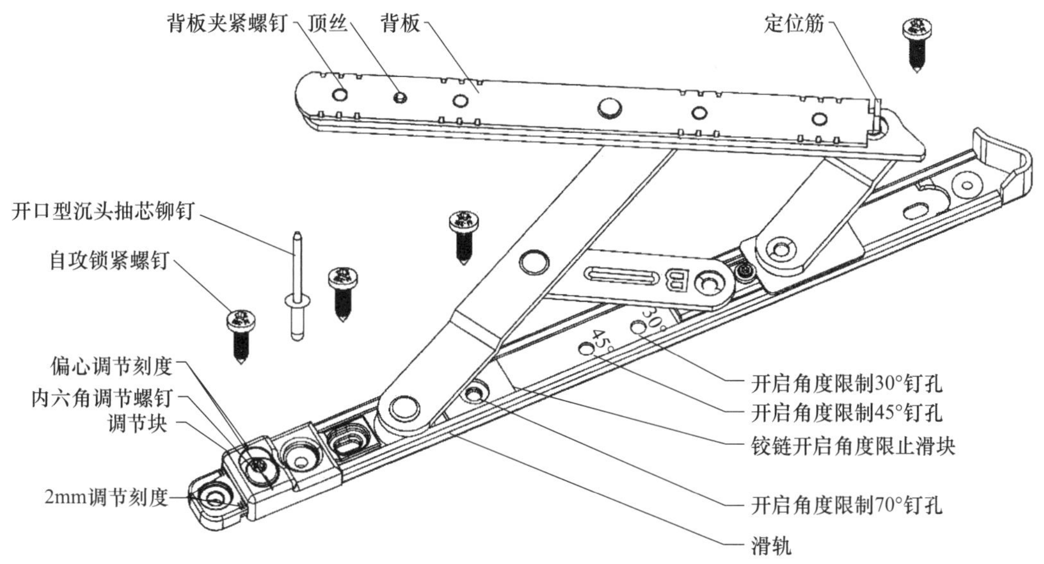


图 3　贝克洛滑撑结构功能图示

首先，滑撑与扇的连接采用的是背板夹持 C 槽的结构，代替传统的螺钉连接结构（图 4、图 5）。背板夹持的最大特点是把螺钉的点固定转换为线固定或面固定，大大提高扇端连接的牢固性、稳定性。

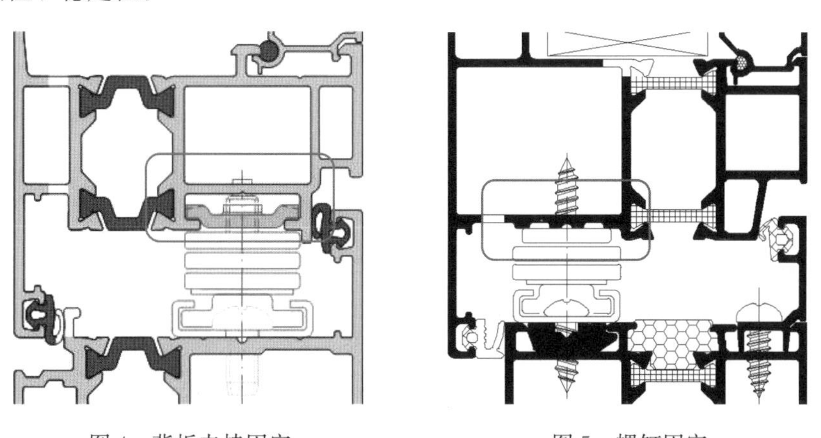

图 4　背板夹持固定　　　　图 5　螺钉固定

其中，背板设计的结构要点主要有：背板和滑撑托臂采用一旋铆钉铆固连接（图 6），使背板和滑撑主体结构铆接形成一个固定的整体。

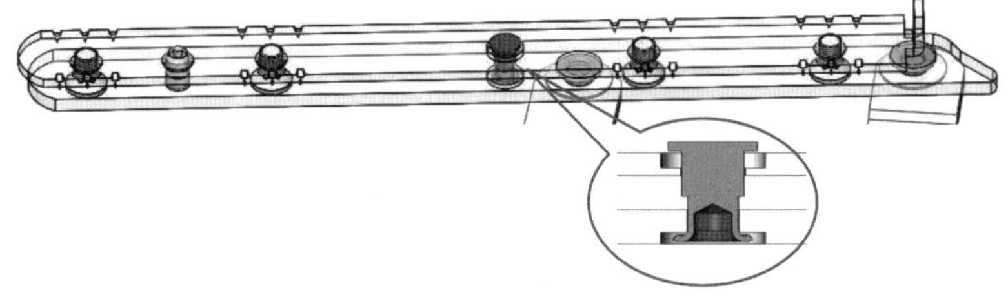

图 6　背板与托臂铆接图示

背板的边部带有锋利的凸筋，中间部位设置一顶丝（图7），凸筋通过螺钉收紧后咬紧型材，顶丝顶破扇型材将背板紧固于扇C槽内，从而有效地提高滑撑与窗扇的固定能力及防松脱能力。

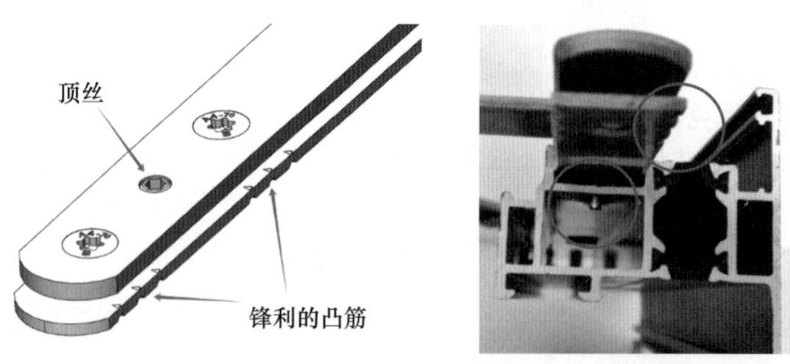


图7　背板凸筋和顶丝图示

背板端部设置有滑槽安装定位筋（图8）。作为滑撑扇端的快速插装定位，不仅快速确定滑槽的安装位置，保证安装精度，而且大大提高滑撑的安装效率。

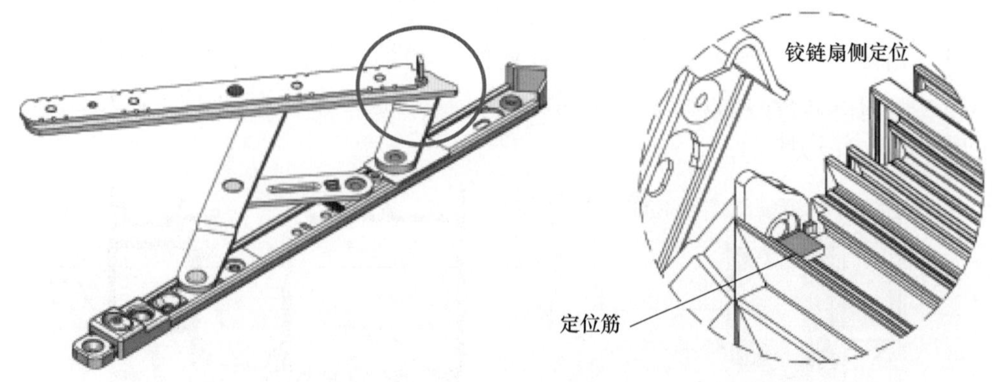


图8　背板定位筋图示

其次，滑撑在框端的连接采用“螺钉＋不锈钢抽芯铆钉”固定的组合方式，其中铆钉起固定及防松脱作用，螺钉有固定锁紧滑撑用途，这种组合方式实现了固定和防止框端滑撑脱落功能；滑撑的端部集成框、扇间隙调节的功能模块，可以微调窗扇在框洞口的相对位置，使其左、右间隙均匀，实现框扇更好、更完整的密封；框端安装提供标准的工装夹具，实现快速定位钻孔加工，提高车间生产效率。

最后，滑撑连接框、扇的固定螺钉、顶丝均采用SUS304不锈钢材质，且有效连接的螺纹处均涂有耐落胶（图9），保证耐腐蚀的同时有效地防止螺钉松动。

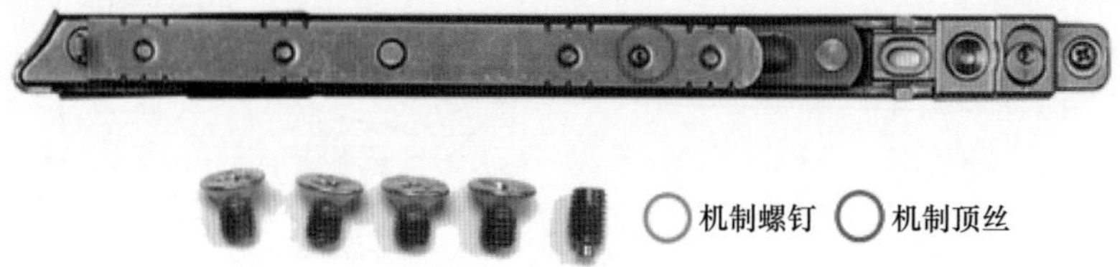


图9　螺钉紧固件图示

### 3.2 测试验证

（1）耐久性能

根据相关标准《铝合金门窗》（GB/T 8478—2020）第“5.6.12 反复启闭耐久性”规定：平开旋转类窗反复启闭次数不少于 1 万次；《建筑门窗五金件　滑撑》（JG/T 127—2017）第“5.3.6 反复启闭”规定：反复启闭过程中各杆件应正常回位，3.5 万次后，各部件不应脱落。经查阅贝克洛检测中心提供的测试报告，采用该滑撑的外开窗反复启闭次数可达 30 万次，远超国家相关标准（图 10）。

建筑门窗及材料性能检测

| 样品编号 | 检测项目 | 标准要求 | 检测结果 | 测试方法 | 单项判断 |
|---|---|---|---|---|---|
| 样品1 | 反复启闭极限性能 | 按委托方要求：检测至试件损坏或出现启闭异常，操作力不大于80N。 | 样品经反复启闭30万次后，上部滑撑铆接处明显松动，窗扇关闭后，框扇间隙过大，试验停止 | JG/T 127-2007 | 实测值 |

图 10　反复启闭测试结果图示

滑撑安装固定的螺钉紧固件，采用 SUS304/SUS316 材质，耐腐蚀性能测试不低于 480h，有效保证连接稳固及耐久性能，杜绝门窗在使用过程中因螺钉腐蚀生锈发生坠落的隐患（图 11）。

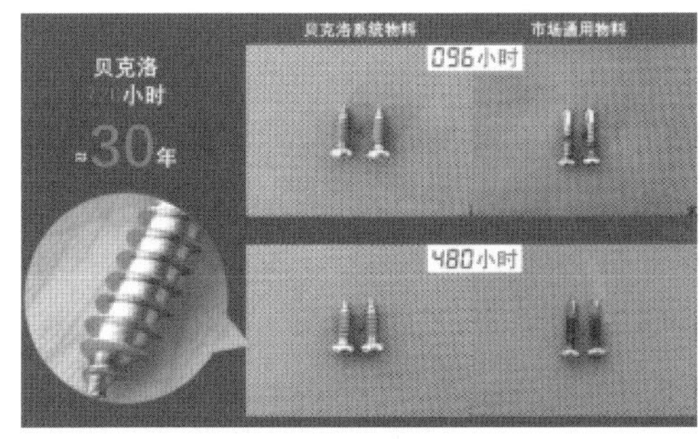

贝克洛螺钉紧固件耐腐蚀测试

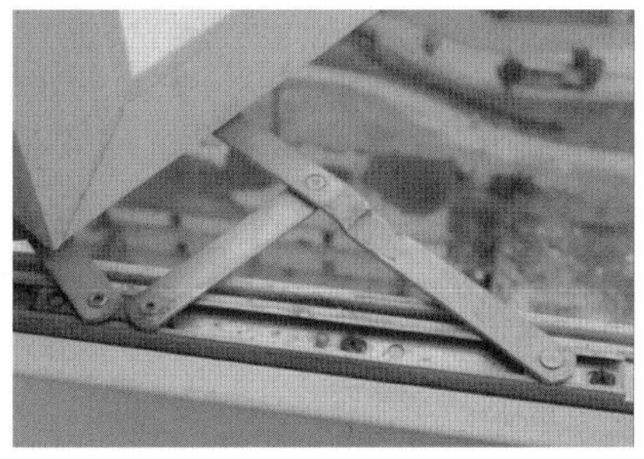
实际应用中螺钉紧固件腐蚀生锈图示

图 11　螺钉紧固件耐腐蚀检测图示

（2）安全性能

①重物撞击性能验证

检测方法：参考《铝合金门窗》（GB/T 8478—2020）条款 5.6.11.3 耐软物撞击性能要求，采用《整樘门 软重物体撞击试验》（GB/T 14155—2008）方法检测。砂袋质量 50kg，下落高度 2m（参考皮球 0.1s 撞击时间，撞击力计算约为 3160N）。

检测结果：经两次撞击后，窗扇无脱落，并且启闭正常（图 12）。

②防脱落性能验证

检测方法：参考《民用建筑外窗应用技术规程》（DG/TJ 08-2242—2017）附录 D，“开启扇动风压防坠落性能检测方法”。采用螺旋桨，分别从四个方向，对开启扇施加 33m/s 风速（12 级风）的动态风压荷载。

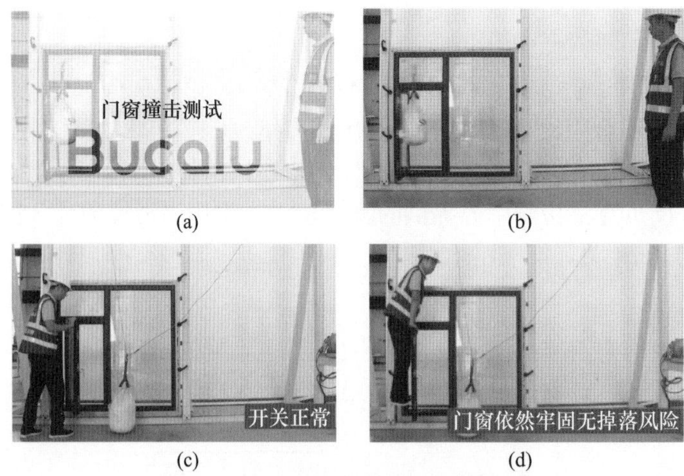


图 12　重物撞击性能检测过程图示

检测目的：模拟外开窗在使用中，滑撑紧固螺钉松脱且失效的情况下，开启扇的防风坠落性能。(门窗滑撑安装状态：滑撑与框部份只保留抽芯铆钉，滑撑与扇部份只保留紧定顶丝，滑撑的其他螺钉不安装，仅靠框上铆钉、扇上紧定顶丝连接的情况下（图 13)。

检测地点：广东省建设工程质量安全检测总站。

测试结果：窗扇与窗框连接完好，无脱落（图 14)。

图 13　检测样窗安装及检测图示

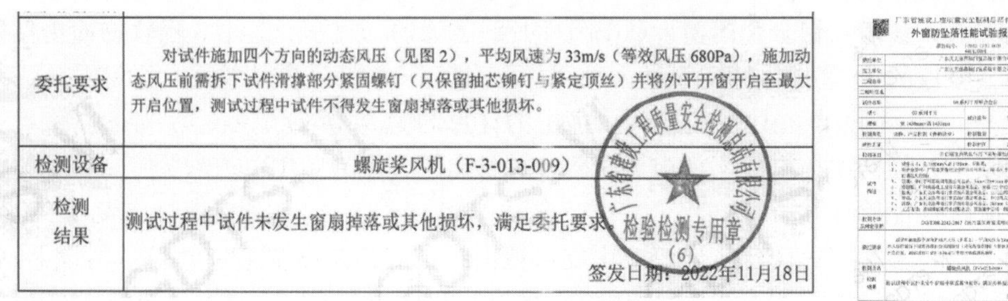

| 委托要求 | 对试件施加四个方向的动态风压（见图 2），平均风速为 33m/s（等效风压 680Pa），施加动态风压前需拆下试件滑撑部分紧固螺钉（只保留抽芯铆钉与紧定顶丝）并将外平开窗开启至最大开启位置，测试过程中试件不得发生窗扇掉落或其他损坏。 |
|---|---|
| 检测设备 | 螺旋桨风机（F-3-013-009） |
| 检测结果 | 测试过程中试件未发生窗扇掉落或其他损坏，满足委托要求。<br>签发日期：2022年11月18日 |



图 14　样窗检测报告截图图示

从检测结果得出，贝克洛外开窗用滑撑，具备一定的防脱落功能。即使在最极端的使用情况：外开窗铰链拧紧螺钉都发生松动脱落，只有框上铆钉和扇上紧定顶丝连接。开启扇在开启状态下，仍能承受不低于 12 级风（风速 33m/s）的动态风荷载，不出现脱落。

## 4 结语

通过合理的结构设计、优质的材料和选用五金构件的质量以及表面处理，可以提高铝门窗的耐久性并延长其使用寿命。同时，定期检查、维护和保养门窗也是必不可少的，可以及时发现问题并采取相应措施，确保门窗的正常运行和长久使用。

门窗属于可动易损、易于替换的非结构构件，相关规定其设计使用年限不低于 25 年，即使按 21 世纪初期建成的建筑，其外窗也接近设计使用年限，加上近年来持续增多的台风天气，加速缩短建筑外窗的使用寿命，同时增加安全隐患，导致高楼坠窗伤人事件频发，加强既有建筑外窗的安全维护和管理已变得十分迫切。

早在 2005 年新加坡政府就颁布实施了《窗户安全法》，每年 6 月 6 日和 12 月 12 日定位“窗户安全日”，以提醒业主每半年检查一次窗户，强化民众的窗户安全意识。中国香港特区政府也于 2012 年 6 月 30 日通过《建筑物（检验及修葺）条例》并全面实施强制验楼计划和验窗计划，从机制上消除香港旧楼的安全隐患。

2022 年，广东省人民政府参事王如荔对当前国内的既有房屋数据调查分析后提出尽快建立广东省对既有建筑外窗进行强检制度的建议。所以，作为一个门窗品牌或门窗行业从业者，应呼吁国家相关监管部门尽快完善建筑外窗的安全维护管理法规，及时推进和实施针对有一定楼龄的既有建筑外窗的检查和维护工作，维护社会稳定和消除市民的人身安全隐患。

### 参考文献

[1] 中华人民共和国住房和城乡建设部．建筑门窗五金件 滑撑：JG/T 127—2017 [S]．北京：中国标准出版社，2017.

[2] 中华人民共和国住房和城乡建设部．铝合金门窗：GB/T 8478—2020 [S]．北京：中国标准出版社，2020.

[3] 中华人民共和国国家质量监督检验检疫总局，中国国家标准化管理委员会．整樘门 软重物体撞击试验：GB/T 14155—2008[S]．北京：中国标准出版社，2008.

[4] 上海市住房和城乡建设管理委员会．民用建筑外窗应用技术规程：DG/TJ 08-2242—2017 [S]．上海：同济大学出版社，2017.

### 作者简介

孟凡东（Meng Fandong），男，1979 年 7 月生，工程师，研究方向：门窗五金构件研发设计；工作单位：广东贝克洛幕墙门窗系统有限公司；地址：广东省清远市高新技术产业开发区创兴大道 16 号；邮编：511500；联系电话：18926616650；E-mail：14096275@qq. com。

肖伟锋（Xiao Weifeng），男，1982 年 8 月生，研究方向：门窗五金构件研发设计；工作单位：广东贝克洛幕墙门窗系统有限公司；地址：广东省清远市高新技术产业开发区创兴大道 16 号；邮编：511500；联系电话：13726998155；E-mail：184261300@qq. com。

# 浅谈断桥铝合金外平开窗结构设计

冯　磊　杨雯婕

衡水和平铝业科技有限公司　河北衡水　053300

**摘　要**　外平开窗作为主流运用的窗型之一，其结构设计的合理性直接影响到整窗的性能及外视效果。所以在保证产品性能的前提下，如何优化外平开窗结构设计，提升其外视效果是本文主要探究内容。

**关键词**　外平开窗；产品性能；外视效果

**Abstract**　External casement windows as one of the mainstream window types, the rationality of its structural design directly affects the performance and visual effect of the entire window. So, under the premise of ensuring product performance, how to optimize the structural design of the external casement window to enhance its external visual effect is the main exploration content of this article.

**Keywords**　external casement windows; performance; external visual effect

## 1　引言

随着国民经济的快速发展和人民生活水平的逐步提高，人们对居住环境的要求也逐步提高。而且，国家对于节能减排的要求也在加强加深，从“双碳”目标既定以来，各地的减碳政策也开始逐渐施行。目前，断桥铝门窗市场为国内门窗市场主流之一，所以断桥铝合金窗产品也肩负着多方面的需求。未来的断桥铝合金窗产品市场也会将以绿色低碳以及人性化、智能化为趋势。而作为断桥铝合金窗重要组成部分的外平开窗，如何通过其结构的搭配转换来满足使用需求尤为重要。

## 2　产品要求

断桥铝合金外平开窗的产品要求主要包括规范要求、性能要求和其他要求这三大项。不同的产品要求影响着产品的结构搭配及设计，而结构设计的根本目的也是在满足相关要求的前提下做到降低成本。

### 2.1　规范要求

断桥铝合金外平开窗需满足其产品标准《铝合金门窗》（GB/T 8478—2020）规定，还应满足《铝合金门窗工程技术规范》（JGJ 214—2010）及其应用相关的国家和地方标准等。部分地方标准对外平开窗提出了针对性的要求：原北京地方标准《居住建筑门窗工程技术规范》（DB11/ 1028—2013）4.9.3 条要求七层（含七层）以上建筑严禁采用外平开窗，标准改版后（2021 版），其 5.4.1 条对外平开窗五金配置提出要求，明确外平开窗应安装滑撑。上海市《民用建筑外窗应用技术规程》（DG/TJ 08-2242—2017）3.0.8 条规定七层及七层以上民用建筑不宜采用外平开窗。当确需采用外平开窗时，承重五金应牢固固定，且应采取有效的防儿童坠落及防开启扇坠落的措施，并通过试验验证及技术论证。3.0.9 条规定超高层建筑严禁使用外平开窗。3.0.10 也明确规定了外平开窗开启扇尺寸及质量。

从规范要求上来说，部分地方对于外平开窗的使用要求严格，然而严苛的标准要求也是基于对人民生命财产的保护角度出发。因为外平开窗在未关闭状态下受强风作用可能发生坠落风险，危及人民生命财产安全。

从产品结构应用角度上，北京、上海地方标准也提出了玻璃压条需在室内安装的要求，运用到外平开窗结构上开启加固定分格形式需增加转接框来翻转玻璃压条，后续结构类型将详细分析。

### 2.2 性能要求

断桥铝合金外平开窗性能要求根据标准要求确定。其中，《铝合金门窗》（GB/T 8478—2020）规定了各项性能要求，根据外窗产品类型（普通型、保温型、隔热型、保温隔热型、隔声型、耐火型），不同的选择均有不同的要求，还需根据实际地方标准或项目要求最终确认其性能指标。

### 2.3 其他要求

其他要求归结于工程项目要求、甲方要求、业主要求等，主要体现为除门窗产品性能要求以外的，如颜色、外观样式、产品看面尺寸等要求。

## 3 结构类型

断桥铝合金外平开窗的主要组成有：边框、转接框、中梃、假中梃、外开扇、玻璃压条等。产品应用过程中业主或甲方往往在意外平开窗添加转框后，固定与开启连接位的尺寸宽度较大影响采光及外视效果。而通过结构的不同转变影响外视效果的主要有边框、转接框、中梃和外开扇。在满足产品要求情况下通过改变产品结构减小连接位看面尺寸，如采用 Z 字中梃、拼接框梃等方案。

### 3.1 边框、转接框

断桥铝合金外平开窗边框可根据窗型风格和五金配置选择不同的边框形式，主要表现形式为标准三腔断桥组合形式。区别在于五金槽口的配置方案不同，如图 1（a）图采用“C 槽”五金槽口可配置合页与滑撑，图 1（b）采用“平槽”五金槽口只能采用滑撑，而平槽

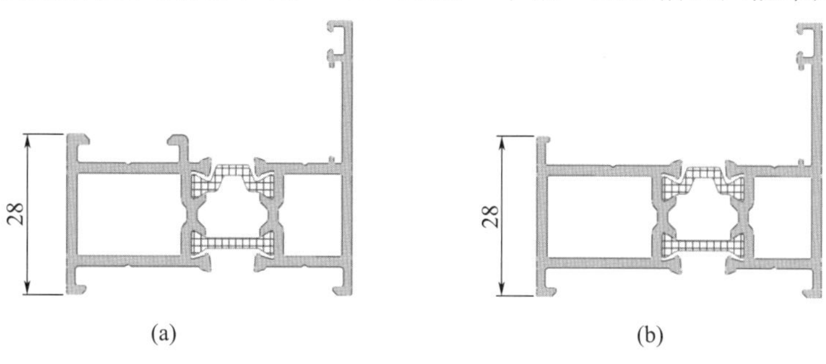


图 1 边框

边框因不能配置玻璃压条只适用于单开启外平开窗。转接框安装位置不同槽口可选择不同，转接框安装开启位可选择 C 槽或平槽，转接框安装固定位则需采用 C 槽用于安装玻璃压条。

### 3.2 拼接框梃、Z 字中梃

拼接框梃与 Z 字中梃是通过产品结构的变化转变外平开窗开启与固定悬臂方向从而实现开启和固定方向的转变。如图 2 所示，相对普通的增加转接框进行固定和开启位转换，拼接框梃采用框、梃悬臂分解设计，通过不同位置的组合添加来完成转接，这样的好处是可以将整套边框及中梃统一为相同型材，通过螺钉连接不同位置的悬臂从而实现内外侧悬臂方向的转变。而 Z 字中梃是通过切分边框并与之连接形成左右悬臂的不同转变来完成转接。

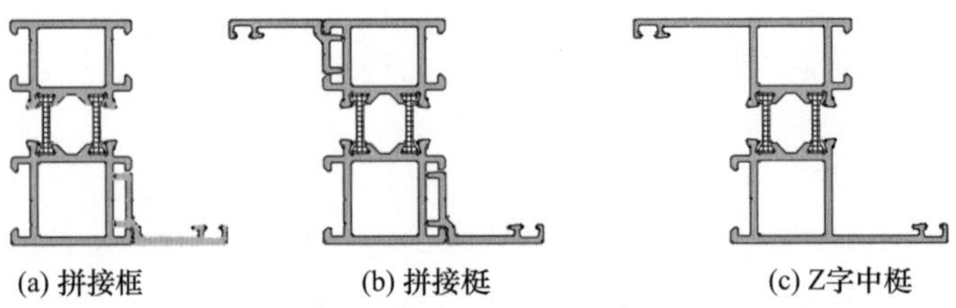


图 2　拼接框梃、Z 字中梃

## 4　结构设计组合

不同的风格需要不同的型材来进行拼接组装，那么，怎样合理地组装可满足产品要求又能节省成本？采用一开启一固定的日字风格窗型（图 3）做模拟对比，对比结构组合后产品看面及用料情况。通过不同的料型组合可分为四种类型：转接框配置在开启侧（图 4）、转接框配置在固定侧（图 5）、拼接框梃配置方案（图 6）、Z 字中梃配置方案（图 7），不论转接框是在开启侧还是固定侧均为 161mm，变化的是开启侧边部及固层侧边部尺寸。不采用转接框的拼接框梃方案与 Z 字中梃方案所有看面尺寸是一致的。通过对比计算四种方案，可以得出从窗框面积占比数据得出转接框在固定侧窗框面积占比最大且质量最高，而拼接框梃与 Z 字中梃方案想比较窗框面积占比一致，但整窗质量拼接框梃方案又高于 Z 字中梃方案（如表 1）。

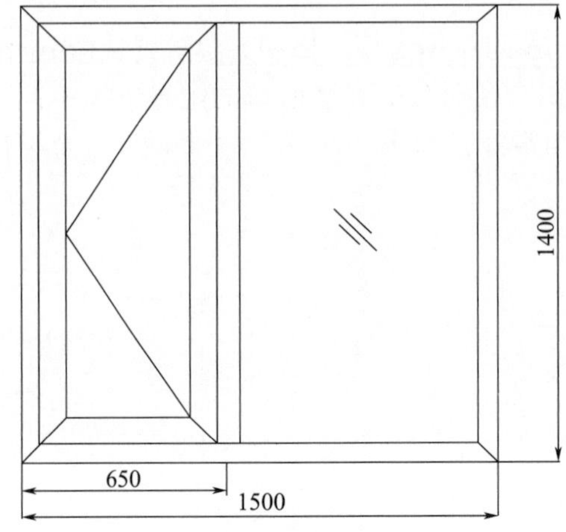


图 3　外平开窗风格图（外视外平开）

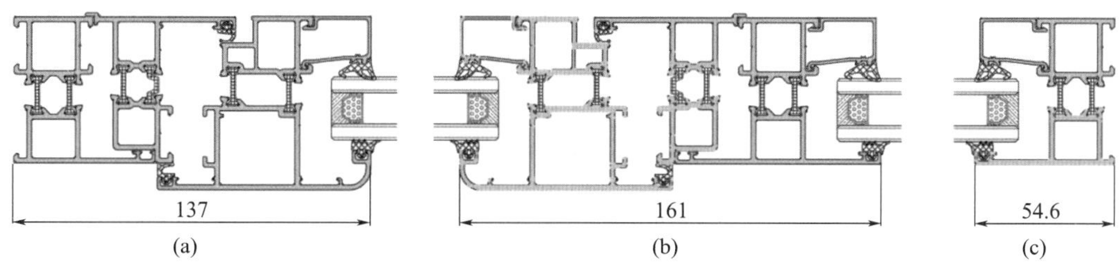


图 4　外平开窗节点图（转接框在开启侧）

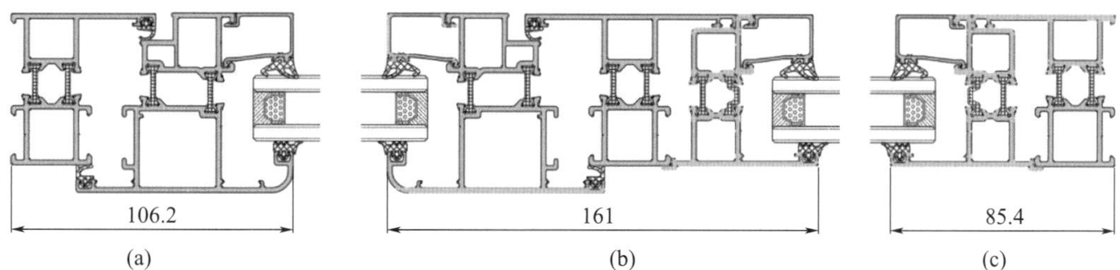


图 5　外平开窗节点图（转接框在固定侧）

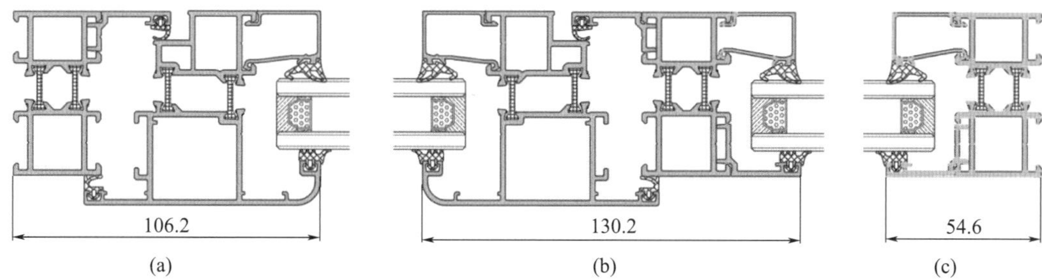


图 6　外平开窗节点图（拼接框梃）

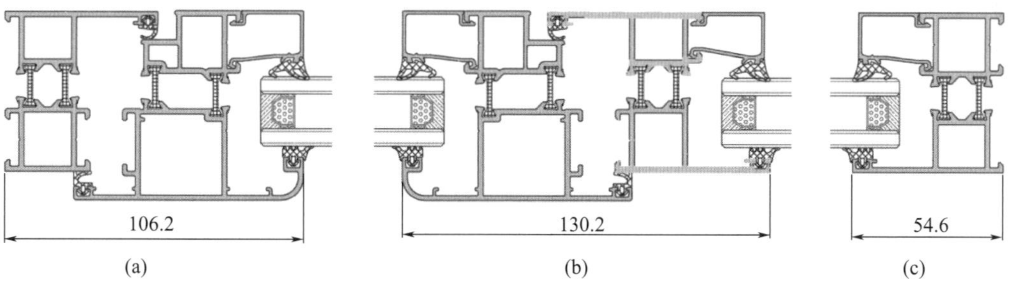


图 7　外平开窗节点图（Z 字梃）

**表 1　外平开窗整窗对比数据**

| 类型 | 框窗比 | 铝合金型材质量（kg） |
| --- | --- | --- |
| 转接框方案 1（开启侧） | 32.3 | 21.9 |
| 转接框方案 2（固定侧） | 34.3 | 24.3 |
| 拼接框梃方案 | 28.1 | 19.3 |
| Z 字中梃方案 | 28.1 | 17.9 |

## 5 结构设计组合加工问题

不同的结构设计对于加工组装的要求也是不相同的，用模拟的四种外平开窗形式从加工工艺所涉及的问题做对应分析。

### 5.1 转接框安装在开启侧

转接框安装在开启侧是比较常规的外平开窗应用方案（图 4），分析它的加工特点及相关注意事项。从材料利用方面考虑，一般固定位置大于开启位置，所以转接框安装在开启侧可以节省材料。从产品结构上考虑，固定侧为常规边框/中梃加扣条结构，而开启侧增加了转接框需注意转接框的排水通道设置，由转接框外侧引流至边框外侧再由排水孔排出腔外。而排水孔的设计也从一定程度上破坏了结构气密性，所以转接框与边框连接的气密性设计至关重要。

### 5.2 转接框安装在固定侧

转接框安装在固定侧方案一般采用形式为开启侧较大，固定侧较小时（图 5）。这样配置方案既可以提高材料利用率也可以在一定程度上增加整窗采光面积。同转接框安装在固定侧与开启侧排水通道设置方法一致，同样需注意转接框与边框/中梃连接位置的气密性设计。

### 5.3 拼接框梃

拼接框梃方案在实际中应用较少，主要原因就是加工比较复杂（图 6）。因为需要采用通用框梃结构加工成框架体系，根据开启和固定的分格按照悬臂方向做相应拼接。这种产品方案在批量加工时会增加较多拼接打螺钉的工序，较多的拼缝破坏了产品结构的完整性，容易造成漏水、漏气问题，从而破坏整窗气密性与水密性，影响整窗性能。

### 5.4 Z 字中梃

Z 字中梃的方案应用可以很大程度上节省材料以及降低开启与固定位置的看面尺寸（图 7）。Z 字中梃的应用主要难度在加工工艺，因为采用 Z 字中梃结构等于把开启侧边框与固定侧边框翻转，这样固定与开启分界位置边框需断开，边框固定侧与开启侧均与 Z 字中梃相连。这种连接工艺增加了边框与中梃连接拼缝，且破坏了整体横/竖边框的连贯性，连接组装工艺控制不到位极易造成整窗气密性、水密性的丧失。

## 6 外平开窗安装

铝合金门窗行业内经常听到“三分制作七分安装”的说法，不探究说法的正确与否，但可以看出门窗的上墙安装至关重要。安装的工艺工法有多种多样，根据不同建筑类别、不同项目要求等，可分为干法安装、湿法安装、外挂式安装、洞口内安装（内嵌式、半内嵌式）等。常规采用附框的安装方式，窗框下方与结构安装关系较大，不同结构需考虑窗框与附框的稳定连接。常规产品方案为转接框在开启侧，这样四周边框小面在室内侧边框大面在室外侧。转接框在固定侧时四周边框大面在室内侧边框小面在室外侧，这样需注意边框与附框的有效连接以及固定位的排水设计。拼接框梃边框四周为相同边框，是通过改变拼接悬臂来实现转换，所以对安装方法无影响。Z 字中梃因开启侧与固定侧边框翻转，影响门窗安装调整件的选配，因边框小面及边框大面在固定侧和开启侧翻转，这样不能保证槽口的完整性，并且破坏了边框上下的完整性，容易造成渗水、漏水现象。

## 7 结论

通过结构类型、结构设计组合、结构设计组合加工、外平开窗安装综合分析可知，四种方案优缺点明显。拼接框梃与Z字中梃产品方案的应用可以提高材料的利用率，并且减小外平开窗开启侧与固定侧中间转换尺寸，提升采光通透性。但缺点就是加工工艺复杂且不可控，容易影响整窗产品性能。采用转接框方案虽然一定程度上造成材料使用以及看面尺寸的增加，但可以有效保证整窗性能，简化加工工艺。所以，根据实际情况应用选择不同的外平开窗结构类型以对应不同的产品需求才是正确的选择。

## 参考文献

[1] 中华人民共和国住房和城乡建设部．铝合金门窗：GB/T 8478—2020 [S]. 北京：中国标准出版社，2020.

[2] 中华人民共和国国家质量监督检验检疫总局，中国国家标准化管理委员会．建筑幕墙、门窗通用技术条件：GB/T 31433—2015 [S]. 北京：中国标准出版社，2015.

[3] 中华人民共和国住房和城乡建设部．铝合金门窗工程技术规范：JGJ 214—2010 [S]. 北京：中国建筑工业出版社，2010.

[4] 上海市住房和城乡建设管理委员会．民用建筑外窗应用技术规程：DG/TJ 08-2242—2017 [S]. 上海：同济大学出版社，2017.

[5] 北京市住房和城乡建设委员会，北京市市场监督管理局．民用建筑节能门窗工程技术标准：DB11/T 1028—2021 [S]. 2021.

## 作者简介

冯磊（Feng Lei），衡水和平铝业科技有限公司；地址：河北省衡水市武强县新开东街上东区东行1000米路北；联系方式：15076669705；E—mail：2008hplc@163.com。

# 探究热对流对断桥铝合金窗框 *U* 值的影响

李庆雨　杨雯婕

衡水和平铝业科技有限公司　河北衡水　053300

**摘　要**　热量传递主要通过热传导、热对流、热辐射三种途径，断桥铝合金窗的保温也是从这三方面进行改善和提升。本文主要探究的是热对流对断桥铝合金窗框 *U* 值的影响，通过 Therm 软件进行热工模拟计算分析，断桥铝合金窗框不同位置填充阻流块、填充不同形状的阻流块、内鳍隔热条形式对断桥铝合金窗框 *U* 值的影响以及随着隔热腔体的增大，热对流对窗框的 *U* 值影响是否也随之增大。

**关键词**　热对流；框 *U* 值；阻流块；内鳍隔热条

**Abstract**　Heat transfer is mainly achieved through three channels: heat conduction, heat convection, and heat radiation, and the insulation of broken bridge aluminum alloy windows is also improved and enhanced from these three aspects. This article mainly explores the influence of thermal convection on the U-value of broken bridge aluminum alloy window frames. Through thermal simulation calculation and analysis using Therm software, it is found that different positions of broken bridge aluminum alloy window frames are filled with Spoiler block, different shapes of Spoiler block, and the form of inner fin insulation strip affects the U-value of broken bridge aluminum alloy window frames. As the insulation cavity magnify, does the influence of thermal convection on the U-value of window frames also magnify.

**Keywords**　thermal convection; frames *U* value; spoiler block; inner fin insulation strip

## 1　引言

近年来能源和环境矛盾日益突出，建筑能耗总量和能耗强度上行压力不断加大，建筑节能问题已成为全社会普遍关注的重要话题之一，随着“二氧化碳排放力争于 2030 年前达到峰值，努力争取 2060 年前实现碳中和”目标的提出，超低能耗建筑也在快速增长。

其中，外窗是影响建筑节能效果的关键部件，建筑围护结构的门窗能耗占建筑总能耗的 50%左右，所以提升门窗的保温性能变得尤为重要。门窗保温从整体配置来讲就是加大隔热条宽度，选配节能玻璃，填充阻流块。本文主要探究的是热对流对断桥铝合金窗保温性能的影响：第一，是否隔热腔体越大填充阻流块带来的“收益”越大；第二，市面上常见的阻止窗框部分热对流的方式有隔热腔粘贴矩形阻流块、隔热腔满注保温隔热发泡胶、铝合金腔体满注保温隔热发泡胶、隔热条采用内鳍形式，哪种方式保温效果最佳。

## 2 数据模拟对比分析

随着隔热条的增大，隔热腔体空间也越大，本文分别以使用24mm隔热条系列产品、使用44mm隔热条系列产品、使用54mm隔热条系列产品为例，分析随着隔热腔的增大，热对流对框$U$值的影响。

针对同一系列四种隔热腔体不同形式，对其热对流处理方式进行保温性能对比分析。

我们在每个系列的产品分别设置一个隔热腔、型材腔全部无填充的框$U$值作为空白参照数据，然后选取四种不同的填充方案进行数据对比：

(1) 隔热腔体无填充、铝合金腔体无填充（空白对照组）；

(2) 模拟机械注胶方式，隔热腔体内部填满保温隔热材料；

(3) 模拟人工手贴阻流块方式，隔热腔体内部填充矩形保温隔热材料；

(4) 铝合金腔体内填充保温隔热材料；

(5) 隔热条采用内鳍方案。

### 2.1 24mm隔热条产品数据对比（图1）

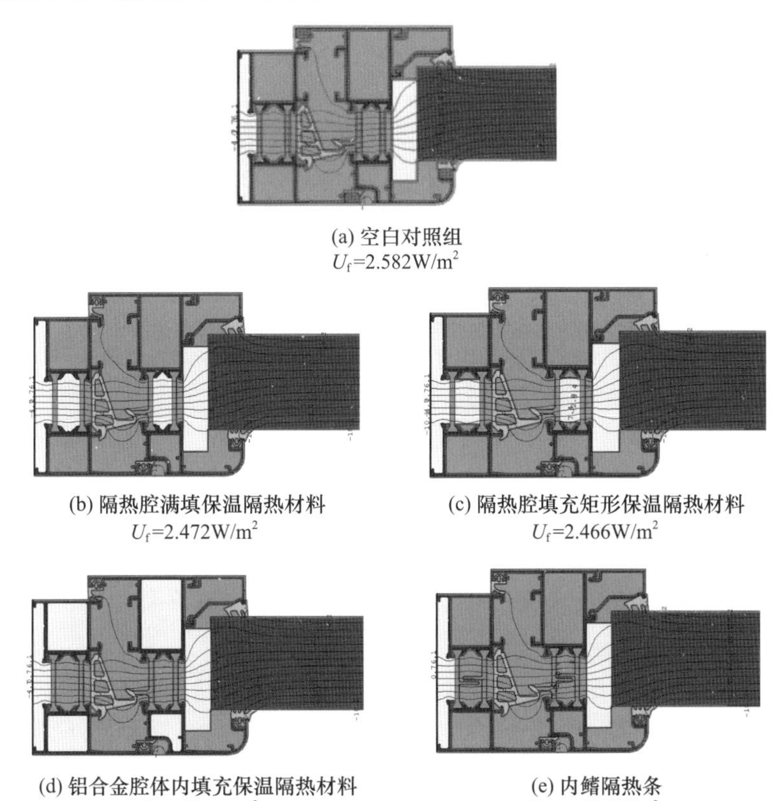

(a) 空白对照组
$U_f$=2.582W/m$^2$

(b) 隔热腔满填保温隔热材料
$U_f$=2.472W/m$^2$

(c) 隔热腔填充矩形保温隔热材料
$U_f$=2.466W/m$^2$

(d) 铝合金腔体内填充保温隔热材料
$U_f$=2.582W/m$^2$

(e) 内鳍隔热条
$U_f$=2.565W/m$^2$

图1 24mm隔热条产品数据对比

隔热腔体内满填保温隔热材料（方案b）框$U$值$U_f$=2.472，相较参照组（a）$U_f$=2.582，降幅为0.110；隔热腔体内部填充矩形保温隔热材料（方案c）框$U$值$U_f$=2.466，相较参照组（a）$U_f$=2.582，降幅为0.116；铝合金腔体内填充保温隔热材料（方案d）框$U$值$U_f$=2.582，相较参照组（a）$U_f$=2.582，降幅为0；隔热条采用内鳍方案（方案e）框

U 值 $U_f$=2.565，相较参照组（a）$U_f$=2.582，降幅为 0.017。

四组数据，方案（a）、方案（b）、方案（e）框 U 值 $U_f$有略微改善，方案（d）框 U 值 $U_f$无变化。

## 2.2 44mm 隔热条产品数据对比（图 2）

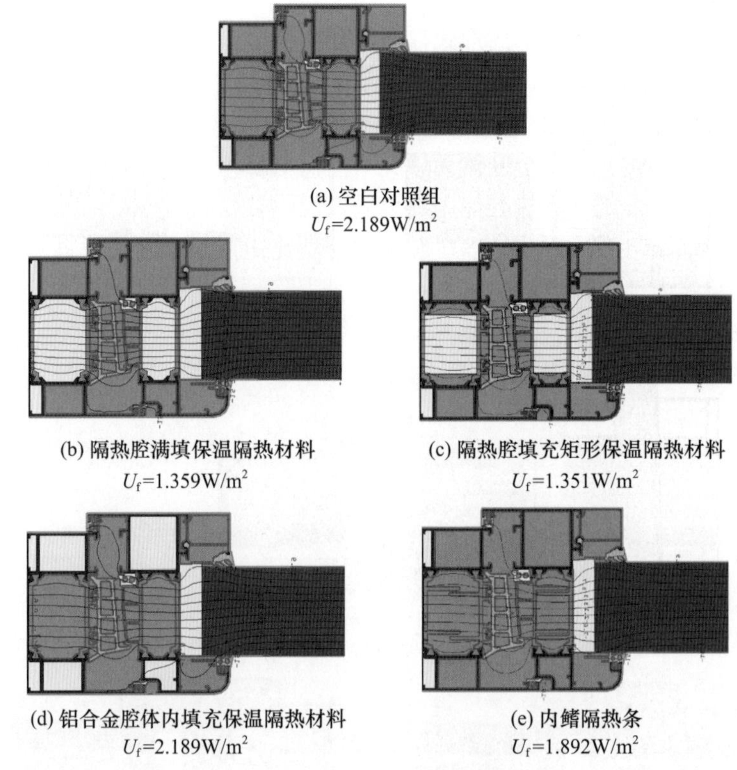

(a) 空白对照组 $U_f$=2.189W/m$^2$

(b) 隔热腔满填保温隔热材料 $U_f$=1.359W/m$^2$

(c) 隔热腔填充矩形保温隔热材料 $U_f$=1.351W/m$^2$

(d) 铝合金腔体内填充保温隔热材料 $U_f$=2.189W/m$^2$

(e) 内鳍隔热条 $U_f$=1.892W/m$^2$

图 2　44mm 隔热条产品数据对比

隔热腔体内满填保温隔热材料（方案 b）框 $U$ 值 $U_f$=1.359，相较参照组（a）$U_f$=2.189，降幅为 0.830；隔热腔体内部填充矩形保温隔热材料（方案 c）框 $U$ 值 $U_f$=1.351，相较参照组（a）$U_f$=2.189，降幅为 0.838；铝合金腔体内填充保温隔热材料（方案 c）框 $U$ 值 $U_f$=2.189，相较参照组（a）$U_f$=2.189，降幅为 0；隔热条采用内鳍方案（方案 e）框 $U$ 值 $U_f$=1.892，相较参照组（a）$U_f$=2.189，降幅为 0.297。

与使用 24mm 隔热条的 65 系列产品相比，使用 44mm 隔热条的 85 系列方案（b）、方案（c）所获得的框 $U$ 值 $U_f$降幅更大隔热性能改善明显，方案（e）框 $U$ 值 $U_f$降幅较小，方案（f）依旧对框 $U$ 值 $U_f$无改善效果。

## 2.3 54mm 隔热条产品数据对比（图 3）

隔热腔体内满填保温隔热材料（方案 b）框 $U$ 值 $U_f$=1.164，相较参照组（a）$U_f$=2.103，降幅为 0.939；隔热腔体内部填充矩形保温隔热材料（方案 c）框 $U$ 值 $U_f$=1.162，相较参照组（a）$U_f$=2.103，降幅为 0.941；铝合金腔体内填充保温隔热材料（方案 d）框 $U$ 值 $U_f$=2.103，相较参照组（a）$U_f$=2.103，降幅为 0；隔热条采用内鳍方案（方案 e）框 $U$ 值 $U_f$=1.792，相较参照组（a）$U_f$=2.103，降幅为 0.311。

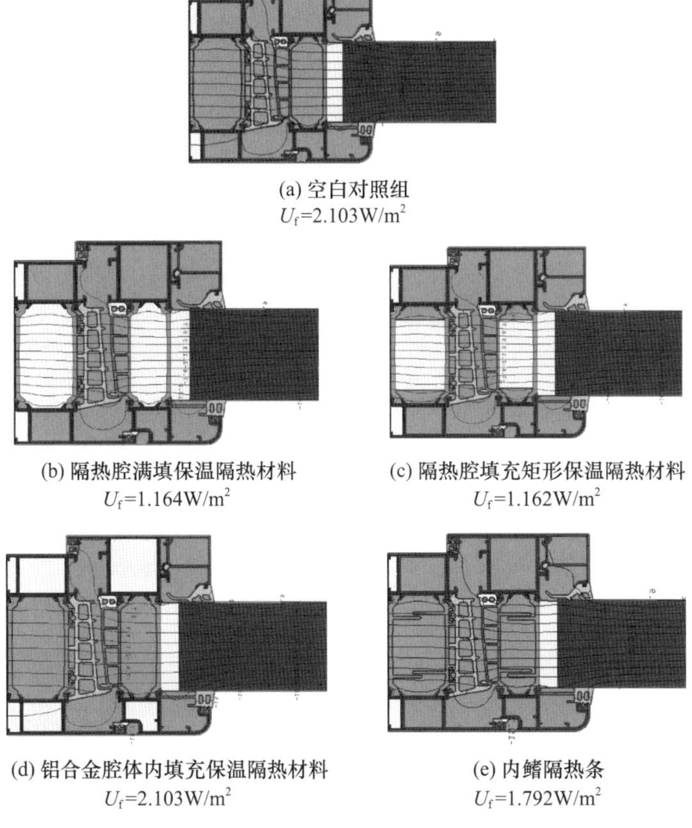

(a) 空白对照组
$U_f$=2.103W/m²

(b) 隔热腔满填保温隔热材料
$U_f$=1.164W/m²

(c) 隔热腔填充矩形保温隔热材料
$U_f$=1.162W/m²

(d) 铝合金腔体内填充保温隔热材料
$U_f$=2.103W/m²

(e) 内鳍隔热条
$U_f$=1.792W/m²

图 3　54mm 隔热条产品数据对比

与使用 44mm 隔热条的 85 系列产品相比，使用 54mm 隔热条的 95 系列方案（b）、方案（c）、方案（e）所获得的框 $U$ 值 $U_f$ 保温性能略微提升，方案（d）依旧对框 $U$ 值 $U_f$ 无改善效果。

## 3　数据分析

热工数据汇总见图 4。

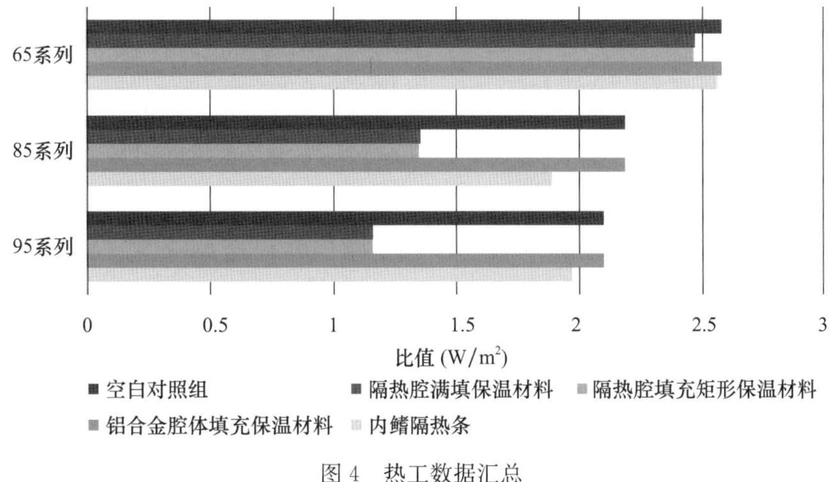


图 4　热工数据汇总

### 3.1 同一系列不同阻热对流方式横向数据对比分析

65系列：隔热腔满填保温材料框$U$值2.472W/m²框相较空白对照组2.582W/m²降低4.3%；隔热腔填充矩形保温材料框$U$值2.466W/m²框相较空白对照组2.582W/m²降低4.5%；铝合金腔体填充保温材料框$U$值2.582W/m²框相较空白对照组2.582W/m²降低0.0%；内鳍隔热条框$U$值2.565W/m²框相较空白对照组2.582W/m²降低0.7%。

85系列：隔热腔满填保温材料框$U$值1.359W/m²框相较空白对照组2.189W/m²降低37.9%；隔热腔填充矩形保温材料框$U$值1.351W/m²框相较空白对照组2.189W/m²降低38.3%；铝合金腔体填充保温材料框$U$值2.189W/m²框相较空白对照组2.189W/m²降低0.0%；内鳍隔热条框$U$值1.892W/m²框相较空白对照组2.189W/m²降低13.6%。

95系列：隔热腔满填保温材料框$U$值1.164W/m²框相较空白对照组2.103W/m²降低44.7%；隔热腔填充矩形保温材料框$U$值1.162W/m²框相较空白对照组2.103W/m²降低44.7%；铝合金腔体填充保温材料框$U$值2.103W/m²框相较空白对照组2.103W/m²降低0.0%；内鳍隔热条框$U$值1.792W/m²框相较空白对照组2.103W/m²降低14.8%。

3.265系列、85系列、95系列纵向数据对比分析

隔热腔满填保温材料相较空白对照组：65系列降低0.11W/m²、85系列降低0.83W/m²、95系列降低0.94W/m²；隔热腔填充矩形保温材料相较空白对照组：65系列降低0.12W/m²；85系列降低0.84W/m²；95系列降低0.94W/m²；铝合金腔体填充保温材料与空白对照组数据相同；内鳍隔热条相较空白对照组：65系列降低0.02W/m²；85系列降低0.30W/m²；95系列降低0.31W/m²。

## 4 结语

（1）在铝型材腔体内填充保温材料对窗户的保温性能无任何改善；

（2）随着隔热条的增大，隔热腔体越大，热对流对框$U$值的影响也越大，也就是说随着隔热腔体的增大，隔热腔内填充保温材料所能改善的保温性能越好；

（3）隔热条采用内鳍方案对框$U$值有改善但效果不够明显，隔热条腔体内满填保温材料与贴矩形保温材料对框$U$值有明显改善，且贴矩形保温材料保温效果会略微优于满填保温材料。

### 参考文献

[1] 中华人民共和国国家质量监督检验检疫总局，中国国家标准化管理委员会．建筑幕墙、门窗通用技术条件：GB/T 31433—2015[S]. 北京：中国标准出版社，2015.

[2] 中华人民共和国住房和城乡建设部．建筑门窗玻璃幕墙热工计算规程：JGJ/T 151—2008[S]. 北京：中国建筑工业出版社，2008.

### 作者简介

李庆雨（Li Qingyu），衡水和平铝业科技有限公司；地址：河北省衡水市武强县新开东街上东区东行1000米路北；联系方式：15733293289；E—mail：2008hplc@163.com。

# 浅谈断桥隔热铝合金双内开窗、纱窗结构设计

王大勇　杨雯婕

衡水和平铝业科技有限公司　河北衡水　053300

**摘　要**　随着人民生活水平的不断提高，大家对门窗的品质要求也是越来越高。从最初门窗遮风挡雨到现在门窗的各项功能和性能要求都在不断完善。纱门、纱窗是建筑外门窗必不可少的一部分。纱门、纱窗最基本功能要求是对门窗的防蚊虫要求，各项标准的不断完善和对门窗使用品质不断提高，纱门、纱窗的品质要求也是越来越高，包括纱门、纱窗的开启形式、外观效果、安全防盗等提出了更高的品质要求。本文针对门窗的不同开启形式与不同结构的纱窗配合方案及外观效果进行方案分析。

**关键词**　平开窗；独立纱窗；窗纱一体；纱窗开启形式

**Abstract**　With the continuous improvement of people's living standards, the quality requirements for doors and windows are also increasing. From the initial wind and rain protection of doors and windows to the present, the various functions and performance requirements of doors and windows are constantly being improved. Screen doors and windows are an essential part of building exterior doors and windows. The most basic functional requirements for screen doors and windows are mosquito and insect prevention requirements for doors and windows. With the continuous improvement of various standards and the continuous improvement of the quality of door and window use, the quality requirements for screen doors and windows are also increasing, including higher quality requirements for the opening form, appearance effect, safety and anti-theft of screen doors and windows. This article analyzes the different opening forms of doors and windows, as well as the matching schemes and appearance effects of screen windows with different structures.

**Keywords**　casement window; independent screen window; window screen integrated; screen opening form

## 1　纱窗结构种类

国内大部分门窗是采用平开形式开启，门窗的开启形式主要是外平开门窗、内平开门窗。从标准要求和生活使用要求来说，对门窗开启扇部位配套各种形式的纱门、纱窗是必不可少的产品方案。市场上常见的纱窗结构包括卷帘式纱窗、分体式纱窗、一体式纱窗，不同的纱窗结构各有优点。

### 1.1 卷帘式纱窗

卷帘式纱窗在建筑外窗中应用得比较广泛，不用的时候可以收起来，节约空间，同时避免长时间裸露造成损坏或者吸附尘土的麻烦；该类型纱窗通常的问题是密封性不好，美观性差，清洗不方便，纱窗一旦出问题基本无法维修，随着纱网的材质变化，市场上出现了金刚网材质，金刚网材质不适合与卷帘式结构纱窗配套使用。

### 1.2 分体式纱窗

分体式纱窗与窗本身没有直接的关系，分体式纱窗从成本上要优于一体纱窗结构，尤其在工程项目上，考虑分体纱窗还是比较多的。采用分体纱窗结构的时候无论是内开窗还是外开窗在结构设计中先不用考虑纱窗方案，可以后配单独纱窗方案。同时，一款分体纱窗可以与多款不同结构窗方案配套使用，从纱窗使用率来说要优于一体窗纱结构。“内开窗＋内开分体纱窗”如图1所示，“外开窗＋内开分体纱窗”如图2所示。

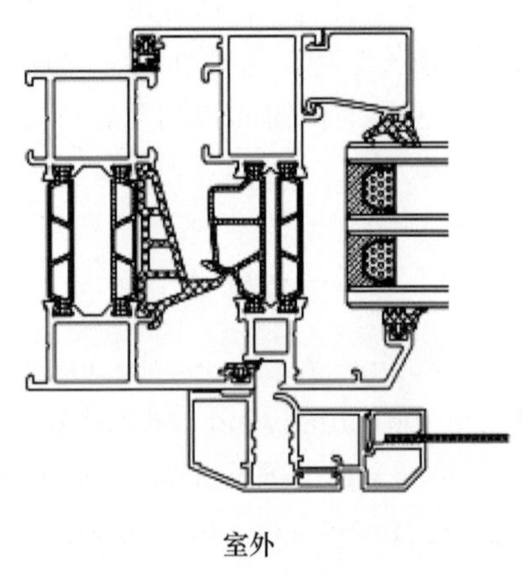


图1 内开窗＋内开分体纱窗

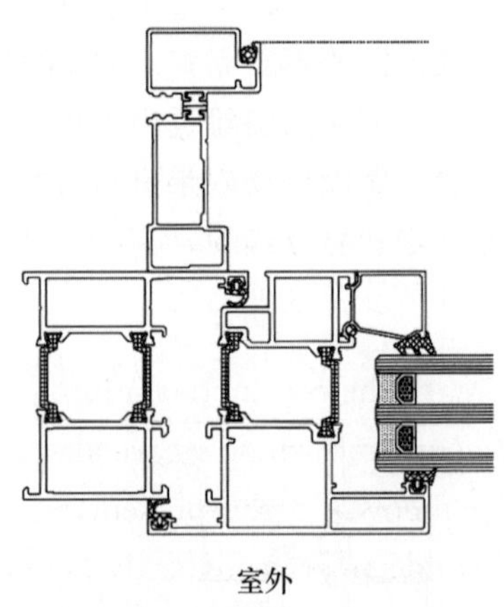


图2 外开窗＋内开分体纱窗

### 1.3 一体式纱窗

家装市场应用一体式纱窗结构方案比较多。窗纱一体窗的抗冲击能力超强、防盗、防蚊虫、强度高、韧性强，且表面色泽光亮美观，可更好地增加空气流通率和阳光的光线照射。一体式纱窗框包括窗框和纱窗框，型材断面是一体结构，型材在加工的时候一次就可以加工完成。整窗在结构设计的时候考虑整窗外立面宽度的同时，也需要考虑整窗的前后进深尺寸。

## 2 窗扇与纱窗开启方向相反的结构设计

窗的方案设计中首先要选择窗的开启形式，比如内开或是外开。在确定窗开启形式的情况下就要选择纱窗的开启形式。选择纱窗的开启形式需要注意几点。第一点，任何一款开启形式的纱窗都要保证开启扇的开启和纱窗的正常开启。第二点，五金安装空间包括纱窗五金合页与执手安装空间满足安装要求。图3所示为“内开窗＋外开纱窗”，图4所示为“外开窗＋内开纱窗”。窗扇与纱窗开启方向相反结构设计是门窗市场上常见的配套开启形式。

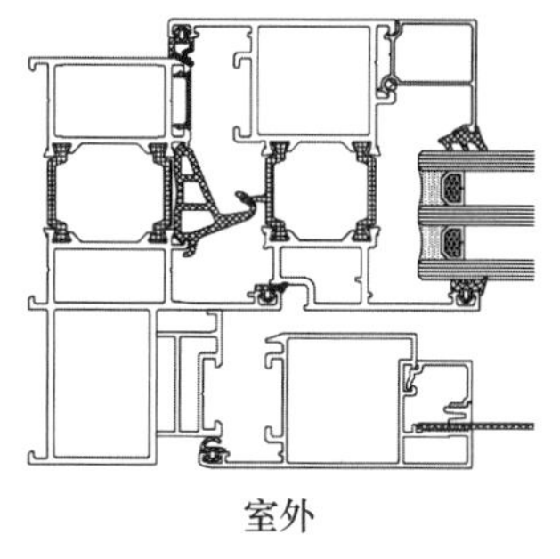


图 3　内开窗＋外开纱窗

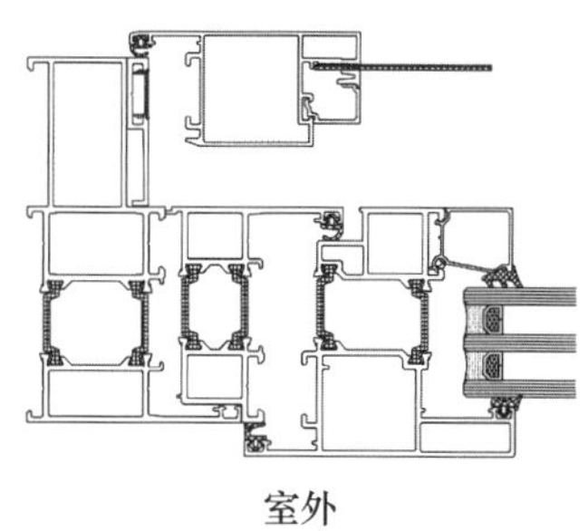


图 4　外开窗＋内开纱窗

## 3　窗扇与纱窗开启方向相同的结构设计

随着国家标准的不断完善，高层和超高层建筑对建筑外窗在使用中的安全问题越来越重视。大部分高层和超高层建筑会采用内平开和内倒窗，如果纱窗向室外侧开启的情况下还是存在安全隐患。所以，在内开窗同时配套纱窗结构也是内平开结构，如图 5 所示。

由于外开窗开启方式的原因，外开窗配套纱窗主要是内开纱窗或是卷帘纱窗。如果选择外开窗配套外开纱窗这种结构设计方案，外开窗开启扇需要采用电动开启来完成外开扇的开启工作，这种开启扇外开、纱窗也是外开在实际工程中很少应用，如图 6 所示。

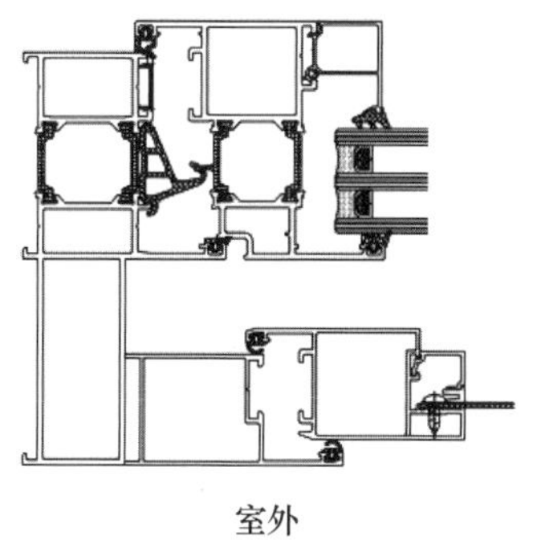


图 5　内平开结构

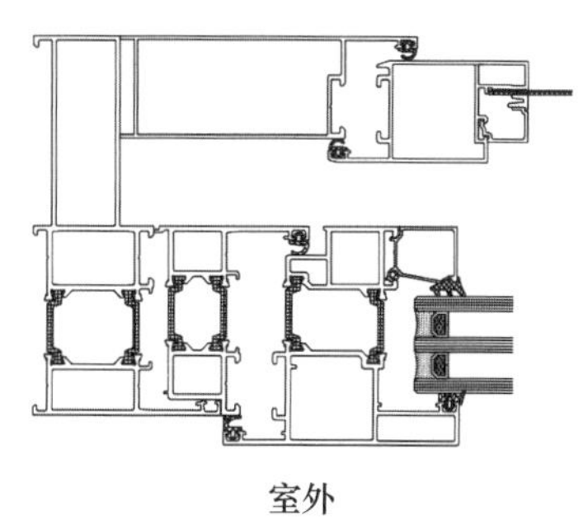


图 6　开启扇外开

## 4　一体双内开窗的结构设计

一体双内开窗结构设计思路是窗扇向室内平开或是内倒结构，纱窗同时也是向室内侧平开结构设计。这种一体双内开窗主要应用于家装市场。双内开窗主要也是从内开窗结构衍生出来的。内开窗的基本结构型材主要分为框、梃、扇、扣条。型材系列通常是指框的宽度，如图 7 所示。隔热型材框分为三部分，室内侧、隔热条、室外侧。室内侧型材 22.3mm 这个尺寸跟整窗五金槽口有关系，22.3mm 这个尺寸基本上不会有大的调整。根据不同的地区和整体门窗节能方案设计会选择不同的隔热条宽度，图 7 采用 35.3mm 隔热条。室外侧框宽度首先要考虑框与中梃连接件安装空间尺寸，同时考虑整个门窗的系列尺寸是多少，图 7 中，室外侧为 17.4mm 外形尺寸。内开扇尺寸 31.7mm 与五金槽口有关系，这个尺寸基本是固定尺寸。开启扇隔热条与框隔热条采用同宽度 35.3mm 隔热条。扇室外侧与框平齐结构尺寸 18mm。扣条根据门窗不同的玻璃厚度选择不同的扣条宽度。

双内开窗框宽度考虑内开扇宽度 56.8mm 再加上纱窗需要安装的空间尺寸 48.2mm，双内开窗框总宽度 95mm。为了减小整窗宽度尺寸，扇需要把整体尺寸压缩下来，扇室内侧尺寸宽度 31.7mm，扇室内尺寸主要考虑五金槽口需要的空间尺寸，扇中间隔热条采用 14.8mm 隔热条，室外侧型材考虑组角结构最小尺寸为 10.3mm，扇整体尺寸为 56.8mm，如图 8 所示。

纱窗结构采用纱窗框与纱窗扇同步结构设计，纱窗框与扇采用 C 槽结构设计，采用隐藏式五金合页满足扇的开启与关闭要求，由于 C 槽比较占用空间尺寸，因此纱窗外形尺寸达到了 48.2mm，如图 8 所示。

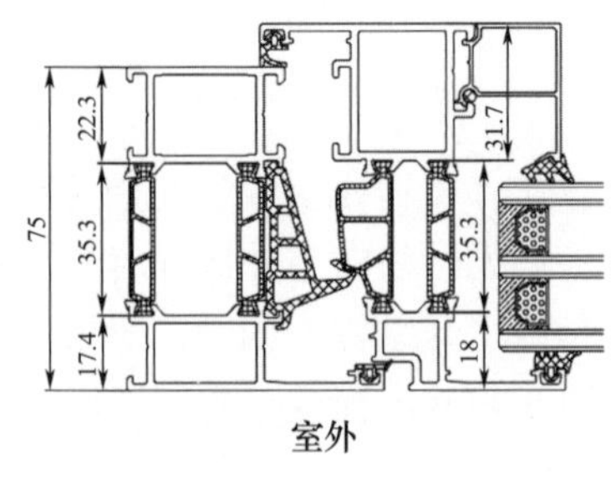

图 7　双内开窗

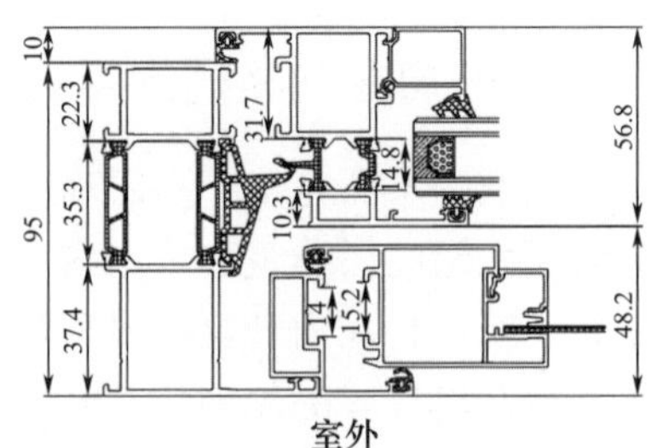

图 8　C 槽结构设计

这种结构是市场上常见的双内开窗开启结构形式。

随着门窗产品结构的升级和门窗五金件的升级，双内开窗在原有的基础上进行结构调整优化，如图 9 所示。为了把纱窗所占用的空间降低，首先从纱窗结构优化设计，把纱窗五金件槽口减小，把 C 槽口改成小五金槽口，这样可以减小五金件槽口空间，同时把纱窗框和纱窗扇型材腔体压缩，就把整个纱窗外形尺寸降低，纱窗尺寸由 C 槽的 48.2mm 缩减到 24.3mm。就把双内开窗外形尺寸缩减到了 81.3mm，如图 9 所示。同时，纱窗框可以再优化结构，通常纱窗框是四支料组角结构，纱窗框通过安装方式的调整改为两支竖框安装结构，这样可以省去上、下两支横框，降低型材成本，如图 10 所示。

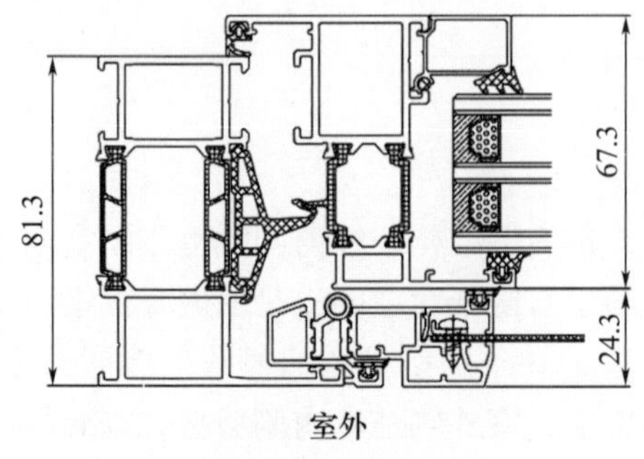

图 9　优化后的双内开窗

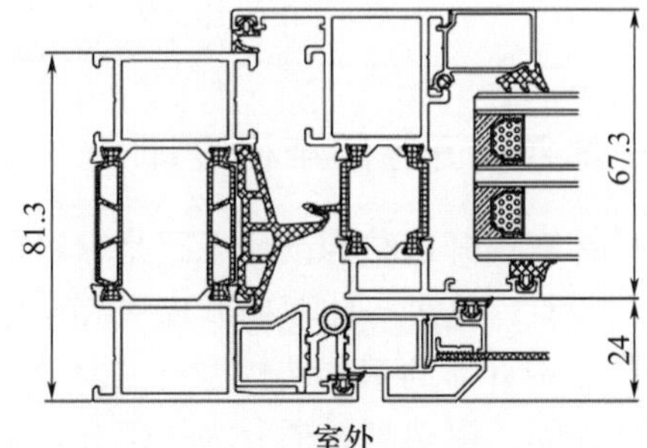

图 10　降低型材成本后的纱窗框

双内开窗在考虑水密性能、气密性能、抗风压性能的同时还要考虑保温性能。门窗热传递主要是传导、对流、辐射，传导是通过不同的材料和不同的结构断面进行热量的传递。型材断面通过中间的尼龙隔热条进行隔热保温。为了更好地解决整窗的保温性能，框和扇中间的隔热条采用相同宽度尺寸 35.3mm，同时考虑等温线结构设计把隔热条与玻璃设计在同一个等温线位置，这样能更好地解决整窗的保温效果，如图 11 所示。

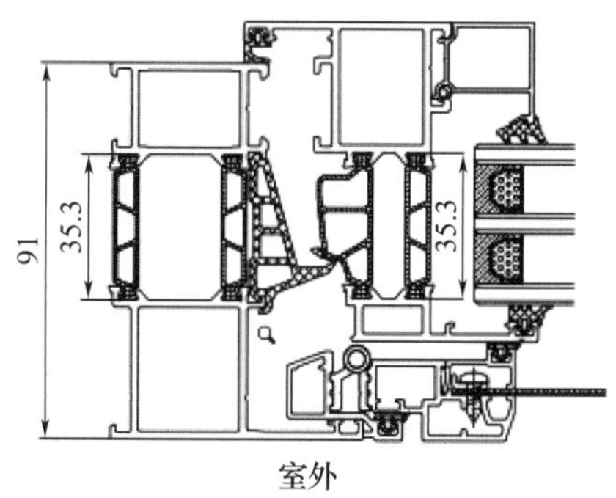


图 11　考虑保温性能的双内开窗

## 5　结语

本文针对不同外门窗开启形式配套的纱窗特点进行分析，介绍多款纱窗结构设计方案来满足外窗不同开启形式所需要的纱窗。同时对窗纱一体结构特点进行分析。也对不同款纱窗的性价比做了详细的阐述。阐述了满足窗保温要求的情况下，针对窗和纱窗的结构设计方案。随着纱窗的结构不断丰富和五金件的款式不断更新，纱窗在今后的工程和家装市场上会越来越受到大家的欢迎。

## 参考文献

[1]　中华人民共和国住房和城乡建设部．铝合金门窗：GB/T 8478—2020 [S]．北京：中国标准出版社，2020.

[2]　国家市场监督管理总局，国家标准化管理委员会．建筑用纱门窗技术条件：GB/T 40405—2021 [S]．北京：中国标准出版社，2021.

[3]　阎玉芹，李新达．铝合金门窗 [M]．北京：化学工业出版社，2015.

[4]　孙文迁，王波．铝合金门窗设计与制作安装 [M]．2 版．北京：中国电力出版社，2022.

## 作者简介

王大勇（Wang Dayong），衡水和平铝业科技有限公司；地址：河北省衡水市武强县新开东街上东区东行 1000 米路北；联系方式：18831665948；E—mail：2008hplc@163.com。

# 零售家装和工程市场需要建立正确的建筑隔声门窗理念

李江岩　李冠男

上海茵捷建筑科技有限公司　上海　201908

**摘　要**　作为建筑外立面门窗结构设计和产品制造商，必须知道窗户和相关组件材料的隔声数据，在产品是否“以客户为中心”的前提下，满足客户的“真实需求”。建筑外立面窗户隔声的目的就是阻隔通过窗户隔断由外面向室内传进来的空气音，因此我们需要重新认识和理解一下“声”以及“隔声”的建筑物理学应用特性。

**关键词**　隔声措施；声响压力；减噪指数；健康舒适的环境

## 1　引言

现在的城市化进程已经越来越快，同时城市的人口居住密集度增大和交通便利下等诸多因素产生的噪声与人居生活环境的舒适环境产生了相互矛盾，而且在人群聚集越多、越热闹的地方越不适宜休息，道路交通中的车辆往来主要表现在道路交通、高速公路、高速铁路和机场附近飞机起降期间所导致的噪声污染，声波的振动不只会通过空气介质进行传播，还会通过摩擦振动带动其他介质，尤其是在深夜低背景声的情况下则表现得更加显著，因此需要噪声产生的影响重视起来，并且需要重新定义和思考，同时也需要采取相应的技术措施和办法来解决。

人们居住小区及办公室、医院等，通常都会听到从外部传入的说话声、喊叫声、汽车喇叭声、警笛声、锄草机声等，严重影响人们的生活、工作、学习、休息，噪声使人心情烦躁、心神不宁，长此以往下去，将导致人体的神经系统紊乱，从而会使人的健康水平下降，甚至会导致心脑血管疾病的发生，因此对于阻断外界声音的传递是解决人居工作、生活环境舒适、健康的一个重要条件。

隔声目的是改善居室的舒适，营造健康的环境，同时也可以防止噪声污染，所以国家制订标准要求建筑外门窗具有阻挡声音传递的能力。室外噪声用分贝（dB）来表示，而当声音每增加 6dB 时，声压就会增加一倍。

建筑外立面窗户＋墙体隔声的目的就是通过窗户和墙体阻断由外面向室内传递进来的空气产生的振动和振波，因此我们需要重新认识一下“声”和隔声在建筑物理学中应用的特性。

（1）声音为建筑物理学中的力学振动和振波的应用，声是在气体形态、液体形态或固体形态物质中的波传播，人的听觉范围 10～20000Hz 而形成声音。

（2）声又分为：

①空气声，如说话、交通或机器的声音；

②振动，声音通过屋顶、墙壁传播，通过机器、电梯等产生的声波振动，以及行走脚步声引起的振动。

（3）声的程度、压力决定一个声音的声响程度，声响程度单位为 dB（分贝）。通过确定声响的标准，来划分不同的声响强度。

声波振动主要是在各类介质中传播，而其会因为距离和不同的障碍物而产生衰减和反射。比如岩石这类材料，大部分声波的能量会被反射，如果是海绵、石棉、各类发泡保温材料，三合板、多孔轻质水泥和发泡聚氨酯材料就会出现吸收声波的效果。如果建筑本身离高速路和高流量的公路有一定距离的话，前向有树木遮挡也是能达到良好的效果的。因为这是各类木质材料和保温材料隔声的特性决定的。但如果为了达到更好的隔声效果，仅仅只是这样做是不够的，因为对于墙体的隔声处理是一个技术难题，需要同时处理外部向内部传播的声音，以及内部向外部传播的声音。

建筑并不是一个单独存在的个体，各类建筑是城市存在的有机组成元素，需要符合城市建筑规划和街区的设计要求，比如单一住宅建筑的遮蔽率标准。而单纯以隔声效果来讲，在一个完美的世界中，最好的方式就是各种类型的手段都同时使用，比如距离，降噪隔声墙体、树木，以及其他各种形式的吸声和隔声技术，比如在模块化设计过程中，把隔声材料和减少振动的浮动滑块直接做到建筑内部，进行预埋，为业主提供最好的生活体验。当然，世界并不是完美的，经费和技术水平都有限，不同地区的解决方案是不同的，欧洲、美国、日本各采取了不同的解决方案，但不可避免地说，对于开发商来讲，对相对单一的家庭住宅建设，很多时候采取符合要求和标准的且最便宜的材料是不可避免的，因为作为一家以营利为目的的企业，降本增效永远是一个绕不过的话题。

举例来讲，对于噪声源头的控制，其中一个重要的元素就是对于集装箱重卡和卡车公交车的噪声控制。不同国家对于皮卡和重型集装箱卡车的规定的非常不同的，因为重型车产生的噪声对居民区造成的影响是非常严重的，无论是高速穿过空气的摩擦声，轮胎和地面的摩擦声，发动机低速运转的振动声，低频噪声的刹车声和高频的汽笛声都是一个很大的噪声问题，所以在欧洲和美国的一些城市的居民区附近是见不到重型卡车的，卡车基本上停在专用的休息站和停车场内，不会出现在城市住宅区。

电影院则是一个相反的例子，是在室内保证声音的吸声和不被泄露出电影院的影厅。这就要归功于电影院的特殊声学设计和扬声器设计了。电影最好的声学效果首先是利用声道，分出低中高音，然后再放置扬声器，而且需要为了吸收多余的声波能量拥有一面可以吸收大部分能量的墙体和天花板，避免重复反射现象造成的回声，从而削弱用户对电影音效和配乐的体验。这也是一种隔声性能要求，所以对于建筑和房间的隔声设计来说是非常多样化的，在各种层面上，也是会因为需求不同和条件的限制采取不同的应对措施。无论是对室内还是室外，只要有间隔和空间，就有隔声存在的必要性，因为独立的休息和隐私空间是人类的必要需求。

## 2 窗户的隔声设计等级划分

当前门窗企业在零售家装/工程市场大规模地推广隔声门窗，其实在很大程度上存在过度营销的成分，其中的技术含金量需要相关的技术数据和相关理论来支撑，隔声不仅仅是采用玻璃上的配置来解决这么简单，更需要专业技术和匹配的相关产品提供解决方案才是最好的方法。

企业作为建筑外立面门窗结构设计、产品制造商必须知道窗户和相关组件材料的隔声数据，作为市场流通的产品是否在以“客户为中心”的前提下，满足客户的“真实需求”为目的才是根本。

建筑外门窗是以“计权隔声量和交通噪声频谱修正量之和（$R_w+C_{tr}$）”作为隔声的分级指标；内门、内窗以“计权隔声量和粉红噪声频谱修正量之和（$R_w+C$）”作为分级指标；对建筑物内有机器、设备噪声源隔声的建筑内门窗，用外门窗的指标值进行分级，对中高频仍可采用内门窗的指标值进行分级。

声音产生的建筑物理学上振动和振波，可以通过气体、液体和固体的介质进行传递，“窗户＋墙体”的隔声主要是隔断和吸收内室外向室内传递的声音。

按表 1 中的音源和音响程度可知，声音 40dB 以内的环境是安静的范围，因此需要根据室外环境的声响程度来选择外窗的隔声值，而密封做得不好的窗户也会造成屋内噪声污染过强。

**表 1　音响程序（大小）**

| 音源 | 音感 | 音响程度（dB） |
|---|---|---|
| 钟的嘀嗒声、书页的轻轻翻动声 | 很静 | 20 |
| 低语、耳语 | 安静 | 30 |
| 小声说话 | 较静 | 40 |
| 聊天说话 | 一般声响 | 50 |
| 办公室噪声 | | 60 |
| 大声说话、喊叫声、小汽车（5m 内） | 响 | 70 |
| 交通繁忙时的噪声 | | 80 |
| 工厂车间厂房的噪声 | 无法忍受 | 90 |
| 汽车叫声（7m） | | 100 |
| 锅炉制造厂 | | 110 |
| 飞机马达声 | | 120 |

## 3　建立隔声规划的设计理念

隔声规划设计只是建筑外立面设计中的一部分要求，而且隔声设计要求适用于已安装状态下的整个户外建筑所有组件，除了窗户，这还涉及配件，例如遮阳帘顶盒和风扇以及包括墙体连接在内的墙，隔声要求适用于建筑中所有单独组件的总和。

建筑师或专业设计规划人员的任务在于，根据对整个户外建筑组件的要求来确定各个建筑组件的与声音相关的方案，这适用于对墙、窗户的结构设计、配件和建筑连接接缝的要求（图 1）。

建筑外墙＋窗户结构设计隔声的基本原则是：外窗的结构设计以及缝隙密封密切相关，为了实现高隔声等级的窗，必须采用专业设计理念，专业订制结构设计体系的特种窗户技术来完成，可以保证隔声效果在 55～60dB。声压和音响声级在 100～150dB 时，更需要针对这种情况做好特殊规划设计和整体的解决方案，更完整地阻断低频到中高频声波所产生的振动

图 1 上海茵捷建筑科技有限公司自主研发的“高热阻”建筑节能门窗体系实拍样角示意

和振波，保持室内安静与舒适度指数。高性能的隔声节能窗体系，除了框架的斜角缝、玻璃间距与框架的缝隙、玻璃扣条的密封、五金配件要保证密封完整性，同时窗户框架与墙体连接缝的设计，也很重要。

依靠密封性和优秀的框架设计保证声波在通过墙体、玻璃、五金、框架结构、固定结构时进行吸收，来阻断削弱噪声引起的振动和振波。

隔声等级及隔声见表 2。

**表 2 户外建筑的空气隔声要求**

| 声级范围 | 相关户外声级（dB） | 房间类型 | | |
|---|---|---|---|---|
| | | 医疗机构相关 | 住宅，商业住宿，教育机构 | 写字楼 |
| | | 户外建筑组件要求 $R_{w,res}$ 指数，dB | | |
| Ⅰ | 最高 55 | 35 | 30 | — |
| Ⅱ | 55～60 | 35 | 30 | 30 |
| Ⅲ | 61～65 | 40 | 35 | 30 |
| Ⅳ | 66～70 | 45 | 40 | 35 |
| Ⅴ | 71～75 | 50 | 45 | 40 |
| Ⅵ | 76～80 | *1 | 50 | 45 |
| Ⅶ | ＞80 | *1 | *1 | 50 |

*1：对此的要求必须根据本地环境进行规定。

窗扇与框之间的缝隙也同样会对隔声产生严重影响，“高热阻”节能外窗是采用多孔复合胶条、多道密封，同时玻璃与框之间采取特殊密封措施用以阻隔声波透过密封性差的接缝传入进室内，“高热阻”节能外窗的密封性能＜0.3$m^3$/（m·h），较传统窗的密封效果提高了数倍，大大减弱了通过空气中声音传播的能力，而窗与墙的连接的接缝、上墙的施工工艺也起到了较好的隔声效果。

由于这种“高热阻”结构体系的窗户框架结构体系具有高效的保温效能，其框架结构体系中也同时带来优秀的隔声能力，要提高综合性能水平，需采用特制隔声玻璃配置结构设计，用来吸收以及阻隔声波的传递，并且提高自身的窗体框架结构+墙体结构的隔声性能。

## 4 阻断隔声需要采取的相关措施

户外建筑组件的隔声设计方法包括：对整个户外建筑组件要以每个房间为基础设计隔声，同时还需要注意建筑组件之间的接缝降噪，以及考虑外墙和窗户的安装位置的隔声要求，规划的用途和需要隔声的房间平面图，以室内声级的形式。

建筑组件之间的缝隙对隔声的影响见表3：

表3 窗的墙体连接接缝部分减噪（范围50～100mm）

| 接缝构造 | 接缝减噪指标 $R_{s,w}$（dB）接缝宽度 | | |
|---|---|---|---|
| | 10mm | 20mm | 30mm |
| 空接缝 | 15 | 10 | 5 |
| 岩棉填充 | 35～45 | 30～40 | 25～35 |
| 聚氨酯发泡 | 大于等于50 | 大于等于47 | 大于等于45 |
| 接缝密封带压缩程度小于等于50%，单侧 | 大于等于30 | — | — |
| 接缝密封带压缩程度小于等于20%，单侧 | 大于等于40 | — | — |
| 接缝密封带压缩程度小于等于20%，单侧 | 大于等于50 | — | — |
| 多功能密封带，覆盖整个窗框深度，压缩程度小于等于35% | 大于等于40 | 大于等于35 | |
| 双侧打胶密封+弹性密封剂 | 大于等于55 | 大于等于54 | 大于等于53 |
| 单侧接缝薄膜大于等于1mm | 大于等于40 | 大于等于35 | 大于等于30 |
| 双侧接缝薄膜大于等于1mm | 大于等于50 | 大于等于45 | 大于等于40 |

在获得所需隔声的结果之后，基于面积的比例来确定指定各部件（尤其是窗户）所需的隔声。

为实现这一目标，还是要以相关的技术标准和规范为基础，如果有条件，可以把隔声标准制订更严一些，实现建筑组件，也包括建筑外墙+门窗组件的接缝、窗户的安装位置等隔声要求，使产品的设计及应用更加人性化，充分满足人居安全、耐用、舒适和健康环境（至少欧洲国家，包括德国已经在这么规范地做了不少于70年）。

## 5 隔声与安装的密切关系

隔声效果与安装有很大的关系。目前行业市场的细分领域已经开始凸显，门窗专业安装公司已经开始大幅度增加，但是专业技术和实力如何？门窗安装的最终结果有待客户、时间、极端气候来验证。

### 5.1 建筑外门窗的专业安装需要注意事项：

（1）建筑外窗框架结构的安装位置；

（2）建筑外窗框架结构与墙体的固定；

(3) 外窗与墙体间缝隙的密封；

(4) 建筑物相邻的组件/构件之间缝隙的密封；

(5) 外窗受气候影响而产生的变形；

(6) 外窗与洞口间缝隙的密封保温；

(7) 外窗与洞口间产生的运动及公差；

(8) 外窗结构性向外排水；

(9) 安装过程中的各项应力的排除。

以上的要求是现场安装过程中必须解决的问题，不是简单的操作，因此窗户的许多性能都是通过安装来实现的。

### 5.2 安装位置的确定

外窗的安装位置：

(1) 洞口中间；

(2) 洞口边部；

(3) 洞口外侧。

不同的安装位置，建筑外窗的密封和保温工艺方法不同，要因地制宜，实现标准化施工。

门窗安装一直是我们行业中的薄弱环节，作者在相关论文中已多次提到，就是希望大家引起重视。德国、欧洲和日本等国家对于外墙＋门窗安装的技术研究得很深入，对外建筑外立面的结构设计的节能减排措施执行落实到位，同时对于建筑相关组件产品的安装必须符合相关的建筑法、标准和规范要求，所做的一切要求都是“以人为本，以客户为中心”的原则来完善细节，这些也是我们行业所欠缺的。

## 6 密封与隔声的关系

建筑外窗结构密封设计是门窗安全、耐用、舒适、健康的体现，它直接关系到建筑外窗的抗风压、气密、保温、隔声、水密、防撬、防火等性能，建筑外窗结构密封主要通过密封胶条、防水气密性材料、保温材料、密封胶、窗台及窗套等密封系统来实现，建筑外窗密封系统包括：

(1) 玻内与玻外的密封；

(2) 玻璃与框架结构的密封；

(3) 框架与开启扇的密封；

(4) 外窗框架与墙体的密封；

(5) 窗框与窗框的密封；

(6) 外窗框架与室外的密封；

(7) 外窗框架结构性外排水；

(8) 外窗框架与室内的密封；

(9) 室外与室内的密封。

以上技术环节都需要认真思考并提出有效的解决方案。

总之，建筑外窗在密封结构设计时要充分考虑各种不利因素可能导致的各种问题，并通过顶层结构设计来提升产品的综合性能，以满足不同的建筑设计要求，并在实际操作中进行过程控制。

## 7 结语

建筑外门窗产品是服务大众的工业制品，是否满足人居的安全性、耐用性、可靠性、舒适和健康的环境，这才是建筑外门窗设计和应用的根本。

我们需要做好基础材料的提升与创新，并结合国内不同气候变化区域实现落地，做好符合国内不同气候区域的窗户的结构设计、加工组装、安装产品，实现“以客户为中心，产品去品牌化、产品去中心化”。

### 作者简介

李江岩（Li Jiangyan），1965年12月20日生，毕业于沈阳航空工业学院安全工程专业，上海茵捷建筑科技有限公司创始人，从业30多年，专注建筑外立面的节能，拥有多项国家专利和产品，曾在行业各大媒体及杂志发表论文50余篇，在公众号“老李品茶话门窗”撰写专业文章120余篇。

李冠男（Li Guannan），“95后”，毕业于美国加州大学河滨分校，熟练掌握中、英、日三门语言，上海茵捷建筑科技有限公司合伙人，门窗幕墙第三代传承人，从高中开始就在美国留学，有着10年以上的海外经历，独立摄影人、艺术家、科技与历史爱好者，独立制作人。

# 夏热冬冷地区被动式技术适宜性分析

万　真

中亿丰控股集团有限公司工程研究院　江苏苏州　215000

**摘　要**　从未来发展的方向上来看，建筑领域的节能减排、低碳转型是我国实现“双碳”目标的关键一环。近年来“3060 双碳”政策密集出台，从政策发布数量来看，各地被动式超低能耗建筑发展仍存在较大差距。相比德国，我国气候分区复杂，各个气候区温度、日照、降雨、湿度差异较大，所以各省市制定被动房标准时并没有照搬德国标准，而是采取了因地制宜的策略。本文通过对夏热冬冷地区地域气候的分析，对超低能耗建筑的被动式设计及适宜性提出了自己的观点。

**关键词**　被动式；高保温；气候条件；夏热冬冷；超低能耗

## 1　引言

地域气候条件是限制建筑形式与构造方式的重要条件，相对于传统建筑而言，被动式超低能耗建筑需要对地域气候条件进行更为细致和严格的气候条件分析，这是由于超低能耗建筑主要依靠被动式技术手段而非人工技术对建筑内部的物理环境进行控制，达到人体舒适度需求，地域条件的不同会限制不同被动技术措施的使用。因此，需要对地域气候条件进行详细分析，使室内微气候达到相应的要求。

## 2　夏热冬冷地区气候特征

我国面积广阔，自然条件复杂，气候存在明显的多样性，只有充分掌握气候特点，才能使建筑更好地利用气候、适应气候。为更好地将因地制宜理念运用到建筑设计建造中，《民用建筑热工设计规范》（GB 50176—2016）进行了热工设计分区，将我国气候划分为五大气候区，并对不同气候区提出不同的设计要求。

目前，我国夏热冬冷地区划分是以陇秦—豫海铁路为北界线，岭南为南界线，四川盆地为东界线，主要包括上海、重庆、湖北、湖南、江西、安徽、浙江、四川、贵州、江苏、河南、福建、陕西、甘肃、广东、广西 16 个省、直辖市及自治区。

### 2.1　温度气候特征

温度是影响人热舒适度的首要因素，只有空气温度比人的皮肤表面温度低 2～4℃时，流动的空气才能带走人体自身所产生的热量。建筑的室内温度与空调能耗都和室外温度息息相关。

夏热冬冷地区最显著的特点就是从气温上反映出夏热冬冷。夏季由于纬度较低、辐射强烈，使得该地区许多城市温度普遍较高，而冬季该地区又受到西伯利亚刮向太平洋冷风的影响，且冷空气进入该地区时又被南部的东南丘陵所阻挡，产生冷空气回流，导致该地区冬天温度较低。

气象学采用最热（冷）月平均温度和极端最高（低）气温来衡量某地的炎热（寒冷）程度，建筑节能上一般采用空调度日数（CDD26）和采暖度日数（HDD18）来进行评估，表1列举了夏热冬冷地区几个代表城市的相关气象数据。

**表1 夏热冬冷地区主要城市气温数据**

| 指标 | 上海 | 南京 | 成都 | 杭州 | 重庆 | 武汉 | 长沙 | 合肥 | 南昌 |
|---|---|---|---|---|---|---|---|---|---|
| 最热月平均气温/（℃） | 29 | 29 | 26.5 | 29 | 31 | 30 | 32 | 29 | 32 |
| 极端最高气温/（℃） | 38 | 37 | 35 | 38 | 39 | 36 | 38 | 36 | 37 |
| CDD26/（℃·d） | 199 | 176 | 56 | 211 | 217 | 283 | 230 | 210 | 250 |
| 最冷月平均气温/（℃） | 7 | 4.5 | 7 | 6 | 8.5 | 4.5 | 5.5 | 4 | 7 |
| 极端最低气温/（℃） | 0 | −3 | 2 | −2 | 3 | −3 | −1 | −3 | 1 |
| HDD18/（℃·d） | 1540 | 1775 | 1344 | 1509 | 1089 | 1501 | 1466 | 1725 | 1326 |

可以看出夏热冬冷地区城市最热月平均温度在30℃左右，极端最高气温普遍在35℃以上，CDD值普遍在200左右；而冬季最冷月平均温度在5℃左右，极端最低气温普遍在0℃以下，HDD值普遍在1500左右，由于该地区大多未采用集中供暖，导致冬季该地区的室内较为寒冷。

## 2.2 湿度气候特征

建筑内的空气湿度也是影响热舒适度的一个重要因素，空气流速和相对湿度决定人体是否能通过蒸发来散热，空气流速不变时，较高的空气相对湿度会大大减少人体的蒸发散热率。

夏热冬冷地区全年湿度较高，主要受到气候和湖泊分布的影响。夏热冬冷地区属于亚热带季风气候，夏季受海陆气温差异影响，吹东南风，将海面上的很多水分带入内陆，水汽在高空遇到冷空气便凝聚成小水滴，导致该地区的降雨量增加，进一步增加了区域内的湿度；同时，该地区江河密集，湖泊众多，由于水体的蒸腾作用，空气湿度较高。

由于上述原因，该地区相对湿度全年都在70%以上（表2），夏季高温高湿环境使得汗液难以排出和挥发，使人感到闷热；而冬季潮湿水汽从人体中吸收热量，使人感到寒冷阴凉。

**表2 夏热冬冷地区代表城市月平均湿度**

| 月份 | 上海 | 南京 | 成都 | 杭州 | 重庆 | 武汉 | 长沙 | 合肥 | 南昌 |
|---|---|---|---|---|---|---|---|---|---|
| 1月 | 74% | 75% | 75% | 77% | 79% | 83% | 81% | 78% | 75% |
| 2月 | 67% | 66% | 74% | 71% | 73% | 72% | 66% | 71% | 66% |
| 3月 | 76% | 76% | 79% | 73% | 75% | 81% | 78% | 74% | 76% |
| 4月 | 67% | 71% | 76% | 65% | 70% | 74% | 72% | 7% | 71% |
| 5月 | 75% | 75% | 74% | 73% | 74% | 78% | 80% | 79% | 75% |
| 6月 | 74% | 74% | 84% | 75% | 74% | 77% | 77% | 75% | 74% |
| 7月 | 77% | 71% | 90% | 73% | 63% | 76% | 75% | 78% | 71% |
| 8月 | 79% | 72% | 83% | 73% | 64% | 77% | 80% | 78% | 72% |

续表

| 月份 | 上海 | 南京 | 成都 | 杭州 | 重庆 | 武汉 | 长沙 | 合肥 | 南昌 |
|---|---|---|---|---|---|---|---|---|---|
| 9 月 | 74% | 67% | 87% | 75% | 80% | 78% | 78% | 77% | 67% |
| 10 月 | 65% | 63% | 88% | 65% | 85% | 75% | 74% | 66% | 63% |
| 11 月 | 80% | 81% | 88% | 82% | 80% | 83% | 84% | 80% | 81% |
| 12 月 | 79% | 83% | 85% | 82% | 81% | 80% | 86% | 80% | 83% |
| 年平均 | 74% | 73% | 82% | 74% | 75% | 78% | 78% | 76% | 73% |

## 2.3 太阳辐射气候特征

太阳辐射强度与建筑的热环境和能耗表现关系密切，我国夏热冬冷地区的大部分范围属于热工分区意义上的光气候 IV 类地区，全年日照平均在 30%～50%，其中的四川南部和贵州北部地区不足 30%，冬季日照的缺乏使得冬季的舒适度进一步降低。

此外，由于太阳辐射强度会受到纬度、云层状况、空气湿度、地形和周边环境等的影响，因此同为夏热冬冷区的不同城市太阳辐射也会存在较大差异；下面选取该热工分区 12 个主要城市，根据中国气象数据网提供的《中国地面气候标准值月值数据集（1971—2003)》，分析了不同城市的月均总辐射情况（表 3)。

表 3　夏热冬冷地区主要城市 1971—2003 年月均总辐射（kW・h/m$^2$）

| 月份 | 上海 | 南京 | 成都 | 杭州 | 重庆 | 武汉 | 长沙 | 合肥 | 南昌 |
|---|---|---|---|---|---|---|---|---|---|
| 1 月 | 64 | 66 | 39 | 64 | 25 | 61 | 57 | 62 | 69 |
| 1 月 | 64 | 64 | 43 | 57 | 29 | 56 | 43 | 61 | 54 |
| 2 月 | 82 | 71 | 49 | 61 | 36 | 62 | 49 | 67 | 58 |
| 冬季月均 | 70 | 67 | 44 | 61 | 30 | 60 | 50 | 63 | 60 |
| 6 月 | 123 | 127 | 114 | 115 | 101 | 128 | 121 | 126 | 122 |
| 7 月 | 152 | 143 | 119 | 151 | 132 | 150 | 160 | 139 | 163 |
| 8 月 | 142 | 140 | 118 | 143 | 131 | 146 | 145 | 133 | 155 |
| 夏季月均 | 139 | 137 | 117 | 136 | 121 | 141 | 142 | 133 | 147 |

由表 3 可知，对于同一个城市，夏季 6～8 月之间和冬季 12、1、2 月相应季节之间的月总辐射都比较接近，但城市之间、冬季与夏季之间差异明显。夏热冬冷地区总体上太阳资源并不算丰富，唯一的集中时段还是在夏季。夏季总辐射月均值是冬季的 2 倍以上，其中重庆的夏季月均值是冬季的 4 倍。在夏季，各城市之间的总辐射月均值差异很小，最小值和最大值分别是 117kW・h/m$^2$ 和 148 kW・h/m$^2$。在冬季，大部分城市的总辐射月均值在 50～70kW・h/m$^2$，但小部分城市的冬季总辐射月均值明显低于平均水平，重庆及成都的冬季总辐射月均值分别是 30kW・h/m$^2$ 和 44kW・h/m$^2$。

## 2.4 风气候特征

合理地利用自然通风不但能降低空调能耗，还可以改善室内空气新鲜度。室外风速和主导风向是影响建筑自然通风最重要的因素。

风环境与太阳辐射一样，受更多因素的影响，因此不同城市都需要进行具体的分析。下面选取该热工分区 4 个主要城市，根据 epw 气象数据，分析了不同城市的最热月风速平均值情况（图 1)。

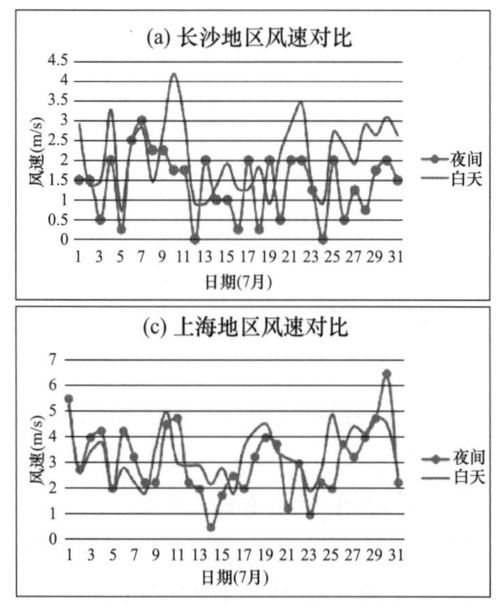


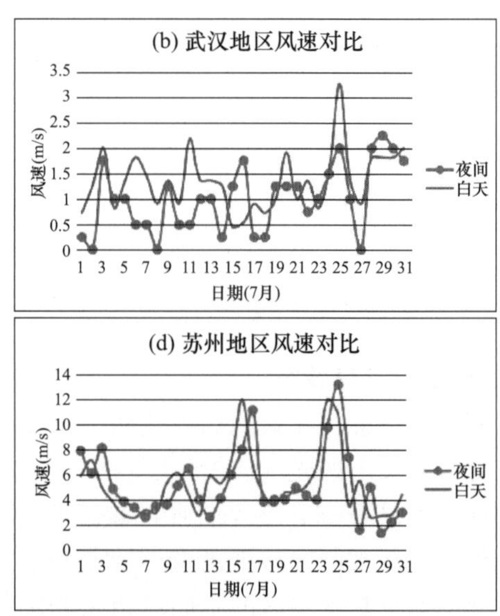


图 1　夏热冬冷地区部分城市早晚风速对比

由图 1 可知，华中地区如长沙、武汉晚上风速较低。这是由于夏季从太平洋吹向内陆的凉风受到东南丘陵的阻挡，使夏热冬冷部分地区如长沙、武汉、南昌等城市在夏天位于背风面，往往夜间静风率较高。至于长江中下游地区的上海、苏州等城市白天和夜晚风速差异不大。这是由于上海地区和江苏平原没有山脉丘陵的阻挡，使得静风率较低。少部分沿海地区有台风与大风天气，其余大部分地区全年风速不大。

风向方面，夏热冬冷地区冬季以偏北风为主，夏季以偏南风为主。夏热冬冷地区大多数城市风向都属于季节变化型，即城市风向随季节而发生变化，受冬夏两季大气环境的变化及季风影响，风向相反。

### 2.5　气候总体特征

根据对夏热冬冷地区地气候特征分析研究，该地区的总体气候情况有以下几个特点。

（1）温度——夏热冬冷

该地区大部分范围夏季气温较高，空气闷热，冬季空气潮湿阴冷；7 月平均气温在 25～30℃的范围之内，全年有 40～110 天日平均气温高于 25℃；1 月平均气温通常为 0～10℃；冬季寒潮来袭时极端最低气温可降至零下 10℃以下，全年有 90～100 天的年日平均气温低于或等于 5℃。

（2）湿度——全年高湿

该地区年降雨量较大，年平均相对湿度为 70%～80%，四季均处在较高水平；全年降雨天数为 150 天左右，年降雨量 1000～1800mm。

（3）太阳辐射——日照率低

该地区全年总太阳辐射照度为 110～160W/m²，其中四川盆地东部辐射照度尤其低，不足 110W/m²；年日照时数范围为 1000～2400 小时，年日照百分率为 30～50%，其中四川南部与贵州北部日照资源匮乏，为 1000～1200 小时，占比低于 30%，为全国低值。

（4）风速——风速不大

该地区大部分范围夏季主导风向偏南，冬季盛行偏北风；年平均风速 1～3m/s，冬平均风速比夏平均稍大，年大风日数一般为 10～25 天。少部分沿海地区会有台风，持续时间较短。除少数极端天气外，常年风速不大。

## 3 夏热冬冷地区气候对建筑的影响

气候因素作为建筑设计的关键因素之一，气候特点在不同程度上影响了当地建筑的形式。夏热冬冷地区建筑由于自身的气候特点，其建筑特征有别于北方寒冷地区和热带地区。以下结合上述总结出的夏热冬冷地区气候特征，从温度、湿度、太阳辐射和风四方面分析气候对夏热冬冷地区建筑的影响，并总结出气候对建筑负荷的影响。

### 3.1 温度因素

夏热冬冷地区的夏季常常出现持续高温天气，为了应对闷热的室内环境，人们通常会采取吹空调、开电扇等措施来达到降温的目的，这也就导致了夏季的建筑能耗较高。该地区冬季的室外气温一般不低于 0℃，但因为日照率较低，相对湿度较大，室内体感温度仍然较低。同时，夏热冬冷地区没有集中采暖，在建筑内主要依靠空调等设备来维持房间舒适度，所以冬季的建筑能耗也相对较高。

因此，针对夏热冬冷地区“夏热冬冷”的气候特征，既要满足室内热舒适水平，又要节约能源，建筑就必须采取合适的保温隔热措施。

### 3.2 湿度因素

夏热冬冷地区常年湿度较大，对建筑室内热环境影响较大。空气湿度大，在夏天表现为闷热，在冬季表现为湿冷，导致人体的热舒适性很差，所以需要借助空调、风扇、新风、暖气等设备来改善人体舒适度，这就使得建筑能耗大幅度上升。

同时，高湿环境也会影响建筑保温隔热材料的实际性能。建筑的保温隔热材料多为多孔材料，材料在吸收了空气中的潮气后，保温性能会有所降低，从而影响节能效果。当空气湿度较大时，在建筑的内表面，特别是冷热桥部位，还易产生结露，从而使这些部位霉变、脱落，不仅影响美观，也影响保温效果和使用寿命。

因此，针对夏热冬冷地区全年高湿的气候特征，该地区的建筑需要考虑通过自然通风手段排除湿空气来降低额外的设备能耗。同时，考虑采取必要的防潮措施来降低高湿空气带来的不利影响。

### 3.3 太阳辐射因素

夏热冬冷地区冬季日照时间较少，加上空气湿度较大，为了尽可能地获得日照，建筑需要尽量南向布置，保证居住建筑的间距，使居住建筑的主要居室在冬季有足够的日照时间，充分利用太阳辐射热，节约采暖能耗。

夏热冬冷区夏季会间歇性地出现照度极高的太阳辐射，大量的热辐射通过围护结构的传热进入室内，使室内气温增高。

因此，针对夏热冬冷地区太阳辐射的气候特点，该地区的建筑需要同时考虑夏季的遮阳及冬季的太阳能利用。

### 3.4 风因素

夏热冬冷的大部分地区，夏季主导风向偏南，可考虑充分利用夏风，组织自然通风。该地区冬季主导风向偏北。在冬季，要注意加强建筑物的气密性，防止冷风从这一方向渗透。由于风环境受外界因素影响较大，因此还需要结合建筑所在地的具体状况进行详细的风环境分析。

夏热冬冷地区常年风速不高且全年需要除湿，因而绝大部分地区的建筑需考虑合理利用并增强良好的自然通风。但是由于夏热冬冷地区普遍风速不高，因此建筑物有时难以通过利用室外来风增强室内风压来进行通风。尤其是在夏季湿热的天气，通风除湿的要求很高，而室外又处于静风的状态之时，热压通风就显得尤其重要。因此，对于夏热冬冷地区建筑而言，需要考虑利用热压通风作用进行除湿。

### 3.5 建筑负荷影响

由于夏热冬冷地区冬季湿冷且持续时间较短，夏季闷热且持续时间较长，因此，夏季围护结构冷负荷和新风冷负荷会大于冬季围护结构热负荷和新风热负荷。另外，夏热冬冷地区冬季大部分时间太阳辐射强度较低，夏季又间歇性地出现照度极高的太阳辐射，因此夏季的太阳辐射得热量较大，由该得热而引起的冷负荷也相对较大。

通过以上分析可知，夏热冬冷的气象因素从根本上决定了建筑物冷热负荷不平衡率较大。

## 4 夏热冬冷地区超低能耗建筑被动式设计

上面从温度、湿度、太阳辐射和风四个气候因素出发，归纳出夏热冬冷地区具有夏热冬冷、全年高湿、日照率低和风速不大的气候特征。同时，分析了夏热冬冷地区气候对建筑的影响。夏热冬冷的气象因素要求建筑设计需要考虑保温隔热、防潮排湿、遮阳防晒、自然通风措施。夏热冬冷的气象因素也从根本上决定了建筑物冷热负荷不平衡率较大。建筑设计时需要考虑气候适宜性，针对气候特点解决突出问题。

### 4.1 自然通风设计

自然通风是指通过利用建筑内外的风力来促进室内的空气流通来进行相应的空气通风。在传统建筑设计中，由于生产工具相对不足，因此人们常常会利用自然风改善建筑的外部及内部环境。自然通风不仅能够改善室内的空气质量，实现生态性发展，还能够减少室内建筑对于通风设备的依赖，从而实现建筑的节能环保设计。

在夏热冬冷地区被动式建筑设计中，在过渡季节利用自然通风可以改善建筑室内的热舒适情况，同时合理的自然通风可以延长建筑的“过渡季节”的时间，缩短全年使用制冷采暖设备的时间，达到节约建筑能耗的效果。

夏热冬冷地区风速较小，可利用的风资源较为匮乏，所以应优先考虑为建筑塑造良好的自然通风条件。选址应处于利于通风位置，并通过场地设计引导过渡季节的主导风；建筑采用适宜的开口形式、大小和数量，利用风压和热压原理，改善自然通风效果；同时，可采用灵活隔断、开放布局的细部处理，优化室内气流路径。

### 4.2 自然采光设计

自然采光设计是指将自然光引入建筑物内部，根据一定的设计方式，实现建筑物内部的照明效果。良好的自然采光不仅减少了灯光设备的使用，节约了能源，而且创造了更舒适的光环境，利于人们健康生活。

夏热冬冷地区冬季日照时间较少，所以需要考虑借助自然采光加强对于太阳辐射热的利用。规划布局宜坐北朝南，通过水平展开的方式最大限度获取南向采光。建筑宜设置具有适宜位置、方向、大小和数量的天井，让足够的自然光线可以进入室内。细部处理方面，灵活开启的长窗，可以在需要时尽可能引入自然采光，屋顶开设天窗，可以优化室内照度和采光均匀度。

### 4.3 遮阳防晒设计

遮阳防晒是指通过减少照射到建筑及室内的直射光，以减少建筑太阳辐射得热，从而达到降低室内温度的方法。遮阳防晒可以营造适宜的室内温度环境，提供舒适的室内空间效果。

夏热冬冷地区夏季湿热，所以需要考虑全面的遮阳和快速散热。规划布局宜采用紧密式布局，利用建筑自遮阳原理，塑造阴凉空间；建筑设置挑檐、围廊等空间，利用灰空间进行室内外空间过渡，有效缓冲室外不利气候对室内环境的影响；细部处理考虑窗上挑檐的设计、窗户外部加装可调式遮阳卷帘等设计，彰显地域特色的同时减少太阳直射。

## 5 结语

环境和气候是被动式超低能耗建筑设计过程中需要考虑的核心因素。我国不同地区的气候差异明显，南方夏季温度高，空调供冷的需求高；北方冬季寒冷，需要大量供热。因此，在不同地区实施被动式超低能耗建筑设计时，要因地制宜地选择最合适的技术，并根据环境条件调整设计方案。

### 参考文献

[1] 中华人民共和国住房和城乡建设部．民用建筑热工设计规范：GB 50176—2016 [S]. 北京：中国建筑工业出版社，2016.

[2] 中华人民共和国住房和城乡建设部．近零能耗建筑技术标准：GB/T 51350—2019 [S]. 北京：中国建筑工业出版社，2019.

[3] 河北省住房和城乡建设厅．被动式超低能耗居住建筑节能设计标准：DB 13(J)/T 8359—2020 [S]. 北京：中国建材工业出版社，2020.

[4] 北京市住房和城乡建设委员会，北京市市场监督管理局．超低能耗居住建筑节能工程施工技术规程：DB11/T 1971—2022 [S]. 2022.

# 郑州市骨科医院超低能耗门窗幕墙应用分析

陈　达　侯世林　可江涛

浙江中南建设集团建筑幕墙设计研究院　浙江杭州　310000

**摘　要**　在“碳达峰、碳中和”的背景下，超低能耗门窗系统在我国应用越来越广泛。本文介绍被动式超低能耗门窗幕墙的主流产品和在我国的应用背景，重点阐述了郑州市骨科医院中采用的幕墙门窗系统的构造做法和注意事项，旨在探索适合我国国情的超低能耗幕墙门窗做法。

**关键词**　符合中国的被动式；超低能耗幕墙门窗系统

**Abstract**　In the context of “peak carbon” and “carbon neutrality”, ultra-low energy consumption windows and doors are increasingly prevalent in China. This article introduces the mainstream products of passive ultra-low energy consumption windows and doors, as well as their application background in our country. It focuses on elucidating the construction methods and considerations of the curtain wall windows and doors system employed in the Orthopedic Hospital in Zhengzhou. The emphasis is on exploring practices for ultra-low energy consumption curtain wall windows and doors that align with the specific conditions and needs of our country.

**Keywords**　in line with China's passive; ultra-low energy consumption curtain wall windows and doors system

## 1　引言

2021 年 9 月 22 日，中共中央发布 36 号文件，要求全面落实贯彻新发展理念，做好碳达峰、碳中和工作，对于建筑行业提出在城乡规划建设管理各环节全面落实绿色低碳要求。自 2007 年以来住房城乡建设部科技发展促进中心与德国能源署在建筑节能领域开展技术交流、培训和合作，引进德国先进建筑节能技术，以被动式超低能耗建筑技术为要点，建设了河北秦皇岛在水一方、黑龙江哈尔滨溪树庭院等被动式超低能耗绿色建筑示范工程，此后，各省市不断出台相关超低能耗的专项规划、长期发展规划、技术导则、建筑节能规范、技术标准等。根据中国建筑科学研究院的数据，建筑运行碳排放占据国家总排放量近 40%，而幕墙门窗的能量损失又占据整个建筑能耗的比例超过 40%。被动式超低能耗幕墙和门窗对于双碳目标的意义重大。

## 2　被动式的超低能耗建筑的理论

被动式建筑不需要通过主动加热，基本依靠被动收集来的热量使房屋本身保持舒适的温度。它使用太阳、人体、家电及热回收装置等带来的热能，不需要主动热源的供给。被动式建筑主要通过高效的热回收和新风系统、良好的热围护结构、建筑的架构无热桥、良好的气密性、能源的充分利用等来实现其功能。其中，建筑的外围护结构作为整体建筑的气密和保温成为被动式建筑一切功能的基础。

被动式建筑的研究和实践始于德国，1996 年，沃尔夫冈 · 法伊斯特博士（Wolfgang Feist）创建了德国被动房研究所（Passive House Institute，PHI），该研究所是被动房研究和认证的权威机构，为世界首栋被动式住宅建筑、办公建筑、学校建筑、体育建筑、工业建筑、既有建筑被动式改造等提供了设计咨询、技术支持及后续认证。目前，已经有 6 万多栋的房屋按照被动房标准建造，其中有约 3 万栋建筑获得了被动房的认证（图 1）。

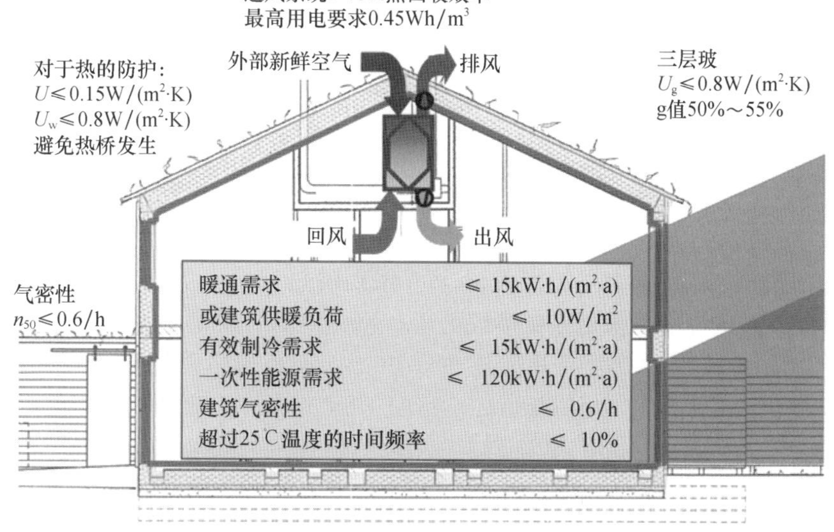


图 1　被动房屋原则

PHI 出版了被动房设计手册（PHPP）、被动房计算软件、被动房评价认证标准、被动房部品认证标准，对达到被动房标准的建筑、建筑部品（门窗、保温系统、空调、新风设备等）、建筑设备、认证工程师、设计单位、施工单位进行认证。PHI 体系作为被动房超低能耗建筑标准体系中最为成熟的一员，受到很多国家的学习和借鉴。目前，我国各个地区在建造被动房建筑时，基本上也参照 PHI 标准进行设计。

在中国，被动式超低能耗建筑技术正逐渐成为建筑领域的重要发展方向。这种技术通过提高外围护性能、采光、通风等被动式技术和光伏建筑一体化等主动化技术，与建筑其他专业结合，实现整体建筑超低能耗的目标。欧美主要国家已经或正在制定适应本国国情的被动式超低能耗建筑技术体系。在中国，住房城乡建设部于 2015 年制定的《被动式超低能耗绿色建筑技术体系》标志着对这一技术的官方认可。被动式超低能耗建筑在门窗方面的具体应用也备受关注。中国气候区域复杂，设计策略上的创新和适用性至关重要。

## 3　门窗幕墙超低能耗分析及在郑州市骨科医院中的应用

郑州市骨科医院东院区新建综合病房楼建设项目是“中原第一、中部领先、全国一流”区域性骨科医院。该项目位于郑州市二七区陇海中路与勤劳街交叉口西北角郑州市骨科医院内，地下三层，地上二十二层。根据本工程建筑节能设计表的要求：外窗传热系数 $K \leqslant 1.0$ 分级指标 $K$ 应为 10 级（表 1）。

表 1　外窗节能要求

| 分级 | 1 | 2 | 3 | 4 | 5 | 6 | 7 | 8 | 9 | 10 |
|---|---|---|---|---|---|---|---|---|---|---|
| 分级指标值［W/（$m^2$·K）］ | $K \geqslant 5.0$ | $5.0 > K \geqslant 4.0$ | $4.0 > K \geqslant 3.5$ | $3.5 > K \geqslant 3.0$ | $3.0 > K \geqslant 2.5$ | $2.5 > K \geqslant 2.0$ | $2.0 > K \geqslant 1.6$ | $1.6 > K \geqslant 1.3$ | $1.3 > K \geqslant 1.1$ | $K < 1.1$ |

本项目设计范围包含窗墙系统、铝板幕墙、石材幕墙、雨篷、铝合金外门窗、屋顶玻璃栏板、外立面金属格栅等，图 2、图 3 为本项目东南、东北侧效果图，其中超低能耗条形窗墙系统主要分布在南东西侧，且南侧条形窗集成了隐藏式电动外遮阳卷帘。此窗墙系统采用 65/100 系列隔热型材，合金牌号及状态号为 6063-T6。型材室外外露可视部位采用氟碳喷漆处理，室内外露可视部位分采用喷粉处理，主型材截面主要受力部位基材最小实测壁厚不小于 2.5mm；面板规格采用 6（Low-E）＋16Ar＋6＋16Ar＋6 钢化中空玻璃和 8（Low-E）＋16Ar＋8＋16Ar＋8 钢化中空玻璃。

建筑南立面的全部外窗采用电动可调卷包式遮阳卷帘，可调节光线角度和入射通光量，抗风性不低于 8 级，外遮阳与外墙保温层连接处采用隔热垫片和预压膨胀密封带减低传热损失。北侧聚氨酯断桥铝超低能耗门窗系统。95 系列隔热型材，合金牌号及状态号为 6063-T6。型材室外外露可视部位采用氟碳喷漆处理，室内外露可视部位采用喷粉处理，主型材截面主要受力部位基材最小实测壁厚不小于 2.0mm。面板规格采用 6（Low-E）＋16Ar＋6＋16Ar＋6 钢化中空玻璃和 8（Low-E）＋16Ar＋8＋16Ar＋8 钢化中空玻璃。

图 2　郑州市骨科医院东南视角效果图

其余部分为石材幕墙系统和铝板幕墙系统，其做法与传统幕墙也均不相同。

图 3　郑州市骨科医院东北视角效果图

### 3.1　常见的被动式玻璃幕墙系统按照产品材质划分

被动式低能耗玻璃幕墙（幕墙窗）、门窗集成了其配套的独特的安装方式、专用新型节能附框系统、预压膨胀棉、防水隔气膜、防水透气膜、窗台板等。这需根据项目实际情况进行科学配置，以达到相应的技术指标。常见的被动式门窗幕墙系统按照产品材质划分一共有四大类。它们的共同特征是较低的 $K$ 值，四类产品各具特点，需要根据不同的工程情况来选择合适产品。

第一类是断桥铝幕墙、断桥铝门窗、窗墙系统。代表品牌 WICONA 为主的德系工装产品。图 4 所示分别为幕墙系统（窗墙系统）、门窗系统、门窗系统（集成遮阳）。本类产品的优点是适合大型公建项目，铝材造型工艺成熟，耐久性好，适合不同的建筑形式，比如医院类超长条形窗，可以采用窗墙系统，结构简约美观，没有拼接材料，可以达到玻璃幕墙的效果，又能规避住房城乡建设部 38 号文对玻璃幕墙对医院的使用限制，且项目后期方便维护清洁。此类进口品牌如 WICONA、旭格等，价格昂贵。本类产品中幕墙不能应用于医院项目，门窗系统在视觉效果上不如窗墙系统，窗墙系统最为适宜，但价格稍高于断桥铝门窗系统，且此类项目需要满足较低的 $K$ 值，隔热条需要使用进口产品。

第二类是木索系统、铝木复合门窗产品。其代表品牌为墨瑟、森鹰等国内家装系统品牌（图 5）。木索幕墙系统立柱横梁为全实木构造，铝木复合门窗分两类：一类是实木较多，另一类是木板为装饰板。前两者价格昂贵，后期不方便打理，木质构件适合家装，不适宜公建项目，且有发霉变形隐患，且铝包木难以达到较高的节能要求。木系统价格比断桥铝类价格昂贵，断桥铝类价格比塑钢类价格昂贵。

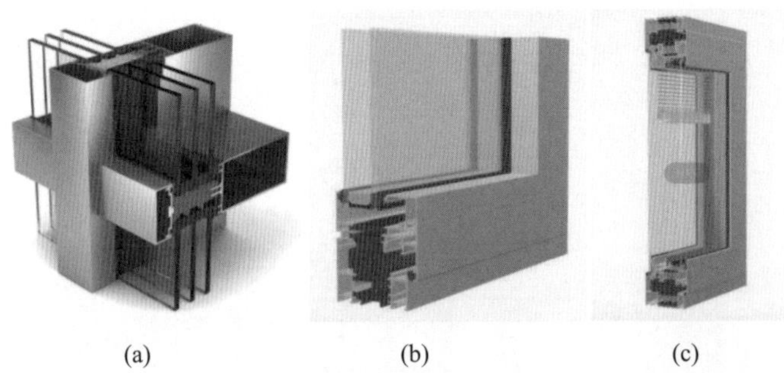

(a) (b) (c)

图4 断桥铝建筑铝系统（分别是断桥铝幕墙系统、断桥铝门窗系统、断桥铝双层门窗系统）

(a) (b) (c)

图5 铝模复合系统（分别是木索幕墙系统和铝包木门窗系统）

第三类是（增强型树脂材料）塑钢门窗、（PVC类）塑钢门窗（图6）。此类产品的隔热性能仅次于同档次的玻璃纤维复合增强门窗，传统的塑钢门窗材料落后，北方项目较多采用塑钢类产品，其缺点是抗紫外线能力差，民众接受度低。塑料材质容易产生划痕，强度不高，超过3.5m高度或者外挂门窗安装容易产生安全隐患。此类产品中也有工艺较为复杂的产品，其塑钢型材外部集成铝合金材质，能够克服外部恶劣环境，内部增加了PVC覆膜工艺，可以实现耐久性和美观，又具备塑钢卓越的保温性能，兼具了三种材料的优点，但工艺复杂，需要较高的加工精度和设备。

(a) (b)

图6 铝塑门窗系统
（分别是塑钢窗和铝材＋塑钢＋PVC覆膜典型产品）

第四类是玻璃纤维复合增强门窗（聚氨酯＋玻璃纤维）（图7）。此类材料做法又分为两大类。一类是整体做玻纤复合型材，保温性能最为卓越；另一类是断桥铝＋玻纤复合材料。玻纤复合增强材质一般应用于高酸碱石油化工行业，强度较高，可以作为地铁支架、石油钻井平台支架。

### 3.2 被动式超低能耗做法对比

门窗是外围护结构的重要组成部分，以普通住宅为例，门窗面积只占围护结构面积的12％左右，但在建筑外围结构的热损失中，门窗的热损失缺占到整体热损失的50％（图8）。

门窗安装根据其具体的安装位置可以有不同的安装方法，目前国际主流的超低能耗门窗安装为图9中最后一种外挂式安装方法，其典型优点是13℃等温线与结构不产生干涉，无冷凝霉变风险。国内项目需要经过PHI体系认证的也多采用此方式安装，但是由于外挂安装对结构洞口精度要求高，对防水要求高，不达标则容易造成漏水隐患。因此也采用图 9（c）中的齐平洞口安装，此安装成本低，对各方面要求相对较低，无漏水隐患，13℃等温线基本不与结构干涉，无霉变风险，适合医院应用环境的卫生要求，本项目拟采用此安装方式。

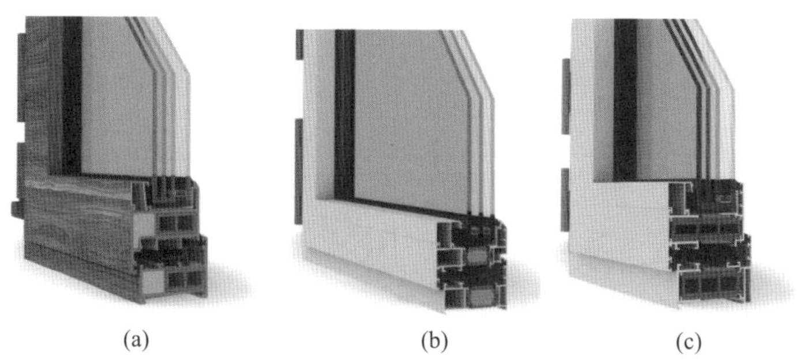


图 7　玻纤类门窗系统（分别是常规玻纤增强门窗、断桥铝＋玻纤复合门窗、具备防火功能的断桥铝＋玻纤复合门窗）

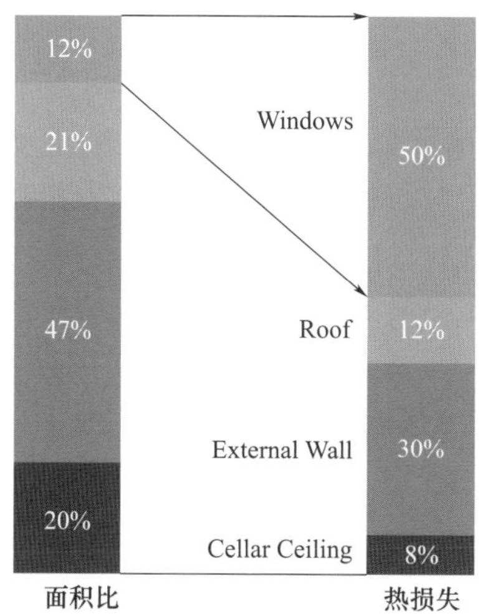


图 8　建筑热损失占比情况

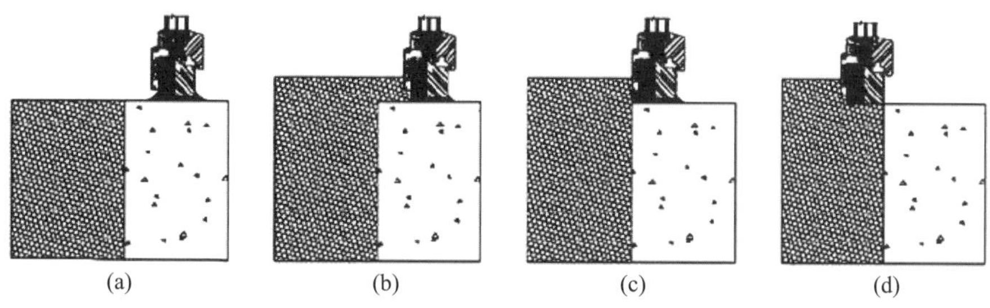


图 9　门窗安装位置（自内至外按安装位置分别是 ABCD）

图 9 所示为窗安装的不同位置与建筑外保温的配合关系 A、B、C、D。A 窗安装在结构洞口的居中位置，保温没有对窗框体进行覆盖；B 窗安装在结构洞口居中位置，保温对窗框体进行覆盖；C 窗安装在结构洞口内靠外侧，保温对窗框体进行覆盖；D 窗安装在结构洞口外侧，保温材料对其进行覆盖。

A方案：图9（a）所示的安装位置关系为是目前较为普遍的安装方式，此种安装便于窗的快速定位和安装，便于保温的施工，作为建筑围护结构的最薄弱环节，保温没有进行有效地覆盖，不仅会造成很大的热损失，也会在洞口的位置存在较大的结露风险，同时影响整个外维护结构的热工性能，由于窗过于靠近室内，虽然有利于防水，但是不利于室内的采光，影响建筑得热（图10）。

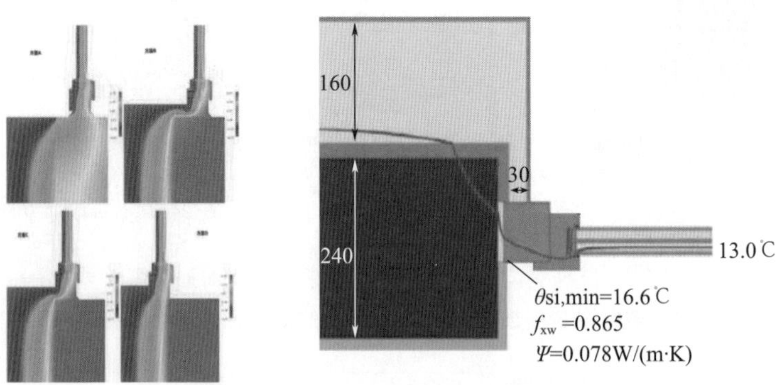


图10　13℃等温线分布图

B方案：图9（b）同样是居中安装，由于保温对窗框体进行了覆盖，对门窗的保温性能有了一定的提高，有效地提高了窗室内的表面温度，对窗的抗结露性能有了一定的作用，但是由于窗的安装位置太靠近室内，窗与结构之间结露发霉的问题已然没有有效解决，13℃等温线依然穿过结构。13℃等温线在结构上穿过，就会产生如下问题（图11）。

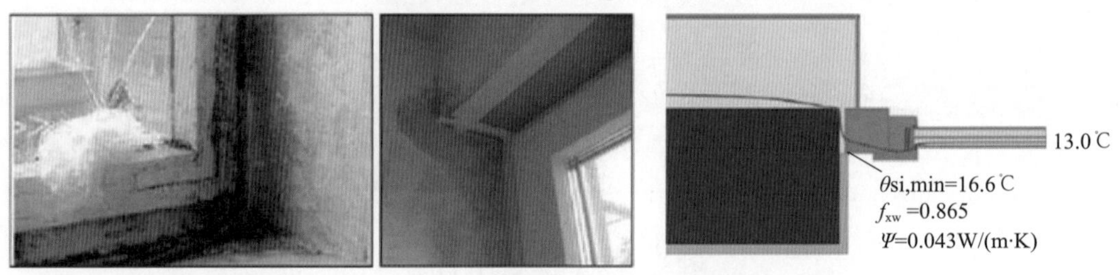


图11　13℃等温线附近产生的霉变实景

C方案：图9（c）将窗的安装位置更靠近室外侧，首先有利于采光，可提高建筑得热；可根据洞口结构的改变提高防水性能，根据热工计算可以看出，其温度梯度进一步减小，有效地将其等温线移向室外侧，很大程度改善了室内热环境，同时避免了结构产生霉菌的可能。C方案的13℃等温线恰好与结构边缘掠过，即能够有效地避免霉菌的产生，从而避免一系列的问题。

D方案：图9（d）为经典的外挂式安装体系，这种安装方法是把窗整体移向建筑结构外侧，并使用外墙保温材料对门窗框进行覆盖，可有效提高窗与结构之间的保温性能，避免窗框及洞口周边结露现象的产生，其等温线分布均匀，可有效避免门窗结构位置的结露发霉等问题。工艺要求高（图12）。

13℃等温线已经不在建筑结构上，即表明图12安装位置较为合理，建筑结构和窗之间不会有发霉的现象产生。此种安装方法是将窗依靠“型材”/连接件形成支撑结构，把窗

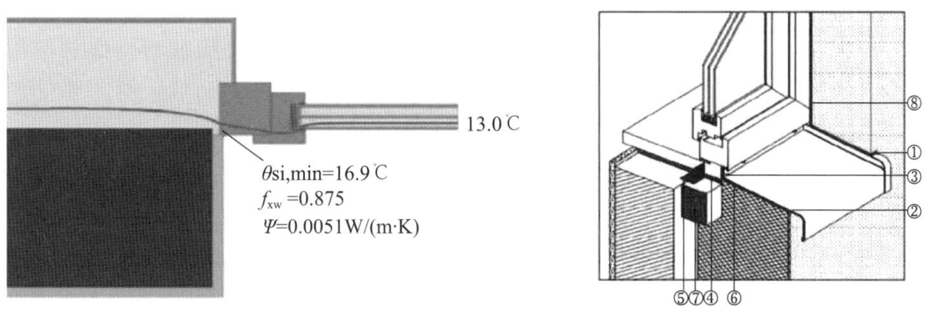


图 12　D 方案 13°等温线分布和 D 方案安装示意

“挂”在建筑结构的外侧，被广泛称为外挂式安装。所示的安装方式有利于窗的保温，并有效地防止窗安装位置的结露和霉菌的产生，是一种较为稳妥的安装方法，但是这种安装方法需要较厚的保温，目前 75％节能建筑的保温厚度为 10cm，如果是“外挂”安装需要至少 15cm。此种安装多用于被动式建筑，容易造成漏水隐患。

### 3.3　郑州骨科医院超低能耗项目做法

超低能耗项目气密性要求较高，本项目气密性要求 8 级（表 2），常规的上悬、外开等形式无法满足气密性要求。本项目采用内开内倒开启。

**表 2　外窗气密性要求**

| 分级 | 1 | 2 | 3 | 4 | 5 | 6 | 7 | 8 |
|---|---|---|---|---|---|---|---|---|
| 单位开启缝长分级指标值 [m³/(m·h)] | 4.0≥ $q_L$>3.5 | 3.50≥ $q_L$>3.0 | 3.0≥ $q_L$>2.5 | 2.5≥ $q_L$>2.0 | 2.0≥ $q_L$>1.5 | 1.5≥ $q_L$>1.0 | 1.0≥ $q_L$>0.5 | $q_L$≤0.5 |
| 单位面积分级指标值 [m³/(m·h)] | 12≥ $q_2$>10.5 | 10.5≥ $q_2$>9.0 | 9.0≥ $q_2$>7.5 | 7.5≥ $q_2$>6.0 | 6.0≥ $q_2$>4.5 | 4.5≥ $q_2$>3.0 | 3.0≥ $q_2$>1.5 | $q_2$≤1.5 |

图 13 为窗墙系统的内开内倒开启做法。

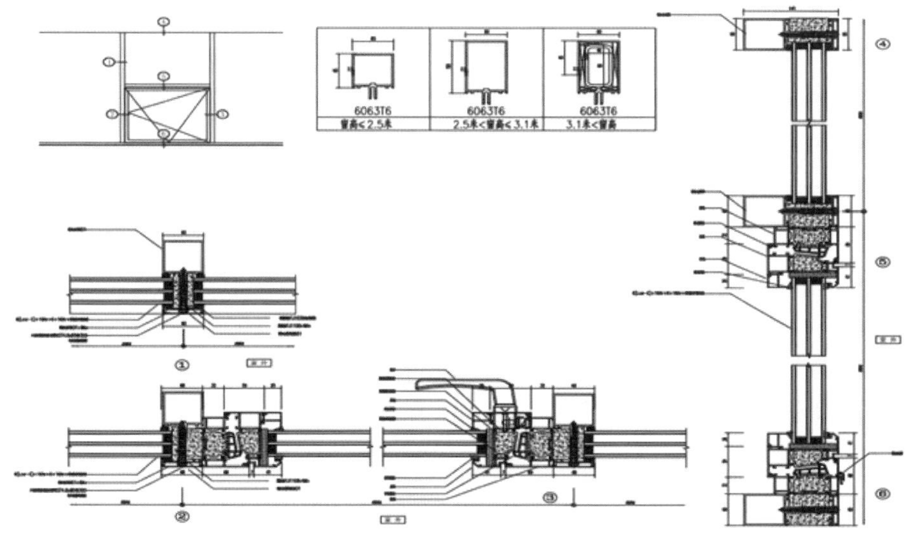


图 13　窗墙内开内倒做法

图14、图15分别为超低能耗窗墙和聚氨酯门窗的基本构造做法。本窗墙系统隔热条长度达49mm，隔热条和玻璃之间腔体通过填充聚氨酯隔热块来降低热量的传递和对流。本项目的北侧洞口门窗采用95系列聚氨酯断桥铝门窗，其配置如图15所示，其聚氨酯尼龙共挤门窗的断桥铝部分长度达60mm，腔体全部用聚氨酯材质填充。

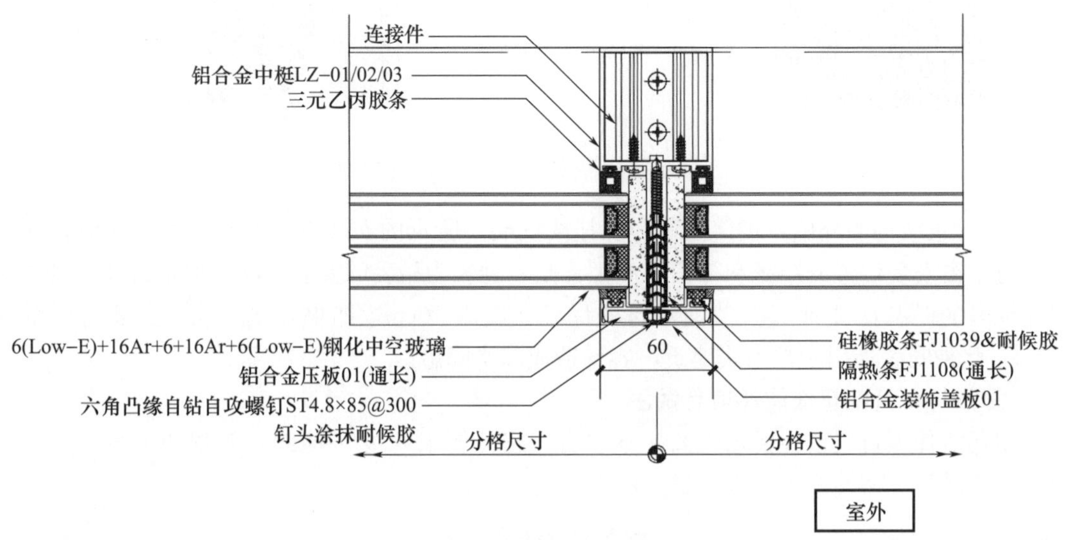


图14 窗墙基本节点

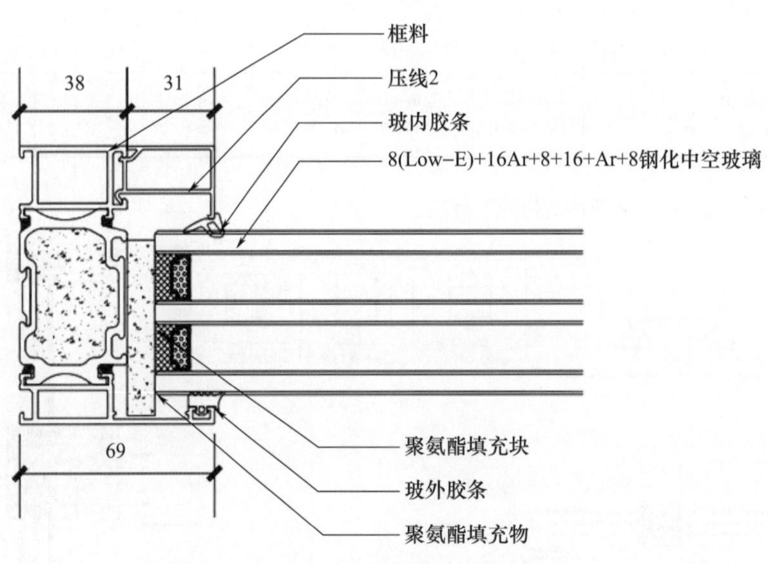


图15 95系列聚氨酯断桥铝门窗基本节点

低能耗项目需要考虑建筑使用年限，建议选择可以达到50年使用要求的保温和防火材料。防止20年后保温达到质保期，保温时效，增加低能耗项目的维护费用，且岩棉类材料在住房城乡建设部淘汰材料名单，部分城市已经禁止使用。可以考虑复合珍珠岩棉板作为保温和节能材料，请参考相应的国标和地标要求。

其他构造措施需要满足被动房超低能耗项目的要求，如埋板部位设置 50mm 厚防腐木垫块或者聚氨酯块，门窗洞口安装方式自内而外严格按照防水隔气膜＋预压膨胀棉＋防水透气膜的安装方式。采用洞口齐平安装，避免结露霉变等（图 16、图 17）。南侧隐藏式遮阳卷帘设置如图 18 所示。

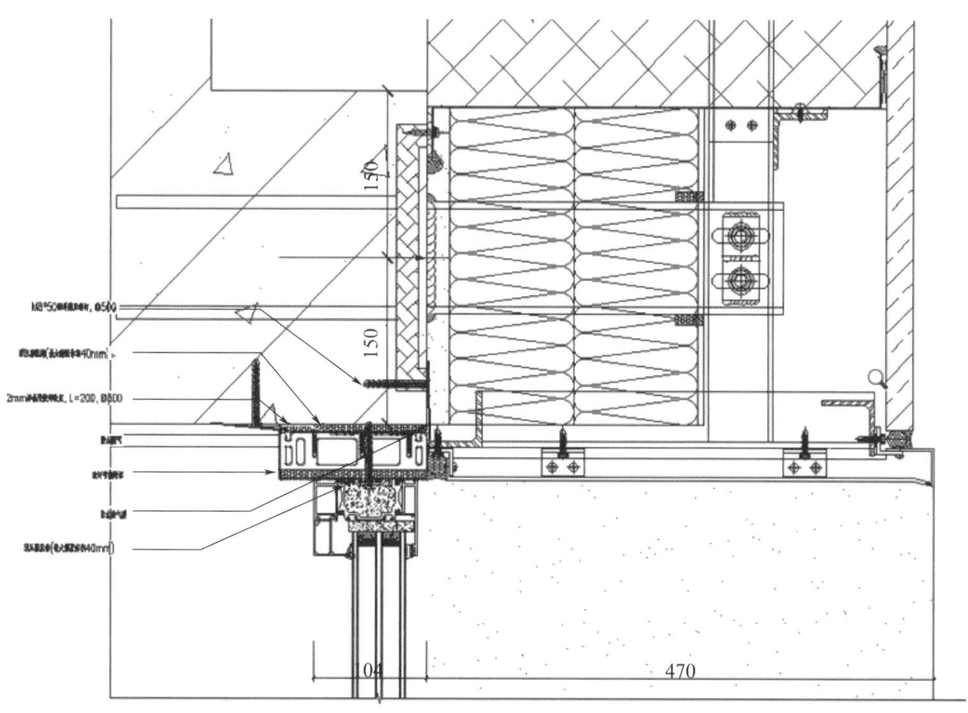


图 16　石材幕墙埋板部位隔热垫块和门窗节能附框安装

图 17　石材幕墙埋板部位隔热垫块

预压膨胀棉可以实现最大 40mm 的尺寸形变，结合防水透气膜和防水隔气膜，有效实现气密性，同时避免结露。绝热垫块有效地杜绝幕墙系统通过龙骨进行的热量的传递。聚氨酯块和聚氨酯发泡有效地杜绝热量的对流和辐射，同时避免使用较为昂贵的超低能耗材料如真空板等。

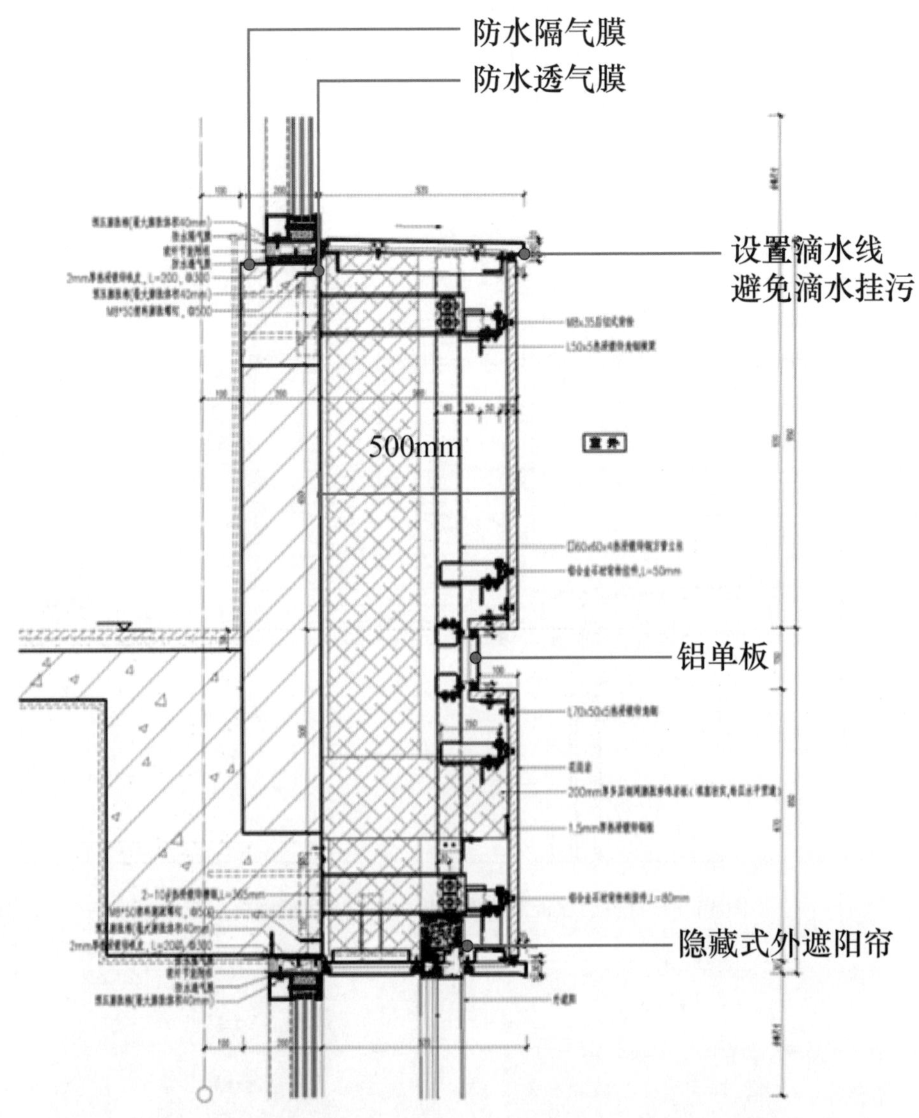


图18　铝板幕墙埋板的隔热措施和内部隐藏电动遮阳卷帘做法

## 4　结语

本项目的做法综合考虑河南省省情和施工实际情况，选用成本低的洞口齐平安装方法，选用低成本的防腐木垫块等，为更多超低能耗项目在河南以较低成本的建设落地提供示范作用。

建筑节能是建筑领域减碳的必要途径，门窗幕墙系统在建筑的节能中尤为重要，被动式低能耗门窗系统不仅是建筑的未来发展趋势，也是推进碳达峰、碳中和的重要方式之一。针对中国地域广阔的特点，选择施工地域的产异化被动式门窗幕墙系统产品和安装方式。

相关主管部门、设计研究院所、施工企业需要综合考虑我国的国情、气候特点，综合成本效益，改造成本，制定合适设计标准和施工质量控制标准，为“双碳”目标早日达成贡献力量。

## 参考文献

[1] 高英，杨添．被动式超低能耗高性能门窗幕墙的应用［J］．建筑技术，2021，52(4)：505-508.

[2] 王江涛．铝塑共挤节能门窗在“双碳”形势下的应用［J］．门窗，2022(22)：10-12，216.

[3] 王洪涛，万成龙．建筑幕墙门窗发展趋势［J］．建筑科学，2018，34(9)：93-98.

[4] 魏贺东，赵及建，柴阳青．浅谈高性能中空玻璃柔性(超级)暖边间隔条的市场应用［J］．中国建筑金属结构，2020(5)：50-55.

[5] 刘郁林．雄安新区超低能耗绿色建筑示范项目实践［J］．绿色建筑，2019(4)：49-54.

[6] 塑料门窗委员会．弘扬门窗工匠精神推动技术提升发展 2018 年超低能耗暨定制门窗系统技术培训班在安徽省宿州市举办［J］．中国建筑金属结构，2019(2)：22.

[7] 李扬．系统门窗在超低能耗领域的实现探讨［J］．科技尚品，2023(9)：140-143.

[8] 周秀红，李远．高节能幕墙的保温和抗结露性能分析［A］．2019 年深圳市建筑门窗幕墙科源奖学术交流会论文集［C］．2019：331-336.

[9] 谢士涛，曾晓武．清华大学超低能耗示范楼建筑幕墙技术［A］．2006 年全国铝门窗幕墙行业年会论文集［C］．2006：165-178.

[10] 李进，刘军．超低能耗绿色建筑铝合金门窗解决方案［A］．2018 年全国铝门窗幕墙行业年会论文集［C］．2018：122-128.

[11] 周佩杰．被动式超低能耗绿色建筑所用外门窗的无热桥设计与施工［A］．2017 全国铝门窗幕墙行业年会论文集［C］．2017：304-315.

[12] 万成龙，王洪涛，单波，等．我国被动式超低能耗建筑用外窗热工性能指标研究及实测分析［A］．2016 全国铝门窗幕墙行业年会论文集［C］．2016：214-221.

## 作者简介

陈达（Chen Da)，男，浙江中南幕墙科技股份有限公司工程师、机械设计制造及其自动化方向、工学学士、幕墙设计师，从事建筑铝系统相关理论研究、系统研发和工程实践工作。NOTTER-Z 系统核心研发成员，致力于制造业虚拟样机相关技术对建筑铝系统产品的品质提升。地址：滨江区滨康路中南建设集团技术中心光伏所；邮编：310000；联系电话：13071818532；E-mail：1358526229@qq. com。

侯世林（Hou Shilin)，男，1998 年 10 月生，助理工程师，研究方向：幕墙设计；工作单位：浙江中南幕墙科技股份有限公司；地址：浙江省杭州市滨江区滨康路中南建设集团技术中心光伏所；邮编：310000；联系电话：15938616533；E-mail：1520563706@qq. com。

可江涛（Ke Jiangtao)，男，1999 年 1 月生，管理类学士，研究方向：管理科学与工程类；工作单位：浙江中南幕墙科技股份有限公司；地址：浙江省杭州市滨江区滨康路中南建设集团技术中心光伏所；邮编：310000；联系电话：18651837828；E-mail：1511903585@qq. com。

# 三、材料与性能

# 中空百叶玻璃的老式电动与光伏电控

## ——可靠性及使用寿命分析

宁晓龙

江苏可瑞爱特建材科技集团有限公司　江苏扬州　225000

**摘　要**　建筑遮阳与外围护立面之间的设计结合，从最初的雨篷演变为百叶系统、电动遮阳，身处在建筑科技“大爆发”的时代，为了呈现更加整洁、表达更为干练的建筑效果，设计师对外立面的要求越来越高。因此，百叶尤其是中空玻璃内置的电动百叶成为很多高档装饰与建筑设计中的首选项。

百叶中空玻璃——设计与安装的便利性，特别是在幕墙施工中的可操作性，以及电机的耐久性、功能性，包括使用寿命、科技感，成为市场判别产品优劣的核心标准。普通的电动百叶（老式）与光伏电控百叶之间，从外观、结构、产品理念、性能、使用寿命、安装，以及应用成本等多方面均存在很大差异。

本文通过对市场内产品的细节解析，帮助设计院、建筑师，以及广大房地产开发商能够明明白白了解其中可靠性与应用性、合理性、科技力。

**关键词**　中空百叶玻璃；老式电动内置；光伏电控电动内置；绿色发展新趋势

## 1　老式电动内置百叶中空玻璃的安装、使用寿命及电线在外围护结构安装使用中的耐久性解析。

（1）老式电动内置百叶中空玻璃（图1）因需通过设计电路、现场布线、外接电源等烦琐的安装步骤方能正常使用，为避免客诉率，宜单块玻璃接电安装，不宜2片或多片串、并联安装使用；

（2）老式电动内置百叶中空玻璃的耐久性需同时满足高、低温老化测试（高温≥90℃、低温≤−20℃）及6万次机械耐疲劳升降测试，方能达到30年使用寿命需求，成为消费者放心使用的活动性遮阳伏热产品。

（3）老式电动内置百叶中空玻璃使用的电线宜采用FF46-2铁氟龙镀银耐高温电线，温度范围：−65～200℃；绝缘材质为：FEP铁氟龙，这种材质具有耐高温、耐寒、无毒无害、绝缘性能强等优点，使用寿命符合欧洲RoSH标准要求；电线内部应用镀银无氧精铜，具有强电流负载能力、抗氧化性、耐用等特点。若使用在光伏电控电动内置百叶玻璃中，电线埋在中空玻璃腔

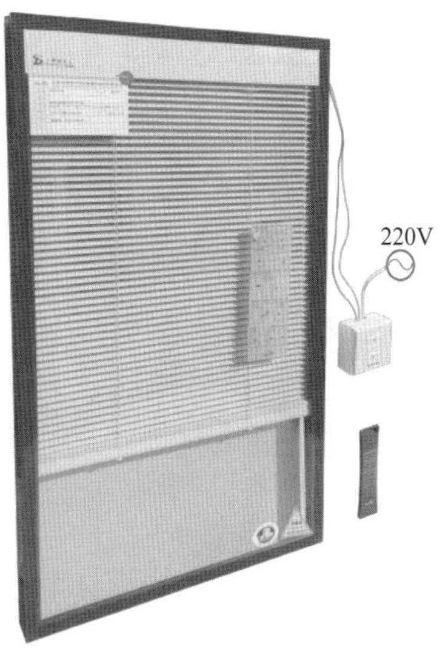


图1　老式电动内置百叶中空玻璃

体或密封胶、护盖及合规的护套管内，使用寿命通常可超过30年。若使用在老式电动内置百叶玻璃制作方案中，可能会因电线直接裸装在室外、铝合金窗框体或石灰墙体内部，受不同环境及腐蚀性物质影响，导致产品使用寿命降至小于90～500天，甚至还会存在一定概率的漏电、短路、电机损坏或损毁等安全风险。

④老式电动内置百叶中空玻璃需通过外连电源、变压器、功能元器件等将220V电压转为电动机所需的12V或者24V电压，方可实现百叶帘的调光和升降功能，但因其布线烦琐、出错率高、接触不良，加之电子元器件暴露在有污染及高、低温不同环境下，使用寿命将可能降至2～5年，同时，一旦出现故障还会陷于几乎很难有效维修和更换的高客诉风险，因此工程项目选型时应充分考虑和谨慎使用（图2）。

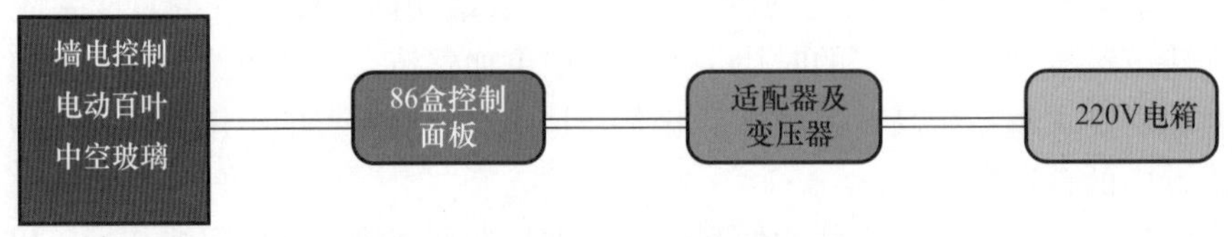


图2　老式电动内置百叶中空玻璃接电

## 2　老式电动内置百叶中空玻璃烦琐的电路连接和现场布线，若在无护线套管保护的情况下裸露安装，是否违规？存在哪些风险？

（1）根据《电动门窗通用技术要求》GB/T 39188—2020、《门窗智能控制系统通用技术要求》GB/T 42407—2023、《家用和类似用途电器的安全　第1部分：通用要求》GB 4706.1—2005等相关规定，将电线裸露安装在铝合金窗型材腔体或墙内部，不但违规，甚至可能导致人身财产、火灾等公共安全事故的发生。

（2）老式电动百叶中空玻璃的外接电线在型材内部穿线前至少应满足以下3个条件：

①铁氟龙镀银耐高温电线自身带绝缘层，但电线需要使用基本绝缘与易接触的金属部件之间再次隔开，“基本绝缘”指：用于防止触及带电部件的初级保护，该防护是由绝缘材料完成的。即电线在型材中穿线要配“基本保护套、保护管”。（成本高）

②门窗型材金属孔洞，应有平整、圆滑的表面，也可以用绝缘套或者绝缘管进行保护（图3）。（成本高）

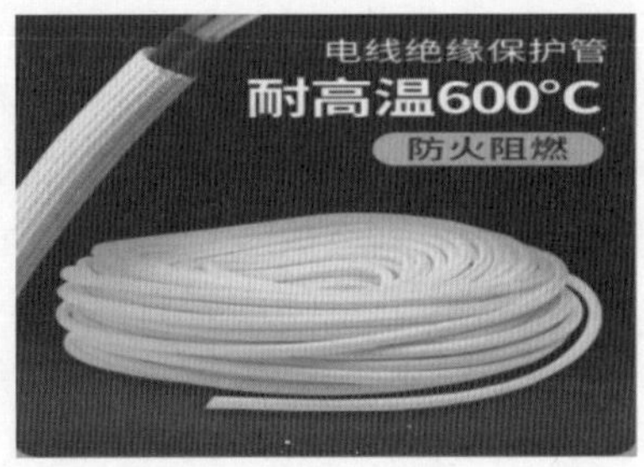


图3　常见基本绝缘护套管

③电线保护套管需要用卡套固定，防止电线移动，应采用可靠的方式保持定位。（成本高）

（3）老式电动百叶中空玻璃外部的电线如果裸露安装在金属型材或混凝土内部，受不同环境影响，会出现绝缘皮套损坏、粘连、腐蚀、漏电、短路、遇水导电等情况；导致电机和电子元器件直接损坏或损毁，一旦引发火灾危及人身财产安全等工程事故，将给开发房企、业主、施工单位带来不可估计的经济损失。

（4）“3 分产品，7 分安装”，老式电动百叶中空玻璃产品的使用寿命主要取决于是否存在线接头不牢固而断电、安装标准化程度不高而短路、操作人员水平参差不齐而出现接触不良或电机损坏、损毁以及在工程现场高、低温不同环境下电线及元器件老化、腐蚀导致产品不能正常使用，而绝非由电动百叶玻璃产品自身使用寿命所决定的，因此老式电动百叶中空玻璃历经近 15 年国内外市场推广，至今仍陷入“无人问津”的尴尬窘境。

## 3 老式电动百叶中空玻璃在外接电源连接时（如变压器、电源箱、控制模块及线路之间的连接），不使用接线器是否合规？

（1）首先是合规的，根据《家用和类似用途的电器安全 第 1 部分：通用要求》（GB 4706.1—2005），电线可以使用钎焊、熔焊、压接或类似的连接方式来进行外部导线的连接，但这些方式都要做好绝缘保护措施，否则即不符合法规，由于这种连接方式在工程现场中成本过高，工艺要求过高，因此很难落地实施。

（2）采用接线端子会方便现场施工，主要用于低压电路中快速接线。因此可以允许使用弹簧接线端子或防水母子接头连接来提高现场施工效率，推荐使用。

（3）由于老式电动百叶玻璃存在多片大小不一的产品相互连接，对变压器、控制模块、荷载电源等接头的数量巨大且易“虚连”、“断电”，超负荷连接的情况时有发生，电机熔损、电线受损的情况更是屡见不鲜，因此在工程现场安装的电动百叶中空玻璃合格率通常小于 70%，引发质量纠纷、增加客诉率、影响楼盘美誉度几乎是不可避免的。

综上，因老式电动百叶玻璃产品自身和辅助元器件及安装成本组成的“综合单价”过高，加之施工导致的高故障率和诸多隐患，使其产品在国内外成功的工程案例并不多见，所以在不能确定可以满足上述三点技术要求的情况下，不建议在大型工程项目中批量应用。

## 4 光伏电控电动内置百叶中空玻璃及光伏板、接收器、电池、电线的使用寿命解析

（1）光伏电控电动内置百叶中空玻璃（图 4）是利用太阳能光伏板，将光能转化为电能，通过电池蓄电、发电、驱动安装在中空百叶玻璃内部的活动式百叶帘，实现自由调光、升降的新型活动式遮阳节能产品，可大幅降低空调使用率达 60%以上，减少城市热传导而形成的城市火炉效应，适用于门窗、透明玻璃幕墙、高档写字楼、酒店场景等。自 2016 年面市推广至今，历经近百个国内外高端工程项目的严苛考验，并经高低温不同环境老化测试（高温 90℃、低温－20℃）和超过 6 万次的升降耐疲劳、耐久性测试，使用寿命可超过 30 年，逐步成为实现双碳目标，节能减排领域中一颗耀眼的明珠和发展趋势。

（2）光伏电控电动内置百叶中空玻璃采用的非晶硅光伏板 GH-37545-9/9N，经高低温老化测试，安装在玻璃腔体内部，其使用寿命可≥30 年，远超过光伏板；安装于玻璃外部有≥7 年的使用寿命。

（3）光伏电控电动百叶中空玻璃采用的接收器产品自身使用寿命可超过 20 年并可实现

图 4　光伏电控电动内置百叶中空玻璃

室内轻松拆卸和更换，同时在日后使用中也可满足业主更多对智能化设计的不同需求。

(4) 光伏电控电动百叶中空玻璃使用的蓄电锂电池，使用寿命可≥5～10 年，安装于接收器内部便于拆卸和更换，规格统一，标准化程度高，无须定制，市场上随处可见，让业主无后顾之忧。

(5) 光伏电控电动内置百叶中空玻璃使用的电线由于是安装隐藏于玻璃腔体、中空玻璃胶层以及护套盖板内部，避免了电动百叶玻璃外部因电线裸露而导致电路故障，与普通中空玻璃外观及安装方式几乎一致，省工省时地完美解决了漏电、短路、电机损坏、损毁这一技术难题，使用寿命经测试超过 30 年。

综上，光伏电控电动与老式电动内置百叶中空玻璃相比，凭借使用寿命更长、综合造价成本更低、智能、科技效果更强、施工安全性更高，且功能稳定、标准化程度高、省时省工、安装成本低等诸多优势，已成为智能电动遮阳百叶光控产品的发展趋势。在建筑业求变思变革，房地产求稳谋创新的时代，在光伏赋能下的电控电动百叶——已经被越来越多的开发商、业主所接受、认可和追捧，已逐渐成为中国绿色低碳、建筑遮阳领域中一颗耀眼的明珠。

# 充气中空玻璃评价方法及性能优势

张娜娜　王海利　袁培峰　张燕红
郑州中原思蓝德高科股份有限公司　河南郑州　450007

**摘　要**　介绍了充气中空玻璃的优势，以及热塑性暖边充气中空玻璃和槽铝式充气中空玻璃的测试标准和评价方法，其中热塑性暖边充气中空玻璃整体性能优于槽铝式充气中空玻璃。
**关键词**　充气中空玻璃；热塑性暖边；EN1279；水气渗透指数；气体泄漏率

**Abstract**　This paper introduces the advantages of gas-filled insulating glass, as well as the test standards and evaluation methods of thermoplastic warm edge gas-filled insulating glass and grooved aluminum gas-filled insulating glass. The overall performance of thermoplastic warm edge inflatable insulating glass is better than that of trough aluminum inflatable insulating glass.
**Keywords**　gas-filled insulating glass; thermoplastic warm edge; EN1279; moisture penetration index; gas leakage rate

## 1　引言

节能环保已成为当前人类社会寻求可持续发展的主题之一。环保要求节能，节能促进环保；建筑节能成为世界性潮流，绿色建筑概念大行其道，高效节能的充气玻璃市场需求逐渐增多。充气中空玻璃通过填充惰性气体后有助于提高隔热、隔声等性能，提高保温和节能效果。

目前，常见的充气中空玻璃主要分为两大类：一类为槽铝式充气中空玻璃，另一类是暖边充气中空玻璃。现行判定充气中空玻璃质量相关标准有：国标《中空玻璃》（GB/T 11944—2012），国际标准《建筑玻璃 中空玻璃 第 3 部分：气体浓度和气体泄漏》（ISO 20492—2010）、《中空玻璃性能评估标准》（ASTM E2190—2019）和欧盟标准《建筑玻璃-中空玻璃单元》2-3 部分（EN 1279—2018）。

其中，国家标准 GB/T 11944—2012 中规定了充气中空玻璃单元的初始气体含量应≥85%，经气体密封耐久性能试验后气体含量应≥80%；美国标准 ASTM E2190—2019 中规定初始充气浓度≥90%，老化试验后≥80%；国际标准 ISO 20492—2010 和欧洲标准 EN 1279—2018 都规定初始充气浓度≥85%，年泄漏率 $L_i$≤1%。其中，欧洲标准 EN 1279—2018 要求最为苛刻，同时也是最为合理的。

## 2　充气中空玻璃的制作

针对国家标准 GB/T 11944—2012 和欧洲标准 EN 1279—2018 测试方法，我公司制作了槽铝式充气中空玻璃和热塑性暖边充气中空玻璃做性能对比。充气中空玻璃在国内知名深加工玻璃厂制作，具体制作方法按照欧洲标准 EN 1279—2018 标准中的规定进行。其中，露点试验和耐紫外辐照试验依据国家标准 GB/T 11944—2012 进行；水气密封耐久性试验依据国家标准 GB/T 11944—2012 和欧洲标准 EN 1279—2：2018 进行；气体密封耐久性试验分别依据国家标准 GB/T 11944—2012 和欧洲标准 EN 1279—3：2018 进行。

### 2.1 槽铝式充气中空玻璃

在同一工艺条件下制作尺寸为 502mm×352mm 的充气中空玻璃，其中第一道密封胶为 MF910G 中空玻璃用丁基热熔密封胶，第二道密封胶分别为 MF840 双组分聚硫中空玻璃专用密封胶（高模量）和 MF881-25HM 硅酮结构密封胶，聚硫中空玻璃的编号为 J1＃～J50＃，硅酮中空玻璃的编号为 S1＃～S50＃。

### 2.2 热塑性暖边中空玻璃

在同一工艺条件下制作尺寸为 502mm×352mm 的充气中空玻璃，其中第一道密封胶为 MF910SG 中空玻璃用热塑性间隔条，第二道密封胶分别为 MF840 双组分聚硫中空玻璃专用密封胶（高模量）和 MF881-25HM 硅酮结构密封胶，聚硫中空玻璃的编号为 L1＃～L50＃，硅酮中空玻璃的编号为 G1＃～G50＃。

## 3 充气中空玻璃性能研究

### 3.1 露点试验

中空玻璃的露点上升是由于外界的水分进入间隔层又不被干燥剂吸收造成的。露点的高低则直观地反映中空玻璃质量的好坏，是检测中空玻璃的性能指标之一。按国家标准 GB/T 11944—2012 中 7.3 规定的方法进行，试验结果见表 1。

**表 1 露点试验结果**

<table>
<tr><th colspan="2" rowspan="2">检测项目</th><th rowspan="2">标准要求</th><th colspan="2">检测结果</th></tr>
<tr><th>热塑性暖边充气中空玻璃</th><th>槽铝式充气中空玻璃</th></tr>
<tr><td rowspan="4">露点</td><td rowspan="2">MF840（高模量）</td><td rowspan="4"><－40℃<br>（实测－60℃）</td><td>L1＃～L15＃</td><td>J1＃～J15＃</td></tr>
<tr><td colspan="2">无结露、结霜</td></tr>
<tr><td rowspan="2">MF881-25HM</td><td>G1＃～G15＃</td><td>S1＃～S15＃</td></tr>
<tr><td colspan="2">无结露、结霜</td></tr>
</table>

由表 1 可知，热塑性暖边充气中空玻璃和槽铝式充气中空玻璃的露点测试均能满足 GB/T 11944—2012 标准的要求。

### 3.2 耐紫外线辐照试验

此项指标是考察制成的充气中空玻璃在紫外线照射下的性能变化，检测密封胶的紫外稳定性，测试充气中空玻璃用密封胶中是否含有影响视线的有机挥发物。按国家标准 GB/T 11944—2012 中 7.4 规定的方法进行，试验结果见表 2。

表 2　耐紫外线辐照试验结果

| 检测项目 | | 标准要求 | 检测结果 | | | |
|---|---|---|---|---|---|---|
| | | | 热塑性暖边充气中空玻璃 | | 槽铝式充气中空玻璃 | |
| 耐紫外辐照 | MF840（高模量） | 玻璃内表面无结雾、水气凝结或污染的痕迹且密封胶无明显变形 | L16＃ | L17＃ | J16＃ | J17＃ |
| | | | 玻璃内表面无结雾、水气凝结或污染的痕迹且密封胶无明显变形 | | | |
| | MF881-25HM | | G16＃ | G17＃ | S16＃ | S17＃ |
| | | | 玻璃内表面无结雾、水气凝结或污染的痕迹且密封胶无明显变形 | | | |

由表 2 可知，热塑性暖边充气中空玻璃和槽铝式充气中空玻璃的耐紫外辐照测试均能满足 GB/T 11944—2012 标准的要求。

### 3.3　水气密封耐久性试验

充气中空玻璃在使用过程环境中的水和潮气的作用都会加速密封胶的老化，从而加快水气进入中空腔内的速度，最终使中空玻璃失效。水气密封耐久性能是测定充气中空玻璃使用寿命的重要指标之一，本试验部分分别依据国家标准 GB/T 11944—2012 和欧洲标准 EN 1279—2：2018 进行试验。

（1）国家标准 GB/T 11944—2012

具体试验按 GB/T 11944—2012 中 7.5 规定的方法进行，试验结束后测试充气中空玻璃的露点。试验结果见表 3。

表 3　水气密封耐久性试验露点试验结果

| 检测项目 | | 露点测试温度 | 检测结果 | |
|---|---|---|---|---|
| | | | 热塑性暖边充气中空玻璃 | 槽铝式充气中空玻璃 |
| 水气密封耐久性 | MF840（高模量） | －60℃ | L1＃～L11＃ | J1＃～J11＃ |
| | | | 无结露、结霜 | |
| | MF881-25HM | | G1＃～G11＃ | S1＃～S11＃ |
| | | | 无结露、结霜 | |

由表 3 可知，热塑性暖边充气中空玻璃和槽铝式充气中空玻璃的水气密封耐久性能试验后测试－60℃露点，玻璃均无结露或结霜，说明水气密封性能较好。

（2）欧洲标准 EN 1279-2：2018

制作好的充气中空玻璃样品送检德国 IFT（罗森汉姆）检测机构中心按照欧洲标准 EN 1279-2 进行测试，检测结果见表 4。

表 4　充气中空玻璃 EN1279-2 检测结果

| 检测项目 | | 标准要求 | 检测结果 | |
|---|---|---|---|---|
| | | | 热塑性暖边充气中空玻璃 | 槽铝式充气中空玻璃 |
| $T_{i,av}$ | MF840（高模量） | — | 0.21% | 1.1% |
| $T_{f,av}$ | | — | 0.30% | 2.0% |
| $I_{av}$ | | ≤20% | 2.3% | 4.5% |

续表

| 检测项目 | | 标准要求 | 检测结果 | |
|---|---|---|---|---|
| | | | 热塑性暖边充气中空玻璃 | 槽铝式充气中空玻璃 |
| $T_{i,av}$ | MF881-25HM | — | 0.20% | 3.5% |
| $T_{f,av}$ | | — | 0.20% | 3.7% |
| $I_{av}$ | | ≤20% | 0.24% | 2.1% |

注：$T_{i,av}$为干燥剂初始平均水分含量；$T_{f,av}$为干燥剂最终平均水分含量；$I_{av}$为平均水分渗透指数。

由表 4 可以看出，热塑性暖边充气中空玻璃和槽铝式充气中空玻璃的水气渗透指数能满足 EN 1279—2：2018 的要求，但热塑性暖边充气中空玻璃水气密封耐久性能优于槽铝式充气中空玻璃（图 1、图 2）。

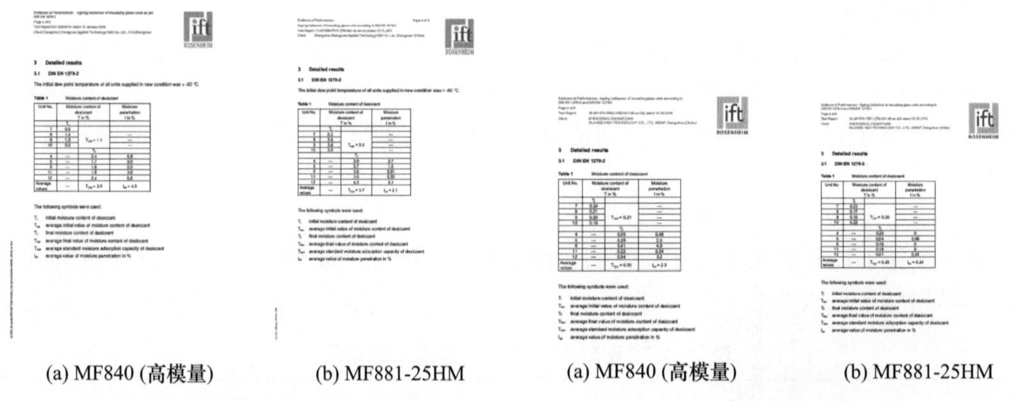

(a) MF840 (高模量)　(b) MF881-25HM　(a) MF840 (高模量)　(b) MF881-25HM

图 1　槽铝式充气中空玻璃 EN 1279—2 检测结果　图 2　热塑性暖边充气中空玻璃 EN 1279—2 检测结果

## 3.4　气体密封耐久性试验

热塑性暖边间隔条的诞生可改善中空玻璃的节能效果，特别是减少边部的冷凝现象。但是由于环境温度的变化，中空玻璃中空腔内气体始终处于热胀或冷缩状态，从而使密封胶长期处于受力状态。气体密封耐久性试验用来测定中空玻璃老化前后的密封（氩气浓度保持率）性能。本试验部分分别依据国家标准 GB/T 11944—2012 和欧洲标准 EN 1279—3：2018 进行试验。

（1）国家标准 GB/T 11944—2012

试验按 GB/T 11944—2012 中 7.7 规定的方法进行，气体浓度用便携式惰性气体分析仪（芬兰斯巴莱克有限公司）测试，试验结果见表 5。

**表 5　气体密封耐久性试验结果**

| 检测项目 | | 标准要求 | 检测结果 | | | | | |
|---|---|---|---|---|---|---|---|---|
| | | | 热塑性暖边充气中空玻璃 | | | 槽铝式充气中空玻璃 | | |
| 气体密封耐久性 | MF840（高模量） | — | L18＃ | L19＃ | L20＃ | J18＃ | J19＃ | J20＃ |
| | 试验前（%） | ≥85 | 91.8 | 94.4 | 96.6 | 97.7 | 95.9 | 97.5 |
| | 试验后（%） | ≥80 | 91.0 | 93.6 | 95.8 | 96.4 | 94.8 | 96.2 |

续表

| 检测项目 | | 标准要求 | 检测结果 | | | | | |
|---|---|---|---|---|---|---|---|---|
| | | | 热塑性暖边充气中空玻璃 | | | 槽铝式充气中空玻璃 | | |
| | 气体减少量（%） | — | －0.8 | －0.8 | －0.8 | －1.3 | －1.1 | －1.3 |
| 气体密封耐久性 | MF881-25HM | — | G18＃ | G19＃ | G20＃ | S18＃ | S19＃ | S20＃ |
| | 试验前（%） | ≥85 | 95.3 | 95.1 | 94.2 | 96.3 | 96.9 | 96.7 |
| | 试验后（%） | ≥80 | 94.4 | 94.2 | 93.4 | 95.2 | 95.9 | 95.9 |
| | 气体减少量（%） | — | －0.9 | －0.9 | －0.8 | －1.1 | －1.0 | －0.8 |

由表5可知，气体密封耐久性试验后，充气气体含量均≥80%，符合国家标准GB/T 11944—2012；但热塑性暖边充气中，空玻璃的密封（氩气浓度保持率）性能优于槽铝式充气中空玻璃。

（2）欧洲标准EN 1279—3：2018

为了与欧洲标准EN 1279—3：2018接轨测试充气中空玻璃的气体泄漏率，提升国内充气中空玻璃的测试能力，我公司于2018年10月从荷兰TUV Rheinland Nederland B. V.中空玻璃测试机构引进了一台中空玻璃单元气体泄露率测试仪（图3、图4），测得试验结果见表6。

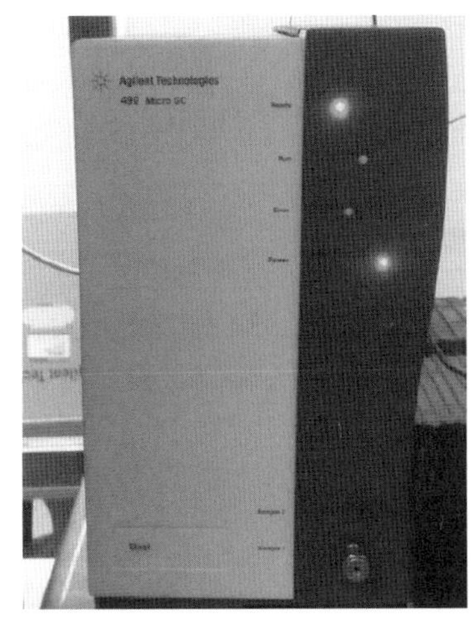


图3　气相色谱仪

图4　气体流量计和样品架

**表6　充气中空玻璃EN 1279—3检测结果**

| 检测项目 | | 标准要求 | 检测结果 | | | |
|---|---|---|---|---|---|---|
| | | | 热塑性暖边充气中空玻璃 | | 槽铝式充气中空玻璃 | |
| 气体泄漏率，$L_i$（%） | MF840（高模量） | ≤1.00a$^{-1}$ | L21＃ | L22＃ | J21＃ | J22＃ |
| | | | 0.81a$^{-1}$ | 0.83a$^{-1}$ | 0.87a$^{-1}$ | 0.89a$^{-1}$ |
| | MF881-25HM | | G21＃ | G22＃ | S21＃ | S22＃ |
| | | | 0.75a$^{-1}$ | 0.77a$^{-1}$ | 0.89a$^{-1}$ | 0.88a$^{-1}$ |

由表6可以看出，热塑性暖边充气中空玻璃和槽铝式充气中空玻璃的气体泄漏率均能满足欧洲标准EN 1279—3：2018的年泄露率≤1.00%要求，但热塑性暖边充气中空玻璃的气体泄漏率要小于槽铝式充气中空玻璃。

制作好的充气中空玻璃样品送检德国IFT（罗森汉姆）检测机构中心按照欧洲标准EN 1279—3进行测试，检测结果见表7。

**表7　充气中空玻璃EN 1279—3检测结果**

| 检测项目 | | 标准要求 | 检测结果 | | | |
|---|---|---|---|---|---|---|
| | | | 热塑性暖边充气中空玻璃 | | 槽铝式充气中空玻璃 | |
| 气体泄漏率，$L_i$（%） | MF840（高模量） | ≤1.00a$^{-1}$ | 1# | 2# | 1# | 2# |
| | | | 0.65a$^{-1}$ | 0.66 a$^{-1}$ | 0.79 a$^{-1}$ | 0.99 a$^{-1}$ |
| | MF881-25HM | | 1# | 2# | 1# | 2# |
| | | | 0.72a$^{-1}$ | 0.73 a$^{-1}$ | 0.76 a$^{-1}$ | 0.84 a$^{-1}$ |

由表7可以看出，送检的热塑性暖边充气中空玻璃和槽铝式充气中空玻璃的气体泄漏率均能满足欧洲标准EN 1279—3：2018的年泄露率≤1.00%要求，但热塑性暖边充气中空玻璃的气体泄漏率要小于槽铝式充气中空玻璃（图5、图6）。

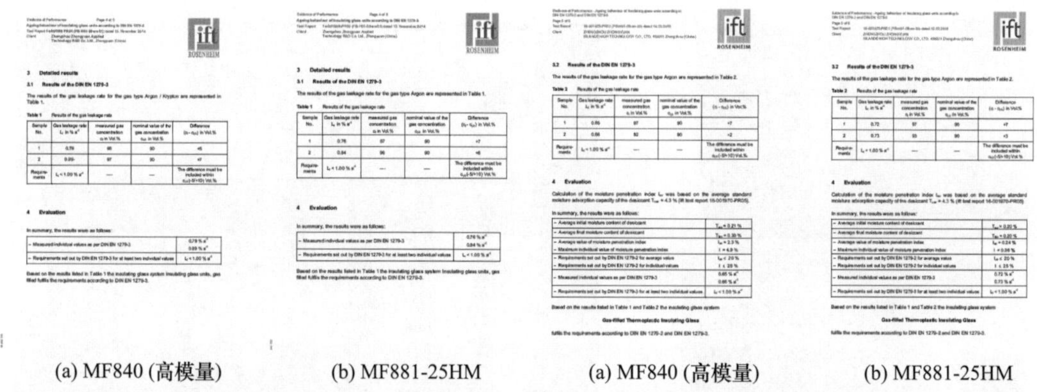

(a) MF840 (高模量)　(b) MF881-25HM

图5　槽铝式充气中空玻璃EN 1279—3检测结果

(a) MF840 (高模量)　(b) MF881-25HM

图6　热塑性充气中空玻璃EN 1279—3检测结果

## 3.5　5倍循环气体密封耐久性试验

为了进一步验证热塑性暖边中空玻璃的气体密封耐久性试验性能，实验室通过增加气体耐久性试验循环次数考察其老化性能，具体试验方法按照GB/T 11944—2012中7.7的要求进行，已完成5个循环，气体浓度含量和露点试验结果见表8。

**表8　5倍循环气体密封耐久性试验后气体泄漏量结果**

| 检测项目 | | 标准要求 | 检测结果 | | | | | |
|---|---|---|---|---|---|---|---|---|
| | | | MF910SG+MF840（高模量） | | | MF910SG+MF881-25HM | | |
| | | | L23# | L24# | L25# | G23# | G24# | G25# |
| 5倍循环气体密封耐久性 | 试验前（%） | ≥85 | 94.2 | 91.6 | 97.1 | 95.4 | 91.9 | 92.1 |
| | 第1次循环后（%） | ≥80 | 93.2 | 90.9 | 96.4 | 94.7 | 91.8 | 91.7 |

续表

| 检测项目 | | 标准要求 | 检测结果 | | | | | |
|---|---|---|---|---|---|---|---|---|
| | | | MF910SG+MF840（高模量） | | | MF910SG+MF881-25HM | | |
| | | | L23# | L24# | L25# | G23# | G24# | G25# |
| 5倍循环气体密封耐久性 | 第2次循环后（%） | ≥80 | 93.0 | 90.5 | 95.7 | 94.6 | 91.7 | 91.5 |
| | 第3次循环后（%） | ≥80 | 93.0 | 90.8 | 95.2 | 93.8 | 91.9 | 92.0 |
| | 第4次循环后（%） | ≥80 | 92.2 | 90.1 | 94.3 | 93.1 | 90.9 | 90.6 |
| | 第5次循环后（%） | ≥80 | 91.8 | 89.7 | 93.6 | 93.1 | 90.5 | 90.4 |
| | 气体总减少量（%） | — | 2.4 | 1.9 | 3.5 | 2.3 | 1.4 | 1.7 |
| | 气体泄漏率，$L_i$（%） | ≤1.00$a^{-1}$ | 0.97$a^{-1}$ | 0.97$a^{-1}$ | 0.92$a^{-1}$ | 0.83$a^{-1}$ | 0.88$a^{-1}$ | 0.87$a^{-1}$ |

由表8可知，热塑性暖边中空玻璃按照GB/T 11944—2012中7.7气体密封耐久性试验要求进行5倍循环之后，其气体浓度的含量均≥80%，满足中空玻璃GB/T 11944—2012标准要求；气体年泄漏率均≤1.00%，满足EN 1279—3：2018标准要求，耐循环老化性能较好。

综合表4～表7试验结果可知，热塑性暖边充气中空玻璃水气密封耐久性和气体密封耐久性性能较好，满足国家标准GB/T 11944—2012和欧洲标准EN 1279—2018要求。

## 4 结语

综合以上分析可以看出，国家标准GB/T 11944—2012和欧洲标准EN 1279—2018的水气密封耐久性试验测试方法是一致的，但气体密封耐久性试验存在差异，欧洲标准EN 1279—2018要求年泄漏率$L_i$≤1%，这一要求更加保证充气中空玻璃气体密封可靠性和耐久性，同时延长充气中空玻璃产品的使用寿命。

节能和环保是我国实现可持续发展战略的保证，从国家宏观控制政策和国内整体大环境来看，中空玻璃产业符合国家的节能性和安全性的发展方向，发展前景广阔、潜力巨大。但由于槽铝式中空玻璃中铝间隔条的导热系数大，因此造成的能源损失也较大。为了解决中空玻璃边部的热损失问题，暖边间隔条应运而生，在发达国家得到了广泛应用。近几年，国内连续引进了几十条暖边中空玻璃生产线，说明暖边中空玻璃的优良节能效果已被大家认识，逐步向该方向发展，潜在市场较大。

### 参考文献

[1] 中华人民共和国国家质量监督检验检疫总局，中国国家标准化管理委员会．中空玻璃：GB/T 11944—2012 [S]. 北京：中国标准出版社，2012.

[2] 李建梅．我国建筑节能玻璃发展前景及对策建议 [J]. 建材世界，2014，35(4)：49-53.

[3] EN 1279-2，Glass in building-Insulating glass units-Part 2：Long term test method and requirements for moisture penetration：methods of test for the physical attributes of edge seals [S]. 2018.

[4] EN 1279-3，Glass in building-Insulating glass units-Part 3：Long term test method and requirements for gas leakage rate and for gas concentration tolerances [S]. 2018.

[5] ASTM E2190，Standard Specifiation for Insulating Glass Unit Performance and Evaluation [S]. 2010.

[6] ISO 20492，Glass in buildings-Insulating glass-Part 3：Gas concentration and gas leakage [S]. 2010.

[7] 程鹏，邢凤群，金燕鸿，等．充气中空玻璃密封胶性能评价方法及选用[J]. 玻璃，2016，43(9)：37-43.

[8] 王龙梅，张红，姚永新，等．国内外中空玻璃标准耐久性能要求及检测方法差异分析[J]. 玻璃，2019，46(6)：39-45.

## 作者简介

张娜娜（Zhang Nana），女，1985年11月生，高级工程师，研究方向：高分子密封材料；工作单位：郑州中原思蓝德高科股份有限公司；地址：郑州市华山路213号；邮编：450007；联系电话：15981861054；E-mail：275512483@qq. com。

# 新材料在被动式幕墙中的应用

张宏望　杨廷海
北京佑荣索福恩建筑咨询有限公司　北京　100079

**摘　要**　本文通过一个国外被动式阳光房的应用案例，介绍建筑的超低能耗的方案，对节能、环保、绿色产品的技术理论与应用进行阐述；特别是对应用到被动式门窗幕墙上的新材料进行简单介绍，供同行业人作为参考。

**关键词**　被动式建筑；节能；环保；绿色；玄武岩纤维；隔热玻璃；气凝胶

**Abstract**　This paper introduces some solutions to ultra-low energy consumption in buildings through an application case of passive sunrooms abroad. Elaborated on the technical theories and applications of energy-saving, environmental protection, and green products; This article provides a detailed introduction to a solution for ultra-low energy buildings, especially a brief introduction to some new materials applied to passive door and window curtain walls. The application of new materials in curtain wall door and window systems, as well as the design process, are provided for reference by peers in the industry.

**Keywords**　passive architecture; energy saving; environment protection; green; basalt fiber; insulating glass; aerogel

## 1　被动式建筑的背景

建筑领域降碳是实现我国碳达峰、碳中和战略的重要内容。提升建筑能效，降低建筑化石能源需求，是建设行业低碳转型的根本路径。在超低能耗建筑规模化发展的行业背景下，促进超低能耗建筑规范健康可持续发展，实现建筑领域碳排放量化约束目标，我国于2011年引入高能效建筑——被动式超低能耗建筑技术，至今累计建成（在建）超低能耗建筑逾2300万平方米，成为提高建筑能效、降低建筑碳排放的重要手段。推动超低能耗建筑规模化高质量发展，对落实碳达峰、碳中和战略目标，从根本上破解能源对环境的约束，建设生态文明具有重要意义。

随着节能标准的提高，被动式门窗和幕墙的应用也越来越广泛，房屋外门窗框的型材传热系数 $K$ 应依据现行国家标准《建筑外门窗保温性能检测方法》（GB/T 8484）规定的方法测定，并符合 $K \leqslant 1.3W/(m^2 \cdot K)$ 规定。这项规定既保障了外窗整体的传热系数能够控制在一定范围以内，又保障了在使用过程中，冬季室内一侧型材表面温度高于露点温度，以至于目前市场上可供选材的只有木材或塑料型材。

北京市地方标准《居住建筑节能设计标准》（DB11/891—2020），对外窗、阳台门窗、幕墙透过部分以及屋面天窗的传热系数 $K$ 值要求≤1.1W/（$m^2$·K）。京津冀节能水平达到80%，实现五步节能。

2019年出台的《近零能耗建筑技术标准》（GB/T 51350—2019），提出对严寒地区门窗的传热系数有规定，要求 $K$≤1.0W/（$m^2$·K）（表1）。

**表1 居住建筑外窗（包括透光幕墙）传热系数（*K*）和太阳得热系数（*SHGC*）值**

| 性能参数 | | 严寒地区 | 寒冷地区 | 夏热冬冷地区 | 夏热冬暖地区 | 温和地区 |
|---|---|---|---|---|---|---|
| 传热系数<br>$K$［W/（$m^2$·K）］ | | ≤1.0 | ≤1.2 | ≤2.0 | ≤2.5 | ≤2.0 |
| 太阳得热系数<br>*SHGC* | 冬季 | ≥0.45 | ≥0.45 | ≥0.40 | — | ≥0.40 |
| | 夏季 | ≤0.30 | ≤0.30 | ≤0.30 | ≤0.15 | ≤0.30 |

注：太阳得热系数为包括遮阳（不含内遮阳）的综合太阳得热系数。

而国外对被动房的传热系数要求会更严格，比如德国要求安装完整窗以后的传热系数要求小于0.85W/（$m^2$·K），随着国家节能减排的呼声越来越高，我国对被动式门窗和幕墙的传热系数要求也越来越严格。

传统的断桥铝合金面临的市场更新和淘汰。为了实现整窗性能，整个幕墙行业也面临着重大的变革。玻璃越来越厚，隔热条越来越宽，铝框越来越大，成本越来越高。这对门窗幕墙系统的设计、原材料的利用率、五金件的选择、铝型材、隔热条、玻璃等原材料的生产和加工，以及结构受力，甚至到现场的运输和安装，都是严格的考验。

## 2 某国外被动式阳光房的节能解决方案

以下为一个国外被动式阳光房的整体设计思路和节能解决方案。

该项目位于加拿大魁北克省蒙特利尔地区一个农场别墅区。本项目的重点是业主对阳光房的超低能耗期望，在原有的游泳池上建一被动式阳光房，不但要求采光好，同时要保证能实现冬季游泳，以解除业主之前每到冬季都要放水而且不能游泳的困扰。

由于加拿大蒙特利尔地区夏季比较短，冬季比较长，夏季炎热潮湿，气温在30℃以上，冬季严寒多雪，最低气温在－30℃，而且冬季长达半年之久。该地区风压必须能够承受120km/h风速，雪荷载设计要求能够承受至少47bf/$ft^2$（1bf/$ft^2$＝4.88kg/$m^2$）。该项目主要材料，如玻璃、型材、铝单板、辅材等都采用中国国产材料，材料都在国内加工好，通过海运到加拿大，在现场组装，并要符合加拿大国家建筑节能规范NECB-2011等相关要求。

经过相关结构计算，按业主要求对热工进行分析，整体阳光房的 $K$ 值要求不能超过0.5W/（$m^2$·K）。超低能耗是本项目设计的最大难点。

本项目总长度12m，总宽度6.2m，总高度4.5m，是独立的采光尖顶，其效果图如图1所示。

如果采用传统的钢结构，或者铝合金结构，即使增加隔热型材，也很难达到如此低的 $K$ 值要求。而本阳光房所在地区风荷载比较大，又要满足结构要求。经过分析和计算，最终决定为本项目选用一些国内新研发的节能、环保、绿色低能耗产品，以下为本项目的一些比较有特点的材料应用介绍。

图 1　阳光房效果图

### 2.1　整体设计思路

本项目系统采用国内常用的框架式玻璃幕墙系统，由于框架式幕墙系统经过几十年发展和实际应用，已经相当成熟，因此在不改变现有系统的前提下，想要提高整体幕墙系统的节能，只能靠替换更有效的节能材料来实现整体建筑的超低能耗。而影响幕墙能耗的主要是，面材、主龙骨、解决气密性密封问题的辅材，以下就这几项解决方案展开介绍。

### 2.2　主龙骨解决方案

如果想让系统整体 $K$ 值达到 0.5W/（$m^2$·K），传统的钢龙骨和铝合金都实现不了，即使铝合金采用穿 PA66＋GF25 的隔热条，也很难达到。经过对目前国内系统窗的调研，铝合金隔热型材采用 100 系列，隔热条 52mm，玻璃采用三玻双银双 Low-E 膜，双 12/16 氩气层＋暖边隔条，整窗 $K$ 值能达到 1.0 以下，但是想达到 0.5W/（$m^2$·K）还是很难实现的。这里介绍一种新材料叫玄武岩纤维复合型材。

首先我们了解一下什么是玄武岩纤维，玄武岩纤维的主要成分是玄武岩，属于硅酸盐，它是由二氧化硅、氧化铝、氧化钙、氧化镁、氧化铁和二氧化钛等氧化物组成，玄武岩石料在 1450～1500℃熔融后，通过专用设备高速拉制成连续纤维，是一种新型纯天然的绿色环保无机非金属材料。用玄武岩纤维可以做成玄武岩纤维布、玄武岩纤维毡以及玄武岩纤维复合材料等。该材料已经广泛地应用到现代军事、航天、桥梁、船舶、汽车生产等国民经济生产活动中。玄武岩纤维和碳纤维、玻璃纤维、芳纶纤维被称为国内四大纤维。众所周知，玄武岩是火山喷发的岩浆凝固成的岩石，所以与其他纤维相比，玄武岩纤维具有高强度、高模量、耐高温性、抗氧化、抗辐射、绝热隔声、电绝缘、耐腐蚀、适应于各种环境下使用等优异性能。据悉，我国玄武岩的储存量预估为 180 亿吨，而且我国的玄武岩纤维生产技术也走在了世界的前列，所以和其他材料相比，玄武岩纤维的性价比更好。此外，玄武岩纤维的生产过程很环保，烟尘中无有害物质析出，不会对大气造成污染，没有工业废水、废气产生，且产品废弃后可直接在环境中降解，无任何危害，对环境很友好，因此是一种名副其实的绿色、环保材料。

以玄武岩纤维为增强体，直接加工成幕墙的龙骨复合型材，也同样具备玄武岩纤维的一些特点，如强度高，隔热性能好，耐火等有点。

表 2 为玄武岩纤维实验室测试结果。

**表 2　玄武岩纤维实验室测试效果**

| 测试项目 | 单位 | 结果测定 |
|---|---|---|
| 纤维密度 | g/m$^3$ | 2.6～2.8 |
| 摩式硬度 | 度 | 5～9 |
| 单丝直径 | μm | 9～25 |
| 断裂强度 | MPa | ≥1500 |
| 抗拉强度 | MPa | 3800～4800 |
| 弹性模量 | MPa | 9100～11000 |
| 断裂伸长率 | % | ≤3.2 |
| 吸油率 | % | ≥50 |
| 吸湿率 | % | 0.1 |
| 电阻率 | Ω·m | $1\times10^{12}$ |
| 耐热性（断裂强度下保留率） | % | ≥85 |
| 热传导系数 | W/（m·K） | 0.031～0.038 |
| 可燃性 | — | 明火点不燃 |

由一定比例的玄武岩纤维，与其他材料一起复合，可以加工成我们需要的幕墙或者门窗的需要的型材，复合型材主要成分除了玄武岩纤维、一般还含有部分碳纤维、阻燃剂、热固性树脂、聚萘甲醛磺酸钠盐、聚丙烯酸钠、焦磷酸钠、防冻剂等。以玄武岩纤维为主的复合材料制作的门窗幕墙型材，具有耐腐蚀、耐高温、抗老化性能好的特点，同时具有较低的传热系数以及质量轻的优点。玄武岩纤维复合材料型材，有效地解决现有铝合金、不锈钢门窗型材质量较重、耐腐蚀性能差以及传热系数高的问题。

玄武岩纤维复合材料的强度是通过拉伸测试得出的，其强度通常可以达到数千兆帕。和铝合金材料相比，铝合金的强度测试通常采用屈服强度、延伸率、弹性模量、疲劳强度等指标来评估其性能。在强度测试方面，玄武纤维具有一定优势，其强度远高于铝合金的屈服强度。

当然，为了实现效果，对玄武岩纤维复合材料型材的表面处理也有要求。和铝合金型材一样，玄武岩纤维复合型材的表面也可以进行粉末喷涂和氟碳喷涂，漆的表面附着力和最终的效果同铝型材表面呈现效果一致。另外，玄武岩纤维型材表面处理还有一些特殊的工艺：将玄武岩纤维复合型材上料，打磨表面，表面静电除尘后预热，然后进行喷底漆处理、面漆处理和流平处理，再经过烘烤和静电吹风冷却后入库。该工艺处理的型材，色泽稳定，抗紫外线性能增强、历久常新。

以下为本项目部分主要复合型材系统的典型节点（图 2）。

### 2.3　玻璃的选用

本项目的玻璃采用 6low-E＋9Ar＋5（隔热）＋9Ar＋6Low-E 双中空充氩气隔热钢化 Low-E 玻璃，中间一层 5mm 的玻璃采用的是隔热玻璃。

隔热玻璃和 low-E 玻璃二者基本功能相同，都是隔热、阻隔紫外线，可延长家具使用寿命，但是二者还是有区别的。

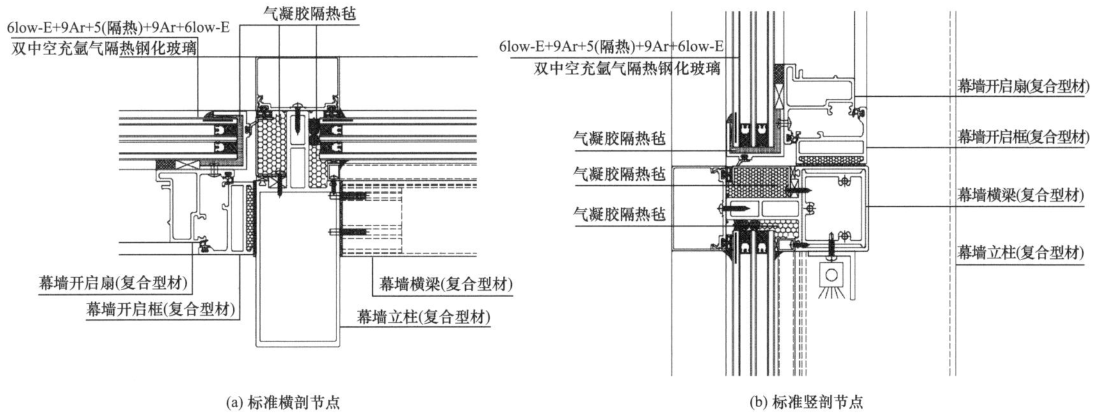


图 2　部分主要复合型材系统的典型节点

首先，二者制作工艺各不相同。隔热玻璃运用物理手段，改变重组分子、原子结构达到隔热的功效，而 Low-E 玻璃是通过化学手段，满足一定试验条件，加工制作产生的。简单来说，隔热玻璃是玻璃生产本身过程中，通过增加一些硅酸盐、磷酸盐等化学材料，使得玻璃本身具有隔热性能。而我们目前市场上常用的 Low-E 玻璃，是在玻璃表面通过在线或者离线方式镀了一层或者多层 Low-E 膜，Low-E 玻璃是一种对波长在 4.5～25$\mu$m 范围的远红外线有较高反射比的镀膜玻璃，它具有较低的辐射率。

其次，二者在功效方面不完全相同。隔热玻璃主要阻隔近红外线，而 Low-E 玻璃主要阻隔远红外线。前者阻隔紫外线、红外线的阻隔率略高于后者。

而 Low-E 玻璃的膜面位置，对玻璃的整体节能也是有影响的。

以某玻璃厂的 Low-E 产品参数为例，各结构性能参数见表 3。

**表 3　各结构性能参数**

| 序号 | 产品结构 | 可见光 Visible（%） | | | 太阳能 Solar（%） | | | 中国 JGJ151 标准 | |
|---|---|---|---|---|---|---|---|---|---|
| | | 透过 | 室外反射 | 室内反射 | 透过 | 室外反射 | 室内反射 | 传热系数 $K$ [W/（m²·K）] | *SHGC* |
| 1 | 6LI（TGBE157-0）#2+12Ar 暖边+6LI | 53 | 20 | 22 | 34 | 35 | 44 | 1.41 | 0.36 |
| 2 | 6LI（TGBE157-0）#2+12Ar 暖边+6LI（BW88N）#3 | 52 | 20 | 21 | 33 | 35 | 37 | 1.35 | 0.36 |
| 3 | 6LI（TGBE157-0）#2+12Ar 暖边+6LI（BW88N）#4 | 52 | 20 | 21 | 33 | 35 | 37 | 1.2 | 0.36 |
| 4 | 6LI（TGBE157-0）#2+12A 暖边+6LI+12A 暖边+6LI | 49 | 22 | 28 | 31 | 36 | 44 | 1.28 | 0.34 |
| 5 | 6LI（TGBE157-0）#2+12Ar 暖边+6LI+12Ar 暖边+6LI | 49 | 22 | 28 | 31 | 36 | 44 | 1.1 | 0.34 |

注：

1. 本报告所提供的性能数据，为标准样板玻璃中心点测量，并依据中国 JGJ151 标准，利用 Window6.2 软件计算得出。
2. 实际产品检测参数与本报告会略有差异。
3. 表达式中：C-清玻，LI-超白，A-空气间隔，Ar-氩气，+中空，/夹层，#表示涂层面。

从表 3 可以看出，结构 1、2、3 为单腔结构，结构 4、5 为双腔结构。

结构 3 单腔双膜（Low-E♯2＋12Ar＋Low-E♯4），玻璃的传热系数为 1.2，不仅达到了以往只有三玻两腔才能达到的 *K* 值，还有效降低了玻璃的成本。

结构 2（Low-E♯2＋12Ar＋Low-E♯3）同为单腔双膜结构，玻璃的 *K* 值 1.35，远远高于结构 3。原因在于冬季室内热源散发的远红外波长能量辐射到玻璃内表面使其温度升高，能量通过中空腔内气体分子碰撞以对流的方式流向室外，造成热量损失。而结构 3（Low-E♯2＋12Ar＋Low-E♯4）则不同，远红外辐射打到玻璃上由于室内面低辐射膜的作用，绝大部分能量会反射回室内，所以单腔双膜结构，Low-E 膜置于 2♯和 4♯面，节能效果更优。

本项目采用 Low-E 玻璃＋隔热玻璃的组合方式，玻璃采用单银 Low-E，Low-E 膜置于 2♯和 4♯面，玻璃采用暖边，中间层充氩气，最终使得玻璃整体 *K* 值低于 0.5，实现了整体的节能要求。

## 2.4 封修缝隙等位置的处理

任何门窗幕墙项目，都避免不了存在缝隙，而且往往这些缝隙是门窗或者幕墙系统产生热能损失最大的位置。那么，怎样解决缝隙的封堵问题，也是本项目需要解决的关键问题之一。

本项目在缝隙和封堵位置，均采用气凝胶隔热毡。气凝胶采用纳米级的硅基材料与无机纤维通过创新的生产工艺复合而成，是目前已知导热系数最低，密度最低的固体材料，具有超强的隔热性能和耐火性能，相比传统的隔热材料如岩棉、玻璃棉等，气凝胶的导热系数更低，质量更轻，耐热温度更高，用比较薄的厚度即可达到同样保温效果，可以节省安装空间。气凝胶的增水率为 99%以上，具有优异的防水效果。

气凝胶主要应用于油气、工业、交通、建筑等领域。在欧美地区，气凝胶已经普遍应用到建筑领域。我们国家近年也不断出台指导意见和方案，一定会大力促进气凝胶材料的发展和应用。例如，国家在《关于完整准确全面贯彻新发展理念做好碳达峰中和工作的意见》中第二十一条指出，推动气凝胶等新型材料研发应用；《2030 年前碳达峰行动方案》的第（七）部分第 4 条指出，加快碳纤维、气凝胶、特种钢材等基础材料的研发；《关于推进中央企业高质量发展做好碳达峰碳中和的工作指导意见》第六部分第（一）条指出，加快碳纤维、气凝胶等新型材料研发应用；《重点新材料首批次应用示范指导目录（2021 年版）》“气凝胶绝热毡”列入前沿新材料领域，并规定性能要求；《十四五节能功能减排综合工作方案》，气凝胶材料在《重点新材料首批次应用示范指导幕墙（2019 年版）》中的前沿新材料第 328 项。随着我国对包括气凝胶在内的节能环保材料重视程度的提高，在未来的门窗幕墙领域也势必会得到广泛的应用。

气凝胶具有高憎水性，能让水蒸气排出，有助于保持建筑物内部干燥，增强了对隔热层腐蚀的保护。同时，气凝胶隔热毡的规格品种又很多，厚度 2mm、3mm、5mm、10mm、15mm 等基本可以满足所有厚度需求，材料容易切割，不易变形，损耗少，施工简单便利。气凝胶隔热毡的这些材料特点，特别适合用在狭窄有限的空间，恰好在幕墙系统存在的缝隙位置得到很好的应用，即气凝胶隔热毡可以添加在幕墙缝隙的狭小的空间内，从而大幅度提高幕墙的气密性和热阻性能，从而减少热冷桥的影响，降低结露风险，大幅度降低幕墙的传热系数。

以下为气凝胶隔热毡的检测数据（表 4）。

**表 4　气凝胶隔热毡的检测数据**

<table>
<tr><td>基材</td><td colspan="5">气凝胶毡</td></tr>
<tr><td>外观特点</td><td colspan="5">超薄且超轻</td></tr>
<tr><td>性能优势</td><td colspan="5">隔热性能是常规隔热产品的 5 倍，比传统气凝胶绝热材料更柔软。</td></tr>
<tr><td>厚度</td><td colspan="5">5mm，10mm，15mm，20mm</td></tr>
<tr><td>应用范围</td><td colspan="5">建筑外围护结构隔热</td></tr>
<tr><td>技术性能</td><td colspan="4">指标</td><td>标准/试验方法</td></tr>
<tr><td rowspan="2">导热系数（平均温度）</td><td>25</td><td>300</td><td>500</td><td>[℃]</td><td rowspan="2">GB/T 10295—2008</td></tr>
<tr><td>≤0.020</td><td>≤0.035</td><td>≤0.072</td><td>[W/（m·K）]</td></tr>
<tr><td colspan="6">防火性能</td></tr>
<tr><td>燃烧性能</td><td colspan="4">A1 级</td><td>GB 8624</td></tr>
<tr><td colspan="6">抗拉强度</td></tr>
<tr><td>横向</td><td colspan="4">≥200kPa</td><td rowspan="2">GB/T 17911</td></tr>
<tr><td>纵向</td><td colspan="4">≥200kPa</td></tr>
<tr><td colspan="6">其他</td></tr>
<tr><td>憎水率</td><td colspan="4">≥99%</td><td>GB/T 10299—2011</td></tr>
<tr><td>质量吸湿率</td><td colspan="4">≤1%</td><td>GB/T 5480—2008</td></tr>
<tr><td>压缩回弹率</td><td colspan="4">≥95%</td><td>GB/T 34336—2017</td></tr>
<tr><td>压缩强度</td><td colspan="4">≥80kPa</td><td>GB/T 34336—2017</td></tr>
<tr><td>尺寸稳定性<br>（70℃，48 小时）</td><td colspan="4">≤0.5%</td><td>GB/T 8811—2008</td></tr>
<tr><td>加热永久变化<br>（慢热法，650℃保温 24H）</td><td colspan="4">≤0.5%</td><td>GB/T 17911</td></tr>
<tr><td>振动质量损失率</td><td colspan="4">≤0.4%</td><td>GB/T 34336—2017</td></tr>
</table>

## 3　结语

进入 21 世纪，新材料的发展步入前所未有的新阶段。随着社会的进步和发展，新材料的应用也会越来越普及。谁掌握了材料，谁就掌握了未来。发展新材料的应用，可实现高附加值的循环利用，顺应未来绿色循环可持续发展的方向。

以上介绍的被动式幕墙门窗所用的一些新材料是典型的绿色资源产业，可持续发展性好，生产过程没有多相的化学反应，能耗较低，既是 21 世纪符合生态环境要求的绿色材料，又是在世界节能行业中可持续发展的有竞争力的新材料。尤其是我国已经拥有自主知识产权的相关技术及工艺，并且以“后来居上”的发展优势达到了国际领先水平，因此，大力发展新材料产业无疑具有重要的意义。

尽管有些材料还存在生产成本高、生产效率低下等问题，但是这些问题对于节能新材料的开发利用既是挑战，也是机遇。相信随着国内行业技术的突破，我们国家会研发和生产出性能更稳定，成本更低，具有非常广阔的应用前景的新型材料。

以上观点如有不足和不正确之处，欢迎各位同行批评指正，数据表格中的理论数值仅供参考。

## 参考文献


[1] 张建伟，佘希林，刘嘉麒，等．连续玄武岩纤维新材料的制备，性能及应用［J］．材料导报，2023，37(11)：234-240.

[2] 刘嘉麒．玄武岩纤维材料［M］．北京：化学工业出版社，2021.

[3] R. N. Turukmane，S. S. Gulhane，A. M. Daberao，等．民用玄武岩纤维［J］．国际纺织导报，2019，47(2)：6，8-9，53.

[4] 甘胤．连续玄武岩纤维浸润剂研究进展［J］．山东化工，2023，52(10)：107-109.

[5] 崔芳铭，赵洪凯．红外反射隔热玻璃的研究进展［J］．科技视界，2015(28)：49-49.

[6] 雷丽文．磷酸盐隔热玻璃的制备与研究［D］．武汉工业大学，2000.

[7] 石俊龙，刘刚，高宏宇．气凝胶在节能建筑中的应用［J］．北方建筑，2019，4(6)：61-64.

[8] 展望，时钒，李丽霞，等．$SiO_2$气凝胶力学性能增强研究进展［J］．复合材料学报，2023(9)：4958-4971.

[9] 刘海馨．气凝胶隔热材料研究进展[J]．品牌与标准化，2023(2)：178-180.

[10] 中华人民共和国住房和城乡建设部．近零能耗建筑技术标准：GB/T 51350—2019[S]．北京：中国建筑工业出版社，2019.


## 作者简介


张宏望（Zhang Hongwang），男，1976年10月生，一级建造师，工程师，研究方向：门窗、幕墙；工作单位：北京佑荣索福恩建筑咨询有限公司；地址：北京市丰台区南三环东路嘉业大厦二期2号楼813室；邮编：100079；联系电话：18600399556；E-mail：10507747@qq. com。

杨廷海（Yang Tinghai），男，1974年8月生，一级建造师，高级工程师，研究方向：门窗、幕墙；工作单位：北京佑荣索福恩建筑咨询有限公司，地址：北京市丰台区南三环东路嘉业大厦二期2号楼813室；邮编：100079；联系电话：13693392204；E-mail：2436552068@qq. com。

# 电与玻璃

牛　晓
浙江精一新材料科技有限公司　浙江台州　318020

**摘　要**　电与玻璃主要描述了玻璃的新产品，包括可以发电的：光伏发电玻璃，晶硅类和薄膜类光伏组件；通过用电使玻璃性能扩展的产品：LED玻璃和电致变色玻璃。

**关键词**　光伏发电玻璃；LED玻璃；电致变色玻璃

玻璃的发现距今已有约3000年的历史，在岁月的长河中，随着科学技术的进步和发展，总有新型、特殊的产品问世，给人们的生活增加新的亮点。电给人带来光明，玻璃带来通透。电与玻璃的结合后，带来不一样的特色产品和舒适性。下面将介绍几款经典的电与玻璃组合的产品。

## 1　电致变色玻璃

电致变色玻璃通电后，玻璃颜色的深浅会变化，其的可见光透过率和遮阳系数也会随着变化。电致变色玻璃按照产品可以分为：调光玻璃（聚合物分散液晶）PDLC、染料液晶LC、无机全固态EC、悬浮粒子SPD/LV。电致变色玻璃可以应用在：公用建筑、民用建筑、采光顶、别墅，也可以在交通领域和消费类电子领域使用。

1.1　调光玻璃/雾化玻璃（聚合物分散液晶），英文：PDLC。其又分为有机膜基和无机玻璃基两种。国内外绝大部分是无机膜基，也就是在两片镀有导电膜的薄膜中间，涂敷聚合物分散液晶，再进行夹层玻璃工艺，生产出来夹层玻璃，即为调光玻璃。玻璃基就是在两片镀有导电膜的玻璃中间，涂敷聚合物分散液晶。对调光玻璃施加约60V的电压后，玻璃从乳白状态变为透明状态，只有两个状态间的变化。隐私效果明显，但是，耐高、低温和阻隔红外线的能力弱。变色速度快（0.1s）。

1.2　染料液晶LC：在两片镀有导电膜的玻璃中间，灌装染料液晶。施加约24V的电压后，玻璃的可见光透过率可以从38%到1%无级变化。同时，遮阳系数也从0.31到0.28无级变化。产品的耐高、低温和阻隔红外线的能力弱。变色速度快，为秒级别。

1.3　无机全固态（EC)：利用真空磁控溅射镀膜工艺，将金属锂和钨等材料，溅射到玻璃表面。施加3V电压，即可以使玻璃的可见光透过率从60%到1%无级变化，同样遮阳系数也从0.6到0.1无级变化。相对耐高温和阻隔红外线的能力强，变色速度慢，为分钟级别。

1.4　悬浮粒子（SPD/LV)：将纳米级的悬浮材料，涂敷在两片镀有导电膜的薄膜中间，施加110～220V电压后，玻璃的可见光透光率从50%到1%或70%到10%无级变化，同时，遮阳系数也从0.5到0.15或0.6到0.28无级变化。产品的耐高温能力偏弱。变色速度快，秒级别。

电致变色玻璃最大的优点就是可以随着太阳光的强弱来自动调整遮阳系数，是个可以无级变化遮阳系数，从而随时通过遮阳系数的高低变化，控制进入室内的热量，最低可以让1%的可见光进入到室内，所以，在夏季，通过调低遮阳系数的数值，减少了太阳光的热量进入室内，从而可以减少空调的使用时间，达到节能的目的。和lowe玻璃相比，可以减少27%的空调制冷量能；而在冬季，又可以把遮阳系数调高到0.6，使可见光透过率提高到60%以上，让免费的太阳能可以更多地进入室内，从而提高室内的温度，减少加热的能耗。全年可以减少20%的能耗水平。所以，电致变色玻璃将在建筑节能方面起到更大的作用。

### 1.5 电致变色玻璃的应用

（1）采光顶：杭州亚运会项目（图1）

图1 杭州亚运会项目（照片由精一新材料提供）

（2）立面：台州朵云书店（图2）

图2 台州朵云书店（照片由精一新材料提供）

(3) 立面：合肥科技馆（图 3、图 4）

图 3　合肥科技馆（一）（照片由威迪提供）

图 4　合肥科技馆（二）（照片由威迪提供）

## 2　LED 玻璃/光电玻璃

发光二极管，简称为 LED，是一种常用的发光器件，通过电子与空穴复合释放能量发光，它在照明领域应用广泛。发光二极管可高效地将电能转化为光能，在现代社会具有广泛的用途，如照明、平板显示、医疗器件等。LED 屏是一种用发光二极管按顺序排列而制成的新型成像电子设备。由于其亮度高、可视角度广、寿命长等特点，正被广泛应用于户外广告屏等产品中。建筑行业又称其为光电玻璃。

格栅瓶是由 LED 灯条组成的格栅形式的屏幕，视觉粗笨，发热量高。格栅屏的屏幕表面设置有可见格栅，通过 LED 灯光源在格栅线之间闪烁，形成图像和文字，但可能产生反射和眩光。格栅屏可以降低遮阳系数 30%～40%（图 5）。

图 5　格栅瓶

透明屏一般采用导电玻璃膜或金属压线的方式，LED 灯珠焊接在经过激光划线的导电玻璃表面或焊接在金属丝线上。透明屏可以降低遮阳系数 10%～20%（图 6～图 8）。

图 6　透明屏（一）

图 7　透明屏（二）

图 8　透明屏（三）

裸眼 3D 如图 9 所示。

图 9　裸眼 3D

柔性屏幕：在纳米级别金属网状分布隐线设计的薄膜表面固定LED灯泡（图10、图11）。

图10　柔性屏幕（一）（照片由沐梵照明提供）

图11　柔性屏幕（二）（照片由沐梵照明提供）

## 3　光伏电池

光伏电池，英文：Photovoltaiccell。其是将太阳能直接转换成电能光伏发电玻璃。光伏发电是利用半导体界面的光生伏特效应而将光能直接转变为电能的一种技术。其主要由太阳电池板（组件）、控制器和逆变器三大部分组成，主要部件由电子元器件构成。太阳能电池经过串联后进行封装保护，可形成大面积的太阳电池组件，再配合功率控制器等部件就形成了光伏发电装置。

太阳能光伏电池组件目前市场主要产品分为晶硅和薄膜两大类产品。

### 3.1　晶硅

晶硅又分为多晶硅、单晶硅。

多晶硅经过铸锭、破锭、切片等工序后，制成待加工的硅片。在硅片上进行掺杂和扩散微量的硼、磷，就可以形成半导体的 P-N 结。然后采用丝网印刷工艺，将银浆印在硅片上形成栅线，经过烧结，同时制成背电极。然后在栅线表面镀防反射膜层，电池片就制成了。电池片排列组合成电池组件，就成为光伏组件电池板了。有了电池组件和其他辅助设备，就可以组件发电系统了。

为了将直流电转化交流电，需要安装电流转换器。发电后可用蓄电池存储，也可输入公共电网。发电系统成本中，电池组件约占 50%，电流转换器、安装费、其他辅助部件以及其他费用占另外 50%。

在建筑应用方面可以根据建筑法规的要求，把组件的可见光透过率在 20%到 60%进行选择。在固定光伏组件的面积内，组件功率随着透光率的降低而增加，可满足建筑对不同透光率的要求。随着可见光透过率的提高，转换效率下降（图 12、图 13）。

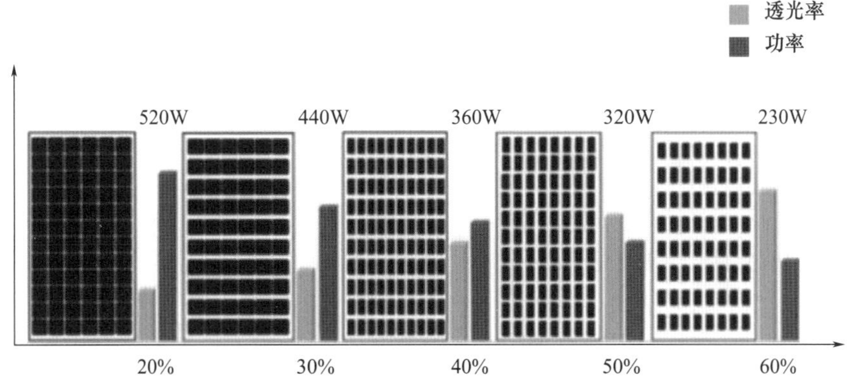


图 12　晶硅（一）（照片由嘉盛光电提供）

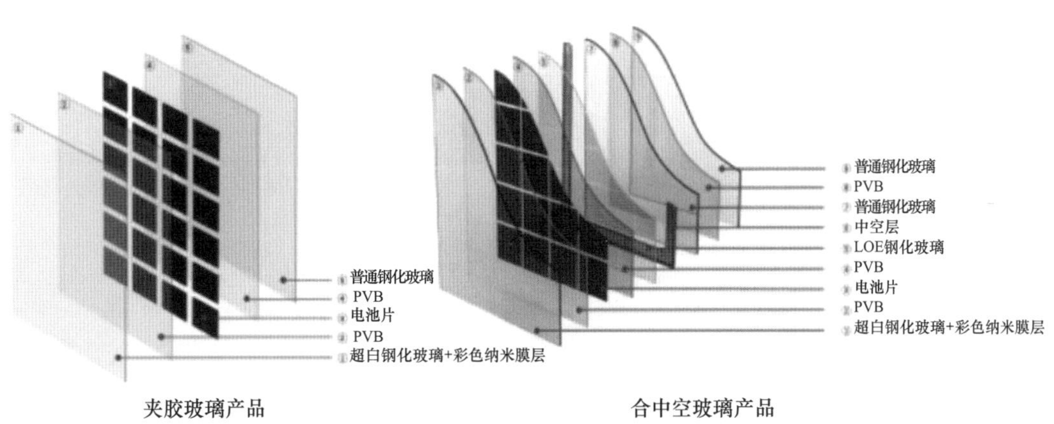


图 13　晶硅（二）（照片由嘉盛光电提供）

## 3.2 薄膜

薄膜光伏组件又分为碲化镉、铜铟镓锡、钙钛矿。

(1) 碲化镉：碲化镉发电玻璃在技术上被称为碲化镉薄膜太阳能电池，它由碲化镉(CdTe)系列半导体光电材料附着在玻璃上制成，将玻璃从绝缘体变成能够发电的太阳能电池。

碲化镉薄膜发电组件是在玻璃表面依次沉积多层半导体薄膜，再经过激光刻蚀而形成的光伏器件。发电原理：太阳光照射到玻璃后，激发半导体Cds/CdTe产生电势，从而输出电流对外做功（图14）。

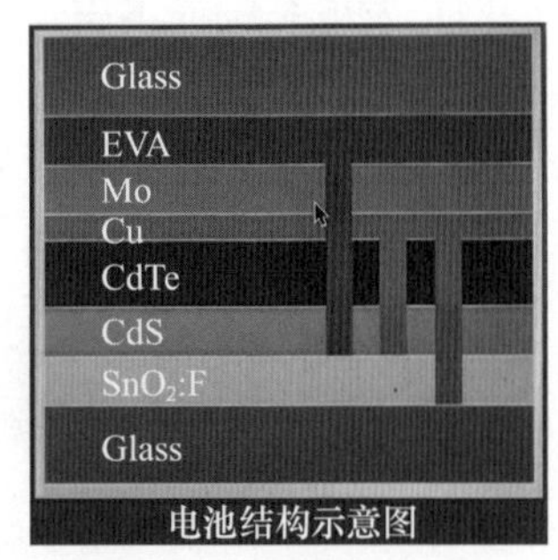


图14 碲化镉膜层结构示意（中建材提供）

碲化镉薄膜最大的优点：可以弱光发电。有光就有电。从早晨5、6点到晚上19点，碲化镉弱光发电玻璃具有电流输出，每天的发电时间可以有13个小时。

(2) 钙钛矿是陶瓷氧化物的一种，其分子通式为$ABO_3$，此类物质最早是在钙钛矿石中的钛酸钡（$CaTiO_3$）物质中发现的，因而被命名为钙钛矿型物质，通常是立方体或八面体形状，有光泽，颜色为浅色到棕色不等，可用于提炼钛、铌和稀土元素。

钙钛矿太阳能电池是利用钙钛矿型的有机金属卤化物半导体作为吸光材料的太阳能电池，其发电原理基于半导体的光生伏特效应，利用电子和空穴对产生电流（表1）。钙钛矿电池器件的工作机制可以分为五个过程：光子吸收过程、激子扩散过程、激子解离过程、载流子传输过程以及电荷收集过程。经过五个过程后，自由电子通过电子传输层被阴极层收集，自由空穴通过空穴传输层被阳极收集，两极形成电势差，电池与外加负载构成闭合回路，回路中形成电流（图15、表1）。

**表1 钙钛矿太阳能电池发电原理**

| 具体 | 介绍过程 |
|---|---|
| (1) 光子吸收过程 | 受到太阳光辐射时，电池的光吸收层材料吸收光子产生受库仑力作用束缚的电子-空穴对，即激子 |
| (2) 激子扩散过程 | 激子产生后不会停留在原处，会在整个晶体内运动。激子的扩散长度足够长，激子在运动过程发生复合的概率较小，大概率可以扩散到界面处 |
| (3) 激子解离过程 | 钙钛矿材料的激子结合能小，在钙钛矿光吸收层与传输层的界面处，激子在内建电场的作用下容易发生解离，其中电子跃迁到激发态，进入LUMO能级，解除束缚的空穴留在HOMO能级，进而成为自由载流子 |
| (4) 载流子传输过程 | 激子解离后形成的自由载流子，其中自由电子通过电子传输层向阴极传输，自由空穴通过空穴传输层向阳极传输 |
| (5) 电荷收集过程 | 自由电子通过电子传输层后被阴极层收集，自由空穴通过空穴传输层后被阳极层收集，两极形成电势差。电池与外加负载构成闭合回路，回路中形成电流 |

续表

| | |
|---|---|
| 钙钛矿电池结构及发电原理 | 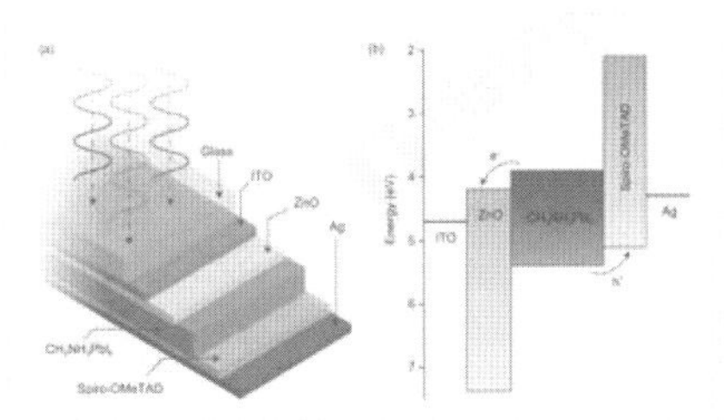 |

资料来源：前瞻产业研究院　　　　@前瞻经济学人 APP

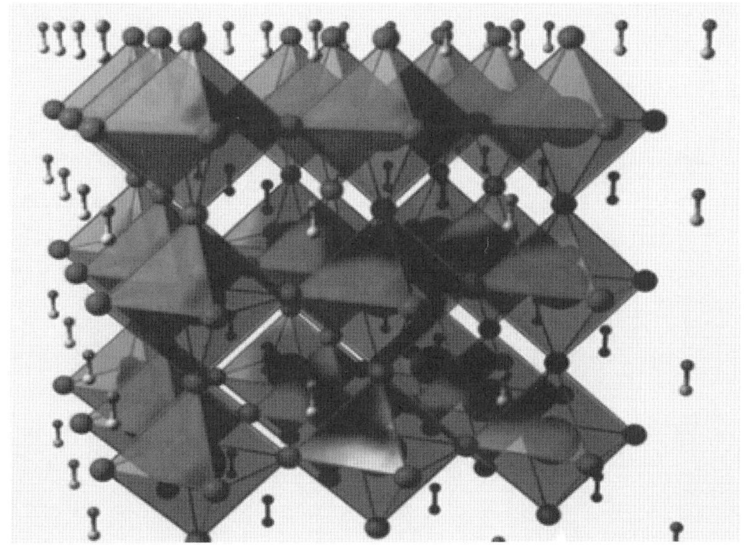

图 15　钙钛矿

薄膜光伏组件项目如图 16～图 18 所示。

图 16　薄膜光伏组件项目（一）（照片由中建材提供）

图17　薄膜光伏组件项目（二）（照片由中建材提供）

图18　薄膜光伏组件项目（三）（照片由中建材提供）

晶硅光发组件项目如图19～图21所示。

图19　北斗时空大数据中心（照片由保定嘉盛光电提供）

图 20　中新天津生态城能源站（照片由保定嘉盛光电提供）

图 21　苏州宝时得（照片由保定嘉盛光电提供）

## 4　电加热玻璃

电加热玻璃是一种能够通过电流加热的玻璃，是让玻璃的表面比环境温度高的特种玻璃，其可以实现玻璃的快速除雾、除霜、融雪的功能（图 22）。

电加热玻璃基本分为两大类：导电膜和金属丝网。

（1）导电膜玻璃：通过真空磁控溅射/真空蒸发/喷涂等生产工艺将铟、锡等金属材料镀在玻璃表面。ITO 是 Indium Tin Oxides 的缩写。作为纳米铟锡金属氧化物，具有很好的导电性和透明性，可以切断对人体有害的电子辐射、紫外线及远红外线。因此，铟锡氧化物通常喷涂在玻璃、塑料及电子显示屏上，用作透明导电薄膜。

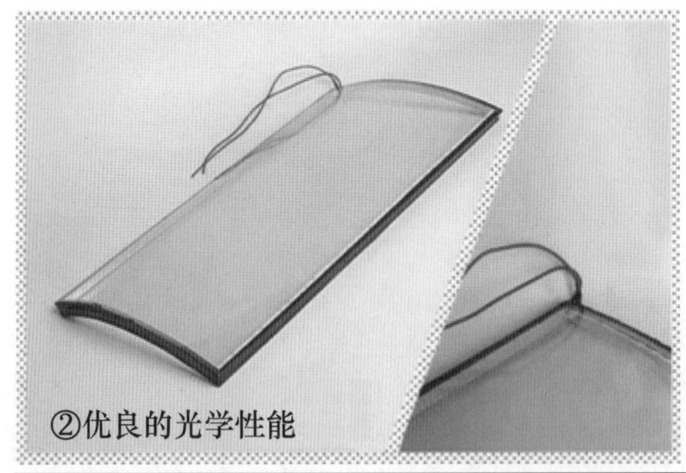


图 22　电加热玻璃

（2）金属丝网：将金属丝通过布丝机，在玻璃表面织出规定的图案，再通过夹层玻璃工艺，将金属丝夹在夹层玻璃的中间部位（图 23）。

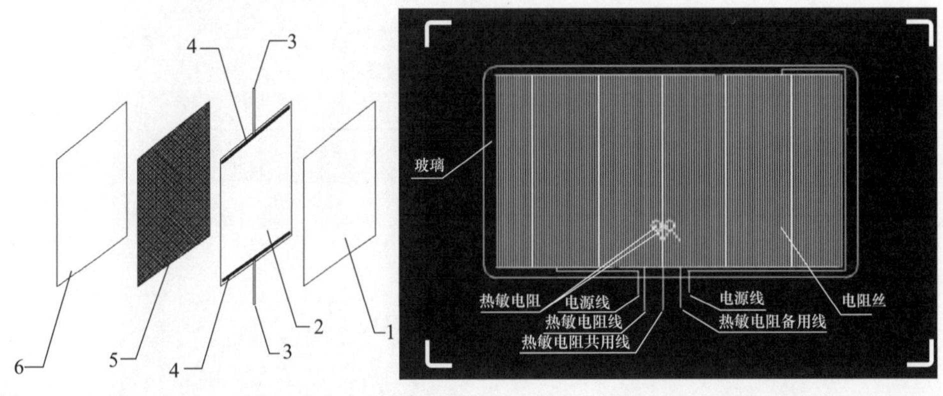


图 23　金属丝网

## 4.1　电加热玻璃的基本功能

（1）加热功能：电加热玻璃可以通过外部电源加热，使玻璃表面升温，达到加热的效果；可以根据需要调节加热功率和温度。

（2）透明性：电加热玻璃可以保持良好的透明性，即使在加热状态下，也不会影响玻璃的透明度。

（3）安全性：电加热玻璃可以防止冬季结冰、结霜，减少交通事故的发生。同时，电加热玻璃也可以防止玻璃表面过热，避免玻璃破裂。

（4）节能性：电加热玻璃可以在冬季保持室内温度，减少室内供暖的能耗。同时，在夏季可以阻挡太阳辐射，降低室内温度，减少室内空调的能耗。

### 4.2 电加热玻璃的应用

（1）建筑领域：电加热玻璃可以应用于建筑外墙、门窗、天花板等区域，可以防止结冰、结霜，保持良好的透明性和安全性。

电加热玻璃可用于大型食品加工厂走廊的窗户，由于机器和人工等产生的热气在封闭车间不易消散，在室内外温差较大的情况下，玻璃容易出现雾气、水珠，而电加热玻璃就可解决水雾问题，让玻璃保持干净明亮。同样，在垃圾处理厂、屠宰场、锅炉房等场景中应用电加热玻璃也是同样的原理。

（2）交通领域：电加热玻璃可以应用于汽车、火车、飞机等交通工具中，作为车窗、挡风玻璃，其可以防止结冰、结霜，提高行车安全性。电加热玻璃可用于工业车辆上，保障车辆的视野清晰，使用的安全性。

（3）家电领域：电加热玻璃可以应用于家用电器中的烤箱、微波炉等区域，可以实现快速加热和均匀加热的效果。

（4）医疗领域：电加热玻璃可以应用于医疗设备中的加热板、加热窗等区域，可以实现快速加热和温度控制的效果。

（5）电加热玻璃还可用于摄影机、交通信号灯、露天摄像头等，应用场景广泛。

电加热玻璃项目照片如图 24、图 25 所示。

图 24　酒店采光顶（照片由四川佰川玻璃提供）

图 25　垃圾厂控制室（照片由四川佰川玻璃提供）

## 作者简介

牛晓（Niu Xiao），男，教授级高级工程师；从事玻璃和玻璃深加工工艺以及玻璃质量检验40多年，具有丰富的分析和解决玻璃、玻璃深加工质量问题以及门窗、幕墙行业质量问题的能力和方法；擅长新产品的市场推广和宣传工作；参与幕墙、门窗、玻璃行业的数十个标准、规范、指南制修订和审核工作；发明了超级中空玻璃产品；发明专利2个，实用新型4个；兼任全国质量监管重点产品检验方法标准化技术委员会委员；全国建筑幕墙门窗标准化技术委员会（SAC/TC448）观察员；中国建筑玻璃与工业玻璃协会镀膜玻璃、安全玻璃专家组成员、中国金属结构协会专家组成员、中国工程建设标准化协会建筑幕墙门窗专业委员会专家组成员（CECS）等；E-mail：13917385551@163. com。

# 四、标准与方法

# 精密钢型材粘结耐久性测试方法初探

周　平　庞达诚　张冠琦　蒋金博
广州白云科技股份有限公司　广东广州　510540

**摘　要**　本文研究了精密钢型材与硅酮结构密封胶、硅酮耐候密封胶的粘结性及涂层的粘结耐久性，探索了涂层粘结耐久性的测试方法，为密封胶在精密钢型材上的应用提供参考。
**关键词**　精密钢型材；密封胶；涂层；粘结性；耐久性

**Abstract**　This paper carrys out the adhesion testing of silicone weatherproofing sealant to precision steel profiles, silicone structural sealant to precision steel profiles, and the adhesion durability of coating of precision steel profiles, to investigate the test method of adhesion durability of the coating of precision steel profiles. This research of test method gives references to the application of silicone sealant on the precision steel profiles.
**Keywords**　precision steel profiles; sealant; coating; adhesion; durability

## 1　引言

钢铁的精密复杂制造与成型技术始于20世纪60年代，由德国、瑞士相继研发成功。使用该技术制造的精密钢材，既具备铝材截面的复杂性与功能性，又具备钢铁的强韧性及耐高温、低热导等诸多优势，可广泛应用于建筑、家居、汽车、交通运输等产业。国内有相关企业于2016年掌握了与精密钢型材科技相关的核心技术，使我国成为继德国、瑞士之后全球第三个掌握此项技术的国家。

钢材的熔点约1500℃，远高于铝合金的熔点（约650℃），同时钢材的导热系数只有铝合金的1/3，因此钢材是防火幕墙支撑结构的首选材料，再加上钢材的强度、弹性模量均比常用的铝合金型材（6063）高1～2倍，这意味着较小截面的钢材可以支撑较大的幕墙分格，可增加玻璃幕墙的通透性。目前在高层间钢框架幕墙、大跨度和大空间的结构和采光顶中有着越来越多的应用。可以预见，未来随着钢铁精密复杂成型技术的发展，精密钢型材在建筑领域会有越来越广泛的应用。

与可以通过阳极氧化处理进行防腐的铝材不同，精密钢型材主要通过表面涂装的方式防腐，因此密封胶与精密钢型材的粘结主要是与其表面涂层的粘结，要确保密封胶与精密钢型材粘结牢固，不仅需要密封胶与涂层粘结牢固，还需要涂层与精密钢型材之间粘结牢固，尤其是老化或腐蚀以后，涂层与精密钢之间能否承受密封胶的拉力，是需要关注的问题。关于该问题目前尚缺乏相关的研究，而这对于精密钢的推广应用非常关键。为了确认精密钢型材与密封胶之间的粘结性以及型材表面涂层的粘结耐久性，我们设计了试验方法，对精密钢型材与各种密封胶的粘结性及涂层的粘结耐久性做了一个初步的研究。

## 2 试验方法的确定

密封胶与精密钢型材之间的粘结性可以参考国家标准《建筑用硅酮结构密封胶》（GB 16776—2005）附录 B“实际工程用基材同密封胶粘结性试验方法”进行剥离粘结性试验来确定。

而对于粘结耐久性，则需要考虑钢材表面涂层附着力的影响。本试验所用基材按《色漆和清漆拉开法附着力试验》（GB/T 5210—2006）的规定进行涂层附着力测试，结果显示，未老化的情况下，精密钢型材表面的涂层与钢材之间的附着力在 4MPa 以上。此时，测试用环氧胶与涂层脱开，涂层完好，如图 1 所示。这个附着力已高于硅酮结构密封胶的拉伸粘结强度，这表明在未经老化的情况下，涂层与精密钢型材的附着性能可靠，可以承受和传递密封胶的粘结力。

图 1　精密钢型材表面涂层附着力测试

在实际应用过程中，精密钢型材表面涂层可能发生老化，其附着力可能会下降，尤其是在涂层局部划伤的情况下，钢材的腐蚀区域可能会扩展，影响到划痕周边区域涂层的附着力，这将影响到密封胶与精密钢型材的粘结耐久性。因此，有必要考察精密钢型材表面涂层在经过破坏、水煮、泡水以后，是否能够承受密封胶的剥离力而涂层不被破坏。

参考国家标准《铝合金建筑型材 第 5 部分：喷漆型材》（GB/T 5237.5—2017）和《铝合金建筑型材 第 4 部分：喷粉型材》（GB/T 5237.4—2017）中规定了涂层附着性的检测方法，包括干附着性、湿附着性和沸水附着性。

以《铝合金建筑型材 第 5 部分：喷漆型材》（GB/T 5237.5—2017）为例，干附着性是按照国家标准《色漆和清漆 划格试验》（GB/T 9286—2021）的规定划格之后，将黏着力大于 10N/25mm 的粘胶带覆盖在划格的膜层上，以垂直于膜层表面的角度快速拉起粘胶带，按照交叉切割区域的涂层表面脱落程度进行评级。湿附着性测试则是按照国家标准《色漆和清漆 划格试验》（GB/T 9286—2021）的规定划格后，置于（38±5）℃的国家标准《分析实验室用水规格和试验方法》（GB/T 6682—2008）中规定三级水中浸泡 24h，取出并擦干试样，再按照干附着性的测试方法进行试验并评级。沸水附着性则是按照国家标准《色漆和清漆 划格试验》（GB/T 9286—2021）的规定划格后，将试样悬立于沸水（三级水）中煮 20min，取出并擦干试样，再在 5min 内按照干附着性的测试方法进行试验并评级。

上述涂层附着性能的检测，采用的是黏着力大于 10N/25mm 的粘胶带，这个力不大，目的是测量涂层可以被轻易剥落的面积，但是划格后的涂层能否承受密封胶较大的拉力，该

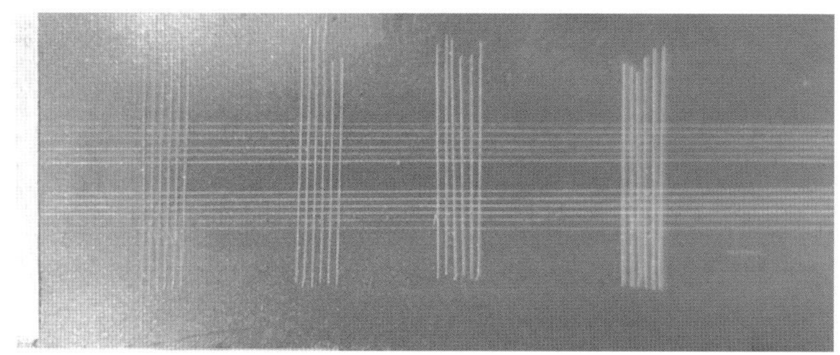

图 2　精密钢型材表面涂层划格示意图

方法无法给出可靠结果。

本试验设计了将涂层沸水附着性测试方法与国家标准《建筑用硅酮结构密封胶》(GB 16776—2005)附录 B“实际工程用基材同密封胶粘结性试验方法”相结合的方案对精密钢型材与各种密封胶的粘结性及涂层的粘结耐久性做一个初步的研究。

## 3　试验

### 3.1　主要原料

精密钢型材，表面经过粉末喷涂处理的精密钢型材，切割成矩形片状，尺寸约为宽度 60mm、长度不小于 150mm，湖南省金为新材料科技有限公司；不锈钢网，30 目，尺寸为长度约 300mm、宽度约 25mm、厚度约 0.5mm，河北安平鸿昌金属网厂；结构密封胶 A(单组分，醇型硅酮胶)、结构密封胶 B(双组分，醇型硅酮胶)、耐候密封胶 A(单组分，醇型硅酮胶)、耐候密封胶 B(单组分，酮肟型硅酮胶)，广州白云科技股份有限公司；底涂液，底涂液 A，广州白云科技股份有限公司。

### 3.2　试验设备

拉力机：微机控制电子万能试验机(深圳市新三思材料检测有限公司)，型号 DXLL-3000。

### 3.3　试件制备及养护

**3.3.1**　未划格处理的精密钢型材与各种密封胶剥离粘结性试验的试件制备及养护

按国家标准《建筑用硅酮结构密封胶》(GB 16776—2005)和《建筑密封材料试验方法　第 18 部分：剥离粘结性的测定》(GB/T 13477.18—2002)中的要求制备剥离粘结性测试试件。制备过程如下：

(1)清洗精密钢型材，如果试验方案需要施打底涂，则在基材上涂刷底涂液。

(2)在粘结基材顶端横向放置一条 25 mm 宽的遮蔽条，然后将在标准条件下处理过的试样涂抹在粘结基材上(多组分试样应按生产厂家的配合比将各组分充分混合 5min 后再涂抹)，涂抹面积约为 130mm×30mm，涂抹厚度约 2mm，如图 3(a)和图 3(b)所示。

(3)将金属网放置在密封胶的表面，使得密封胶和金属网充分地接触，并把密封胶的高度控制在 1.5mm，如图 3(c)和图 3(d)所示。

(4)在金属网上面复涂一层密封胶，并把密封胶的高度控制在 3mm，去除两侧多余的部分，使密封胶的宽度控制在 25mm，如图 3(e)和图 3(f)所示。

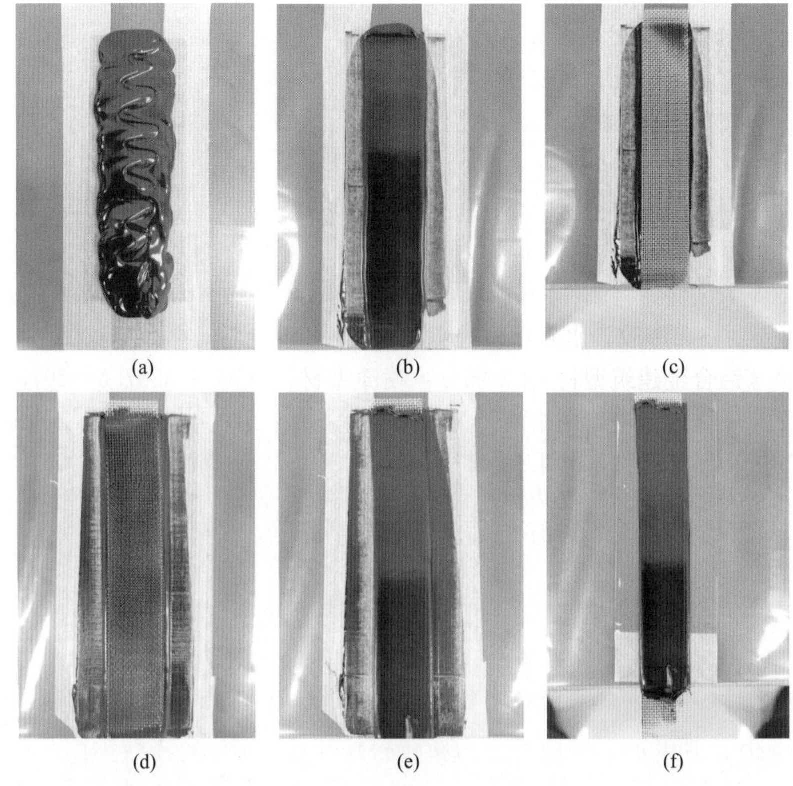

图3 剥离粘结性测试试件制样过程图

采用上述制样方法，将准备好的不同密封胶分别与精密钢型材制作试件，每种密封胶采用两个试验方案，分别为“清洗后不施打底涂液”“清洗后施打底涂液A”，每种方案制作3个试件。将制作好的试件在标准条件下养护至指定时间（单组分养护21d、双组分养护14d），再放入水中泡水7d。

**3.3.2** 划格处理的精密钢型材涂层粘结耐久性试验的试件制备及养护

针对密封胶与精密钢型材表面涂层之间的粘结耐久性试验，本研究设计了两个方法。方法1是先将基材表面涂层划格后进行涂层的沸水附着性测试，然后将基材与密封胶制成试件并进行养护、泡水之后测试剥离粘结性。该方法选择了对涂层腐蚀的最不利条件，然后考察处理后涂层承受密封胶剥离力的能力。方法2是先将基材划格与密封胶制成试件，在养护、泡水之后再按照沸水附着性测试的要求煮沸，然后再测试剥离粘结性。该方法与实际应用过程较为接近，密封胶先与受损但未被腐蚀的涂层粘结，而密封胶实际对受损涂层可以起到一定的防腐蚀作用，再对粘结了胶的涂层进行耐沸水腐蚀测试，之后检查其是否能够承受密封胶的粘结力。

具体的试验过程如下：

方法1：先划格水煮再施胶，检测剥离粘结性。

（1）按照《铝合金建筑型材 第5部分：喷漆型材》（GB/T 5237.5—2017）的要求在精密钢型材表面涂层进行划格，划格间距为1mm。将《分析实验室用水规格和试验方法》（GB/T 6682—2008）规定的三级水注入烧杯，在烧杯底部加热至水沸腾。将试样悬立于沸水中煮 20min。试样应保持在水面 10mm 以下，但不能接触容器底部。在试验过程中保持水温不低于 95℃，并随时向杯中补充煮沸的《分析实验室用水规格和试验方法》（GB/T 6682—2008）规定的三级水，以保持水面的高度。煮沸结束，取出并擦干试样，再在 5min 内按照《铝合金建筑型材 第 5 部分：喷漆型材》（GB/T 5237.5—2017）中干附着性的测试方法进行试验。

（2）以上述测试结束的精密钢型材为基材，采用结构密封胶 A 按照本文 3.3.1 的过程制作试件，共采用两个试验方案，分别为“清洗后不施打底涂液”“清洗后施打底涂液 A”，每种方案制作 3 个试件。将制作好的试件在标准条件下养护 21d，再放入水中泡水 7d。

方法 2：先划格、施胶，水煮后检查剥离粘结性。

（1）按照《铝合金建筑型材 第 5 部分：喷漆型材》（GB/T 5237.5—2017）的要求在精密钢型材表面涂层进行划格，划格间距为 1mm。将划格后的基材，采用结构密封胶 A 按照本文 3.3.1 的过程制作试件，共采用两个试验方案，分别为“清洗后不施打底涂液”“清洗后施打底涂液 A”，每种方案制作 3 个试件。将制作好的试件在标准条件下养护 21d，再放入水中泡水 7d。

（2）在养护和泡水完成后，将试件按照《铝合金建筑型材 第 5 部分：喷漆型材》（GB/T 5237.5—2017）的要求悬立于沸水中煮 20min。试样保持在水面 10mm 以下，但不能接触容器底部。在试验过程中保持水温不低于 95℃，并随时向杯中补充煮沸的《分析实验室用水规格和试验方法》（GB/T 6682—2008）规定的三级水，以保持水面的高度。煮沸结束后，取出试件。

### 3.4 试验步骤

#### 3.4.1 未划格处理的精密钢型材与各种密封胶的剥离粘结性试验

取出试件后，立即将表面擦干。将试料与遮蔽条分开，从下边切开 12mm 试料。将试件装入拉力试验机，以 50mm/min 的速度于 180°方向拉伸金属丝网使试料从基材上剥离，如图 4 所示。记录剥离时拉力峰值的平均值（N）、剥离强度（N/mm）和最大剥离力（N）。

图 4 剥离粘结性试验测试过程

### 3.4.2 划格处理的精密钢型材涂层粘结耐久性试验

针对方法1和方法2养护好的试样，按照本文3.4.1进行剥离粘结性试验。

## 4 结果与讨论

### 4.1 未划格处理的精密钢型材与各种密封胶的剥离粘结性试验

剥离粘结性试验结果汇总见表1。

表1 剥离粘结性试验结果汇总

| 牌号（试验方案） | 峰值平均剥离力（N） | 剥离强度（N/mm） | 最大剥离力（N） | 粘结破坏面积（%） |
|---|---|---|---|---|
| 结构密封胶A（清洗后不施打底涂液） | 199.8 | 8.0 | 237.5 | 0 |
| 结构密封胶A（清洗后施打底涂液A） | 202.5 | 8.1 | 292.2 | 0 |
| 结构密封胶B（清洗后不施打底涂液） | 185.3 | 7.4 | 210.6 | 0 |
| 结构密封胶B（清洗后施打底涂液A） | 189.8 | 7.6 | 221.8 | 0 |
| 耐候密封胶A（清洗后不施打底涂液） | 160.5 | 6.4 | 183.2 | 0 |
| 耐候密封胶A（清洗后施打底涂液A） | 148.0 | 5.9 | 166.1 | 0 |
| 耐候密封胶B（清洗后不施打底涂液） | 179.2 | 7.2 | 197.2 | 0 |
| 耐候密封胶B（清洗后施打底涂液A） | 161.7 | 6.5 | 174.7 | 0 |

表1中的试验结果表明：本次使用的精密钢型材表面的涂层可以与密封胶粘结良好，不管是结构密封胶还是耐候密封胶均可以形成良好的粘结，醇型密封胶和酮肟型密封胶粘结效果也并无显著差别。

### 4.2 划格处理的精密钢型材涂层粘结耐久性试验

采用方法1、方法2的涂层粘结耐久性试验结果如图5所示。

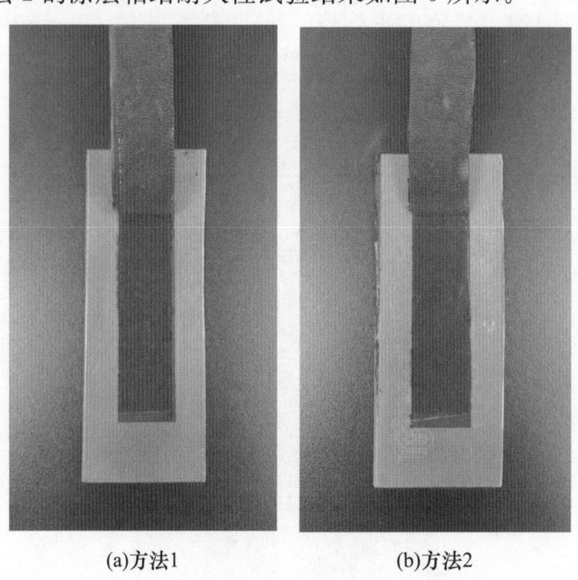

(a)方法1　　(b)方法2

图5 采用方法1、方法2的涂层粘结耐久性试验结果示意图

采用方法 1、方法 2 的涂层粘结耐久性试验结果汇总如表 2 所示。

**表 2　采用方法 1、方法 2 的涂层粘结耐久性试验结果汇总**

| 牌号（试验方案） | | 峰值平均剥离力（N） | 剥离强度（N/mm） | 最大剥离力（N） | 粘结破坏面积（%） |
|---|---|---|---|---|---|
| 方法 1<br>划格处理的精密钢型材涂层粘结耐久性试验 | 结构密封胶 A<br>（清洗后不施打底涂液） | 246.8 | 9.9 | 282.5 | 0 |
| | 结构密封胶 A<br>（清洗后施打底涂液 A） | 211.8 | 8.5 | 287.4 | 0 |
| 方法 2<br>划格处理的精密钢型材涂层粘结耐久性试验 | 结构密封胶 A<br>（清洗后不施打底涂液） | 243.1 | 9.7 | 251.6 | 0 |
| | 结构密封胶 A<br>（清洗后施打底涂液 A） | 194.0 | 7.8 | 229.4 | 0 |

表 2 中的试验结果表明：

（1）采用方法 1 进行划格试验之后，精密钢型材表面涂层的沸水附着性按照国家标准《色漆和清漆 划格试验》（GB/T 9286—2021）中的分级要求，可以判定为 0 级，涂层交叉切割区域的边缘完全平滑，网格内无脱落。

（2）方法 1、方法 2 进行剥离粘结性测试之后，精密钢型材表面的涂层没有产生破坏，涂层的粘结耐久性相对较好。

（3）方法 1 和方法 2 在采用同样的施工方案（例如清洗后不施打底涂液）时，其剥离强度、峰值平均剥离力基本一致。

（4）采用方法 1 和方法 2 测得的峰值平均剥离力、剥离强度、最大剥离力与 3.1 中未进行涂层耐久性试验的结果基本一致，说明本次使用的精密钢型材的表面涂层耐久性比较好。

上述涂层粘结耐久性试验的测试结果表明：上述两种方法均可以作为精密钢型材涂层粘结耐久性的测试方法，方法 1 对涂层的腐蚀条件更为严苛，可以优先采用。对于其他需要受结构密封胶拉力的涂层的粘结耐久性，也可以采用方法 1 进行验证确认。

需要指出的是，由于涂料种类、涂料批次质量、涂装工艺、涂装批次质量等均对涂层的附着力、耐久性和与密封胶的粘结性有较大影响，本试验只能证明试验过程中所使用的精密钢型材和密封胶的粘结耐久性良好。对于工程实际应用的材料，如需用于结构粘结，应采用方法 1 进行相关试验，确认该精密钢型材与该密封胶的粘结性和粘结耐久性。

另外，在试验过程中观察到，精密钢型材的切口处在泡水时会出现生锈的情况。因此，在实际的工程应用中，需要注意考虑采用合适的方法避免切口处锈蚀的发生。

## 5　结语

（1）本试验开发了精密钢型材涂层与密封胶粘结耐久性的试验方法。该方法将涂层沸水附着性测试方法与国家标准《建筑用硅酮结构密封胶》（GB 16776—2005）附录 B“实际工程用基材同密封胶粘结性试验方法”相结合，可以作为评价涂装材料与密封胶粘结耐久性的试验方法。

（2）本试验使用的精密钢型材表面的涂层可以与密封胶粘结良好，不管是结构密封胶还是耐候密封胶均可以形成良好的粘结，醇型密封胶和酮肟型密封胶粘结效果也并无显著差别。

（3）本试验使用的精密钢型材表面涂层与密封胶之间的粘结良好，能够承受结构密封胶的拉力；而且涂层与精密钢型材之间的耐久性能较好，经泡水和沸水处理之后仍可承受结构密封胶的拉力。

（4）对于工程实际应用的材料，如需用于结构粘结，可以采用方法1进行相关试验，确认该精密钢型材与该密封胶的粘结性和粘结耐久性。

## 参考文献

［1］ 黄飞虎，姜坤．小微民企"登顶"全球高端制造［N］．岳阳日报，2022(001).

［2］ 马逢伯．浅谈钢框架玻璃幕墙在建筑外装饰中的应用［J］．门窗，2013，74(02)：12-15.

［3］ 陆芳军，李建恒，陈旭科．钢框架在玻璃幕墙中的应用及其损伤诊断［J］．门窗，2012，72(12)：9-12.

［4］ 全国轻质与装饰装修建筑材料标准化技术委员会．建筑用硅酮结构密封胶：GB 16776—2005［S］．北京：中国标准出版社，2006.

［5］ 全国涂料和颜料标准化技术委员会．色漆和清漆拉开法附着力试验：GB/T 5210—2006［S］．北京：中国标准出版社，2007.

［6］ 全国有色金属标准化技术委员会．铝合金建筑型材　第5部分：喷漆型材：GB/T 5237.5—2017［S］．北京：中国标准出版社，2017.

［7］ 全国有色金属标准化技术委员会．铝合金建筑型材　第4部分：喷粉型材：GB/T 5237.4—2017［S］．北京：中国标准出版社，2017.

［8］ 全国涂料和颜料标准化技术委员会．色漆和清漆 划格试验：GB/T 9286—2021［S］．北京：中国标准出版社，2021.

［9］ 全国化学标准化技术委员会．分析实验室用水规格和试验方法：GB/T 6682—2008［S］．北京：中国标准出版社，2008.

［10］ 全国轻质与装饰装修建筑材料标准化技术委员会．建筑密封材料试验方法　第18部分：剥离粘结性的测定：GB/T 13477.18—2002［S］．北京：中国标准出版社，2003.

## 作者简介

周平（Zhou Ping），男，1988年7月生，工程师，研究方向：建筑密封胶应用研究；工作单位：广州白云科技股份有限公司；地址：广东省广州市白云区广州民营科技园云安路1号；邮编：510540；联系电话：020-37312902；E-mail：zhouping@china-baiyun.com。

# 建筑幕墙防火封堵现场检测浅析

包　毅　杜继予

深圳市新山幕墙技术咨询有限公司　广东深圳　518057

**摘　要**　火灾中吸入过量烟毒气体导致人员致窒息伤亡是火灾中最主要的危险因素之一。而建筑物中各种防火封堵密闭构造存在的大量施工缺陷或久经使用后封堵密闭性能的降低，给火灾产生的烟毒气体留下了大量的渗漏和蔓延的通道，对人员的生命安全造成极大的威胁。本文探讨了既有建筑幕墙防火封堵密闭完整性的无损化检测方法，以及采用该检测方法对各类建筑孔洞间隙封堵密闭完整性进行检测的可行性，对检测的工艺、封堵可靠性判断依据等进行探讨。

**关键词**　建筑幕墙；防火封堵密闭性；无损现场检测；发烟装置；烟感装置

## 1　引言

根据国际防火协会（NFPA）的火灾统计数据显示，火灾中吸入过量烟毒气体导致人员致窒息伤亡的比例为75％，是火灾中导致人员伤亡的最主要因素。火灾中烟毒气体的渗漏和蔓延，均早于火焰的蔓延，即使防火封堵构造在规定的耐火极限内还没有垮塌，但由于防火封堵密闭部位原有的缺陷，大量的烟毒气体将会迅速地沿着各种缝隙向上或相邻空间蔓延，从而造成人员的伤亡。因而，确保建筑幕墙防火封堵以及各类建筑孔洞封堵密闭，使防火封堵设施能够有效地防止火焰和烟气通过建筑缝隙和贯穿孔在建筑内蔓延，对防止火灾中人员的伤亡有极为重要的作用。在实际工程中，由于多方面主客观原因，建筑幕墙防火封堵以及各类建筑孔洞缝隙封堵效果达不到设计要求，问题较多。工程验收时，目前检验方法主要以目测为主，难以完全检测出防火封堵密闭的实际状况。特别是处于目测难以看到的位置，例如内装完成后处于隐蔽状态的防火封堵构造是无法目测到的。

根据深圳市工程建筑地方标准《既有建筑幕墙安全检查技术标准》（SJG 43—2022）和《既有建筑幕墙安全性鉴定技术标准》（SJG 112—2022）有关内容，既有幕墙的防火构造均为检查评定项，但有关检查方法也是目测，在不拆除装饰表层的情况下，同样存在无法目测检查的情况。

新建建筑幕墙施工中防火封堵密闭存在的质量问题，长久使用后，有幕墙防火封堵存在松动和开裂造成的密闭性能失效，都会在发生火灾时给人们造成严重的安全威胁，因此必须进行有效的检查。为提高检测可靠性和可行性，本文对幕墙防火封堵的现场无损检测技术进行探讨。

## 2　检测方案初步构想

依据幕墙防火封堵的特点，阻断烟气的渗漏和蔓延是幕墙防火封堵的主要功能之一，幕墙防火封堵密闭完整性有关检测方法主要应考虑以下几点：安全性、无损性、可视性、可量化性。在安全性方面，如果对幕墙防火封堵密闭完整性采取现场明火检测，其危险极大，难以保障财产和人员的安全，所以任何现场动火的检测方案都不在选项范围之内。在去除动火选项的前提下，采用烟气法进行幕墙防火封堵密闭完整性检测，是幕墙防火封堵密闭完整性检测达到安全、无损、可视、可量化的主要选项，能准确地印证幕墙防火封堵密闭完整性能。有关烟气法现场验证，可参考的标准有《防排烟系统性能现场验证方法热烟试验法》（XF/T 999—2012），其适用范围为“适用于在空间结构特殊、防排烟系统设计复杂的建筑中实施的热烟试验，如：中庭、工厂、货仓、百货商场、购物中心、复杂办公建筑以及体育娱乐中心等其他人员密集的公共建筑、隧道、地铁、车站、航站楼等交通枢纽建筑和大型地下建筑”。其采用的发烟装置为“一种可以产生定量体积流量烟气的装置，包括发烟源和导烟装置两个部分，发烟源分为发烟饼、发烟筒和发烟罐等类型。”由于该标准的适用范围与幕墙防火封堵的实际情况有所不同，在采用烟气法进行幕墙防火封堵密闭完整性检测时需要对检测方案重新设计。

### 2.1 发烟装置

根据应用场景，发烟装置可以分为以下几种：（1）防化烟雾发生器，主要用于化学毒剂的侦检，具有高性能、便携式特点；（2）消防用烟雾发生器，用于火场指挥，指引火场逃生等；（3）影视用烟雾发生器，用于影视拍摄，营造氛围等。

与幕墙防火封堵密闭完整性检测场景较为接近的应该是消防用烟雾发生器，也就是前文提到过的“发烟饼、发烟筒和发烟罐等”，该发烟装置常见于各种消防演习等场景。但考虑到既有建筑的检测需在室内进行，需保证对现有装饰和家具等物品无损性，且消防烟雾有触发消防报警的可能，基于安全性、无损性的考虑，不建议选择。

影视用烟雾发生器是一种更为安全的选择。影视用烟雾发生器有多种类型，可首选室内适用的产品舞台烟雾机。舞台烟雾机主要有薄雾机、低烟机、气柱烟机、烟雾机、干冰和液氮烟雾机等。根据适用性，可视化检测建议选用烟雾机，烟雾机应使用环保烟雾油，可以免除烟雾对人体的危害；如需定量化检测，建议采用干冰烟雾机。

### 2.2 防火封堵检测样板选定

有关检测样板的选定，根据《既有建筑幕墙安全性鉴定技术标准》（SJG 112—2022）规定，采用不小于1%的固定比例抽样，且不应小于5个样板。考虑实际实施可行性，按照每个房间为一个检测单位为宜，对于大空间办公或房间之间不完全隔绝的情况，也可采用一层楼为一个单位。

有关检测抽样除了标准层和标准间外，还应该考虑转角等特殊位置，以便涵盖各种封堵做法。由于难以观测，避免选择顶层和避难层的下一层。

### 2.3 检测前准备

防火封堵下部需为一个封闭空间，可以是一个房间、一个楼层、一个人造封闭单位。检测前，应对影响空间封闭性的部位进行检查并封堵。可能影响封闭性的位置包括但不限于外窗、内门、空调风口、电路管线（外露部分即开关、插座面板等）、其他孔洞。其他孔洞包括施工或装修遗漏未封闭的工艺孔、线路改造后遗留的管道。这些不明显的孔洞可能难以发现，所以建议正式检测防火封堵以前，先做一次可视化烟雾检测，以排除其他泄露对试验判断的干扰。

避免环境干扰的另一个选择就是建造一个人造封闭单位。可以参考幕墙气密性现场检测方法，在室内对应防火封堵位置设置密封箱或密封袋来进行相关检测。这个方案的优点是对环境影响少，受环境不确定因素干扰小，容易实现箱体正压，缺点是试验硬件条件要求较高。如果室内装修已完成，窗帘盒等构造影响对防火封堵区域的封闭，致使试验无法正常进行。

为利于烟气扩散，建议封闭空间为正压。参考《门和卷帘的防烟性能试验方法》（GB/T 41480—2022），压差控制在 55Pa。烟雾机的排烟口应尽可能靠近封堵密闭构造处，必要时可对怀疑渗漏部位直接喷射，以达到强化检测的目的。考虑到对现场封闭空间加压难度较大，可采用对封堵部位鼓风，将对应位置局部加压。

### 2.4 封堵可靠性判断

在防火封堵下部开启发烟装置后就可以在封堵的另一侧观察漏烟的情况。考虑防火层有阻挡作用，检测时间建议保持 15～30min。这种可视化观测可以判断是否封闭完整，但存在一个无法量化的问题。

对于检测的量化问题，可采用电子烟雾探测器来进行判断，以避免人员判断烟雾浓淡的偏差。但是烟雾探测器可以探测到的烟雾存在安全性较差的问题，且可能引发建筑原有消防系统报警，产生意料之外的后果。为此，可采用其他示踪气体，来达到检测量化的目标。比较安全且常用的是二氧化碳。可以将发烟装置更换为干冰烟雾机，检测装置可选用二氧化碳检测器。二氧化碳检测器是一种用于检测空气中二氧化碳浓度的设备。一般来说，二氧化碳检测器采用红外二氧化碳传感器，信号稳定，精度高，而且它能自动检测并显示室内的二氧化碳、温度、湿度数据。一旦这些数据超过预设范围，设备就会自动报警。将该装置固定在封堵上侧 1～1.5m 的位置，按设定检测预警浓度参数等数据，就能实现客观化判断。

在规范《吸气式感烟火灾探测报警系统设计、施工及验收规范》（DB 11/1026—2013）5.2“调试要求”章节中，对吸气式感烟火灾探测器的灵敏度可调做了相关规定。可依据有关烟感的报警条件，转换为二氧化碳参数。对于具体的设定步骤和操作方法，不同的传感器品牌和型号可能会有不同的操作指南，需要参考对应的使用手册进行操作。

## 3 应用场景扩展

本文探索的建筑幕墙防火封堵现场检测方法，除了可适用于建筑幕墙防火封堵密闭性能的检测外，也可广泛应用于建筑中其他与封堵密闭性能相关部位的检测。如建筑主体结构施工中的工艺孔洞，包括放线洞、泵管洞、脚手架眼及悬挑槽钢眼、外墙对拉螺栓孔、内墙对拉螺栓孔等；在装修或改造过程中，容易产生和遗漏的孔洞，包括空调孔、热水器孔、下水管道孔、燃气管道孔和工程改造遗弃的原有管线孔洞等。当这些孔洞处于有防火密闭要求的气体通道上或有其他封堵密闭功能要求时，可采用此检测方法对这些采取不同的方法和材料进行密封处理的孔洞进行封堵密闭性能的检测，可提前发现密闭漏洞进行封堵，解决有关质量问题，以保证封堵效果和建筑在防火性能的安全性。

## 4 结语

本文对建筑幕墙现场封堵检测的可行性进行了初步方案设计；检测在保证安全的前提下，实现无损化、可视化、客观化；具体量化方案，本文未确定相关参数，需进一步分析研究；本检测方案可扩展至建筑主体和装修封堵的检测。有关建筑幕墙封堵检测方案仅为初探、浅析，不够准确，需后续进一步完善。

## 参考文献

[1] 深圳市住房和建设局．既有建筑幕墙安全检查技术标准：SJG 43—2022 [S]. 北京：中国建材工业出版社，2022.

[2] 深圳市住房和建设局．既有建筑幕墙安全性鉴定技术标准：SJG 112—2022 [S]. 北京：中国建材工业出版社，2022.

[3] 中华人民共和国应急管理部．防排烟系统性能现场验证方法 热烟试验法：XF/T 999—2012 [S]. 北京：中国标准出版社，2012.

[4] 国家市场监督管理总局，国家标准化管理委员会．门和卷帘的防烟性能试验方法：GB/T 41480—2022 [S]. 北京：中国标准出版社，2022.

[5] 北京市规划委员会，北京市质量技术监督局．吸气式感烟火灾探测报警系统设计、施工及验收规范：DB 11/1026—2013 [S]. 2014.

# 五、行业分析报告

# 2023—2024 中国门窗幕墙行业市场研究与发展分析报告

雷 鸣 曾 毅

## 第 1 部分 调查背景

稳健、精准、科学，展韧性、显活力、蓄动能！2023 年可以说是“救市年”，围绕大经济、房地产、建筑业，甚至门窗幕墙细分领域的各种刺激手段、帮扶政策频出；然而我国产业丰富、地域辽阔，作为“门窗幕墙人”最大的感受还是“温差”太大。尽管天气预报是春风拂暖，而实际的体感还是让人冷得瑟瑟发抖……正是乍暖还寒时候，最难将息！

改革开放 40 多年以来，中国经济迎来上半场，商人地位迅速上升，成为社会财富的主要拥有者，在市场经济的浪潮中，胆大心细敢于行动的第一批人成功地赚到了第一桶金。也是这个时期，中国门窗幕墙企业正式登上了全新的历史舞台，全体门窗幕墙精英以自强不息的精神奋力攀登，行业内外皆是一片盛世景象。

注：调查误差——由于参与企业占总体企业的数量比值、调查表提交时间的差异化等问题，统计调查分析的结果与行业市场内的实际表现结果，数字方面可能存在一定误差，根据统计推论分析原理，该误差率在 1%～4%之间，整体误差在 2%左右。

40多年前，人人下海创业，商业蓬勃发展；20多年前，阿里巴巴成立了，互联网时代来临，让天下没有难做的生意；而门窗幕墙行业，从40年前学习国外，20年前，生产与应用全球第一……到了今天，一个更加清晰的经济现象似乎昭示：天下没有“好做”的生意了，企业发展的野蛮生长期结束，转型与升级成为生存下去的首选项，那门窗幕墙行业的璀璨明天呢？前行路上有风有雨是常态，唯有披荆斩棘，方能不负征途。

过去的这一年，门窗幕墙行业有过悲观、失望和彷徨；面对2024年，“高质量发展”“以进促稳”“保交楼”“认房不认贷”和“先立后破”等词被高频提及，稳字当头、突破困局、迎难而上、全力以赴……行业正在迎接着新的挑战和希望！

为了帮助门窗幕墙行业产业链企业，特别是广大的会员单位，更好地认清行业地位和市场现状，提升自身产品品质及服务能力，中国建筑金属结构协会铝门窗幕墙分会在2023年8月启动“第19次行业数据申报工作”，通过历时三个月的表格提交，采集到大量真实有效的企业运行状况报表。

随后，授权中国幕墙网 ALwindoor. com 以门户平台的身份，对门窗幕墙行业相关产业链企业申报的数据展开测评研究，并建立行业大数据模型，推出《2023—2024中国门窗幕墙行业市场研究与发展分析报告》，力求通过科学、公正、客观、权威的评价指标、研究体系和评判方法，呈现出在建筑业、房地产新形势下，门窗幕墙行业的发展热点和方向。

## 第二部分　2023年房地产与建筑业动态分析

摆脱“疫情”影响之后，我国经济总体回升向好，高质量发展扎实推进，国内生产总值同比增长达到了预期目标，良好的经济推动力促使门窗幕墙行业来到全新历史发展节点。客观的说：今天的行业要看到成绩、坚定信心，也要正视问题、直面挑战。我们正身处百年未有之大变局，把握优势、坚定前行信心，才能推动行业乘风破浪向前、迈上更高台阶。

2023年，各省纷纷出台各项利好政策，重大基建项目开工率回升，扩大了行业的需求量，利好反弹。尤其是党的“二十大”报告中提出推动制造业高端化、智能化、绿色化发展，建筑建材产业链作为实体经济，从生产加工制造、运输到施工服务全链条，推进数实结合，充分利用新动能驱动产业链向纵深发展，同步把握新能源、新赛道的横向拓展成为未来趋势。

如今，国家坚持实施稳健的经济政策，强化跨周期和逆周期调节，不搞“大水漫灌”式强刺激，注重创新调控方式方法。目前的国内经济发展尤其是房地产业及建筑业政策空间足、回旋余地大，国际营商环境也持续优化，竞争环境更趋公平、高效、有序。作为“两大”国民经济支柱产业，市场发展仍然大有可为，但行情却变化诡谲，房地产、建筑业以及铝门窗幕墙行业纷纷进入到“确定性和不确定性”并存的新时期。

我国经济大势，要看短期之“形”，更要看长期之“势”；既要看增长之“量”，更要看发展之“质”。我国拥有全球最大最有潜力的市场，这样的优势放眼全球都有稀缺性，坚定不移实施扩大内需战略，把超大规模市场的需求优势转化为现实的经济增长拉动力，化解总需求不足的阶段性难题。

当前经济发展正面临着消费信心不足、国际贸易出口形势严峻以及房地产遗留问题亟待解决等三大挑战。特别是房地产遗留下来的资金链问题，这当中涉及众多与建筑总包、门窗幕墙分包、材料供应商之间的“三角债”问题。

同时，2023 年的房地产业与建筑业持续低迷，关注度相比“疫情三年”出现了大幅变化；市场需求更是随着“人口增长”的改变呈现下降趋势，与之配套的门窗幕墙行业更是显得特别“缺钱”，似乎能赚的“钱”大量消失了。老百姓手上存款与收入没有实质增长，购房与消费需求下降，无法带动房地产业与建筑业的快速复苏。

2023 年 10 月召开的第十四届人大常委会六次会议，提出了增发的国债 1 万亿元，用来为地方政府解决积累的隐性债务问题，加上前期各地也已累计发行特殊再融资债券超过万亿元，专家预计本轮总发债量加起来将达到 4.71 万亿元！巨额资金的投入，在同等的时间长度内，大概率可以说经济稳了，内需能够得到有效拉动。但建筑项目投资具有滞后效应，几万亿投资及其对相关产业的带动作用，尤其是房地产项目或建筑项目的推动作用，需要到 2024 年上半年的周期内逐步体现。

打造新质生产力，以进促稳，扩大内需，巩固中国建筑经济韧性，在当前进程中，门窗幕墙行业需要自我调整，实现穿越周期的条件，并保证高质量发展的思路稳定不动摇，这个思路是当前行业中最具有前瞻性、深入性的，并且必须贯彻到底的。

## 1　正视自身，主动“求活”的房地产

2023 年的复杂国际经济形势、复杂的房地产局面正考验着各方智慧，它既是影响世界与我国经济环境的大趋势，更是我国经济的重要力量，与每个企业息息相关，年度“大题”，破题需要定力和耐心，更需要智慧。

房地产行业需要重视“势”与“质”，挫败中求“活路”。2023 年，房地产行业经历了前所未有的深度调整，房地产市场供需关系也呈现出前所未有的新格局。全国房地产开发投资增速如图 1 所示。

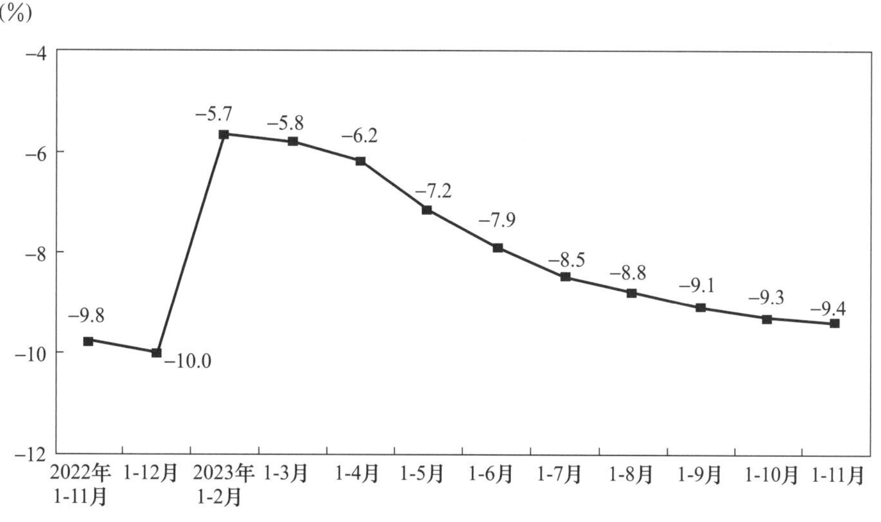


图 1　全国房地产开发投资增速

1—11 月份，房地产开发企业房屋施工面积 831345 万平方米，同比下降 7.2%。房屋新开工面积 87456 万平方米，下降 21.2%；其中，住宅新开工面积 63737 万平方米，下降 21.5%。房屋竣工面积 65237 万平方米，增长 17.9%，其中，住宅竣工面积 47581 万平方米，增长 18.5%，国家主导的“保交楼”政策起到了至关重要的作用。

在市场“哀声遍地”的背景下，众多房企纷纷出台减员增效措施，从前的管理人员减半，从上到下全体人员都需要实现年度销售目标，加快内部资金流通速度和管控措施。自从去年以来，很多头部房企都出现了因“回款没有达到预期”的资金链问题，从而导致项目停工，带来的是不能如期交房，当下，我国房地产面临的主要核心问题是“保交楼”以恢复市场信心。

目前，房地产市场正处于低迷期，很多楼盘的房价都在下跌，但是，这并不代表房地产市场没有投资价值。在认房不认贷、降首付、取消限购及限售等政策组合拳下，积极效应正在初步显现。

同时，房地产行业中的 TOP 企业主动对行业及经济形势的发展开展了科学研判，知名房企董事会主席在媒体交流会上表示：住房需求不会消失，未来住宅建设的中枢值是 10 亿～12 亿平方米，而今年预计新开工面积不到 7 亿平方米，现阶段住房建设水平已经超跌了。

实际上，以目前货币发行量 M2 的指数以及地方城投债务的结构来看，房地产仍将作为固定资产投产的主体。新开工面积严重下滑，主要是因为房企不敢投资；房企不敢投资，主要是因为房子卖不出去；房子不好卖，是因为消费者信心不足——既有个人就业和收入的因素，也有经济复苏不如预期的因素，而后者在一定程度上主导了前者，这也是短时间内的矛盾。因此，房价下跌只是缺乏信心、中短期的一种现象，市场的长期发展前景仍然非常广阔。

现阶段房地产企业最重要的是去库存、促回款，让企业内的现金流能够得到最有效的保护，市场内的处理手段主要通过降价、分销、现房销售、线上营销等手段来实现。2023 年末，监管机构正在起草一份房企白名单，进一步改善对房地产行业的融资支持，这份名单根据处于正常经营的房企资产规模拟定，据称将有 50 家国有和民营房企均会被列入其中。

在部分龙头房企和区域龙头的带领下，突破近三年疫情反复影响的市场背景，房地产市场将降低预期，主动求“活”，“去库存、促回款、谨慎拿地”让企业内有更多的可流通资金，“活下去”更要“活得好”，成为了 2024 年房企的人生信条。

综上所述，当前我国房地产业的发展呈现出多元化、专业化、金融化和文化化的特点。未来，TOP 房企的思路非常明确，决心也非常之大——重视长期发展之“势”，看好未来之“质”。房地产企业将形成现金为王，高品质的丰富产品结构，敏捷、灵活的资产管理方式为主的新局面。

## 2 绿色为先，智能驱动的建筑业，稳啦！

建筑业有信心坚守阵地，期望未来，“以进促稳”。2023 年的建筑业，普遍有着较为悲观的情绪，市场内项目减少和产值下降的预期很明显。但实际数据显示，仅 2023 年上半年，全国建筑业总产值 13.23 万亿元，同比增长 5.9%；增加值 37003 亿元，同比增长 7.7%，增速高于国内生产总值增速 2.2%（图 2）；全国建筑业企业签订合同总额 514959.2 亿元，同比增长 5.03%，其中新签合同额 154393.7 亿元，同比增长 3.11%。

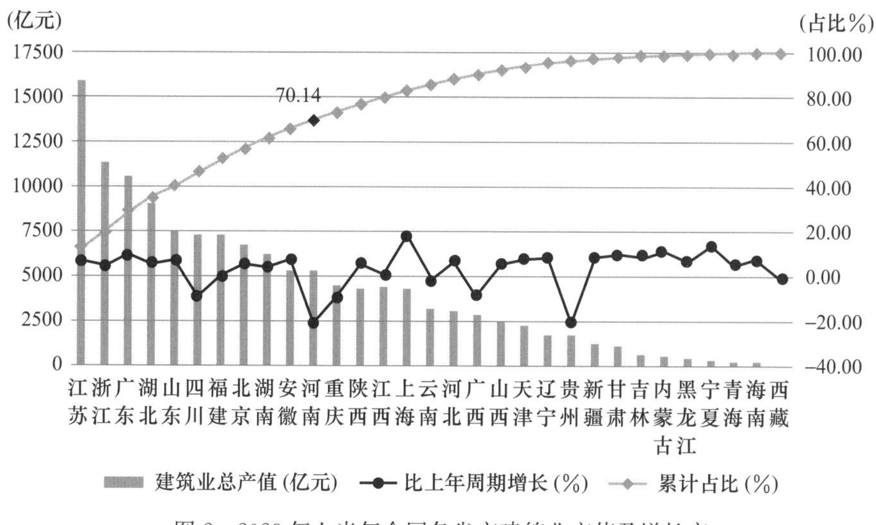


图2　2023年上半年全国各省市建筑业产值及增长率

2023年一开年，基建开启冲锋号，各行业一致看好基础建设投资，拉动内需，各地重大项目建设发起“春季攻势”，上海、陕西、江苏、辽宁、河北等地纷纷发出开工“动员令”，同比增长超30%。建筑业的稳定发展基础雄厚，智能建造应用、建筑机器人技术的探索、减碳/绿色建造发展、建筑产业互联网建设、EPC、装配式建筑将进一步普及。中建系统、中铁系统更是不断创出“合同签单”的金额新高度……

综合来看，建筑业的下滑轨迹并不明显，更多的是房地产出现波动带来的负面影响。总体来说，建筑业依然是支柱产业，但人员不均衡、行业不均衡、地域不均衡，并不是所有人都能共享发展的果实。建筑业正在寻找的出路，其实有三大方向：一是主动性的大通胀，其次是重启大基建，最后是行业内的产业结构深化调整。前两者均由政府主导是国家意志决定，需要极大的恒心和毅力，但是由于地方政府债务问题，结果无法预料；后者是建筑行业自身的市场调剂，将市场份额覆盖效率更高、惠及面更广的民企，但是行业必须有着较强的精耕细作、精打细算的高效管理与融资渠道。

目前，国央企占据了建筑业的大半壁江山，民营企业的占比越来越少，但结合国际范围内的发展来看：日本、美国等发达国家都曾经历过这样的周期，在国内传统住宅类建筑及城市建设的大基建进入了新周期后，新兴文化体育建筑及智能建筑、物流仓储都会成为全新的风口。

目前，非住宅类的地产项目开发包括：物流仓储、医疗健康、教育研发、酒店度假等，均出现了不同比率的上升，这几类地产未来10～20年可以一直发展，结合国际发达国家的经验，只有当人均GDP达到6～8万美元的水平，市场才会相对饱满。因此，国内的建筑业仍然存在一个较长的发展周期。

建筑业作为我国的支柱产业，过去存在的发展粗放、劳动生产率低、建筑品质不高、工程耐久性不足、能源与资源消耗大、劳动力日益短缺、科技水平不高等问题，已经成为了阻碍行业高质量发展的巨大障碍。

未来，促进建筑业转型升级、绿色发展、智能化建造是必然要求，还将从经营理念、市场形态、产品形态、建造方式以及行业管理等方面重塑建筑业，突破发展瓶颈、增强核心竞争力、实现高质量发展。同时，提高建筑行业的技艺与管理水平，迎合新的发展周期特点，在稳定中求得全新的发展空间。可以预见的理想状态表现为：国企承担国内重大项目（保证底线），央企主攻海外（开疆拓土），民企精耕细作中小项目（练好内功），三者可以实现有机融合。

## 3 门窗幕墙行业直面“新常态”

刚刚过去的一年，我国门窗幕墙行业风云变幻，交织着困顿与新机。大背景下，TOP品牌掌舵者以信心和远见擘画未来，他们度过了非同寻常的一年，也经受了非比寻常的考验。有的在时代的变局中失光；有的也在时代的变革中探索新发展模式。

首重“穿越周期”，更重坚持创新。当下，我国门窗产业正处于转型升级的关键时期，面临前所未有的困难和挑战。受不确定因素增加、房地产相继暴雷、建筑业连锁反应、消费者信心转弱、巨头争相跨界、流量红利见顶、内卷现象严峻等多重因素叠加影响，门窗行业竞争日趋激烈，整合和洗牌都在加速进行。

当前，门窗幕墙行业整体增速放缓，地区发展差距拉大，国央企转变为投资主体，工程款不到位常态化，利润越来越低，融资难、高负债成为最易暴雷的点。民企开发商、建筑企业负重前行，所带来的最大改变是：门窗幕墙行业的发展信心急剧下滑，大家最常提到的一句话是“行业还有未来吗?”

拨云见日，行业大趋势更加明朗：我们需要坚定自己的信念，我们从事的行业和事业是有着良好的未来。2023年，国家持续释放地产利好与积极信号，对市场内的刺激进一步加剧，放开购房限制，加大优质房企的资金支持力度，加快推动了门窗行业走向高质量发展的步伐。

“双碳”目标的提出，为门窗行业绿色低碳发展注入新的动力；数字经济和智慧城市的推动，门窗智能化趋势成为行业共识。在未来，绿色化、智能化、个性化和数字化将成为门窗行业的主要发展趋势。经历过“低于预期”的保守，2023年的门窗幕墙行业企业实际正在以“坚持与热爱”为基调，逆势上扬的过程中，TOP企业加大新赛道、新领域的布局与投入，中小企业强化内部管理与市场调整，面对门窗幕墙行业的需求离散化的“新常态”，“新”与“稳”成为了行业的最新趋势，用“创新”来寻求“稳定”的生存与发展空间。

同时，创新也不再是单纯的技术与工艺改进，也包括了对市场内的渠道搭建、企业文化建设及经营行为的管理，智能化智造、绿色建筑生态，全方位的“创新”才能带来我们期望的“稳定”发展。

随着房地产市场的深度调整，许多民营企业逐渐呈现出衰退的趋势，与此同时，一些大型央企却在逆势而上，展现出强劲的发展态势。市场内的合作主体在新周期内悄然发生了转变，铝门窗幕墙行业企业需要：做大、做优、做活。

提出正确的问题，往往等于解决了问题的一大半。过去是房、地、产，因为人均住房的稀缺，住房需求拉动增长，引发地价快速上涨，然后形成了产业。如今是产、地、房，只有做高端制造业，制造能力、人均生产力提高，才能带动经济增长。科技的创新和不断进步，使生产效率不断提升，所以产是第一位的。建筑业、房地产转型带来的是全新发展风貌，门窗幕墙行业也必须紧跟时代潮流，自发地、主动地坚持创新与转型。

信心不是无处安放，而是真金白银的存在。

首先，从经济发展的角度来看，房地产和建筑业市场是国民经济发展的重要支柱之一，这也为门窗幕墙的设计、施工单位以及铝型材、铝板、建筑玻璃、五金配件、密封胶，还有隔热条和密封胶条等材料生产企业带来足够的存量市场。

其次，从人均寿命增长和年龄结构的角度来看，随着人口老龄化的加剧和城市化进程的加速，建筑旧改、升级改造的市场需求量将会持续增加。

最后，从投资角度来看，固定资产市场具有较高的投资回报率，投资缺乏信心只是短期的，作为摸得着，看得见的“实体”，对于投资者来说具有很大的吸引力。

如今的门窗幕墙企业，所关注的重点已不再是规模和份额，而是琢磨如何抓住细分化和工业化（智能化）的趋势，尤其是在细分化方面，大数据中心、智能化仓储及各类型的定制化公寓都值得发掘。这一类新型建筑与地产开发，让未来的外立面设计与施工及材料研发的空间都变得更加丰富。

造房子可能会像造汽车一样，装配式住宅等有可能迎来大规模工业化，质量更高、更环保、更便捷，门窗幕墙配套与生产要求也随之更高，敢于投入与研发的企业才能成为行业新龙头。创新与投入不能只存在于想法，唯有行动才会结出累累硕果，是“百战归来再读书”，还是“于争夺中学习‘战争’”成为一道必选题。

## 第3部分　2023年门窗幕墙行业基础数据分析

历年来，中国金属结构协会铝门窗幕墙分会积极开展的门窗幕墙行业数据统计调查工作得到了企业、甲方、总包、设计院所、第三方服务机构、上下游产业链企业的大力支持，数据结果真实可靠，成为了企业市场分析和经营的重要参考数据。

分会第19次行业数据统计工作的结果表明：2023年门窗幕墙、建筑玻璃、铝型材、五金配件、密封胶、金属板以及隔热条和密封胶条等产业链上、下游企业，除极少部分出现同比上升之外，绝大部分企业的产值均出现一定程度的下滑。这主要是上一年度末全国疫情多点频发，特别是2022年12月疫情管控政策超预期放开后，产业链供需两端皆受到较大冲击。

统计数据表明：我国铝门窗幕墙行业2023年度总产值首次跌破6000亿元，总体水平较2022年出现缓降的趋势，房地产业新建住宅及开工面积大量减少是其中非常重要的因素之一，行业内信心不足，负面因素更容易对企业的市场信心产生影响。

当前坚定信心、提振士气是首要目标，从长期来看，我国仍然具有足够体量的房地产、建筑业市场，城市化建设及周边配套建设仍然在持续进行中，行业的基本盘面趋好，现阶段也是“良币驱逐劣币”的新周期。

2023年，门窗幕墙行业依然两极分化严重：从建设、施工企业方面，大量的国央企开始以EPC方式介入，特别是在重点项目和特大订单的角逐中，其付款与结算都带来了更加苛刻的要求与复杂的流程；行业内的规模门窗公司、大型幕墙企业并不缺少订单，它们缺少的是更加安全和充足的融资渠道，全面提升项目质量和需求，打造更合理的利润空间。

门窗幕墙企业逆势坚持，加大新布局与新投入，面对市场需求离散化的“新常态”，逆生长周期会非常难受，企业家的信心容易受到打击，曾经的高产值、高利润已经不复存在，简单粗暴的市场竞争无法继续推动企业的高速发展，甚至过去的一些营销关系也出现了更大波动，对房企合作的预期降低，对回款的过度关注，都会让门窗幕墙人的“负担”更大。

关于行业生产总值的统计，在上游协会等其他行业协会也有相关的数据，采集标本数量以及统计方法各有不同。综合来看，数据本身只是一种参考依据，更重要的是对发展趋势的研判，这是帮助企业决策者调整产品布局、市场定位以及是否多元化跨界发展的基础支撑。通过近五年来较为系统和扎实的数据采集，引入相对客观科学的统计分析策略，分会得到了相对以往更加详实的数据，相信能够为行业企业的发展提供帮助。

统计数据工作的数据来源企业，主体是分会的会员单位，并得到了骨干企业的大力协助与支持。我们在企业行业与数量的梳理工作中，先将不同企业按八大类进行了归类，图3展示的企业数量，是细致分类后的结果。运用“数理统计中的回归预测分析法”，根据企业上报的数据及其在行业内所处的位置做适当调整，最后通过类别内和类别间的加权比重，推算总体得出的数据。

统计数据模型的设计：

| 行业分类 | 企业数量(单位：家) | 数据来源 |
|---|---|---|
| 铝合金门窗 | 9000 | 国家公布的资质企业 |
| 幕墙施工 | 1200 | 国家公布的资质企业 |
| 建筑铝型材 | 1000 | 引用行业协会的数据 |
| 建筑玻璃 | 2000 | 引用行业协会的数据 |
| 建筑五金 | 4000 | 根据行业协会掌握的 |
| 建筑密封胶 | 400 | 根据行业协会掌握的 |
| 隔热条、密封胶条 | 300 | 根据行业协会掌握的 |
| 门窗加工设备 | 200 | 根据行业协会掌握的 |

图3　行业数据统计工作调查企业类型

为了更加准确的展示行业企业数量，每一种分类企业数量的来源，明确引用了国家资质认定或相关行业协会公布的数据来源参考。同时，除了统计表，协会还通过参与各地方协会活动以及企业走访调查等方式求证相关信息的可靠性。

统计主要来源于幕墙工程企业，而至于门窗这块，我们的数据主要针对工程中门窗的应用情况，而针对家装市场的数据采集，主要通过对家居卖场的上市公司分类数据以及南、北主要家装门窗品牌进行统计，50强幕墙企业产值预估情况如图4所示，中小幕墙企业产值预估情况如图5所示，2017—2023年铝门窗幕墙产值分类汇总表如图6所示。

2023年产值变化最明显的一点就是“下降”。在房地产下滑、建筑业受阻的前提下，工程类企业的日子非常难过，较多项目还受到了“债务”的影响，从项目开工率和开工影响两个方面，导致国内订单的大幅下降，且海外订单量也较往年有所减少，总体产值下降不可避免。

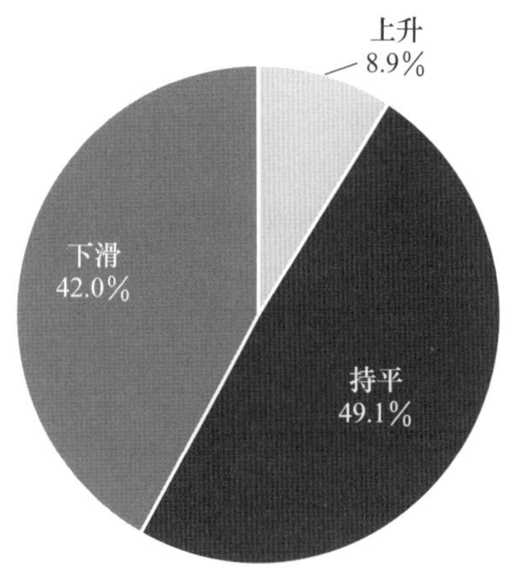


图 4　50 强幕墙企业产值预估情况

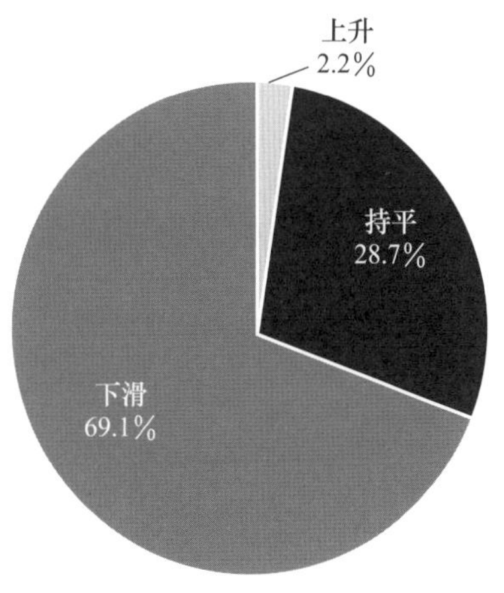


图 5　中小幕墙企业产值预估情况

2500亿元 2000亿元 1500亿元 1000亿元 500亿元 0亿元

| | 铝门窗 | 幕墙 | 铝型材 | 玻璃 | 五金 | 建筑密封胶 | 隔热与密封材料 | 加工设备 |
|---|---|---|---|---|---|---|---|---|
| 2017年 | 1902.01 | 1462.64 | 978.30 | 687.20 | 764.69 | 93.32 | 29.11 | 33.19 |
| 2018年 | 2003.73 | 1378.03 | 1019.70 | 672.30 | 783.00 | 97.24 | 31.89 | 29.93 |
| 2019年 | 2215.11 | 1318.11 | 1112.30 | 703.20 | 842.10 | 99.33 | 32.76 | 28.11 |
| 2020年 | 2303.37 | 1237.01 | 1203.70 | 691.60 | 911.50 | 113.45 | 32.44 | 26.87 |
| 2021年 | 2355.37 | 1225.50 | 1403.70 | 740.60 | 1011.50 | 143.45 | 34.44 | 28.87 |
| 2022年 | 1842.52 | 1163.17 | 1499.20 | 721.30 | 993.20 | 145.11 | 35.12 | 25.11 |
| 2023年（预估） | 1439.52 | 1064.18 | 1558.20 | 701.30 | 998.20 | 160.11 | 33.12 | 23.11 |

图 6　2017—2023 年铝门窗幕墙产值分类汇总表

从下降比率来看，门窗工程市场的缩减量较大，幕墙市场体量在 2018 年到顶之后降幅逐年放缓，而铝型材及密封胶等材料企业的产值却出现了小幅上涨，这类配套材料的增长或不变，主要来自能源、交通等新赛道以及家装市场。

铝门窗的总产值相比上一年度出现了较大幅度的下滑。房地产开发项目数量大量减少，导致工程门窗的总产值大面积下降，2023 年门窗工程的中小企业经营较为困难。其中：大、中型企业的年产值降幅超过 20%，而小微企业的产值继续保持负增长，同时上述产值均为合同签订金额，垫资、欠款情况较为严重。

在“住建部〔2015〕38 号令”前提下，建筑幕墙工程市场已经连续承受了多年的低速发展时期，行业内抗压能力和刚需明显，虽房地产下滑，但文化类场馆和科技公司总部、金融中心等项目增长，抵消了产值的硬下滑，基本在波谷的位置徘徊。

铝型材和建筑胶情况类似，多元化发展带来了产值的小幅增长；建筑玻璃受到原材料价格变动的影响，加上市场需求下降，正在消耗既有利润；在五金配件方面，外贸订单较疫情期间大幅回升与国内订单较疫情之前大幅减少，形成了鲜明对比，全屋智能带来的新发展成为了热点话题。

另外，在隔热条与密封胶条领域，密封胶条的出口量增长和隔热条的国际品牌影响力，保障了年度产值的基本稳定；门窗幕墙加工设备的发展源于市场投资的量，上游行业也正在经历既有设备的年限到期和改造升级需求，拥有智能化、连续化生产能力的“线”有着良好的前景。

2023 年整体行业利润负增长或增长率不高，在八大分类的利润统计结果中，幕墙、铝门窗、玻璃呈现下降趋势；而铝型材、五金、建筑密封胶、隔热与密封材料及加工设备基本持平，如图 7 所示。

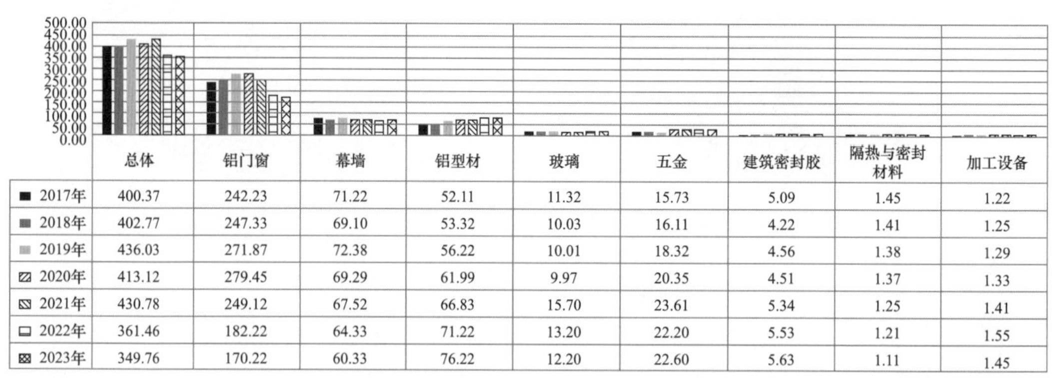

| | 总体 | 铝门窗 | 幕墙 | 铝型材 | 玻璃 | 五金 | 建筑密封胶 | 隔热与密封材料 | 加工设备 |
|---|---|---|---|---|---|---|---|---|---|
| 2017年 | 400.37 | 242.23 | 71.22 | 52.11 | 11.32 | 15.73 | 5.09 | 1.45 | 1.22 |
| 2018年 | 402.77 | 247.33 | 69.10 | 53.32 | 10.03 | 16.11 | 4.22 | 1.41 | 1.25 |
| 2019年 | 436.03 | 271.87 | 72.38 | 56.22 | 10.01 | 18.32 | 4.56 | 1.38 | 1.29 |
| 2020年 | 413.12 | 279.45 | 69.29 | 61.99 | 9.97 | 20.35 | 4.51 | 1.37 | 1.33 |
| 2021年 | 430.78 | 249.12 | 67.52 | 66.83 | 15.70 | 23.61 | 5.34 | 1.25 | 1.41 |
| 2022年 | 361.46 | 182.22 | 64.33 | 71.22 | 13.20 | 22.20 | 5.53 | 1.21 | 1.55 |
| 2023年 | 349.76 | 170.22 | 60.33 | 76.22 | 12.20 | 22.60 | 5.63 | 1.11 | 1.45 |

图 7　2017—2023 年铝门窗幕墙利润汇总表

大企业对未来抱有更多的信心与期望，增强产能与强化布局；中小企业主动缩减人员与开支，打造更安全的财务状况迎合当前房地产业下滑的状况。传统的门窗幕墙下游产业在短期内遭遇了不小的困难，主要体现在回款方面，尤其是与中小门窗公司和幕墙工厂深度绑定的企业，正在经历“吃苦”的时期，但我们应该坚信能吃苦，方能“享福”。

生产总值变化是一个非常考验行业发展潜力的数值，在统计调查数据整理过程中，对应总产值的变化情况反映出：房地产下滑带来的影响是巨大的，如图 8 所示。

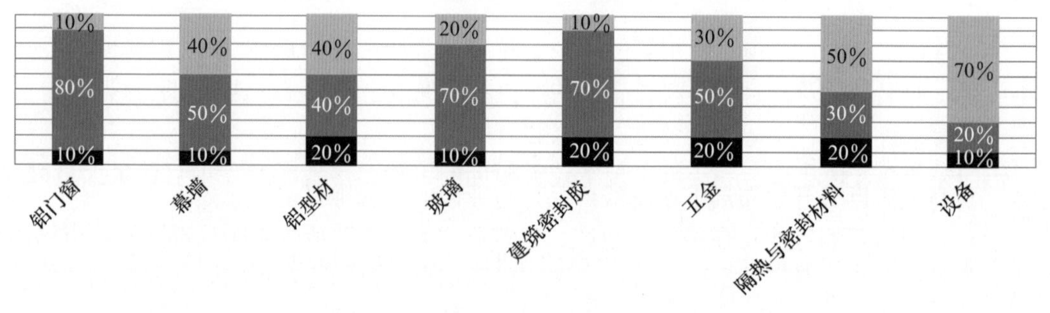


图 8　2023 年铝门窗幕墙行业产值变化趋势表

其中，下降的企业较上年大幅增加，部分分类行业中占比在 50%左右，持平的企业基本保持不变，平均几乎占到 20%左右，本年度仍有 10%的企业预计产值增长。市场蛋糕的分配已经从资本与资源上进行了重大的改变，市场的自我清理机制作用使得市场变化趋势较为明显，有资金实力与研发实力的企业才能获得市场内的青睐。

行业从业人员申报统计数据历来是很难进行准确判断的一项，企业对从业人员的填报有时候无法做到准确，毕竟生产密集型企业和工程项目服务人数流动性大。在 2023 年内项目为主的建设与加工企业人员流失较为严重，材料生产或车间类的人员相对较为稳定，这与企业利润变化息息相关，如图 9 所示。

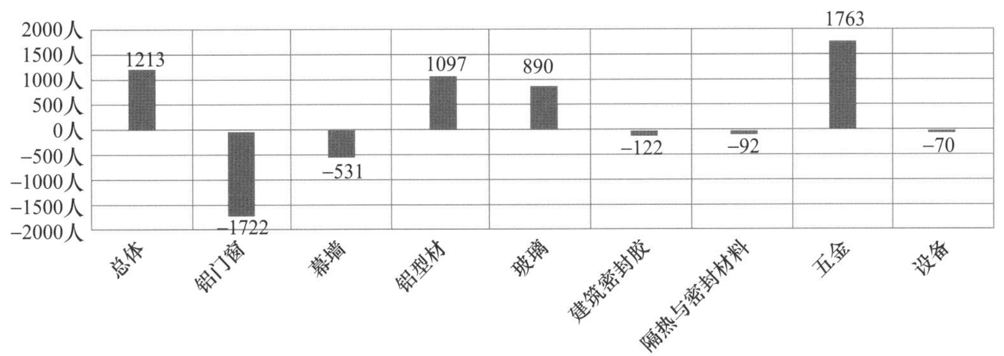


图 9　2023 年铝门窗幕墙行业从业人员汇总表

我国是头号劳动力大国，也是受高等教育人口最多的国家，未来的行业人才优势能够在世界范围内产生更大优势。立足人才优势、把握发展机遇，我们完全能够不断开辟经济发展新领域新赛道、塑造发展新动能新优势。

我们坚信：企业通过前期的积累和后期的输出，用“长期主义”的思维塑造品牌价值——以求在市场中实现升维突击，以“及时变现”的心态构建销售体系——用高效精准来实现降维打击。

从门窗幕墙的数字化设计、智能化生产与科学化施工，再到铝型材企业打破传统的服务体系，向房地产、建筑业向工业、交通等方面转变；建筑玻璃以新型能源，尤其是光伏能源为核心；密封胶从建筑用胶向工业用胶、电子胶、民用胶等转变；五金配件、密封胶条和隔热条的多元化之路发展速度最快，从建筑工程用产品向家装用产品，包括全屋智能、精装修产品拓展。

盈利目标驱使着企业不断拓展思路，让多元化的产品和市场结构支撑企业新一轮的高速发展。同时，近年来市场的竞争越来越大，从家居巨头进入门窗，央企拓展幕墙，房地产大量吸引门窗幕墙的高级管理人才，建筑业、设计院突出展现多元化方式纳入门窗幕墙的设计业务，材料上游巨头开始布局下游支线产品，行业内的“降维打击”无处不在。

目前，门窗幕墙行业正在经历房地产、建筑业“大调整”所带来的局部阵痛，市场内很多人看到的是危机，“钱”难挣，“拖”太久，然而如果不直面行业现状，共同抵御“低价中标”、“同质化竞争”，所有企业的生存和发展将面临巨大的危险。

市场受政策风向影响巨大——危机中存在的是机遇，内部发展符合时代要求，坚持走技术创新、产品创新、服务创新、高精尖人才加持的发展道路，市场空间依然广阔，而且变得更加合理。“两极分化”的格局在一段时期内很难被打破，尤其是在门窗幕墙项目的运作与结算机制没有发生根本性转变的前提下，拥有更多资本与资金抗压风险的大型企业，获得了更多的市场份额。

## 行业内大分类数据报告阐述如下。

门窗幕墙行业每年的数据变化在统计报告中都会非常科学、直观地体现。中国幕墙网

ALwindoor.com通过将行业主流的八大类和顾问咨询、家装门窗及更多细分产品进行了详细地数据梳理，结合相应分类的行业背景与现状，将分类的各种市场问题及发展热点以数据的方式进行展示。

（注：其中部分类别的非建筑用材料产值，也被计算在了行业总产值之中。数据来源于中国建筑金属结构协会铝门窗幕墙分会第19次行业统计。）

（1）幕墙类

2023年幕墙类产值约1060亿元，产值变化出现了缓降的过程，年度内的工程项目开工率及付款率均有所下降，幕墙整体行情出现了发展迟缓、后劲不足的情况，行业总产值正处于“下行”状态。

2023年的建筑幕墙行业总产值再次出现下滑，超过90%的企业产值是持平或下滑，在本轮“洗牌”周期中，低利润已经无法维持大部分企业的正常经营，因此低价中标、负利润竞争、同质化竞争、垫资矛盾等多个负面市场因素被推到了风口浪尖之上，可持续发展与苟且而活的博弈进入白热化阶段。

幕光所至，皆为墙者。2023年我们聚焦到：江河、亚厦、凌云、中南、广晟、三鑫、方大、金刚、柯利达、旭博、中建深装、中建海峡、中建二局、中建不二、中建东方、三合泰、大地、高昕、机施、远大、力进、盛兴、金螳螂、晶艺、兴业、合发、西安高科等“墙”者的身上。

这一年又诞生了一个个超大体量的商业中心、大型场馆；直入云霄的超高层建筑、工艺超极复杂的总部楼、造型高端大气的综合体……“中国超级幕墙工程”在天、地、人之间，一次次促成着高质量的完美交汇，演进着设计水平、施工工法和材料应用的迭代。

学习其他行业的基本功，变成自己行业的竞争力。目前国内在数字化产业、仓储物流、5G等相关项目增加明显，大量的项目中采用了玻璃幕墙与金属幕墙、石材幕墙相搭配的建筑设计理念，业主与开发商们愿意认可并采用新型绿色建材与节能、可再生材料，对传统建筑幕墙产品类型的冲击越来越大，未来各类新型面板材料与幕墙龙骨材料，包括并不限于替代新生石材、新生铝合金等。

项目中，更多的细分配套材料包括锚栓、智能化开启、精制钢、粉末、遮阳百叶、擦窗机、通风器、涂料、EVA | SGP | PVB胶片等材料和设备，也受到了越来越多的关注。

幕墙工程分布的新格式已经产生，只有国内较为突出的TOP企业才能实现外部突破，打造更多的新赛道，大部分企业的精力还是会放在国内市场。华东、华南与西南是传统强区，幕墙项目数量较为突出；华中、华北的幕墙项目开发区域较为集中（图10），过去主要是各类运动会、大型活动的拉动作用较大。

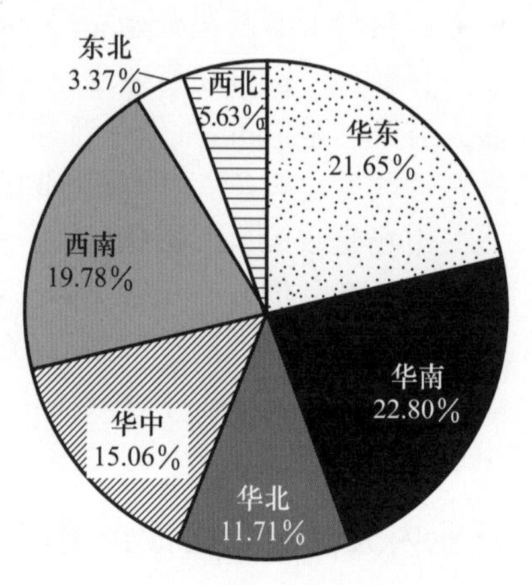

图10

在幕墙类型的市场表现上，玻璃幕墙与金属幕墙的占比依然较大，作为较为成熟的幕墙产品类型，依然能够发挥很大的作用；石材幕墙的量有所下滑，但新材料幕墙的空间正在增大，尤其是各类自洁功能的新型板材以及发电、节能绿色板材的幕墙类型不断涌现（图11）。

（2）铝门窗类

2023年的铝门窗类产值接近1440亿元，工程项目以国内为主，海外以及我国港澳台地区的占比有所下降，整体接近3%。铝门窗的项目区域，国内各片区华东、华南和华北占据绝对市场主力，新建住宅面积大量减少使工程门窗的产值有所下降（图12）。

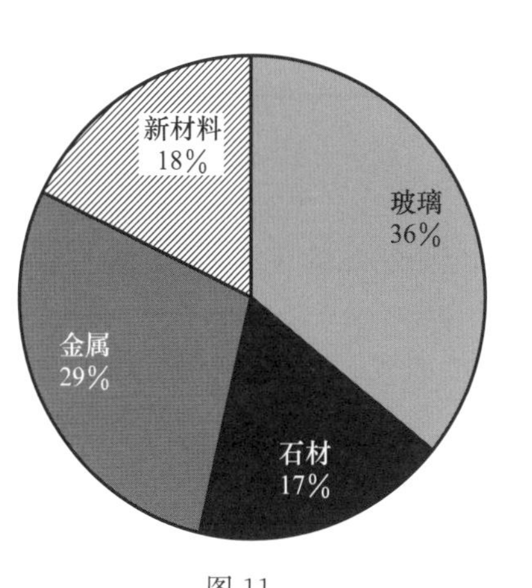


图11

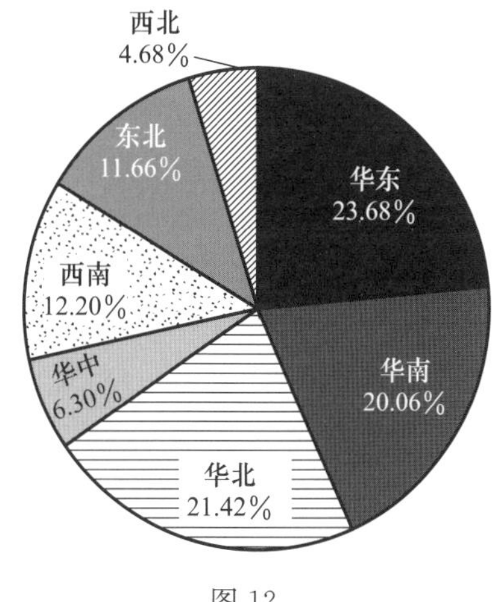


图12

在多元化方面，铝门窗工程企业的思想开放，让成本下来，能力上去。从新建住宅向存量更新方向转变，铝门窗产品的品质需求从低向高转变，业内企业的现状呈现整体下滑趋势，大企业订单量减少，中小企业无单可接。由于上游产业传导，工程企业普遍较为悲观，需要积极寻找外界及上游带来的强心剂。

聚氨酯材料、高强度窄边，还有内开内倒、外开上悬、外开下悬、微通风、新风集成等丰富的专利产品以及大面积全景门窗、功能丰富的智能化门窗、简洁时尚的极简门窗等产品，在国内老百姓的心中已经获得了较大的认可度，市场潜力巨大。

在需求端，老百姓对门窗的品牌认可度日益上升，通过流量导引，各类门窗产品的知识普及到大部分人，新一代“买房人”或“换窗人”，对产品的价格和品牌会勾上等号，品牌为王时代拉开大幕。

从工艺到服务全方位领先的YKK AP、ALUK、贝克洛、旭格等持续投入技术创新的国内外一线门窗品牌；具备铝木门窗领军者身份的森鹰、瑞明；重视产品研发和品控管理的墅标、欣叶安康、鞍雨虹、华厦建辉、峨克等分居华东、东北、西南等，成为专注于高品质地产项目的门窗代言人。同时，像传统的型材强企和平、高登等开启门窗系统及定制化门窗的道路，被门窗行业、甲方、设计单位熟知；飞宇、皇派等作为家居定制门窗领域的杰出代表，成功地从众多家装品牌中突围而出，成为了品牌榜单中的新元素。

未来，工程门窗主要看新建住房面积的完工量、家装门窗侧重于关注决定入住量的人口出生率……在大环境的抑制下，2024年或许正处于企业周期的低谷，但对整个系统门窗产品乃至家装门窗企业来说，则更像一个蓄力的新起点。在当前国家高质量发展大方针的引领下，各方对建筑节能和绿色环保的重视程度不断提高，成为未来高端门窗市场突破的重要方向。

（3）建筑铝型材

2023 年的建筑铝型材产值约 1560 亿元，其中家装门窗略升，工程门窗大降，幕墙基本持平，是较为普遍的共识。铝型材的市场以国内为主，海外及我国港澳台地区出现了小幅增长，其市场占比接近 12%。国内市场分布中，除华北、华东及华南占比较大外，西南出现了强势突起。

提供体验做加法，增强服务做乘法。铝型材作为建筑行业的主要上游产业之一，地产板块需求走弱，导致市场建筑铝型材需求大幅下滑，2023 年建筑领域铝型材消耗量同比减少 10.1%。而汽车与光伏产业等工业铝型材需求有所增长，在一定程度上弥补了铝型材需求疲软的局面。

“LV”不只是奢侈品的代名词，也是中国铝加工行业的品牌代名词。我国铝加工行业产能产量占全球过半，装备技术水平世界领先，已经成为了世界首屈一指的铝型材加工制造大国，全球老大的地位更加稳固。大产能、多领域布局的兴发、坚美、亚铝、凤铝、华建等一直以来都处于铝型材行业的尖端；豪美、广亚、伟昌、伟业等走在了独具特色的创新工艺系统道路上；新合、高登、和平、奋安、季华等拥有了自己成功的产品配置与延伸，在产业链拓展到门窗、家居、家具等都有突破；崛起于西北的铭帝，西南的三星等品牌，区域优势非常明显，同时也开始多地域建设工厂，扩大品牌影响力。

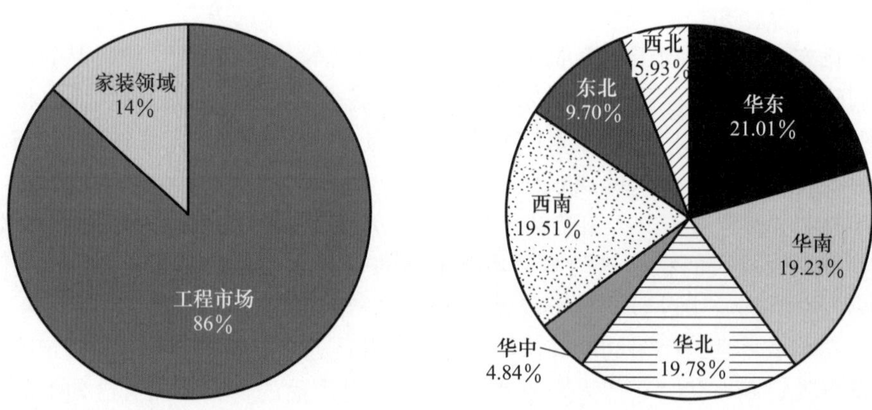


当下的铝型材产业竞争格局呈现出大企业占据主导地位，小企业数量多、竞争激烈、整体规模较小的特点。大型铝型材企业由于具有规模效应和技术优势，拥有较强的研发实力和先进技术装备，能够生产高品质、高精度的产品。在产品品质上具有明显优势，其生产的产品质量稳定、性能可靠，能够满足高端市场的需求。而小型铝型材企业由于资金和技术的限制，往往只能在低端市场上以价格竞争获取发展空间。而且小型铝型材企业的产品品质参差不齐，难以满足高端市场的需求，所以往往只能依靠价格竞争来获取市场份额。

从消费结构上来分析，建筑行业仍是铝型材应用的主要领域，需求占比长期保持在 6 成以上。2024 年，市场会更多地释放对高强度、颜色定制类产品需求，这是由建筑市场内的中高端项目需求带来的，铝型材企业的明天任重道远。

（4）建筑玻璃

2023 年，建筑深加工玻璃产品的行业总产值约 700 亿元，作为目前最大的门窗幕墙建筑材料之一，在房地产市场的急速变化中，玻璃行业，尤其是深加工玻璃行业受到了一定的冲击。随着“保刚需、保交付”以及一系列地产政策密集出台并发挥作用，短期来看，地产成交和竣工面积将迎来一波利好，但中远期仍存在趋势性下滑可能，国内以华东、华南、西南为主要市场，增长较大的是西南区域。

伴随着建筑玻璃节能性能要求提升，Low-E 玻璃、镀膜玻璃、超白玻璃等在节能性能上表现突出，市场稳定增长；建筑＋光伏的市场需求，让 BIPV 的产品市场快速增长。同时，针对家装市场研发的 4SG、TPS 等新物种也拥有一定的市场认可度。

能代替诗和远方的，唯有高品质、高品牌影响力。有着最顶级的原片生产能力和产业链布局能力，诸如南玻、信义、耀皮、旗滨、新福兴、台玻等企业，拥有了制霸全球玻璃市场的能力。同时，以北玻、华岳为代表，打破传统，以新品出众、出彩的企业；以生产特种玻璃见长的海控特玻、皓晶等企业，以节能性出众的深加工产品为主的海阳顺达、中融等；另外，独树一帜的金晶，正引领超白玻璃原片产品的进化之路。我国的建筑玻璃品牌企业发展殊途同归，纷纷走上了高速发展的道路。

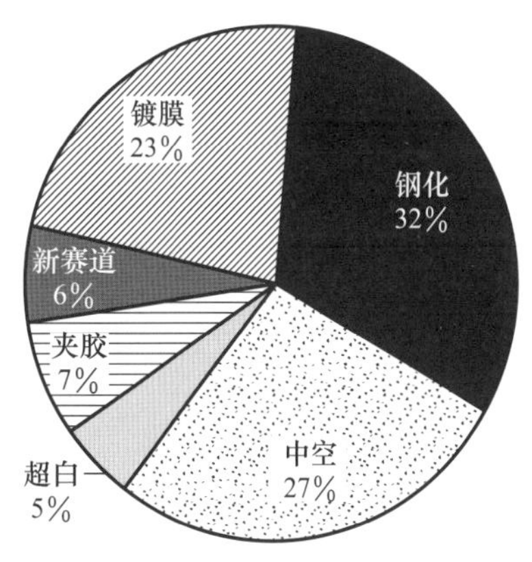


2023 年的原片、浮法厂家与深加工企业，从 2022 年的冰火两重天，变成了同样的水深火热，随着政策风险的缓和玻璃消费旺季的到来，需求端可能会出现集中需求的情况。同时，供应端产量高位持稳，短时间大幅增产的可能性不大。因此玻璃总体维持震荡偏强的观点，超大面积玻璃、大面积透明玻璃及变色玻璃的应用场景从高端向中端跨越，实现提升功能降低价格的全面扩展，打通产品的新市场渠道。

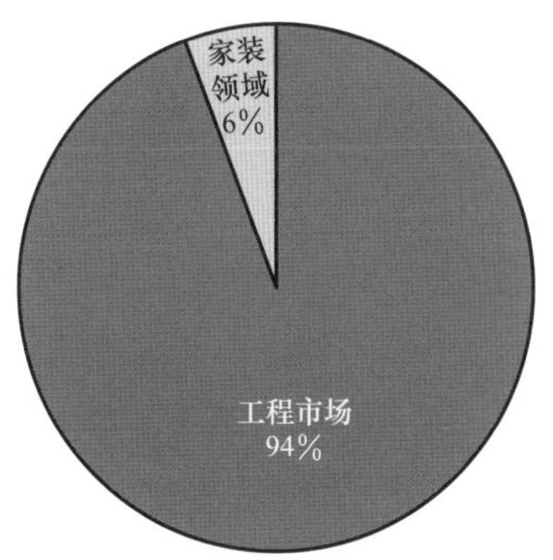


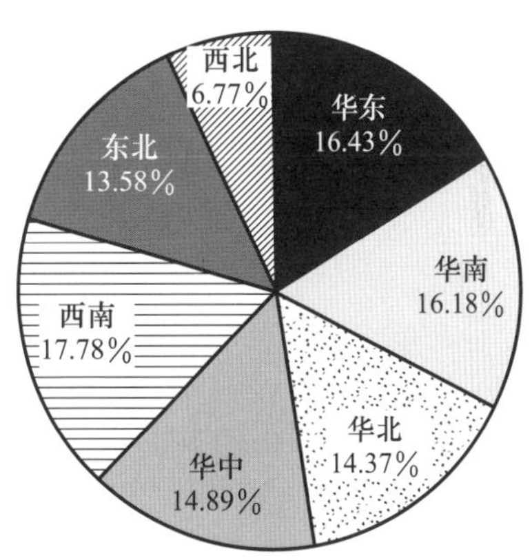


目前，建筑玻璃市场受到的冲击还是较大，大型企业依然在缓量增长，为未来积蓄更大的能量。大型玻璃企业，尤其是原片生产企业的订单量虽然减少，但影响较小；中小型企业尤其是加工类企业缺少订单。布局家装消费市场、光伏新能源赛道等领域成为企业生存与发展的必由之路，整个“玻璃圈”都在静待业绩拐点。

（5）建筑胶

2023 年，建筑胶行业的总产值约 200 亿元，产品应用主要在门窗、幕墙以及中空玻璃等领域，总体占比超 70%以上；家装、电子、工业等方面的用胶需求逐年上升，也是品牌胶企愿意加大投入的主要多元化市场。在区域市场分布中华南和华北成为最突出的版图，两者占据了近45%的份额。

随着建筑胶产品在传统建筑市场应用面变窄，一些没能实现在新兴产业更新与布局的企业，尤其是杂牌胶厂呈现出严重衰退现象。而品牌胶厂伴随着新赛道的拓展以及对现有产品的配方提升，各种高性能、偏环保的建筑胶，或者速干类充分满足市场新工期要求的建筑胶，市场销路越来越好。

另外，作为利好因素的原材料价格，较前几年有了明显的下降，大企业靠规模换利润，小企业只能减产裁员，“钱货两讫”的付款模式得到了市场的逐步接受，行业规模户企业的日子稍微好过一些了。

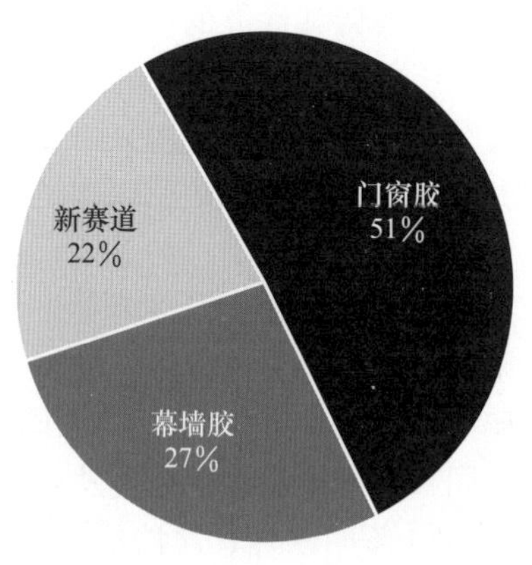


在市场表现方面，中低端密封胶产能过剩，高端产品供给不足，存在着巨大的市场缺口，尤其是在“碳中和、碳达峰”目标下，装配式建筑、光伏建筑一体化将迎来爆发增长时期，建筑密封胶高端市场发展空间广阔。在未来市场发展中，相关企业在扩大产能规模的同时，仍需加大产品、技术研发投入，凭借质量、规模、品牌等优势抢占更多的市场份额。产品从品质到性能的全面中高端应用，能够耐受极限高低温，实现持久防水等性能，让产品使用者可以更省心省时省力，打造中高端产品的性能壁垒，成为品牌企业的努力方向。

建筑胶品牌企业的发展曲线属实逆势上扬，以之江、白云、安泰、硅宝、中原、DOWSIL、Elkem等为首顶尖品牌胶企，注重产品研发，各自有着最出彩的中高端产品；奋发、大光明、高士、宝龙达、建华、元通等品牌企业在自己的主战场区域深耕，搭建了更完善的配套服务体系，市场面日趋稳定；新达立足于“西南双城区域”，成渝双城间的巨大城市建设发展潜力让一线品牌能够再度发力；而时间将健康生活、绿色生态的经营理念，深深融入产品和服务。

同时像星火、新安、三棵树等有着完整的产业链，从上游材料端到产品应用端优势会越来越大；后起之秀的以恒、高立德等起点高、产品优，上升势头迅猛。正是有了这么多建筑胶强势品牌企业的崛起，国内的建筑胶市场才会如此繁荣，不论多困难的市场局面，都能稳定推动行业的发展。

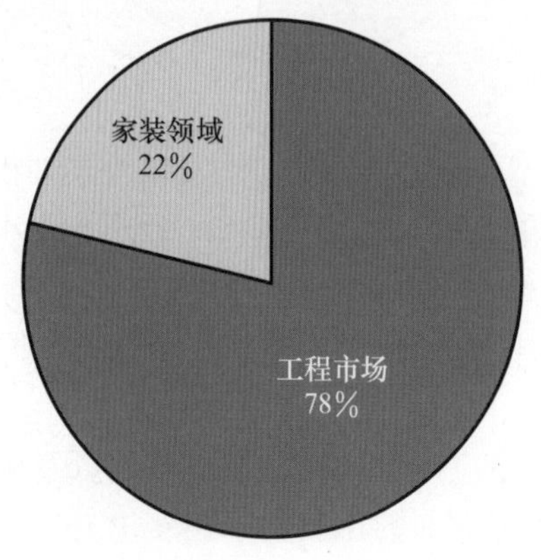


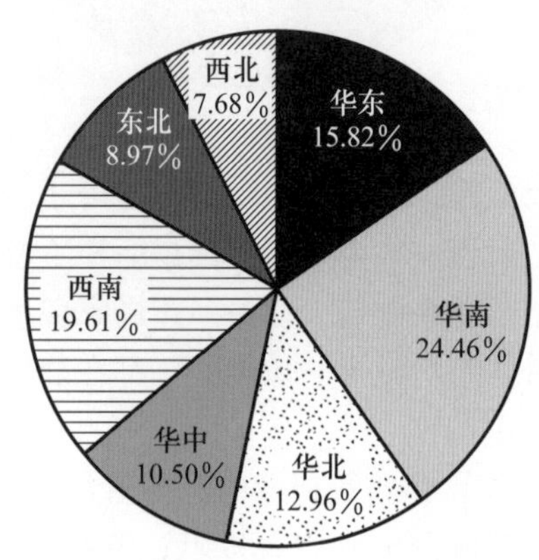

密封胶企业品牌“两极分化”较为明显，众多的头部企业已经逐步认识到产品低价，只能带来低质，而低价、低质的产品是无法持久占领市场。同时，随时还要面对原材料价格大幅波动等不可控因素，所带来的产、供、销矛盾以及现金流断裂等问题。为此，一些有实力的头部企业，已经主动退出部分低端产品的竞争，大力进行新技术、新产品的研发，集中优势开拓中高端产品领域。

接下来，伴随着基建投资与房地产投资的增速放缓以及海外出口量较往年的下滑，整体行业的产值数据与往年相比有一些变化，密封胶的原材料价格在年度内依然出现大幅波动，让供应合同履行过程中出现了一些衍生问题，这也在一段时间内给密封胶企业的生产、销售和服务造成了困难。唯有多年来重视品牌、积极投入研发资金的企业，行业生存优势越发明显，在有效的提升自我抗压能力的同时，不断衍生的新品也拓宽了产品市场的销售领域。

（6）五金配件

2023 年，门窗幕墙五金配件行业的总产值约 1000 亿元，作为比较零散的制造业，行业准入门槛较低，在庞大的市场中充斥着众多企业，包括小型低端企业和中大型品牌企业。也由此，作为劳动密集型产业的“中国五金”，在国际竞争中能够占据一定优势的行业，海外市场占比约 14%，按产值划分足够养活 15%左右的行业企业。

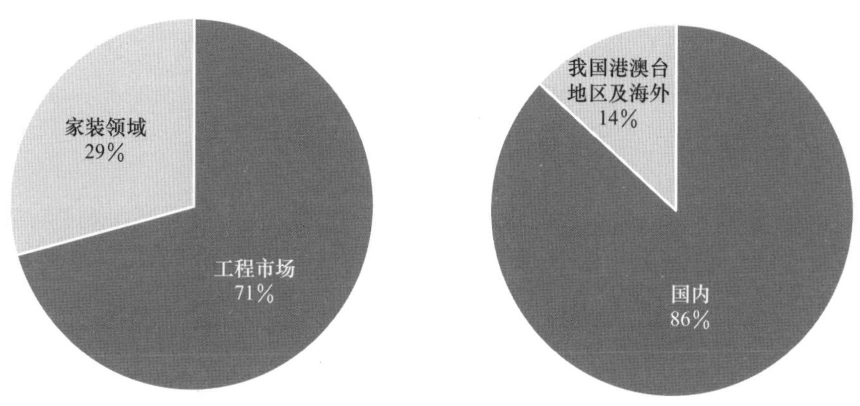


在市场应用中，家装领域增长较大，占比近 30%，工程市场有所下降。2023 年五金配件企业开始探索更多的出路，因其产品特性所决定，配件类企业也是行业内最快实现多元化发展，与高效转型的企业，行业整合趋势明显。行业内的产能与销量出现了较往年更大的差异。但目前市场产值上影响不大，后续低端五金的产品市场有可能锁紧，这与工程市场表现不佳息息相关。在市场开拓方面，五金配件的需求源自于老百姓对家居产品的智能化期待，高效安装、简便实用、贴心设计、个性需求，这些会逐步成为产品的理念和核心，甚至快装、简易结构都会更加打动客户。

当前的建筑市场虽鱼龙混杂，尤其是五金行业内同质化、低价化竞争往往非常激烈，但品质赢天下、服务创品牌的“游戏规则”没有改变。以坚朗、合和、兴三星为代表的品牌企业，已经具备了全球化、国际化竞争的优势，与众多大型房企的合作，推动了其快速发展；以国强、春光、立兴、奋发为代表的品牌企业，代表了行业的老牌势力，深耕行业多年，具备较高的产品研发实力。

同时，亚尔、三力等是五金产品工匠的代表，对产品的品质有着至高追求；创新能力突出，产品配套完善；在滑撑、铰链、窗控、防火以及智能等方面产品性能突出的澳利坚、雄进、坚威等品牌企业，是行业的中坚力量；以产品品质管控程度高、供应服务全面为代表的新科艺、源东成、坚铭等为代表的品牌新势力，企业有着自己的“一技之长”。总之，国内五金品牌企业的集中度较高，好品牌带来好五金，在市场选择及服务等方面各有所长，均是行业具有突出贡献的企业。

智慧城市打造，绿色人居时代。让五金产品插上全屋智能的翅膀，让家变得更加舒适，是市场的主流思想，配合市场需求的研发，五金配件企业的主要工作中心，也从新建住房的五金供应，向既有房屋五金配件改造与智能化提升延伸。

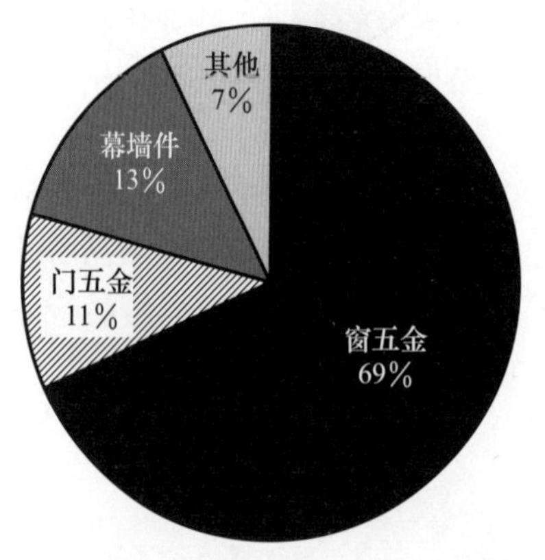


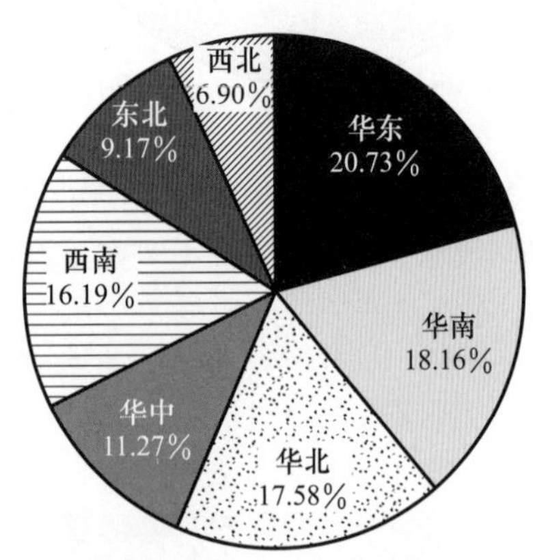


疫情放开后，五金企业受到了房地产下滑、原材料价格上涨、用工短缺等众多不利因素影响，利润下滑严重，而且付款周期拉长。在与上游门窗企业的博弈中，处于弱势地位的五金配件企业，往往只能捏着鼻子认下较为苛刻的付款条件与供货周期，回款较不稳定，虽然国内订单和海外订单与往年相比有所增加，但整体行业产值却没有增加。

2023年随着精装房渗透率提升，地产商“集采”偏好有利于中大型五金企业，市场面临以稳为主的发展态势，已由粗放型的竞争向经济性的竞争转变，对品质和口碑更为关注。房屋的建造、装修设计以及五金配件的配置，将受到越来越多的重视，产业当前的优质客户群体集中度更高，未来的竞争将更加集中。

（7）门窗幕墙加工设备

2023年，门窗幕墙加工设备行业的产值约25亿元，其市场总产值变化不大，利润空间下降较多，内卷严重。在市场分布方面，华南、华北及西南、华中是市场比较突出的区域。设备类企业的品牌意识较为突出，多数企业拥有多个子系列，针对市场客户的定价与定位泾渭分明。

行业内的集中度较高，人才与资金的集中化是市场倒逼产生的现状，将在近几年内呈现出更加显著的变化。智能化技术不仅是降本增效，更重要的是让不可能变成可能。中小企业对市场需求的消化速度并不能满足市场需求，因此在发展中，智能化技术的全面性与连续性、稳定性是最关键的指标，软件配套也是控制设备的重中之重。

在产品研发方面，铝门窗幕墙加工设备企业针对智能化、无人化、数字化技术的应用非常广泛，产品品质出彩、注重国内各区域产业配套的天辰、金工；智能化系统研发出彩的满格、平和；积极挖掘内部实力，实现产品性能升级的欧亚特、金迈达等各大品牌，均有着自己的拳头产品，市场前景突出。

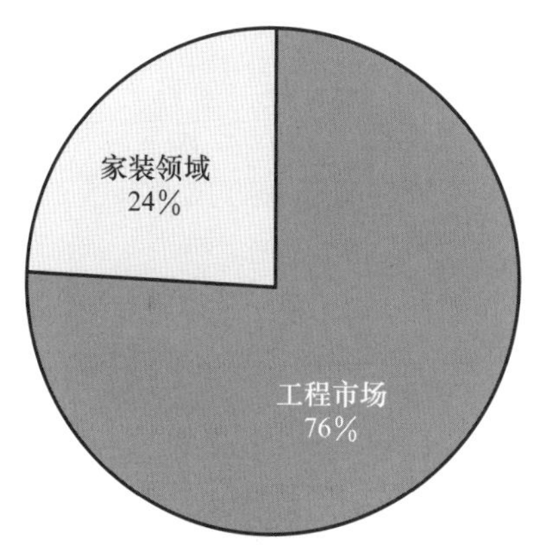


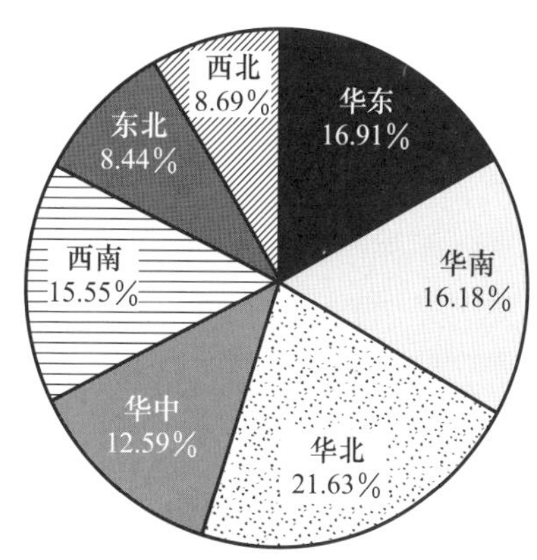


中国幕墙网 ALwindoor.com 在市场走访调研中发现：门窗幕墙公司对传统设备的需求明显有所下降，但市场内对智能化、高效率、无人化、可定制的高端设备，需求量却在增加；客户往往更加在意的是设备性能，而不是设备价格，愿意为设备的“性价比”买单者比比皆是。同时，除了传统的门窗部分用户，其他材料包括像建筑玻璃、五金配件、密封胶、铝型材等传统制造业，对机械臂以及加工环节中的智能制造机器人需求量增加，成为了未来发展的积极方向。

加工设备企业智能制造是必然趋势，也是“用户端”转型升级的必然方向，更成为了解决门窗幕墙生产、制造难点、痛点的必由之路。智能化、无人化技术替代传统，打破内部数据传输的信息壁垒，实现了多个加工单元的信息化、自动化、智能化联网作业，极大地降低人工成本，提高生产效率，减少错误成本，引领门窗行业的发展新潮流。

(8) 隔热条及密封胶条

2023 年，隔热条及密封胶条行业市场的总产值约 35 亿元，在“双碳”目标背景下，其市场前景被一致看好。目前，我国建筑能耗已占全社会总能耗的 40%，而门窗幕墙能耗占到了将近一半，门窗幕墙产品对隔热和密封材料的选择不当，是造成建筑能耗损失的主要原因之一。

变革不是说服的花朵，而是行动的果实。2023 年，建筑节能与绿色环保，绿色建材是重要的市场对象，隔热条与密封胶条的市场缓步增长。在区域市场方面，国内华北、华南、华东地区占绝对优势，最为突出的是华北，占比近 25%。华南以幕墙为主，华北以门窗为主，需求量巨大。绿色节能的建筑配套材料迅速成为了房地产、建筑业与门窗幕墙产业链的新宠。市场内对节能需求提升带来的消费量依然在提升，但价格竞争非常激烈，市场内需要打破品牌壁垒，建立更流畅的规范化、品牌化消费。在国际市场方面，全球众多的幕墙、门窗工程，都选用我国的密封胶条，同时国际知名隔热条品牌的主要市场在我国。

首先，优秀的隔热条品牌均具备强大的研发能力，不断为门窗幕墙的整体设计感、产品体验感带来了变化。同时，部分企业具备产业链原材料优势，通过不断地研发与创新，将材料进行了优化匹配与改良升级，确保整个门窗幕墙系统获得尽可能低的传热系数。

建筑隔热条的领军企业、技术专家型代表包括：泰诺风、白云易乐、优泰、信高、源发等品牌企业，市场占有率高、产品性能优。同时，多年来重视产品创新与升级的行业标杆金科利、炳彰等品牌度提升明显；威帕斯特、克诺斯等进入国内较早的海外品牌极具竞争力；

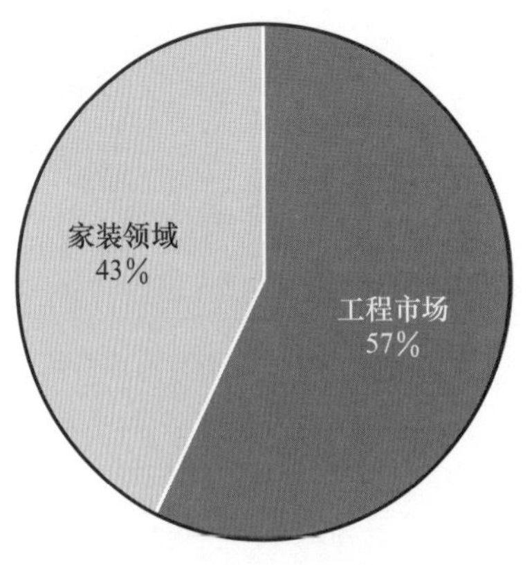


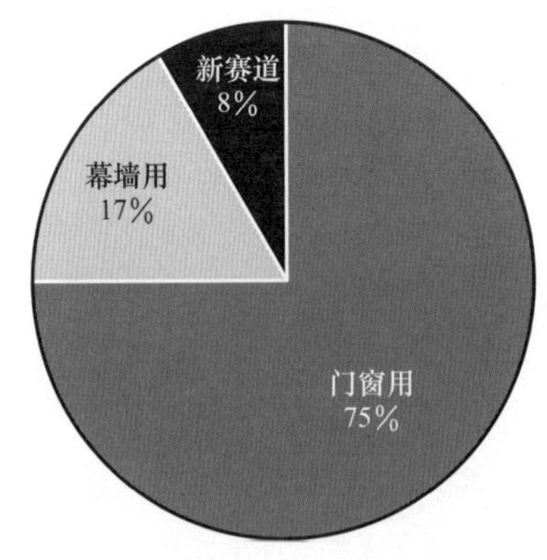


圣科、融海、科源、宝泰等品牌企业是行业的生力军。隔热条市场内百花齐放的景象，正是未来带给建筑更多节能与绿色效益的最好诠释。

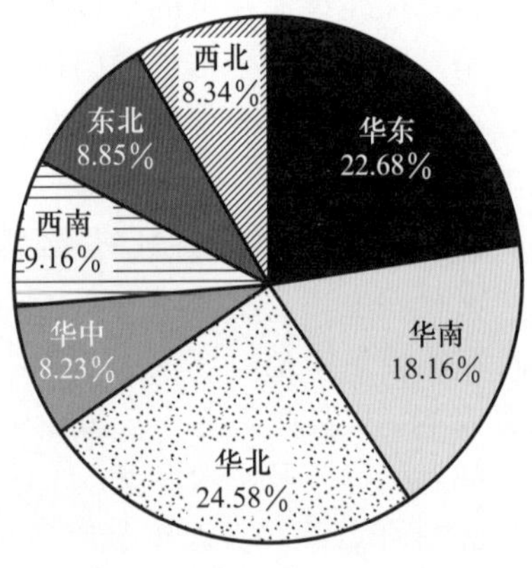


其次，从建筑、门窗幕墙，再到工业，汽车等领域，密封胶条的应用涉及节能降耗、减震隔声的方方面面，需求度增加。随着市场蛋糕的做大，企业品牌也将更加强大。诸如海达、联和强、美润、瑞得等品牌企业是高品质的代名词，受到市场热捧；而荣基、窗友、奋发、新安东等老牌企业对项目的细节服务非常到位，影响力更佳；以品质提升获得更大生存空间的澳顺、瑞达佰邦、金筑友和高仕达，重视客户维护及服务，加快品牌及市场培养，在局部区域市场内品牌话语权正在加大。

曾经由于隔热条、密封胶条市场内的产品品质不透明，而产品应用的专业度高，且因其是在型材腔体内使用，相对难于直观检测，产品成为“鸡肋”产业。其次，当初中高档市场主要以外资品牌为主，市场中充斥着造价极低的劣质产品，带来了隔热密封行业的“极暗时刻”。

低质、低价的竞争带来的是市场生存环境的全面恶劣，在这个“小而精”的行业中，生产企业的技术壁垒和方案设计与创新能力，是这个行业内企业品牌知名度与规模化最大的核心竞争力。隔热条、密封胶条的普及应用，是对绿色环保、可循环利用的尊重，也是建筑市场内对材料应用的全新要求。

（9）顾问咨询

2023年国内幕墙顾问咨询行业的市场总体量约30亿元，行业整体市场情况出现了一定量的下滑，企业纷纷精兵简政，加强运营与管理机制的升级，让人尽其用、人尽可用，打造出生存新常态。同时，也做好过苦日子的准备，尽量开放合作机制，加大与产业链上下游的进一步交流，拓展市场服务面，寻找企业新的产业支柱，为“后疫情”时代的行业发展，带来新的加速力量。另外，持续存在的收款难、周期长、项目合作要求增多、责任划分不明确等种种乱象，行业内人才流失严重，制约了行业企业的人才储备及技术升级投入。

乐观者不是相信永远的阳光明媚，而是在听到下雨的预报后赶紧去找伞。随着技术的不断进步和创新，幕墙市场呈现出一些明显的趋势。其中包括数字化设计和制造技术的应用，使得幕墙系统的设计和安装更加精确和高效；可持续性和能源效率的要求，推动了绿色幕墙和节能幕墙的发展；个性化和定制化需求的增加，促使幕墙设计更加多样化和创新化。业主方在提出建设需求，确立总包的前提下，要精确把控项目安全与建设，对幕墙顾问咨询的需求也越发强烈，让专业的人做专业的事，让每一笔钱花得更值。

随着可持续发展理念的普及，绿色建筑和节能建筑的需求不断增加，幕墙作为建筑外立面的重要组成部分，顾问需要充分了解新材料、掌握新工艺，通过采用高效隔热材料、太阳能利用技术等手段，提高建筑的能源效率，减少能耗和碳排放。由此项目需求与专新工艺的提升，对顾问咨询和优化设计的要求也在不断提高。

目前建筑幕墙顾问咨询行业的多数企业已经涵盖了幕墙咨询、建筑咨询、门窗咨询、照明咨询、膜结构咨询、钢结构咨询等业务，部分企业还涉及了智能化咨询、物流咨询、绿建咨询及其他方面。在行业人才储备与培养方面，注册建造师及注册结构师，在顾问公司的技术人员中占比日渐上升，随着公司规模的扩大，薪酬及福利水平的提高，更多的尖端人才将进入到该领域。

未来，通过设计＋顾问＋的模式，将更多的优质资源与科技技术更好地融入门窗幕墙产业之中，为中国打造生态城市建筑、绿色建筑、推进住宅产业化进程，提供坚实的技术服务及咨询指导。在此，中国建筑金属结构协会新成立的“幕墙设计及顾问咨询分会”倡导：曾经以房地产合作为主体的顾问咨询行业需要尽快完成转型升级，从较为单一的服务类型向多元化服务转变，从参谋官、军师的角色向全面化服务管家类型企业转变，加大对项目服务及周期过程的服务能力，成为全能型企业。

（10）家装门窗

2023 年家装行业“星光”减弱，这与房地产新建住宅开工面积与交付面积下降有关，市场的全面竞争与房地产不景气，带给家装门窗行业巨大的困难。年初在疫情放开的形势下，曾出现了一段时间的行情反弹，但同时材料成本上升、人工成本居高不下等因素综合影响，家装门窗版块遭遇了较 2022 年更大的困难，较多的小微家装门窗企业和门店关停，中小门窗企业从工程转家装的较多，行业内已经是充分竞争、过度竞争的氛围拉满。

让人一直期待的家装门窗持续增长势头减缓，部分行业企业家们以低利润换时间，希望能够撑过行业低谷，带来的却是市场内同质化、低价化竞争的全面战争开启，“战争”中企业、员工、客户没有一个幸免，大吃小的市场调节规律成为了唯一的准则。跨界的家居巨头、流量大平台的参与，让整个家装门窗行业 2023 年内乱象纷呈。任何人都知道房地产体量尤存的国内市场里，家装门窗未来必然会是一个“万亿”级的蓝海，但抢滩作战带来的巨大伤害和持续“兵力”投入，却不是一般企业能够承受的，万亿规模却无“巨无霸”，家装门窗市场需要“TOP”品牌，更需要市场规则的制定和守护者。

只要肯换角度，世界自然不同。2023 年家装门窗行业的市场总产值变化不大，利润空间下降较多，内卷严重。在市场分布方面，华南、华北及西南、华中是市场比较突出的区域；家装门窗的品牌意识较为突出，多数企业拥有多个品牌，针对市场客户的定价与定位泾渭分明。

如此巨大的市场体量，甚至总体量超过数百万人地级市的 GDP，却没有行业“巨无霸”。目前，我国家装门窗市场还处于“群雄逐鹿”的混战阶段。虽然已经有了皇派、飞宇、新豪轩、派雅、贝克洛、智宬轩、森鹰、亿合、亮嘉、美顺等布局全国、门店较多的家装门

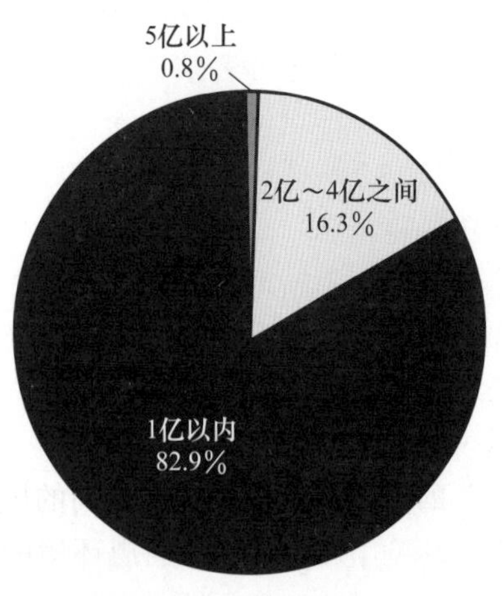


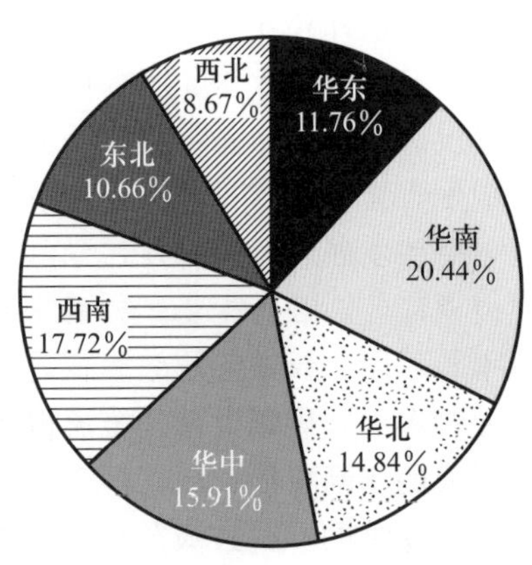


窗品牌以及 Schüco、YKK AP、ALUK 等全球知名的海外门窗品牌，但它们在市场内的总占比依然不到10%。更多的市场份额被分布在各省会，及大、中城市的区域品牌占据，行业龙头企业数量较少，品牌度与市场占有率有着巨大的发展潜力。

在乱象纷呈的竞争环境中，家装门窗行业的年度产值基本保持稳定，这得益于新交付房屋面积的增加，同时高端家装门窗产品的价格持续增长，人们对家装门窗产品的持续关注及网络平台的投入推广，换来了行业更多的热度。

"智能化"定制是家装门窗的未来，市场内的活跃客户年龄逐渐下沉，当90后、00后成为市场主体后，追求个性与智能化功能的需求成为了主流。过去一年，我国智能家居设备出货量超过2.2亿台，随着消费升级、个体精神需求增强，智能家居已成为人们提升生活幸福指数的刚需。全屋智能将是未来趋势，消费升级则是家居生活向全方位智能化发展的长期驱动力，门窗作为家居产品的主要分类，众多品牌企业也在积极开拓智能化门窗产品。

大风起兮云飞扬，风雨之下只有努力与认真，不能质变，那就寻求量变，从粗放式增长迈向高质量发展，中国门窗产业正在经历一场大变革。一个需要企业直面诸多硬核挑战，重塑产业新格局的时代已然来临。

随着国家战略深入实施，作为大家居产业中最具发展潜力的门窗行业已经站上跨越发展的绝佳"风口"，正在酝酿着强大的发展势能。站在新一轮产业革命的起点上，我们需要冷静思考、审时度势、有所预判。如何在混沌与剧变的时代中拨开迷雾，穿越周期，勇毅前行，寻找新的增长"原力"，亟待思考与解答。

(11) 更多配套材料

目前门窗幕墙行业中，我们涉及并关注到的所谓小众材料，是国内外品牌涉足较多，品牌受关注较高的铝板、中空百叶玻璃、遮阳系统、电动开扇器、防火玻璃、粉末涂料、精制钢、锚栓、通风器以及搪瓷钢板等数十种材料和设备。另外，超高层擦窗机的出现，用机械代替人工实现高位工种，既经济又实惠，还安全。

类似的细分产品还有很多，它们有着各自的市场，常常在行业的统计数据中被忽视，但不可或缺。经过我们前期的准备与调研，再结合门窗幕墙行业内众多的企业数据整理，可以得出一个鲜明的结论：小众材料行业内的品牌泾渭分明，市场在大品牌身上较为集中；往往这样的企业有着不小的规模，它们能够将营销与地域进行更好地绑定。

分析了上述门窗幕墙行业内各细分行业的市场情况后，可以总结出来导致行业目前陷入困难的最大原因，除企业内部与市场需求的变化外，最大的问题还是在“资金”方面。行业企业“钱荒”的原因有：

总包单位的资信能力差，无力按期支付工程款；

低价中标带来项目本身亏损，损人不利己；

合同约定付款比例低，或者付款节点/周期过长，导致项目长时间负现金流；

变更、索赔、新增工程量过程不支付，全部都在项目结算后统一支付；

结算审核时间太长，导致结算款迟迟无法回收；

成本控制不力，导致大量现金流被无用成本吞噬……

过去形成的“高负债、高杠杆、高周转、高收益”的工程运营模式具有较高的风险，已经成为了不可持续的“过去式”。未来行业正处于一个变革的关键时刻，周遭环境的变化深刻影响着企业的前进方向，竞争大、中标难、利润低，大而不强、专而不精等问题倒逼门窗幕墙行业加快转型。

# 第 4 部分　铝门窗幕墙行业年度热点分析

2023 年，我国门窗幕墙行业面临着较大困难，但也收获了很多利好，其中最大的变化更多来自于政策面：限制垫资、遏制低价中标、完善预付款等政策的出台，顾问分会成立、各类高质量发展技术论坛举办，一阵阵暖风扑面而来……

## 1　建筑幕墙设计与顾问咨询分会成立

新平台、新期待、新未来，分会可更好地推动幕墙设计与顾问咨询行业的科学选材、绿色低碳及健康可持续发展，促进房地产设计系统、建筑师事务所以及设计大院更好地了解细分产业动线；分会的成立可以推动供需双方之间实时融入彼此，以求更好、更快地传导与实现技术服务、体现核心价值，做好“泛设计”领域的转型升级、创新发展。

分会的成立将担当起引领国家与社会新兴市场、前沿技术的重任，不断突破理论瓶颈，推陈出新，与幕墙设计及顾问咨询的广大会员单位共同努力，提供解决设计与创新成果应用的系统方法，拓展幕墙设计及顾问咨询技术、服务的发展空间。

## 2　限制政府项目的垫资

垫资现象广泛存在于门窗幕墙行业，由于项目资金体量大、运转周期长，垫资现象在行业内似乎已成为了一种惯例，市场内压价竞标、垫资施工的现象比比皆是。

自《政府投资条例》（国令〔2019〕712 号）施行以来，多省跟进发文，已有 19 省市区发文明确禁止“垫资施工”，政府投资项目不得由施工单位垫资建设。相信随着“垫资”的退场，政府财政的压力进一步加大，也势必影响工程的开工量和进展速度……但从另一个角度来看，对建筑总包，尤其是门窗幕墙工程企业是一大福音，不用垫资的项目更多，企业资金将更加充裕，增加人工、加快进度、及时支付材料费用，把工程效率提高，让门窗幕墙工程市场的更新与完工速度更快，“薄利多销”的市场环境将更加合理。

## 3 推行施工过程价款结算，预付款用现金

关于推行施工过程结算，全国已有31省市发布相关政策文件。同时，预付款必须以货币方式支付，不得强制施工总承包单位接受商业承兑汇票等非货币支付方式。

另外，文件要求应在合同约定期限内完成工程款支付，建设单位经催告在合理期限内仍不履行且影响施工单位继续施工的，施工单位有权暂停施工并相应顺延工程日期。

## 4 利好中小企业，进度款不得低于85%

此前，财政部发布《关于完善建设工程价款结算有关办法的通知》（财建〔2022〕183号），自2022年8月1日起施行，自此日期起签订的工程合同应按照本通知执行。其中明确：政府机关、事业单位、国有企业建设工程进度款支付应不低于已完成工程价款的85%。

## 5 部分城市出台针对中小材料企业定向采购

在多个城市的新政策中发现，针对市场的全新定位，向中小微企业的倾斜非常明显。多地政府发布“小额采购项目，几百万以内的工程项目”，原则上全部预留给中小企业。

## 6 上海等地启动超低能耗建筑发展计划

2023年底，上海市住房和城乡建设管理委员会研究制定并印发了《上海市推动超低能耗建筑发展行动计划（2023—2025年）》。行动计划指出，发展目标是通过三年的努力，建立较为完善的推进上海市超低能耗建筑的发展体系和技术路线，新增落实600万平方米超低能耗建筑，实现新增超低能耗建筑的单位建筑面积年能耗和碳排放显著下降。此举将从点到面，从长三角到全国，引领更多的高质量、低能耗、绿色建筑的诞生。

## 7 住房城乡建设部发布《企业资质证书换领和延续工作的通知》

为做好有关建设工程企业资质证书换领和延续工作，《国务院关于深化“证照分离”改革进一步激发市场主体发展活力的通知》（国发〔2021〕7号）决定取消的建设工程企业资质，企业可在资质证书有效期届满前换领有效期1年的相应专业资质证书。同时，在取得有效期1年资质证书后，企业应在该资质证书有效期届满前，按有关资质管理规定和资质标准申请延续。

## 8 利好家装门窗《关于促进家居消费的若干措施》审议通过

2023年6月，国务院常务会议上审议通过《关于促进家居消费的若干措施》（商消费发〔2023〕146号），并指出，家居消费涉及领域多、上下游链条长、规模体量大，采取针对性措施加以提振，有利于带动居民消费增长和经济恢复。

措施提出：要打好政策组合拳，以节能门窗、智能五金等元素组成的家居消费，关系着居民生活品质，在消费升级背景下，家居消费的重点之一是提质升级，既包括居住设施的提质，也包括居住环境的改善。促进家居消费政策与老旧小区改造、住宅适老化改造、便民生活圈建设等政策协同配合，既有利于促进消费潜力释放，也有利于满足居民居住品质提升的需求。

## 9 停止在门窗幕墙新项目中使用旧工艺及落后材料

2023年多省市联合发布了“针对建筑项目中禁止使用或停止使用的工艺及材料”，涉及门窗毛条材质要求、塑料门窗材料评定、干挂石材工艺及石材中的斜切入与T形挂件；还包括PVC材质的密封胶条与隔热条选用、玻璃幕墙施工现场打胶、建筑玻璃用隔热涂料、建筑外窗用单点执手、单层非中空玻璃普通外窗等。

2023政策不断，但“发酵”仍还需要时间，而门窗幕墙行业“缺钱”将注定会成年度的第一关键词。房地产业回暖缓慢，建筑业缺乏动力，来自上游的影响，让门窗幕墙设计、施工，以及配套材料企业都对项目的资金保障需求日益高涨，垫资的活没人做、挣钱的单大家抢。

要打破“缺钱”与政府项目资金困难下的项目合作，需要有“活水”思想，打破传统，同大多数产品一样，门窗幕墙的每次进步都是——新技术、新工艺、新材料等方面的创新及应用，创新与智能化成为了企业最重要的生命线，门窗幕墙企业一定要先重“质”，再上“量”。

目前，央企与民企之间的较量，更多体现的是“降维打击”——大多数民营企业以房建住宅业务为主，业务布局单一，光来个“恒大”就带走了N家民营企业。而大型央企，业务布局更加多元，房建、基建、装饰、门窗幕墙，甚至是市政工程、生态环保、城市更新等多管齐下。另外，央企融资成本明显低于民企，在建筑行业的甲方都不太富裕的今天，大量项目都带有融资属性和垫资要求，央企的融资成本优势在未来会被进一步放大。

加大宏观政策，延续经济修复，缓解多重风险……将成为2024年中国经济政策的主调。诸如门窗幕墙等很多行业发展都进入一个类似“逆反期”的进程当中，相关正向的政策支撑得越多，反向操作越明显，供需双方始终缺乏相互信任及意识形态的统一。

“确定与不确定性”同时存在的市场中，行业企业面临的风险与机遇同样巨大，听到利好消息、学会理解贯彻、懂得灵活运用，强化内部管理与外部输出，形成更加适应全面市场变革的企业团队战斗力，从企业家到员工层更加需要合作，达成共识，忍受得了市场的拷打，才能享受得到市场的馈赠。

# 第5部分　铝门窗幕墙行业市场前景分析

适者生存，强者制霸。近年来，我国经济的增长模式正从高度、单纯依赖房地产和大基建的模式，向智能建造、低碳建筑为依托的绿色经济和数字经济等多元模式切换，而作为“支柱行业”的房地产行业仍处于艰难恢复之中。

## 1 大力推广绿色建材产品应用

多地发布“全面推广绿色建筑和绿色建材产品”的通知，各有关城市可选择部分项目先行实施，在总结经验的基础上逐步扩大范围，到2025年实现政府采购工程项目政策实施的全覆盖。此外，鼓励将医院、学校、办公楼、综合体、展览馆、会展中心、体育馆、保障房等政府采购工程项目，含适用招标投标法的政府采购工程项目，优先纳入绿色建材应用的实施范围。

新标准落地，品牌房企率先试水引领行业推广。此前，由于超低能耗建筑产业规模较小，相关的设计、咨询、施工、材料、设备企业市场规模不足，支撑性产业发展不够成熟导致前期投入成本相对较高。头部企业更有可能凭借既有的技术沉淀、人才储备及供应链整合能力，以试点项目为抓手实现超低能耗建筑从零到一，再到规模化的“复制”。例如，碧桂园、龙湖、金地、招商等品牌房企近年陆续在北京、上海、广州等城市扩大试点，加强新建建筑节能水平。

## 2 要高质量发展，必须遏制低价竞争

一边是工料成本大幅度提高，一边是门窗幕墙报价的“翻滚式”跌落，这是一个极为不合理的现象。老生常谈的话题：招标单位无限价招标，或是标底价低于成本价，又或是以企业超低价投标……在目前门窗幕墙工程市场中时常发生。

建设单位在缺乏严格完整的质量保证体系、科学严谨的技术规范要求的前提下，为了降低成本、节约造价，盲目要求投标企业低价中标，带来的是“劣币驱逐良币”——设计不完整，过于简化，从前期就已经埋下隐患。

进而再到施工时又偷工减料，以次充好使用劣质材料……林林总总既表现出门窗幕墙与建筑装饰行业竞争的惨烈，同时也必将造成质量粗劣、预埋问题等隐患，最终伤害的是建设单位和消费者根本利益。中国建筑金属结构协会铝门窗幕墙分会，在近几年的《工作报告》中也一直在倡导：合理利润，合理价格，有序竞争。

## 3 寻找房地产行业新周期的发展规律

门窗幕墙行业的发展基本面仍然在房地产行业，要抓住房地产行业的新周期发展规律，主动创新求变，根据各项资料与市场信息的反馈，扶持救市后至下一个房地产市场周期。

具体体现在土地资源市场方面：一二线城市的土地供给量与三四线城市土地供给量比较，前者供给量不到后者的1/4，这是导致高等级城市房价高企根源。平衡城市土地利用必须依靠城市群的规模、城市群的产业集群定位、城市群居民的生活与居住品质等，并以此为前提，调整土地供给量，起到调节房地产产品价格市场的作用。

## 4 代建产业会成为新的风口

自房地产进入深度调整期以来，楼市下行、高杠杆房企“出险”，如何绝地谋生成为民营房企的头号命题。在此背景下，曾经被“看不上”的代建业务如今却成了民营房企争先抢食的“香饽饽”。

绿城、华润、金地、龙湖、招商蛇口等逐步进入商业代建领域，形成了社会面对代建行业的认知，相对于开发领域，全国八九万家房企，即便百强房企的头部企业，也难以拿到市场份额的百分之二三，难以形成寡头。未来，打造专业化代建能力将成为房地产代建发展趋势之一。代建业务也频频出现跨领域合作、“手拉手”共同扩张的新模式。

## 5 家装门窗行业产能过剩的仅是低端产品

随着欧派、尚品宅配等品牌相继推出699元/平方米的超低价产品，家居建材行业

迎来一轮新的“价格战”与“内卷化”浪潮。但过度依赖低价促销策略，将加剧行业的恶性竞争，压缩企业利润空间，损害品牌价值。因此，家居企业亟待在市场竞争策略上进行调整，实现由价格竞争向品牌竞争的转变，在激烈的市场环境中实现稳健发展。

家装门窗行业内卷严重，具体来看企业利润空间被挤压，降低价格后成本和费用难以相应下降，企业利润面临缩水。同时，更多资源投入到销售和市场上，产品力难以得到提升。此外，品牌过于依赖低价促销也会对品牌形象产生负面影响。

可以看出，行业内卷化并不可取，它加剧了企业间的恶性竞争，不仅压缩利润，也损害了产品力和品牌价值；家居企业需要在竞争策略上进行调整，实现由价格竞争向品牌竞争的转变。

## 6 绿色建筑产业化是不变的目标

绿色发展是当今科技革命和产业变革的主流，是最具潜力的发展维度。以绿色发展为主线，践行绿色建造理念，全面深入推进绿色建筑，是建筑业高质量发展的必由之路。中国制造、中国创造、中国建造共同发力，继续改变着中国的面貌。

建筑业面临的转型发展任务十分艰巨。为响应绿色发展理念，落实“双碳”目标，推动提升建筑能效和绿色建造成为建筑业的必然选择。当前，我国已经成为全球绿色建筑领域的领导者，采用可持续性设计和施工方法，将建筑物的环境性能优化至最高水平。

从长远来看，采用绿色建筑的成本更低，维护成本更少，而且可以提高建筑物的价值，不断降低绿色建筑建造成本，提升绿色建筑的科技进步贡献率和信息化水平，以科技创新推动绿色建筑发展。

## 7 幕墙产品从简单向复杂转变

幕墙个性化与新材料、新技术和新工艺使用将是幕墙发展常态，随着互联网基础设施的完善，特别是5G技术的应用和普及、智能控制电子产品成本的下降、建筑人性化需要和环保要求的升级，幕墙必然向智能信息化、绿色环保化、装配化方向发展。

而且幕墙作为建筑子系统，在满足建筑量身定制设计的过程中“个性化”既是必然，又是永恒审美和商业价值所在。因为业主表达自我个性与商业利益追求、建筑设计师表达自我独创艺术造诣的理想和城市管理需要等多重动力互动是其永恒的主题，建筑设计一定在个性化道路上进一步分化发展。

随着建筑设计个性化发展，对材料多样化及新材料应用产生了拉动效应，从而出现，对传统材料的创新应用（例如花样石材或图案铝板等）、用新工艺制造具有传统材料外观特性的低成本材料（例如仿石仿砖仿瓷铝板）、批量使用过去作为点缀应用的材料（例如不锈钢或钛合金板）、复合材料（例如铝复合板、复合玻璃、蜂窝石材、复合不锈钢等复合材料）和新型人造材料（例如混凝土挂板、GRC板、ETFE膜、PTFE膜等），丰富了建筑立面效果的同时，为提升幕墙性能和功能创造了条件。

未来，绿色建筑、建材等将成为建筑装饰行业新一轮成长周期的重要推动力，文化类场馆、城市科技园区等，也为城市基础建设添砖加瓦，为门窗幕墙行业项目拓展带来支撑。

## 8 高端人才潮到来，行业企业应提前布局人力储备升级

行业转型升级带动行业企业人才储备及培养升级，人才机制继续改革。“十四五”时期，新一轮科技革命和产业变革推动全球产业链、供应链、价值链加快重构，以大数据、物联网、人工智能、区块链等为代表的数字科技，已成为推动产业转型升级的核心力量。

从过去粗放式的管理理念和管理方法，转变为以员工为中心的精益化管理，转变短期用工思维，从管理理念、方法、激励、环境、机会、福利等各方面，根本上转变劳动力的观念，人才就等于利润，人才才是企业的未来。

## 9 告别“低价中标”的双刃剑

2021年国家发展改革委公布了《中华人民共和国招标投标法（修订草案公开征求意见稿）》，标志着已经实施了近20年的招标投标法将迎来大修：将调整最低价优先的交易规则，研究取消最低价中标的规定，取消综合评标法中价格权重的规定，按照高质量发展的工作要求着力推进优质优价采购。建筑企业的经营者们，翘首以盼招标投标法的大修对“最低价中标”有个说法，能合理地兼顾招标投标双方的合法权益。现在看来，盲目的以最低价中标的方式，从此将得到遏制，招标投标市场将步入健康的轨道。

## 10 即将颁布的房地产企业“白名单”塑造新龙头

本次白名单制定的背景，可以追溯到中央金融工作会议，当时提出了“一视同仁满足不同所有制房地产企业合理融资需求”的原则。谁能被纳入“白名单”，就意味着其能抓住“救生圈”，在银行信贷、融资平台、债务化解等方面获得支持，熬过这一个地产逆周期。

当前，由于一些房企均陷于债务危机，实力更深厚的地产央国企自然就成了各大家居企业争相合作的对象，为此，部分门窗幕墙企业甚至不得不采取极限压价操作。恢复整个地产行业的“生机”，也能缓解门窗幕墙行业的“内卷”，否则优质房企与头部行业企业互相联合，中小行业企业的处境还将更艰难。

最后，当房企恢复元气，在“保交房”政策推动下，还能进一步推动新房规模，也能为“缺肉吃”的门窗幕墙行业带来一波新的增量。

通过上述对市场热点分析，在新时代背景下，门窗幕墙企业的创新研发方向要围绕“卡脖子”这个主题，以多元化的市场自主配置为驱动力，国企、央企主导，民营企业配合其产业链末端的供应，以“大”带动“中小”。当然，门窗幕墙的“寡头”与其他行业有所不同——在很多行业中，绝大多数市场份额是被少数两三家企业占据的，也就是说，大多数行业发展到后期，会呈现出寡头垄断的特质。

然而，门窗幕墙行业与我国的建筑行业相似，并不具备寡头垄断的特点，建筑业内有10万余家企业，共同瓜分着每年30万亿元的市场份额，排名第一的“中国建筑”每年的营收也就1万多亿元“而已”。整个行业的分散程度颇有餐饮业的风骨：海底捞开得不错，不过也就那样，形成不了垄断；小区楼下的拉面馆、馄饨店开得也风风火火，午高峰也得排队。

同时，中国的制造业和企业形态正在从2.0、3.0到4.0进行迭代——铝门窗幕墙行业需要抓住机遇，以“科技创新”解决核心问题；以“数字化和智能化”顺应大势所趋，关注“产品与品牌”的双重升级。同时，更要把握全球化趋势，增强本土化自信（表1）。

表 1　中国制造业和企业形态发展

| 特征 | 阶段 | | |
| --- | --- | --- | --- |
| | 2.0 阶段 | 3.0 阶段 | 4.0 阶段 |
| 生产模式 | 批量生产 | 精益生产 | 智能生产 |
| 市场特征 | 生产者主权 | 消费者主权 | 创新、科技主权 |
| 关键指标 | 速度、效率、成本 | 准时制、零库存、零缺陷 | 产品的革命性变化 |
| 核心能力 | 标准化、高周转、杠杆 | 大规模定制、敏捷、柔性、客研 | 智能制造、数实融合 |
| 代表企业 | 福特 *T* 型车流水线生产 | 丰田精益管理丹纳赫 *DBS* | 特斯拉超级工厂 |
| 时间阶段 | 2020 年以前 | 2020—2035 年 | 2035 年以后 |

未来的门窗幕墙企业应当分为三个等级：小微企业做服务、中等企业做产品、大型企业做平台。央企与大中型企业将成为较大的项目平台，以总包和合作的方式参与项目；中等企业承上启下，完善技术研发及产品供应；而小微企业做好基础产品的 OEM 及配套服务。

应该说行业不一定会有“寡头”，但未来的行业一定会拥有更多的“平台型”企业。

# 第 6 部分　铝门窗幕墙行业技术热点分析

铝门窗幕墙行业需要抓住机遇，以“科技创新”解决核心问题；以“数字化和智能化”顺应大势所趋；把握全球化趋势；关注“产品与品牌”的双重消费升级；增强本土化自信；我们有着优秀的企业和开放的政策，有着最美好的时代，我们的行业需要不断做优、做强，掌握“独门绝技”，成为工程项目的“冠军”，或单项冠军、配套专家。

## 1　铝型材从外观到产能的提升

建筑铝型材的企业需求发展速度非常快，“双碳”目标引导传统铝型材企业持续推进技术改造和创新创造，践行绿色发展、循环发展、低碳发展理念，加快转型升级步伐，推动高质量发展。

采用智能化系统，从产品的研发设计到订单下达，再到生产出品、物流配送等全流程均在系统上协同，实时更新生产数据。未来的铝型材的生产工艺复杂、影响因素众多，需要很多设施设备同时配合，项目需求对外观的要求越来越高，项目需求增强带动了产能需求的全提升。

## 2　玻璃行业的“大面”热

由于其透明性，建筑中的玻璃产生宜人而宽敞的空间氛围，玻璃满足了当代人对更高透明度的渴望，既考虑到了向外看的视觉需要，也为向内看提供了一个空间感。用完全透明的玻璃代替传统的砖混结构的建筑越来越多，大面积的玻璃的使用增强其结构的视觉吸引力。

玻璃所营造出的若隐若现氛围，使居住空间与自然或邻里融合成了一个单元体。近年来，从苹果专卖店到北京新图书馆，我们已经看到越来越多的玻璃建筑，成为透明设计中的真正地标。大玻璃和新的固定系统使得设计几乎完全透明，越来越多的“透明的大盒子”出现在我们身边，让设计费、施工费以及材料费再创新高，成为市场亮点。

## 3　五金配件走上“全屋智能”的助手之路

五金配件之于家具就像是骨骼之于人体，所以在全屋定制中，五金配件是至关重要的。作为门窗幕墙产业链上重要的配套环节——五金件，经过长期发展和市场竞争，国内的五金品牌逐渐崭露头角，成为了市场中的主力。

随着智能门窗时代的到来和行业竞争日渐加剧，企业智能化转型的重要性，在设计、研发、生产、销售端口持续推动数智化转型，促进全价值链运营能力提升。

智慧与绿色是新时代的主题，也是新时代的机遇，目前国家层面相继出台一系列政策措施，推动门窗五金行业向着“绿色、节能、高效”的方向发展，这必然给绿色门窗五金企业带来无限机会。老百姓对高质量居住环境的需求正在逐步提升，既有建筑的节能改造、迭代升级；新建住房绿色化、工业化、集约化、智能化和产业化发展趋势……将对优质门窗幕墙产品，及五金等相关配套材料成为工程市场、家装领域的主流、顶流，提供了先决条件。

## 4　建筑胶的未来是绿色与天空

我国建筑密封胶产业存在结构性矛盾，其中普通建筑密封胶、低质建筑密封胶市场供过于求，市场竞争激烈，而高品质、高性能、环保型的建筑密封胶却供不应求。

同时，随着建筑的高端化发展，市场对建筑密封胶的性能、质量、弹性、可涂饰性等要求不断提升，将推动建筑密封胶行业向高端化、多功能化、环保化、多元化方向升级。

我国是建筑密封胶生产和应用大国，在“双碳”目标下，装配式建筑、光伏建筑一体化将迎来爆发增长时期，市场发展空间广阔，在未来市场发展中，相关企业在扩大产能规模的同时，仍需加大产品、技术研发投入，凭借质量、规模、品牌等优势抢占更多的市场份额。

## 5　家装门窗的实用新型功能

在家装门窗行业的市场内，新兴需求者的人数在增加，从传统的60后、70后、80后到现在的市场主体90后、00后，这个行业正在面临着传统市场向新型市场的转变，有“门窗直播带货”“网红门窗店”“TOP品牌家私定制门窗”等新名词、新渠道的出现。

未来，最打动消费者的不是便宜的价格，而是更加实用且新型的功能，“得民心者得天下”，只有又好又叫座的门窗产品以及门窗企业才能在市场内出头。

另外，建筑行业是我国实现“双碳”目标的主战场之一，在绿色建筑、低碳人居的相关政策引导下，光线管理、温度控制等智能化、功能型的建材将迎来爆发增长期，进而带动对门窗新功能需求持续释放，家装市场发展潜力大。

## 6　加工设备让“失误率”无限接近零

在工业4.0的时代，让智能设备全代替人工是众多门窗幕墙生产、安装企业的向往，也是一种憧憬，在智能程序与机器助手的带领下完成产品生产与加工，能够减少废品率与失误率，从而减少材料成本与人工管理成本，让产品的附加值及利润率更高，成为了企业追求的新目标。

正是基于这个前提，让加工设备的研发企业不断提升内功，抓住机遇迎合目标，是实现自身市场价值与企业价值的最佳体现，让行业内加工环节的失误率“归零”，让更多的“黑灯工厂”遍布在我国的各地，客户增量严重萎缩的加工设备企业，也就找到了自己的市场“新蓝海”。

## 第7部分　结语

新材料，新工艺，新视野，新布局！行业已经进入到新的周期，新的入局者“国企、央企”，新的服务者“第三方服务机构”，新的甲方“洗牌后房企”，市场已进入一个前所未有的大转折时期。消费场景、营销服务、供应链管理、生产制造、产品研发等环节都在发生深刻变革，企业要想健康可持续发展，利润要一点一滴的“挖掘”出来。

我国一定会让世界刮目相看，因为我们有伟大的人民！新的一年我国经济有韧性、有底气，更显力量、见神采，从市场规模到创新要素，从政策空间到发展环境，一系列因素共同增强了我国经济韧性，定能提升大国的发展底气。

享受过程、坚定追求、跨越周期、一路向前！行业、企业和个人的当前遇到了困难，产业链普遍存在悲观情绪是大部分弱者的表现，唯有强者不惧挑战，砥砺前行！只有坚定信心、提振士气，打造更健全的“防护体系”，在行业低谷期适应并实现自身价值的提升，我们才能真正带领我国门窗幕墙行业“站”起来，实现人生价值和社会价值，带给我们的祖国更多的成长与力量！

# 2023—2024 年度地产采购、建筑总包、设计院所、门窗幕墙企业｜材料品牌选用指南

李 洋 雷 鸣

2023 是中国经济发生重大变革的一年，“十四五”持续深入，稳定发展压倒一切，而房地产、建筑业作为国民经济的“两大支柱”产业，是稳经济的“压舱石”，与之配套的产业链相关企业稳健发展，充当着“稳定器”的作用。

然而，“两大支柱”纷纷进入深度调整期，产业结构已经从原本高杠杆、高周转、高收益阶段，转向了低增长、低利润、低容错的新阶段。门窗幕墙行业的生产商、供应商与服务商需要更多细分领域的品牌展示、价值输出。只有更加完善的品牌库建设、更加科学的材料商甄别、更加高效的供应链筛查，才能坚定不移地推动行业高质量发展。

《地产采购、建筑总包、设计院所、门窗幕墙企业材料品牌选用指南》（2023—2024 版）（以下简称指南）以中国建筑金属结构协会铝门窗幕墙分会开展的“第 19 次行业数据调查统计工作”为基础，辅以中国幕墙网 ALwindoor. com 自 2005 年以来的 AL-Survey 首选品牌推荐为依托，凝聚近 20 年行业品牌分析、数据研究的经验积累及广泛影响。

指南主要针对门窗幕墙的新材料、子系统品牌，包括：锚栓、涂料、防火玻璃、光伏系统、搪瓷钢板、精制钢、电动开启、遮阳系统、中空百叶玻璃、EVA｜SGP｜PVB 胶片、通风器、擦窗机以及聚氨酯等相关品牌、设备，共计 10 余种品类的市场选用情况，及品牌认可度进行全面调研和客观发布；指南将直观地为产业链上游企业、甲方业主、施工总包，设计院（所）、顾问咨询、门窗幕墙公司以及合作单位选择、适配的供应链品牌提供客观依据和数据参考。

要素一：品牌价值（Quality）：在成本当道的时代，产品的选择需根据项目的实际需求，选择性价比高的产品，这是一切的前提条件，不能简单地通过“高投入”来追求品质。

要素二：规模与产能（Enterprise）：市场体量巨大，行业内企业众多，多年来呈现出行业大，但企业强而不大的特点，企业规模成为企业优劣的重要参照指标。

要素三：智能化创新（Product）：市场需求要求日益提高，基于产品品质、价格、市场受众等体系为依托，去创造新鲜的事物。

要素四：渠道开发（Market）：市场占比情况泾渭分明，以渠道展开及下沉为主，“付出与收获成正比”，拥有完善配套的企业，借助线上、线下的品牌宣传攻势，市场占比正在不断扩大。

要素五：技术服务能力（Service）：服务能力不能简单体现在物品的更换，或对漏水、材料变形等问题的简单维护，而是应该形成平台化服务，从建立现代化的数据终端，到前置化的服务团队，不仅能够得到符合项目需求的产品架构，而且能实现快速更新、快速维护。

中国幕墙网 ALwindoor.com 借助行业媒体平台的数据收集整理，以中国建筑金属结构协会铝门窗幕墙分会开展的数据统计调查工作为依据，参考万科、华润置地、保利、龙湖、中海、招商蛇口、绿城等房地产代表，还包括“采筑平台”“中建云筑网”总包方以及华东院、浙江院、西南院、广东院等设计院（所）等相关机构的评价系统，整理出上述的“5 要素”，以评估门窗幕墙行业内各细分领域的首选品牌的特性。

**“建”美先生——精制钢**

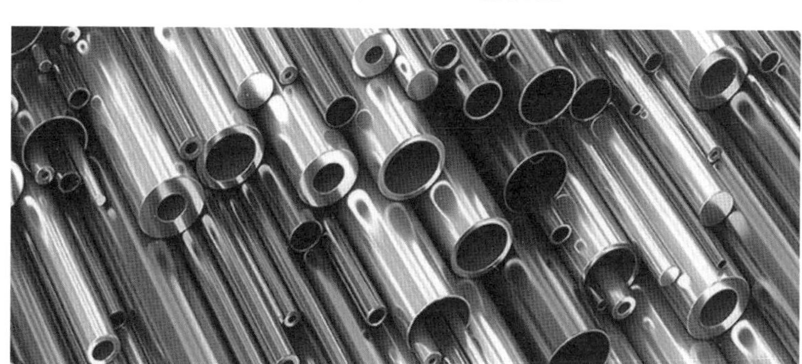

“双碳”目标构建出门窗幕墙转型升级的核心要义——让绿色、低碳、变革、创新等新元素成为精制钢等众多配套材料品牌高质量发展的“必由之路”。本年度获得推荐的【精制钢】品牌包括：

**No. 1　始博 SHBO**

生产企业：始博集团有限公司
品牌价值：★★★★☆
规模与产能：★★★★☆
渠道开发：★★★★★

智能化生产力：★★★★★

技术服务能力：★★★★★

**推荐理由：**始博SHBO品牌创立于2010年上海世博会之际（始博——始于世博），在上海、武汉、成都、广州、江苏、河北等设立分公司和办事处，更是拥有全国最早的精制钢全自动打磨生产线、全自动钢材涂装线以及全自动焊接生产线之一。一直坚持“定制更灵活，品质更可靠”的“SHBO方案”，从事精制钢型材系统、不锈钢系列、锚固系列产品的研发、生产、销售、服务等相关工作。

**推荐指数：**★★★★★

**No.2　韦乐森WLS**

生产企业：江苏韦乐森金属型材科技有限公司

品牌价值：★★★★☆

规模与产能：★★★★☆

渠道开发：★★★★☆

智能化生产力：★★★★★

技术服务能力：★★★★☆

**推荐理由：**韦乐森的精制钢产品拥有卓越的品质，能够实现产品价值的延续与功能的持久，品牌产品在强度、耐久性上性能出色，且具备无与伦比的美学价值，在制造工艺和表面处理技术方面，韦乐森采用专利技术让产品更加经久耐用，世代保持美观，在众多项目中满足了设计需要，产品实用性强。

**推荐指数：**★★★★☆

**No.3　恒安HA**

生产企业：沈阳市兴业机械厂

品牌价值：★★★★☆

规模与产能：★★★★★

渠道开发：★★★☆☆

智能化生产力：★★★★☆

技术服务能力：★★★★☆

**推荐理由：**沈阳“恒安”是业界公认的点支式玻璃幕墙领域“专家型”企业，拥有丰富的金属生产经验以及规模化、高水准的加工设备。作为一家强调技术先导的“老字号”品牌，厂房占地面积4万平方米，员工人数420人。其中，专业技术人员数量超过50人。凭借在索结构、大跨度、超高层领域的“硬核”实力，“恒安牌”精致钢系列产品，为行业带来的不仅是高精度产品，更是高纯度的服务与引领性的创造。

**推荐指数：**★★★★☆

## No. 4　金为 GNT

生产企业：湖南省金为新材料科技有限公司

品牌价值：★★★★☆

规模与产能：★★★★☆

渠道开发：★★★★☆

智能化生产力：★★★★☆

技术服务能力：★★★★☆

**推荐理由：**湖南省金为新材料科技有限公司起源于华中地区，借助其地理优势，通过区域合作的市场模式，建立起了独有的营销渠道；作为相关领域的“国家级工业设计中心”，近年来多次参与国标、行标的编制与修订工作；拥有1351项专利，其中发明专利438项。

**推荐指数：**★★★★☆

## No. 5　旌钢 GFR

生产企业：上海旌钢实业有限公司

品牌价值：★★★★☆

规模与产能：★★★★☆

渠道开发：★★★★☆

智能化生产力：★★★★☆

技术服务能力：★★★★☆

**推荐理由：**上海旌钢实业有限公司主营旌钢型材幕墙系统和旌钢防火系统，是国内幕墙领域较早从事专研精细复杂钢型材研发、设计、制造、生产、销售及施工于一体的综合型技术企业。公司生产基地位于中国水乡——绍兴，并先后在昆山建立了技术研发部，在上海设立营销中心。其原创团队成员拥有丰富的技术、资源储备，在行业中快速建立起了独具特色的核心竞争力。

**推荐指数：**★★★★☆

## No. 6　丰瑞 FR

生产企业：深圳市丰瑞钢构工程有限公司

品牌价值：★★★★☆

规模与产能：★★★★☆

渠道开发：★★★★☆

智能化生产力：★★★★☆

技术服务能力：★★★★☆

**推荐理由：**深圳市丰瑞钢构工程有限公司创办于2010年，在佛山高明拥有2万多平方米的大型生产基地，主要研发生产加工精致钢、特制钢等各类钢结构产品。品牌拥有丰富技术底蕴和案例参与经验的团队，可为客户提供从设计、深化图纸，到制作加工、涂装运输、现场安装及现场涂装一站式解决方案。

**推荐指数：**★★★★☆

## No. 7　古力 GuLi

生产企业：广东古力工程实业有限公司

品牌价值：★★★★☆

规模与产能：★★★★☆

渠道开发：★★★★☆

智能化生产力：★★★★☆

技术服务能力：★★★★☆

**推荐理由：**无论是合作伙伴，还是行业精英，甚至是竞争对手——真诚待人，用心做事，心怀感恩……这是业界对“古力”的一致评价。2018 年品牌在成熟钢制幕墙工艺的基础上，同步升级上线了精制钢幕墙系统，结合自身优势，不断总结与探讨业界相关生产技术，并通过在北京、深圳等地的项目案例落地，其产品、服务赢得了市场的认可与肯定。

**推荐指数：**★★★★☆

## No. 8　西创 SS

生产企业：西创金属科技（江苏）有限公司

品牌价值：★★★★☆

规模与产能：★★★★☆

渠道开发：★★★★☆

智能化生产力：★★★★☆

技术服务能力：★★★★☆

**推荐理由：**西创金属科技（江苏）有限公司在产品品质及研发上投入了大力气，致力于打造成熟的装配式精致直角钢型材幕墙系统，拥有 30 多项专利，产品安全防火、环保节能、防腐性好，并且外观造型特点突出，能满足幕墙行业内众多个性化项目的需求。

**推荐指数：**★★★★☆

## No. 9　晶瓷 AGP

生产企业：晶瓷玻璃科技（上海）有限公司

品牌价值：★★★★☆

规模与产能：★★★★☆

渠道开发：★★★☆☆

智能化生产力：★★★★☆

技术服务能力：★★★★☆

**推荐理由：** 晶瓷玻璃科技（上海）有限公司是一家活跃于供应高品质定制钢型材系统的专业平台，在型材设计之初辅以创新性技术，以最高的质量标准，为客户提供最具性价比的型材定制解决方案，不断追求完美以满足日益变化的定制型材市场的需求；借助专家团队的技术支撑，在众多国内大型项目中满足了设计师的新、奇、高大上设计要求，并为建筑结构提供了安全保障，在节能方面也拥有丰富的经验。

**推荐指数：** ★★★★☆

## No. 10　迈诺 MAINUO

生产企业：迈诺（江苏）新材料有限公司

品牌价值：★★★★☆

规模与产能：★★★★☆

渠道开发：★★★★☆

智能化生产力：★★★★☆

技术服务能力：★★★★☆

**推荐理由：** 迈诺（江苏）新材料有限公司专注于冷热复合成型尖角方矩管，拥有创新的角部线加热＋缩颈二次成型技术和冷热复合成型尖角方矩管生产线，广泛应用于超高层、机场高铁、文化场馆等建筑。同时，公司产品也适用于建筑内部架构和装配式建筑领域，引领精致钢应用新潮流。

**推荐指数：** ★★★★☆

**精制钢市场综述：** 国内精制钢（精致钢）产品的生产起步较晚，早期大多依赖进口的国外技术和产品，从代理到引入生产线，市场壁垒森严。始博、恒安、旌钢、古工、AGP、迈诺、韦乐森、西创、金为等相关品牌企业，拥有自主知识产权，重视研发生产，拥有完善的研发及技术创新团队，持续投入加大生产规模，成为了精制钢（精致钢）产业领航者的榜样。

## 控碳高手——中空百叶玻璃

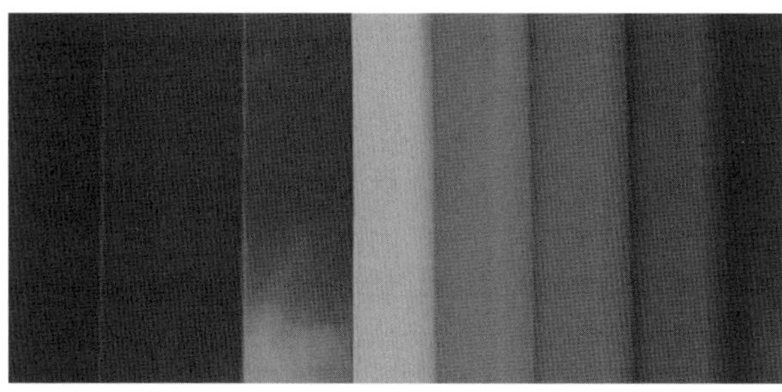

绿色低碳，降低建筑能耗，让室内外的换热与光照得到最合理的调节，这一切的发生，不是来源于空调，而是我们耳熟能详的“中空百叶玻璃”。传统的百叶已经发展成为了具备隐藏、电动、光动能、多彩等类型丰富、方式多样的全新产品，减少及控制建筑室内外的碳排放，控碳“高手”非百叶莫属。本年度获得推荐的【中空百叶玻璃】品牌包括：

### No. 1 汉狮 HANS

生产企业：汉狮光动科技（广东）有限公司
品牌价值：★★★★★
规模与产能：★★★★☆
渠道开发：★★★★☆
智能化生产力：★★★★☆
技术服务能力：★★★★★
产品定位：住宅门窗、公建幕墙

**推荐理由：**汉狮光动科技（广东）有限公司是一家专注于绿色建筑遮阳、光伏发电储能用能的创新型高新技术企业，有着中空百叶细分赛道“狮王”的美誉。作为同时拥有中国绿色建材三星认证、中国节能产品认证、瞪羚企业及“专精特新”企业称号的产业“领跑者”，其光伏光动遮阳中空百叶、电动和磁控中空百叶、光动/电动屋顶遮阳系统等产品的市场占有率名列前茅。

**推荐指数：**★★★★★

### No. 2 派立尼 Pellini

生产企业：上海星芝骄遮阳系统设备有限公司
品牌价值：★★★★★
规模与产能：★★★★☆
渠道开发：★★★☆☆
智能化生产力：★★★★☆
技术服务能力：★★★★☆
产品定位：住宅门窗

**推荐理由：** Pellini（派立尼）成立于1974年，是一家意大利的“家族型”高端遮阳帘制造商，而ScreenLine（斯格丽）系列中空百叶，被业界誉为百叶中的“艺术品“。通过一对可旋转的接口磁铁实现百叶帘的运动传输，成为其系列产品最亮眼的技术发明。公司目前在国内拥有三家工厂，致力于实验室研发与生产的协调运作，产品广泛应用于众多的地标级建筑项目之中。

**推荐指数：** ★★★★★

## No. 3　赛迪乐 SDLD

生产企业：江苏赛迪乐节能科技有限公司
品牌价值：★★★★★
规模与产能：★★★★☆
渠道开发：★★★★☆
智能化生产力：★★★★☆
技术服务能力：★★★★☆
产品定位：住宅门窗、光伏建筑

**推荐理由：** 江苏赛迪乐节能科技有限公司是一家专注于内置遮阳百叶中空玻璃生产的高新技术企业、“专精特新”小巨人企业、中国光伏电控智能内置百叶中空玻璃产业化示范企业，被江苏省市监局、住建厅、科技厅等九部门审核授予“江苏精品”。赛迪乐品牌以振兴民族建筑遮阳产业为使命，以为客户提供最佳的遮阳方案为己任，公司拥有各项专利286项，几乎覆盖内置百叶中空玻璃全产业链，在生产规模、专利质量、品质控制及房地产市场有较高占有率。

**推荐指数：** ★★★★★

## No. 4　欧德乐 ODL

生产企业：苏州欧德乐建筑材料制造有限公司

品牌价值：★★★★★

规模与产能：★★★★☆

渠道开发：★★★☆☆

智能化生产力：★★★★☆

技术服务能力：★★★★☆

产品定位：住宅门窗

**推荐理由：**欧德乐（ODL）品牌于1945年创建于美国，是生产和销售内置中空百叶产品以及门窗玻璃制品的制造型企业，致力于把门窗百叶系统带给每个人、每个家庭、每个组织，构建节能环保世界，并可定制化中空内置百叶，以及调光玻璃，在门窗中空百叶领域不同凡响。

**推荐指数：**★★★★☆

### No. 5　可瑞爱特 CREATOR

生产企业：江苏可瑞爱特建材科技集团有限公司

品牌价值：★★★★☆

规模与产能：★★★★☆

渠道开发：★★★★☆

智能化生产力：★★★★☆

技术服务能力：★★★★☆

产品定位：住宅门窗、光伏建筑

**推荐理由：**江苏可瑞爱特建材科技集团有限公司以过硬的技术优势和产品信誉，被授予"中国内置百叶中空玻璃产业化示范企业"。同时，作为被同行誉为"行业一哥"的集团创始人，承担了行业标准《内置遮阳中空玻璃制品》（JG/T 255—2020）和《建筑外窗用内置遮阳中空玻璃制品》团体标准的主要编制工作，其产品先后得到住建部以及行业协会的大力推荐。通过在上海、广东、湖南、福建等地设立分公司、售后服务机构以及生产研发制造基地，成为一家专业服务国内大型商业地产、高端写字楼和公建项目的标杆企业。

**推荐指数：**★★★★☆

## No. 6　双花 SUMHUA

生产企业：四川双花科技发展有限公司

品牌价值：★★★★☆

规模与产能：★★★★☆

渠道开发：★★★★☆

智能化生产力：★★★★☆

技术服务能力：★★★★☆

产品定位：公建幕墙、住宅门窗

**推荐理由：**主打幕墙专用的磁控内置百叶可拆卸三玻两腔磁控内置百叶以及可拆卸三玻两腔电动（含智能）内置百叶。凭借在川渝、湖南、上海、广东等区域的战略布局，其产品已在机场、高铁站、超高层商业、高端住宅、学校、医院等项目中广泛应用，是目前国内幕墙领域应用案例较多的百叶品牌之一。

**推荐指数：**★★★★☆

## No. 7　欧泰克 CSOTK

生产企业：常熟欧泰克建筑节能科技有限公司

品牌价值：★★★★☆

规模与产能：★★★★☆

渠道开发：★★★☆☆

智能化生产力：★★★★☆

技术服务能力：★★★★☆

产品定位：住宅门窗

**推荐理由：**常熟欧泰克建筑节能科技有限公司是国内行业标准《内置遮阳中空玻璃制品》（JG/T 255—2020）的主编单位之一，拥有完全自主知识产权的优质产品，是国内智能化空间的深耕者，“以信誉赢得尊重、以品质求得发展”。其自主研发能力在国内行业名列前茅，不断推动建筑节能技术得发展。

**推荐指数：**★★★★☆

## No.8　聚宝盆JBP

生产企业：聚宝盆（苏州）特种玻璃股份有限公司

品牌价值：★★★★☆

规模与产能：★★★★☆

渠道开发：★★★★☆

智能化生产力：★★★★☆

技术服务能力：★★★★☆

产品定位：住宅门窗

**推荐理由：**聚宝盆（苏州）特种玻璃股份有限公司致力于为超低能耗建筑、BIPV光伏系统以及防火功能、异形结构、三玻两腔等特殊建筑玻璃，提供完善的中空百叶解决方案。利用作为玻璃深加工企业的产业优势，充分整合上、下游资源，通过自主研发与创新将传统的平板玻璃，运用于节能、安全、新能源等各个领域。

**推荐指数：**★★★★☆

**中空百叶玻璃市场综述：**产品有着独特的特点与应用场景，品牌化企业"隐形却不普通"，用专业产品、系统方案，专注于建筑的全生命周期服务。注重智能化、数字化、产业化发展的一线品牌：赛迪乐、欧德乐、可瑞爱特、斯格丽、希美克，以及几乎占据了国内家装市场近70%份额的"狮王"汉狮等知名企业，重视产品质量、品牌与服务，努力的成长，使其成为了细化领域的冠军。

降低建筑能耗、推广节能门窗、发展科技幕墙，放眼全球市场，一款"星品"正在冉冉升起——"聚"焦在节能标准遥遥领先的欧洲，聚氨酯（PU）型材、产品已经广泛应用，引领门窗幕墙发展新趋势。

## “聚”焦新材料——聚氨酯

聚氨酯在门窗领域以玻纤增强聚氨酯型材门窗、玻纤增强聚氨酯隔热铝合金门窗、聚氨酯隔热铝合金门窗、型材腔体填充用聚氨酯发泡材料等形式为主。而在幕墙中的应用包括：玻纤聚氨酯、硬泡聚氨酯型材作为隔热构件；玻纤聚氨酯型材作为幕墙龙骨。同时，在门窗幕墙安装中：玻纤聚氨酯附框、硬质聚氨酯附框、聚氨酯隔热垫块、预压膨胀密封带、聚氨酯泡沫填缝剂等成为主要应用形式。本年度获得推荐的【聚氨酯】品牌包括：

### 聚氨酯型材与门窗类

### No. 1　集韧

生产企业：上海集韧新材料科技有限公司
品牌效应：★★★★★
创研能力：★★★★★
项目案例：★★★★☆
销售网络：★★★★☆
团队服务：★★★★★

**推荐理由：**上海集韧新材料科技有限公司携手化工业巨头美国亨斯迈化学，联合推出具有划时代意义的高性能节能门窗材料——玻纤增强聚氨酯复合材料型材，将其用于航空航天领域的新型材料应用到了门窗系统，通过三年多时间的不懈努力，目前已在世界范围内跻身于同行业先进水平。

**推荐指数：**★★★★★

### No. 2　克络蒂

生产企业：上海克络蒂材料科技发展有限公司
品牌效应：★★★★★

创研能力：★★★★☆

项目案例：★★★★☆

销售网络：★★★★☆

团队服务：★★★★☆

**推荐理由：**克络蒂品牌最早诞生于1991年，经过30多年的不断发展，逐步形成了以上海克络蒂材料科技发展有限公司为主体，由上海克络蒂工程技术有限公司和上海克络蒂材料科技发展（宿迁）有限公司2家子（控股）公司组成的企业集团。上海克络蒂材料科技发展有限公司先后自主研发了六大系统及产品，拥有各种发明专利和实用新型专利二十余项。

**推荐指数：**★★★★★

### No. 3　鑫铭格

生产企业：广东鑫铭格建材科技有限公司

品牌效应：★★★★☆

创研能力：★★★★☆

项目案例：★★★★☆

销售网络：★★★★☆

团队服务：★★★★☆

**推荐理由：**广东鑫铭格建材科技有限公司通过与德国科思创的强强联合，成为了国内大型集玻纤增强聚氨酯（聚氨酯复合材料）型材研发、生产、销售为一体的专业复合材料、节能门窗幕墙综合解决方案提供商，更是节能新材料和防火门窗复合材料研发与生产的高新技术企业代表。

**推荐指数：**★★★★☆

### No. 4　铁斯曼

生产企业：山东铁斯曼新材料有限公司
品牌效应：★★★★☆
创研能力：★★★★☆
项目案例：★★★★☆
销售网络：★★★★☆
团队服务：★★★★☆

**推荐理由：**山东铁斯曼新材料有限公司位于山东宁阳经济开发区明珠产业园，总投资3.68 亿元，占地近 300 亩，建设 1.4 万平方米生产车间，现拥有 10 条复合材料生产线、1 条高档复合材料节能耐火窗生产线、1 条单元式幕墙生产线；同时拥有气动履带式拉挤设备、25 吨液压式拉挤设备、智能拉挤注胶系统、门窗智能 45 度数控切割生产线等国内尖端设备，其自动化水平成为了品牌的核心竞争力。

**推荐指数：**★★★★☆

## No. 5　择渝

生产企业：上海择渝新能源科技有限公司
品牌效应：★★★★☆
创研能力：★★★★☆
项目案例：★★★★☆
销售网络：★★★★☆
团队服务：★★★★☆

**推荐理由：**上海择渝新能源科技有限公司是一家专业从事节能聚氨酯门窗幕墙系统研发、生产、销售及售后为一体的综合型科技企业。公司充分考虑到业主对“新材料”应用的痛点，独家推出“维保”平台，通过系统化、规范化的检测维护服务，使整个系统始终处于良好的运行状态。

**推荐指数：**★★★★☆

## No. 6　德毅隆

生产企业：浙江德毅隆科技股份有限公司
品牌效应：★★★★☆

创研能力：★★★★☆

项目案例：★★★★☆

销售网络：★★★★☆

团队服务：★★★★☆

**推荐理由：**浙江德毅隆科技股份有限公司是一家以“推动材料变革，创造美好生活”为己任的高科技企业，由国内外复合材料研发、光伏领域等资深专家联合创办的原创技术研发企业，拥有30年以上的复合材料型材拉挤生产经验，现已成为世界上拉挤型材规模最大、技术最先进的企业之一。

**推荐指数：**★★★★☆

## No. 7　科心

生产企业：重庆科心新材料科技有限公司

品牌效应：★★★★☆

创研能力：★★★★☆

项目案例：★★★★☆

销售网络：★★★★☆

团队服务：★★★★☆

**推荐理由：**重庆科心新材料科技有限公司作为博奥集团全资子公司，是一家复合材料科技公司，以“创新改善人居环境”为愿景，致力于将新型节能环保材料革新传统建筑建材领域。

**推荐指数：**★★★★

## No. 8　禾安

生产企业：山东禾安复合材料有限公司

品牌效应：★★★★☆

创研能力：★★★★☆

项目案例：★★★★☆

销售网络：★★★★☆

团队服务：★★★★☆

**推荐理由：**山东禾安复合材料有限公司作为一家以高性能纤维及复合材料制造、研发、销售为一体的专业公司，具备多项自主专利技术，产品实现了制造及出口，立足山东，辐射全国。

**推荐指数：**★★★★☆

市场中，来自国际的科思创、亨斯迈以及国内的万华、集韧、鑫铭格、科心、禾安、择渝等企业已经在中国市场布局多年，成功地在产品与服务占据了市场高度，对行业有着较大的影响力。

**聚氨酯隔热材料类**

**No. 1　五恒**

生产企业：广东五恒新材料有限公司
品牌效应：★★★★☆
创研能力：★★★★☆
项目案例：★★★★☆
销售网络：★★★★☆
团队服务：★★★★☆

**推荐理由：**广东五恒新材料有限公司是一家集研发、生产、销售于一体的高新材料生产型企业，生产的聚氨酯隔热材料应用在门窗、幕墙等多个建筑场景中，拥有由国内知名高分子专家组成的研发团队，以技术标准赢得高端市场，为行业的健康发展做出了卓越贡献。

**推荐指数：**★★★★☆

**No. 2　温格润**

生产企业：江苏百恒节能科技有限公司
品牌效应：★★★★☆
创研能力：★★★★☆
项目案例：★★★★☆
销售网络：★★★★☆
团队服务：★★★★☆

**推荐理由：**江苏百恒节能科技有限公司是一家专注研发和生产高性能、节能型的门窗系统的公司，品牌名为温格润，公司引进欧洲丹麦的门窗技术，致力于创造我国门窗领域性能更高、节能效果更优异、适用于本土建筑与气候环境的门窗系统。

**推荐指数：**★★★★☆

**聚氨酯复合应用类**

## No. 1　奥意

生产企业：河北奥意新材料有限公司

品牌效应：★★★★☆

创研能力：★★★★☆

项目案例：★★★★☆

销售网络：★★★★☆

团队服务：★★★★☆

**推荐理由：**河北奥意新材料有限公司于 2017 年成立于河北石家庄，致力于绿色建筑、装配式、被动式建筑的配套和服务，包括绿色节能建筑集成系统、被动式门窗、幕墙型材、节能门窗、模块保温结构一体化墙体、屋面、太阳能、新风系统、空气能等部品部件，为实现双碳目标提供建筑领域一站式解决方案。

**推荐指数：**★★★★☆

聚氨酯市场综述：高强度、轻质量、耐腐蚀、更高的隔热节能性能，它是实现建筑绿色低碳化成为了新阶段的门窗行业发展主趋势，门窗幕墙的安全、绿色、低碳、节能……需要配套材料的进一步升级。聚氨酯型材已成为门窗幕墙中节能首选，得到了房地产、业主方以及建筑师、设计院所的推崇。

建筑光伏产业，离不开屋面与立面，光伏幕墙就是依托于建筑“外立面”的功能型系统，也可以说这是光伏建筑一体化（BIPV）的重要应用范围。建筑＋光伏的新能源产业，成为解开建筑能耗与电力需求的最佳“钥匙”。本年度获得推荐的【光伏】品牌包括：

## 追"光"新赛道——建筑光伏产品

### No.1　江河光伏

生产企业：北京江河智慧光伏建筑有限公司

产品品质：★★★★★

企业规模：★★★★☆

产品功能：★★★★★

数字智能化：★★★★☆

服务能力：★★★★☆

**推荐理由：** 江河光伏被誉为是"最懂光伏的建筑大师，也是最懂建筑的光伏大师"；以推动绿色建筑发展为己任，为中国引领全球绿色能源转型，贡献江河力量。

**推荐指数：** ★★★★☆

### No.2　中建材

生产企业：中国建材集团有限公司

产品品质：★★★★☆

企业规模：★★★★★

产品功能：★★★★☆

数字智能化：★★★★★

服务能力：★★★★☆

**推荐理由：** 中国建材集团有限公司是国内最早建立建筑光伏一体化产业的集团性企业之

一，从光伏组件、玻璃、电池等多方面均有着重大研发成果。如果把旗下“光伏资产”打包到一起，将孵化出一颗璀璨的光伏巨星。

**推荐指数：**★★★★☆

### No. 3　水发兴业

生产企业：珠海兴业绿色建筑科技有限公司

产品品质：★★★★☆

企业规模：★★★★☆

产品功能：★★★★☆

数字智能化：★★★★☆

服务能力：★★★★☆

**推荐理由：**以传统幕墙立业，以绿色建筑兴业！珠海兴业绿色建筑科技有限公司经过近28年的创新发展，在传统幕墙领域和绿色建筑领域，积累了丰富的管理经验和雄厚的技术实力，连续多年跻身全国幕墙行业前十强。

**推荐指数：**★★★★☆

### No. 4　施达沃光伏

生产企业：施达沃科技（广东）有限公司

产品品质：★★★★☆

企业规模：★★★★☆

产品功能：★★★★☆

数字智能化：★★★★☆

服务能力：★★★★☆

**推荐理由：**施达沃科技（广东）有限公司被誉为光伏行业一颗冉冉升起的新星，秉承“与阳光同行，让世界更美”的品牌理念，在光伏行业不断进取前行，企业集光伏结构设计、电气设计，光伏玻璃组件生产制造、光伏幕墙安装施工于一体，可为客户提供BIPV“一揽子”系统解决方案。

**推荐指数：**★★★★☆

## No. 5　莱尔斯特

生产企业：莱尔斯特（厦门）股份公司

产品品质：★★★★☆

企业规模：★★★☆☆

产品功能：★★★★☆

数字智能化：★★★★☆

服务能力：★★★★☆

**推荐理由：**莱尔斯特（厦门）股份公司坚持技术创新，专注于新能源光伏发电系统技术、建筑光伏一体化 BIPV 技术，对建筑光伏相关标准的起草与编制以及落地工作有着积极贡献。

**推荐指数：**★★★★☆

## No. 6　森特

生产企业：森特士兴集团股份有限公司

产品品质：★★★★☆

企业规模：★★★★★

产品功能：★★★★☆

数字智能化：★★★★☆

服务能力：★★★★☆

**推荐理由：**森特士兴集团股份有限公司作为国内金属围护行业龙头之一，携手隆基进军 BIPV 蓝海，公司深耕金属围护领域近 20 载，在建筑金属围护系统、生态治理以及建筑光伏一体化三大领域，其核心技术突出，市场地位稳定。

**推荐指数：**★★★★☆

光伏市场综述：在多晶硅产业中：通威、保利协鑫、新特能源、亚洲硅业、南玻等（推荐指数：★★★★☆）占据国内市场最重要的地位。

光伏用玻璃产业以信义、新福兴、旗滨、福莱特、海阳顺达（推荐指数：★★★★☆）为代表的超白压花玻璃以及以耀皮、南玻、金晶等（推荐指数：★★★★☆）为代表的超白玻璃，共同贡献了 70%的产能。

晶硅组件的市场内：嘉盛光电、中建材、隆基绿能、天合光能、晶澳科技、晶科能源等（推荐指数：★★★★☆）贡献非常突出；碲化镉薄膜组件的领军企业是：龙焱、瑞科、成都中建材、宏光等（推荐指数：★★★★☆）。

光伏幕墙与光伏屋面领域：江河、森特、兴业等（推荐指数：★★★★☆）成为跨界市场的主力军；施达沃、莱尔斯特、海力士等（推荐指数：★★★☆☆）是设计、生产及施工一体化的生力军；共同与老牌劲旅：浙江华凯，安徽格润，河南华旭，杭州天裕等构成光伏赛道的“施工天团”。

为了更好地实现建筑光伏的产业配套服务，以专业配套光伏支架闻名的铭帝、高登、凡祖、豪美等（推荐指数：★★★★☆），以打造全新光伏专用胶的之江、白云、集泰、硅宝、中原、回天等（推荐指数：★★★★☆），还有专业服务光伏支架的胶条品牌海达、奋发等（推荐指数：★★★★☆）。

未来，这些企业都将是建筑光伏产业链中不可或缺的品牌力量。

**贴身保镖——粉末涂料**

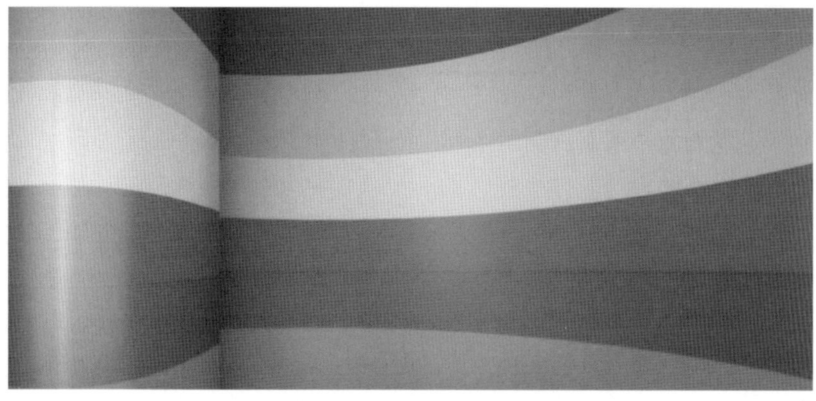

铝型材、铝板等金属材料作为建筑外立面的核心体系，长久之道在于防风雨、防腐蚀、防盐雾……各种防！因此离不开安全可靠的优质涂层充当其“护卫”，让一切伤害与危险远离，粉末涂料的出现就像“贴身保镖”一样，与建筑金属材料浑然一体，共同构成了门窗幕墙的“金刚不坏”之身。本年度获得推荐的【粉末涂料】品牌包括：

## No. 1　阿克苏诺贝尔 AkzoNobel

生产企业：阿克苏诺贝尔粉末（中国）

品牌价值：★★★★★

规模与产能：★★★★★

渠道开发：★★★★☆

智能化生产力：★★★★★

技术服务能力：★★★★★

**推荐理由：**粉末涂料是金属建筑材料保护层中最先进的形式之一，而阿克苏诺贝尔是该领域内的世界主导，并为色彩与防护制定标准。总部位于荷兰的阿克苏诺贝尔，是一家全球知名油漆和涂料企业，自1792年以来，阿克苏诺贝尔一直致力于以最优质的涂料——构建宜居世界，精益求精。

**推荐指数：**★★★★★

## No. 2　老虎 TIGER

生产企业：老虎表面技术新材料（苏州）有限公司

品牌价值：★★★★★

规模与产能：★★★★☆

渠道开发：★★★★☆

智能化生产力：★★★★★

技术服务能力：★★★★★

**推荐理由：**发源于奥地利的老虎涂料，多年来坚持以科技为先导，始终站在粉末涂料生产技术的前列，素以开发和生产各种高户外耐候型建筑铝材装饰用粉末，各种“黏结”型金属闪光粉末，铸件用“透气”粉末，高耐腐蚀性粉末等各种高档专用产品著称于世。老虎涂料的所有产品配方中，均已不再采用含tgic，铅，镉等有害物质的原料，真正做到“绿色”产品。

**推荐指数：**★★★★★

## No. 3　庞贝捷 PPG

生产企业：PPG 涂料（天津）有限公司

品牌价值：★★★★★

规模与产能：★★★★★

渠道开发：★★★★☆

智能化生产力：★★★★★

技术服务能力：★★★★★

**推荐理由：**PPG 公司 1883 年始建于美国，其生产的氟碳漆拥有享誉世界的产品性能和耐用性，受到众多国内、外知名建筑设计师的青睐，涂装性能符合并优于 AAMA2605 的要求。即使在恶劣的环境下，PPG 的氟碳漆也能高品质的保持其色彩和光泽，超强的耐磨损性能，防止酸雨等大气污染物对涂层的侵蚀作用。

**推荐指数：**★★★★★

## No. 4　金高丽 KGE

生产企业：KGE 金高丽集团

品牌价值：★★★★☆

规模与产能：★★★★★

渠道开发：★★★★☆

智能化生产力：★★★★★

技术服务能力：★★★★☆

**推荐理由：**金高丽作为中国涂料品牌的代表，是一家专注研发、生产、销售铝型材、铝单板用氟碳涂料、粉末涂料；钢结构、桥梁、船舶等用防腐涂料以及涂料所需要的树脂、颜料、助剂等各种涂料的上游原材料的现代化技术企业。氟碳涂料销量稳居市场占有率第一；粉末涂料市场目前占有率前三、中期目标占有率第一；中国前十大铝型材和铝单板企业最主要供应商之一。

**推荐指数：**★★★★☆

## No. 5　瀚森 HENTZEN

生产企业：瀚森新材料（南京）有限公司
品牌价值：★★★★☆
规模与产能：★★★★☆
渠道开发：★★★★☆
智能化生产力：★★★★★
技术服务能力：★★★★★

**推荐理由：** 瀚森 Hentzen 始创于 1923 年，至今有 100 年历史，产品广泛应用于建筑、农业机械、汽车、IT 及新能源等领域。瀚森新材料（南京）有限公司 2018 年在江苏南京建厂，金属绑定粉末及绝缘粉末为公司的主力产品，金属绑定粉末以优异的质量、批次颜色稳定享有较高的知名度。

**推荐指数：** ★★★★☆

## No. 6　艾仕得 Axalta

生产企业：艾仕得涂料系统（上海）有限公司
品牌价值：★★★★★
规模与产能：★★★★☆
渠道开发：★★★★☆
智能化生产力：★★★★★
技术服务能力：★★★★★

**推荐理由：** 艾仕得始于 1866 年，总部位于美国费城，由原“杜邦高性能涂料”更名而来。作为全球领先的涂料系统提供商之一，主要以生产液体涂料和粉末涂料为主。

**推荐指数：** ★★★★☆

**粉末涂料市场综述：** 行业内品牌差异度巨大，以老虎、阿克苏诺贝尔、PPG、瀚森、金高丽、艾仕得等品牌作为领军者、头部企业，产品品质稳定且突出。其品牌附加值所收获的行业红利，绝大部分用于了二次市场挖掘，与技术研发、产品创新、生产线更新，纷纷在多地建厂，积极拓展服务渠道。

**特种兵——化学锚栓**

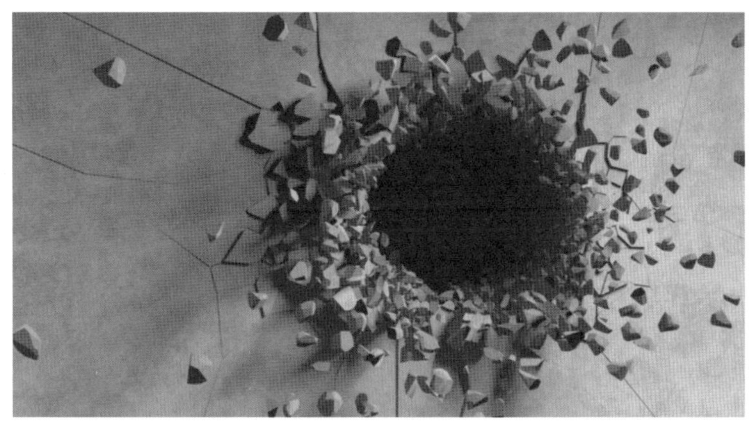

安全、高效、牢固、坚韧……一切的溢美之词和褒奖，都是对锚栓诞生后为建筑带来巨大作用的诠释。它是“装甲兵”，能够完成建筑结构与安全搭接的重要任务；它是“工程兵”，助力建筑师天马行空的复杂设计与奇特构想落地；它更是建筑五金领域的“特种兵”——利刃出鞘、笃行实干、锚定目标、出奇制胜。本年度获得推荐的【化学锚栓】品牌包括：

**No. 1　慧鱼 fischer**

生产企业：慧鱼（太仓）建筑锚栓有限公司
品牌价值：★★★★★
规模与产能：★★★★★
渠道开发：★★★★☆
智能化生产力：★★★★★
技术服务能力：★★★★★

**推荐理由：** 秉承德国慧鱼的"创造力"与"高品质"的理念，慧鱼中国以其无缺的产品设计与优质的服务体系，已成为同行中的佼佼者。在当今国内大型标志性建筑项目中，都可看到慧鱼产品发挥的作用。可以说锚栓能够在建筑，特别是在幕墙中的大量推广和应用，这绝对是一条成功跃过龙门的"鱼"。

**推荐指数：** ★★★★★

## No. 2　喜利得 HILTI

生产企业：喜利得（中国）有限公司

品牌价值：★★★★★

规模与产能：★★★★★

渠道开发：★★★★☆

智能化生产力：★★★★☆

技术服务能力：★★★★★

**推荐理由：** 喜利得为全球建筑行业提供高品质的技术领先产品和产品系统，并提供具有创新解决方案和超高附加值的专业服务。喜利得（中国）有限公司以其先进的植筋、锚栓设计软件（EXBAR/PROFIS），配上全球工程技术服务，在针对建筑行业的专业客户，研发、生产并销售高附加价值的产品方面，长期处于行业领跑地位。

**推荐指数：** ★★★★☆

## No. 3　倍络得 PRUDENTIAL

生产企业：倍络得（上海）国际贸易有限公司

品牌价值：★★★★☆

规模与产能：★★★★☆

渠道开发：★★★★☆

智能化生产力：★★★★☆

技术服务能力：★★★★☆

**推荐理由：** 倍络得品牌源自英国，是较早进入国内的锚固产品国际品牌之一。作为一家专业的建筑锚固系统解决方案公司，倍络得（上海）国际贸易有限公司多年来专注于建筑锚固域紧固件系统的研发、制造、销售，在业界树立了良好的品牌。产品拥有 50 年超长质保，能抵抗 9 度超强地震，品质优良，在国内服务了众多高端客户与经典项目。

**推荐指数：**★★★★☆

## No. 4　韬品 TOPIN

生产企业：韬品（上海）国际贸易有限公司

品牌价值：★★★★☆

规模与产能：★★★★☆

渠道开发：★★★★☆

智能化生产力：★★★★☆

技术服务能力：★★★★☆

**推荐理由：**TOPIN（韬品）隶属于英国韬品工业公司，是全球建筑锚栓以及高性能槽式预埋件的标志品牌。其建筑锚栓、背栓、植筋胶等产品系列以及带翼锥形螺栓、特殊后扩底机械螺栓、双锥面注胶背栓、超薄板材的锚固方法，成为国内众多建筑幕墙项目中的首选。

**推荐指数：**★★★★☆

## No. 5　德韦斯 DOWISE

生产企业：德韦斯（上海）建筑材料有限公司

品牌价值：★★★★☆

规模与产能：★★★★☆

渠道开发：★★★★☆

智能化生产力：★★★★

技术服务能力：★★★★☆

**推荐理由：**德韦斯 DOWISE 专门致力于建筑锚固系统领域，拥有背栓、化学锚栓、预埋槽等产品，产品性能安全高效，能为项目带来节能与经济效益，是国内众多标志项目的首选合作供应商。

**推荐指数：**★★★★☆

## No. 6　斯泰 STAN

生产企业：浙江斯泰新材料科技股份有限公司

品牌价值：★★★★☆

规模与产能：★★★★☆

渠道开发：★★★★☆

智能化生产力：★★★★☆

技术服务能力：★★★★☆

**推荐理由：**意大利 Filmcutter Advanced Material S. R. L. 诞生于 2008 年，拥有业内独一无二的高精设备与特色生产工艺，获得了 ISO 9001、TUV、UL 和 JET 的权威认证以及国际市场的广泛认可。由国内运营商——上海安皑迪提供服务的 GSD 锚栓品牌，专注于 BIPV 光伏建筑一体化，建筑幕墙 TVF 结构系统及锚固等产品。

**推荐指数：**★★★★☆

## No. 7　安皑迪 GSD

生产企业：上海安皑迪实业有限公司

品牌价值：★★★★☆

规模与产能：★★★★☆

渠道开发：★★★★☆

智能化生产力：★★★★☆

技术服务能力：★★★★☆

**推荐理由：**意大利 Filmcutter Advanced Material S. R. L. 诞生于 2008 年，拥有业内独一无二的高精设备与特色生产工艺，获得了 ISO 9001、TUV、UL 和 JET 的权威认证以及国际市场的广泛认可。由国内运营商——上海安皑迪提供服务的 GSD 锚栓品牌，专注于 BIPV 光伏建筑一体化，建筑幕墙 TVF 结构系统及锚固等产品。

**推荐指数：**★★★★☆

## No. 8　美吉斯通 MGS

生产企业：美吉斯通建筑材料（苏州）有限公司
品牌价值：★★★★☆
规模与产能：★★★★☆
渠道开发：★★★★☆
智能化生产力：★★★★☆
技术服务能力：★★★★☆

**推荐理由：**源自美国的 MGS 品牌，对于全世界的建筑行业来说，都是值得信赖的合作伙伴。美吉斯通建筑材料（苏州）有限公司作为其中国分支机构拥有出色的技术团队，随时为用户提供咨询、研发、培训、实施及售后五大服务，致力于对客户的需求进行不断的沟通和剖析，为客户提供“专业，快速，最优”的解决方案。

**推荐指数：**★★★★☆

化学锚栓市场综述：产品品质在市场内良莠不齐，这使得行业内对品牌度更加重视，慧鱼、喜利得、韬品、德韦斯、倍络得、斯泰、坚朗科兴等顶尖品牌的锚栓企业，在市场内以产品品质、性能出色，项目案例丰富，应用面广等优势，得到了房地产、建筑业，以及门窗幕墙行业的广泛的认可，品牌价值及美誉度满满。

**防“片”手册｜PVB、SGP、EVA 玻璃胶片**

安全高品质、绿色低碳化——成为了新阶段的发展主基调，门窗幕墙的安全、绿色、低碳、节能……需要配套材料的进一步升级。玻璃作为建筑中应用面最广的现代面材，在门窗幕墙项目中得到了房地产、业主方以及建筑师的推崇，而存在于玻璃与玻璃之间的“胶片”成为了安全、绿色的关键。在建筑领域中，主要以PVB、SGP、EVA三种材质为主。本年度获得推荐的【玻璃胶片】品牌包括：

**PVB类**

**No. 1 杜邦**

DUPONT

生产企业：杜邦公司
品牌效应：★★★★★
创研能力：★★★★★
项目案例：★★★★☆
销售网络：★★★★☆
团队服务：★★★★★

**推荐理由：**杜邦是全球领先的聚乙烯丁醛（PVB）安全夹层供应商，他们在全世界广泛使用的安全玻璃中间层，提供透明、半透明的白色和其他几种流行的固体色调，用于美观效果或光透射率的控制。

**推荐指数：**★★★★★

**No. 2 积水**

SEKISUI

生产企业：日本积水化学工业株式会社
品牌效应：★★★★☆
创研能力：★★★★★
项目案例：★★★★☆
销售网络：★★★★★
团队服务：★★★★☆

**推荐理由：**S-LEC™ Film是夹在建筑夹层玻璃中间，发挥各项性能的中间膜。产品除了拥有安全中间膜、高性能中间膜及装饰性中间膜。积水的膜生产技术，给玻璃带来更多功能，更多地满足了现在建筑的各种需求。

**推荐指数：**★★★★☆

## No. 3　诺德

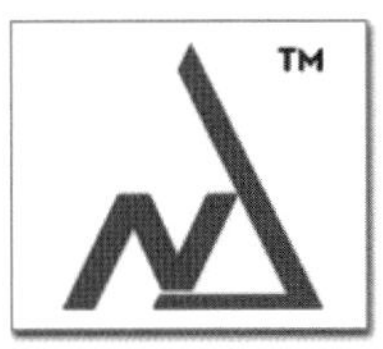


生产企业：吉林诺德高科新材料有限公司

品牌效应：★★★★☆

创研能力：★★★★☆

项目案例：★★★★☆

销售网络：★★★★★

团队服务：★★★★☆

**推荐理由：**吉林诺德高科新材料有限公司是业内少数几家拥有PVB原料树脂粉的厂家，通过与长春工业大学建立长期的产学研究合作关系，共同对高性能树脂中间膜进行开发、研究，在产品工艺调整、质量提升方面实现与国际化接轨。

**推荐指数：**★★★★☆

## No. 4　恒特

生产企业：江苏大瑞恒特科技有限公司

品牌效应：★★★★☆

创研能力：★★★★☆

项目案例：★★★★☆

销售网络：★★★★★

团队服务：★★★★☆

**推荐理由：**江苏大瑞恒特科技有限公司专注于聚乙烯醇缩丁醛（PVB）中间膜生产、销售、创新研发其PVB产品广泛应用于建筑、汽车、光伏、航天、国防等众多领域。品牌致力于服务国内外高、中、低端客户，产能和销售额一直以来稳步增长，产品远销欧美、东南亚、中东、非洲等二十多个国家和地区，“恒特PVB”品牌得到了业界的广泛认同。

**推荐指数：**★★★★☆

## No. 5　集昌

生产企业：唐山集昌新材料有限公司

品牌效应：★★★★☆

创研能力：★★★★☆

项目案例：★★★★☆

销售网络：★★★★☆

团队服务：★★★★☆

**推荐理由：**唐山集昌新材料有限公司坐落于渤海之滨唐山的嘴东经济开发区，占地面积105亩，拥有4条装备有法国思肯德公司的自动模头、采用双螺杆挤出工艺和过水冷却方式、幅宽3000～3600m全自动生产线，具备年生产1.2万吨环保且高性能的PVB玻璃夹层中间膜的能力，能够生产透明、半透明、F绿、乳白、瓷白等多种颜色，各种规格PVB系列产品。

**推荐指数：**★★★★☆

### SGP类

## No. 1　可乐丽

生产企业：日本可乐丽株式会社

品牌效应：★★★★★

创研能力：★★★★☆

项目案例：★★★★☆

销售网络：★★★★☆

团队服务：★★★★★

**推荐理由：**日本可乐丽株式会社成立于1926年6月24日，是日本著名的综合类化学工业集团，主要从事化学合成树脂、纤维、功能材料、医疗用品的生产与销售。后成功收购了“美国杜邦公司”的SGP产品专利及生产线。

**推荐指数：**★★★★★

## No. 2　晶盾

生产企业：江苏晶盾新材料科技有限公司

品牌效应：★★★★☆

创研能力：★★★★★

项目案例：★★★★☆

销售网络：★★★★☆

团队服务：★★★★☆

**推荐理由：**经由多年的行业对比、分析，江苏晶盾新材料科技有限公司由团队自主研发原料配方，自行设计专用自动化生产设备，建设国际现代化标准无尘生产车间，配合专业严格的生产自动化管理体系，整合出一套完全闭合的生产流程。

**推荐指数：**★★★★☆

## No. 3　安固高科

生产企业：安徽安固高科有限公司

品牌效应：★★★★☆

创研能力：★★★★☆

项目案例：★★★★☆

销售网络：★★★★★

团队服务：★★★★☆

**推荐理由：**安徽安固高科有限公司作为一家致力于改善玻璃、纤维等材料综合性能的创新型科技公司，已建立成熟的研发生产基地，拥有国际一流水准生产线，可提供宽 SGP 离子型中间膜的生产。同时，在 TPU 防弹膜和 SGP 离子型中间膜领域打破了国外垄断，实现了国产化。

**推荐指数：**★★★★☆

## No. 4　群安

生产企业：东莞市群安塑胶实业有限公司
品牌效应：★★★★☆
创研能力：★★★★☆
项目案例：★★★★☆
销售网络：★★★★☆
团队服务：★★★★☆

**推荐理由：**东莞市群安塑胶实业有限公司始终秉承以科技为先导、以创新求发展、以质量求生存的企业精神；贯彻国家现阶段大力支持高新技术企业建设，注重新领域、新材料、新产品发展的宏观政策。

**推荐指数：**★★★★☆

**EVA 类：**

## No. 1　杜邦

生产企业：杜邦公司
品牌效应：★★★★★
创研能力：★★★★★
项目案例：★★★★★
销售网络：★★★★☆
团队服务：★★★★☆

**推荐理由：**杜邦是全球领先的 EVA 玻璃安全夹层供应商，在建筑应用中，杜邦产品的项目成功案例及市场占有率均遥遥领先。

**推荐指数：**★★★★★

## No. 2　赞晨

生产企业：广州市赞晨新材料科技有限公司
品牌效应：★★★★☆
创研能力：★★★★★
项目案例：★★★★☆
销售网络：★★★★★
团队服务：★★★★☆

**推荐理由：**广州市赞晨新材料科技有限公司主要从事 EVA 太阳能光伏膜、EVA 玻璃膜的开发、生产和销售，团队已有近 26 年的行业经验。

**推荐指数：**★★★★

## No. 3　海优威

生产企业：上海海优威新材料股份有限公司
品牌效应：★★★★☆
创研能力：★★★★☆
项目案例：★★★★☆
销售网络：★★★★★
团队服务：★★★★☆

**推荐理由：**上海海优威新材料股份有限公司是一家以薄膜技术为核心的高新技术企业。公司聚焦于新型薄膜材料的研发与制造，已成为行业内最重要、最有影响力的封装材料供应商之一。

**推荐指数：**★★★★☆

## No. 4　斯威克

生产企业：江苏斯威克新材料股份有限公司

品牌效应：★★★★☆

创研能力：★★★★☆

项目案例：★★★★☆

销售网络：★★★★☆

团队服务：★★★★☆

**推荐理由：**江苏斯威克新材料股份有限公司成立于 2005 年，原名深圳斯威克，注册资本 4000 万元，主要从事太阳能 EVA 胶膜的研发、生产和销售，处于光伏产业链的上游。

**推荐指数：**★★★★☆

## No. 5　阳明达

生产企业：安徽省阳明达新材料科技有限公司

品牌效应：★★★★☆

创研能力：★★★★☆

项目案例：★★★☆☆

销售网络：★★★★☆

团队服务：★★★★☆

**推荐理由：**安徽省阳明达新材料科技有限公司投资规模为 8000 万元，拥有五条先进流延挤出机组和一条多层共挤流延机组，是一家专业生产调光玻璃胶片 EVA 太阳能电池胶膜的技术型企业。

**推荐指数：**★★★★☆

玻璃胶片市场综述：在建筑门窗幕墙行业中大多数甲方、工程企业只重视玻璃品质及价格，玻璃夹层胶片往往容易被忽视，虽然市场忽视这些小的环节，仅看到整体的项目效果，但其实每一个细小的环节中都有“大文章”。

PVB类中的杜邦、积水、诺德；SGP类中的可乐丽、晶盾、安固高科、群安；EVA类中的杜邦、赞晨、海优威、斯威克、阳明达等把握住了市场脉搏，他们在市场上的产品质量有着关键技术指标控制和管理，拥有足够丰富的项目案例，他们成为市场的核心和佼佼者。

**降耗能手——遮阳系统**

建筑能耗要想达到社会平均能耗的40%，需要从建筑材料选择以及设计等多方面着手。众多的方案中，采用减少空气渗透或者降低传热系数等手段的作用很有限，而外遮阳对于降低外窗的负荷和能耗，让建筑整体降低能耗起着重大的作用。本年度获得推荐的【遮阳系统】品牌包括：

### No. 1　威卢克斯

生产企业：威卢克斯集团

品牌价值：★★★★★

规模与产能：★★★★★

渠道开发：★★★★☆

智能化生产力：★★★★★

技术服务能力：★★★★★

**推荐理由：**威卢克斯集团一直致力于遮阳系统产品的研究开发，尤其是遮阳系统产品已形成集研发、生产、销售、服务于一体，配备了数量众多的现代高精度生产加工设备，至今已有80多年的历史，在全球40多个国家和地区设有分公司。

**推荐指数：**★★★★★

**No. 2　利日斯玛特**

生产企业：无锡利日能源科技有限公司

品牌价值：★★★★☆

规模与产能：★★★★☆

渠道开发：★★★★☆

智能化生产力：★★★★☆

技术服务能力：★★★★☆

**推荐理由：**无锡利日能源科技有限公司致力于研发更多节能的、高效的，并适合中国的智能遮阳产品和系统，令您进入更加时尚，环保，低碳的高尚品味生活，为我国的节能减排低碳贡献价值。企业拥有多项国际专利，在智能遮阳系统开发领域拥有超前性。

**推荐指数：**★★★★☆

**No. 3　尚飞**

生产企业：尚飞集团

品牌价值：★★★★★

规模与产能：★★★★☆

渠道开发：★★★☆☆

智能化生产力：★★★★☆

技术服务能力：★★★☆☆

**推荐理由：**尚飞集团为法国上市公司，是具世界领导地位的建筑遮阳及门窗自动化系统的专业制造商，总部在法国，在中国设有分公司。在过去近40年来，尚飞集团一直致力于和全球建筑师、生态能源研究机构等一起合作，通过智能遮阳和门窗自动化节省能耗，保护生态环境。

**推荐指数：**★★★★☆

遮阳系统市场综述：建筑中创新科技产品的应用，让市场新需求得到完美解决，尤其是在大公建、大场馆类建筑的门窗、幕墙和采光顶、金属屋面，当危险发生时开窗更加安全，日常通风更加舒适自然，威卢克斯、利日斯玛特、尚飞、青鹰、名成等企业产品得到广泛应用。借助智能光感、雨感等功能加持，还能在适当的天气环境下，带来更佳的居住与办公环境体验。

**智慧之星——电动开窗器**

科创新星、安全之星、智能担当还是懒人神器，曾在电影中不断被人熟悉的电动开启，进入了千家万户；科技的力量正在改变着老百姓的家居生活方式，大雨天不用怕，火灾排烟不用愁。同时，电动开启与智能控制的一体化，让门窗的“开放”成为了最具科技含量的家居“智慧之星”。本年度获得推荐的【电动开窗器】品牌包括：

## No. 1　丝吉利娅

生产企业：德国丝吉利娅奥彼窗门五金（中国）公司
品牌价值：★★★★★
规模与产能：★★★★★
渠道开发：★★★★☆
智能化生产力：★★★★★
技术服务能力：★★★★★

**推荐理由：**丝吉利娅拥有悠久的制造经验，使丝吉利娅堪称当今高档窗门五金件和单体式通风器、电动开启的领先企业之一。德国丝吉利娅奥彼窗门五金（中国）公司产品不断发展更新以满足建筑设计师、门窗厂和建筑商的各种新的要求。在通风技术领域上，拥有国际公认的、持续增长、同步和超前开发的业务能力和强劲潜力。

**推荐指数：**★★★★★

## No. 2　盖泽

生产企业：德国盖泽有限公司

品牌价值：★★★★★

规模与产能：★★★★☆

渠道开发：★★★★☆

智能化生产力：★★★★★

技术服务能力：★★★★☆

**推荐理由：**德国盖泽有限公司创建于1863年，国际最专业建筑五金产品的厂家之一，凭借优良的产品品质以及人性化设计，使其在全球拥有较高的声誉。智能型电动开启产品品质优良、具备人性化设计，同时具备高水平的质量保障体系和有效的质量管理体系。

**推荐指数：**★★★★☆

## No. 3　让普威

生产企业：浙江普威新材料有限公司

品牌价值：★★★★★

规模与产能：★★★★☆

渠道开发：★★★★☆

智能化生产力：★★★★☆

技术服务能力：★★★★☆

**推荐理由：**浙江普威新材料有限公司作为英国固力五金制品有限公司全资子公司，品牌“让普威”诞生于2010年，生产基地位于浙江安吉县塘浦工业园区，占地达到60亩，员工总人数超600人。其中，技术研发团队近百人，以“让产品说话”为质量方针，专攻智能开窗器、消防排烟系统、智能家居的全套解决方案。公司是国内为数不多做到自主研发、制造、销售和安装服务，且市场占有率较高的外资企业。

**推荐指数：**★★★★☆

## No. 4　迈联

生产企业：上海迈联建筑技术有限公司

品牌价值：★★★★☆

规模与产能：★★★★☆

渠道开发：★★★★☆

智能化生产力：★★★★☆

技术服务能力：★★★★☆

**推荐理由：**上海迈联建筑技术有限公司专注于自然排烟窗系统、性能防雨通风百叶系统、建筑外遮阳系统等，在自然排烟窗系统领域，多次参与国标和地标的编制；同时与欧洲Kingspan（Brakel、STG）合作为市场提供业内最优质的产品与服务，所研发的基于物联网的智能化自然排烟系统，能够对排烟窗进行可视化管理和点对点控制，为实现智慧建筑，智慧消防，绿色节能提供强有力的保障。

**推荐指数：**★★★★☆

## No. 5　博攀

生产企业：浙江普威新材料有限公司

品牌价值：★★★★☆

规模与产能：★★★★☆

渠道开发：★★★★☆

智能化生产力：★★★★☆

技术服务能力：★★★★☆

**推荐理由：**创办于2013年的浙江普威新材料有限公司，专业从事消防排烟系统、智能通风系统、智能家居的研发、生产、销售与安装服务，拥有专精特新企业、国家高新技术企业等荣誉称号。公司凭借先进的技术和持续的研发投入，实现了全面智能网络控制，将国际化、标准化的产品及服务应用于航站楼、高端住宅、商业写字楼、会展中心、体育场馆等领域。

**推荐指数：**★★★★☆

## No.6 宏泽

生产企业：广东宏泽智能科技有限公司
品牌价值：★★★★☆
规模与产能：★★★★☆
渠道开发：★★★★☆
智能化生产力：★★★★☆
技术服务能力：★★★★☆

**推荐理由：** 广东宏泽智能科技有限公司作为一家致力于电动开窗器、智能通风以及排烟排热窗控系统、电动遮阳百叶产品“专家型”企业，通过引进消化吸收欧洲的技术和设计理念，拥有“一揽子”针对不同场景、差异化需求的产品解决方案，可满足不同消费群体在电动开启及遮阳节能方面的需求。同时，团队具有较强的自主研发能力，为“宏泽”品牌系列产品的稳定质量提供了保障。公司具有丰富的案例实操经验。

**推荐指数：** ★★★★☆

## No.7 奥维斯

生产企业：苏州奥维斯智能门窗有限公司
品牌价值：★★★★☆
规模与产能：★★★★☆
渠道开发：★★★★☆
智能化生产力：★★★★☆
技术服务能力：★★★★☆

**推荐理由：** 苏州奥维斯智能门窗有限公司是一家专业研发、生产并销售各类电动开窗器、手动开窗器、电动遮阳百叶、消防（通风）控制箱以及各类控制部件和机械配件等的科技型企业。作为国家级高新技术企业，公司通过引进欧洲先进的产品技术和设计理念，成为呼和浩特、菏泽、宜兴、南通等多个机场项目以及全国众多吾悦广场的首选开窗器供应商。同时，公司旗下多款产品通过公安部国家消防检测中心的检测，并取得了国家消防产品认证证书。

**推荐指数：** ★★★★☆

## No. 8　宁波东天

生产企业：宁波神州东天电子科技有限公司
品牌价值：★★★★☆
规模与产能：★★★☆
渠道开发：★★★★☆
智能化生产力：★★★★☆
技术服务能力：★★★★☆

**推荐理由：**宁波神州东天电子科技有限公司是一家专业从事技术研发、生产和销售智能设备、楼宇控制系统的研发公司，电动开窗器是公司主营业务之一，同浙江大学及宁波大学联合成立科技转化平台，遵循“人性设计，精益求精”的钻研精神，把优良的产品带到千家万户，共创美好未来。

**推荐指数：**★★★★☆

## No. 9　贝斯塔曼

生产企业：贝斯塔曼自动化科技（苏州）有限公司
品牌价值：★★★★☆
规模与产能：★★★★☆
渠道开发：★★★☆☆
智能化生产力：★★★★☆
技术服务能力：★★★★☆

**推荐理由：**贝斯塔曼象征着产品、流程和服务的创新以及一流品质，贝斯塔曼自动化科技（苏州）有限公司实现优化解决方案，将功能、安全、与设计感融为一体。其具有精湛的制造工艺，秉承“高标准、精细化、零缺陷”的管理理念，为门窗类电机实现“精细化中国制造”增添新的活力。

**推荐指数：**★★★★☆

## No. 10　深圳东天

生产企业：深圳东天五金制品有限公司

品牌价值：★★★★☆

规模与产能：★★★★☆

渠道开发：★★★★☆

智能化生产力：★★★★☆

技术服务能力：★★★★☆

**推荐理由：**深圳东天五金制品有限公司是一家集研发、设计、制造、销售、服务及咨询于一体的专业建筑五金公司。作为房地产龙头华润、建筑业领军者中建等供应商品牌，公司汇集了一批经验丰富的设计师、工程师、高级技工以及专业的施工队伍，使公司产品一直处于业界先进水平，成为了门窗幕墙行业在华南区域的一颗明珠。

**推荐指数：**★★★★☆

电动开窗器市场综述：品牌化企业“隐形却不普通”，丝吉利娅、盖泽、让普威、博攀、迈联、宏泽、宁波东天、奥维斯、贝斯塔曼、深圳东天等均重视品牌，注重科技化发展，努力的成长，使其成为了细化领域的“冠军”。

**建筑铠甲——幕墙铝板**

建筑外立面的美观与多变造型，需要坚固与耐用的“外衣”，如果能够历经数十年风雨的侵蚀而丝毫不变的，起到“建筑铠甲”作用的，放眼全球建筑材料——铝板当仁不让的成为首选，它能够历久弥新，而且易于回收再利用，如此优秀的“建筑铠甲”无法不爱。本年度获得推荐的【幕墙铝板】品牌包括：

**No. 1　方大**

生产企业：方大集团

品牌价值：★★★★★

规模与产能：★★★★★

渠道开发：★★★★☆

智能化生产力：★★★★☆

技术服务能力：★★★★☆

**推荐理由：**方大集团一直致力于金属幕墙装饰产品的研究开发，尤其是铝板产品，已形成集研发、生产、销售、服务于一体的大型铝板生产加工基地，配备了数量众多的现代高精度生产加工设备。多年来，携手方大集团在幕墙、建筑等领域品牌影响力，已成为铝板领域的“DA”品牌。

**推荐指数：**★★★★☆

**No. 2　中港**

生产企业：湖北中港金属制造有限公司

品牌价值：★★★★★

规模与产能：★★★★★

渠道开发：★★★★☆

智能化生产力：★★★★★

技术服务能力：★★★★☆

**推荐理由：**品牌的集团总部位于湖北省武汉市，是业界公认的“幕墙铝单板 TOP 品牌”。旗下在湖北省咸宁市和湖南省湘西州，分别建立了两个大型的生产基地。产品更是涵盖铝单板、铝蜂窝板、铜铝复合板、钛锌复合板、双曲铝板等金属装饰材料，凭借齐全的产品线，雄厚的技术力量，可提供全套金属幕墙及装饰面板解决方案，是集研发、生产、销售和技术服务于一体的现代化企业。

**推荐指数：**★★★★☆

## No. 3　鑫泰

生产企业：河南鑫泰铝业有限公司

品牌价值：★★★★★

规模与产能：★★★★★

渠道开发：★★★★☆

智能化生产力：★★★★☆

技术服务能力：★★★★☆

**推荐理由：**河南鑫泰铝业有限公司供货周期快、加工能力强、质量有保证。从原材料到深加工"一体化"的建筑铝单板品牌，除拥有丰富的产品线以外，6061T6高强度铝单板更是其拳头产品。同时，作为"铝板系"的全产业链龙头企业，要向国内众多的用户供应卷材、板材等原材料，因此也被誉为高品质铝板的"孵化器"。

**推荐指数：**★★★★☆

## No. 4　阿鲁克邦

生产企业：阿鲁克邦复合材料（江苏）有限公司

品牌价值：★★★★★

规模与产能：★★★★☆

渠道开发：★★★★☆

智能化生产力：★★★★★

技术服务能力：★★★★☆

**推荐理由：**阿鲁克邦是复合铝板材料产品的先行者，在世界众多国家设立了分公司，产品品质极佳，管理体系先进，研发能力出色，能提供完整的系统解决方案。作为铝板行业的高端品牌，阿鲁克邦一直是建筑圈"贵族"身份的代言人。

**推荐指数：**★★★★☆

## No. 5 建汉

生产企业：佛山市南海英吉威铝建材有限公司
品牌价值：★★★★☆
规模与产能：★★★★★
渠道开发：★★★★☆
智能化生产力：★★★★☆
技术服务能力：★★★★☆

**推荐理由：**建汉集团下属的佛山市南海英吉威铝建材有限公司，拥有先进的数控钣金加工设备，配备了日本兰氏全自动静电氟碳涂线、数控冲床、数控剪板机、数控折弯机及全自动真空吸塑热转印机、数控热压机等多套先进的高精度的幕墙产品生产加工设备，是我国目前规模较大的幕墙装饰铝板生产企业。

**推荐指数：**★★★★☆

## No. 6 银霸

生产企业：佛山市南海银霸装饰材料有限公司
品牌价值：★★★★☆
规模与产能：★★★★☆
渠道开发：★★★★☆
智能化生产力：★★★★☆
技术服务能力：★★★★☆

**推荐理由：**佛山市南海银霸装饰材料有限公司致力实现“0差错”。“银霸”品牌创立于2010年，专业生产双曲板、遮阳铝、氟碳幕墙铝板、氧化铝板、不锈钢、天花格栅、铝方通、铸造铝件、瓦楞板等建筑用铝材相关产品。企业以“想客人之所想，急客人之所急”的价值观，正在向着铝板装饰行业最受欢迎品牌之路前行。

**推荐指数：**★★★★☆

## No.7 东南九牧

生产企业：北京东南九牧铝业有限公司
品牌价值：★★★★☆
规模与产能：★★★★☆
渠道开发：★★★★☆
智能化生产力：★★★★☆
技术服务能力：★★★★☆

**推荐理由：** 北京东南九牧铝业有限公司成立于2006年，一直致力于高端金属行业研发、生产、销售与服务，现主要产品为室内外铝单板、吸声板、仿石材仿木纹铝板、蜂窝复合板等各类金属制品定制、型材来料喷涂以及各类不锈钢制品、各类标识的加工。公司在我国拥有华北和西北两大生产基地，代表项目覆盖商业建筑、医院建筑、铁路建筑、市政工程等。

**推荐指数：** ★★★★☆

## No.8 筑能

生产企业：广东筑能实业发展有限公司
品牌价值：★★★★☆
规模与产能：★★★★☆
渠道开发：★★★★☆
智能化生产力：★★★★☆
技术服务能力：★★★★☆

**推荐理由：** NGB筑能品牌由龙督实业集团与筑能建材集团联合创办，投入大量自动化工业设备，以先进的自动化生产线和创新技术，建成规模化研发制造基地。广东筑能实业发展有限公司具备高精度、高产能、高质量的生产水平，旨在打造高端铝板品牌，致力于成为华南地区最具行业影响力的领先企业之一。

**推荐指数：** ★★★★☆

## No. 9 至高

生产企业：广东至高金属科技有限公司
品牌价值：★★★★☆
规模与产能：★★★★☆
渠道开发：★★★★☆
智能化生产力：★★★★☆
技术服务能力：★★★★☆

**推荐理由：**至高品牌坚持品质、创新、经验、服务和诚信，拥有从铝板到各类装饰铝线条，拥有遮阳系统的研发、设计、生产制造能力。其独特的材料加工工艺、专业经验和专利产品，为各类客户提供优越的金属板条产品解决方案。

**推荐指数：**★★★★☆

## No. 10 巨星铭创

生产企业：四川巨星铭创科技集团有限公司
品牌价值：★★★★☆
规模与产能：★★★★☆
渠道开发：★★★★☆
智能化生产力：★★★★☆
技术服务能力：★★★★

**推荐理由：**巨星铭创作为铝板行业的“巨人”，四川巨星铭创科技集团有限公司旗下设有12家子公司，三大厂区总占地超过15万平方米，设计年产能突破500万平方米。生产的氟碳铝单板、铝蜂窝板、镂空铝板、拉伸网孔板、内装吊顶条扣板、铝质天花等系列产品，应用于全国各地的门窗幕墙项目之中。

**推荐指数：**★★★★☆

## No. 11　环虹秀

生产企业：佛山市南海环虹金属建材有限公司
品牌价值：★★★★☆
规模与产能：★★★★☆
渠道开发：★★★★☆
智能化生产力：★★★★☆
技术服务能力：★★★★☆

**推荐理由：**佛山市南海环虹金属建材有限公司拥有江西宜春和海南里水“双基地”工厂，“环虹秀”作为国内铝合金蜂窝板、金属幕墙（铝单板）、金属吊顶（金属天花板及配套产品）品牌，与众多国内企业建立密切的合作关系。团队具备较强的专业技术实力，并且有一支管理有素、的生产、安装及营销队伍，在同行界具有较高的声誉。

**推荐指数：**★★★★☆

## No. 12　诚帆

生产企业：安徽诚帆新型建材有限公司
品牌价值：★★★★☆
规模与产能：★★★★☆
渠道开发：★★★★☆
智能化生产力：★★★★
技术服务能力：★★★★☆

**推荐理由：**安徽诚帆新型建材有限公司是安徽省铝板龙头企业，年产能达到150万平方米，销售额超过3亿元，产品在江浙沪等建筑业发达地区的市场占有率较高，拥有一定的品牌知名度。同时，作为安徽省门窗幕墙协会副会长单位以及安徽省民生改造工程首选品牌，其与全国多家地产与幕墙头部企业签订有战略合作关系，成为了工程铝板市场领域的“主力军”。

**推荐指数：**★★★★☆

## No. 13　四吉达

生产企业：成都四吉达新材料科技有限公司
品牌价值：★★★★☆
规模与产能：★★★★☆
渠道开发：★★★★☆
智能化生产力：★★★★☆
技术服务能力：★★★★☆

**推荐理由：**四吉达品牌创立20多年，针对建筑的金属外立面拥有丰富、完善的产品应用解决方案，也因此奠定了“四吉达”在西南地区的领跑者地位。成都四吉达新材料科技有限公司位于成都市金堂县成阿工业园区的生产基地，精选行业内先进的生产设备，配置了两条铝卷开平生产线、两条钣金生产线、一条蜂窝生产线、一条双曲生产线、一条高端木纹生产线、四条喷涂线，产业配套完整，年生产能力超200万平方米。

**推荐指数：**★★★★☆

## No. 14　金边

生产企业：香港金边实业有限公司
品牌价值：★★★★☆
规模与产能：★★★★☆
渠道开发：★★★★☆
智能化生产力：★★★★☆
技术服务能力：★★★★☆

**推荐理由：**香港金边实业有限公司是专业从事幕墙铝板、天花百叶窗屏风，及招牌装饰的企业，自1960年创立以来，从最初的“焗油”开始，在建筑行业、门窗幕墙以及专业领域久享盛名。

**推荐指数：**★★★★☆

## No. 15　新望

生产企业：广西平果新望新材料科技有限公司

品牌价值：★★★★☆

规模与产能：★★★★☆

渠道开发：★★★☆☆

智能化生产力：★★★★☆

技术服务能力：★★★★☆

**推荐理由**：诞生在革命历史文化名城——广西百色，依傍于同在平果工业园区集矿采、氧化铝、电解铝生产于一体的特大型冶炼企业——中铝广西分公司，广西平果新望新材料科技有限公司从成立之初就形成了“采、产、销”于一体的生态圈优势。品牌通过引进全套数控钣金、双曲拉伸以及全自动喷涂等智能化、数字化设备，年产能突破50万平方米。

**推荐指数**：★★★★☆

## No. 16　圆周

生产企业：北京圆周新材料有限公司

品牌价值：★★★★☆

规模与产能：★★★☆☆

渠道开发：★★★☆☆

智能化生产力：★★★★☆

技术服务能力：★★★★☆

**推荐理由**：北京圆周新材料有限公司作为一家专注于研发、生产节能环保新型金属材料的高新技术企业，其研发生产的集质量轻、强度高于一身的“派板”，成为了引领传统铝板行业的“变革者”。近年来，企业自主研发的“π系列”高强度复合铝板、蜂窝铝板、复合铝板和复合铝等系列产品，从施工便利、运输成本，到隔声、保温和防火性能等方面，均得到房地产、设计院以及门窗幕墙企业的一致好评。

**推荐指数**：★★★★☆

## No. 17　鑫顶霸

生产企业：安徽鑫顶霸新型建材科技有限公司

品牌价值：★★★★☆

规模与产能：★★★★☆

渠道开发：★★★★☆

智能化生产力：★★★★☆

技术服务能力：★★★★☆

**推荐理由：**安徽鑫顶霸新型建材科技有限公司坐落在华东中心城市——合肥，专业从事铝单板（冲孔、氟碳、木纹、石纹）以及铝幕墙、铝天花的研发、销售及服务。公司主打的“鑫顶霸”系列的单、双曲铝板，成为设计院和幕墙施工单位一致认可的外装工程材料。作为一家拥有3A级信用证书、A级重质量、重合同服务诚信的单位，充分发挥产业领军企业的代头作用，积极参与安徽省门窗幕墙协会、合肥市铝材商会的标准规范编制、规范市场准则的相关工作。

**推荐指数：**★★★★☆

## No. 18　致远星

生产企业：广西致远星铝业有限公司

品牌价值：★★★★☆

规模与产能：★★★★☆

渠道开发：★★★☆☆

智能化生产力：★★★★☆

技术服务能力：★★★★☆

**推荐理由：**广西致远星铝业有限公司是一家专业从事研发设计、生产制造和销售内外墙及吊顶装饰材料的铝精深加工企业，通过市场调研，结合“平果铝”的资源优势，引进国内外先进的生产工艺和设备，全力打造“致远星”品牌，致力于为“广西平果铝要搞”的伟大事业添色加彩。公司以广西平果铝为总生产基地，并在广东佛山开设分厂，总厂房面积超过2万平方米，铝单板的年设计生产能力达到200万平方米。

**推荐指数：**★★★★☆

**No. 19　雷诺丽特**

生产企业：广东雷诺丽特实业有限公司
品牌价值：★★★★☆
规模与产能：★★★★☆
渠道开发：★★★☆☆
智能化生产力：★★★★☆
技术服务能力：★★★★☆

**推荐理由：**广东雷诺丽特实业有限公司以传统文化的治理结构、雄厚的资本实力、规范化的企业运作、社会化的品牌形象，使企业得到了超常规发展，成为了行业新型建材的领军企业之一。

**推荐指数：**★★★★☆

**No. 20　西蒙**

生产企业：上海西蒙铝业有限公司
品牌价值：★★★☆☆
规模与产能：★★★★☆
渠道开发：★★★★☆
智能化生产力：★★★☆☆
技术服务能力：★★★★☆

**推荐理由：**上海西蒙铝业有限公司自创立以来，一直专注于金属铝板的研发、制造、销售以及应用服务，成为业界著名品牌，拥有良好的社会口碑，成功地服务于国内外大量优秀工程。其中，一些获得国家建筑工程鲁班奖的优秀项目，在金属板材料的应用中大量使用西蒙产品，其质量及技术在行业内获得一致口碑。

**推荐指数：**★★★★☆

**幕墙铝板市场综述：**配套材料虽小、虽杂，然其作用重大，每一个细小的环节中都有“大文章”。铝板行业以中港、方大、鑫泰、建汉、东南九牧、银霸、阿鲁克邦、亨特、筑

能、至高、巨星铭创、环虹秀、四吉达、诚帆、新望、鑫顶霸、致远星、金边等作为头部品牌或区域龙头的企业，在新产品研发、多模具设计及智能化设备方面大力投入，获得了喜人的成就，产品畅销国内外市场。

**安全卫士——防火玻璃**

对建筑而言，火灾是对财产与人身安全威胁最大的灾难之一，动辄数十上百人的伤亡、千亿级的财产损失……社会各界与科学家无时无刻不在寻找着降低火灾，保护安全的“法宝”。防火玻璃的出现成为了人身安全与财产保障有力的“卫士”，它能够隔热、阻燃，让火灾中的人们有充足的时间逃离，它是建筑门窗与幕墙工程的“安全卫士”。本年度获得推荐的【防火玻璃】品牌包括：

### No. 1　恒保

生产企业：鹤山市恒保防火玻璃厂有限公司
品牌价值：★★★★☆
规模与产能：★★★★★
渠道开发：★★★★☆
智能化生产力：★★★★☆
技术服务能力：★★★★☆

**推荐理由：**鹤山市恒保防火玻璃厂有限公司位于广东鹤山市，专业从事防火玻璃、防火玻璃门窗及其配套产品的研究与生产，同时兼营钢化玻璃、化学钢化玻璃等。

**推荐指数：**★★★★☆

## No. 2　施达沃

生产企业：施达沃防火科技（深圳）有限公司

品牌价值：★★★★☆

规模与产能：★★★★☆

渠道开发：★★★★☆

智能化生产力：★★★★★

技术服务能力：★★★★☆

**推荐理由：**施达沃防火科技（深圳）有限公司是一家享有盛誉的防火玻璃品牌公司，专注于A类隔热防火玻璃生产及研发，在防火系统、隔热防火玻璃行业一直处于前列。公司在广东河源高新区投资新建大型生产基地，成立自主品牌SDW。

**推荐指数：**★★★★☆

## No. 3　旌钢

生产企业：上海旌钢实业有限公司

品牌价值：★★★★☆

规模与产能：★★★★☆

渠道开发：★★★★☆

智能化生产力：★★★★☆

技术服务能力：★★★★☆

**推荐理由：**上海旌钢实业有限公司是国内幕墙领域较早专研防火玻璃应用以及从事防火系统设计、销售、服务和施工于一体的综合型技术企业，坚持专业人只做专业事，专为客户排忧解难的品牌理念，凭借拥有丰富施工、设计背景的行业资深专家，在华东地区拥有多数的案例。

**推荐指数：**★★★★☆

## No. 4　卫屋

生产企业：广东卫屋防火科技有限公司

品牌价值：★★★★☆

规模与产能：★★★★☆

渠道开发：★★★★☆

智能化生产力：★★★★☆

技术服务能力：★★★★☆

**推荐理由：**广东卫屋防火科技有限公司是一家集防火玻璃、防火门窗、防火幕墙等专业门窗及防火产品研发设计、生产制造、施工安装为一体的创新型高科技企业。作为一家国家级高新技术企业、“专精特新”企业，公司现拥有 3 个生产基地，共 3 万平方米，同时品牌注重产品创新与研发，拥有多项自主知识产权及相关专利，其软硬件配置达到国内高端门窗专业制造商的标准。

**推荐指数：**★★★★☆

## No. 5　晶顺

生产企业：武汉晶顺科技开发有限公司

品牌价值：★★★★☆

规模与产能：★★★★☆

渠道开发：★★★★☆

智能化生产力：★★★★☆

技术服务能力：★★★★☆

**推荐理由：**武汉晶顺科技开发有限公司成立于 2013 年，作为防火玻璃领域首批的国家高新技术企业、国家科技中小企业、湖北省“专精特新”中小企业，拥有防火玻璃系统、特种玻璃自动化智能生产线，年产量达 100 万平方米以上。公司产品通过中国质量认证中心和应急管理部天津消防研究所 3C 认证，同时，通过了绿色建材三星认证。

**推荐指数：**★★★★☆

## NO. 6　古工

生产企业：广东古工防火玻璃有限公司

品牌价值：★★★★☆

规模与产能：★★★★☆

渠道开发：★★★★☆

智能化生产力：★★★★☆

技术服务能力：★★★★☆

**推荐理由：**作为一家“老字号”，广东古工防火玻璃有限公司一直以防火玻璃、防火钢质门窗、防火隔断，防火幕墙系统产品技术的研发、生产及项目施工为经营主体；历经多年的沉淀与积累，防火类型产品获得多项国家专利和检测认可，是我国冷弯型钢、钢质门窗、防火隔断的原创品牌。产品在华为、华润、保利、华侨城、茂业、中国建筑，江河、三鑫、方大、广晟、力进等头部企业合作大型展馆、博物馆和机场等重点项目中得到应用。

推荐指数：★★★★☆

## No. 7　博安

生产企业：鹤山市博安防火玻璃科技有限公司

品牌价值：★★★★☆

规模与产能：★★★★☆

渠道开发：★★★★☆

智能化生产力：★★★★☆

技术服务能力：★★★★☆

**推荐理由：**鹤山市博安防火玻璃科技有限公司创办于2011年，企业经应急管理部消防产品合格评定中心认证，并通过ISO9001：2015质量管理体系认证，现拥有两大生产基地，总部占地面积3万平方米，第二生产基地占地面积2万平方米。博安拥有各类专业技术科研人才，采用国内外大型先进技术设备，并配备了优良的质检设施。

**推荐指数：**★★★★☆

## No. 8　皓晶

HAOJING®
皓晶集团

生产企业：皓晶控股集团股份有限公司

品牌价值：★★★★☆

规模与产能：★★★★★

渠道开发：★★★★☆

智能化生产力：★★★★★

技术服务能力：★★★★☆

**推荐理由：**“皓玻璃　晶品质!”作为青出于蓝的皓晶控股集团股份有限公司，配备了国际知名品牌的加工设备，具有先进的生产技术工艺，立足上海、辐射全国，具有较强的行业竞争力。公司主要专注于建筑玻璃、产业玻璃等领域，针对防火玻璃等深加工产品的研发与服务，覆盖领域广泛、技术实力雄厚。

**推荐指数：**★★★★☆

## No. 9　博立菲尔

生产企业：四川博立菲尔科技有限公司

品牌价值：★★★★☆

规模与产能：★★★★☆

渠道开发：★★★★☆

智能化生产力：★★★★☆

技术服务能力：★★★★☆

**推荐理由：**四川博立菲尔科技有限公司是一家专注于防火系统应用技术研发，集设计、生产、销售、安装于一体的新型材料企业，创业团队由来自中国玻璃领军企业的精英所组成。公司致力于为建筑项目提供安全、稳定的“镶玻璃构件”防火系统技术解决方案，目前已获得多项技术专利。通过反复试验与测试娴熟掌握合理应力 DFB 防火玻璃应用控制技术，并使其成为旗下防火玻璃产品的核心竞争力，未来在中高端建筑防火市场的发展前景出众。

**推荐指数：**★★★★☆

## No. 10　华岳

生产企业：山东泰山华岳玻璃有限公司
品牌价值：★★★★☆
规模与产能：★★★★☆
渠道开发：★★★★☆
智能化生产力：★★★★☆
技术服务能力：★★★★☆

**推荐理由：**山东泰山华岳玻璃有限公司成立于1996年，是一家专业从事安全玻璃、双曲多曲弯钢化、超大板平弯钢化玻璃、小半径钢化玻璃、数码打印玻璃等高端型玻璃深加工企业，坚持"小而美、专而精"的发展理念，拥有多套国际领先、国内独家的生产线及设备。

**推荐指数：**★★★★☆

防火玻璃市场综述：国内防火玻璃企业重视研发及生产，产品品质优良，有恒保、旌钢、古工、博安、晶顺、皓晶、卫屋、施达沃、华岳、碧海等众多品牌，以优异的耐火性能、良好的品牌形象、较高的性价比，占据了国内主流市场，在国内拥有较大范围的应用，发展潜力巨大。

**珐琅艺术——搪瓷钢板**

在世代生息营造的历史过程中，各族人民累积了丰富的建造经验，涌现出众多能工巧匠和材料发明与应用。这当中，以色彩亘古不变之美著称的“珐琅”工艺是重要的关键词。近年来，随着外立面挂装“搪瓷钢板”，新型“国潮”建材的应用跃入眼帘，让经典与时尚跨越时空，再度完美结合。本年度获得推荐的【搪瓷钢板】品牌包括：

## No. 1 开尔 KAIER

生产企业：浙江开尔新材料股份有限公司
品牌价值：★★★★★
规模与产能：★★★★☆
渠道开发：★★★★☆
智能化生产力：★★★★★
技术服务能力：★★★★☆

**推荐理由：**浙江开尔新材料股份有限公司一直致力于新型功能性搪瓷材料前瞻性研究和开发，专业从事新型功能性搪瓷材料的研发、设计、生产、推广、制造与销售。多年来，公司一直努力拓展产品的市场应用，是搪瓷材料在幕墙立面、金属屋面等建筑场景应用的潮流引导者，开拓者。

**推荐指数：**★★★★☆

## No. 2 瑞尔法 Ruierfa

生产企业：唐山瑞尔法新材料科技有限公司
品牌价值：★★★☆☆
规模与产能：★★★☆☆
渠道开发：★★★☆☆
智能化生产力：★★★☆☆
技术服务能力：★★★☆☆

**推荐理由：**唐山瑞尔法新材料科技有限公司致力于生产隧道、地铁、机场墙面、平板、弧形板及其他各种异形板，尤其是专业致力于搪瓷钢板，作为新型复合型材料，产品具有耐刮擦、易清洁、防火、抗冻、易安装、不褪色、不掉色、耐酸碱等。瑞尔法搪瓷板不受紫外光影响，其鲜艳的色彩及光亮的色泽不会因为长期暴晒而褪色或变色，可以广泛应用于地铁、隧道、飞机场等的室内外装修。

**推荐指数：★★★☆☆**

搪瓷钢板市场综述：善于抓住潜在市场机遇的开尔、瑞尔法以及宣纳尔等品牌，从建筑需求的多样性出发，考虑对环境的适应性、功能结构，满足环保要求，拥有超高的制造工艺水平，产品完善，创新能力突出，市场占有率不断提高。

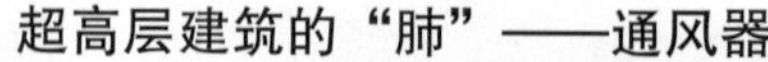


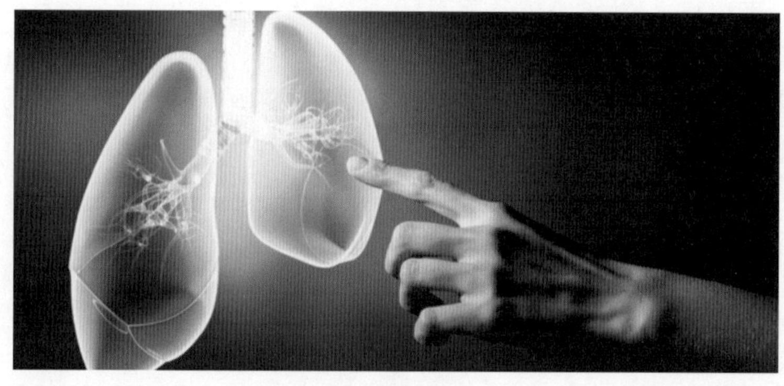

解决室内空气污染、改善空气质量有效的方法就是通风，而在超高层门窗幕墙建筑中，全球建筑师、设计院公认最为科学的方式是：通过在建筑的外围护结构中设置“通风器”——从而实现新鲜空气的室内外对流交换；同时，实施对有害气体的净化过滤和安全处理。本年度获得推荐的【通风器】品牌包括：

**No. 1　住帮 ZUPON**

生产企业：广州市住邦建材发展有限公司

品牌效应：★★★★☆
创研能力：★★★★☆
项目案例：★★★★★
销售网络：★★★★☆
团队服务：★★★★☆

**推荐理由：**广州市住邦建材发展有限公司是国内较早自主研发门窗智能通风系统的知名企业，有着完善的产品系列，能够满足各类环境及门窗条件下的智能通风需求。近年来，公司在国内外完成了超过1500项以上的优质项目，大力推动有关门窗通风器标准的制定，参编了《建筑门窗用通风器》（JG/T 233—2008）等。

**推荐指数：**★★★★☆

### No. 2 丝吉利娅 SIEGENIA

生产企业：丝吉利娅奥彼窗门五金有限公司
品牌效应：★★★★★
创研能力：★★★★☆
项目案例：★★★★☆
销售网络：★★★★☆
团队服务：★★★★☆

**推荐理由：**丝吉利娅奥彼窗门五金有限公司堪称当今单体式通风器和高档窗门五金件的领先企业，受到了全球乃至广大消费者的的喜爱。多年来，丝吉利娅产品以其优异的产品质量、适用的价位及完善可靠的售前、售中、售后服务工作，成为各国地产开发商及工程公司在通风器领域的首选品牌。

**推荐指数：**★★★★☆

通风器市场综述：通风器在欧、美以及日本等发达国家的超高层建筑中应用，时间较早、产品线非常成熟、项目案例也较为丰富。而我国随着经济发展、经济水平的进步与改

善，社会大众的追求不同了——健康、舒适、品质的生活渐渐成为主流。同时，现阶段门窗幕墙通风器在市场上的应用普及率仅在10%左右，未来市场巨大潜力。

**超高层“美容师”——擦窗机**

在超高层普及、大跨度流行的幕墙新时代，外立面的美观与“颜值”的守恒，成为了业主与城市环境共同的骄傲。但雾霾、空气湿度、风沙、酸雨侵蚀等外部环境，让建筑物的表面，尤其是外围护结构中的玻璃以及金属面板无法长期保持最佳状态，出现各种“色斑”。擦窗机——门窗幕墙的“高”级美容师的出现成为了建筑美白淡斑、补水保湿、控油祛痘、除尘去污……。本年度获得推荐的【擦窗机】品牌包括：

### No. 1　ROSTEK罗斯太科

生产企业：芬兰罗斯太科擦窗机设备公司
品牌效应：★★★★★
创研能力：★★★★☆
项目案例：★★★★☆
销售网络：★★★★☆
团队服务：★★★★☆
产品定位：高层及超高层门窗、幕墙

**推荐理由：**芬兰罗斯太科擦窗机设备公司（Rostek）于1983年建立，一直是擦窗机系统的“专家”，产品广泛用于现代公共建筑的窗户清洁和建筑维护。Rostek已经为全球近5000个项目提供了系统解决方案，是世界上最大的擦窗机解决方案提供商之一，Rostek还为最复杂的建筑生产和设计各种特殊的擦窗机产品。

**推荐指数：**★★★★☆

## No. 2 曼泰克 MANNTECH

生产企业：浙江禹诚建筑材料科技有限公司

品牌效应：★★★★☆

创研能力：★★★★☆

项目案例：★★★★★

销售网络：★★★★☆

团队服务：★★★★☆

产品定位：高层及超高层门窗、幕墙

**推荐理由：**浙江禹诚建筑材料科技有限公司是全球较早从事擦窗机制造、应用、安装维保及维修等的综合服务公司，通过引进欧美先进的维修检测系统，凭借国内营销团队 20 多年的产业服务经验，能够为高层及超高层建筑系统提供解决方案，在内部拥有高质量管理团队，实现行业的标准化操作，并参与行业的标准及规范起草。

**推荐指数：**★★★★☆

## No. 3 金山现代 Gold mountain

生产企业：成都金山现代机械有限责任公司

品牌效应：★★★★☆

创研能力：★★★★☆

项目案例：★★★★☆

销售网络：★★★★☆

团队服务：★★★★☆

产品定位：高层及超高层门窗、幕墙

**推荐理由：**成都金山现代机械有限责任公司是西南地区首家自行设计、制造、销售、安装高层建筑擦窗机的专业公司，拥有高素质的设计、安装队伍，在综合了国内同类产品优点的基础上，公司还与西班牙 GIND 公司达成战略伙伴，在大中华区共同销售“GIND”品牌。公司在合作中吸纳了国外的先进技术并采用欧洲 EN1808 的标准制造、安装高层建筑擦窗机，与西南交大合作，共同设计并联合成立工程机械研究所。

**推荐指数：**★★★★☆

### No. 4　中宇博 CYB

生产企业：中宇博机械制造股份有限公司

品牌效应：★★★★☆

创研能力：★★★★☆

项目案例：★★★★☆

销售网络：★★★★☆

团队服务：★★★★☆

产品定位：高层及超高层门窗、幕墙

**推荐理由：**作为南通宇博建筑机械制造有限公司控股的一家集科研、制造、销售于一体的大型建筑工程机械生产的集团公司，总部位于世界长寿之乡之一的如皋，在全国各地设有分公司及办事处。作为擦窗机、高处作业吊篮产品的国家标准参编单位，企业拥有现代化的擦窗机、智能立体车库、电动吊篮、高处作业平台的综合研发及生产基地。

**推荐指数：**★★★★☆

### No. 5　普英特 POINT

生产企业：上海普英特高层设备股份有限公司

品牌效应：★★★★☆

创研能力：★★★★☆

项目案例：★★★★☆

销售网络：★★★★☆

团队服务：★★★★☆

产品定位：高层门窗、幕墙

**推荐理由：**上海普英特高层设备股份有限公司是持续28年以上专注于擦窗机设计制造、工程安装及售后服务的专业公司，累积了超过2000台擦窗机设计制造及工程经验；承接了上海中心、深圳平安金融中心、天津117大厦等中国3座约600米超高层建筑工程，获得了业界公认的品牌形象，也收获了众多用户的好评。

**推荐指数：**★★★★☆

## No. 6　沃森德 WDS

生产企业：无锡市沃森德机械科技有限公司

品牌效应：★★★★☆

创研能力：★★★★☆

项目案例：★★★★☆

销售网络：★★★★☆

团队服务：★★★★☆

产品定位：高层及超高层门窗、幕墙

**推荐理由：**无锡市沃森德机械科技有限公司是一家集设计、制造、施工、安装、售后为一体，专业制造擦窗机、电动吊篮和高空作业设备的高新技术企业，拥有先进的研发中心，制造中心和检测中心。通过长期的不懈努力，沃森德品牌在国内市场赢得了广泛好评。公司的产品已出口到全球10多个国家，销售网络已遍及亚洲、欧洲多个国家。

**推荐指数：**★★★★☆

擦窗机市场综述：相比建筑领域其他成熟的产品门类，国内的擦窗机市场每年增幅在150%左右，市场空间巨大，品牌企业只有把握好时机，才能占得先机。同时，国内目前缺乏行业完善的体系，专业的服务公司，大多由厂家代替，造成擦窗机使用企业的各种安全隐患与应用弊病，亟待类似于幕墙顾问公司、建筑设计工作室等专业团队的介入及支撑。

结语：中国的房地产、建筑业必须探索高质量发展之路，这条路也是铸就制造强国的坚实之路！

深挖市场潜力，做透技术研发，推动市场销量稳步走高，房地产、建筑业与门窗幕墙的发展方向一致，从追求高速增长转向追求高质量发展，从“量”的扩张转向“质”的提升，走出一条集约化发展道路。在2023年度的《地产采购、建筑总包、设计院所、门窗幕墙企业材料品牌选用指南》中，产品从市场中的主流产品，到新兴产品，以及配套到住建部制定规范，到行业协会大力推广的门类，再到众多企业争相推出自主研发的产品。

在指南的上榜企业的甄别中，品牌化及知名度是一个非常重要的指向性指标；同时，清晰的产品定位、完善的服务体系，以及充分的市场占比等参数，也成为了评判的核心要义。

门窗幕墙行业要实现高质量发展，需要构建起“中国式现代化”为基础的产业加速器，重点引导和支持传统产业加快应用先进技术，推动制造业高端化、智能化、绿色化发展。同时，在呼唤“专精特新”的新时代，门窗幕墙企业只有选择提升品牌附加值，立志在几平方米的单元板块上，掘出万丈高的建筑附加值，走出一条有自身特色之路，才能创造制造强国的坚实未来，赢得真正的高质量发展之路。

未来，房地产、建筑业将基于新战略、新阶段、新格局、新征程、新理念五位一体的发展态势，以高质量发展为主线，以质量、效率、动力变革引领“中国建造”的全面升级。

锚栓、涂料、防火玻璃、光伏系统、搪瓷钢板、精制钢、电动开启、遮阳系统、中空百叶玻璃、EVA｜SGP｜PVB胶片、通风器、擦窗机，以及聚氨酯等相关品牌、设备企业，要通过“创新、技术、改革、人才”四大驱动力，打造“中国智造”升级版，形成一批智能建造龙头企业并带动广大中小企业向智能建造转型升级，形成产业优势，重塑行业辉煌！